U0397561

国家出版基金项目
NATIONAL PUBLICATION FOUNDATION

张海鹏 总主编

王宏斌 著

中國海域史

总论卷

图书在版编目(CIP)数据

中国海域史. 总论卷 / 张海鹏总主编；王宏斌著.
上海：上海古籍出版社，2024. 9. -- ISBN 978-7-5732-
1075-3

Ⅰ. P7-092

中国国家版本馆 CIP 数据核字第 202401ZA44 号

2015 年国家出版基金资助项目
2014、2015 年上海市新闻出版专项资金资助项目

责任编辑：吴长青
装帧设计：严克勤
技术编辑：耿莹祎

中国海域史·总论卷
张海鹏　总主编
王宏斌　著
上海古籍出版社出版发行
(上海市闵行区号景路 159 弄 1-5 号 A 座 5F　邮政编码 201101)
(1) 网址：www.guji.com.cn
(2) E-mail：guji1@guji.com.cn
(3) 易文网网址：www.ewen.co
上海世纪嘉晋数字信息技术有限公司印刷
开本 710×1000　1/16　印张 33.25　插页 5　字数 597,000
2024 年 9 月第 1 版　2024 年 9 月第 1 次印刷
ISBN 978-7-5732-1075-3
K·3697　定价：198.00 元
如有质量问题,请与承印公司联系

目　　录

第一编　中国海域地理认识史

第二编 中国海船建造史

绪言　中国海域的地理气象概况

第一节　中国海域史之定义与范围

中国海域史的定义　区域史的研究对象,是人们在一定的历史地理空间内所从事的活动,包括经济活动、政治活动、军事活动、文化活动以及社会活动。这个历史地理空间,既可以是行政区域,也可以是超越行政区域的自然区域、文化区域和社会区域。历史上的中国海域曾经十分辽阔,不仅控制着渤海、黄海、东海、南海和台湾以东的太平洋部分海区,而且长期拥有库页岛(今称萨哈林岛)周围的海域(包括鞑靼海峡和鄂霍次克海)以及俄国锡霍特山脉东部沿岸的近海水域(今日本海西北部)。本书所说的中国海域是一个现代的概念,地理范围限于渤海、黄海、东海、南海和台湾以东的太平洋海区。本课题研究的对象是中国海域史,即中国人在历史的各个阶段各个海域从事的与海洋有关的各种活动,包括经济活动、政治活动、军事活动、文化活动和社会活动等。

中国海域的范围　中国海域环绕亚洲大陆东南部,介于太平洋和欧亚大陆海岸之间,横跨北温带、亚热带和热带,自然条件相当复杂。依据地理位置和水文特征,地理学家自北而南、自小到大将中国海域分为五个区域,依次是渤海、黄海、东海、南海和台湾以东的太平洋海区。

渤海与黄海的分界线是山东半岛的蓬莱角与辽东半岛南端的老铁山角一线。渤海的南面、西面和北面为山东、河北、天津和辽宁的陆地所围绕,东部海峡水面狭窄,属于内海。面积7.8万平方公里。渤海全部位于大陆架上,海底地势向中央盆地倾斜,坡度平缓。渤海之水或来自黄河、海河、辽河等淡水河流,或来自黄海海水。黄海海水主要经过老铁山水道进入渤海。渤海周围有三个比较大的海湾:莱州湾、渤海湾和辽东湾。

黄海北起鸭绿江口，南至长江口北角至济州岛西南角的一线，西为辽宁、山东和苏北海岸，并与渤海相通，东为朝鲜半岛，并与日本海沟通。面积 38 万平方公里。黄海也位于大陆架上，海底地势自西、北、东三面向中央及东南倾斜。黄海北部平均水深 38 米，南部平均水深 46 米，最深处位于济州岛北面，为 140 米。黄海的主要海湾是：海州湾、胶州湾、朝鲜湾、江华湾。

东海北起与黄海的分界线，南至经福建东山岛南端沿台湾浅滩南侧至台湾南端的鹅銮鼻一线，西为中国大陆海岸线，东为中国的台湾岛和日本的九州岛、琉球群岛。面积约 77 万平方公里。东海海底地形复杂，既有大陆架，又有大陆坡和海槽，水深自西北向东南逐渐增加。西部大陆架海域平均水深 78 米，东南水深为 600 至 2 719 米之间。东海的海湾以杭州湾最大。

南海北起与东海的分界线，并连接广东、广西等省海岸线，西面和南面是中南半岛和马来半岛，有马六甲海峡连接印度洋，东面为菲律宾群岛，有巴士海峡、巴拉巴克海峡与太平洋、苏禄海连接。约有 350 万平方公里。南海海底周围为大陆架，四周高而中间低，自海盆边缘向中心呈阶梯形状下降，平均深度为 1 212 米，中央盆地水深 3 500 米，东部、南部的海槽和海沟水深 3 000 米至 5 000 米。南海有北部湾、暹罗湾等大型海湾。

台湾以东的太平洋海区是指琉球群岛以南、巴士海峡以东的海区。该海域的西面和北面是中国大陆，西南面与中南半岛、马来半岛为邻，东北面与朝鲜半岛、日本九州岛、琉球群岛为邻，东南面与菲律宾群岛相望。其海底地势，自台湾沿岸向太平洋急剧倾斜，北段坡度较缓，大陆架稍宽，7 至 17 公里，水深 600 至 1 000 米；中段大陆架仅有 2 至 4 公里，坡度很陡，水深 3 000 米；南段有两条并列的水下岛链，中间的海槽水深 5 000 余米。

中国海域海底地势大体是自西北向东南倾斜。大致以海南岛经台湾至日本琉球群岛一线为界，西北为浅海大陆架，东南为大陆坡、海槽、海沟或深海盆。

中国海域史的研究方法　传统史学强调宏观史学，强调俯视的经济史研究、政治史研究、文化史研究、军事史研究和社会史研究。区域史则注重微观史学、底层史学、大众史学，强调自下而上的研究，强调某一特定空间的小传统、小历史。在全球化时代，区域史研究需要借助考古学、人类学、社会学以及地理学的理论与方法，运用跨学科的理论和方法来推动研究的深入。而推动区域史研究走向深入的途径的最好的方法仍是比较研究，注重趋同性和趋异性，并且需要将趋同性和趋异性统一起来，体现整体性的思考。中国海域史毫无疑问属于区域史，将遵循区域史的研究方法，关注小传统、小历史，通过比较研究，通过对趋同性和趋异性的深入思考，再现中国海域史的整体历史。

第二节　中国的海岸和海岛

中国位于亚洲大陆东南部,大陆海岸自鸭绿江口至北仑河口,长达 1.8 万多公里,再加上大小岛屿的海岸线,总长为 3.2 万多公里。海岸线是陆地与海洋的分界线,一般指发生海潮时高潮所到达的界线。海岸有三种类型:基岩海岸、平原海岸、生物海岸。山东和辽东半岛海岸、杭州湾以南海岸以及台湾东海岸,绝大部分属基岩海岸;三角洲与三角湾海岸、淤泥质平原海岸及泥沙质海岸属平原海岸;珊瑚礁海岸和红树林海岸则属于生物海岸。

中国的岛屿星罗棋布,面积达 500 平方米以上的岛屿为 6 536 个,总面积72 800 多平方公里,岛屿岸线长 14 217.8 公里。其中有人居住的岛屿为 450 个。最大的岛屿是台湾岛,依次为海南岛、崇明岛、舟山岛、海坛岛、长兴岛、大屿山、上川岛、南三岛、岱山岛、南澳岛等。东海约占岛屿总数的 60%,南海约占 30%,黄、渤海约占 10%。

依照成因,中国岛屿可分为三类:基岩岛、冲积岛、珊瑚礁岛。基岩岛是基岩构成的岛屿,约占中国岛屿总数的 90% 以上,以群岛或列岛形式作有规律的分布。台湾岛是最大的基岩岛,其次为海南岛和舟山岛。基岩岛主要分布在辽东半岛沿海、山东半岛沿海、浙闽沿海、华南沿海和台湾附近海域。冲积岛系因河流入海,携带泥沙堆积形成,又称沙岛。最大的冲积岛是崇明岛,在珠江口、黄河、滦河等河口也有一些冲积岛。珊瑚礁岛主要分布在南海,包括东沙、中沙、西沙和南沙四大群岛及黄岩岛等。尽管其中大多数岛屿无人居住,缺乏经济利用价值,但在帆船时代,许多无人居住的岛屿可以成为航海者的避风处所,因此,古人非常重视其岛澳。

第三节　中国海域之气候

一、影响气候的因素

影响气候形成的主要因子是太阳辐射、地理环境和大气环流。太阳辐射是形成大气中一切物理过程和物理现象的基本动力,因而也是中国海域气候形成的基本因素。地理环境包括海陆地形、海流等因素,它们是低层大气运动的边界面,影响着海区的辐射、热量、水分以及大气环流,从而影响本海区的气候。大气环流使本海区和临近区域的热量和水分彼此传送,使辐射热量和水分随纬度、海陆和季节呈现不同的分布。海洋气候变化多端的原因是大气运动的结果,而大气运动的能量归根结蒂是由太阳提供的。进入地球大气的辐射只有很少一部分被大气直接吸收,其余大部分通过地表转换进行再分配,间接供应大气,从而推动大气运动,形成风、雷、云、雾、雨、雪等天气现象。此处仅介绍对海上生产和行船安全产生重大影响的季风、信风、气旋等部分气候现象。

冬季,亚洲大陆为高压盘踞,海上受阿留申低压控制,而澳大利亚的低压增强,上述三个活动中心犹如三个驱动机。特别是本海区北部西高东低的气压配置,使这里的等压线几乎呈南北走向,从而形成强大的气压梯度。因此,驱使干燥寒冷的偏北气流由大陆流向海洋,并使大陆高压呈顺时针方向偏转,从而形成本海区冷空气活动多、大风多、大浪多等冬季天气。冬季北部海区的天气与极锋位置关系密切。1月,极锋位于蒙古高压南部。在锋之北,天气通常良好,气温较低,雨雪较少,沿锋面则天空多云;在锋之南,则天气温暖,多阵雨。

夏季,印度低压北上东进,亚洲大陆上空的低压代替了强大的高压。海上的阿留申低压退缩,太平洋副热带高压西进北上,控制了中国海域。与此同时,澳大利亚高压盛行,再次形成三足鼎立局面。本海区的气压梯度变为西低东高,从而驱使南部大洋湿热的西南气流北上,构成中国海域的高温、湿润、多雨、多台风的夏季天气。7月,平均极锋位于副高压北部,穿过日本本州中部呈东北、西南走向。在锋之北,连续出现多云、降水天气;在锋之南,则为典型的南来季风气流,时常带来阵雨和暴雨。夏季的赤道低压向北推进到最北的位置,热带辐合带由北纬5°、东经160°附近向西北方向,经菲律宾群岛穿越南海中部,再向西北伸展。伴随着这一辐合带的北进,来自南半球的东南信风越过赤道变为西南风,并与来自印度洋的偏西风和西南风汇合,致使这一海区的夏季风强劲而稳定,同时,在热带辐合带上台风频繁发生。

中国海域和附近的海域由海陆热力差异而引起的气温梯度和气压梯度的季节变化非常显著。中国海域最突出的风系为冬季季风系、夏季季风系和信风风系。

二、冬季季风系

冬季风在中国海域是由北向南逐渐推移的。就总的趋势而言,它通常发生于8月底和9月初,正是大陆高压首次加强的时候。是时,对流层低层的冷空气突然爆发,1 个月后冬季风即可到达南海北部北纬 19°附近。10 月初,即遍及北纬 15°以北海域。10 月下旬,可以扩展到北纬 5°至 10°附近。11 月,冬季风趋于稳定。12 月,冬季季风遍及中国海域。必须指出,冬季季风系的建立有一个过程,通常需要几次冷空气的爆发才能稳定下来。冬季季风系建立之后,也并非保持不变,而是随着大陆冷空气的不断加强、爆发和减弱等变化控制局面的。冷空气的一次增强、爆发和减弱的周期需要 10—15 天的时间。季风加强的过程称为季风潮,季风减弱的过程称为季风中断。冬季风的持续时间长短,随海区不同变化。北纬 25°以北海区,大约从 9 月开始至次年 3 月结束,偏北风占主导地位。台湾附近为 9 月至次年 5 月。南海北纬 10°至 17°之间为 10 月至次年 4 月。北纬 10° 附近为 11 月至次年 3 月。菲律宾以东洋面,则终年盛行东北风或东风。

三、夏季季风系

夏季,亚洲大陆为低压控制,同时太平洋副热带高压北进西伸,高低压之间的偏南风就成为本海域的夏季风。由于夏季气压梯度不如冬季强大,所以夏季风比冬季风弱一些。夏季风的建立是在 4 月中旬以后。是时,蒙古高压变弱、收缩,印度及中国大陆低压明显发展,冬季风衰弱,夏季风开始出现。4 月,出现在马六甲海峡附近。5 月,偏南风推进到北纬 15°左右。是时,日本以东的太平洋洋面随着副热带高压西伸北进,也开始出现偏南气流。6 月,偏南风遍及整个中国海域和日本海。7 月,夏季风最盛。于此可见,夏季风的建立也有一个过程,大约需要 3 个月的时间。但这之后,夏季风不如冬季风稳定。随着时间的推移,也有周期性变化,经常出现季风增强和中断现象。季风增强时期,不仅风速加大,雨量也随之加大。季风中断时,则大部分海域没有降水。一般每月都有几次变化,时间长短不一,长则 10 天,短则 5 天。夏季风的持续时期也是不同的,南海南部海区是 5 月至 10 月,南海北部海区、台湾海峡和东海为 6 月至 8 月,黄海和渤海为 7 月至 8 月。

四、信风风系

由北太平洋副热带高压向赤道低压带吹送的气流在地球转动偏向力的作用下,逐渐转为偏东风,这被称为东北信风。东北信风风系位于北纬 5°至 25°、东经 140°以东,风向为东或东北风,在西部一般以东北风为主,在东部一般以东风为主。风力 4—5 级,冬季强而夏季弱,其方向终年不变。信风在副热带高压附近一般较低,约 500 米,向赤道逐渐升高,在辐合带可达 2 500 米。信风和雨量有密切关系,面向信风的山坡年降雨量高达 10 000 毫米以上。该信风的南北界线不仅随季节有南北摆动,而且有东西移动和宽窄变化。在秋冬季节,东北季风有时向西一直扩展到南海海区。

五、飓风和台风

在中国海域,既有来自寒带的冷性气旋,又有来自温带和热带地区的热性气旋,从而形成飓风和台风。

寒带气旋 由欧亚大陆移入本海域的反气旋属于冷性气旋,又称冷高压。强大的冷高压进入中国海域时,带来大量冷空气,使所经地方气温急剧下降。达到一定冷气的被称为寒潮。在中国海域,每3—5天就有一次冷空气活动,夏季较弱,冬天较强。侵入中国海域的海潮,一则来自北方海洋冷气团,一则来自欧亚大陆的大陆冷气团。冷高压之前有一条强烈的冷锋。冷锋过后,黄海和渤海多为西北大风,东海为北风或东北大风,风力达到8级左右,有时黄海海面可达10级。冷锋过后,受其影响的区域常有降雨或降雪。

温带气旋 温带气旋四季均可出现,但以春季为多。无论是东海、黄海,还是渤海都会发生。东海气旋在东海海域内生成后,其中心向东北或偏北方向移动,风速每小时40公里以上。中心强度平均每小时加深6—10百帕,在日本南部的黑潮上空转为东北向。东海气旋常在舟山群岛海面造成局部强风,在冷锋附近常有降水。黄海气旋是指在北纬30°以北产生和进入黄海的气旋。此类气旋以春季和初夏居多,秋冬季较少。黄海气旋发展时风力可达8级,其风向在气旋西部为西北风,在东部为偏南风。偏南大风过后,西北大风随之而来。由于风向改变过快,在海上时常激起大浪和大涌。渤海气旋是指低压进入渤海,以春季和夏季居多,秋季和冬季较少。渤海气旋发生后,多向偏东、东北和偏北方向移动。在渤海海面出现大风,风力可达7级。在其移动过程中,经常带来大雨和暴雨。

热带气旋 热带气旋是指在热带海洋上空形成的暖性气旋。国际气象界规定:热带气旋中心附近的平均风力小于8级的,称为热带低压;8—9级的,称为热带风暴;10—11级称为强热带风暴;12级或以上的,称为台风。从1981年1月1日开始,中国开始采用上述热带气旋名称和等级标准。据统计,按照这一标准,1949年至1988年的40年间,发生在西北太平洋上的热带气旋有1 432个,平均每年35.8个。其中达到热带风暴以上强度的有1 121个,平均每年28.1个。达到台风级别的有705个,平均每年17.6个(表1)。

表 1 西北太平洋各级热带气旋出现个数(1949—1988 年)

项　　目	热带气压	热带风暴	强热带风暴	台　风	合　计
总　　数	311	136	280	705	1 432
每年平均	7.8	3.4	7.0	17.6	35.8
所占比率	22	9	20	49	100

位于西北太平洋的北纬 5°至 25°之间的区域每年发生的热带气旋约为全球总数的 36%。产生台风的海域主要集中在关岛西南方、南海中部和东部、马绍尔群岛附近。热带气旋的频率和强度随季节变化而变化。

就热带气旋发生的时间来说,1 月至 4 月,很少发生;5 月至 6 月,开始逐渐增多;7 月至 10 月,是频发期,其中 8 月最多;11 月至 12 月,发生次数逐渐减少。平均每年 7 月至 10 月生成热带气旋 24.6 个,其中 8 月份年平均生成 8.1 个。7 月到 10 月生成的台风最多,年平均,约占其总数的 69%。热带风暴在 8 月至 9 月间生成的最多,约占全年总数的 38%。强热带风暴多发生在 7 月和 9 月之间,约占全年总数的 58%。

衡量热带气旋强度的另一个指标是中心最低气压。热带气压大多发生在 961—1 000 百帕之间,其中以 981—990 百帕之间的频率最高,约占其总数的 19%。最低气压低于 900 百帕的强台风约占其总数的 4%。

热带气旋的移动路径分为三类:其一,西行类,即由菲律宾东部海域直接进入中国南海,侵及中国南部沿海地区和中南半岛;其二,转向类,由菲律宾东部海域及西北太平洋转向北或东北,对于中国海域和陆地影响较小;其三,登陆类,又称西北行类,即台风向西北方向移动,并在中国沿海登陆(表 2)。

表 2 中国海域的热带气旋统计表(1949—1988 年)

海区级别	热带风暴	强热带风暴	台　风 32.7—41.4 米/秒	50—70 米/秒	75—85 米/秒	合　计	年平均
渤　海		5				5	0.13
黄　海	15	20	13			48	1.20
东　海	13	44	73	64	4	198	4.95
南　海	63	125	164	54	4	410	10.25
合　计	91	194	250	118	8	661	16.53
百分比率	14	29	38	18	1	100	

从上表可以看出,热带气旋主要发生在南海和东海。南海全年都可能发生热带气旋,但以 6 月至 11 月居多。1949 年至 1988 年间,南海发生热带风暴 63 个,平均每年为 1.6 个;强热带风暴 125 个,平均每年 3.1 个;台风 222 个,平均每年 5.6 个。若以季节而论,全年各月均曾发生,但以 6 月至 11 月居多,约占全年总数 88%;尤其以 8 月至 9 月为最多,约占全年总数的 42%。就南海台风发源地来说,一是来源于菲律宾以东的太平洋上,西行进入中国南海;二是南海生成的台风。二者相比,在南海生成的台风不仅比太平洋上传入的台风垂直高度低一些,而且强度也弱一些。

东海出现的热带气旋数量稍次于南海。1949 年至 1988 年,共出现热带风暴 13 个,平均每年为 0.3 个;强热带风暴 44 个,平均每年 1.1 个;台风 141 个,平均每年 3.5 个。三者合计 198 个,平均每年 4.95 个。就季节来说,东海产生热带气旋的时间为 4 月至 12 月,其中以 7 月至 9 月居多,约占全年总数的 82%。东海的台风均由西太平洋和南海移动而来,较强的台风多转向东北。热带风暴大多向西北移动,在登陆之后,逐渐减弱和消失。

在黄海出现的热带气旋少于南海和东海,但多于渤海。从 1884 年到 1985 年,在黄海出现的热带气旋共有 144 个,平均每年 1.4 个。热带气旋到达黄海的时间一般在 7 月和 9 月之间。

在渤海出现的热带气旋数量很少。从 1949 年到 1988 年,仅有热带风暴 5 次。台风从未直接进入渤海。不过,该海域受到热带气旋影响的次数还是比较多的。据统计,从 1949 年到 1986 年,进入北纬 35° 和东经 125° 的热带气旋共有 93 次,平均每年为 1 次。影响渤海的台风,一般集中在 7 月和 8 月之间,均经由东海进入黄海,在山东半岛登陆后,再影响渤海。

热带气旋在中国沿海登陆的时间通常在 5 月至 12 月之间,其中以 8 月份居多,7 月至 9 月登陆的热带气旋约占全年登陆的 77.7%。据统计,1951 年至 1980 年,共有 287 个热带气旋在中国沿海登陆,平均每年为 9.6 个,约占西北太平洋生成的热带气旋总数的 25%。热带气旋在移动过程中,伴随着狂风、暴雨、巨浪和海潮,所经之地造成的损失极为严重。全球海洋上的飓风每年至少击沉船舶 1 000 余艘,死亡者达数万之多。经济损失也十分严重,仅 1986 年,西北太平洋热带气旋对于中国、日本、朝鲜半岛和菲律宾、中南半岛造成的损失高达 48 亿美元。

此外,中国海域属于东亚季风区,冬季和夏季季风的发生和发展决定了本海区不同季节的天气、气候的变化特征。冬季,来自大陆的季风从渤海、黄海、东海,或从陆地上直达南海;夏季,自南半球越过赤道而来的气流与西南季风、东北信风汇合,向北一直影响到黄海和渤海。由于气流的来源,加之受到大陆、海洋和地形等地理影响,各个海区的风向、风速的变化更是万端。

第四节　中国海域之波浪与海流

一、波浪

波浪,又称海浪,分为风浪、涌浪和混合浪。单纯由海面风驱动而生成和成长的浪,叫作风浪;风浪传离成长区后,出现规则性涌动的特征,这种波浪叫作涌浪;涌浪在传播过程中再次进入风浪区,与该海域的风浪叠加在一起,使海面形成起伏现象,这种波浪叫作混合浪。波浪是一种随机现象,或以波向,或以波高,或以波浪的周期等特征来衡量其大小。波向是指波浪随风传来的方向,波高是指波浪达到的有效高度,周期是指一个波浪起伏的时间。一般来说,波向与风向基本一致,波高和周期则随风速大小、风区长短和风吹时间而定。国外通常以 $H1/3$ 来衡量波浪的大小,中国则以 $H1/10$ 有效观测为根据将波浪分为 10 级,即无浪、微浪、小浪、轻浪、中浪、大浪、巨浪、狂浪、狂涛和怒涛(表 3)。

表 3　中国波浪分级表

波　级	波　　高	名　称	波　级	波　　高	名　称
0	$H1/10=0$	无浪	5	$3.0\leqslant H1/10<5.0$	大浪
1	$0<H1/10<0.1$	微浪	6	$5.0\leqslant H1/10<7.5$	巨浪
2	$0.1\leqslant H1/10<0.5$	小浪	7	$7.5\leqslant H1/10<11.5$	狂浪
3	$0.5\leqslant H1/10<1.5$	轻浪	8	$11.5\leqslant H1/10<18.0$	狂涛
4	$1.5\leqslant H1/10<3.0$	中浪	9	$18.0\leqslant H1/10$	怒涛

季风的特征与中国近海地理位置决定着中国海域波浪分布的特征:冬季盛行偏北向的风浪,夏季盛行偏南向的风浪,渤海和北部湾的波高较小,台湾海峡的波高较大,黄海、东海、南海都能生成涌浪,太平洋的波浪可以通过琉球岛链传入东海和黄海,也可以通过巴士海峡传入南海,分别使济州岛东南海区、台湾东北海区和东沙岛东南海区比较容易产生大浪区。气旋风活动时,可能产生巨浪、狂浪和怒涛,这种灾害在东海、南海和黄海出现频次较高,在北部湾和渤海则是偶尔出现。

每月出现 3 米以上大浪的频率不低于 20% 的, 叫作大浪频繁出现月; 小于 10% 的, 叫大浪较少出现月。渤海无大浪频繁出现月, 大浪较少出现月长达 9 个月。黄海有 2 个大浪频繁出现月和 6 个大浪较少出现月。东海有 5 个大浪频繁出现月, 2 个大浪较少出现月。台湾海峡的大浪频繁出现月长达半年之久, 而大浪较少出现月仅有 4 个。南海北部湾海区有 7 个大浪频繁出现月和 2 个大浪较少出现月; 南海中部、南部海区有 6 个大浪频繁出现月和 3 个大浪较少出现区。中国各海域常年波高大于 4 米的巨浪天数依次为: 南海 169 天, 台湾海峡 160 天, 东海 123 天, 黄海 95 天, 渤海 26 天。

渤海的冬季(12 月至次年 2 月)盛行偏北强风, 因而风浪中的西北向风浪频率高达 29%, 其次为东北向风浪, 约占 19%, 东北到西北的风浪约占 61%。高于 5 级以上的风浪占 27%。渤海海峡与天津东南海面易于出现大浪。渤海的涌浪多为当地风浪在风势变小之后的残余, 其中北向涌浪频率为 42%。渤海春季(3 月至 5 月)偏北风逐渐减弱, 偏南风开始增多。各种方向的风浪均可能出现, 但以偏南向的风浪居多。其中西南向风浪频率为 22%, 东南向风浪约为 17%, 南向风浪为 16%。风浪中 5 级以上的约占 13%。辽东湾为风浪较小区域, 渤海海峡为波高较大区域。渤海夏季(6 月至 8 月)盛行东南风。东南向风浪频率为 30%, 南向风浪为 18%, 其中 5 级以上的风浪仅占 2%。渤海的秋季(9 月至 11 月)南风逐渐减弱, 偏北风开始盛行。东北向和西北向的风浪居多, 高达 43%, 西南向风浪约为 21%。5 级以上的风浪增加到 17%。总的来说, 渤海每年 4 月至 9 月以偏南向风浪为主, 10 月至次年 3 月以偏北向风浪为主。

黄海的冬季盛行北风, 北向风浪约为 30%, 其次为西北向风浪, 约占 25%。5 级以上的风浪约占 32%。波高最大时为 6 米至 8 米, 其涌浪多为北向和西北向。黄海的春季是季风转换时期, 北向风浪不仅强度降低, 而且频率有所减少。是时, 北向风浪约为 20%, 偏南向风浪约为 17%, 东向风浪为 11%。5 级以上的风浪降为 16% 左右。黄海的夏季南向风浪频率为 34%, 东南向风浪为 24%, 5 级以上的风浪仅为 11%, 这说明南向季风强度不及北向季风。黄海的秋季盛行偏北季风, 北向风浪居多, 约为 27%, 其次为东北向风浪, 占 17%。其中 5 级以上的风浪增加到 17% 左右, 最大波高, 可以达到 6 米左右。总的来说, 黄海每年 5 月至 8 月以偏东南向风浪为主, 9 月到次年 3 月以偏北向风浪为主, 4 月为风浪转向过渡期, 偏东南向风浪与偏北向风浪各占 42%。

东海的冬季盛行偏北风, 东海南部盛行东北风, 风向稳定, 持续时间较长, 有利于北向风浪的成长。北向风浪约占 38%, 西北向风浪占 20%, 东北向风浪占 19%, 合计偏北风浪频率高达 76%。5 级以上的风浪约占 45%。波高月平均为 1.5 米至 2 米,波高最大值为 9.5 米。台湾东北部的彭佳屿和吐噶喇海峡西面是两个大浪区。涌浪以北向居多,最大时可达 8 米。东海春季为季风转换期。北向风浪减少到 22%,东北向风浪为 18%,南向风浪为 16%。5 级以上的风浪减少到 20% 左右。波高月平均值为 1.2 米,最大时高达 6.5 米。东海北部北向涌浪居多,南部则南向涌浪有所增多。东海的夏季南向风浪为 38%,西南向和东南向风浪为 18%。5 级以上的风浪频率仅为 14%。波高月平均值为 1 米左右,最高时为 6.5 米。涌浪多为南向,月平均为 1.6 米,最高时可达 8 米。东海的秋季季风开始转向,东北向风浪为 36%,北向风浪为 32%,稍低于冬季而已。5 级以上的风浪约为 32%,风力不及冬季,波高月平均值为 1.5 米,最高时为 7.5 米,彭佳屿与吐噶喇海峡的大浪区逐渐形成。涌浪以北向和东北向为主,月平均涌浪从北部的 1.5 米向南逐渐增加到 2 米。总之,每年 9 月到次年 3 月东海北部海区盛行东北风,有利于偏北向风浪的成长。5 月到 8 月盛行东南风,有利于偏东南向风浪成长。4 月为风浪的方向转换期,偏北向和偏东南向风浪各占 46% 和 45%。

台湾海峡是联系东海与南海的通道。由于海峡为东北、西南走向,这有利于东海东北向风浪和南海西南向风浪的传入。由于海峡狭管效应,其风浪与东海北部和南海有较大区别。台湾海峡冬季盛行东北风,东北向风浪为 69%,其次为北向风浪,约占 23%。5 级以上的风浪约为 34%,波高月平均值为 1.8 米,最高时可达 9.5 米。涌浪以东北向为主,高达 70%。在涌浪中,5 级以上的涌浪约为 64%,涌浪波高平均值为 2.5 米,最高为 7 米。台湾海峡春季东北向风浪为 55%,北向风浪为 15%。5 级以上的风浪约占 20%。波高月平均值为 1.3 米。涌浪中东北向占 56%,5 级以上的涌浪占 40%,涌浪月平均值为 1.5 米,最大值为 6 米,均比冬季低一些小一些。台湾海峡夏季盛行偏南风,南向风浪为 31%,西南向风浪为 27%,二者合计 58%。是时,北向风浪减少到 10%。由于偏南风的强度不及冬季和春季的偏北风,因此,5 级以上的风浪只有 8%。波高月平均为 0.9 米,5 级以上的涌浪仅为 16%。台湾海峡秋季又开始盛行东北风,东北向风浪为 73%,北向风浪为 18%,5 级以上波浪为 38%,波高月平均为 1.8 米。涌浪中东北向高达 76%,而 5 级以上的涌浪为 55%,波高平均值在 2—2.5 米之间,略低于冬季。总之,台湾海峡每年 9 月至次年 5 月以东北向和北向波浪为主,历时长达 9 个月。其余 3 个月以南向波浪为主,时间相对较短。

除了北部湾之外,在北纬 15° 以北的南海北部海区具有地理学的特征。大致自 10 月至次年 4 月,该海区盛行东北季风,5 月至 9 月则盛行南风或西南风,二者其间各有一个比较短暂的过渡期。南海北部的冬季东北向风浪为 63%,北向风浪为 19%,东向风浪为 14%。5 级以上的风浪约占 39%,波高月平均值为 1.6 米,最高时为 9 米。涌浪以东北向居多。我国东沙群岛东部为大浪区,波高月平均为 2 米,5 级以上的大浪约占 50%。其涌浪平均波高为 3 米,5 级以上大涌超过 80%。南海北部春季东北向风浪减少到 32%,东向风浪为 28%,南向风浪为 11%。由于东北风的强度减弱,5 级以上的风浪仅占 12%。东沙岛东南仍为大浪区,但大浪、大涌出现的频率有所降低。南海北部夏季盛行西南风,因此南向风浪为 31%,西南向风浪为 23%。5 级以上的风浪约占 13%。月平均波高为 1 米,最高为 8.5 米。9 月份是西南季风转向东北季风的过渡期。是时,东北向风浪 20%,南向风浪为 16%,东向风浪也为 16%,西南向风浪为 15%。5 级以上风浪增加至 17%。南海北部秋季呈现东北季风特征,东北向风浪约占 56%,东向风浪为 20%,北向风浪为 12%,三者合计偏东北风浪为 88%。5 级以上风浪占 34%。月平均波高 1.3—2 米不等。是时,东沙群岛的大浪区再次形成。总之,南海北部的波浪尽管与东海、黄海有所区别,但仍是冬季季风影响时间较长。每年 9 月至 4 月,以偏东北向风浪为主。每年 6 月至 8 月,以偏西南向风浪为主,时间相对较短。

南海中部和南部的纬度偏低,热带气旋活动较少,因此,波浪特征与南海北部明显不同。其冬季东北向风浪为 61%,北向风浪为 28%,5 级以上风浪约占 40%。波高月平均为 1.8 米,最高为 9.5 米,这与南海北部的波浪情况近似。在南沙群岛的永暑岛礁西面有一大浪区,波高月平均 2 米。其春季东北向风浪约占 35%,东向风浪为 31%,5 级以上的风浪仅为 5%。波高月平均为 0.8 米。其夏季西南向风浪为 46%,南向风浪 21%,西向风浪 18%,三者合计 85%。5 级以上的风浪 21%,波高月平均为 1.2 米。其秋季东北向风浪约占 38%,北向风浪 21%,5 级以上的风浪约占 16%。波高月平均为 1.3 米。总之,该海区受东北季风影响 7 个月(10 月至 4 月),受西南季风影响的时间为 5 个月(5 月至 9 月)。该海区波浪比较平静的时期是 4 月和 5 月。

北部湾冬季东北向风浪约占 42%,北向风浪为 30%,东向风浪为 20%。5 级以上的风浪约占 22%。月平均浪高仅为 1.5 米。其春季东向风浪为 24%,东北向风浪占 18%,月平均波高约 1.1 米。其夏季盛行偏南风,故南向风浪占 33%,东南向及西南向风浪各为 26%。5 级以上的风浪仅有 8%。其秋季东北向风浪为 32%,东向风浪 29%,5 级以上的风浪为 21%,波高月平均为 1.3 米。总之,北部湾是一个半封闭的海湾,传入的波浪容易消失,不易形成巨浪。

中国冬季盛行偏北风,冷锋可以控制从渤海到南海北部的广大海域,对于南海中部甚至南海的南部都产生影响。中国地处北半球中纬度区域,温带气旋从初春到秋末均能在渤海、黄海、东海生成。夏季和秋季,来自西北太平洋的热带气旋又频繁影响东海、南海和黄海,有的甚至深入到渤海和内陆。南海和东海有时也能生成热带气旋。这些热带气旋对于中国海域和陆地时常造成灾害性影响。

冬季,中国海域从北向南分别出现西北风、北风和东北风,风力 8—10 级,风力较强,但风向稳定,时间可持续数日,甚至十余日。冷空气大风所形成的海浪,波向通常以西北向、北向和东北向顺时针方向变动。中国海域的波浪自北而南随风增大,往往形成波高 4 米至 8 米的巨浪区。巨浪区内的波高最高时为 9 米至 11 米。渤海的波浪最高时 7 米,黄海高达 11 米,台湾海峡可达 9.5 米,南海可达 10 米。每年冷空气大风产生的灾害性波浪频率,渤海为 4.4%,黄海为 12.2%,台湾海峡为 7.4%,南海为 20.5%。

热带气旋,包括热带风暴和台风等。热带气旋是快速移动的逆时针旋转风系,外围风速值小而中心风速值大,风力可以达到 12 级以上。由于是在旋转风驱动之下生成和成长的,巨浪区通常出现在气旋移向的右侧。气旋波浪系混合浪气旋中心为风浪,气旋周围为涌浪。东海气旋大浪高达 17.8 米,南海的最大波高为 14 米。热带气旋每年所造成的灾害性海浪,渤海为 0.1%,黄海为 1.8%,东海为 4.9%,台湾海峡为 5.7%,南海为 8.8%。

温带气旋通常发作于初春、秋末和隆冬季节,风力小于热带气旋,一般不会超过 10 级。强烈的温带气旋和冷空气大风结合,在渤海可以生成 7 米至 10 米高的巨浪,在黄海、东海可以生成 8 米高的狂浪。

二、海流

由于太阳辐射、蒸发、降水、冷缩和风力作用而形成的海水流动现象叫作海流。海流永无休止,广泛存在于海洋中。由于产生海流的因素不同,海流具有不同性质。因风力吹送而形成的海流叫作吹送流,因海水密度不同而形成的海流叫作密度流,因海面倾斜而形成的海流叫作倾斜流。

海流有寒、暖之别。暖流是指低纬度的暖水流向高纬度,寒流是指高纬度的冷水流向低纬度。寒流与暖流循环、交错流动的现象不仅支配了大气中热能的交换,而且影响着海洋生物的移动。认识寒流与暖流活动规律,不仅可以在渔场捕获到较多的水产品,而且可以顺流行驶,节约航运成本和时间。

北太平洋西部的黑潮、南海季风吹送流、黄海的冷水流和沿岸流对于中国的气候、渔业和航运影响巨大。黑潮与南海季风吹送流是在热带地区形成的,属于暖流,由南而北,自低纬度流向高纬度;而黄海冷水流及中国沿岸流源自北方,属于寒流,由北而南,由高纬度流向低纬度。这一寒流由于接近海岸,受季节变化影响,海水温度变化较大。

黑潮 黑潮是一股宽约 150 公里,厚约 500 至 700 米的暖流,是北太平洋西部向北流动的一股强劲的海流。这一北赤道暖流在菲律宾东部外海向北转向,经由台湾东部和东海斜坡,流向日本。因日本人首先发现,故又称日本海流。黑潮的颜色并非黑色,而是深蓝,以其近于黑色而得名。由于携带海水盐的浓度较高,黑潮具有密度流的性质。黑潮的主流沿着台湾东海岸北上,流经台湾东岸的苏澳海域,进入东海,然后沿东海大陆架边缘转向东北,沿着琉球北侧的东海大陆斜坡继续向日本方向推进,最后在大隅群岛和吐噶喇群岛之间流出东海,回归太平洋。黑潮的一股支流在巴士海峡附近生成,一部分向西流向南海,一部分向北穿过台湾海峡,与其主流汇合。巴士海峡生成的这股黑潮支流受季风影响较大,冬季受东北季风影响,大部分流入中国南海;夏季则受西南季风影响,大部分流入台湾海峡。当黑潮流经日本九州岛西南外海时又产生一股支流,这一支流因大部分流入对马海峡,进入日本海,被称作对马海流。当其经过济州岛南侧时又形成一股流向西北的支流,进入黄海,达到山东半岛外海,被称作西朝鲜海流。这一海流受季风影响较大,夏季时海流强劲,冬季时海流减弱(图一)。

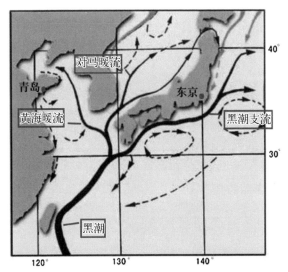

图一 太平洋西部黑潮(《神秘多变的黑潮》,中国海洋湖沼学会"科学普及"栏,2016 年 12 月 9 日发布)

南海季风的吹送流 南海季风的吹送流受季节影响较大。夏季时由于西南季风盛行,其持续吹送造成西南向东北季风流,流向东北方向,水深 100 米至 300 米,在台湾南端与黑潮支流汇合,继续向北流去,经过台湾海峡,在东海中段与黑潮主流会合。是时,中国的沿岸流受其影响,被阻挡在江浙沿海。另外一股季风吹送流经吕宋岛南北,进入苏禄海。冬季时由于东北季风盛行,其持续吹送造成东北向西南季风流,宽度 120 至 150 公里,厚度约 300 米。是时,不仅中国的沿岸流有所加强,而且巴士海峡的黑潮支流亦因风向的影响而向西南流动,因此南海的东北季风流获得加强,持续流向爪哇海方向。

黄海的冷水流 黄海的冷水流源自渤海和黄海的北部,乃是大陆河水和渤海冰水汇集而成。当其流经山东半岛海岸后,即偏离海岸,而沿黄海中部南下,流向东海的大陆架,大约在北纬31°东经125°附近楔入黑潮暖流中,其前端可达钓鱼岛之东北。由于这一冷水流与黑潮主流相会,冬季形成冷暖差异较大现象,夏季因水温相近则差异较小。黄海冷水流的大小主要受河水大小、渤海冰融以及季风强弱等影响。

沿岸流 沿岸流是指靠近中国大陆和朝鲜半岛的海流。大致可以分为两个部分:即中国沿岸流和朝鲜西岸流。中国沿岸流源于中国北部沿海,位于黄海和东海的西侧,顺海岸向南流动。冬季时,这股海流水温较低,特别受到东北季风的吹送,流势较强,经过台湾海峡,进入南海。夏季时,西南季风强劲,中国沿岸流受阻,其影响力只能达到江浙海域。一般来说,中国沿岸流受到注入的河水影响,盐的浓度较低,水色浑浊,冬天水温低而夏天水温高。朝鲜西岸流位于黑潮支流东侧,主要受朝鲜半岛向西的河流排水影响,沿海岸自北而南,注入对马海峡。这股沿岸流温度稍低,盐的浓度略小。

冬季时在台湾东岸的黑潮流幅宽约150公里,以台湾东海岸的黑潮为最大。黑潮流速在台湾东南外海为0.5节至1节,在台湾南部为0.8节至1节,在台湾北部增至1节至2节,在琉球群岛北面减至0.5节至1.7节,在九州岛复减至0.4节至1节。在巴士海峡向西流动的黑潮支流的流速为0.5节至1节。是时,中国沿岸流强劲,在东海北部流速达到0.4节至1节,在接近台湾海峡北段时达到0.5节至1.7节,到达海峡南端时为0.5节至1.5节。而在黄海冷水流和黑潮汇合的地方,不仅漩涡和环流增多,而且其流速仅为0.3节至0.8节。是时,南海的季风流受东北季风影响,在大陆架的边缘其流速达到1节至1.5节,在南海中部的深水区减至0.5节至1节。

夏季时,由于南海的西南季风流强劲,黑潮自然增强,因此在台湾东岸的黑潮流速为1节至3节,距离海岸较远的地方,其流速仅为0.4节至0.8节,在台湾东北部为0.5节至1.5节,向东复递减至0.4节至1节,至九州岛以南反而增至0.5节至1.5节。是时,台湾海峡主要受西南季风流影响,其流速在海峡南部为0.8节至1.5节,在海峡北端为0.5节至1.7节。这股季风流在强劲时可以达到长江口以北的地方,其流速在东海南部减弱至0.4节至1.5节,在东海中部仅为0.3节至0.7节。南海的海水在夏季通常来自爪哇海流,由于海流受到越南东岸突出地形的影响,流向北,再流向东北,在越南东海岸为1节至1.5节,在东京湾和海南岛附近流速放缓,仅为0.2节至0.5节。

总而言之,中国沿海的海流流向和流速受到季节的影响特别明显,因此比较复杂,尤其以东海为甚。认识海流变化规律,对于人们航海和渔业生产极为有益。

三、潮汐和风暴潮

潮汐和风暴潮是中国海域的两个重要水文现象。中国海域的海潮主要来自太平洋的大洋潮。大洋潮系许多不同频率和振幅的分潮所合成,主要有太阴半日分潮、太阳半日分潮、太阴太阳合成日分潮和太阴日分潮等,其中以太阴半日潮与太阴太阳合成日分潮的振幅和比重较大。太平洋潮一方面经中国台湾岛和日本九州岛传导入东海、黄海和渤海,另一方面自台湾与菲律宾之间的巴士海峡传播于南海。

太平洋太阴半日分潮波自琉球岛弧传入后,大部分以前进波形通过东海,由东南向西北的黄海传播,小部分则在台湾北部沿海的苏澳、基隆一带形成旋转潮,以反时针方向左旋进入台湾海峡。该半日分潮波在东海传播过程中,最先达到浙江中部海岸,并在三门湾附近分为南北两部分,分别传向台湾海峡、黄海和渤海。在台湾海峡半日潮波包括两个部分:一部分是自东海南下的半日潮,一部分是经巴士海峡传入南海的分支半日潮。

东海的全日潮振动较弱,由于周期较长,全日潮在渤海和黄海仅形成一个旋转潮波。全日潮在整个渤海、黄海、东海和南海北部、中部海区表现为驻波性质。

南海的整个海区潮汐也主要来自太平洋经巴士海峡传入的潮波,其次是该海域产生的独立潮,这两个海潮形成了南海潮汐系统。太平洋潮波自东北向西南传播过程中,一大部分进入南海,其中一小部分在经过台湾南部的恒春海面时,折向西北,进入台湾海峡。太平洋潮波在南海传播过程中,在到达海南岛与西沙群岛时又发生转折,一小部分转向进入北部湾,另一部分绕过中南半岛,进入泰国湾。南海潮振动的一个显著特点是全日潮波大于半日潮波。

在渤海,潮汐性质以不规则半日潮为主,仅在大沽一带沿海为规则半日潮。潮汐性质较为复杂。例如,秦皇岛为规则日潮,其附近和黄河口一带为不规则日潮。黄海的潮汐性质是以规则半日潮为主,仅在成山头和苏北以东局部海域为不规则半日潮类型。东海的东部海域为不规则半日潮,西部为规则半日潮,而镇海和舟山群岛又表现为不规则半日潮。台湾海峡的南部则是不规则半日潮和不规则全日潮。南海的潮汐性质最为复杂。规则半日潮海区范围较小,且分布分散。不规则半日潮的海区的范围相对较大,而分布亦比较分散。在巴士海峡、台湾海峡南部、珠江口至粤西、湄公河和马来西亚南部等海域均有不规则半日潮的分布。不规则日潮在南海分布的面积最大,广泛分布在深海区、马来半岛北部等海区。规则日潮分布在北部湾、吕宋岛西岸、泰国湾中部与东部、南沙群岛、苏门答腊海区等,略大于规则半日潮的范围。

　　由于潮汐的类型复杂,中国海域的潮汐涨落很不均衡,不仅表现为季节不等,而且表现为日不等和月不等。潮汐不等现象,不仅决定于地球、月亮和太阳的相对位置变化,而且取决于沿海各地的半日分潮、全日分潮的振幅,分潮还受浅水地形的影响。

　　在一个朔望月(29.530 588 平太阳日)的周期中,随着月相的盈亏,月球潮和太阳潮有两次重叠和远离的过程,因此,在半个朔望月内又有大潮和小潮之分,即盈亏不等。月球赤纬的月变化,亦会导致潮汐不等现象。在一个回归月(27.321 58 平太阳日)中,赤纬最大时,潮高日不等现象最明显,这时的潮汐叫作回归潮。而赤纬为零时,潮高日不等几乎消失,这时的潮汐叫作分点潮。因此,月球赤纬的变化,既可导致潮汐涨落日不等现象,又会产生潮汐的半月不等现象,这叫作回归不等。此外,地球与月球的相对距离在一个近点月(27.554 55 平太阳日)中,从近地点到远地点,再从远地点回到近地点,这样又形成距离不等现象,当月球运行到近地点和远地点时,潮差就十分明显。潮差是指两个邻接的低潮(或高潮)与高潮(或低潮)之间水位的垂直落差。潮差的分布、变化与潮汐的性质及其不等现象有着密切关系。在一年当中,春分和秋分的大潮往往特别大,这是因为正逢朔望大潮期,不仅太阳在赤道附近,而且月球亦在赤道附近。是时,分点潮是一年中的最大潮。其他星体的周期变化也多多少少影响潮汐的不等。属于不规则和规则日潮的海区,当月球赤纬最大时,半日潮现象就会消失。是时,一天中只会出现一次高潮和低潮,随后日潮潮差达到最大值;月球赤纬减至零时,又会出现半日潮现象,潮差值为最小。冬至前后的朔望日,则可能出现半年当中最大的日潮潮差。总之,中国海域各种潮汐不等现象的存在不仅是复杂的,而且也是明显的。

　　中国海域的大潮潮差情况是,在中国海域外缘大洋潮传入之处,一般来说,潮差很小,大都在 1 米以下。当潮波进入边缘海河大陆架之后,由于水深变浅,潮差逐渐增大。潮差分布的总趋势是,东海和黄海东部的潮差最大,渤海与黄海中西部次之,南海最小。潮差小的海区,诸如秦皇岛、黄河口、成山头和苏北外海,潮差均小于 1 米。潮差大的区域则通常在潮波系统的波腹区,最典型的长江口以北的江苏沿海区域。尤其是在海岸曲折地形的作用下,会出现很大的潮差。鸭绿江口至朝鲜清川江口一带,大潮差平均可达 6 米以上,而在朝鲜半岛江华湾仁川一带则高达 8 米,在我国杭州湾的顶部亦可达到 6 米至 8 米。杭州湾形如漏斗,鳖子门以上的江面狭窄,并向北弯曲。因此,潮流进入江口后,遇到北岸阻挡,水面骤然高涨,潮水如万马奔腾向上游冲去,成为暴潮,特别是东海正逢大潮时,景象特别壮观。这种大潮对于海岸冲击所产生的破坏十分巨大。福建沿海的潮差有时亦会达到 5 米以上,南海的潮差一般较小,巴士海峡入口处不足 1 米,潮波在南海深水区潮差更小。

中国入海的江河很多,比较大的有鸭绿江、辽河、海河、黄河、淮河、长江、钱塘江、闽江和珠江等。尽管这些江河流量、河床和河口地形不同,而就潮汐来说都有共同的特征。其一,自河口至上游的感潮段,潮差均呈现沿途递减现象;江河入海口与喇叭海湾相连接处,虽然湾口至湾顶的潮差是递增,但从湾底处向上游时,其潮差亦呈递减现象,例如杭州湾与钱塘江口就是这样(图二)。其二,在河口潮汐涨落过程中,一般情况下,落潮时间长于涨潮时间。越向上游,落潮时间越长。

图二 钱塘江大潮(《钱塘江大潮现一线潮奇观》,中国新闻网 2011 年 9 月 2 日 10 点 16 分播报)

风暴潮是指海面在风暴力场的作用下偏离正常天文潮的异常升高和降低现象。这种海面异常升高的现象,又叫风暴海啸、气象海啸;而海面降低的现象,又叫风暴减水,或负风暴潮。中国海域是各类风暴潮频繁发生区,平均每年发生 1 米以上的风暴潮 14 次,2 米以上的风暴潮 2 次。导致中国海域发生风暴潮的主要原因是热带气旋、增冷高压系统、温带气旋以及近海地震等。每年影响中国海域风暴潮的热带气旋平均有 20 余次,每年影响中国海域风暴潮的强冷空气平均有 5—6 次,每年影响中国海域风暴潮的温带气旋多达 50 余次。

四、海冰

人们称在海上出现的一切冰冻现象为海冰。海冰包括在海上冻结而成的咸水冰和河流入海中的淡水冰。中国的海冰均发生在渤海和黄海。

辽东湾是中国海域最严重的结冰海区,即使在正常年份也是如此。初次结冰的时间在每年 11 月中旬,海冰消融日在次年 3 月中旬,共有 4 个月的结冰期。长兴岛至盖平角一带固定冰期为 1 月至 2 月间,宽度 2 公里,冰厚 10—40 厘米。盖平角至小凌河一带是辽东湾近海结冰最厚的地方,固定冰在 12 月至次年 2 月之间,宽度 2—8 公里,冰厚 30—50 厘米。小凌河至秦皇岛的固定冰期在 1 月至 2 月间,宽度 2 公里,冰厚 20—40 厘米。秦皇岛以南至滦河口的固定冰期为 1 月中旬至 2 月下旬,宽度 0.5 公里,冰厚 10—30 厘米。辽东湾的浮冰期一般距离海岸 20—40 公里,流冰速度一般为 1 节左右。

渤海湾于 12 月上旬开始结冰,次年 3 月海冰消失,冰期为 3 个月。1 月上旬至 2 月中旬为固定冰期,宽度 2 公里以内,冰厚 20—30 厘米。其浮冰厚度为 10—30 厘米,流动速度为 0.6 节(图三)。

图三　卫星拍摄的渤海北部海冰(《连日晴暖天气:渤海海冰面积锐减到 6 400 平方公里》,胶东在线新闻中心,2014 年 1 月 26 日 16 时 35 分播报)

莱州湾于 12 月中旬开始结冰,次年 2 月冰消,冰期 2 个多月。固定冰宽度 0.5 公里。刁龙嘴以东至龙江一带只有浮冰,厚度在 15—30 厘米,移动速度在 1 节以内。龙口以东一般无冰。

黄海北部沿岸冰情比辽东湾轻一些。初次结冰在 11 月下旬,冰消时间在次年 3 月中旬,冰期历时 4 个月。其冰情最严重的地方是鸭绿江口。鸭绿江口至大洋河口一带为 2—5 公里,厚度 20—30 厘米。大洋河口至成山头一带,冰面宽度 1—2 公里,冰厚 10—20 厘米,流冰平均速度 0.4—0.6 节。

异常冰情分为两种:其一是重冰年,表现为结冰范围广,冰层厚和冰期时间长。20 世纪分别发生在 1936 年冬季、1947 年冬季和 1969 年冬季。1969 年的海冰几乎覆盖整个渤海。其二是轻冰年,表现为不仅结冰范围较小,冰层较薄,而且冰期较短。除了河口、浅滩之外,只有个别海区和岸边有冰。20 世纪出现过 4 次:1935 年、1941 年、1954 年和 1973 年。[1]

第五节 中国海域之资源

地球上的海洋资源相当丰富,种类繁多。人们从不同角度对于海洋资源进行了分类,通行的分类有三种:其一,将海洋资源分为生物资源和非生物资源。按照这种分类,海洋中的动物、植物属于生物资源,海底矿物和海水中化学元素以及海洋能等属于非生物资源。其二,将海洋资源分为再生性资源和非再生性资源。按照这种分类,海洋中的生物、海水、波浪、潮汐、海流等,由于可以恢复和再生,属于再生性资源;海底的油气及其他矿产资源属于非再生性资源。其三,将海洋资源分为生物资源、矿产资源、化学资源和海洋能资源。按照这种分类,海洋中的动物、植物属于生物资源,海底油气和其他矿物属于矿产资源,溶解于海洋中的化学元素属于化学资源,而潮汐、波浪和海流等属于海洋能。上述分类各有优点,本书按照第三种分类,对于中国海域资源分别作一简单介绍。

一、中国海域之生物资源

海洋生物资源与其他资源不同,主要特点是具有生命的再生能力。在有利的条件下,种群数量迅速扩大。在不利的环境中,其种群数量急剧下降。中国海域辽阔,从南到北,跨越 40 个纬度,不仅有沿岸流、暖水流和冷水流互相交汇,而且有数千条河流注入其中,生物环境复杂,导致生物多样。鱼类有 1 500 余种,虾、蟹、贝、藻数十种。具有经济价值的动植物可以分为八类(表4)。

渤海是内海也是浅海,平均深度为 18 米,最深的地方也不过 70—80 米。沿岸有黄河、海河、滦河、辽河等大河注入,并带入大量营养,饵料充足,适宜鱼虾生

---

〔1〕 本节主要参考书目:陈汝勤等《海洋中国》,台湾锦绣出版社,1982 年,第 19—72 页;孙湘平《中国沿岸海洋水文气象概况》,科学出版社,1981 年,第 1—154 页;王颖《中国海洋地理》,科学出版社,1996 年,第 1—300 页。

表4　中国海域主要动植物名称

类　别	名　　　称
鱼　类	带鱼、大黄鱼、小黄鱼、白姑鱼、鳁鱼、黄姑鱼、真鲷、血鲷、红笛鲷、二长棘鲷、大眼鲷、甘鲷、慈鲷、金线鱼、银鲳、刺鲳、鲆、鳓、鲅、鲭、鲂、鲱、鳕、海鳗、狗母鱼、梭鱼、鲈鱼、银米、鲥鱼、角白鲨、犁头鲨、星鲨、姥鲨、马面鲀、赤鲟、白鲟、尖嘴鲟、黄鲫、银鱼、鲬、海鲇、河鲀、金枪鱼、旗鱼
软体类	墨鱼、鱿鱼、牡蛎、蚶、蛤、贻贝、扇贝、鲍鱼
甲壳类	对虾、毛虾、英爪虾、梭子蟹
哺乳类	长须鲸、小鳁鲸、座头鲸、海豚、海豹
爬行类	海龟、玳瑁
棘皮类	海参
腔肠类	海蜇
海藻类	海带、紫菜、裙带菜、石花菜

长。既有小黄鱼、带鱼、黄姑鱼、鳓鱼、真鲷和鲅鱼等150余种,又有毛虾、对虾、梭子蟹等。对虾是渤海最著名的海产品。渤海北部有望海寨、菊花岛、大清口等渔场,南部有龙口、利津和黄河口渔场,西部有海河口渔场。

黄海鱼类主要有小黄鱼、带鱼、鲅鱼、黄姑鱼、鳓鱼、鲱鱼、鲳鱼、鳕鱼等300余种,又有金乌贼、日本枪乌贼、中国毛虾、海蜇、中国对虾、梭子蟹等。北部有鸭绿江渔场、海洋岛渔场;中部有烟台外海渔场、威海外海渔场、成山头外海渔场和石岛东南渔场;南部有青岛外海渔场、连云港外海渔场和吕四外海渔场。

东海主要有带鱼、大黄鱼、小黄鱼、马鲛鱼、鲷鱼、鲨鱼、海鳗等600余种,又有海蜇和海蟹等。北部有舟山、韭山、渔山、大陈、南北麂山渔场,南部有台山、东引、牛山、乌坵、东北棂、兄弟岛渔场。

南海北部有鱼类750余种,南部有鱼类1000余种,主要有鲱鱼、笛鲷、大眼鲷、金线鱼、石斑鱼等,又有鱿鱼、乌贼、章鱼、海龟、红毛虾、海蜇、珠母贝、龙虾、对虾、梭子蟹和海参等(图四)。南海东海区有南澳、碣石、汕尾渔场;中部和西部有伶仃洋、万山、上下川、硇洲外海渔场;海南岛和北部湾有七洲洋、莺歌海、湄洲外海、感恩外海、夜莺岛等渔场。此外,南沙群岛、中沙群岛、西沙群岛和东沙群岛附近也是中国渔民传统捕鱼的区域。

中国沿海自北而南有十大渔场,即石岛渔场、大沙渔场、吕四渔场、舟山渔

图四　中国南海水产(《南海物种资源极为丰富》,图片由海南省水产研究所提供,《南海网》2012年8月1日8时51分)

场、闽东渔场、闽南与台湾浅滩渔场、珠江口渔场、北部湾北部渔场、西沙群岛渔场、南沙群岛渔场。

石岛渔场,位于山东石岛东南的黄海中部海域。该渔场地处黄海南北要冲,是多种经济鱼虾类洄游的必经之地,同时也是黄海对虾、小黄鱼的越冬场和鳕鱼的产卵场。渔场内常年可以作业,主要渔期自10月至次年6月。主要捕捞对象是:黄海鲱鱼、中国对虾、乌贼、鲜鲽、鲐鱼、马鲛鱼、鳓鱼、小黄鱼、黄姑鱼、鳕鱼和带鱼等。

大沙渔场,位于黄海南部,大致在北纬32°至34°,东经122°30′至125°范围内。地处黄海暖流、苏北沿岸流,长江淡水交汇的海域,浮游生物繁茂,是多种鱼虾类越冬的场所。每年5月,马鲛鱼、鳓鱼、鲐鱼等中上层鱼类,由南而北作产卵洄游,途中经过该海域,形成大沙渔场的春汛。7—10月,带鱼在渔场中分布广、密度大、停留时间长;其他经济鱼类如黄姑鱼、大小黄鱼、鲳鱼、鳓鱼、鳗鱼等亦在此觅食,形成秋汛。

吕四渔场,位于黄海西南部,东连大沙渔场,西邻苏北沿岸。由于紧靠大陆,大、小河流带来的营养物质丰富;同时又处于沿岸低盐水系和外海高盐水系的混合区,加以渔场水浅、地形复杂,因而为大、小黄鱼产卵和幼鱼生长提供了良好的条件,成为黄海、东海最大的大、小黄鱼产卵场。

舟山渔场,位于舟山群岛东部,大致在北纬28°至31°,东经125°以西的范围,地近长江、钱塘江的出海口。冷、暖、咸、淡不同水系在此汇合,水质肥沃,饵料丰富,鱼群十分密集,为我国近海最大的渔场,也是世界上少数几个最大的渔场之一。舟山渔场鱼种丰富,有带鱼、鲐鱼、鲹鱼、小黄鱼、大黄鱼、鲷、海蟹、海蜇、鲨鱼、海鳗等。渔场一年四季均可捕捞,夏秋季有鲐、鲹鱼汛,冬季则形成近海最大的带鱼冬汛。

闽东渔场,位于北纬25°至27°10′,东经125°以西的东海南部海区。闽东渔场有金钗溪、七都溪、赤岸溪、怀溪、白马河、霍童溪、北溪、鳌江和闽江诸多河溪注入,又有低温低盐的浙闽沿岸水与高温高盐的台湾暖流分支汇合,营养盐丰富,成为多种经济鱼虾产卵、索饵和越冬的良好场所。此处四季均有鱼汛,渔业产量占福建省海洋渔业总产量的大部分。春汛主要有大黄鱼、小黄鱼、带鱼、鳓鱼、马鲛鱼、乌贼、银鲳、姥鲨、鳗鱼、鲐鱼、蓝圆鲹、小公鱼、毛虾、梭子蟹等。夏汛主要有鳀鳁鱼、鳓鱼、银鲳、青鳞鱼、小公鱼、对虾、海蜇等。秋汛主要捕捞大黄鱼、鲍鱼、鳓鱼、海蜇、梭子蟹、对虾等。冬汛主要捕捞带鱼、大黄鱼、乌贼、蓝圆鲹、鲐鱼、鲨鱼、毛虾、棱子蟹和舵鲣等。

闽南与台湾浅滩渔场,位于台湾海峡南部,北起北槟岛附近,南至台湾浅滩以南,自然条件复杂,受高温高盐的黑潮分支和南海水,以及低温低盐的浙闽沿岸水和高温低盐的粤东沿岸水四个水系的混合影响,加之台湾的江河注入和台湾浅滩南部的涌升流,构成了渔场高产的得天独厚的自然条件。渔业资源丰富,鱼种繁多,是我国重要的中上层鱼类渔场。中上层鱼类的金枪鱼、青干金枪鱼、舵鲣、蓝圆鲹、沙丁鱼、脂眼鲱、乌鲳和绒纹单刺鲀等,以及底层鱼类的鲷类,蛇鲻、带鱼、乔氏台雅鱼等都很丰富。渔场综合产量高,全年均可作业。

珠江口渔场,位于北纬21°08′至22°,东经112°50′至114°20′,系南海的重要渔场之一。渔场内岛屿众多,渔场地处外海水和珠江冲淡水的交汇区,带来大量的营养物质,使众多浮游生物繁殖生长,成为生物活动的密集中心。围网鱼汛主要在12月至次年4月,2月至3月鱼汛最旺。盛产蓝圆鲹、金色小沙丁鱼、鲐鱼、圆腹鲱等。

北部湾北部渔场。位于北纬20°20′至21°30′,东经106°30′至109°50′,北濒广西沿岸,东临雷州半岛,西邻越南,南接北部湾中南部海域。渔场内岛屿较多。来自大陆的九州江、南流江、钦江、北仑河和红河等江河流入北部湾,繁殖生长了大量的浮游生物,形成了许多经济鱼类的良好栖息场所。浅海围网作业渔期自11月至次年5月,主要捕获青鳞鱼、蓝圆鲹和沙丁鱼等。拖网作业渔期自9月至次年 5 月,主要捕获长鳍银鲈、蛇鲻、红鳍笛鲷、断斑石鲈、鲹鱼和海鳗等。

西沙群岛渔场。西沙海域气候炎热,终年水温很高,为珊瑚的大量生长提供了良好的条件,而珊瑚的丛生又为鱼类生长、繁殖带来了丰富的饵料。西沙群岛周围有巨大的礁盘,水浅而清,有着浅水礁盘性鱼类生长的环境;而礁盘外侧深度骤然增加,属于深水性环境,适宜大洋性鱼类生活。此处属于礁盘鱼类区系的有海鳝科、笛鲷科、金眼鲷科和鳍科等;属于大洋性鱼类区系的有鲭科、旗鱼科、飞鱼科等。其中产量较高的有刺鲅、鲔鱼、金枪鱼等。西沙群岛渔场为典型的热带海洋性气候,鱼类终年生长、繁殖。生长快、个体大是西沙群岛渔场经济鱼类的一个显著特点。此外,凶猛性鱼类数量较多,肉食性的鱼类约占 40%—50%,如鲨鱼,几乎分布于整个水域。

南沙群岛渔场。南沙群岛是由 200 多个岛礁、沙洲、暗沙、暗滩等组成的群岛,周围有许多沉没的海底山和珊瑚礁。受这种地形影响,常能形成局部的涌升流,把底层丰富的营养成分带到表层。同时,众多的珊瑚礁环境又为鱼类提供了饵料充足、适宜栖息的场所。该渔场水产资源丰富,鱼类有褐梅鲷(石青鱼)、真鲹(吉尾鱼)、斑条舒(吹鱼)及金枪鱼类等;贝类有乌蹄螺、砗磲;爬行动物有海龟、玳瑁;棘皮动物中有梅花参(菠萝参)、二斑参(白尼参)、黑尼参(乌圆参)、蛇月参(赤瓜参)、黑狗参(黑参)等。[1]

二、中国海域之矿产资源

中国海域海底蕴藏着丰富的矿产资源,其中以石油、天然气等资源最为丰富。在中国海域中分布着 17 个新生代沉积盆地,自北而南是:渤海、北黄海、南黄海、东海、冲绳、台西、台东、台西南、珠江口、琼东南、莺歌海、北部湾、管事滩北、中建岛西、巴拉望西北、礼乐—太平—沙巴等盆地。这些盆地具有面积大、沉积厚、油气质丰富、盆地热演化条件好、储层发育好等特点。这些地方是中国油气开发利用和储备的宝库。

可燃冰是天然气水合物的俗称,是 20 世纪末在海洋和冻土带发现的新型能源,可以作为石油、煤炭等能源的重要替代品。中国从 1999 年开始对可燃冰实施调查和研究。到目前为止,调查和研究已经取得重要成果:第一,发现南海北部陆坡可燃冰有利区,在西沙海槽、东沙、神狐和琼东南海域发现了可燃冰存在的各种信息;第二,评估了南海北部陆坡可燃冰资源潜力,初步圈定了其异常分布范围;第三,确定了东沙、神狐 2 个可燃冰重点开采目标,圈定了南海北部陆坡

---

〔1〕 本节主要参考中国海洋学会编《丰富的中国海洋生物》,大象出版社,1998 年,第 1—72 页。

可燃冰最有利的目标区,为实施可燃冰钻探提供了目标靶区;第四,证实了中国南海存在可燃冰资源。2007 年 4—6 月,租用外国钻探船在神狐海区,获得了可燃冰样品。

滨海砂矿不仅是某些重金属、贵金属和稀有金属的重要来源,而且由于开采方便、投资少、见效快,是仅次于石油和天然气的矿物资源。

三、中国海域之化学资源

海水中含有各种元素,应有尽有,已经分析出的元素有氧、氢、氯、钠、镁、硫、钙、钾、溴、碳、锶、硼、硅、氟等 80 余种,目前得到利用的主要是食盐、镁、钾溴等。中国海岸线漫长,广阔的粉沙淤泥质海涂,非常适宜开滩晒盐,为盐业提供了广阔的场所。

四、中国海域之海洋能

海洋能包括潮汐能、波浪能、潮流和海流能、海洋热能、海洋化学能。这些海洋能均是可以再生的资源,随着人类海洋技术的提高,将成为取之不尽、用之不竭的宝贵能源。

总之,无论是海洋生物资源、矿物资源,还是化学资源、海洋能资源,中国海域都无限丰富。走向海洋,深入海洋,拥抱海洋,建设海洋,乃是 21 世纪中国人的重要使命。

小　结

海洋乃是地球生命之摇篮地,矿藏资源之宝库,运输便捷之通道。海洋开发利用之程度标志着一个国家的工业水平。中国既是一个有着辽阔腹地的内陆国家,也是一个拥有漫长海岸线的濒海国家。21 世纪是海洋之世纪,作为一个濒海大国,中国要实现民族复兴和国家富强的伟大战略目标,必须重视海洋,利用海洋,经略海洋。

从海权战略角度来看,介于亚洲大陆和西太平洋之间的中国海域具有十分重要的战略地位,是西太平洋地区许多重要海空航线的必经之地,是世界海空交通的重要枢纽之一。从地缘政治来看,该海域尽管是亚洲大陆东部和东南部的边缘地带,却是远东国家利益交汇之处。从自然资源来看,该海域拥有丰富的生物、矿产、化学和动力资源,是周边各国新世纪经济发展的必需依赖的资源宝库。

　　渤海和黄海濒临中国东北、华北和华东地区,东北为朝鲜半岛,东部与日本列岛和琉球群岛相邻,南临台湾海峡,并通过朝鲜海峡和琉球群岛水道与日本海和太平洋连通。该海域对中国的战略价值主要体现在它对东北、华北和华东地区的"门户"作用,中外商船都要通过"门户"实现进出口贸易,中外海军都要通过"门户"实现战略战术目标。对于中国来说,由于首都位于北京,渤海成为国家战略核心地带,确保其安全对中国国家安全来说,乃是重中之重。渤海的安全依赖于黄海的安全,没有黄海的安全,也就没有渤海的安全。因此,渤海与黄海实为一个战略整体。日本就是通过甲午战争打败北洋水师,控制黄海,然后控制渤海海峡,进而威胁京城的安全,迫使清廷媾和的。渤海与黄海的半封闭状态,有利于中国海防力量的集中部署,但不利于中国海军自由出入。该海域与外部联系的通道处于韩国和日本的控制之下,而这两国又均为美国在东北亚地区的重要盟友。出于掌控东北亚、防范中国和俄罗斯的需要,美国在这两个国家驻军10余万人,试图完全控制这一海域与太平洋之间的战略水道,这对于中国海军走向远洋势将产生极大制约作用。作为战略家既要看到该海域有利于加强海防的一面,也要关注其不利于中国打破"封锁"的一面。

　　中国东海所处的地理位置在战略上也十分重要。就海权战略来说,该海域位于中国大陆东南滨海经济发达的城镇的外侧,中国的进出口贸易的商船大都由此出发或停泊。台湾岛和台湾海峡的战略地位在中国位于枢纽地位,因此被称为"东南之锁钥"和"腹地数省之屏障"。台湾岛与海南岛、舟山群岛均为海防要塞,互相构成一条天然的海防线,足以掩护中国东南沿海各省市及该方向的战略纵深。东海地处中国黄海和南海之间,其中的台湾海峡更是联系这两大海域的咽喉部分,因而,控制这一海域对维护南北海域的贯通、确保南北海运的安全具有特别重要的战略价值。没有东海的安全,没有台湾海峡的安全,没有台湾的要塞保障,黄海、渤海和南海之间将首尾不能相顾。就地缘政治来说,中国在战时控制了台湾和台湾海峡,也就控制了东北亚与南海,乃至于印度洋的通道,东北亚的经济命脉将掌握在中国人手中,地缘政治格局将倾向于中国,美国围堵中国的第一岛链就会彻底断裂。

　　中国南海背靠华南地区,向南一直延伸到东南亚地区的纵深地带,通过巴士海峡可以进入太平洋,通过马六甲海峡和巽他海峡可以进入印度洋。在中国南海,从北到南分布着海南岛、东沙群岛、西沙群岛、中沙群岛和南沙群岛等群岛。该海岛和群岛不仅构成了华南地区重要的海防前哨,扩大了中国南部的海上战略纵深,而且深入东南亚群岛附近,成为控制东南亚国家之间的交通要冲。该海域的地理位置特殊,使其对中国的价值充分体现在海权的战略位置上。它既是中国与东南亚各国相互联系的通道,也是中国与中东、欧洲和非洲等国家和地区交往的必经之地。当下中东和北非是中国石油进口的重要来源地,而欧盟则是中国的第三大贸易伙伴。东北亚和印度支那半岛的进出口贸易以及能源供应也主要靠南海航线来完成。中国在战时控制了南海,即使没有马六甲海峡,也可以形成海权位置的相对战略优势。在和平年代,与东南亚滨海国家和平共处,互相尊重主权,互相尊重海洋权益,共同管控好南海的通道,可以确保南海国际航道的畅通。在古代中国历史上,该海域一直掌握在中国人手中,海上丝绸之路得以畅通无阻,那时的南海一直是和平之海。这一海域的战略价值还体现在它所拥有的丰富的矿藏资源上,其油气资源储量之巨大,有"第二个波斯湾"之称。开发和利用家门口的生物和矿藏资源,对于中国来说乃是天经地义。

第一编
中国海域地理认识史

第一章 中国海域认识之
开端(959 年以前)

第一节 神话传说与海洋
地理认识之开端

一、《山海经》的海洋地理观念

我们之所以首先研究海域地理发展史,既是要考察中国人对于海域的认识历程,也是要说明中国人与大海结成的关系,观看中华民族在大海上是如何表演的。这正如海格尔所强调的,是因为"助成民族精神的产生的那种自然的联系就是地理的基础;假如把自然的联系同道德全体的个别行动的个体比较起来,那末,自然的联系似乎是一种外在的东西;但是我们不得不把它看做是'精神'所从而表演的场地,它也就是一种主要的而且必要的基础"。[1]

当然,我们现在是从 21 世纪的观点来看待海洋地理学的,又是从世界地理学的进步看待中国的地理知识进步的。我们对于中国海域地理知识的进步必须给予重视,同时对于西方地理学的发展也应给予关注,只有在比较中才能认识到我国海洋地理知识的价值和局限性。

中国海域地理知识的开端是一本一度被认为充满荒谬的著作——《山海经》。现代中国学者一般认为《山海经》成书非一时,作者非一人,经西汉刘向、刘歆父子校书时,才将有关山和海的记载合编在一起而成。据说《山海经》原来22 篇,现存 18 篇,约 32 千字。其中《山经》5 篇、《海外经》4 篇、《海内经》4 篇、《大荒经》5 篇。

---

〔1〕 〔德〕黑格尔著,王造时等译:《历史哲学》,商务印书馆,1963 年,第 123 页。

《山经》主要记载山川地理、动植物和矿物等的分布情况,《海经》中的《海外经》主要记载海外各国的奇异风俗,《海内经》主要记载海内的神奇事物,《大荒经》主要记载与黄帝、女娲和大禹等有关的神话资料。

最早提到《山海经》的信史是司马迁的《史记》。太史公曰:"言九州山川,《尚书》近之矣。至《禹本纪》、《山海经》所有怪物,余不敢言之也。"[1]现在见到的《山海经》最早版本是郭璞《山海经注》,其卷首有西汉刘秀《上〈山海经〉表》,略谓:"侍中奉车都尉光禄大夫臣秀领校、秘书言校、秘书太常属臣望所校《山海经》凡三十二,今定为一十八篇。"最早收录《山海经》的是《汉书·艺文志》,说《山海经》有十三篇。[2]

对于《山海经》的内容,历代认识不尽相同。《汉书·艺文志》把它列入形法类,而刘歆则认为《山海经》是一部地理博物著作。西晋郭璞极为推崇《山海经》,认为它是一部可以征信的地理文献。明朝人胡应麟认为《山海经》为"古今语怪之祖"。清《四库全书》将其列入小说类。直到民国时期,鲁迅还认为此书是方士之书。然而,当代大多数论者认为《山海经》是一部具有价值的地理著作。

人类早期经典,无论是在埃及、巴比伦、希腊,还是在中国,都有一个共同的现象,就是任何一本书都不存在分类现象,彼此之间并无明显分界。《山海经》亦是这样,可以说是包罗万象。除了保存着丰富的神话资料之外,还涉及多种学术领域,诸如宗教、历史、地理、天文、气象、医药、动物、植物、矿物、民俗学、民族学、地质学、海洋学、人类学等等。

《山海经》的成书可以说有一个相当长的过程。就其内容来看跨越了很多朝代,不仅大部分属于氏族社会末期的事情,而且似乎也有周秦汉晋的历史。可以说它成书于夏代,完善于周秦之际,增益于两汉魏晋。

《山海经》所记载的地域非常辽阔,有的研究者认为,《海内经》说的"北海之内,幽都之山,黑水出焉"[3],是指半年为极夜的北极地带。《大荒经》所说的"西南海之外,赤水之南,流沙之西"[4],是指中国的南海。《海内经》所称"西海之内,流沙之西"的"流沙",是指新疆塔克拉玛干沙漠。[5]《大荒经》里的

---

〔1〕 司马迁:《史记》卷一二三,《大宛列传》,第六十三,中华书局,1963年,第3179页。
〔2〕 班固:《汉书》卷三○,《艺文志》,第十,中华书局,1962年,第1774页。
〔3〕 郭璞注:《山海经》,《海内经》第十八,岳麓书社,1992年,第185页。
〔4〕 郭璞注:《山海经》,《大荒西经》第十六,第171页。
〔5〕 郭璞注:《山海经》,《海内经》第十八,第180页。

"东海之外"的"大壑"和"大荒之中"〔1〕,是指太平洋。

《山海经》记载:"地之所载,六合之间,四海之内,照之以日月,经之以星辰,纪之以四时,要之以太岁,神灵所生,其物异形,或夭或寿,唯圣人能通其道。"〔2〕这些知识显然来自观察和推理。"六合",是指天地东西南北。在作者的想象中,世界是大地、海水和日月星辰组成的。大地被东、西、南、北四面的大海所包围,因此将人类所居住的大地称为"海内"。无独有偶,在埃及和希腊人的早期观念中,大地也是被海洋环绕的。公元前7世纪埃及奈舒王(Necho)向利比亚派遣了一个探险队,就是为了证实这个说法。〔3〕东海为日月星辰升起的地方,西海为日月星辰落下的地方,日月星辰有规律地运行,形成一年四季的变化。当时的人很难明白,日月星辰为什么在西方落下,第二天早晨为何再次从东方升起。对于这些无法解释的现象,当时的人只能将其归之于神灵。这种时间、空间和人间的宇宙观产生于中国远古时代,长期影响着中国人的世界观,历久弥新。《庄子·齐物论》:"六合之外,圣人存而不论;六合之内,圣人论而不存。"〔4〕

"海内"作为国家疆土的概念远在写作《山海经》时代的夏朝就已经形成了。夏代人对于世界的认知大致可以分为四个层次:第一是伊洛河所在的区域乃是天下的中心;第二是这个中心之外的江河,就是夏王朝的统治区域,即中山地区;第三是夏王朝影响所及的地区;第四是夏王朝势力无法影响的地区,即大荒地区。《山经》和《海内经》主要反映的是中心区和统治区。《海外经》和《大荒经》主要反映的是海外荒僻之地,即人类罕至之地。

在《海外东经》、《海外南经》、《海外西经》、《海外北经》中,《山海经》的作者历数各方氏族国家名称、图腾和特点以及彼此之间的血缘联系。尤其是在《大荒东经》中反复指出六个"日月所出"之地:"东海之外大壑,少昊之国……大荒东南隅有山,名皮母地丘;东海之外,大荒之中,有山名曰大言,日月所出。有波谷山者,有大人之国;有大人之市,名曰大人之堂……大荒之中,有山名曰合虚,日月所出,有中容之国,帝俊生中容……有东口之山,有君子之国……有司幽之国,帝俊生晏龙,晏龙生司幽……大荒中有山名曰明星,日月所出。有白民之国,帝俊生帝鸿,帝鸿生白民……有黑齿之国,帝俊生黑齿……大荒之中有山,名曰

---

〔1〕　郭璞注:《山海经》,《大荒东经》第十四,第151页。

〔2〕　郭璞注:《山海经》,《海外南经》第六,第113页。

〔3〕　[美]普雷斯顿·詹姆斯、杰弗雷·马丁合著:《地理学思想史》,商务印书馆,1989年,第32页。

〔4〕　沙少海著:《庄子集注》,贵州人民出版社,1978年,第26页。

鞠陵于天、东极、离瞀，日月所出……东海之渚中有神，人面鸟身……名曰禺虢，黄帝生禺虢……大荒之中，有山名曰孽摇頵羝……有谷曰温源谷，汤谷上有扶木，一日方至，一日方出……有山，名曰猗天苏门，日月所生……东荒之中，有山名曰壑明俊疾，日月所出，有中容之国。东北海外……有女和月母之国，有人名曰鵷……是处东极隅，以止日月，使无相间出没，司其短长。"[1]这显然是一个自南而北的漫长东方地带。这个地带在哪里？是不是南北美洲。这是先民对于东方海域的初步认识。

在《大荒南经》中说："大荒之中有不庭之山，荣水穷焉……有渊四方，四隅皆达，北属黑水，南属大荒……大荒之中，有山名曰融天，海水南入焉……大荒之中有山，名曰殒涂之山，青水穷焉。有云雨之山……禹攻云雨……有人名曰张弘，在海上捕鱼，海中有张弘之国……大荒之中，有山名曰天台高山，海水入焉。"[2]这是先民对于中国南海以及诸水南流现象的初步认识。

在《大荒西经》中说："西北海之外，大荒之隅有山而不合，名曰不周……西海之外，大荒之中有方山者……日月所出入……大荒之中有山，名曰丰沮玉门，日月所入……大荒之中有龙山，日月所入……大荒之中有山，名曰日月山，天枢也。吴姬天门，日月所入……大荒之中有山，名曰鏖鏊钜，日月所入者……大荒之中有山，名曰常阳之山，日月所入……大荒之中，有山名曰大荒之山，日月所入。"[3]这是先民对于昆仑山地的初步认识。

在《大荒北经》中说："大荒之中有山，名曰北极天柜，海水北注焉……大荒之中有山，名曰不句，海水入焉……西北海之外，赤水之北有章尾山，有神，人面蛇身而赤，直目正乘，其瞑乃晦，其视乃明，不食不寝不息，风雨是谒。"[4]这是先民对于北海的初步认识。

《大荒东经》说：东海之外有"大壑"；《大荒南经》说天台高山，"海水入焉"；《大荒北经》说北极天柜"海水北注焉"。而在《大荒西经》中却无此类描述。这些现象与东亚地理方位大致相当。

总之，《山海经》是上古时期一本令人很难读懂的书，或称神话，或称巫书。自晋代郭璞以来，几经名家注释，渐次显现其真实面目。然而，由于书中所说之山、之海、之江、之河、之国、之人、之事、之物均为上古名称，后人看来不免怪诞离奇，信者自信，疑者仍疑，认识并不一致。《山海经》作为中国地理学、中国海域

〔1〕 郭璞注：《山海经》，《大荒东经》第十四，第 151—157 页。
〔2〕 郭璞注：《山海经》，《大荒南经》第十五，第 159—163 页。
〔3〕 郭璞注：《山海经》，《大荒西经》第十六，第 164—170 页。
〔4〕 郭璞注：《山海经》，《大荒北经》第十七，第 175—177 页。

地理学的开端理应受到重视,但不必按照现代人的知识和观念对其所载事物一一进行牵强判断。

二、《禹贡》的海洋地理知识

《禹贡》是《尚书》中《夏书四篇》最重要的一篇,是记载中国地理、方物和赋税的早期文献。研究者一般认为该文系战国时代作品,假托夏代禹王之名而已。全篇分"九州"、"导山"、"导水"和"五服"四个部分,《禹贡》以山脉、河流等为标志,将中土分成九州,即冀州、兖州、青州、徐州、扬州、荆州、豫州、梁州和雍州,并对每州的疆域、山脉、河流、植被、土壤、物产、贡赋、少数民族、交通等自然和人文地理现象作了简要的描述。

《禹贡》关于河道疏通入海的记载如下:"导黑水,至于三危,入于南海。导河积石,至于龙门;南至于华阴,东至于底柱,又东至于孟津,东过洛汭,至于大伾;北过降水,至于大陆;又北播为九河,同为逆河,入于海。嶓冢导漾,东流为汉,又东为沧浪之水,过三澨,至于大别,南入于江;东汇泽为彭蠡;东为北江,入于海。岷山导江,东别为沱,又东至于澧。过九江,至于东陵;东迤北会于汇;东为中江,入于海。导沇水,东流为济,入于河,溢为荥,东出于陶丘北,又东至于菏,又东北会于汶,又北东入于海。导淮自桐柏,东会于泗、沂,东入于海。"〔1〕

这是说,大禹治水,不仅疏通了黑水到三危山的河流,使其流入南海,并从积石山开始,疏浚了黄河,使其流经龙门山、华山、底柱山、孟津等,汇入大海,而且疏导汉江向南流进长江,再汇入大海,同时还使长江与淮河合流,汇入大海。不仅疏浚了济水,使其流入黄河,而且疏浚了荥泽、菏泽,贯通了汶水,使其流入大海,还从桐柏山开始,疏浚了淮河,使其与泗水、沂水会合,向东流进大海。

关于海洋的信息,该文描写道:"海、岱惟青州。嵎夷既略,潍、淄其道。厥土白坟,海滨广斥。厥田惟上下,厥赋中上。厥贡盐绨,海物惟错,岱畎丝、枲、铅、松、怪石,莱夷作牧;厥篚檿丝。浮于汶,达于济。海、岱及淮惟徐州。淮、沂其乂,蒙、羽其艺,大野既猪,东原底平。厥土赤埴坟,草木渐包。厥田惟上中,厥赋中中。厥贡惟土五色,羽畎夏翟,峄阳孤桐,泗滨浮磬,淮夷蠙珠暨鱼。厥篚玄纤、缟。浮于淮、泗,达于河。淮、海惟扬州。彭蠡既猪,阳鸟攸居,三江既入,震泽底定,筱簜既敷。厥草惟夭,厥木惟乔;厥土惟涂泥;厥田惟下下;厥赋下上上

---

〔1〕 尹世积:《禹贡集解》,商务印书馆,1957年,第36—46页。

错;厥贡惟金三品,瑶琨筱簜,齿革羽毛惟木,岛夷卉服;厥篚织贝;厥包橘柚锡贡。沿于江、海,达于淮、泗。"〔1〕

《禹贡》说:"海岱惟青州。"这是说,青州是东至海而西至泰山,也就是现在山东的东部。"海、岱及淮惟徐州",相当于今山东省东南部和江苏省的北部。"淮、海惟扬州",就是北起淮水,东南到海滨。用现今地理来说,是江苏和安徽两省淮水以南,兼有浙江、江西两省的土地。大意是说,渤海和泰山之间是青州。疏通潍水和淄水后,这里是一片白色的盐碱地。田地属于三等,赋税是四等。此处进贡的物品不仅仅是盐和细葛布,而且有多种多样的海产品,还有泰山的谷物、丝、麻、锡、松和奇异的石头,可以通过船只运送到济水。黄海、泰山及淮河之间是徐州。治理好淮河、沂水以后,蒙山、羽山一带的土地是红色的,又粘又肥,草木丛生。这里的田地属于二等,赋税是五等。进贡的物品包括五色土、羽山的大山鸡、峄山的桐木、泗水的石头、淮夷的蚌珠和鱼。进贡的船只可以从淮河、泗水,直达与济水相通的菏泽。淮河与黄海之间是扬州。三条江水经过疏浚,顺畅流入了大海,震泽得到了治理,竹子遍布各地,草木茂盛。这里的土地比较湿润,属于九等,赋税是七等。进贡的物品包括金、银、铜、美玉、美石、小竹、大竹、象牙、犀皮、羽毛、旄牛尾和木材。尤其是在海岛上居住的人们穿着草编的衣服,把海贝和锦缎放在筐子里,并把橘柚等果实包裹起来作为贡品。

从上述记载中可以看到,夏商周时期,先民已经意识到江河湖海是一个彼此互相联系的自然地理系统。这在地理认识史上是一个重要贡献。人们将江河疏导入大海,乃是上古时期一项伟大的工程,大禹治水因此千古流传。无论大禹治水是否真实存在,而河海相通、陆海相济的观念已经深深植入中国人的脑海。

总之,《禹贡》晚于《山海经》,早于《汉书·地理志》,是先秦时期比较严谨的地理著作。《禹贡》利用了战国时期已经积累的地理学知识,扬弃了《山海经》的神话传说,超脱了是书的原始地理概念。因此,我们可以说,《禹贡》尽管文字无多,但属于中国地理学的开山之作,开启了实证的先河,比较精确地描述了黄河与长江两大流域和大海之间的地理位置。这对于后世地理学的发展影响甚深甚大。因此,清代学者李振裕说,"自禹治水,至今四千余年,地理之书无虑数百家,莫有越《禹贡》之范围者"。此话颇有道理。

---

〔1〕 尹世积:《禹贡集解》,第10—14页。

三、邹衍及其大九州说

邹衍是道家代表人物、阴阳家创始人，战国末期齐国人(图五)。生卒年月不详，据推断大约生于公元前 324 年，卒于公元前 250 年。邹衍一生著述甚丰。《史记·孟子荀卿列传》说他著有《终始》、《大圣》之篇"十余万言"，并另作有《主运》。《汉书·艺文志》著录《邹子》49 篇、《邹子终始》56 篇。邹衍是稷下学宫著名学者，因其"尽言天事"，时人称其为"谈天衍"，又称邹子。邹衍与公孙龙、鲁仲连是同时代人。齐宣王时，邹衍就学于稷下学宫。对此，司马迁评论说："邹衍睹有国者益淫侈，不能尚德……乃深观阴阳消息而作怪迂之变，《终始》、《大圣》之篇十余万言……然要其

图五 邹衍(南怀瑾:《战国阴阳家邹衍说天下有九州，中国是九州的一州为神州》插图，《北京时间》北京网络(北京广播电视台)，2018 年 5 月 15 日 6 时 31 分播报)

归，必止乎仁义节俭，君臣上下六亲。"[1]"邹衍以阴阳主运显于诸侯，而燕齐海上之方士传其术不能通，然则怪迂阿谀苟合之徒自此兴，不可胜数也。"[2]战国时期，齐国力量强大，齐宣王雄心勃勃，齐闵王野心更大，不仅要称王，还要称帝。邹衍学说投合于政治，因此他本人及其学说受到了齐宣王和齐闵王的高度重视，"是以邹子重于齐"，[3]被赐为上大夫。

天论与五行学说是邹衍学说的主要内容。班固明确指出其来源于当时掌管国家天文历法的羲和之官。"阴阳家之流，盖出于羲和之官，敬顺昊天，历象日月星辰，敬授民时，此其所长也"。《文心雕龙·诸子》也说："邹子养政于天文。"由此可见，善于谈天乃是邹衍的一大特点。然而邹衍不是为谈天而谈天，他是以谈天为手段，以服务于当时政治为目的。建立于阴阳基础上的"五德终始说"是其核心思想。

邹衍的五德终始说强调人类社会是不断变化的，有其一定合理性。用五行相生相克解释说明事物之间的对立和联系，也有哲学思辨色彩。但是，把这种五种元素的相生相克引入人类社会和政治的变化，未免过于牵强。邹衍的阴阳五

──────────

〔1〕〔3〕 司马迁:《史记》卷七四,《孟子荀卿列传》第十四,中华书局,1963 年,第 2344 页。

〔2〕 司马迁:《史记》卷二八,《封禅书》第六,第 1369 页。

行思想对后代哲学、医学、历法、建筑等领域影响很大,尤其是在汉代被董仲舒的新儒学所吸收。

在古代中国,天文和地理总是互相联系的。邹衍在地理学方面还提出了一个大九州的概念,从而把中国这个小九州置于范围很大的世界体系之中。他说:"所谓中国者,于天下乃八十一分居其一分耳。中国名曰赤县神州。赤县神州内自有九州,禹之序九州是也,不得为州数。中国外,如赤县神州者九,乃所谓九州也。于是有裨海环之,人民禽兽莫能相通者,如一区中者,乃为州。如此者九,乃有大瀛海环其外,天地之际焉。"这是说,中国称为赤县神州,赤县神州内有九州,乃禹时所分九州,而在中国之外还有九个大州,各有裨海环绕,每州内又各有九个小州,语言风俗皆不相通。在大九州之外又有大瀛海环绕。这种对世界地理的猜想,在当时具有扩大人们视野的重要意义。

先秦时期早已有九州之说,《禹贡》、《周礼·职方》都有九州之说,《逸周书·成开》也记载:"地有九州,别处五行。"邹衍的大九州说既是总结先前地理知识而来,也是其思想加上了翅膀的结果。

总之,这种观点在战国时代令人耳目一新,不免惊世骇俗,等于否定了中国位于天下之中的成见,反映了战国时期世界知识的增加。

四、《十洲记》的神秘色彩

《十洲记》,又称《海内十洲记》,旧本题汉东方朔撰。《十洲记》记载的是,汉武帝听说大海中有祖洲、瀛洲、玄洲、炎洲、长洲、元洲、流洲、生洲、凤麟洲、聚窟洲等十洲,"乃人迹所稀绝处"。便召见东方朔问其所在,东方朔为其一一介绍。因此成书。是书保存了不少神话材料,其中对于绝域异物不无生动描写。后附沧海岛、方丈洲、扶桑、蓬丘、昆仑五条,其内容显然来自《山海经》。

《十洲记》记载了汉武帝在华林园箭射若虎的故事。但是根据古人考证,汉武帝时期华林园尚未建筑。显然此书非东方朔所著。然而《隋书·经籍志》已经著录此书。据此可知,该书是六朝人假托之作。

书中对道教宫室和人物叙述颇为详细,其他奇事异闻亦充满道教气息。本书现存版本,有《道藏》本、《顾氏文房小说》本、《说郛》本、《百子全书》本等多种。

茫茫大海充满着无限和神秘,使人类产生无尽的遐想和猜测,早期是以神话方式活跃在人们的思维中。该书认为,祖洲、瀛洲、生洲在东海,流洲、凤麟洲、聚窟洲在西海,炎洲、长洲在南海,玄洲、元洲在北海。"祖洲近在东海之中,地方五百里,去西岸七万里……瀛洲在东海中,地方四千里,大抵是对会稽,去西岸七十万里……玄洲在北海之中,戌亥之地,方七千二百里,去南岸三十六万里……炎洲在南海中,地方二千里,去北岸九万里……长洲一名青丘,在南海辰巳之地,地方各五千里,去岸二十五万里……元洲在北海中,地方三千里,去南岸十万里……流洲在西海中,地方三千里,去东岸十九万里。上多山川积石,名为昆吾……生洲在东海丑寅之间,接蓬莱十七万里,地方二千五百里。去西岸二十三万里……凤麟洲在西海之中央,地方一千五百里。洲四面有弱水绕之……聚窟洲在西海中,申未之地,地方三千里,北接昆仑二十六万里,去东岸二十四万里。"从地理空间来看,以上各洲均在人类罕至的东、西、南、北四个方向的大海中。远比《山海经》的作者更富想象力。

书中对于沧海、方丈洲、扶桑、蓬莱和昆仑等海岛地理位置也作了描述。"沧海岛在北海中,地方三千里,去岸二十一万里。海四面绕岛,各广五千里。水皆苍色,仙人谓之沧海也……方丈洲在东海中心,西南东北岸正等,方丈方面各五千里……扶桑在东海之东岸,岸直,陆行登岸一万里,东复有碧海。海广狭浩瀚,与东海等。水既不咸苦,正作碧色,甘香味美。扶桑在碧海之中,地方万里……蓬丘,蓬莱山是也。对东海之东北岸,周回五千里。外别有圆海绕山,圆海水正黑,而谓之冥海也。无风而洪波百丈,不可得往来……昆仑,号曰昆峻,在西海之戌地,北海之亥地,去岸十三万里。又有弱水周回绕匝。山东南接积石圃,西北接北户之室。东北临大活之井,西南至承渊之谷。此四角大山,实昆仑之支辅也。"这些描述一方面来自《山海经》的记载和想象,另一方面来自秦汉时期先民对于渤海、黄海和东海的探海经验。

《十洲记》对于海水的描述非常具体。或说沧海岛附近"水皆苍色,仙人谓之沧海也";或说扶桑岛"水既不咸苦,正作碧色,甘香味美";或说蓬莱"外别有圆海绕山,圆海水正黑,而谓之冥海也"。没有海上阅历,不可能有如是观感。人类对于大海的探索,源自一个个假说。一个假说得到证实,同时会产生另一个假说。地理学的实际是一个个假说被逐个证实的过程。无论是在亚洲还是在欧洲,东方还是西方,人类对于大海探索的最初的驱动力都源自神话传说,神话传说不过是一种充满幻想色彩的假说而已。居住在渤海周围的先民很早就对大海产生了浓厚的兴趣,海市蜃楼更引起目睹者无穷的遐想。

《山海经》说:"蓬莱山在海中,大人之市在海中。"晋人郭璞注释说:"上有仙人宫室,皆以金玉为之,鸟兽尽白,望之如云,在渤海中也。"《十洲记》也有相关记载。在先秦秦汉时期,蓬莱因此成为家喻户晓的仙境的代名词。蓬莱并非是一种孤立存在,与其相伴的仙山还有方丈和瀛洲。司马迁说:"蓬莱、方丈、瀛洲,此三神山者,其传在渤海中,去人不远,患且至,则船风引而去。盖尝有至者,诸仙人及不死之药皆在焉。其物禽兽尽白,而黄金银为宫阙。未至,望之如云;及到,三神山反居水下;临之,风辄引去,终莫能至。"〔1〕这三座神山既然在渤海看不到,只好到东海去寻找。"渤海之东不知几亿万里,有大壑,名曰归墟,八荒九野之水,天汉之流,莫不注之,而无增无减焉。其中有五山焉,一曰岱舆,二曰员峤,三曰方壶(即方丈),四曰瀛洲,五曰蓬莱"。〔2〕 中国人在早期不能理解那么多大河的水流入海中,而不见海水升高的现象。不能理解海上突然出现蜃楼的现象,想到渤海和东海寻找神山。正如埃及人不能理解尼罗河水的周期性上涨和枯竭,他们把尼罗河周期的上涨和枯竭解释为冬天的太阳将河水吸走,夏天的太阳吸水较少。

渤海与黄海的滨海地区是产生神山、神仙的发源地。此处之所以产生如此丰富的海中神山和神仙传说,不仅与其可以看到海市蜃楼有关,也与滨海地区的先民朝夕与海洋相伴的心灵寄托有关。入海求仙,寻找黄金和不死之药,不仅是一般老百姓的梦想,而且也是最高统治者的企求,于是出现了一个个方士群体。

战国时期,齐威王、齐宣王和燕昭王都曾派遣方士入海,寻求蓬莱、方丈和瀛洲等神山。秦始皇更是对此深信不疑,为了长生,豪掷黄金数十万。"秦始皇东游,请见,与语三日三夜,赐金璧度数十万,出于阜乡亭,皆置去,留书以赤玉一量为报。曰:后数年,求我于蓬莱山。始皇即遣使者徐市、卢生等数百人入海,未至蓬莱山,遇风波而还"。〔3〕 汉武帝也不例外,汉武帝东巡时,"齐人之上疏言神怪奇方者以万数",其中言海中神山者数千人。〔4〕 三国时期,孙权"遣将军卫温、诸葛直将甲士万人浮海求夷洲及亶洲。亶洲在海中,长老传言秦始皇帝遣方士徐福将童男童女数千人入海,求蓬莱神山及仙药,止此洲不还。世相承有数万家,其上人民,时有至会稽货布,会稽东县人海行,亦有遭风流移至亶洲者。所在绝远,卒不可得至,但得夷洲数千人还"。〔5〕 卫温和诸葛直是中国历史上最早登陆台湾的军人。正是这些海上求仙等探险活动,驱使中国人到达扶桑(即日本),发现台湾。公元97年,西域都护班超派遣甘英出使大秦,"穷临西海",到达地中海东岸。这一事件更使中国人深信西海的存在,大陆被四海环绕。

与此同时,南海的丝绸之路已经开通。汉武帝元鼎六年(公元前111年),南越成为汉之郡县。其郡城番禺(即今广州)逐渐成为海外交通的枢纽。据记

〔1〕 司马迁:《史记》卷二八,《封禅书》第六,第1360—1370页。

〔2〕 《列子·汤问第五》,《诸子集成》第三册,中华书局,1956年,第52页。

〔3〕 刘向:《列仙传》卷上,《安期先生》,载《古今逸史精编》,重庆出版社,2000年,第17页。

〔4〕 司马迁:《史记》卷一二,《孝武本纪》第十二,第474页。

〔5〕 陈寿编,裴松之注:《三国志》卷四七,中华书局,1964年,第1136页。

载：南越地处近海，"多犀、象、毒冒、珠玑、银、铜、果、布之凑，中国往商贾者多取富焉。番禺，其一都会也"。[1]

五、《汉书·地理志》的欧亚大陆

《汉书·地理志》由东汉史学家班固所撰写，为《汉书》十志之一(图六)。成书于公元 54 年至 92 年间，是中国第一部以"地理"命名的地理著作。它对汉代郡县封国的建置，以及各地的山川、户口、物产、风俗和文化等作了综述，保存了汉代以前的许多珍贵的地理资料。《汉书·地理志》是中国地理学史上一部具有划时代意义的著作。

《汉书·地理志》以郡国为条，用本文加注的形式，依次载录各郡国及其下属县、道、侯国的地理概况，诸如郡县的民户、人口、废置、并分、更名的历史，各项特产，都尉、铁官、盐官、工官等治所，山川湖泽，关塞要隘，名胜古迹，道里交通，等等；并总记了西汉平帝时郡、国、县、道、侯国的总数，全国的幅员，土地面积，定垦田、不可垦地、可垦不可垦地，民户、人口总数等，还记载了南海各国的简况，并记叙了中国到印度洋的航海路线。它是中国最早以疆域政区为主体的地理著作，开创了疆域地理志的体例。汉以后的各朝正史地理志均是以其为典范编纂的。

图六　史学家班固(贾更坤主编：《中国通史 史前—汉时期》，中国戏剧出版社，2008 年，第 233 页)

《汉书》记载的地理范围非常广阔，东至日本海，西至西域，南至越南、缅甸，西南至斯里兰卡和印度，北至阴山。关于东海，该书说："会稽海外有东鳀人，分为二十余国，以岁时来献见云。"[2]此处的东鳀，是古国名，在会稽郡海外。有的学者认为，"东鳀人"是指日本九州以南的冲绳诸岛的居民。关于海南岛和南海，该书指出："自合浦、徐闻南入海，得大州，东西南北方千里，武帝元封元年略以为儋耳、珠崖郡。民皆服布如单被，穿中央为贯头。男子耕农，种禾稻苎麻，女子桑蚕织绩。亡马与虎，民有五畜，山多麈麂。兵则矛、盾、刀，木弓弩，竹矢，

---

[1]　班固：《汉书》卷二八下，《地理志》，中华书局，1964 年，第 1670 页。
[2]　班固：《汉书》卷二八下，《地理志》，第 1669 页。

或骨为镞。自初为郡县，吏卒中国人多侵陵之，故率数岁壹反。元帝时，遂罢弃之。"[1]这是说，汉武帝元封元年已将海南岛划为郡县，此处男耕女织，盛产稻米和丝绸，也有牛、羊、猪、鸡、犬等五畜，野生动物有鹿，但是，没有马和虎。由于天气炎热，无论是穿衣还是盖被都比较单薄。

该书最为可贵的地方是确切地记录了中国人开辟的到达印度洋的航海路线。"自日南障塞、徐闻、合浦船行可五月，有都元国；又船行可四月，有邑卢没国；又船行可二十余日，有谌离国；步行可十余日，有夫甘都卢国。自夫甘都卢国船行可二月余，有黄支国，民俗略与珠厓相类。其州广大，户口多，多异物，自武帝以来皆献见。有译长，属黄门，与应募者俱入海市明珠、璧流离、奇石异物，赍黄金杂缯而往。所至国皆禀食为耦，蛮夷贾船，转送致之。亦利交易，剽杀人。又苦逢风波溺死，不者数年来还。大珠至围二寸以下。平帝元始中，王莽辅政，欲耀威德，厚遗黄支王，令遣使献生犀牛。自黄支船行可八月，到皮宗；船行可二月，到日南、象林界云。黄支之南，有已程不国，汉之译使自此还矣。"[2]

南海交通史是历史学家重温南海航线的一门学科。史学家对于这条航线上的国家进行了反复考证，但是，由于时间久远，缺乏必要的旁证资料，至今未能完全达成共识。尽管如此，对于该航线的起点（日南）、中点（夫甘）和终点（黄支），学者的认识基本一致。日南是当时汉王朝最南面的一个郡，大致相当于越南[3]的中圻，郡治是朱吾。法国汉学家费琅认为，"夫甘"就是"蒲甘"（Pagan），位于缅甸伊洛瓦底江左岸，至今尚有遗址；"黄支"就是"建志"（Kanchi），位于印度半岛东南部。[4]

明确了汉代海上丝绸之路的起点、中点和终点，就可以看到，当时中国人已经建立了从广东（合浦、徐闻）到安南，再到缅甸和印度的海上贸易路线。但是，必须指出，由于海航技术较为原始，海洋地理气候知识有限，当时的海船只能循着海岸，慢慢航行。因此，才有五个月到达都元国，又四个月到达邑卢没国，又二十余日到达谌离国，再行二月余到达黄支国这样的记载。也就是说，从中国广东到达印度东南部航海，一次往返周期是 22 个月，接近两年，这是汉代的航海技术水平所决定的。

汉武帝时期开辟的这条航线，除了商船行驶之外，还有外交官乘坐的官船。

---

[1] 班固：《汉书》卷二八下，《地理志》，第 1670 页。
[2] 班固：《汉书》卷二八下，《地理志》，第 1671 页。
[3] 范晔：《后汉书》第 10 册，中华书局，1965 年，第 2920 页。
[4] ［法］费琅著，冯承钧译：《昆仑及南海古代航行考苏门答剌古国考》，中华书局，2002 年，第 56—57 页。

西汉时期,黄支国的使臣来到中国,中国的使臣也曾到达黄支国。公元 1 世纪前后,中国的丝绸已经把大汉帝国和古罗马帝国牵连起来。"其王常欲通使于汉,而安息欲与议缯彩与之交市,故遮阂不能自达"。[1] 是时,中国与欧洲之间的贸易,大都经过印度、安息(伊朗)和阿拉伯商人中转。"罗马王安顿时代(公元161—180 年),须经遥远而迂回之路程,方能运抵罗马之丝,其价值高于黄金"。[2] 罗马人曾经试图与中国直接建立联系,但是,受到了安息人的阻挠。

从上述事例可以看出,中国与欧洲之间的丝绸之路在公元 1 世纪已经开通,并迅速发展起来。在这条丝绸之路的东段是中国的海船,西段是罗马人的商船,而在中段主要是安息人和印度人而已。

总之,在秦汉魏晋时期,丰富的航海的实践使中国海域地理学知识日渐丰富起来,人们不仅掌握了向东航行到扶桑(日本)、东鳀(琉球)、夷洲(台湾)的航线,而且积累了从广东出发,前往越南、缅甸、印度和锡兰的航海知识,还间接与罗马帝国建立了商业和外交联系。中国人的视野已经扩大到太平洋西部、印度洋和地中海。汉代没有留下关于全国的地图,但已经有区域图。1973 年长沙马王堆 3 号墓出土了一幅绘制在帛上的地图,区域相当于现在的湖南、湖北和广东三省。该图长宽各为 0.96 米,上南下北。主要绘出了该地域的江河形势,以及珠江的千川万壑来源和汇入大海的地理形势,河海的关系在地图上隐约可见。

六、"地不满东南,故百川水潦归焉"

先秦秦汉时期,对于大地是平面的人们很少有怀疑。一个神话故事在不断加工的过程中,体现出了这一地理观念。

共工是炎帝的后裔。"炎帝之妻,赤水之子听訞生炎居,炎居生节并,节并生戏器,戏器生祝融,祝融降处于江水,生共工"。[3] 在《山海经》中,共工是一个人面蛇身的人物。到了东周时期,共工成为水神。《列子》记载:"共工氏与颛顼争为帝,怒而触不周之山,折天柱,绝地维,故天倾西北,日月星辰就焉;地不满东南,故百川水潦归焉。"[4] 颛顼是黄帝的后裔,这场战争显然是炎帝和黄帝大战的继续。《淮南子》也说:"昔者共工与颛顼争为帝,怒而触不周之山,天柱折,

---

〔1〕　范晔:《后汉书》第 10 册,第 2920 页。
〔2〕　方豪:《中西交通史》,岳麓书社,1987 年,第 165 页。
〔3〕　郭璞注:《山海经》,海内经第十八,岳麓书社,1992 年,第 186 页。
〔4〕　《列子·汤问第五》,《诸子集成》第三册,中华书局,1956 年,第 52 页。

地维绝,天倾西北,故日月星辰移焉;地不满东南,故水潦尘埃归焉。"〔1〕这意思是说,水神共工氏与颛顼争夺帝位,因失败而怒撞不周山。不周山是支撑天体的柱子,不周山倒了,也就是天柱折了。天柱折了,扯断了拉着大地的绳子。因此,天往西北方向倾斜,日月星辰都向西北运动;地往东南方向下陷,所以江河湖水都向东南汇集。

这一神话故事反映了人们对于中国地势的观察。中国地势西高东低,呈阶梯状分布,并且向海洋倾斜,有利于海洋湿润气流深入内地,形成降水。这种地势,使许多大河滚滚东流,沟通了东西交通,加强了沿海与内地的联系;还使许多河流在从高一级阶梯流入低一级阶梯的地段,水流湍急,产生巨大水能。

江河之水在华北、华东、华中和华南一直是滔滔不绝流向东南。人们在观察海水涨潮落潮的过程中,发现海水长期以来没有变化,不禁要问,为什么河水常年流入,没有使海水有所升高?流入大海的水最后流到哪里去了?要科学回答这个疑问,不仅必须知道太平洋的浩瀚,还要懂得人类居住的地方是个球形以及海水蒸发道理。当时的人不可能有这些知识,于是想象大地犹如一个盆子,是有边缘的。陆地在这个盆子的中央,其四面是东、西、南、北四海。由于海水在大地的某个地方漏掉,才使海水无法升高。〔2〕人们把这种想象的海洋地理现象称作"落漈"、"南风气"或"万水朝东"。"落漈"、"南风气"和"万水朝东",均是指海水落下的地方或方向。例如,《元史·地理志》说:"琉求,在南海之东,漳、泉、兴、福四州界内彭[澎]湖诸岛,与琉求相对,亦素不通。天气清明时,望之隐约若烟若雾,其远不知几千里也。西南北岸皆水,至彭[澎]湖渐低,近琉求则谓之落漈,漈者水趋下而不回也。凡西岸渔舟到彭[澎]湖已下,遇飓风发作,漂流落漈,回者百一。琉求,在外夷最小而险者也。"〔3〕再如,清代《台湾府志》记载:在台湾海峡,"船苟遇飓风,北则坠于南风气,一去不可复返;南则入于万水朝东,皆险也"。〔4〕

"地不满东南,故百川水潦归焉",乃是先民对于中国地势地理的一种朦胧认识,一种假说。正是这种认识和假说,使航海者担心掉入"落漈""南风气"或"万水朝东",恐惧心理使人不敢远离海岸。从秦汉到隋唐,甚至一直到宋、元、

---

〔1〕 高诱注:《淮南子注》卷三,《天文训》,上海书店,1986年,第35页。

〔2〕 "渤海之东不知几亿万里,有大壑,名曰归墟,八荒九野之水,天汉之流,莫不注之,而无增无减焉。"见《列子·汤问第五》,《诸子集成》第三册,中华书局,1954年,第52页。

〔3〕 《元史》卷二一〇,列传九十七,《外夷》三,《琉球》,中华书局,1976年,第4667页。

〔4〕 高拱乾:《台湾府志》卷一,《山川附海道》,见《台湾文献丛刊》第65种,台湾大通书局与人民出版社,2007年,第25—26页。

明、清,中国人对于海洋地理的探索长期处于停滞状态,或许是受了这种假说根深蒂固的影响。

总之,事物是一分为二的,关于海洋的古代神话传说也是这样,它有时会激发人们的探险欲望。例如,寻找金银财宝,或乞求长寿成仙等;有时会束缚人们的探险精神,使人担心坠入落漈、南风气或万水朝东,进入另一个世界,一去不可复返。

尽管存在这种时代和观念的局限性,我们应当肯定从先秦到秦汉,再到魏晋南北朝时代,中国海域地理学取得了一定成绩。按照著名汉学家李约瑟的说法,在公元前 2 世纪和公元 5 世纪之间的一段时期内,中国文化在把自然知识应用到有益的目的上是世界上最有成效的。中国地理学的研究作为其广博的学术传统的一部分,"那时就有了长足的进步,超过基督教欧洲所知道的任何东西"。[1]

第二节　中国海域之帆船航线

一、中国沿海航线之全部开通

秦汉时期,由山东半岛经过庙岛群岛,到达辽东半岛的航线已经开通,由江浙沿海到达山东半岛的航线,由福建前往广东和安南的航线亦已开通。到了三国时期,中国的航海技术又有了明显提高,不仅中国沿海航线全部开通,而且开通了中、日、韩之间的国际航线。

吴黄龙二年(230 年),孙权派遣诸葛直和卫温率领军队 1 万,横渡台湾海峡,经略夷洲(今称台湾),开通了台湾海峡两岸之间的航线。吴嘉禾元年(232 年),孙权派遣将军周贺带领战船,从海上前往辽东,联络公孙渊,共同抗曹。魏明帝曹叡发现后,派遣大将田豫率兵讨伐公孙渊,并在山东成山角附近设伏,截击由辽东返回东吴的周贺。周贺的船队在成山角遭遇大风,触礁沉船,周贺被俘,斩首。但是,周贺的出使还是取得了公孙渊的信任,后者旋即派遣使臣宿舒等人对吴国称藩。明年,孙权派遣张弥携带大量珍宝,带领水军万人送回宿舒等人。然而,公孙渊在大兵压境之下,再次投魏,设计捕杀张弥等人,东吴水军尽成俘虏。吴赤乌二年(239 年),孙权再派将军孙怡带兵到达辽东,击败曹魏守

---

〔1〕〔美〕普雷斯顿·詹姆斯、杰弗雷·马丁:《地理学思想史》,商务印书馆,1989 年,第 56 页。

军,虏得大批战俘而回。吴赤乌五年,派遣聂友领兵 3 万,进攻珠崖、儋耳(今海南岛)。这些大规模的海上用兵活动,显示了东吴造船技术和航海水平。

魏晋南北朝时期,由于大陆处于政治动荡时期,大陆与台湾之间的联系一度中断。隋朝统一全国后,开始再次加强与台湾的联系。隋炀帝大业三年(607年),派人入海求台湾异俗。是时,台湾被称为流求国,"居海之中,当建安郡(今建瓯)东,水行五日而至。土多山洞。其王姓欢斯氏,名渴剌兜,不知其由来,有国世数也⋯⋯每春秋二时,天清风静,东望依稀,似有烟雾之气,亦不知几千里"。隋炀帝令羽骑尉朱宽带兵前往探险。朱宽到达台湾后,由于语言不通,无法沟通,掠一人而返。次年,隋炀帝再次派遣朱宽前往台湾抚慰,取其甲布而还。隋炀帝第三次派遣虎贲将陈棱、朝请大夫张镇州率兵前往,"自义安浮海,至高华屿,又东行二日,至鼊屿。又一日便至流求"。陈棱派遣人前往招抚,流求不从。陈棱率兵进取其都,"载军实而还"。[1]

隋唐时期,在中国东北崛起了一个称为渤海国的国家(669—926 年)。渤海国全盛时期,其疆域北至黑龙江中下游两岸、鞑靼海峡沿岸及库页岛,东至日本海,西到吉林与内蒙古交界的白城、大安附近,南至朝鲜之咸兴附近。设 5 京 15 府,62 州,130 余县。唐朝也开通了前往渤海国的航线。这条航线自登州东北海行,"过大谢岛(长山岛)、龟歆岛(鼍矶岛)、末岛(大小钦岛)、乌湖岛(北城隍岛),三百里,北渡乌湖海(渤海北水道),至马石山东之都里镇(老铁山),二百里,东傍海壖,过青泥浦(大连)、桃花浦、杏花浦、石人汪(石城岛)、橐驼湾(大洋河口)、乌骨江(丹东),八百里"。[2] 到达鸭绿江口。然后顺鸭绿江口溯流而上,到吉林临江镇后,舍舟登陆,前往渤海国上京龙泉府(今黑龙江宁安县)。

这样,中国沿海的航线已经全部开通。南北朝时期,从长江出海口到辽东半岛的航线非常繁忙,不仅有中外使臣的船只,而且有大量商船来往其间。

二、中日韩之间航线之开通

魏景初二年(238 年),曹军打败公孙渊,势力到达朝鲜半岛带方、乐浪、玄菟,声威远播。倭国派人到达魏国,朝觐天子。魏明帝封倭国女王为"亲魏倭王",赐予大量珠宝和丝绸。从此,魏国与日本使臣时有来往。

关于中日之间的这条航线,《三国志》载:"倭人在带方东南大海,依山岛为国邑⋯⋯从(带方)郡至倭,循海岸水行,历韩国,乍南乍东,到其北岸狗邪韩国

〔1〕《隋书》卷八一,列传第四十六,《东夷》,中华书局,1973 年,第 1825 页。
〔2〕 欧阳修:《新唐书》卷四三,《地理志七》下,中华书局,1975 年,第 1147 页。

(今韩国釜山)七千余里,始渡一海,千余里至对马国(今日本对马岛)……又南渡一海千余里,名曰瀚海。至一大国(今日本壹岐岛)……方可三百里,多竹木丛林,有三千许家……又渡一海千余里至末卢国(今日本九州岛北岸),有四千余户,滨山海居。"[1]

东晋时期,鲜卑族在辽东崛起,阻断了晋朝与朝鲜半岛的联系,也阻断了中日之间"循海岸水行"的传统航线。是时,朝鲜半岛形成高句丽、百济和新罗三国鼎足而立的局面,不仅它们之间相互征战,而且与倭为敌。南朝时期,朝鲜半岛的百济开始与倭国通好,这样,就具备了自山东半岛跨越黄海到达朝鲜南端,再往日本的条件。倭国使臣开始从南道浮海入贡。"而不自北方,则以辽东非中国土地也。"[2]这条航线是,自建康出发,顺江而下,出了长江口,立即转向北面,沿岸而行,到达山东成山头的文登地方,然后横渡黄海,到达朝鲜南部,过济州海峡、对马岛、壹岐岛,到达日本福冈,再过关门海峡,入濑户内海,到达大阪。这条航线开通之后,尽管缩短了航海时间,但是由于当时尚未使用指南针,海船在黄海航行风险较大。只要"循海岸水行"的北海道无人阻碍,来往于中日之间的海船还是选择沿北海道航行。

到了唐代天宝年间(742—756 年),日本与新罗的关系严重恶化,中日之间经过新罗的航线再次被阻断。在这种情况下,中日之间的航海者又开辟了新的航线。这条航线是,自长江出海口直接横渡东海,到达日本的奄美岛,然后转向北方,到达夜久(屋久岛)多弥岛,再从萨摩海岸北行,到达博多、难波等。后来又开辟了从长江口到达松浦、博多的南路航线。这样,在中、日、韩之间开辟了多条航线。既有"循海岸水行"的北路航线,又有自登州渡过黄海到达朝鲜半岛南端的北路南航线,还有自长江海口横渡东海的南路航线。

三、南海航线之开辟

《新唐书》系北宋时期宋祁、欧阳修、范镇、吕夏卿等人合撰,是一部记载唐朝历史的纪传体断代史书,共有 225 卷,前后修史历经 17 年。在《地理志》中除了介绍国内行政区划、州县沿革、道路交通、民族关系、军事要塞之外,还记载了西域和南洋各国的地理概况。而关于南洋国家的地理,则分别按照陆路和海行两部分来介绍,前者介绍了从交趾到达印度经过的陆路地方和里程,后者介绍了海行到达阿拉伯国家的情况。

---

〔1〕　陈寿撰,裴松志注:《三国志》卷三〇,《魏书·东夷传》,中华书局,1964 年,第 854 页。
〔2〕　马端临:《文献通考》卷三二四,《四裔考一》,浙江古籍出版社,1988 年,第 2554 页。

关于海路的记载,该书主要参考了贾耽的《皇华四达记》。

贾耽,字敦诗,沧州南皮人。唐朝著名的政治家、地理学家。于天宝年间举明经,为官 47 年,其中居相位 13 年。贾耽从小就喜欢读地理书,曾进行广泛调查和采访,凡四夷之使及使四夷还者,必与之从容谈话,询其山川土地之终始。凡梯山献琛之路,乘舶来朝之人,咸究竟其源流,访求其居处。对于中国商人"莫不听其言而掇其要",从而积累了丰富的地理知识。经过 17 年的精心准备,终于绘成《海内华夷图》,并撰写了《古今郡国县道四夷述》。他在献给朝廷的书中说明了著述经过。"臣弱冠之岁,好闻方言,筮仕之辰,注意地理,究观研考,垂三十年……近乃力竭衰病,思殚所闻见,丛于丹青。谨令工人画《海内华夷图》一轴,广三丈,纵三丈三尺,率以一寸折成百里。"

《皇华四达记》十卷,原书已佚。从《新唐书·地理志》的引文中,可以得知其大略。该书记载,大唐通过七条海陆通道与周围国家保持着频繁往来:"一曰营州入安东道,二曰登州海行入高丽渤海道,三曰夏州塞外通大同云中道,四曰中受降城入回鹘道,五曰安西入西域道,六曰安南通天竺道,七曰广州通海夷道。"

在《广州通海夷道》中,该书记述了从广州经安南、马来半岛、苏门答腊,跨越印度洋,至印度、斯里兰卡,直到波斯湾沿岸各国的航线、航程,以及沿途几十个国家和地区的方位、名称、岛礁、山川、民俗等。

《新唐书·地理志》记载的从广州出发前往西南各国的海路来源于贾耽的《广州通海夷道》,内容如下:

> 广州东南海行,二百里至屯门山,乃帆风西行,二日至九州石(即海南岛东北七洲列岛)。又南二日至象石。又西南三日行至占不劳山(即越南广南至岘港东北之外占婆岛),山在环王国东二百里海中。又南二日行至陵山(在义平省东南岸归仁一带)。又一日行至门毒国。又一日行至古笪国(在福庆省东南部)。又半日行至奔陀浪洲(或指越南藩郎一带。或指加里曼丹岛西岸的坤甸)。又两日行到军突弄山(即昆仑岛)。又五日行至海硖(即新加坡海峡和马六甲海峡),蕃人谓之"质",南北百里,北岸则罗越国(即马来半岛的南部),南岸则佛逝国(即室利佛逝国,即苏门答腊东南)。佛逝国东水行四五日至诃陵国(或指爪哇岛中部,或指马来半岛),南中洲之最大者。又西出硖,三日至葛葛僧祇国(在不来罗华尔群岛中),在佛逝西北隅之别岛,国人多钞暴,乘舶者畏惮之。其北岸则个罗国(马来半岛西岸)。个罗西则哥谷罗国(在马来半岛西岸)。又从葛葛僧祇(指苏门答腊

东北岸附近的伯劳威斯群岛)四五日行至胜邓洲(在苏门答腊岛东北岸)。又西五日行至婆露国(或说是苏门答腊西北岸之布腊斯岛,或说是西岸之巴鲁斯)。又六日行至婆国伽蓝洲(今斯里兰卡)。又北四日至师子国(今斯里兰卡),其北海岸距南天竺(今印度南部)大岸百里。又西四日行经没来国,南天竺之最南境。又西北经十余小国,至婆罗门西境。又西北二日行至拔颮国(印度西岸坎贝湾东面的布罗奇)。又十日行经天竺西境小国五,至提颮国,其国有弥兰太河,一曰新头河,自北渤昆国来,西流至提颮国(指卡提阿瓦半岛南部的第乌)北,入于海。又自提颮国西二十日行经小国二十余,至提罗卢和国(位于伊朗西北阿巴丹附近),一曰罗和异国(位于伊朗西北阿巴丹附近),国人于海中立华表,夜则置炬其上,使舶人夜行不迷。又西一日行至乌剌国(在伊拉克南部巴士拉附近),乃大食国(阿拉伯国家)之弗利剌河,南入于海。小舟溯流二日至末罗国,大食重镇也。又西北陆行千里,至茂门王所都缚达城(伊拉克首都巴格达)。自婆罗门南境,从没来国(印度西南奎隆一带)至乌剌国,皆缘海东岸行;其西岸之西,皆大食国,其西最南谓之三兰国(或指坦桑尼亚首都达累斯萨拉姆,或指索马里)……[1]

无论是国名,还是地理方位以及航行天数和里程,这一资料都记载得相当清晰。例如,关于穿越马六甲的航线。"又两日行到军突弄山。又五日行至海峡,蕃人谓之'质',南北百里,北岸则罗越国,南岸则佛逝国。佛逝国东水行四五日至诃陵国,南中洲之最大者。又西出三日至葛葛僧祇国。"这是我国关于连接太平洋和印度洋这个海上交通咽喉的最早记录之一,说明唐代中国人对于马六甲海峡的地理情况已经相当熟悉。对此,后人评论指出:"富有开拓和勇敢精神的中国海员,早在 8 世纪时已驾驶海船,沿着古老的汉代南海航路到达南印度,继而西行,到达波斯湾一带的港口;他们甚至继续沿着海岸南驶,直抵东非南部海滨,从而在中国与非洲国家间建立了最早的直接联系。"[2]

从这一记载可以看出,唐代中国海船自广州出发,到达印度、阿拉伯国家和非洲东海岸的坦桑尼亚,包括一小段陆行的时间,单程航行时间将近 100 天,返回时间也自然需要 100 天。考虑到买卖货物所需要的时间,再考虑到季风的影响,大约在一年内可以完成一次中国和印度,或阿拉伯,或坦桑尼亚等东非国家

[1]　欧阳修:《新唐书》卷四三,《地理七》下,中华书局,1975 年,第 1153—1157 页。
[2]　姚楠、陈佳荣、丘进:《七海扬帆》,香港:中华书局有限公司,1990 年,第 68 页。

之间的贸易。如前所说,汉代一次中国与印度之间航行贸易周期是两年。与汉代航海贸易时间和范围相比,唐代的海上丝绸之路,不仅范围扩大到阿拉伯海和非洲东海岸,而且航海时间从两年缩短为一年。从航海时间和航海范围这两个方面均可以看出,唐代的航海技术水平显然比汉代有了较大进步,而航海技术进步也反映了海洋地理学知识的进步。

另外从这一记载还可以看到,唐代的中国人对于以广州为端点、以阿拉伯国家和非洲东海岸为终点的航线已经相当熟悉。中国人的足迹已经遍及印度、伊朗、伊拉克、阿拉伯国家和非洲东海岸。

唐代将季风称作"信风"。人们还将信风分为"潮信"、"上信"、"鸟信"和"麦信"。"自白沙溯流而上,常待东北风,谓之潮信。七月、八月有上信,三月有鸟信,五月有麦信。"[1]另外,从上述所述贾耽《广州通海夷道》也可以看出,唐朝人航海比较好地利用了北印度洋季风变化规律。唐代对于海洋潮汐变化规律也有一些认识。例如,窦叔蒙在《海涛志》中,对于潮汐的起因、涨落的变化规律进行了初步推算,形成"高低潮时推算图"。这比现存的英国 1213 年的《伦敦桥潮汐时间表》早了 450 年。[2]唐代人还将风力分为八个等级:即(1)动叶;(2)鸣条;(3)摇枝;(4)堕叶;(5)折小枝;(6)折大枝;(7)折木、飞沙石;(8)拔大树及根。

---

〔1〕 李肇:《唐国史补》卷下,《松窗杂录(及其他四种)》,中华书局,1991 年,第 163 页。

〔2〕 徐瑜:《唐代潮汐学家窦叔蒙及其〈海涛志〉》,《历史研究》1978 年第 6 期。

第二章　中国海域地理学之独立发展(960—1840 年)

如果说,上古时期由于航海技术条件的限制,人们对于海洋地理现象认识比较肤浅,需要借助神话和想象来解释,那么到了中古时期,随着航海经验的积累和海洋认识的加深,海洋知识日渐丰富。大致从唐代开始,人们对于海洋的认识体现在三个转变上:第一个转变是逐渐放弃了神话传说,人们开始客观地记录海洋地理和海洋信息;第二个转变是海洋探险的重点从渤海、黄海和东海,逐渐转向南海,尤其是对于经由南海到达的南洋国家,经过的岛屿和海况记载越来越翔实;第三个转变是由于指南针的使用,人们开始开辟深水海道,航线逐渐离开海岸,所经海域的里程记载日渐精确。总的来说,中国人在这一时期对于海洋地理的认识和探索尽管是缓慢进行,却是独立地进行,既没有受到欧洲、非洲国家地理学的影响,也没有受到亚洲其他国家地理学的影响。

第一节　《岭外代答》与南洋诸国地理之初探

研究宋代海洋地理,不能不首先关注石刻《华夷图》《禹迹图》和《舆地图》。现存的《禹迹图》有两幅:一幅藏于镇江,另一幅藏于西安。

西安碑林所藏碑刻《禹迹图》,为正方形,长宽各 1.14 米,图中刻有"禹迹图,每方折百里,禹贡山川名,古今州郡名,古今山水地名,阜昌七年四月刻"字样。阜昌是齐国年号,阜昌七年,即南宋绍兴六年(1136 年)。

镇江碑林建于北宋,所藏碑刻《禹迹图》,为长方形,纵 0.84 米,横 0.79 米。图中刻有"《禹迹图》,每方折百里,《禹贡》山川名,古今州郡名,古今山水地名,元符三年正月依长安本刊"字样。元符三年,即 1100 年。诚如图中文字提示,西安与镇江碑林所藏碑刻《禹迹图》,同出一源。不仅绘出了中国江河源流,而且标出了山川和州郡地名,还清晰地绘出了中国沿海地理形势。

《华夷图》现存于西安碑林,刻于《禹迹图》背面,是中国现存最早的一幅全国地图。图上刻有"其四方番夷之地,唐贾魏公图所载,凡数百余国,今取其著文者载之,又参考传记以叙其盛衰本末"字样。此图应是在唐代贾耽于801年(贞元十七年)完成的《海内华夷图》基础上经过删改、缩绘而成的,图中既保存了一些唐代地名,也有改用宋代地名的地方。贾耽原图绘有大小百余国,而《华夷图》中仅"取其著闻者载之"。《华夷图》中未采用"计里画方"法,但注明了东、西、南、北方向。图中还将全国的山脉、河流及各州的地理位置都表现了出来,并绘出了城镇方位。尽管海岸线的轮廓尤为失真,但江河流向大抵近实(图七)。

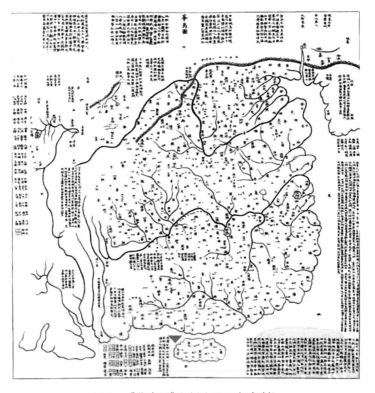

图七 《华夷图》(法国1903年印制)

《舆地图》为南宋石刻地图,拓本现藏于日本京都栗棘庵,碑不知埋于何地。该图是一幅东亚国家地理图,其范围东自日本,西至葱岭,南及印度,北尽蒙古高原,大致以中国为中心,详细绘出中国各行政区域和邻近各国以及岛屿,图中还绘出中国海域轮廓图。

从以上四幅地图可以看出,唐宋时期中国海域地理的轮廓概念已经基本形成。当然,就地理著作而言,我们需要重点关注《岭外代答》、《诸蕃志》等书。

《岭外代答》共十卷,周去非撰。周去非,字直夫,浙东路永嘉(今浙江温州)人。南宋孝宗淳熙初,曾"试尉桂林,分教宁越",在静江府(今广西桂林)任官,东归后于淳熙五年(1178 年)撰此书。原本已佚,今本从《永乐大典》中辑出。周去非说明本书是在范成大《桂海虞衡志》的基础上增益而成。录存294 条,用以回答客问,故名曰代答。书分地理、边帅、外国、风土、法制、财计等共 20 门,今存标题者 19 门。

中国古代的地理学思想线索是和所有其他学术领域的思想线索交织在一起的。因为在那时不仅确切的知识和信息很少,而且也没有严格的分类概念,因此,古代中国学者的著作包涵了方方面面的信息。是书在外国门中首先介绍了南海、西南海和东海各国的方位。"诸蕃国大抵以海为界限,各为方隅而立国。国有物宜,各从都会以阜通。正南诸国,三佛齐其都会也。东南诸国,阇婆其都会也。西南诸国,浩乎不可穷,近则占城、真腊为其诸国之都会,远则大秦为西天竺诸国之都会,又其远则麻离拔国为大食诸国之都会,又其外则木兰皮国为极西诸国之都会。三佛齐之南,南大洋海也。海中有屿万余,人奠居之。愈南不可通矣。阇婆之东,东大洋海也,水势渐低,女人国在焉。愈东则尾闾之所泄,非复人世。稍东北向,则高丽、百济耳"[1]"西南海上诸国,不可胜计,其大略亦可考。姑以交趾定其方隅。直交趾之南,则占城、真腊、佛罗安也。交趾之西北,则大理、黑水、吐蕃也。于是西有大海隔之,是海也,名曰细兰。细兰海中有一大洲,名细兰国。渡之而西,复有诸国。其南为古临国,其北为大秦国、王舍城、天竺国。又其西有海,曰东大食海。渡之而西,则大食错国也。大食之地甚广,其国甚多,不可悉载。又其西有海,名西大食海。渡之而西,则木兰皮诸国,凡千余。更西,则日之所入,不得而闻也"[2]。

然后一一记载了安南国(越南)、真腊(又名占腊,为中南半岛古国,其境在今柬埔寨境内)、蒲甘国(位于缅甸的古国)、三佛齐国(又作室利佛逝、佛逝、旧港,简称三佛齐,系大巽他群岛上的一个古代王国)、沙华公国(位于今加里曼丹岛东北的塞布库岛,或在今菲律宾棉兰老岛之三宝颜)、阇婆国(位于今印度尼西亚爪哇岛或苏门答腊岛)等南洋诸国,并涉及故临国(故地在今印度西南沿岸

〔1〕　周去非:《岭外代答》卷二,《海外诸蕃国》,扬州:广陵书社,2003 年,第 67 页。

〔2〕　周去非:《岭外代答》卷二,《海外诸蕃国》,第 69 页。

奎隆一带）、注辇国（位于印度南部的古国）、麻离拔国（位于印度马拉巴尔海岸）、大秦国（古代中国对罗马帝国的称呼）、大食国（古代中国对阿拉伯国家的称呼）、白达国（伊拉克古称）、麻嘉国（即麦加城）、勿斯离国（埃及）、木兰皮国（位于北非马格里布）、昆仑层期国（昆仑是马达加斯加早期译名，层期是波斯文Zangī 的音译，指非洲东岸）。所记 16 国，条分缕析，较以前史地书籍记载各国情况更为详细、准确。既是探讨西南诸国地理之开端，又是研究宋代海洋地理之重要成果。

例如，关于南印度（麻离拔国）的记载。"广州自中冬以后，发船乘北风行，约四十日到地名蓝里，博买苏木、白锡、长白藤。住至次冬，再乘东北风六十日顺风方到。此国产乳香、龙涎、真珠、琉璃、犀角、象牙、珊瑚、木香、血竭、阿魏、苏合油、没石子、蔷薇水等货，皆大食诸国至此博易。国王官民皆事天，官豪皆以金线挑花帛缠头搭项，以白越诺金字布为衣，或衣诸色锦。以红皮为履，居五层楼，食面饼、肉酪，贫者乃食鱼蔬。地少稻米，所产果实，甜而不酸。以蒲桃为酒，以糖煮香药为思稣酒，以蜜和香药作眉思打华酒，暖补有益。以金银为钱。巨舶富商皆聚焉。哲宗元祐三年十一月，大食麻啰拔国遣人入贡，即此麻离拔也。"[1]此处不仅记载了中国商船自广州出发乘季风前往印度的航程，而且介绍了当地市场上的国际商品以及王宫建筑等。

再如，关于麦加（麻嘉国）的记载，除了错将伊斯兰教的真主称为佛之外，关于大清真寺和信徒朝拜情况，均记载得非常精确。"此是佛麻霞勿（即穆罕默德）出世之处，有佛所居方丈，以五色玉结甃成墙屋。每岁遇佛忌辰，大食诸国王，皆遣人持宝贝金银施舍，以锦绮盖其方丈。每年诸国前来就方丈礼拜，并他国官豪，不拘万里，皆至瞻礼。"[2]

又如，关于非洲东岸国家（昆仑层期国）的介绍，记录了黑奴早期贩卖情况。"西南海上，有昆仑层期国，连接大海岛……海岛多野人，身如黑漆，拳发。诱以食而擒之，动以千万，卖为蕃奴。"[3]

就本章研究的对象而言，最为珍贵的是该书记载了南海北部湾的"三合流"水文资料。"海南四郡之西南，其大海曰交趾洋，中有三合流，波头溃涌而分流为三：其一南流，通道于诸蕃国之海也；其一北流，广东、福建、江浙之海也；其一东流，入于无际，所谓东大洋海也。南舶往来，必冲三流之中，得风一息，可济。

---

[1] 周去非：《岭外代答》卷三，"大食诸国"，第 83 页。
[2] 周去非：《岭外代答》卷三，"大食诸国"，第 84 页。
[3] 周去非：《岭外代答》卷三，"昆仑层期国"，第 92 页。

苟入险无风,舟不可出,必瓦解于三流之中。传闻东大洋海,有长砂石塘数万里,尾闾所泄,沦入九幽。昔尝有舶舟,为大西风所引,至于东大海,尾闾之声,震泅无地。俄得大东风以免。"[1] "长沙、石塘数万里",就是万里长沙或万里石塘,也就是西沙群岛和南沙群岛。"三合流",符合南海夏季暖流的特征。按照这一记载,可以说唐代中国人在南海有三个重要发现:一是对于西沙群岛和南沙群岛的认识更加清晰,并加以重新命名[2];二是发现南海的季风流,并谨慎加以利用;三是发现西沙群岛附近的风浪特别大,为尾闾所泄,一不小心,就会沦入九幽之险。

在唐宋时期,中国的海航者不仅发现了南海的夏季流,而且对于潮汐与月球以及其他星体之间的引力关系也有所认识。"江浙之潮,自有定候。钦廉则朔望大潮,谓之先水,日止一潮。二弦小潮,谓之子水,顷刻竟落,未尝再长。琼海之潮,半月东流,半月西流。潮之大小,随长短星,初不系月之盛衰,岂不异哉!"[3] 长短星是古代航海家预测潮汐的天体现象,具体是指哪一星座尚不清楚。[4] 就钦州、廉州所在的北部湾的潮汐来说,主要受规则性日潮的影响。如前所说,南海海域四种潮汐类型分布俱全,比中国其他海域更为复杂。规则半日潮海区范围小,且分布分散。不规则半日潮海区范围相对大一些,但分布亦比较分散。不规则日潮在南海分布的面积比较大,主要分布在南海中部的深海区。规则性的日潮主要分布在北部湾、吕宋岛西岸、泰国湾中东部、南沙群岛与苏门答腊与加里曼丹之间。

在唐代,帆船尚未使用指南针技术,必须靠近海岸行驶,因此对于海岸附近的地理情况比较熟悉。当时人们认为,钦州和廉州近海水域地理情况最为复杂。对此,该书指出:"钦廉海中有砂碛,长数百里,在钦境乌雷庙前,直入大海,形若象鼻,故以得名。是砂也,隐在波中,深不数尺,海舶遇之辄碎。去岸数里,其碛乃阔数丈,以通风帆。不然,钦殆不得而水运矣。尝闻之舶商曰:

〔1〕　周去非:《岭外代答》卷一,"三合流",第 35 页。

〔2〕　"长沙"与"石塘"两个地名在唐宋时期时常出现,有的书籍记载为"千里长沙"、"万里石塘"(或万里长沙、千里石塘),尽管在不同时期不同书籍上"长沙"与"石塘"的指称并非完全一致,但大体上指今天的西沙群岛和南沙群岛。就历史来讲,早在汉代我国已有人开始对于南海进行命名,称之为"涨海",称南海岛礁为"涨海崎头"。例如,东汉杨孚在《异物志》中记载说:"涨海崎头,水浅而多磁石。"(杨孚撰,曾钊辑:《异物志》,北京:中华书局,1985 年,第 3 页。)唐宋时期则一般称其为"长沙"和"石塘"。

〔3〕　周去非:《岭外代答》卷一,"潮",第 38 页。

〔4〕　《寰宇记》云:"琼州潮候不同。凡江、浙、钦、廉之潮,皆有定候。琼海之潮,半月东流,半月西流。潮之大小,随长短见,不系月之盛衰。"此又不可晓也。然则历家之著长短星,盖海中占潮候也。见杨慎《丹铅总录》卷一,《天文·长短星》,文渊阁四库全书本,第 1—2 页。

'自广州而东,其海易行;自广州而西,其海难行;自钦廉而西,则尤为难行。'盖福建、两浙滨海多港,忽遇恶风,则急投近港。若广西海岸皆砂土,无多港澳,暴风卒起,无所逃匿。至于钦廉之西南,海多巨石,尤为难行,观钦之象鼻,其端倪已见矣。"〔1〕这一记载显示了古代航海家对于近岸地理情况的高度重视。

重视海洋地理,是为了在海洋上安全行驶,是为了寻找最便捷的海道。中国商船往返南海国家和印度洋沿岸国家需要寻找安全航行的海道,外国商船前来广州和泉州贸易也要找到安全航线。公元 8 世纪前后在中外航海者的共同努力下,一条起自中国泉州、广州经过南海,穿过马六甲海峡到达印度洋和阿拉伯湾的安全海道被发现,在这条海道上,既有南来北往的中国帆船,也有东来西去的外国蕃船。"三佛齐者,诸国海道往来之要冲也。三佛齐之来也,正北行,舟历上下竺屿、交(阯)洋,乃至中国之境。其欲至广者,入自屯门。欲至泉州者,入甲子门。阇婆之来也,稍西北行,舟过十二子石,而与三佛齐海道合于竺屿之下。大食国之来也,以小舟运而南行,至故临国易大舟而东行,至三佛齐国乃复如三佛齐之入中国。"〔2〕

总之,唐代人对于海洋地理的认识已经脱离了神话色彩,更倾向于实际的航海经验。人们掌握的地理知识越来越丰富,涉及海洋地理学的各种要素(诸如潮汐、海流、波浪、季风以及岛礁和沙洲)。

第二节 《诸蕃志》与南洋诸国
地理研究之加强

中国海域地理学史研究的对象不仅仅是中国近海水域地理的认识过程,而且应当包括对中国海岸和岛岸的认识历程,还应当包括中国人对于临近中国海域的国家地理认识情况,因为这些对象与各个时代中国海上贸易和海上交通发展关系都十分密切。在中国历史上,凡是关心海外贸易、海上交通、中外外交关系的学者,都十分重视与中国海域相临近的国家的地理历史的信息。在这方面,《诸蕃志》就是其代表作之一。

《诸蕃志》成书于宋理宗宝庆元年(1225 年),分上、下卷,上卷记海外诸国

〔1〕 周去非:《岭外代答》卷一,"象鼻沙",第36页。
〔2〕 周去非:《岭外代答》卷二,"三佛齐国",第73页。

的风土人情,下卷记海外诸国物产资源,为研究宋代海外交通的重要文献。作者赵汝适(1170—1231年),系南宋宗室,任泉州市舶司提举,于"暇日阅诸蕃图"并"询诸贾胡,俾列其国名,道其风土与夫道理之联属,山泽之蓄产,译以华言"。是书记载了东自日本、西至东非索马里、北非摩洛哥及地中海东岸诸国的风土物产,并记载自中国沿海至海外各国的航海里程及所需日月,内容丰富而具体。该书有关海外诸国风土人情多采自周去非《岭外代答》的记载,有关各国物产资源则多采访于外国商人。其中虽然不免有错讹,但就全书史料价值来说,仍不失为记述古代中外海上交通的佳作,"为史家之所依据"[1]。

卷上记述占城国、真腊国、宾瞳龙国、登留眉国、蒲甘国、三佛齐国、单马令国、凌牙斯加国、佛罗安国、新拖国、监篦国、蓝无里国、细兰、苏吉丹、南毗国、故临国、胡茶辣国、麻啰华国、注辇国、鹏茄罗国、南尼华啰国、大秦国、大食国、麻嘉国、弼琶啰国、层拔国、中理国、瓮蛮国、白达国、吉兹尼国、忽厮离国、木兰皮国、遏根陀国、茶弼沙国、斯伽里野国、默伽猎国、渤泥国、麻逸国、三屿国、蒲哩鲁国、流求国、毗舍耶国、新罗国、倭国等58个国,较之《岭外代答》多出40余国。可以说该书是在《岭外代答》基础上增益而成。下面由近而远,我们浏览一下该书收集的部分濒临中国海域的国家的地理信息,从中认识13世纪中国人的世界观。

其一,交趾国。是书记载了中国对交趾从"置守不绝"到"羁縻"的国家政策演变过程。"交趾,古交州。东南薄海,接占城;西通白衣蛮,北抵钦州。历代置守不绝,赋入至薄,守御甚劳。皇朝重武爱人,不欲宿兵瘴疠之区以守无用之土,因其献款,从而羁縻之"。[2]

其二,占城。关于占城与中国的早期外交关系,该书记载说:"占城,东海路通广州,西接云南,南至真腊;北抵交趾,通邕州。自泉州至本国,顺风舟行二十余程……其国前代罕与中国通,周显德中始遣使入贡。皇朝建隆、乾德间,各贡方物。太平兴国六年,交趾黎桓上言,欲以其国俘九十三人献于京师;太宗令广州止其俘,存抚之。自是贡献不绝,辄以器币优赐,嘉其向慕圣化也。国南五、七日程,至真腊国。"[3]"显德"是后周柴荣的年号,自954至960年。"建隆、乾德"是宋太祖统治时期的两个年号,即960—967年。"太平兴国六年"即981年,这是宋太宗赵光义统治时期。也就是说,从后周时期占城开始"入贡",到北宋初年这种朝贡关系被确定下来。

〔1〕　《文津阁四库全书提要汇编》,商务印书馆,2006年,第4484页。

〔2〕　赵汝适:《诸蕃志》卷上,《西阳杂录、诸蕃志、岛夷志略、海槎余录》,台湾学生书局,1985年,第167页。

〔3〕　赵汝适:《诸蕃志》卷上,《西阳杂录、诸蕃志、岛夷志略、海槎余录》,第168页。

其三,马尼拉,在宋代被称为蒲哩噜,位于菲律宾群岛中吕宋岛西岸,又称"小吕宋",濒临马尼拉湾。该书记载:其国聚落差盛,"人多猛悍,好攻劫。海多卤股之石,槎牙如枯木,芒刃铦于剑戟;舟过其侧,预曲折以避之。产青琅玕、珊瑚树,然绝难得"。[1]

其四,真腊,也是中南半岛上的一个古国。原为扶南的属国,在扶南北方,国王刹利氏。6世纪中叶,真腊国公主嫁给扶南国王子巴法瓦尔曼为妻。后真腊国王去世后,驸马巴法瓦尔曼继位为真腊国王。扶南国王去世后,真腊国王巴法瓦尔曼欲兼任为扶南王,与扶南国王法定继承人,因此与扶南国太子发生纠纷。真腊国王巴法瓦尔曼起兵,武力征服扶南国,将扶南国变为真腊属国,建都伊赏那补罗城。扶南太子流亡爪哇,建立山帝王朝。分为水真腊与陆真腊,陆真腊统治区域位于现今的老挝。7世纪末叶,真腊国王刹利·质多斯那灭扶南国。《诸蕃志》不仅记载了该国的地理位置、气候、物产和风俗,也记载了该国与中国的早期外交关系。"真腊,接占城之南,东至海,西至蒲甘,南至加罗希。自泉州舟行,顺风月余日可到。其地约方七千余里。国都号禄兀。天气无寒……唐武德中,始通中国。国朝宣和二年,遣使入贡。其国南接三佛齐属国之加罗希"。[2]"武德"是高祖李渊建国的年号,公元618—627年。"宣和",是宋徽宗的年号,"宣和二年",即1120年。

其五,渤泥国,是东南亚的一个古代小国,又称"勃泥"或"淳尼"。位于加里曼丹岛北部地区,即今日文莱达鲁萨兰。"去阇婆四十五日程,去三佛齐四十日程,去占城与麻逸各三十日程,皆以顺风为则"。[3] 该国物产丰富,非常重视对华贸易。"土地所出,梅花脑、速脑、金脚脑、米脑、黄蜡、降真香、玳瑁。番商兴贩用货金货银、假锦、建阳锦、五色绢、五色茸、琉璃珠、琉璃瓶子、白锡、乌铅、网坠牙、臂环、胭脂、漆碗楪、青瓷器等博易。番舶抵岸三日,其王与眷属率大人到船问劳,船人用锦藉跳扳迎肃,款以酒醴,用金银器皿、缘席、凉伞等分献有差。既泊舟登岸,皆未及博易之事。商贾日以中国饮食献其王,故舟往渤泥必挟善庖者一二辈与俱。朔望并讲贺礼。几月余,方请其王与大人论定物价。价定,然后鸣鼓以召远近之人听其贸易。价未定,而私贸易者罚。俗重商贾,有罪抵死者,罚而不杀。船回日,其王亦酾酒椎牛祖席,酢以脑子、番布等称其所施。舶舟虽贸易迄事,必候六月望日排办佛节,然后出港。否则,有风涛

〔1〕 赵汝适:《诸蕃志》卷上,《酉阳杂录、诸蕃志、岛夷志略、海槎余录》,第241页。
〔2〕 赵汝适:《诸蕃志》卷上,《酉阳杂录、诸蕃志、岛夷志略、海槎余录》,第172页。
〔3〕 赵汝适:《诸蕃志》卷上,《酉阳杂录、诸蕃志、岛夷志略、海槎余录》,第234页。

之厄"。[1]

其六,蓝无里国,是古代国名,又作蓝里,元朝史籍作喃哩。故地约在今印度尼西亚苏门答腊岛西北角。曾为室利佛逝国属国,后独立。中世纪时为东西方海上交通线要地。《诸蕃志》记载了该国人种、物产和宫室建筑情况。"蓝无里国,土产苏木、象牙、白藤。国人好斗,多用药箭。北风二十余日,到南毗管下细兰国。自蓝无里风帆将至其国,必有电光闪烁,知是细兰也。其王黑身而逆毛,露顶不衣,止缠五色布,蹑金线红皮履;出骑象或用软兜,日啖槟榔。炼真珠为灰。屋宇悉用猫儿睛及青红宝珠、玛瑙、杂宝妆饰……其下置金椅,以琉璃为壁。王出朝,早升东殿、晚升西殿,坐处常有宝光。盖日影照射,琉璃与宝树相映,如霞光闪烁然……王握宝珠径五寸,火烧不暖,夜有光如炬,王日用以拭面,年九十余,颜如童。国人肌肤甚黑,以缦缠身,露顶跣足;以手搦饭。器皿用铜。有山名细轮迭,顶有巨人迹,长七尺余。其一在水内,去山三百余里。其山林木低昂,周环朝拱;产猫儿睛、红玻璃脑、青红宝珠"。[2]

其七,阇婆国,又名莆家龙,也是一个古国,大约位于今印度尼西亚爪哇岛或苏门答腊岛。自南北朝至明代千余年间,均是海上丝绸之路的重要节点之一。该书记载阇婆位于泉州之西南方(丙巳方)。自泉州前往该国贸易,"率以冬月发船,盖藉北风之便,顺风昼夜行,月余可到"。自该国返回中国也需要一个多月的时间,"北至海四日程。西北泛海十五日,至渤泥国;又十日,至三佛齐国;又七日至古逻国;又七日至柴历亭,抵交趾,达广州"。[3] 于此可见,自泉州或广州前往苏门答腊和爪哇月余可到,而从爪哇、苏门答腊返回中国的航程也需要一个多月。也就是说,北宋时期往返苏门答腊、爪哇贸易的航程时间已经缩短为两三个月。这比唐代前往印度、阿拉伯和东非国家航行时间又明显缩短,海船舵手和水手对于季风已经能够充分利用,"顺风昼夜行"。宋代海船既然可以昼夜航行,这说明人们已经掌握了一种先进的辨别方向的航行技术,这个技术就是指南针。有了指南针,海船上的舵手就可以驾驶船只远离海岸和岛岸行驶,海岸、岛岸山形等地理标志从上古时期航海的主要标识转变为参考性的标识。指南针在海船上的使用是中国人的发明,是人类航海技术的一个伟大进步。

其八,故临国(Kulam),是位于印度西南沿岸一带的一个古国。《诸蕃志》记

〔1〕　赵汝适:《诸蕃志》卷上,《酉阳杂录、诸蕃志、岛夷志略、海槎余录》,第234—237页。

〔2〕　赵汝适:《诸蕃志》卷上,《酉阳杂录、诸蕃志、岛夷志略、海槎余录》,第184—185页。

〔3〕　赵汝适:《诸蕃志》卷上,《酉阳杂录、诸蕃志、岛夷志略、海槎余录》,第186—187页。

载了自泉州前往该地的航行时间,"泉舶四十余日到蓝里(即苏门答腊岛和爪哇岛)住冬,至次年再发,一月始达"。[1] 也就是说,自泉州前往印度西南沿岸需要乘冬季季风,在到达蓝里之后,需要等到冬天过后,乘南风前往,航行时间共需75天,即两个半月。

其九,大食国。《诸蕃志》记载:"大食,在泉之西北,去泉州最远,番舶艰于直达。自泉发船四十余日,至蓝里博易,住冬。次年再发,顺风六十余日,方至其国。本国所产,多运载与三佛齐贸易,贾转贩以至中国。"大食,中国唐、宋时期对阿拉伯人、阿拉伯帝国的专称,有时也包括说伊朗语的穆斯林居住的区域。阿拉伯哈里发帝国的向东扩张,使伊朗、中亚地区讲伊朗语的人逐渐改奉伊斯兰教。讲伊朗语的穆斯林也被视为阿拉伯人,并被某些相邻的民族称为大食人,因而大食的含义随之扩大。从这一记载可以看出,自泉州前往大食国贸易,需在冬季出发,经过40多天就可到达蓝里(苏门答腊和爪哇岛),需要在此住冬,等待冬天过去,季风转向,再前往目的地,航程需要60多天。也就是说,自中国泉州出发到达大食国,至少需要100天左右。这与《岭外代答》的记载一致,其资料来源显然来自《岭外代答》一书。该书还记载了该国与中国的外交来往。"唐永徽以后,屡来朝贡。其王盆尼末换之前,谓之白衣大食;阿婆罗拔之后,谓之黑衣大食。皇朝乾德四年,僧行勤游西域,因赐其王书以招怀之。开宝元年,遣使来朝贡。四年,同占城、阇婆致礼物于江南李煜;煜不敢受,遣使上其状,因诏'自今勿以为献'。淳化四年,遣副使李亚勿来贡,引对于崇政殿;称其国与大秦国为邻,土出象牙、犀角。太宗问取犀、象何法? 对曰:'象用象媒,诱至渐近,以大绳羁縻之耳。犀则使人升大树,操弓矢,伺其至,射而杀之。其小者不用弓矢,亦可捕获。'赐以袭衣冠带,仍赐黄金,准其所贡之直。雍熙三年,同宾瞳龙国来朝。咸平六年,又遣麻尼等贡真珠,乞不给回赐。真宗不欲违其意,俟其还,优加恩礼。景德元年,其使与三佛齐、蒲甘使同在京师,留上元观灯,皆赐钱纵饮。四年,偕占城来贡,优加馆饩,许览寺观苑囿。大中祥符,车驾东封,其主陁婆离上言,愿执方物赴泰山;从之。四年,祀汾阴,又来;诏令陪位。"[2]

其十,麦加是伊斯兰教的圣地,古称麻嘉国。该书记载,"大食诸国皆至瞻礼,争持金银珠宝以施,仍用锦绮覆其居。后有佛墓,昼夜常有霞光,人莫能近;过则合眼。若人临命终时,摸取墓上土涂胸,云可乘佛力超生"。[3] 这里的

〔1〕 赵汝适:《诸蕃志》卷上,《西阳杂录、诸蕃志、岛夷志略、海槎余录》,第196页。
〔2〕 赵汝适:《诸蕃志》卷上,《西阳杂录、诸蕃志、岛夷志略、海槎余录》,第208—215页。
〔3〕 赵汝适:《诸蕃志》卷上,《西阳杂录、诸蕃志、岛夷志略、海槎余录》,第215页。

"佛"是指伊斯兰教的创始人穆罕默德。

其十一,遏根陀国,是古埃及的一个地名。故址在今埃及亚历山大港附近。《诸蕃志》记载了有关金字塔的传说。不过,这个传说显然多少有些失实。"相传古人异人徂葛尼于濒海建大塔,下凿地为两屋,砖结甚密。一窖粮食,一储器械。塔高二百丈,可通四马齐驱而上,至三分之二。塔心开大井,结渠透大江,以防他国,兵侵则举国据塔以拒敌。上下可容二万人,内居守而外出战。其顶上有镜极大,他国或有兵船侵犯,镜先照见,即预备守御之计。近来为外国人投塔下执役扫洒数年,人不疑之。忽一日,得便盗镜抛沉海中而去"。[1]

其十二,斯加里野国,是地中海一个岛国的国名,位于意大利西西里岛,境内多山地和丘陵,沿海有平原。多地震。最高的山是埃特纳火山(海拔 3 323 米),它也是欧洲最大、最活跃的火山。墨西拿北部的斯特朗博利岛上的斯特朗博利火山也是一座活火山。西西里岛在地中海贸易路线中占据重要地位,因此在历史上一直被认为是一个具备重要战略意义的地方。《诸蕃志》记载:"斯加里野国,近芦眉国界,海屿,阔一千里。衣服、风俗、语音与芦眉同。本国有山穴至深,四季出火;远望则朝烟暮火,近观则火势烈甚。国人相与扛舁大石重五百斤或一千斤,抛掷穴中,须臾爆出,碎如浮石。每五年一次,火从石出,流转至海边复回;所过林木皆不燃烧,遇石则焚爇如灰。"[2]这是中文古典典籍中最早记述意大利西西里岛和埃特纳火山的著作。

其十三,默伽猎国,可能是阿拉伯文 al-Maghrib al-Aqsa 的对音,故地在摩洛哥。摩洛哥王国是非洲西北部的一个沿海阿拉伯国家,东部以及东南部与阿尔及利亚接壤,南部紧邻西撒哈拉,西部濒临大西洋,北部和西班牙、葡萄牙隔海相望。该书记载:"默伽猎国,王逐日诵经拜天,打缠头,着毛段番衫,穿红皮鞋;教度与大食国一同。王每出入乘马,以大食佛经用一函乘在骆驼背前行。管下五百余州,各有城市。有兵百万,出入皆乘马。人民食饼肉,有麦无米,牛羊、骆驼、果实之属甚多。海水深二十丈,产珊瑚树。"[3]这是中国人关于西北非古国的最早记载。由此可见,宋代中国人对于西北非的地理已经有所了解。

这里需要指出的是,该书作者并无航海经历,所记述的国家和地区的地理信息,要么得自耳闻,要么转录他人著述,难免出现各种错误。尽管如此,我们可以看到,东非、北非和西亚这些遥远的地区和国家已经纳入中国人的视野。

---

〔1〕　赵汝适:《诸蕃志》卷上,《酉阳杂录、诸蕃志、岛夷志略、海槎余录》,第 228—229 页。
〔2〕　赵汝适:《诸蕃志》卷上,《酉阳杂录、诸蕃志、岛夷志略、海槎余录》,第 233 页。
〔3〕　赵汝适:《诸蕃志》卷上,《酉阳杂录、诸蕃志、岛夷志略、海槎余录》,第 233—234 页。

第三节　《岛夷志略》与澳大利亚之发现

图八　《岛夷志略校释》（中华书局，1981 年，封面）

元代的海外地理专著有三部：一是汪大渊的《岛夷志略》，二是陈大震的《大德南海志》，三是周达观的《真腊风土记》。《大德南海志》所收地名虽多，然仅列其名而无叙述。现在仅存卷六至卷十。[1]《真腊风土记》虽记载详赅，但仅一国史地而已。因此，就中国海域地理史而言，这两本书的价值均不及《岛夷志略》（图八）。

《岛夷志略》，原称《岛夷志》，作者汪大渊是江西南昌人。汪氏在该书后序里自称，其少年时尝附舶以浮于海，所过之地，尝以赋诗记其山川、土俗、风景、物产之诡异，与夫可怪、可愕、可鄙、可笑之事。皆身所游览，耳目所亲见。"传说之事，则不载焉"。是书记述汪大渊在 1330 年和 1337 年二度航海经历，是一部非常重要的地理探险类文献。前 99 条中有关各地的山川、风土、物产、居民、饮食、衣服和贸易的情况，都是作者根据亲身见闻记录下来的，因而是比较可靠的。归国之后，他又以五年的时间，校读前人的记载。于此可见，他在著述过程中参考了前人的作品。

《岛夷志略》上承南宋周去非的《岭外代答》和赵汝适的《诸蕃志》，下启明初马欢的《瀛涯胜览》等书。《四库全书总目》的作者给予相当高的评价："诸史外国列传秉笔之人皆未尝身历其地，即赵汝适《诸蕃志》之类，亦多得于市舶之口传。大渊此书则皆亲历而手记之，究非空谈无征者比。故所记罗卫、罗斛、针路诸国，大半为史所不载。又于诸国山川、险要、方域、疆里一一记述，即载于史者亦不及所言之详，录之亦足资考证也。"[2]

汪大渊两次出海探险，均是使用自己的经费和船只。第一次于元明宗至顺元年（1330 年）自泉州港出海，一直到元顺帝元统二年（1334 年）夏秋间才返回

---

〔1〕　陈大震：《大德南海志》卷一〇，《旧志兵防数》，广东人民出版社，1991 年影印。

〔2〕　《文津阁四库全书提要汇编》，商务印书馆，2006 年，第 4485 页。

泉州。第二次航海于元顺帝至元三年(1337 年)仍然从泉州出发,两年后返回泉州。两次航海时间有 7 年多。游历的路线大致是经海南岛、占城、马六甲、爪哇、苏门答腊、缅甸、印度、波斯、阿拉伯、埃及等国,然后横渡地中海到西北非洲的摩洛哥,再回到埃及,出红海到索马里,折向南方,到达莫桑比克,再横渡印度洋回到斯里兰卡、苏门答腊、爪哇,再到澳大利亚,从澳大利亚到加里曼丹岛,经菲律宾群岛,最后返回泉州。

《岛夷志略》记述的国家和地区共有 120 余个,即澎湖、琉球、三岛、麻逸、无枝拔等。由于作者的地理知识大多得自亲身阅历和实地考察,所记内容自然比较详细而具体。例如,关于澎湖的记载:"岛分三十有六,巨细相间,坡陇相望,乃有七澳居其间,各得其名。自泉州顺风二昼夜可至。有草无木,土瘠,不宜禾稻。泉人结茅为屋居之。气候常暖,风俗朴野,人多眉寿。男女穿长布衫,系以土布。煮海为盐,酿秫为酒。采鱼虾螺蛤以佐食,执牛粪以爨,鱼膏为油。地产胡麻、绿豆。山羊之孳生数万为群,家以烙毛刻角为记,昼夜不收,各遂其生育。土商兴贩,以乐其利。地隶泉州晋江县。至元年间,立巡检司,以周岁额办盐课中统钱钞一十锭二十五两,别无科差。"[1] 从这一资料中我们看到,不仅准确记载了澎湖的岛礁数量,而且详细描述了居民的生产和生活状况。特别重要的是,明确指出了澎湖的行政隶属情况,从元朝至元年间(1335—1340 年)开始澎湖成为巡检司的行政机构。

再如,关于琉球的记载。元代人称台湾为琉球,只是到了明代,琉球才成为冲绳的专称。作者不仅记载了台湾的山脉形状,"其峙山极高峻,自彭湖望之甚近",而且记载了当地居民的生活情况,还指出其酋长具有绝对权威。"琉球地势盘穹,林木合抱……余登此山,则观海潮之消长,夜半则望旸谷之(日)出,红光烛天,山顶为之俱明。土润田沃,宜稼穑。气候渐暖,俗与彭湖差异。水无舟楫,以筏济之。男子、妇人拳发,以花布为衫。煮海水为盐,酿蔗浆为酒。知番主酋长之尊,有父子骨肉之义,他国之人倘有所犯,则生割其肉以啖之,取其头悬木竿。地产沙金、黄豆、(麦)、(黍)子、硫黄、黄蜡、鹿、豹、麂皮。贸易之货,用土珠、玛瑙、金珠、粗碗、处州瓷器之属。"[2]

又如,关于万里石塘的记载:"石塘之骨,由潮州而生,迤逦如长蛇,横亘海中越海诸国,俗云万里石塘。以余推之,岂止万里而已哉?舶由玳屿门挂四帆,乘风破浪,海上若飞。至西洋或百日之外,以一日一夜行百里计之,万里曾不足。

〔1〕　汪大渊:《岛夷志略》,《酉阳杂录、诸蕃志、岛夷志略、海槎余录》,第 313 页。
〔2〕　汪大渊:《岛夷志略》,《酉阳杂录、诸蕃志、岛夷志略、海槎余录》,第 314 页。

故源其地脉,历历可考。一脉至爪哇,一脉至勃泥及古里地闷,一脉至西洋,极昆仑之地。盖紫阳朱子谓海外之地,与中原地脉相连者,其以是欤? 观夫海洋泛无涯涘,中匮石塘,孰得而明之? 避之则吉,遇之则凶。故子午针人之命脉所系,苟非舟子之精明,能不覆且溺乎? 吁! 得意之地勿再往,岂可以风涛为径路也哉?"[1]按照汪大渊的这一观点,"万里石塘"自潮州而生,包括海南岛、西沙群岛、南沙群岛,"迤逦如长蛇",不仅跨越安南等国,还延伸到爪哇、渤泥和西洋,也就是从潮州到达印度洋的东部。这里的"万里石塘"显然不仅仅指西沙群岛和南沙群岛。[2]

据中外学者辨析、整理和研究,大致确认《岛夷志略》中关于澳大利亚的见闻一共有两节,即"麻那里"和"罗婆斯"。"麻那里,界迷黎之东南,居垣角之绝岛。有石楠树万枝,周围皆水,有蚝如山立,人少至之。土薄田瘠,气候不齐。俗侈,男女辫发以带捎,臂用金丝,穿五色绢短衫,以朋加剌布为独幅裙系之。地产骆驼,高九尺,土人以之负重。有仙鹤,高六尺许,以谷为食,闻人拍掌,则耸翼而舞,其容仪可观,亦异物也。"[3]

从这一资料中,我们看到,"麻那里"有一种鹤,从其体态和形状,我们知道这种鹤可能是澳洲鹤。澳洲鹤是一种不迁徙的留鸟,仅见于澳大利亚东部、北部和新几内亚低地。大沼泽或大草原是澳洲鹤喜爱的生活环境。澳洲鹤体型仅次于赤颈鹤,高约1.55米,体长约1米,是一种大型鸟类。其身体颜色为灰色,有着红色的头和黑色的下巴垂肉,站高约为1.3米,头顶和额部呈淡绿色,两侧和颈项呈红色,其他部分体羽灰色。这是汪大渊到达澳洲的有力证明。

最为有力的证明是他看到了澳洲原住民的原始生活。"罗婆斯国,国与麻加那之右山联属,奇峰磊磊,如天马奔驰,形势临海。不织不衣,以鸟羽掩身。食无烟火,惟有茹毛饮血,巢居穴处而已。虽然,饮食宫室,节宣之不可缺也;丝麻绨纻,寒暑之不可或违也……其地钟汤之全,故民无衣服之备,陶然自适,以宇宙轮舆。宜乎茹饮不择,巢穴不易,相与游乎太古之天矣。"[4]从这一资料我们看到,罗婆斯国是一个具有寒暑变化四季分明的国家。这个国家的居民尚处在原

〔1〕 汪大渊:《岛夷志略》,《酉阳杂录、诸蕃志、岛夷志略、海槎余录》,第363页。
〔2〕 西洋,现代泛指西方国家,主要指欧美国家。而在古代是古中国人以中国为中心的一个地理概念。最早出现在五代,不同时代涵义不尽相同。元朝、明朝时期的西洋是指文莱以西的东南亚和印度洋沿岸地区,晚清才用西洋一词指代欧美国家。
〔3〕 汪大渊:《岛夷志略》,《酉阳杂录、诸蕃志、岛夷志略、海槎余录》,第359页。
〔4〕 汪大渊:《岛夷志略》,《酉阳杂录、诸蕃志、岛夷志略、海槎余录》,第374页。

始社会状态,既没有农业和纺织品,也没有像样的房屋。另外,所谓"奇峰磊磊,如天马奔驰,形势临海",加之前一资料所说的"有蚝如山立",可能指的是澳洲西北高峻的海岸。

结合上述两条资料的特殊信息,我们认为,汪大渊在《岛夷志略》不仅记载了 14 世纪澳洲的温带气候、典型的动物、植物代表,而且看到了该处居民的原始生活状况。这说明,中国人的足迹和视野在元代已经远及南半球的澳洲。元代的海船到达东非海岸,并不令人感到意外,因为只要有足够资金和坚固的工具,沿着海岸耐心行驶,是可以实现这个目标的。令我们感到比较意外的是,汪大渊到达了澳洲,记录了澳洲的地理、动植物以及居民生活情况,并且安全返回中国。汪大渊航海成功的秘密在于当时指南针的普遍使用。南宋时期的文人明确指出,在海上航行充满危险,"盖神龙怪蜃之所宅,风雨晦冥时,惟凭针盘而行。乃火长掌之,毫厘不敢差误,盖一舟人命所系也"。[1] 没有指南针的导航,跨越印度尼西亚与澳洲之间宽阔的阿拉弗拉海和帝汶海,简直是难以想象的。

第四节　明初的《瀛涯胜览》、《星槎胜览》和《西洋番国志》

海道的开辟与拓展,航海的成功与失败,都与指南针的使用密切相关。没有指南针的使用,海船是离不开海岸的。正是指南针的使用和造船技术的提高,为明初的航海活动提供了必备的技术条件。郑和带领的中国船队七次下西洋,"浮针于水,指向行舟",[2]毫无疑问是人类航海史上的伟大壮举。郑和七下西洋,前后历时 29 年。关于这七次航海的原始记录早已遗失,幸好前后随郑和下西洋的马欢、费信、巩珍三人都将见闻记录著书,他们各自著的《瀛涯胜览》、《星槎胜览》、《西洋番国志》便成为研究郑和以及明代中外交通历史的第一手资料,其中《瀛涯胜览》对于 15 世纪初南洋各国和一些阿拉伯国的国王、民俗、物产等记载甚详,被各国学者公认为三书中最重要的一部书。

这三部书无不受到《岛夷志略》的启发和影响。马欢在《瀛涯胜览序》中写道:"余昔观《岛夷志》,载天时气候之别,地理人物之异,慨然叹曰:普天下

---

〔1〕　吴自牧:《梦粱录》卷一二,"江海船舰",浙江人民出版社,1980 年,第 112 页。
〔2〕　巩珍:《西洋番国志序》,中华书局,1961 年,第 5 页。

何若是之不同耶?"又说,"余以通译番书,亦被使末,随其所至,鲸波浩渺,不知其几千万里。历涉诸邦,其天时、气候、地理、人物,目击而身履之,然后知《岛夷志》所著者不诬。而尤有大可奇怪者焉。于是采摭各国人物之丑美,壤俗之异同与夫土产之别,疆域之制,编次成帙,名曰《瀛涯胜览》"。[1]　于此可见,马欢的《瀛涯胜览》深受汪大渊的启发和影响。《星槎胜览》的作者费信也受汪大渊很大影响。在他的书中,许多地点的记述更是从《岛夷志略》中抄录而来。

一、《瀛涯胜览》

《瀛涯胜览》,马欢著,成书于明景泰二年(1451 年)。马欢,字宗道、汝钦,号会稽山樵,浙江会稽(今绍兴)回族人。因通阿拉伯语,作为通事随郑和于永乐十一年(1413 年)、永乐十九年(1421 年)和宣德六年(1431 年)三次下西洋。马欢将郑和下西洋时亲身经历的二十国的航路、海潮、地理、国王、政治、风土、人文、语言、文字、气候、物产、工艺、交易、货币和野生动植物等状况记录下来,从永乐十四年(1416 年)开始撰写《瀛涯胜览》,经过 35 年修改和整理,于景泰二年定稿。

郑和下西洋的船队一般从泉州出发,先后历占城,次爪哇、暹罗,又次之旧港、阿鲁、苏门、南浡、锡兰、柯枝,极而远造夫大食、天方等二十余国。马欢记载的航程如下:

> 占城国,"在广东海南大海之南。自福建福川府长乐县五虎门开船往西南行,好风十日可到"。暹罗国,"自占城向西南船行七昼夜,顺风至新门台海口入港,才至其国"。满剌加国,"自占城向正南,好风船行八日到龙牙门。入门往西行,二日可到。此处旧不称国,因海有五屿之名,遂名曰五屿"。哑鲁国,"自满剌加国开船,好风行四昼夜可到。其国有港名淡水港一条,入港到国,南是大山,北是大海,西连苏门答剌国界,东有平地"。"苏门答剌国、即古须文达那国是也。其处乃西洋之总路,宝船自满剌加国向西南,好风五昼夜,先到滨海一村,名苔鲁蛮。系船,往东南十余里可到"。南浡里国,"自苏门答剌往正西,好风行三昼夜可到"。锡兰国,"自帽山南放洋,好风向东北行三日,见翠蓝山在海中……过此投西,船行七日,见莺歌嘴山,再三两日,到佛堂山,才到锡兰国马头,名别罗里"。小葛兰国,"自锡兰

---

[1]　马欢:《瀛涯胜览自序》,冯承钧校注:《瀛涯胜览校注》,中华书局,1955 年,第 1—2 页。

国马头名别罗里开船,往西北,好风行六昼夜可到。其国边海,东连大山,西是大海,南北地狭,外亦大海,连海而居"。柯枝国,"自小葛兰国开船,沿山投西北,好风行一昼夜,到其国港口泊船。本国东是大山,西临大海,南北边海,有路可往邻国"。古里国,"从柯枝国港口开船,往西北行,三日方到。其国边海,山之东有五、七百里,远通坎巴夷国;西临大海;南连柯枝国界;北边相接狠奴儿地面。西洋大国正此地也"。溜山国,"自苏门答剌开船,过小帽山投西南,好风行十日可到"。祖法儿国,"自古里国开船投西北,好风行十昼夜可到。其国边海倚山,无城郭,东南大海,西北重山"。阿丹国,"自古里国开船,投正西兑位,好风行一月可到。其国边海,离山远"。榜葛剌国,"自苏门答剌国开船,取帽山并翠蓝岛,投西北上,好风行二十日,先到浙地港泊船,用小船入港,五百余里到地名锁纳儿港登岸"。忽鲁漠厮国,"自古里国开船投西北,好风行二十五日可到。其国边海倚山,各处番船并旱番客商,都到此地赶集买卖,所以国民皆富"。天方国,"此国即默伽国也。自古里国开船,投西南申位,船行三个月方到本国马头,番名秩达。有大头目主守。自秩达往西行一日,到王居之城,名默伽国。奉回回教门,圣人始于此国阐扬教法,至今国人悉遵教规行事,纤毫不敢违犯"。[1]

也就是自福州前往占城的航行时间是 10 天;自福州前往泰国的航行时间是 17 天;自福州经占城前往马六甲需要航行 18 天;自福州,经占城、马六甲,到达苏门答腊东岸需要 22 天;自福州,经占城、马六甲,到达苏门答腊需要 23 天;自福州,经占城、马六甲、苏门答腊,到苏门答腊西部沿海需要航行 28 天,到马尔代夫需要航行 33 天,到孟加拉国及印度孟加拉邦地区需要航行 43 天,到斯里兰卡需要航行 36 天;自福州,经占城、马六甲、苏门答腊、斯里兰卡,到达印度科泽科德需要 42 天;自福州,经占城、马六甲、苏门答腊、斯里兰卡、印度科泽科德,到达印度奎隆需要 43 天;自福州,经占城、马六甲、苏门答腊、斯里兰卡、印度科泽科德、到达印度柯钦需要 46 天;自福州,经占城、马六甲、苏门答腊、斯里兰卡、印度科泽科德、到达阿曼佐法尔需要 56 天,到达伊朗阿巴斯附近需要 71 天,到达亚丁需要 76 天,到达阿拉伯国家则需要 136 天。也就是说,最远到达阿拉伯国家的航程至少需要连续航行 136 天,即 4 个半

---

〔1〕　以上引文见冯承钧校注:《瀛涯胜览校注》,中华书局,1955 年,第 1 页,第 19 页,第 22 页,第 26 页,第 27 页,第 32 页,第 34 页,第 37 页,第 38 页,第 42 页,第 50 页,第 52 页,第 55 页,第 58 页,第 63 页,第 69 页。

月。事实上,帆船航海既需要中途停留进行交易和补充给养,又需要等待季风的改变,不可能持续航行。要完成到达阿拉伯国家的航程,在明代初期,至少需要等待两个季风时节。返回时,当也如是。按照这一推算,在同一航程内,明代的航海时间与宋元大致相当。

二、《星槎胜览》

《星槎胜览》的作者是费信。费信,字公晓,曾以通事之职,分别于 1409 年、1412 年、1415 年、1431 年四次随郑和等出使海外。该书是作者通过采辑四十余国风土人物的所见所闻,撰写而成,约成书于明正统元年(1436 年)(图九)。

图九　《星槎胜览》(清朱右曾辑:《星槎胜览》,第 1 页)

该书前集所记占城国(越南南部)、宾童龙国(越南南部)、灵山(今越南中部)、昆仑山(今越南昆仑岛)、交栏山(今印度尼西亚格兰岛)、暹罗国、爪哇国、旧港(今印度尼西亚巨港)等 22 个国家和地区,均为亲历之地。后集所记真腊国(今柬埔寨)、东西竺(今马来西亚的奥尔岛)、淡洋、龙牙门、龙牙善提(今马来西亚的凌加卫岛)、吉里地闷(今帝汶岛)、彭坑(今属马来西亚)、琉球国、三岛(今菲律宾群岛)等 23 个国家和地区,为采辑旧说传闻而成,其中有些内容采自元汪大渊的《岛夷志略》。

该书对于南洋和西洋 45 个国家和地区的地理沿革、山川形势、政治制度、宗教信仰、物产气候、风俗习惯等均作了扼要的叙述。该书补充了《瀛涯胜览》未收录的若干亚非国家,对于研究 15 世纪初郑和使团出访的几个非洲国家的历史有一定价值。

三、《西洋番国志》

《西洋番国志》的作者是巩珍。巩珍,号养素生,明朝应天府人,生卒年不详,士兵出身,后为幕僚,随郑和第七次下西洋。该书记述了 1433 年郑和第七次下西洋的经过,记录的国家和地区有 20 个:即占城国,爪哇国、旧港国、暹罗国、满剌加国、苏门答剌国等,其内容与《瀛涯胜览》相近(图一〇)。

中外交通史籍丛刊
ZHONGWAI JIAOTONG SHIJI CONGKAN

向 达 校注

西洋番國志
鄭和航海圖
兩種海道針經

中華書局

图一〇　《西洋番国志》等,(中华书局,2000 年,封面)

巩珍在自序中指出,此次航海往还三年,"经济大海,绵邈弥茫,水天连接,四望迥然,绝无纤翳之隐蔽。惟观日月升坠,以辨西东;星斗高低,度量远近。皆斫木盘,书刻干支之字,浮针于水,指向行舟。经月累旬,昼夜不止。海中之山屿形状非一,但见于前,或在左右,视为准则,转向而往。要在更数起止,记算无差,必达其所。始则预行福建广浙,选取驾船民梢中有经惯下海者称为火长,用作舟师。乃以针经图式付与领执,专一料理,事大责重,岂容怠忽"。[1] 这一资料不仅记载了明代帆船使用指南针的情况,而且记录了当时航海需要观察山屿形状,以及视为准则的航海技能。此外,还记录了火长、舵手、水手驾驶海船"经月累旬,昼夜不止","烈风陡起,怒涛如山","缺其食饮,则劳困弗胜"等艰辛而危险的海上生活。

总之,明初的这三本著作,对于郑和下西洋所经历的国家和地区的地理沿革、山川形势、政治制度、宗教信仰、物产气候、风俗习惯等方面的记载比较具体,客观可信,不失为研究郑和下西洋的宝贵资料。但是,必须指出,这三本书均未拓展中国人的世界地理的空间,于中国海域地理思想贡献无多。

第五节　明朝后期之《东西洋考》

明代后期还有一本海外地理学名著,即《东西洋考》,其作者是张燮。张燮(1574—1640 年),字绍和,漳州府龙溪县人。万历二十二年(1594 年)考中举人。历览天下名山,博学多识,通贯史籍,著述丰富。为适应海外贸易之需,受漳州府督粮通判王起宗之托,撰成是书。

---

〔1〕　巩珍:《西洋番国志序》,中华书局,1961 年,第5—6 页。

《东西洋考》共 12 卷,卷一至卷四为西洋列国考,记叙交阯、占城、暹罗、下港、柬埔寨、大泥等国的地理、历史、气候、名胜、物产。卷五和卷六为东洋列国考,记叙吕宋、苏禄、猫里务、沙瑶等国的地理、历史、气候、名胜、物产。卷七至卷十二,记叙明代的饷税、税珰、舟师、艺文和逸事等。《饷税考》详细记述了漳州地区在对外贸易中征收商税的制度和抽税则例,以及督饷职官。《税珰考》集中记述了福建税监高寀暴敛横征、激变人民的史实。《舟师考》主要记录航海技术,其中有关东西洋针路的记载比较准确。《艺文考》收录梁、宋、元、明等朝有关对外关系部分诏告、表奏和碑记。《逸事考》是从历代史籍中辑录的有关对外关系的部分资料(图一一)。

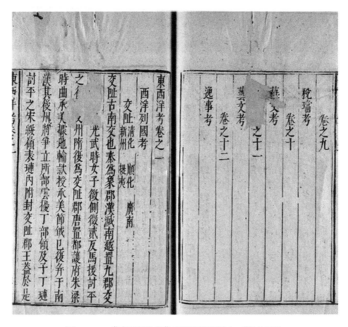

图一一 《东西洋考》(明万历刻本,第 1 页)

本书所谓东西洋大致是以福建和文莱为地理坐标划分的,以西的为西洋,以东的为东洋。西洋国家,基本上都在今越南、泰国、印度尼西亚、柬埔寨和马来西亚境内及其附近。东洋国家除日本、文莱之外,其余地方均在今菲律宾境内。之所以这样划分,可能是受了季风方向影响所致。明代往东南亚贸易的商船大多是从福建漳州和泉州出发的。开往越南方向的船舶一般是乘东北季风,向偏西南方向前进。先后取道七洲洋和昆仑山。具体航线我们可以从《东西洋考》列举的"西洋针路"中看出。

自太武山,"用丁未针(西南偏向),四更,取大小柑"。经过南澳坪山、大星

尖、东姜山、弓鞋山和乌猪山后，"用单申针，十三更，取七州山"。七州山，就是
七洲洋。"若往交趾东京，用单申针，五更"。到达交趾、占城、赤坎山后，又取
"单未针（西南偏南），十五更，取昆仑山"。再由昆仑山"用坤申（西南偏南）及
庚酉针（西偏西南），三十更，取吉兰丹"。当商船返回时，大多选择东北航向。

而开往东洋吕宋的船只，需要选择偏东南或南方航向，即"用辰巽针（东南
偏东），七更，取彭湖屿"。再从澎湖"用丙巳针（东南偏南），五更，取虎头
山"，[1]到达吕宋。再由吕宋岛分别前往苏禄、吉里问和文莱。中国商船前往
东南亚岛国之所以形成这两个互不交接的贸易单元（西洋和东洋），是因为在望
加锡海峡的南部有无数珊瑚礁，"它自加曼丹海岸向东伸出约 400 公里，与苏
拉威西之间只剩下很狭窄的深海，珊瑚礁又向南不规则地伸延直至利马及甘勤
岛为止，形成一个珊瑚礁环绕面积达 13 万平方公里以上的浅滩地带"。[2] 正是
由于这一珊瑚礁的广泛分布，导致帆船在望加锡以南航行特别困难，从而把南亚群
岛分割成两个较少联系的贸易单元。不过，东洋、西洋的名称是随着时代的变迁而
变化的。到了清代，随着地理知识的丰富，人们以东西洋为"东南洋"，后来又以
"东南洋"为"南洋"。"西洋"则逐渐演化为欧洲、美洲国家和地区的代词。

是书取材于历代史籍和当朝邸报，参以海商和舟师的诵述与见闻，尤详于嘉
靖、隆庆以后的史实，可补其他史书之不足，是研究明代对外关系和福建地区对
外贸易的重要资料。

就地理范围来说，《东西洋考》所研究的外国地理范围较之马欢的《瀛涯胜
览》、费信的《星槎胜览》和巩珍的《西洋番国志》又有所缩小，不仅没有地中海国
家的信息，没有非洲东海岸和澳洲的任何记录，也没有印度、阿拉伯等国家的
记载。

就中国海域地理学而言，本书最值得重视的是《舟师考》部分。内分《内港
水程、二洋针路》《祭祀》《占验》《水醒水忌》《定日》《恶风》《潮汐》七子
目。在《舟师考》序言中，张燮首先指出，在海中航行，既没有村落作为参照物，
也无法以里程计算，仅仅依靠指南针确定方位。"长年三老，鼓栧扬帆，截流横
波，独恃指南针为导引，或单用或指两间，凭其所向"。[3] 计算海上航程只能按
照时日和更数来估算，"如欲度道里远近，多少准一昼夜，风利所至，为十更，约
行几更，可到某处"。[4]而测量海水的深度只能用探绳来确定，成人两手分开的

---

〔1〕 本节引文俱见张燮《东西洋考》，中华书局，1981 年，第 171—182 页。

〔2〕 ［英］道比：《东南亚》，商务印书馆，1959 年，第 232—233 页。

〔3〕〔4〕 张燮：《东西洋考》卷九，《舟师考》，中华书局，1985 年，第 117 页。

长度为一托。"赖此暗中摸索,可周知某洋岛所在,与某处礁险宜防,或风涛所遭,容多易位,至风静涛落,驾转犹故,循习既久,如走平原,盖目中有成算也"。[1] 海船上的舵手水手均有明确分工,上樯椃者,为阿班;司椗者,有头椗、二椗;司缭者,有大缭、二缭;司舵者,为舵工,亦二人更代;其司针者,名火长,波澜壮阔,悉听指挥。

在东西洋针路中,张燮分段一一说明海船自福建漳州出发前往各地,经过的地名、航行的方向、航行的标志和海水的深度。西洋针路分为14段,东洋针路分为4段,共为18段。[2] 东西洋针路,乃是明朝及其以前航海者的航行指南。既是我国航海者经验的积累,也是我国地理认识的重要成果。从第一段航线可以看出,海船不再经由琼州海峡,迂回到钦州、廉州近海行驶,而是到达上川岛附近的乌猪山洋面之后,于"洋中打水八十托,用单申针,十三更,取七州山"。这里的"七州山"就是现在海南岛东北面的"七洲洋"。第二段航线从七洲洋出发前往交趾,先"用单申针五更,取黎母山"。黎母山,就是五指山。到达黎母山后再"用庚酉针,十五更,取海宝山"。到达海宝山之后,再"用单亥针及干亥,由涂山海口,五更,取鸡唱门,即安南云屯海门也",就是越南的东京。这条航线虽然有些曲折,但已非沿岸而行,而是主要靠指南针指导航向。第三段航线,从七洲洋前往安南之广南,"用坤未针,三更,取铜鼓山"。到达铜鼓山之后,再用"坤未针,四更,取独珠山"。到达独珠山之后,"打水六十五托,用坤未针,十更,取交趾洋"。到达交趾洋之后,"打水七十托,用坤未针,取占笔罗山,是广南港口"。由此可以看出,明代中国海船的指南针航海技术已经非常纯熟。海道已经远离海岸和岛岸,海船不再沿岸而行。海岸和岛岸的重要标志只是航海的目标和参照物而已。中国海船在东洋、西洋和南洋各个海域的航行无不如此。

明代,社会上流传的有关航海针路的书籍很多,诸如《渡海方程》、《海道经书》、《四海指南》、《顺风相送》(图一二)、《航海针经》、《指南正法》、《指南广义》、《航海全书》和《航海秘诀》等等,充分反映了当时中国航海事业的需求十分旺盛。例如,从福建前往琉球的针路,不仅说明自漳州浯屿港出发的针向、路径,而且一一说明自其他港口出发不同风向情况下的方向选择。"太武放洋,用甲寅针,七更,船取乌坵。用甲寅并甲卯针,正南。东墙开洋,用乙辰,取小琉球头。又用乙辰,取木山。北风,东涌开洋,用甲卯,取彭家山,用甲卯及单卯,取钓鱼屿。南风,东涌放

〔1〕 张燮:《东西洋考》卷九,《舟师考》,第117页。

〔2〕 张燮:《东西洋考》卷九,《舟师考》,第120—124页。

洋,用乙辰针,取小琉球头,至彭家,花瓶屿在内。正南风,梅花开洋,用乙辰,取小琉球,用单乙,取钓鱼屿。南边,用卯针,取赤坎屿,用艮针,取枯美山。南风,用单辰,四更,看好风,单甲,十一更,取古巴山(即马齿山,是麻山、赤屿),用甲卯针,取琉球国,为妙。"[1]

图一二　《顺风相送》(牛津大学鲍德里氏图书馆藏,封面)

琉球,是太平洋上的一个岛国。由于没有文字记载,该国古代历史较为模糊。神话传说琉球国第一位首领是天孙氏,传位25代。舜天时代(1187—1295年)大约相当于中国南宋时期,英祖王时代(1260—1349年)大致相当于中国元朝。明王朝与琉球建立外交关系始于洪武五年(1372年)。朱元璋将其列为15个后世子孙不得兴兵征伐的国家和地区之一。"四方诸夷,皆限山隔海,僻在一隅,得其地不足以供给,得其民不足以使令。若其自不揣量,来扰我边,则彼为不祥。彼既不为中国患,而我兴兵轻伐,亦不祥也。吾恐后世子孙倚中国富强,贪一时战功,无故兴兵,致伤人命,切记不可"[2]　琉球距离中国并不远,但直到明朝初年才发生外交联系。这是因为在宋代以前,在没有指南针的情况下,从浙江和福建跨越黄海,航行琉球是很危险的。另一个原因,琉球社会发展较为落后,缺乏与中国经济联系的基本条件。但是,在琉球与明朝廷建立朝贡关系之后,双方之间来往十分密切。

除了记录东西洋航行针路之外,张燮还采集了当时流传的有关海洋气象预报的谚语,同样弥足珍贵。这些谚语都是我国航海者或者沿海居民对于海洋气象的早期认识,都是中国人年复一年、日复一日对于海洋气候观测经验的积累。在没有科学预报的条件下,能否预知未来的天气事关海船的安危和航行的成败。这些谚语对于在海洋上生活的船员来说,生命攸关。

关于占雨的谚语是:"朝看东南黑,势急午前雨;暮看西北黑,半夜看风雨。"关于占云的谚语是:"天外飞游丝,久晴便可期;清朝起海云,风雨霎时辰;风静

〔1〕《顺风相送》,向达校注:《两种海道真经》,中华书局,1961年,第95—96页。
〔2〕《皇明祖训》,祖训首章。朱元璋列出的15个国家和地区是:朝鲜、日本、大琉球、小琉球、安南、真腊、暹罗、占城、苏门答腊、西洋、爪哇、彭亨、白花、三佛齐、渤泥。

郁蒸热,雷云必振烈;东风云过西,雨下不移时;东南卯没云,雨下巳时辰;云起南山遍,风雨辰时见;日出卯遇云,无雨必天阴;云随风雨疾,风雨片时息;迎云对风行,风雨转时辰;日没黑云接,风雨不可说;云布满山低,连宵雨乱飞;云从龙门起,飓风连急雨;西北黑云生,雷雨必声訇;云势若鱼鳞,来朝风不轻;云钩午后排,风色属人猜;夏云钩内出,秋风钩背来;乱云天半绕,风雨来多少;风送雨倾盆,云过都暗了;红云日出生,劝君莫出行;红云日没起,晴明未堪许。"〔1〕云是悬浮在高空中的密集的水滴或冰滴,从云里可以降雨或雪。对天气变化有经验的人都知道:天上挂什么云,就有什么天气,所以说,云是天气的相貌,天空云的形状可以表现短时间内天气变化的动态。云是用肉眼可以直接看到的现象,所以关于它的谚语最多,也比较符合科学原理。在水银晴雨表发明以前,收集任何有关天气的预测数据均是极为困难的,当时只能根据云块的形状做出大致的预测。

雾也是悬浮在高空中的密集的水滴或冰滴。有雾的天气,大气层是稳定的,和成云的大气层的不稳定性,刚好相反。最后演变出来的天气,也是刚好相反。有云的天气主阴雨,有雾的天气基本上是晴好的。关于占雾的谚语是:"虹下雨雷,晴明可期。断虹晚见,不明天变。断风早挂,有风不怕。晓雾即收,晴天可求。雾收不起,细雨不止。三日雾蒙,必起狂风。"〔2〕

关于占风的谚语是:"风雨潮相攻,飓风难将避;初三须有飓,初四还可惧;望日二十三,飓风君可畏;七八必有风,汛头有风至;春雪百二旬,有风君须记。""二月风雨多,出门还可记,初八及十三,十九二十四,三月十八雨;四月十八至,风雨带来潮,榜船人难避;端午汛头风,二九君还记,西北风大狂,回南必乱地;六月十一二,彭祖连天忌;七月上旬来,争秋莫船开;八月半旬时,随潮不可移"〔3〕 风有从北方来的,有从南方来的,也有从别的方向来的。因为各方面的地理属性不一致,所以不同来历的风有它多样的特性。在不同的风里面,就有不同的感觉,可以看到不同的天空景象。从谚语中所预报的时间来看,二月、三月、四月显然受北方季风的影响,六月、七月、八月显然受南方季风的影响。

大气层中水汽、水滴、冰晶等到悬浮物质,使日、月在天空中出现多种色彩和许多光学现象。例如,在日月周围会出现一些以日、月为中心的彩色光环和

〔1〕 张燮:《东西洋考》卷九,《舟师考》,第126—128页。

〔2〕 张燮:《东西洋考》卷九,《舟师考》,第128页。

〔3〕 张燮:《东西洋考》卷九,《舟师考》,第127页。

圆弧,为晕。观察它的变化,可以预测未来天气。关于占日的谚语是:"乌云接日,雨即倾滴。云下日光,晴朗无妨。早间日珥,狂风即起。申后日珥,明日有雨。一珥单日,两珥双起。午前日晕,风起北方。午后日晕,风势须防。晕开门处,风色不狂。早白暮赤,飞沙走石。日没暗红,无雨必风。朝日烘天,晴风必扬,朝日烛地,细雨必至。返照黄光,明日风狂。午后云过,夜雨滂沱。"〔1〕

关于占雷电的谚语是:"电光西南,明日炎炎;电光西北,雨下连宿。辰阙电飞,大雨可期;远来无虑,迟则有危。电光乱明,无风雨晴;闪烁星光,星下风狂。"〔2〕这几句谚语所讲的闪电,或者发生在冷锋上,称为冷锋雷雨。冷锋从北向南移动,看到雷电发生在北方,意味着冷气团自北而来,所以是"雨下连宿"。而电光发生在西南,则意味着冷气团继续向南移动,因此,阳光强烈,"明日炎炎"。夏季雷雨有两种:锋面雷雨和局地热雷雨。前者是锋面上升气流引起的,呈带状分布,范围广而时间长;后者是局地冷热空气对流引起的,一般范围小而生命短。"电光乱明,无风雨晴",应是局地热雷雨,只能看见电光,而不涉及降雨。

上述关于海洋气候的谚语,蕴藏着丰富的海洋气象信息,应当是人们对于海洋气象长期观察的结果。但是,由于技术水平的限制,这些知识只是经验的简单积累,只是对现象作出的描写,并未真正建立在科学分析的基础上,缺乏科学理论的支持,在实践中难免出现这样或那样的失误。尽管如此,我们仍然认为,这标志着 15 世纪中国海洋气候知识的积累和进步。这些海洋天气谚语在经过不断实践后已具有一定可信度,并足以在日常使用。

另外,张燮还从《漳州志》中辑录出关于潮汐的古人认识。这篇文章无论由谁撰写,都应当反映了当时人们对于潮汐的基本认识。上古时期,人们探讨潮汐现象,"或以为海鳅出入,或神龙变化,或日出于海,或天河激涌"。后来,人们逐渐意识到潮涨潮落与天体的运行有密切关系。"月临于午,为长之极,历未及申酉则极消;月临于子,为长之极,历丑及寅卯则极消。此以太阴之天盘论也"。除此之外,人们又观察到,"每日之子午,亦有潮退。每日之卯酉,亦有潮至。至于八时皆然"。"夜则以月,昼则以时,于指掌中,从日起时顺数三位长,半满、退、半尽,以六字操之,无毫发爽"。"初一、十五潮满正午,初八、廿三满在早晚,初十、廿五日暮潮平"。"月上潮长,月没潮涨。大汛潮光,小汛月上。水涨东

〔1〕 张燮:《东西洋考》卷九,《舟师考》,第 126—128 页。
〔2〕 张燮:《东西洋考》卷九,《舟师考》,第 128 页。

北,南东旋复。西南水回,便是水落。击定且守,船走难缆。钮定必凶,直至沙岸。走花落碇,神鬼惊散。要知碇地,大洪泥硬"。[1] 对于潮汐出现的规律尽管在当时还不能给予科学的解释,"似可解似不可解",[2] 而由此可以看到,古人已经把潮汐变化与天体运行的情况联系在一起。这些认识毫无疑问是朝着正确的方向前进的。

第六节　明末的《海语》与南海地理认识之深化

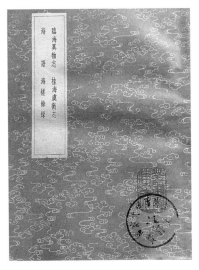

图一三　《海语》(《图书集成初编》,中华书局,1991年,封面)

《海语》,三卷,黄衷撰。黄衷,字子和,号铁桥病叟,上海人。明弘治丙辰进士,官至兵部右侍郎。是书乃其晚年致仕后,就海洋番舶询悉其山川风土,编写而成。内容分为四类: 曰风俗,凡二目;曰物产,凡二十九目;曰畏途,凡五目;曰物怪,凡八目。所述海中怪物颇为详备,然皆出自舟师舵手所亲见,每条之下加以附论。书中谈及西班牙殖民者在东南亚的活动,"此书成于嘉靖初,海贾所传见闻较近似,当不失其实,是尤可订史传之异"(图一三)。[3]

是书仅仅介绍了暹罗国和马六甲两国的地理历史情况。关于自广州前往暹罗的航线与张燮在《东西洋考》中所记载的西洋针路基本一致。自东莞之南亭门放洋,西南至乌潴(乌猪山),再至七洲洋,用坤未针,至外罗;再用坤申针,四十五程,至占城旧港;又用单未针至昆仑山,又用坤未针至玳瑁洲,又于龟山用单酉针,入暹罗港。

《海语》是16世纪前半期的作品,是时,人们仍然认为海洋充满神秘的色彩。海洋的信息传播难以避免猎奇、猜测和夸张。黄衷重点记述南海比较罕见

〔1〕　张燮:《东西洋考》卷九,《舟师考》,第130—131页。
〔2〕　张燮:《东西洋考》卷九,《舟师考》,第126页。
〔3〕　《文津阁四库全书提要汇编》,商务印书馆,2006年,第450页。

的动物和怪异事物,不足为怪。我们现在比较重视的是,黄衷在当时就明确了中国和越南的海上分界。中国与越南的海上分界,黄衷称其为"分水"。他说:"分水在占城之外罗海中,沙屿隐隐如门限,延绵横亘不知其几百里,巨浪拍天,异于常海。由马鞍山抵旧港,东注为诸番之路,西注为朱崖、儋耳(即今儋州)之路,天地设险以域华夷者也。"外罗,又称外罗山,附近的海面被称为外罗海。外罗山是中外船舶在越南沿海航行的重要标志,位于今越南中部占婆附近。明清时期,中国海船前往西洋(即南洋)贸易,一般经由七洲洋,绕过海南岛对准外罗山航行。是时,南海的季风流受东北季风影响,在大陆架的边缘其流速达到 1 节至1.5 节,在南海中部的深水区减至 0.5 节至 1 节。冬季前往东南亚的中国船只正好利用了这股海流,顺风又顺水。而返回中国时一般取道北部湾和琼州海峡。是时,南海的海水在夏季通常来自爪哇海流,由于海流受到越南东岸突出地形的影响,流向北,再流向东北,在越南东海岸为 1 节至 1.5 节,在东京湾和海南岛附近流速放缓,仅为 0.2 节至 0.5 节。夏季返回中国的海船正好利用了这股海流,同样是顺风又顺水。因此,外罗海附近的分水作为中越两国的海上界限是明确的。所谓"东注"是指由东方而来的海流,所谓"西注"应当是指西南方向而来的海流。因此,"东注为诸番之路",是指前往南洋各国时利用的是东方来的海流;"西注为朱崖、儋耳(即今儋州)之路",是指返回中国时经过海南岛西面利用的是西南来的海流。外罗山附近的海域既是中国与越南的海上分水线,也是中外商船往返必经的交汇点之一。

　　明末,中国人对于南海地理认识逐渐清晰。因此,将西沙群岛、中沙群岛和南沙群岛划入航海的危险区。据黄衷记载,航海者视万里石塘和万里长沙为"畏途"。"万里石塘在乌潴、独潴二洋之东,阴风晦景,不类人世……漫散海际悲号之音聒聒闻数里,虽愚夫悍卒靡不惨颜沾襟者,舵师脱小失势,误落石汊,数百躯皆鬼录矣"。[1] "万里长沙,在万里石塘东南,即西南夷之流沙河也。弱水出其南,风沙猎猎,晴日望之如盛雪,舶误冲其际,即胶不可脱,必幸东南风劲,乃免陷溺"。[2] 此处的"乌潴",是指上川岛东面的乌猪山;"独潴",是指万州东南海中的大洲岛;"万里石塘",是指西沙群岛和中沙群岛;"万里长沙",是指南沙群岛。因此,这一记载比起前述汪大渊关于"万里石塘"的看法要明确得多。"万里长沙"、"万里石塘"是中国人最先探险发现的,是中国人反复考察的,也是中国最早给予命名的。

〔1〕　黄衷:《海语》卷三,《海语、海国闻见录、海录、瀛寰考略》,台湾书局,1984 年,第 34 页。

〔2〕　黄衷:《海语》卷三,《海语、海国闻见录、海录、瀛寰考略》,第 35 页。

第七节 明末清初的《坤舆万国图志》、
《海外舆图说》与《职方外纪》

明末清初,耶稣会传教士相继来到中国传播天主教,与此同时,也把西方人关于地球的地理知识传入中国。在此方面有三本书值得关注:一是利玛窦的《坤舆万国图志》(简称《万国图志》),二是庞迪我的《海外舆图说》,三是艾儒略的《职方外纪》。

利玛窦(Matteo Ricci,1552—1610 年),天主教耶稣会意大利籍神父、传教士、学者。明神宗万历十一年(1583 年)来中国传教。他是天主教在中国传教的开拓者之一,也是第一位阅读中国文学并对中国典籍进行钻研的西方学者。他除了传播天主教教义外,还广交中国官员和社会名流,传播西方天文、数学、地理等科学技术知识。

《坤舆万国图志》是利玛窦于神宗万历三十年(1602 年)所绘制的一幅世界地图,是第一幅出现美洲的中文地图(图一四)。四大洋和五大洲的观念在地图上已经明确表达出来。明朝的一部分学者在看到《坤舆万国图志》之后,知道了西班牙、葡萄牙、荷兰、意大利、法国等西方国家的具体位置,逐渐接受了地球的球形观念。可能是受了《坤舆万国图志》的影响,很快出现了《舆地山海全图》和《舆地图》、《山海舆地全图》、《缠度图》等世界地图。这些明代的世界地图中的

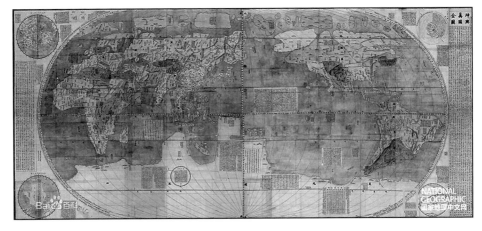

图一四 《坤舆万国全图》(明代李之藻摩刻本,见《利玛窦中文著译集》,复旦大学出版社,2001 年,第 200 页)

四大洋和五大洲方位显然来源于《坤舆万国全图》,只不过在地理图形和观念上与利玛窦的《坤舆万国图志》有所区别而已。

庞迪我(Pantoja,Didaco de,1571—1618年),西班牙人。1589年入耶稣会,1599年到澳门,后随利玛窦一起赴北京。曾奉明廷之命修改历法,著有《海外舆图说》等。1616年禁教时被明廷驱逐。

艾儒略(Julio Aleni,1582—1649年),字思及,意大利人,是继利玛窦之后在中国系统介绍世界地理知识的重要人物。艾儒略著《职方外纪》受到庞迪我《海外舆图说》的影响,他说:"偶从蠹简得睹(庞氏)所遗旧稿,乃更窃取西来所携手辑方域梗概,为增补以成一篇,名曰《职方外纪》。"[1]该书于天启三年(1623年)写成。在《明史·艺文志》地理类书目中,仅列入艾儒略《职方外纪》五卷,庞迪我《海外舆图说》二卷,但后者可能已佚失,利玛窦《坤舆万国图志》则未见列入。

《职方外纪》卷首绘制有万国全图,分为西半球、东半球两幅,是在利玛窦《坤舆万国图志》基础上修订而成。如前所说,《职方外纪》又是在庞迪我著作的基础上增益而成。故可以把《职方外纪》看成是利玛窦、庞迪我和艾儒略三位传教士的合著。是书大大丰富了我国有关世界其他国家的地理知识。

艾儒略《职方外纪》与利玛窦《坤舆万国图志》相比,有两个优点:一是《职方外纪》不仅附有世界地图,而且附有各大洲洲图。该书将世界地图分为东、西两半球,大致以亚洲与北美洲连接部位的白令海峡为界。五大洲地图形态已与现代世界地图近似。全部地图都采用了欧洲的经纬网。二是《坤舆万国图志》中的"志"均填在世界地图的空白处,由于空间有限故内容亦受限。《职方外纪》对于五大洲及海洋不仅有图,而且有总说和分论,介绍比较详细。

《职方外纪》之后,又有南怀仁的《坤舆图说》。是书上卷自《坤舆》至《人物》,分十五条,皆言大地之所生。下卷载海外诸国道里、山川、民风、物产,分为五大洲,而终之以《西洋七奇图说》。大致与艾儒略《职方外纪》互相出入,而亦时有详略异同。

总之,随着传教士的东来,西方的世界地理知识开始带入中国。《山海舆地全图》《职方外纪》和《海外舆图说》是其代表作,其中《职方外纪》是外国人用中文写作的最早的世界地理专著,对于中国人对地球和海洋的认识起了一定影响。不过,这种影响是逐渐发生的,其地理观念的传播是缓慢的。一直到18世纪中后期在编纂《四库全书》时,中国学者仍然对于地球、四大洋、五大洲等说法半信半疑。全书提要编者评论说,该书"所述多奇异不可究诘,似不免多所夸

---

〔1〕 [意]《职方外纪自序》,艾儒略:《职方外纪》,中华书局,1985年,第2页。

饰。然天地之大,何所不有,录而存之,亦足以广异闻也"。[1]

第八节 《海国闻见录》与《海录》

清代前期,中国海洋地理学仍在探索中缓慢前行,其主要代表作有两部:一是《海国闻见录》,二是《海录》。

一、《海国闻见录》

《海国闻见录》分为上、下卷(图一五)。作者陈伦炯,字资斋,福建泉州府同安县人。父陈昂,于康熙二十一年从靖海侯施琅平定台湾。受施琅之命,前往南洋各国搜捕郑氏余党。出入东西洋长达五年之久。叙功授职,1711年,任广东副都统。副都统为满洲八旗额缺,陈昂得到这一职位,出自特典。伦炯少从其父,熟闻海道形势。及袭父荫,复由侍卫历任澎湖副将、台湾镇总兵官,移广东高雷廉、江南崇明、狼山诸镇,又为浙江宁波水师提督,故以平生闻见,著为此书。对于中国沿海地理军事价值颇有灼见。

上卷八篇,即《天下沿海形势录》、《东洋记》、《东南洋记》、《南洋记》、《小西

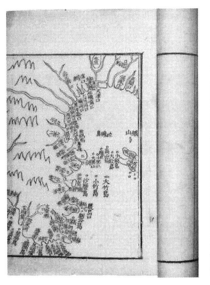

图一五 《海国闻见录》(清嘉庆年间刻本,第19页)

---

[1] 《文津阁四库全书提要汇编》,商务印书馆,2006年,第451页。

洋记》、《大西洋记》、《昆屯记》和《南澳气记》。下卷图六幅,即《四海总图》、《沿海全图》、《台湾图》、《台湾后山图》、《澎湖图》和《琼州图》。"凡山川之扼塞,道里之远近,沙礁岛屿之夷险,风云气候之测验,以及外蕃民风、物产,一一备书。虽卷帙无多,然积父子两世之阅历,参稽考验,言必有征。视剿传闻而述新奇,据故籍而谈形势者,其事固区以别矣"。[1] 书中关于中国沿海地理的记载,不仅翔实可靠,而且以水师将领看待沿海地理形势,发前人所未发,具有军事地理学的价值。

《海国闻见录》成书于 1730 年,在《小西洋记》和《大西洋记》中,记述了南亚、中亚、西亚、非洲和西欧各国的地理、历史情况,其视野远远超过前人。但是由于这些地方陈伦炯并未亲身游历,又未能参考宫廷藏书,主要得自耳闻,致使内容失之简陋。不仅如此,由于受古人影响,对于一些地理现象的解释不免失当。既有此说,据而录之,固亦无害宏旨尔。

是书上卷中的《天下沿海形势录》关于中国沿海地理成因的解释非常精彩。例如,关于长江口以北浅滩的成因,他指出:"海州而下,庙湾而上,则黄河出海之口。河浊海清,沙泥入海则沉实。支条缕结,东向纡长。潮满则没,潮汐或浅或沉,名曰五条沙。中间深处,呼曰沙行。江南之沙船往山东者,恃沙行以寄泊。船因底平,少阁无碍。闽船到此,则魄散魂飞。底圆,加以龙骨三段,架接高昂,阁沙播浪则碎折。"[2]关于"五条沙"的这一解释是很科学的。

作为水师将领,陈伦炯的海防意识非常明显。关于广州海防地位,他指出其"左捍虎门,右扼香山。而香山外护顺德、新会,实为省会之要地,不但外海捕盗,内河缉贼,港汊四通,奸匪殊甚,且共域澳门,外防番舶,与虎门为犄角,有心者岂可泛视哉!"[3]关于澎湖,陈伦炯指出:"泉、漳之东,外有澎湖,岛三十有六,而要在妈宫、西屿、头北港、八罩四澳,北风可以泊舟。若南风,不但有山有屿可以寄泊,平风静浪,黑沟白洋,皆可暂寄,以俟潮流。"[4]关于台湾,他写道:"东面俯临大海……延绵二千八百里,西面一片沃野,自海至山,浅阔相均约百里,西东穿山至海约四五百里,崇山叠箐,野番类聚……而港之可以出入巨舰。惟鹿耳门与鸡笼淡水港,其余港汊虽多,大船不能出入。"[5]关于北部湾的浅海地理,他说:"自廉之冠头岭而东,白龙、调埠、川江、永安山口、乌兔处处沉沙,难

〔1〕《文津阁四库全书提要汇编》,商务印书馆,2006 年,第 453 页。
〔2〕陈伦炯:《海国闻见录》卷上,台湾学生书局,1984 年,第 82 页。
〔3〕陈伦炯:《海国闻见录》卷上,第 91 页。
〔4〕陈伦炯:《海国闻见录》卷上,第 87—88 页。
〔5〕陈伦炯:《海国闻见录》卷上,第 88—89 页。

以名载。自冠头岭而西至于防城,有龙门、七十二径,径径相通。径者,岛门也;通者,水道也。以其岛屿悬杂而水道皆通。廉多沙,钦多岛。"[1]这些描述和看法都非常精准和正确。

是书对于 18 世纪初期中国和欧洲的两种航海技术作了这样的对比:"中国洋艘不比西洋甲板用浑天仪、量天尺教日所出,刻量时辰,离水分度,即知为某处。中国用罗经,刻漏沙,以风大小顺逆较更数。每更约水程六十里。风大而顺,则倍累之;潮顶风逆,则减退之,亦知某处,心尚怀疑。又应见某处远山,分别上下山形,用绳砣探水深浅若干,砣底带蜡油以粘探沙泥,各个配合,方为准确。"

《海国闻见录》对于西欧和非洲主要国家的地理位置和民俗风情作了比较准确的叙述。在《大西洋记》中介绍的非洲国家有埃及、几内亚、埃塞俄比亚、乍得、摩洛哥、阿尔及利亚等,介绍的欧洲国家有英国、法国、俄罗斯、西班牙、葡萄牙、意大利、荷兰、普鲁士、丹麦、奥地利和土耳其等。作者对于西方殖民者在东南亚的扩张活动表示关注和忧虑。不仅记录了西班牙占据吕宋、马六甲的情况,而且指出荷兰占据台湾,英国占据印度等殖民活动。这表明中国人对于世界的认识又进了一步,其地理范围已经扩大到西欧和北非。但是,必须指出,是时艾儒略的《职方外纪》、汤若望的《海外舆图说》等书已经出版发行,哥伦布地理大发现的成果已经介绍到中国,而《海国闻见录》的作者对此好像没有参考,其关注的世界地理范围仍然局限在东半球。

《海国闻见录》对于清代前期开辟的南海新海道进行了描述。"广之番舶、洋艘往东南洋吕宋、文莱、苏禄等国者,皆从长沙门而出。北风以南澳为准,南风以大星为准。惟江、浙、闽省往东南洋者,从台湾沙马崎头门过,而至吕宋诸国。西洋呷板从昆仑、七州洋东、万里长沙外,过沙马崎头门而至闽、浙、日本,以取弓弦直洋。中国往南洋者,以万里长沙之外渺茫无所取准,皆从沙内粤洋而至七州洋。此亦山川地脉联续之气,而于汪洋之中以限海国也。"[2]这里记录了四条海道:一是广东海船,经过长沙门,前往吕宋、文莱的海道;二是江、浙、闽三省海船,经过台湾南部鹅銮鼻,前往吕宋岛的海道;三是西洋商船经过越南南部至昆仑山和中国之七洲洋东面、万里长沙外,前往福建、浙江和日本的海道;四是中国商船经过广东洋面而至七洲洋,前往南洋各国的海道。于此可见,清代前期南海北部的主要海道均已开辟。

---

〔1〕 陈伦炯:《海国闻见录》卷上,第93页。
〔2〕 陈伦炯:《海国闻见录》卷上,第119页。

是书对东沙群岛、中沙群岛和西沙群岛及其附近的地理和水文作了重点讨论。"南澳气,居南澳之东南。屿小而平,四面挂脚,皆嵝岵石。底生水草,长丈余。湾有沙洲,吸四面之流,船不可到;入溜,则吸搁不能返"。[1] 又说,"隔南澳水程七更,古为落漈。北浮沉皆沙垠,约长二百里,计水程三更余。尽北处有两山:名曰东狮、象;与台湾沙马崎对峙。隔洋阔四更,洋名沙马崎头门。气悬海中,南续沙垠,至粤海,为万里长沙头。南隔断一洋,名曰长沙门。又从南首复生沙垠至琼海万州,曰万里长沙。沙之南又生嵝岵石至七州洋,名曰千里石塘。长沙一门,西北与南澳、西南与平海之大星鼎足三峙。长沙门,南北约阔五更"。[2]

有的学者认为,"南澳气"是指东沙群岛,"万里长沙"是指中沙群岛,"万里石塘"是指西沙群岛。[3] 有的学者认为,"南澳气"不单单是东沙群岛,还应包括东自台湾南部(沙马崎头)鹅銮鼻,西至南澳岛,北自澎湖群岛附近的台湾浅滩,南至中沙群岛北端的一大片海域。"万里长沙"也不单单是指中沙群岛,而是包括中沙群岛、西沙群岛、东沙群岛以至广东沿海的一片广阔的海域。"万里石塘"不是指西沙群岛,而是指南沙群岛。"长沙门"是指中沙群岛与西沙群岛之间的一带海域。[4]

古代中国人对于河水常年注入大海,而海水没有升高的现象无法解释。对于海水最终流到哪里去,有过各种各样的猜测,或者称其为"落漈",或者称其为"万水朝东",或者称其为"气"所吸入。陈伦炯在《海国闻见录》中所称之"南澳气",即是一种猜测。"南澳气受四面流水,吸入而不出,古为落漈。试问入而不出,归于何处,岂气下另有一海以收纳乎? 四入者从上而入,必从下而出。如溪流涌急,投以苇席,入而出于他处",这种猜测和解释并无科学道理。如前所述,每年10月至次年4月,由于特殊的地理环境,东沙群岛附近海域成为大浪区,波高月平均为2米,5级以上的大浪约占50%。其涌浪平均波高为3米,5级以上大涌超过80%。正是大浪的高频率发生,使航海者对于这片海域望而生畏,产生神秘感,出现各种各样的猜测。陈伦炯对于"南澳气"的解释固然不可信,但是,他指出该海域水文复杂,风浪巨大,充满危险,则是有一定道理的。

尽管存在这些错误和不足,《海国闻见录》一书仍然不失为18世纪我国重

---

〔1〕 陈伦炯:《海国闻见录》卷上,第166页。

〔2〕 陈伦炯:《海国闻见录》卷上,第167页。

〔3〕 陈伦炯著,李长傅校注:《海国闻见录》,中州古籍出版社,1985年,第76页;李金明:《中国南海疆域研究》,福建人民出版社,1999年,第43页。

〔4〕 周运中:《南澳气、万里长沙与万里石塘新考》,《海交史研究》2013年第1期。

要的海域地理学著作,陈昂、陈伦炯父子应当是当时开眼看世界的重要代表人物。《海国闻见录》足足比《海国图志》、《瀛环志略》等书早了110多年,见微而知著,其所提出的警惕西方列强侵略,加强海防的主张,弥足珍贵。"时互市诸国奉约束惟谨,独昂、伦炯父子有远虑,忧之最早"。[1]

二、《海录》

《海录》出版于1820年前后,上距《海国闻见录》出版有90年之久,下与1842年《海国图志》五十卷出版相隔22年。该书是谢清高口述、杨炳南笔录而成。谢清高是广东嘉应州梅县(今梅州市)客家人,生于1765年,18岁时随商人在南海从事贸易,不幸在海洋遇到风暴袭击,船沉于海,被在此路过的外国商船救起,遂跟随外国商船在太平洋、印度洋和大西洋漂泊了14年之久。31岁时,因患眼疾而瞽,在海船上无法继续生活,回到中国,寄居澳门,为通译,以维持生计。卒于1821年。1820年,梅城下市攀桂坊举人杨炳南在澳门游历时遇见乡人谢清高。谢氏谈及海外阅历,请求杨炳南为其笔录下来,"以为平生阅历得藉以传,死且不朽"。杨氏遂根据谢氏口述,逐条记录,整理而成是书(图一六)。

图一六 《海录》(《图书集成初编》,中华书局,1991年,封面)

《海录》约有24 000字,不分卷。大致以国名为条目,记录了世界近100余个国家和地区的地理历史。这些被介绍的对象来说,涵盖了亚洲、非洲、欧洲、南北美洲的地域。从这些对象的分布区域可以看出,谢清高在14年的时间里,沿着南海游历到东南亚的婆罗洲、爪哇、苏门答腊,经过马六甲海峡,沿着印度南亚次大陆和东非海岸线,穿越印度洋。并随商船经过南非的好望角,一直远足西欧的西班牙、葡萄牙、英国,往北到了北欧瑞典。向东,他曾经穿越帝汶海、托雷斯海峡、珊瑚海,游历了帝汶、澳大利亚、巴布亚新几内亚、斐济,并曾经北上日本,最远到达库页岛和堪察加半岛。虽然该书的口述者只是在外国商船上生活的一个海员,但由于职业习惯,比较关注航线和沿途城镇,凡番舶所至以及荒陬僻岛,靡不周历,其风

---

〔1〕 赵尔巽主编:《清史稿》卷二八四,列传七十一,第10195页。

俗之异同,道里之远近与夫物产所出,一一熟识于心。

谢清高显然到过葡萄牙、荷兰和英国。对于这三个国家的地理、历史、政治、军事和宗教信仰、生活习俗、天文历法、婚丧礼仪和物产讲得非常具体。例如,关于英国,他说:"即红毛番,在佛郎机西南对海。由散爹哩向西北少西行,经西洋、吕宋、佛郎机各境,约二月方到。海中独峙,周围数千里,人民稀少,而多富豪。房屋皆重楼叠阁,急功尚利,以海舶商贾为生涯。海中有利之区,咸欲争之。贸易者遍海内。以明呀喇、曼哒喇萨、孟买为外府。民十五以上则供役于王,六十以上始止。又养外国人以为卒伍,故国虽小,而强兵十余万,海外诸国多惧之。"[1]

关于荷兰,他说:"荷兰国在佛郎机西北,疆域、人物、衣服俱与西洋同。唯富家将死,所有家产欲给谁何,必先呈明官长,死后即依所呈分授,虽给亲戚朋友亦听。若不预呈,则藉没,虽子孙不得守也。原奉天主教,后因寺僧滋事,遂背之,然仍立庙宇,亦七日则礼拜。"[2]

关于西班牙,他说:"大吕宋国,又名意细班惹呢,在西洋北少西。由大西洋西北行,约八九日可到。海口向西,疆域较西洋稍宽。民情凶恶,亦奉天主教。风俗与西洋略同。土产:金银、铜铁、哆啰绒、羽纱、哔叽、蒲桃酒、玻璃、番碱、钟表。凡中国所用番银,俱吕宋所铸,各国皆用之。"[3]

《海录》成书十余年后,中国遭遇第一次鸦片战争严重挫败。是书受到魏源等人的重视,因此成为中国人了解世界的一个窗口。该书后来亦受到史地学者的高度重视,各种校勘本不下十余种。尽管如此,中国海域地理学独立发展到这时已经终结。随着时代的变化,中国海域地理研究开始进入与西方地理学交流的时代,并开始快速发展。

〔1〕　谢清高口述,杨炳南笔录:《海录》,湖南科学技术出版社,1981年,第40页。

〔2〕　谢清高口述,杨炳南笔录:《海录》,第39页。

〔3〕　谢清高口述,杨炳南笔录:《海录》,第38页。

第三章 晚清海防地理学之建立
（1841—1911 年）

　　海域地理学是一种不断重新认识的学科,所谓重新认识就是不断地怀疑和修改过去的认识。在一般情况下,认识史应当按照自身的发展过程划分其时期。然而,海域问题在近代中国一开始便与政治和国防紧密地联系在一起,因此划分中国海域地理学时期不能不考虑与政治和海防之间的关系。从第一次鸦片战争开始,中国海防危机一次次加深,西方列强遂成为中国海防的主要对象。从知己知彼的观念出发,中国学者开始研究西方强国政治、军事、经济和文化;从知天知地的角度入手,中国学者开始研究与海防相关的一切海洋地理问题。从 1840 年开始到 1910 年,中国海域地理学的研究具有两个特征:其一,这一时期,西方的地理学观念不断输入中国,中国学者在接受西方地理学概念和理论的过程中一步步加深了对中国海域地理的认识,因此,中外地理学知识交流是其特征之一。其二,从第一次鸦片战争开始,中国的国防危机主要来自海上,中国海域地理学的研究始终与海防问题紧密联系在一起,因此,中国海域地理学具有了海防地理学的特征。

第一节　关于海国地理之认识

一、林则徐与《四洲志》编译

　　林则徐(1785—1850 年),字少穆,或元抚,晚号竢村老人,福建侯官人[1]。嘉庆十六年进士,历官东河总督、江苏巡抚、湖广总督等职位。1838 年,道光皇

---

〔1〕 侯官,古县名。1913 年,与闽县合并,称闽侯县。

帝发起禁烟运动,授命林则徐为钦差大臣,前往广东查禁外国鸦片走私事宜。下车伊始,林则徐从知己知彼的观念出发,开始搜集情报。他首先延揽通晓外国语言之人才,将英国商人和传教士创办的《广州周报》、《广州纪事报》、《新加坡自由报》、《中国丛报》的资料选录下来,编译成《澳门新闻纸》、《华事夷言》、《夷情备采》等,意在掌握有关鸦片问题的各种信息,"借以探访夷情"〔1〕,并及时了解其查禁鸦片走私产生的国际影响。早期参与翻译的人员有亚孟、袁德辉和林阿适,后来是梁进德加入。

是时,美国基督教公理会传教士布朗(Brown),将英国人慕瑞(Hugh murray)所著之《世界地理大全》(Cyelopaedia of Geography)赠给林则徐。林则徐非常重视这本书,令梁进德等人翻译,并亲自加以润色,题名为《四洲志》。是书概略介绍世界五大洲三十余国之地理、历史和政治风情。林则徐之所以将其书名酌定为《四洲志》,一是由于该书介绍范围正好是亚洲、非洲、欧洲和美洲等四大洲,二是佛教的世界观念中也有四洲之说。〔2〕

《四洲志》不分卷,大抵是循着东南亚、南亚次大陆、西亚、北非、东非、南非、西非、西南欧、西欧、北欧、北美和南美的海岸线进行介绍的。仔细阅读《四洲志》的内容,我们发现,该书编译者比较关注的是地球上的沿海国家地理历史,在篇幅无多的介绍中,始终聚焦在西方列强的殖民掠夺事件上。这表明该书的编译者在处理中英鸦片走私贸易冲突问题时,已经具有了比较明显的地缘政治意识,林则徐等人当时对于国际形势的判断要复杂得多,可能不像后来研究者考虑的那样,认识只是局限在中英两国在禁烟问题上的简单的双边冲突。

《四洲志》的翻译者关注的重点是曾经到达中国周围的滨海强国之间的相互战争以及掠夺海外殖民地的情况。诸如葡萄牙、西班牙、英国、法国、荷兰、德国、瑞典和俄罗斯等。

例如,关于葡萄牙的介绍。葡萄牙位于欧洲大陆之西南隅,西、南两面界海,东、北两面与西班牙相邻。因此,葡萄牙之历史往往与西班牙发生联系。《四洲志》的编译者不仅关注葡萄牙与西班牙、法国之间的战争,同时也关注其在美洲的殖民地,"千五百年后,驾驶舟师,东取沿海,西取南弥利坚(South America)之摩那济尔(Brazil)地。百余年后,有塞麻斯(Sebastian)王往侵,布路亚(即葡萄

<hr />

〔1〕　林则徐:《致怡良书》道光十九年二月,见杨国桢编《林则徐书简》,福建人民出版社,1995 年,第 44 页。

〔2〕　按照佛教的说法,世界的中心是须弥山,山高八万四千由旬,山顶上为帝释天。四面山腰为四天王天,周围有七香海、七金山。第七金山外有铁围山,铁围山的周围是咸海,咸海之中有四大洲:即东胜神洲、南赡部洲、西牛货洲和北俱卢洲。

牙)军伍淆乱,自误截己兵,遂大溃。国王没,诸子争立,乞援于大吕宋(即西班牙)菲里王(Hereupon Philip Ⅱ),始定王位。自是,国事受制于吕宋(即西班牙),边地被侵于荷兰。先感菲里王之德,继成仇隙。千六百四十年,部众咸愤,起兵驱大吕宋(即西班牙)之人,并废前王,而改立新王,不受大吕宋节制……千八百有七年,佛兰西摩那底王(即波拿巴 Bonaparte)遣禹诺(Junot)领兵往袭,布路亚(即葡萄牙)仓卒无备,遂弃义斯门而走摩那济尔(Brazil)。旋得英吉利之助,始逐佛兰西,复其故都。"〔1〕

再如,关于英国的信息。英国是第一次鸦片战争中中国的敌对国,《四洲志》的编译者对于英国的地理历史、政治制度和兵力配备给予了密切关注。关于英国的地理位置,《四洲志》这样介绍说:"英吉利国,在欧罗巴极西之地,四围皆海,南距佛兰西仅一海港,东近荷兰、罗汶(即罗马 Roma),与土干里、那威耶对峙,西抵亚特兰的斯海,北抵北极洋。幅员五万七千九百六十方里,户口千四百一十八万有奇。国东平芜数百里,西则崇山峻岭"。〔2〕 关于英国兴盛的原因,在《四洲志》的编译看来,似乎与英国的文官制度和重视贸易有关。由于"革世袭之职,皆凭考取录用,开港通市,日渐富庶,遂为欧罗巴大国"。〔3〕 至于英国的兵力配备,是书也有比较明确的说法。"额设水师战舰百有五十,甘密苏(即现役战舰 In Conmmission of the Line)百六十人管驾水师战舰,水师兵万人,水手二万二千。英吉利陆路兵八万一千二百七十一名,阿悉亚洲(即亚细亚洲)属国兵丁有九千七百二十名"。〔4〕对于英国人的风俗习惯和制造技术,是书也有简略评论,曰:"俗贪而悍,尚奢嗜酒,惟技艺灵巧……纺织器具俱用水轮、火轮,亦或用马,毋须人力。国不产丝,均由他国采买。"由此看来,《四洲志》的编译者对于英国的君主立宪政治制度、财政制度和海军实力等情况还是有所了解的,尤其是对于英国的机器工业产生了一定兴趣。

二、魏源与其《海国图志》

1841 年 7—8 月,林则徐遣戍新疆途中,路经京口(即镇江市),见到魏源。两人谈了很长时间,林则徐在启程时,将其在广东编译的《四洲志》、《澳门月报》和《粤东奏稿》以及在广东搜集到的其他有关资料交给了魏源,嘱其编撰《海国图志》。魏源欣然从命,立即以《四洲志》为提纲,开始广泛搜集中外各种资料,历经

〔1〕 林则徐、梁进德编译:《四洲志》,《小方壶斋舆地丛钞》第十二轶,第 19 页。
〔2〕〔4〕 林则徐、梁进德编译:《四洲志》,第 31 页。
〔3〕 林则徐、梁进德编译:《四洲志》,第 30 页。

一年又四个月的时间,于道光二十二年十二月编成五十卷本《海国图志》,于次年五月在扬州刊刻发行(即道光癸卯本);道光二十六年增补为六十卷本,大约有75万字,次年夏天印刷出版;咸丰二年,进一步扩编成一百卷,增加的主要资料是徐继畲的《瀛寰志略》和玛吉士的《地理备考》,大约有96万字,比六十卷本增加了20余万字,翌年刊行(图一七)。

《海国图志》征引的书籍近百种,粗略可以分为两类:一类是中国学者的著作,另一类是外国著作的翻译本。中国学者的著作,除了常见的正史、志书、类书之外,还有关于外国的笔记、游记、杂志等选录资料。外国学者的著作,以著作时间也可以分为两类:一类是早期传教士的著译,诸如,艾儒略《职方外纪》、南怀仁《坤舆图说》、毕方志《灵言蠡勺》、高一志《空

图一七　《海国图志》(咸丰二年刻一百卷本,封二)

际格致》、傅泛际《寰有诠》、蒋友仁的《地球全图》;另一类是第一次鸦片战争前后的史地著作,如林则徐等人编译的《四洲志》、麦嘉缔《平安通书》、祎理哲《地球图说》、马理生《外国史略》、玛吉士《地理备考》、裨治文《美里哥国志》和《东西洋考每月统纪传》等。从书籍的种类来说,中国学者著作远远多于外国人著作,大约为七比一。就其内容来说,征引西人的著作内容远远大于国人的著述,大约为四比一。西人著作是《海国图志》的主干资料,正因为如此,魏源郑重强调说:"斯纯乎以夷人谈夷地也。""以西洋人谈西洋也"。至于与《四洲志》的资料相比,魏源估计说:"大都东南洋、西南洋增于原书者十之八,大小西洋增于原书者十之六。"[1]

在魏源看来,第一次鸦片战争时期,中国之所以一直被动挨打,就在于英国人处心积虑,一直在调查、研究中国,准确掌握了中国的情报。例如,英国军队占据新加坡之后,与发展贸易、营建城市的同时,"又多选国中良工技艺,徙实其中。有铸炮之局,有造船之厂,并建英华书院,延华人为师,教汉文汉语,刊中国经史子集、图经、地志,更无语言文字之隔,故洞悉中国情形虚实。"[2]

---

〔1〕　魏源:《海国图志》叙,清道光丁未(1847年)古微堂本,第1页。

〔2〕　魏源:《海国图志》卷六,第17页。

因此,魏源感叹道:"中国反无一人瞭彼情伪,无一事师彼长技。"[1]他希望从今以后,中国人应当像英国人那样,"日翻夷书,刺夷事,筹夷情",真正做到知己知彼,方能立于不败之地。并大声呼吁道:"欲制外夷者,必先悉夷情始;欲悉夷情者,必先立夷馆,翻夷书始;欲造就边才者,必先用留心边事之督抚始。"[2]

《海国图志》的编写目的始终是为了战胜强敌,对于弱国利用本国地理位置和装备战胜强敌的事件总是予以重点关注。例如,越南人曾经在内河焚烧英军入侵兵船,魏源认为这是弱国战胜强国的典型战例,值得师法。"夷教夷烟毋能入界,嗟我藩属尚堪敌忾"[3]。他在按语中反复致意道:"雍正初,红夷兵舰由顺化港闯其西都,而西都以水攻,沉之。嘉庆中,复由富良海口闯其东都,而东都以火攻,烬之。"[4]他对于越南的内河火攻战术深信不疑,认为并非"夸张传说之词"[5]。再如,魏源对于《四洲志》所记1769年缅甸人对抗英印军队入侵事件非常关注,并专门对清初清军主帅李定国在缅甸的作战经过作了详细考察,认为缅甸人的山地栅栏战术利于防守,同样值得学习。"观于缅栅之足拒夷兵,而知我之所以守;观于安南札船之足慑夷艇,则知我之所以攻"[6]。

按照《四洲志》对欧洲各国排列的先后次序,魏源对于各列强的历史地理资料进行了重点补充,凡15卷,自卷24至卷38。大多是一国一卷,或数国一卷,惟有英国为重中之重,选辑的资料有三卷之多。"志西洋,正所以志英吉利也"。魏源在《大西洋欧罗巴洲各国总叙》中,不仅解释了为什么特别重视英国的原因,而且对于英国威胁予以特别重视,还指明了中国的自强道路。他说:"(英夷)不务行教,而专行贾,且佐行贾以行兵,兵贾相资,遂雄岛夷。人知鸦〈片〉烟流毒,为中国三千年未有之祸,而不知水战、火器为沿海戍万里必当师之技,而不知饷兵之厚、练兵之严、驭兵之纪律为绿营水师对治之药,故今志于英夷特详。志西洋,正所以志英吉利也。塞其害,师其长,彼且为我富强。舍其长,甘其害,我乌制彼胜败。奋之奋之!"[7]在他看来,第一次鸦片战争,中国失败,固然是一件坏事,但期望由此引出一个好的结果来,通过"师夷"之手段,最终达到能制

〔1〕 魏源:《海国图志》卷六,第17页。
〔2〕 魏源:《海国图志》卷一,第38—39页。
〔3〕 魏源:《海国图志》卷首叙,第2页。
〔4〕 魏源:《海国图志》卷三,第11页。
〔5〕 魏源:《海国图志》卷四九,第44页。
〔6〕 魏源:《海国图志》卷七,第14—15页。
〔7〕 魏源:《海国图志》卷二四,第1—2页。

"外夷"之目的。"利兮害所趋,祸兮福所基。吾闻由余之告秦穆矣,善师四夷者,能制四夷;不善师外夷者,外夷制之"。[1]

当时欧洲人所绘制的世界全图,通常为两幅:一幅是东半球图,绘制出欧洲、亚洲和非洲的地形,同时也勾画出澳洲轮廓;另一幅是西半球图,绘制出北美洲和南美洲的地形,也模糊勾画出南极洲的部分地形。现在看来,19世纪初期的欧洲人已经完成了全球探险,除了个别小岛之外,地球上的大块陆地都已被发现[2],五大洲或七大洲(包括澳洲和南极洲)的世界概念已经初步形成。但是,由于发现不久,记录相互抵牾,绘制的地图模糊不清,释放出的信息难免有虚假成分。这对于刚刚开眼看世界的中国人来说,一下子分辨出真伪,还有一些困难。

魏源从佛学观念出发,认为世界应当由四大洲构成。所谓洲者,四面皆水也。根据这一定义,原来的欧洲、亚洲和非洲实际是一块大陆;至于南北美洲大陆,也不可以其地峡将之一分为二。那么这两块大陆,在佛教典籍中应当叫什么名字呢?魏源在《释五大洲》中回答说:"阿细亚、欧罗巴、利未亚共为南赡部洲也;南北墨利加,则为西牛货洲也。"[3]魏源虽然已经注意到澳洲、南极洲大陆的发现,仍对佛教典籍中的四洲地理概念深信不疑,在他看来,除了欧、亚、非和南北美这两块相互连接的大陆之外,还有两个大洲尚待发现,并且大胆预言这两块大陆就在南北太平洋之间。他说:"此外必有二洲,不独释典言之也,即以西人所制地球观之,两洲实止全地之半,自中国日本以东,更无大国。其海跨越赤道,南北周八万余里,且多在温带,寒暑均平之区,尚胜北极下冷带有人之地。岂冷带有人,而温带反无人乎! 赤道以南,空地亦周七万余里,其地在南极冷带者半,在温带者亦半。温带以下亦必有国土居民。"[4]魏氏的这种地理观念建立在个人假想之上,是不正确的,缺乏科学性。

三、徐继畬与其《瀛寰志略》

徐继畬(1795—1873),字健男,号牧田、松龛,山西五台人。其父徐润,嘉庆进士,官内阁中书,出为湖北施南郡丞。推崇宋明理学,对于周敦颐主静学说宗

---

[1]　魏源:《海国图志》卷二四,第2页。
[2]　1616年,荷兰人最先在澳大利亚登陆,并将这块只有数十万土著人居住的大陆命名为"新荷兰"。1688年,英国人到达该地,对其进行了大规模测绘,并宣布对此拥有主权。1788年,悉尼港湾得到开发,成为英国囚犯的流放地。1820年,南极洲被宣布发现。到1840年时,俄罗斯人、英国人和美国人分别组成的探险队都在南极洲开展探险活动。
[3]　魏源:《海国图志》卷四六,第3页。
[4]　魏源:《海国图志》卷四六,第4页。

旨颇有心得,默契心融,旁推曲证。撰《敦艮斋遗书》十七卷,刊于1838年。继畲生于官宦之家,自幼研读儒学,有过人之才,颇有经世之志。道光六年(1826年),进士及第,选庶吉士,授编修,转陕西道监察御史。十七年,擢福建延建邵道。明年春,抵任。正值中国进入多事之秋,鸦片流毒日渐严重,白银外溢日渐增多,中国有识之士倡议严禁鸦片走私,而英国企图打开中国市场大门,正在蓄谋发动对华侵略战争。

第一次鸦片战争爆发,在江浙、闽粤战场上清军都是一败涂地,迫使徐继畲认真思考军事、海防症结所在。在致友人的书信中,他感叹道:"二百年全胜之国威,乃为七万里外逆夷所困,至使文武将帅接踵死绥,而曾不能挫逆夷之毫末。"[1]为了寻找战败的原因和制胜的机会,从知己知彼的兵家观念出发,徐继畲开始积极搜集外国情报,主动了解世界。道光二十三年末(1844年1月),徐继畲前往厦门办理公务。在会晤英国领事时,遇见美国传教士雅裨理[2],得到一本绘制精详的外国地图册子,如获至宝,引起极大研究兴趣。明年,再至厦门,从府同知霍蓉生手中得到两本绘制更加精详的地图,爱不释手。于是开始广泛搜集相关资料,着手研究世界地理,著作《瀛寰志略》(图一八)。"每晤泰西人,辄披册子考证之,于域外诸国地形时势,稍稍得其涯略,乃依图立说,采诸书之可信者,衍之为篇,久之积成卷帙。每得一书,或有新闻,辄篡改增补,稿凡数十易"。[3]

在19世纪前半叶,东南亚的安南、暹罗两国政权保持相对独立状况,缅甸只是被迫开放了两三个港口,尚未完全沦为西方的殖民地。这在徐继畲看来是有其重要原因的。他说,欧洲列强自明朝中叶以来,到处抢占港口,掠夺殖民地,吕宋等东南亚岛国先后成为其附属国,这是由于这些岛国四面环海,不相联络,人民相对稀少,文化相对落后,便于控制。"震以炮火,即鸟惊兽骇,窜伏不敢复动,故西人坦然据之而不疑"。[4]至于安南、暹罗和缅甸三国,地虽滨海,而境土则毗连华夏,山川修阻,丁户殷繁,进可以战,退可以守,"与各岛之孤悬海中者形势迥别。又立国皆数千百年,争地争城,诈力相尚;战伐之事,夙昔讲求。其意计之所至,西人不能测也。设强据海口,即一时幸胜,能保诸国之甘心相让乎!

〔1〕 徐继畲:《致赵盘文明经、谢石珊孝廉书》,《松龛先生全集》文集卷三,台湾:文海出版社,1977年影印本,第6页。

〔2〕 雅裨理(David Abeel,1804—1846年),1830年受美国归正教会派遣来华,1842年,厦门开埠通商,即在厦门传教。1846年,在美国去世。著有《1830—1833年居留中国和邻近国家日记》。

〔3〕 徐继畲:《瀛寰志略》,道光庚戌年(1850年)红杏山房藏板,第8页。

〔4〕 徐继畲:《瀛寰志略》卷一,第33页。

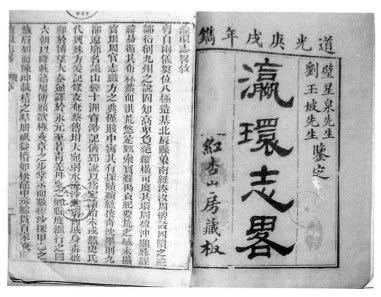

图一八　《瀛寰志略》(红杏山房藏道光三十年版,封二)

留重兵则费不赀,无兵则恐诸国之乘不备,聚而歼旃。市舶虽往而埠头不设,殆为是耳!"[1]这一分析是正确的,西方殖民者当时对于安南、暹罗和缅甸三国未能完全占领,不是不想占有,而是军力不足,暂时难于统治造成的。

关于东南亚岛国沦为西方殖民地或半殖民地的历史状况,与魏源相比,徐继畬的关注更加密切,研究更加认真。他首先研究了吕宋、婆罗洲(即加里曼丹Kalimantan)、葛罗巴(即小爪哇)、苏门答腊(Sumatra)等岛屿地理历史状况,然后一一指出其被西方列强侵入的历史。例如,徐继畬认为吕宋被侵略始于明朝隆庆年间。西班牙殖民者驾巨舰东来,行抵吕宋,见其土广而腴,潜谋袭夺。"万历年间,以数巨舰载兵,伪为货船,馈番王黄金,请地如牛皮大,陈货物。王许之。因剪牛皮相续为四围,求地称是,月纳税银。番王已许之,不复较,随筑城立营,猝以炮火攻吕宋,杀番王,灭其国。西班牙镇以大酋,渐徙国人实其地。其国负东向西,有内、中、外三湖,各广三百余里。西人建城于外湖西海之滨,名曰龟豆。又于城之左角曰庚逸屿者作炮台以控扼之。建城之地名马尼剌,人称为小吕宋,而以西班牙本国为大吕宋云"。[2]

徐继畬对于澳大利亚的认识是清晰的。"澳大利亚,一名新荷兰,在亚细亚东南洋巴布亚岛之南,周回约万余里。由此岛泛大洋海东行,即抵南北亚墨利加

[1]　徐继畬:《瀛寰志略》卷一,第34页。
[2]　徐继畬:《瀛寰志略》卷二,第4页。

之西界。其地亘古穷荒,未通别土。前明时,西班牙王遣使臣墨瓦兰,由亚墨利加之南,西驶再寻新地。舟行数月忽见大地,以为别一乾坤。地荒秽无人迹,入夜磷火乱飞,命名曰火地。又以使臣之名名之曰墨瓦拉尼加。西班牙人以此侈〔谈〕航海之能,亦未尝经营其地也。后荷兰人东来建置,南洋诸岛辗转略地,遂抵此土,于海滨建设埠头,名之曰澳大利亚,又称新荷兰。旋为佛郎西所夺,佛人寻弃去,最后英吉利得之。因其土地之广,坚以垦辟,先流徙罪人于此,为屯田计;本国无业贫民愿往谋食者,亦载以来;他国之民愿受一廛者,听之……英人东境海口建会城曰悉尼,居民二万。”在按语中,他进一步指出,英国人极力经营澳大利亚,“亦可谓好勤远略哉!”[1]不仅如此,他对于澳大利亚附近的岛屿,如新西兰、新不列颠岛、班地曼岛(即塔斯马尼亚岛)等都有准确介绍,观察十分细致。

现代地缘政治学要求研究者考以周边国家和敌对国家的地理位置、国家疆域、空间关系、利益矛盾、国家性质、政策企图、国力强弱和军事部署等地缘政治要素为基础,来考察国家或地区之间的政治、军事、经济和文化关系。按照上述要求,我们认为,徐继畬在《瀛寰志略》中所探讨的内容,已经涉及其各个要素,毫无疑问这又是一部中国近代地缘政治学著作。

第二节　沿海战略要塞之探讨

一、卫杰与其《海口图说》

卫杰,字鹏秋,四川剑门人。早年入杨遇春幕府,参与募兵、筹饷和举办团练以及镇压苗民起义等事宜。中法战争爆发后,醇亲王奕譞询问其海防对策,应对以“和必须战,战必须和;能战而后可和,将和必须力战”。1884 年 9 月,奉命随神机营大臣善庆赴辽海,布置海防。明年仲春,善庆任帮办海军大臣,为了掌握中国海岸、海岛、海口的详细地理信息,海军衙门感到急需派人进行调查。遂令卫杰前往福建、台湾沿海侦探法国兵舰,并调查南洋、北洋海口险要形势。数月之后,卫杰返京复命,以《海口图说》“归而陈之”[2]。总理海军衙门大臣醇亲王奕譞阅读已毕,喜其著述严谨细密。翰林院侍读学士良桂遂以人才难得,极力推

〔1〕　徐继畬:《瀛寰志略》卷二,第41—42 页。

〔2〕　卫杰:《海口图说叙》,光绪十三年(1887 年)刻本,第2 页。

荐。卫杰遂以直隶候补道资格,由户部带领引见。当是时,曾纪泽任帮办海军大臣,"尤伟其论"[1]。

《海口图说》分为上、中、下三册,上册与中册为《中国海口论》,下册为《海口炮台说》,附有图说,各图详细标注海口沙滩、潮汐、水道和险要情况,红白套印,绘工颇为精细[2](图一九)。卫杰关于海口的论述顺序是自北而南,由关东谈起,依次为直隶、山东、江南、浙江、福建和广东,最后是台湾各海口。就各省海口来说,先是总论,然后再分别一一讨论之。除了讨论各个海口的山川形势之外,还涉及当地的社会环境,并探讨其利弊得失。

图一九　《海口图说》(国家图书馆藏,清光绪年间刻本,封二)

在《关东海口形势论》中,卫杰首先指出:"关东为长白发祥之地,其海口有三:曰鸭绿江口,曰旅顺口,曰山海关口。枕嗽群岛,孕育两洋,通蒙古之驿路,固高丽之藩属。岛屿起伏,潮线长落,海道由此收束。正天生险堑,拱卫神京也。"[3]然后依次论述三个海口说,"鸭绿江口水色如榆、柳,内江外海,自龙台、洋河、黑河、沙河、饮马与大獐、小獐、鹿岛相临迹。其雄盛,惟波尔那尔列岛为最,一千十尺,双壁峭绝,石立如锥,附近二十五岛,多露石外环"。"夫旅顺,即关东之锁钥,高一千五百尺,水深三丈余。黄金山为之脊,如蹲鸥形;老虎尾为之喉,如踞虎状。洋轮往来,以铁山为标准"。"夫山海关者,天下之雄胜也。千峰壁立,万壑涛掀,极路之险,穷地之峻,包石阁以为门,廓长城而为宇,上耸澄海之楼,下接卵石之界,内为津沽门户,外为辽沈屏藩。筑秦时,守列代,今则建南北营,造左右台,大炮量击二十里外,镇以名将,守以雄兵,古所谓一夫当关,万夫莫开,何以加兹。然两洋海面交通各国,铁轮易至。一朝有事,防守尤当严密,而宵旰东顾之忧,可稍纾矣。"[4]

在卫杰看来,辽东半岛上的三个海口地理形势十分险要,固然有利于海防,

〔1〕　善庆:《海口图说序》,《海口图说》,光绪十三年刻本,第1页。
〔2〕　卫杰另有《蚕桑浅说》一卷,光绪十八年刻本;《蚕桑图说》三卷,光绪二十一年刻本;《蚕桑萃编》十五卷,光绪二十四年刻本。
〔3〕　卫杰:《海口图说》上册,第3页。
〔4〕　卫杰:《海口图说》上册,第3—7页。

但也有不利条件。"其患有二：曰骑马贼，曰珲春口"。所谓"骑马贼"之患，指的是该地区的旋灭旋起的绿林强盗。由于清廷将该地区视为龙兴之地，担心汉人移居，发生民族渗透，长期禁止汉人进入，开垦荒地。因此，该地区长期处于荒芜状态，民风剽悍，许多人不得不以劫夺为生计。要解决这个社会问题，卫杰开列的救济处方是，"归田于民"。所谓"归田于民"，就是允许汉人进入，允许开垦土地。"水利兴则穷民裕，穷民裕则马盗平"。放垦土地不仅可以解决社会的动荡和不安问题，而且可以解决军饷之不足。"开垦日多，粮食有余，可助海运之不及，河运之迟滞"。如此这般一劳而永逸，何患外国兵船封锁海口。所谓"珲春口"之患，指的是"俄人隐伺"。要防范沙俄军队的入侵，卫杰的方法是实行中国传统的屯田制。"屯兵日久，形势自谙。将得一兵，即得一民，无虑饷绌；有一民即有一兵，不患兵单"。如此这般，"中国张其声势，俄人隐伺绝之，而东洋各国底首下心矣！"[1]

在《直隶海口形势论》中，卫杰首先肯定天津海口"领袖东南"的重要性。他说："畿辅根本重地也，俯瞰济河，遥临沧海，雄镇中外，领袖东南，以析津为门户。海口七十二沽，尤天造地设。上据山海关岛，下扼威海卫营，右襟旅顺，左带烟台，壁垒色新，旌旗威重，洋务叠兴，利源日益，实南北两洋第一关键。自天津紫竹林，沙明水秀，众流所汇。桥楼泊道，堰塘梅椿，处处出奇制胜……威海卫设险以守，由是上枕奉、锦，下临登、莱，从容坐镇，自可镜清环海矣。"[2]

在《山东海口形势论》中，卫杰指出："山东，齐海名胜去也，右嗽运河，左襟沧海，津沽扬帆，立至江浙，洋面交通，沧沧浪浪，有策龟裕日之势。自海口利滨以至莱州，含溪怀谷，砺山带河，为山东重镇。"而后分别介绍了莱州湾、烟台、威海卫和胶州湾的地理形势，详细论述了沙滩隐现对于海船的自然阻截作用。谓："由莱州湾而至莱浅，四面滩泥。其芙蓉岛露沙滩，太平湾、石角镇砂石层叠，起伏不常。遥峙为母鸡岛，潮涨则隐，潮退则见。至沙岛海道平阔，为登州浅滩。登州距山东省会九百二十里，登浅与莱浅若也。"[3]

在《江苏海口形势论》中，卫杰指出，江苏总的海防形势是，"东枕登、莱，南齿台、温，沙行为海州障，吴淞为上海屏。田畴沃衍，赋货繁剧，山河锦绮，文物丰腴，海运潮严悉萃其地。虽曰壤在偏隅，实输转之喉咽也。板蒲口而下，

〔1〕 卫杰：《海口图说》上册，第7—8页。
〔2〕 卫杰：《海口图说》上册，第8页。
〔3〕 卫杰：《海口图说》上册，第11—13页。

庙湾镇而上,为五条沙。"而后论述五条沙行船和长江出海口的地理情况,"潮汐或浅或深,沙淤倏聚倏走。沙船每借沙以寄泊船,因底平搁无大碍。闽粤船底圆窄,一搁则折碎,堪虞矣。海舶往山东、津沽,从尽山对东一昼夜,避沙北向,其沙势奔驶无定,而浅隘要害毕张。通州至扬子江口外崇明,而内狼山"。[1] 优越的地理位置能带来巨大经济利益和战略优势,"这些优势不是缘于位置本身具有战略价值,就是源于它邻近商路、其他国家、人口中心,或关键地域"。[2] 上海的迅速崛起和繁荣,就是因为它成为长江进出口贸易的最好的集散地。

在《浙江海口形势论》中,卫杰首先指出,浙江"上枕江淮,脉通呼吸;下襟闽粤,相依唇齿。沿海奇雄控扼,舟山险堑,天生以为鸥越屏藩,实形胜之区也"。而后分别论述道:"钱塘江海荟萃,白浪惊天,银涛卷地。鳖子鼍潮信有万山白马之概,乍浦湾口紧要,大潮二十五尺,小潮二十尺。""其岱山居民煮盐为业,内外港道遥与舟山北峙,惟诸澳角始能登岸"。[3]

在《广东海口形势论》中,卫杰同样是先有总论,谓:"粤海背山面洋,内河外海,左乳虎门,右臂香山,蹲踞雄奇,噬吞各岛,天生险堑,莫过于此。"然后对于中路虎门,东路惠、潮,西路高、雷、廉以及海南岛分别一一论述。虎门地势奇险,白浪掀空,银涛卷地,东麓威远炮台,中流横档炮台,东西大角、沙角炮台,加之虎门以内沙路阻滞,构成天然屏障。澳门之马哺在前,鸡头在后,横琴山阿沙尾两两排列,秋风角、长沙尾一一错峙,从十字门出入,十字山为脊梁,此右臂也。"处处屏蔽,地势险为,为洋轮必由,如能再设梅花椿,尤全胜策"。东路惠、潮,与福建漳州诏安相邻,"由甲子、遮浪、龙船湾、将军澳、香炉山、佛堂门而渡伶仃洋以入海,汕头外口罩、鸡尾、飞鱼千万,出没波涛,水如墨,石如锯,此粤海左翼外护也"。[4]

在《闽峤海口形势论》中,卫杰首先指出,"闽海形势,西北临山,东南滨海,以惠潮为唇齿,以台澎为爪牙,幅员雄阔,洵海疆壮区也"。而后分别指出,"马江背山面水,旷宇天开,创设船厂,商洋云集,实为重地。九十里为闽安,尤奇险,为水道咽喉。百二十里为长门,势如铁门,洪涛巨浪,陡壁峭崖,重扼此地,洋轮

〔1〕　卫杰:《海口图说》中册,第1—3页。
〔2〕　[美]威廉·W·杰弗瑞:《地理与国力》(Geography and National Power),美国海军学院1958年版,第4页。
〔3〕　卫杰:《海口图说》中册,第4—6页。
〔4〕　卫杰:《海口图说》中册,第11页。

勿得轻驶入口,此省会大观也"。[1]

在《台湾海口形势论》中,他指出:"台湾孤悬海外,形势直长横窄,南北距二千五六百里,东西距六七百里。鸡笼如首,沙马如尾,澎湖如乳,生番其背也。前为何兰有,后郑氏父子据之。康熙壬戌入版图,改承天为台湾府,据兵家常山首尾之势,自北金包裹以至南龙鸾潭,背山面海,形如舟,地脉发于鼓山,伏于鸡笼,气势磅礴,通台山尽内向,其首山、朝山乃脊骨也。俯视重洋,环咽层郭,沪尾洋内河外海,势如唇,激如嗽,右翼茂岭丛林,左翼沙滩陡泊,下有粉白浮石为莲花石,高下无定处,随潮起落。轮待潮进,稍退则搁。平日洋面无风,八尺浪;微风,则涌丈余,外口不能下锚,将有舟险。"[2]

《海口图说》尽管不是一本信息量很人的学术性著作,但言简意赅,富有浓重的时代气息,具有重要的参考价值,是一本真正意义上的海防地理学著作。作者不仅亲身考察了实地,而且参考了一些中外著作,总结了历次中外战争经验和教训,尤其是结合地理、地形特点和炮台用途,提出了建设的蓝图,很有思想价值。这既是严峻的海防形势提出的时代任务,又是作者适应形势需要,认真探索的海防问题的结果。与既往的编著与译著相比,《海口图说》的刊刻标志着中国海防地理学发展到了新的阶段,学术水平得到了新的提高。

二、徐家干与其《洋防说略》

徐家干,字稚苏,江西义宁(今修水县)人。举人出身,同治十年(1871年),公车赴京,不第。旋入湘军苏元春幕府,随同镇压贵州苗民起义。军旅期间撰写成《苗疆闻见录》。光绪九年(1883年),中法战争爆发。是时,徐氏任荆州知府,协助湖广总督卞宝第筹办江防。湘乡人杜俞来访,两人"相与感念世变,慨然思究其利病得失之由,证之古,咨之今,反复引申,矻矻而不倦"。[3] 徐氏"乃取沿海沿江形势,详记道里,考校中西各图附载岛屿纱线分衍为说,并咨古今兵防利钝,参以管见,而列于篇"。[4] 书成,请其好友杜俞为之序[5]。

〔1〕 卫杰:《海口图说》中册,第 13 页。
〔2〕 卫杰:《海口图说》中册,第 14—18 页。
〔3〕 杜俞:《洋防说略叙》,《洋防说略》卷上,第 2 页。
〔4〕 徐家干:《洋防说略跋》,光绪十三年(1887 年)刻本,第 26 页。
〔5〕 杜俞,字云秋,湖南湘乡人。1898 年,官江西试用道。在其《洋防说略叙》中署名为"湘乡杜俞云秋氏"。《中国军事名著选萃》(彭光谦、赵海军主编,军事科学出版社,2001 年。)在第 509 页介绍《洋防说略》时,谓:"现有此本存世,前有湘乡俞云秋序,后有作者自跋。"实为大错。

《洋防说略》分上、下两卷,约四万言(图二〇)。上卷叙述沿海各省海道,下卷议论海防战略与战术。在徐家干看来,地利条件对于战争的双方来说都是十分重要的。"地利,固行军所最要者"。对于军事家来说,只有充分了解地理地势,才可以在战争中不失地利条件;只有充分利用地利条件,才能掌握战争的主动权。基于这种看法,他对中国沿海沿江地区的海道和河道情况,进行了认真研究,先后写成《奉天海道》、《直隶海道》、《山东海道》等文章。与卫杰之《海口图说》相比,徐家干不仅特别重视轮船航线,而且相当关注沿海岛屿、礁石、沉沙、淤泥等自然形成的屏障作用。

图二〇　《洋防说略》(湖南图书馆藏,清光绪刻本,封面)

　　其一,"控扼险要,实京师左卫也"(旅顺)。

　　在《奉天海道》中,徐家干对于地利条件的分析首先从鸭绿江口开始入手。他说,距鸭绿江西南有三岛:中曰小獐岛,东曰大獐岛,西曰鹿岛。这一带海岸多山。西南经凤凰城南,又经过岫岩州南、东高丽城,至西高丽城,南曰宫家山,"海中岛屿错立";稍东曰石城岛、王家岛、八岔岛等,稍西曰大长山岛、瓜皮岛、葛藤岛、马鞍岛、古娄岛,惟光禄岛为最大。又西南经红水铺,南过大和尚山而至金州之南,是为金州澳,"澳甚浅,底为泥质"。"近城有泥潭,入海里许,必乘潮涨乃可登岸"。金州城西南为大连湾,相近有南北三山岛。又西南为旅顺口。

　　自旅顺口西铁山岛,北经牛岛,又北稍东过木厂至金州西十里之杏园岛百四十余里。又北稍东经金州东北鹿岛至孛兰铺西港口博罗岛六十余里。又西北稍西经栾古城西至复州西南汛口九十里,口之西北十里为长兴岛,宽广数十里,"其西有白沙洲,是复州海面之险也"。又北经复州西之北汛口折而东北,经永宁监城李官屯至盖平县西南熊岳城水口百七十里,口外有兔儿岛,距县七十五里。又北稍东至盖平县西六十里,距县十五里为连云岛,"旧有关,设以控海滨之要者"。又北而西经耀州城西至牛庄西南大辽河口八十里。

　　对于任何一位海防地理学的研究者来说,无论如何分析地形地貌条件,目的都是给军事部署和战争提供依据。基于以上精细的分析,徐家干进一步指出,奉天旅顺以北岛屿错落,舟船难于近岸,不必重兵设防。沿海两千余里,惟有旅顺的地理位置最重要。"旅顺悬出海中,去奉天之陆路则甚远,距登州之水道则甚

近。控扼险要,实京师左卫也。"〔1〕

其二,"大沽为重,北塘次之"(直隶)。

在《直隶海道》中,徐家干对于大沽海口论述得最为详细和精确。他首先指出,顺天府乃是天下首会,京师重地。大海东自南海口关起,西至临榆县南榆河口十余里。南海口在山海关南十里,为滨海要区,"明设龙武营处也"。自榆河口而西十余里,曰秦皇岛。又西十里,曰白塔岭,"皆明时设戍之地"。又向西稍南经戴家河海口至武宁县东牛头岭三十里,旧有牛头岩营,迤东为望海冈,其南即赤洋海口也。又西南至县南蒲河口四十里,"蒲河短而浅,口外沙滩潮退,几涸。东北一带沙山蜿蜒约十余里,明设蒲河营,称为海口要冲"。又西南至昌黎县赤洋营六十里。又西南十里为沙岩庄海口。又西南二十五里为野猪口。又西南十五里为胡林河,"皆昔时防戍之处"。又西向三十里为乐亭之刘家墩。刘家墩为滦河入海口。"滦河上达滦州,溯永平而通承德,畿左之一限也。口外有浅亘,潮退尽时,仅深四五尺"。又西南有韭菜沟、清河口猫儿港、新桥海口,"明万历间倭犯朝鲜,设有新桥营,与赤洋营、牛头岩营号为海口三营,联络巡哨,以为防卫"。新桥海口西面有泥滩,口外有沙亘,远伸入海,与沙垒田岛相连。"沙垒田为积沙所成,距岸二十余里一带沙浅,无西船可行"。自新桥海口向西八里为高糜河,又西向至蚕沙口四十里,"皆昔时兵戍地"。又西行二十里为潮河,"海水荡漾,延漫百里,即黑洋海口也"。又西向经李府庄,过素河口,再经张家庄,南至凌河口一百里。

又西稍南经芦台南神堂至蓟运河口五十里,北塘在蓟运河西岸。"为京师襟喉之地"。河口以南有长泥滩,潮退即现;河口以北有长沙如舌,向东南远伸入海,两旁浅界,最宜分辨。其南经新河镇东三十里,即为大沽口。自此而南行,经静海县东支河口,稍西至青县之济沟口一百里,又南十里曰歧口,口旁水甚浅,距口数里有沙滩,水深仅七尺,州之巨者不能近岸。以内陆地多系积沙,可耕田地甚少。又东向经盐山县东北至山东海奉县界一百二十里。"沿岸多盐场,潮汐往来,沙滩浅露,盖亦非巨舟之所能近也"。〔2〕 鉴于以上认识,徐家干主张继续加强大沽"门户之防"。他说:"直隶东南境滨于海者八百五十里,大沽为重,北塘次之。"〔3〕

其三,天设之险(山东)。

---

〔1〕　徐家干:《洋防说略》卷上,第3页。

〔2〕　徐家干:《洋防说略》卷上,第4—5页。

〔3〕　徐家干:《洋防说略》卷上,第5页。

登州府城悬居海岸,距大海仅五里。西北海中有大黑山岛、小黑山岛,正北为长山岛,又北为庙岛,为轮舟经过之海面。又北稍西为猴鸡岛、高山岛,东北两面多礁石。再北为砣矶岛,北有大钦岛、小钦岛。在砣矶岛与大钦岛之间,有名为渔翁石者,潮退尽时,海浪恰好与石相平,船路不数,未可冒行。小钦岛北曰南隍城岛,又北为北隍城岛,距旅顺一百二十里。南北隍城之中,东水道有险石,宜避。"横亘登辽,控卫南北,自古海道有事者以此为津要,诚天设之险也"。"长山岛之东为沙磨岛,其东北曰大竹、小竹。大竹岛西北有石如破船曲木,西人呼为海司卜尔岛,潮涨之时,舟行宜慎。沙磨南面有石礁,在府东湾子口,正北亦水道之险者。又东南行经湾子口至福山县流子河口一百四十里,有地斜出海面,即烟台(之罘岛)也"。"台北通辽海,南达江淮,海艘往来必经之道也"。自烟台南折,至宁海州龙门港,沿岸屈曲约一百三十余里,海面岛屿林立,其可名者为养马岛、崆峒岛、桅子岛、吕岛、小崆峒岛和栲栳岛,皆在烟台东面,若断若连,形如棋布。又经戏山口、山寨口、金山寨口东至郝庆口,向北折一百二十里而至威海卫。威海卫西、北、东三面环海,西北石礁浮露。又东南三十里为文登县北长峰口,口北为威海卫东境,多岛屿。有双岛、刘公岛、衣岛,皆岛之稍大者。刘公岛东南多礁石。

而后,依次分析了江苏、浙江、福建、广东、台湾和海南岛的海口要塞。

在探讨了各省海面、海道、江岸、河道之后,徐家干逐渐形成了重点设防的战略思想。在他看来,中国沿海一万余里,城镇林立,难于处处设防。"地之要害,犹如人有六尺之躯,护风寒者只此数处"。他进一步强调指出,各省有各省的防御重点,奉天之旅顺,直隶之天津、北塘,山东之登州,江苏之江阴、龙华镇,浙江之定海,福建之福州、台湾,广东之广州、琼州,这些要害地区需要驻军严备,"其余海口、边境可以略为布置,或责成提、镇派兵守御,倘有挫失,于大局究无甚碍"。[1]

而就海防的重点来说,京师是全国的政治中心,事关全局,根本重地,自然是重中之重;其次则是"五省财赋之门户",即江南地区。这是他总结第一次、第二次鸦片战争教训所得到的结论。"天下根本自以直隶为重。因根本而计财赋,江苏一面自不可轻……道光二十二年夷船寇长江,而东南大震。咸丰十年,夷兵犯津、通,而京师遂危"。[2] 接下来,徐家干进一步说明了局部与全局的关系。就京师海防来说,海防的重点不能限于直隶。奉天之旅顺和山东之登州互相拱

〔1〕　徐家干:《洋防说略》卷下,第 8 页。
〔2〕　徐家干:《洋防说略》卷下,第 8 页。

卫,实为直隶之藩篱。"防旅顺,防登州,是即助直隶之声威矣!"〔1〕就江南来说,"江苏据大江门户,为安徽、江西、湖北之屏蔽。合安徽、江西、湖北之力以共固门户"。〔2〕

"欲全堂奥,先固门户"。在如何加强"门户之防"的问题上,我们看到徐家干接受了希理哈《防海新论》的观点,非常重视炮台的建筑。他说:"炮台建筑要害,正《防海新论》所谓定而不动之防……惟有炮台以扼海口,安置巨炮,派驻营勇,川常演习,测量远近高低,试令极准。敌将至也,击之使不近岸。敌既至也,击之使不登岸。虽未必沉碎其船,总可免于内犯之虞。欲全堂奥,先固门户。此筹海防者所以必哑哑于炮台也。"〔3〕

三、张之洞与其《广东海图说》

张之洞(1837—1909 年),字孝达,号香涛、香岩,又号壹公、无竞居士,晚年自号抱冰,人称张香帅,直隶南皮人,清朝洋务派重要代表人物之一。历任山西巡抚、两广总督、两江总督、湖广总督等,1907 年后任大学士,军机大臣,1909 年病逝,谥号"文襄"。

1882 年 4 月 25 日,法军上校李威利率军攻入越南河内〔4〕,中国南疆受到威胁。朝廷对于法军用兵北圻感到惶恐不安,电令出使大臣曾纪泽与法国进行交涉,同时暗中开始支持刘永福黑旗军抗击法军北上。由于未敢公开宣布出兵,态度显得未免暧昧软弱。是时,张之洞任山西巡抚,主动提出"守四境不如守四夷"的战略主张,奏请对于法军入侵采取强硬政策,援引唇亡齿寒之典故,要求派兵进入越南,保护属国。〔5〕

"守四境不如守四夷"这句话出自《春秋》。鲁昭公二十三年,吴王伐楚。沈尹戍曰:"古者天子守在四夷,天子卑守在诸侯;诸侯守在四邻,诸侯卑守在四境。"〔6〕这里所说的"四夷",指的是周边的邦国。整句话的含义无非是,国家的第一道防线应当是周边的邦国,而非国境之内。因此,天子对于周边的邦国安全,负有抚绥之义务。当周边邦国遭受入侵之时,天子应当派遣军队加以援助。

〔1〕 徐家干:《洋防说略》卷下,第 8 页。
〔2〕 徐家干:《洋防说略》卷下,第 8 页。
〔3〕 徐家干:《洋防说略》卷下,第 21 页。
〔4〕 H. b. Morse, *The International Relations of the Chinese Empire*, Vol.2 pp.249–250.
〔5〕 张之洞:《越南日蹙宜筹兵遣使先发预防折》光绪八年四月二十日,《张文襄公全集》卷四,第 8 页。
〔6〕 高攀龙:《春秋辩义》卷二五,载《文津阁四库全书》第 58 册,商务印书馆,2005 年,第 10 页。

"守在四夷"的积极思想在于,与邻为友,安危与共;消极思想是以夷制夷,避免战争灾祸延入本国境内。"守在四夷"的思想影响深远,一旦周边国家发生战事,中国便有思想家依据唇亡齿寒的道理,提出类似国防和外交的策略。

中法战争爆发后,张之洞进一步提出,"战于海口不如战于越南"的主张。他认为,战于越南,可以使法国人无力内犯;即使内犯,寇扰两广地区,不过是肘腋之患,非心腹大患,于京津影响不大;何况中越边境崇山峻岭,瘴气弥漫,地理环境不利于法军作战,法军难以持久。[1] 并且从战略地理学的高度,张之洞看到了地缘政治有利于中国的形势。

在海防战略问题上,张之洞不仅受到传统文化的影响,同时也接收了西方的海防观念。这里所说的"西方观念",具体指的是希理哈的著作。现在,我们初步判断,张之洞阅读《防海新论》,应在光绪元年九月(1880年10月)以前,因为在他撰写的《书目答问》中已经列出了《防海新论》。

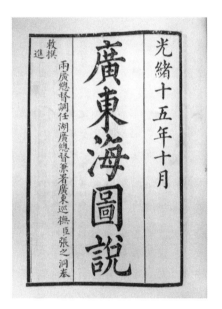

图二一 《广东海图说》(中山大学图书馆藏,清光绪十五年广雅书局刻本,封面)

中法战争爆发后,张之洞升任两广总督,他作为抗法前线的总指挥,认真研究广东沿海地理,重新部署两广地区的兵力,大规模改造海防要塞的炮台。并将这些思想和活动整理成书,名曰《广东海图说》,于1889年(光绪十五年)由广州广雅书局刊刻发行(图二一)。

《广东海图说》编辑体例十分严谨,对于每一海口都从十五个方面加以考察,首先根据战略地位价值,将各个海口划分为三个等级,即"极冲"、"次冲"和"又次冲",而后一一说明该海口属于何县何营管辖,距离附近海口里程,水道深浅几许,潮汐涨落情况,海口内外岛屿、沙礁大小形状,内通河道名称,附近城镇大小,山川形势,特别说明何种轮船可以到达,海港之内商渔船只多少,要塞炮台改建情况,此前与现在驻扎军队若干,等等。

张之洞为此解释道:"各口之中先论地势,区其险要,约为三等,故首著此口

---

〔1〕 张之洞:《法衅已成敬陈战守事宜折》光绪九年十一月初一,《张文襄公全集》卷七,第9—18页。

之极冲、次冲、又次冲;官弁分治汛地攸殊,此疆彼界各有专责,故继之以属何县营管辖;四至八道,地志所先,道里远近,兵家宜悉,故继之以水道深浅/广狭,潮信衰旺,逐日变迁,盛涨有时,最防乘越,故继之以潮汐丈尺;舟行准望,惟辨山岛,口门险阻,专视沙线,故继之以口内外沙礁、岛屿;至于海门以内,凡轮帆可达之处,统应筹及,则以内通何水,次之;城池、市集,近在口门之旁,既防冲突,亦资接济,则以附近何城镇,次之;兵无定势,地有常形,战守之方,必视此为缓急,则以山川形势,次之;兵轮大小、坚脆悬绝,审其长短,庶得防遏之要,则以何等轮船可到,次之;内地之渔拖、渡艇,虽无大用,而侦探济运时藉其力,地方蓄耗,亦可考知,则以商渔船多少,次之;极冲口岸,多有新式炮台,工具费繁,仓卒未能遍及,其应增筑之处,均已筹有大略,以次修举,至于土台废垒,卑薄无用,亦低格附载,以见旧制,则以新旧炮台及拟添之台几座,次之;防海之法,今昔迥殊,然山川险易,港汊出入,前事虽远,足资考镜,至近年交涉诸务,尤宜备录,以资惩毖,则以海防成案,次之;光绪十年办防,河海要口均添勇营,事定裁撤,惟各路炮台所在,酌留勇丁,为守护操练之用,今详其营制,及著从前筹防之迹,亦为后来备御之计,则以现存及十年营数,次之;额兵之设,难遽恃以战守,然平时分标设汛,各有攸司,且广东洋面盗艇出没,诘奸捕匪,亦赖标弁之力,则次之以绿营兵额终焉。"[1]

如前所说,海防地理学探讨的范围非常广泛,诸如地缘政治关系、国土幅员大小、地理位置特点、要塞控制利用、战略资源产量、城镇乡村分布、国防经济地理、交通运输条件以及自然环境影响等等,都是其研究范围。对照张之洞的分析,我们发现,他的思考尽管有些简单和模糊,但已经涉及战略地理学的许多方面。

关于中路虎门的分析。在《广东海图说》开头就指出,虎门为中路海防极冲,行政上属广州府东莞县管辖,军事上属于水师提标中、右、前、后四营管辖。虎门海口沙线迂回,时常变易,西南有零丁山,正南有舢板洲、龙穴等。水道深广,可以行驶大轮船,海口内通西江、北江和东江。附近人家无商船,只有渡船、渔船数十号。村落有虎门寨城、太平墟(水师提督驻所)、广济墟(虎门同知驻所)等。虎门形胜天险,"沙角、大角为前路,蛇头湾、芦湾山为中路,大虎山为后路。由外海入内河者,必道于此,是为粤省头重门户,江心有上下横档二沙,与东西两山联络,正当轮船来路,足资扼守,最关紧要"。[2] 这里强调广东海防战争的最重要的目的是保护省会广州的安全,虎门要塞为"极冲",根据可能发生的

---

〔1〕 张之洞:《广东海图说总叙》,《广东海图说》,光绪十五年(1889)广州广雅书局刻本,第2—3页。

〔2〕 张之洞:《广东海图说》,第2页。

战争实际需要,对涉及的河道水文情况加以仔细调查和研究,并根据实际的水文数据资料做出敌船行驶路线的正确判断,希望在战时能够充分发挥其地理分析的价值和作用。

张之洞还专门列举了历史上发生在虎门的战例:明洪武初,廖永忠由海道取广东,师至龙潭,得海舟五百余艘,进次虎头门。崇祯十年(1637 年),英吉利人始由虎门薄广州。清嘉庆十三年(1808 年),英人以违抗封舱,率兵船入虎门,数月退去。道光二十一年(1841 年)、咸丰六年(1856 年),广东省城有警,英法各国兵船皆由虎门进入。这是张之洞试图站在军事家的立场上观察要塞周围曾经发生过的战例,为海防军队的部署和设施的改造和利用提供历史依据。

张之洞将光绪十年前后虎门军事部署情况记录如下:沙角炮台分扎湘军六营,大角、蒲洲炮台驻扎湘军六营,威远、上下横档各炮台分驻粤军水师提督九营。中法战争结束后,陆续裁撤。沙角留驻三底营,大角、蒲洲驻两底营,威远、上下横档炮台留驻水师两营。

同时,张之洞将香港和澳门的战略地位提高到"极冲"的位置上。他指出,香港为"极冲"。北对仰船洲,海面宽约 5 里,水深 4 丈。朔望日潮涨于巳正一刻,大潮高 4 尺。港口西北有仰船洲,东有鲤鱼门,东南有佛堂门各岛屿。香港太平山绵亘海中,重关叠嶂。轮船自广州前往上海,此处海道为必经之处。"是为粤省东路咽喉,密迩省城,最关紧要"。[1] 各国商船数百艘停靠港口,"为南洋诸埠入粤之总汇"。

九龙寨为"次冲",属广州府新安县大鹏协左营管辖。朔望日潮涨于巳正初刻,大潮高 6.5 尺。"陆通省城,水控香港,负山面海,形势辽阔"。大轮船可到。港内无渔船,有小贩商船数只。九龙山炮台在九龙寨城东南,与香港隔海相对;九龙西赤湾旧炮台前俯零丁洋海面;南头、碧头两炮台,不当船路,茅洲旧炮台偏在腹地。以上炮台形势孤单,年久失修,俱已倾圮。

澳门为"极冲",属广州府香山县前山都司营管辖。潮沙高 6 尺余。海中有沙礁,口内有青洲,口外有槟榔石、马留洲以及大小横琴岛等。澳门外接重洋,内连省会,由越南及廉州、琼州海道而来者必经此处,"为粤省西路咽喉"。十字门内水深 10 余尺,大潮高约 6 尺,"门介大小横琴二岛中,毗连澳门形势,最为扼要"。大小轮船均可自由出入。港内经常停泊商船十余只,渡船二十余只,大小渔船数百号。[2] 这里发生的海防成案有:宋景炎二年(1277 年),张世杰与元

---

〔1〕 张之洞:《广东海图说》,第 28 页。
〔2〕 张之洞:《广东海图说》,第 31—32 页。

兵战于香山岛；明正德中，葡萄牙人占据马六甲，占据澳门，旋经中国官兵驱逐；嘉靖初，葡萄牙人再入香山澳，以岁币五百两赁居其地，其后荷兰人屡以兵船窥伺。葡萄牙人藉守卫为名，增兵增饷，独擅其利；清嘉庆十三年（1808年）英国兵船进泊鸡颈头洋面，以兵三百名登岸，占据澳门东西炮台，数月始去；道光二十一年（1841年），英国人在香港建立码头，西洋商船多移香港停泊，澳门商务逐渐减少。[1]

从上面的论述情况可以看出，张之洞不仅认真分析了虎门要塞的地利特点，而且非常关注香港、澳门这两个殖民地的形成和潜在的威胁，还提出了控制的方案，可谓深谋远虑，富有战略眼光。张之洞的上述分析尽管针对的只是局部地区，但已经涉及海防地理学的地理位置特点、要塞控制利用、城镇乡村分布、交通运输条件和自然环境等五个重要方面。张氏不是战略家，却具有战略家的眼光和气魄。

四、朱正元及其《浙江沿海图说》

张之洞的《广东海图说》刊刻之后，在学术界受到重视。一些学者按照他所提出的"极冲"、"要冲"和"次冲"等标准，对江苏、浙江和福建沿海战略要地进行了类似研究，例如，一位名叫朱正元的学者就撰写了《浙江沿海图说》。朱正元事迹不详，我们只知道他是候选州同，曾经攻读几何学，撰写有《周髀经与西法平弧三角相近说》。当他阅读过张之洞的《广东海图说》之后，深受启发，完全模仿张之洞的编写体例，先后撰成《江苏沿海图说》、《浙江沿海图说》和《福建海图说》各一卷。

《浙江沿海图说》刊刻于光绪二十五年（1899年），如同《广东海图说》，首先按照"极冲、次冲、又次冲"三等区别海口重要地位和防守难易程度；然后说明行政上、军事上管辖机构，距离临近城镇里程，海港宽狭深浅情况，潮汐涨落规律，沙线岛屿位置，再说明海口形势险要、海港停泊各种船只情况，最后说明炮台设施、军队部署情况。唯一不同的是，将原书"海防成案"栏目，改名为"杂识"，作为备录，置于最后部分。

例如，关于镇海的海防地理分析。朱正元特别重视镇海的战略位置，认为镇海位于海防之"极冲"。具体论证道：镇海在行政上属于宁波府镇海县管辖，军事上属于镇海水师营管辖。"镇海薄海而城，为甬郡之咽喉。内蔽全郡，外控各岛。金鸡、招宝隔岸对峙，北有浅沙遥护。口门极窄，今所设炮台适当来路，足资

---

[1] 张之洞：《广东海图说》，第33—34页。

遏御。惟西北之蟹浦,东之钳口门及三山浦、穿山等处,须防抄袭。必使后路严密,乃可无虞"。[1] 此处发生的重大海防事例有:1841 年,英军兵舰于虎蹲山外炮击镇海,分兵于东面钳口门登陆,抄袭金鸡山后路。金鸡山守兵腹背受敌,溃乱而走。1884 年,镇海筹办海防,于建筑炮台同时,复于口内钉木桩,安水雷。布置甫定,法军舰队来攻,以四艘兵舰停泊金塘西面之大澳口,以一船游弋山后,炮击招宝山。是时,宏远炮台犹未建,威远炮台守军开炮还击,加上南洋开济等三兵轮与超武等两兵轮同泊港内,游动还击。法舰不逞,遂退去。[2]

第三节　海防战略之思考

一、陈寿彭及其《新译中国江海险要图志》

陈寿彭(生卒年月不详),字绎如,号逸群,近代著名外交家陈季同之弟,福建侯官(今福州)人。幼年通过考试,进入福州船政局学堂,学习轮船驾驶和英语,后来被派到欧洲学习英语,耳濡目染,"学识益进"。于家乡辟一书屋,广泛搜罗中外典籍,杂陈其间,因名其为"书窟"。然而,自海外归来,"落落无所遇",虽于 1889 年成副贡生,"而长才蠖屈,卒不得有所藉手,以自表现"。[3] 1898 年仲春,受聘为宁波储才学堂西文教习。与慈溪人杨敏曾成为挚友,"三年朝夕过从,言无不尽"。适有钱塘友人携来一部英文著作,是书名为 *China Sea Directory*(《中国海方向书》),凡 4 册,主编为伯特利,由英国皇家海军海图局于 1894 年第三次编印。杨氏留意经世之学,"而于舆地之书嗜之尤笃",遂极力劝陈翻译,"以餍海内学人"。陈寿彭亦以为然。但是,由于该书浩繁,凡数百万言,以一人译之,非十年不为功。考虑再三,陈寿彭遂选取其中关于中国海部分译之(图二二)。

是书翻译始于 1898 年仲春,脱稿于 1899 年隆冬。最初按原著第三版第三卷 10 章顺序分析译成 22 卷,附图 5 卷。译毕,陈寿彭"弗敢自信",乃携带译稿乘秋风至上海,求正于家兄。陈季同仔细阅读之后,"以其中尚缺雷、琼、廉一带为憾"。寿彭遂按其兄长要求,复阅全书,"因取第二乘中所言雷、琼、廉滨海者

〔1〕　朱正元:《浙江沿海图说》,第 7—8 页。
〔2〕　朱正元:《浙江沿海图说》,第 10—11 页。
〔3〕　杨敏曾:《新译中国江海险要图志序》,伯特利主编,陈寿彭译《新译中国江海险要图志》卷首,光绪二十七年(1901 年)上海经世文社石印本,第 1 页。

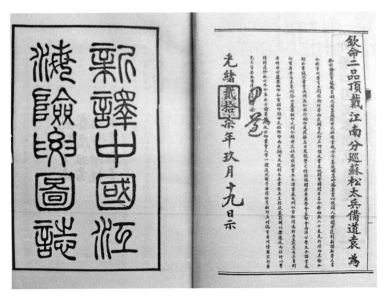

图二二　《新译中国江海险要图志》(上海经世文社 1901 年石印版,封二)

作为补编",补入 4 卷。"又取甲午(1894 年)后至己亥八月(1899 年 9 月)各西报及警船示册所载港岸转移、灯塔浮锚改设之事,益之,成五卷"。[1] 最终成书32 卷。原书附图 100 余幅,因大小不一,长短不齐,又选取精美者若干,经过"大者缩,小者拓,精烦者切割"等加工,成 208 轴。是书及补编完成,凡易稿三次。译者不知时之朝暮,而忘风潇雨晦,目营手缮,身心俱疲。又逢八国联军入侵,京津地区狼烟四起,书稿一度束之高阁。

　　是书原名为《中国海方向书》,而译者以"险要"标名者,"殆有以警世欤"。[2] 陈寿彭为此解释说:"是书专为舟师指南耳。吾子独举险要为言,何也? 则应之曰:指南者,向导也。不用向导者,不能得地利。因向导而得地利者,即告我以险要也。而原书之告我以险要者,又不仅于有形也。凡风涛变灭,沙岸转移,港门之通塞开合,航路之进退顺逆,有法可乘,有数可据,无形亦使之有形。出险要之外,实合于险要之用也。"[3] 这是说,英国海军之所以编辑出版这部航海指南,固然是为了英国商人和海军在中国沿海航行的便利,同时等于向我们提供了英国人五十年来在中国沿海的详细测量数据。通过这些精细的测量

〔1〕　陈寿彭:《译例》,伯特利主编,陈寿彭译《新译中国江海险要图志》补编卷首,第 3 页。
〔2〕　黄裳治:《新译中国江海险要图志序》,伯特利(H. Patley R. N.)主编,陈寿彭译《新译中国江海险要图志》卷首,第 2 页。
〔3〕　陈寿彭:《自序》,伯特利主编,陈寿彭译《新译中国江海险要图志》卷首,第 5 页。

数据,我们可以更加准确地掌握中国沿海的地理形势,利用要塞,加强海军和海防建设。

孙子云:"不知山林、险阻、川泽之形者,不能行军。"研究地理,利用天险,乃是中外军事家的天职。自古以来,中国人对于地理形势都相当重视,但由于缺乏有组织的实地测绘,加之测量技术水平不高,或者是引古籍论要冲,或者是铺叙古迹名胜而已,对于山川地理险要的具体描述通常是模糊不清的。对于陆地尚且如此,何况沿海无名小岛以及礁石、沙滩,一无著录。"即港口之浅深,门户之广狭,沙线之通塞",亦少有精细的记载。陈寿彭认为如何认识地形,如何利用地势,事关军事上的胜败和国家的兴衰,"险要之用变幻大矣。军之胜负,国之废兴,悉寓于是"[1] 就当时的中国海防形势来说,陈寿彭认为必须以守为主,"守则必按于险要,险要明,虽有项王之勇,且悲歌于垓下。虽有武侯之明,尚徘徊于子午"[2]

在陈寿彭看来,一个国家的地理险阻仅仅得到其少数军事家和政治家的重视是远远不够的。因为国防是全民族的事业,人人有责,就是普通的老百姓也应该有所了解。只有这样,在战时才能真正得到可靠的援应。"吾愿海军之人熟勉之,举国之人亦熟计之"[3]

陈寿彭认为国图测绘极为重要,关系领土领海,必须由本国专业人员精心完成。"凡有国者,欲谋长治久安之策,舆图在所必用,先奠内而后攘外,故舆图必自己国始"[4] 而中国当局对此重视不够,虽设立舆图局,而没有调查测量,不仅不知道中国沿海岛屿的精确位置、地形地貌情况,而且连海军巡逻也不得不依赖外国海图,荒谬透顶。他痛心地批评当局说,"吾国海军设立已久,甲申(1884年)、甲午(1885年)之明效可思也。天津虽设有舆图局,绝未见有新测一礁,新量一港,颁行国中以为航行准则"[5] 并且郑重呼吁道:"迩来,不重振海军则已,重振之,必须重视舆图局,延精熟舆地险要之士主之,督率海军将弁,于沿海一带江河港汊、礁岛、沙石一一勘验,又复博采方言,征求实在名目,列为图志,使举国之人咸知险要利害,各谋防堵,则我疆我圉岂不益固乎! 诚如是也,则寿彭所译此书犹嚆矢耳。"[6]

---

〔1〕 陈寿彭:《自序》,伯特利主编,陈寿彭译《新译中国江海险要图志》卷首,第5页。
〔2〕 同上。
〔3〕 同上。
〔4〕 陈寿彭:《译例》,新译第3页。
〔5〕 陈寿彭:《译例》,新译第5页。
〔6〕 陈寿彭:《译例》,新译第3页。

是书于 1901 年交付上海经世文社,先用石版刊印 2 000 部。问世不久,此书即风行海内,为士林所推许,"绩学之士咸称有用"。张謇建议绘制渔业界图参考此书。1907 年,陈寿彭以知县在广东当差,得知廷议整顿海军消息,认为中国整顿海军,"根本在于图志。图志明则险要熟,船政始克得用"。[1] 当时,上海经世文社已经倒闭,所印之书业已售罄,不能续印,"以致各学堂及有志之士欲求购是书,竟不可得"。陈寿彭遂呈文两广总督,表示愿将该书版权转让给广雅书局,"听凭刊印,以广流传"。[2] 4 月 4 日,得到两广总督周馥批准,广雅书局于当年用银 1 900 元,重印 1 000 部,分别咨送陆军部、南北洋大臣以及沿海督抚衙门。

由十地理学研究是一种理性活动,而理性活动又必然具有某种目的。不同的研究者,目的自然不同。是书在叙言开门见山阐述了编者的两个根本目的:首先是为了海军作战,其次是便利商船航行。谓:"此书之作,专为指明中国滨海一带险要方向、礁石隐现、港口浅深、沙岸通塞、潮汐高低、孰广孰狭、孰曲孰直、孰左孰右、孰东孰西以及灯塔、浮锚、山头、水线,无不收罗。大之,则利于海师;小之,亦便于商贾耳也。"[3] 又说,"此书所志,皆指中国江海险要,以为引导航海行程法则也"。[4]

该书的地理数据资料主要是英国海军测量船 50 年来(1845—1894 年)测量的结果,同时也吸收了英国海军军官、领事人员以及游客关于中国滨海的零星的观测报告。还声明,由于无法靠近测量,该书存在一些缺陷,主要是缺少淮河与旧黄河入海口之间(即中国学者所称之"五条沙"海区)的测量数据。"虽有海图,尚未全备"。[5] 因此,希望此后航海者,"凡有发明新意,可匡此书所未逮,足为航海利便者。"[6]

陈氏的《新译中国江海险要图说》出版之后,立即引起关心中国海防建设的学者的高度关注。面对这样一部资料详尽、数据精确的航海专业著作,他们不仅从中看到了图书浏览与实地勘测的地理学研究方法与水平的巨大差距,而且明白了中西学术观念的明显不同,情感上难免五味杂陈。一位学者如此感叹说:"我中国之人沉湎于辞章揣摩之习,实学不讲,以致自有之江海流域毫无把握,

---

〔1〕 《两广总督周馥批文》,伯特利主编,陈寿彭译《中国江海险要图志》卷首,第 1 页。
〔2〕 同上。
〔3〕 [英]伯特利主编,陈寿彭译:《新译中国江海险要图志》卷首,第 1 页。
〔4〕 [英]伯特利主编,陈寿彭译:《新译中国江海险要图志》卷首,第 3 页。
〔5〕 [英]伯特利主编,陈寿彭译:《新译中国江海险要图志》卷首,第 1 页。
〔6〕 同上。

反赖西人测验我地之书,得以稍窥一二险要,略讲江海形势,诚我中国莫大之耻也。纵有推究,无所弥漏,莫肯潜心之故。良以地理之学皆须实验,不尚空谈。"[1]

二、余宏淦及其《新编沿海险要图说》

余宏淦,事迹不详,现在我们只知道他是江苏昆山人,曾经参加光绪丁酉科(1897年)江南乡试,有朱卷流传于世。他早年致力于儒家经典《尚书》研究,著有《读〈尚书〉日记》。后来看到《新译中国江海险要图说》,遂专心探讨沿海沿江地理要塞问题,先后撰写有《新编沿海险要图说》16卷,《新编长江险要图说》5卷。

在余宏淦看来,20世纪初年的中国海防形势异常严峻。士大夫对于国家兴亡应当负有更多的责任和义务,以"救弊起衰"为职志。"自海隅多故以来,俄据旅、大,德占胶州,英处威海,德索广州湾,而牛庄、秦皇岛、天津、烟台、上海、宁波、温州、福州、厦门、三都澳、汕头、广州、琼州、北海则辟为通商口岸矣!香港则割于英矣!台湾则割于日矣!北洋之锁钥不固,南洋之门户洞开。卧榻之旁,他人酣睡。时事艰难以至于此,可为痛哭流涕长叹息者也。虽然敌越数万里之重洋而能攻人之险,掠人之地,而我近在咫尺反不能扼自有之险,以固我疆圉,形势不识,防御不周,不特四郊多垒,为卿大夫辱,亦我沿海七省人民所引为大辱者也。"[2]面对如此严峻的海防形势,对于敌军兵临城下的危险,"形势不识,防御不周",继续沉湎于辞章揣摩之习,闭目塞听,任人宰割,对此读书人应当引为莫大耻辱。

那么,读书人怎样参与祖国的"救弊起衰"的伟大复兴事业呢? 余宏淦认为,沿海地区的知识分子的首要任务是研究沿海地理,为海防战争提供精确的有价值的地理信息。"士生今日,欲发奋为雄,必以救弊起衰为急;欲救弊起衰,必以识沿海形势为第一义。盖能熟悉夫沿海形势,则某处可以御敌,某处可以设伏,庶几以战则克,以守则固。张我军威,即可以折敌人凶焰。"[3]

余宏淦仔细阅读过《新译中国江海险要图说》,从他的立场看来,是书绘图、数据精详,价值极高。但认为,作为海防地理著作,存在三种缺点:其一,重要地

---

〔1〕 吴燕绍:《〈新编沿海险要图说〉叙言》,《新编沿海险要图说》卷首,鸿文书局光绪二十八年(1902年)石印本,第1页。

〔2〕 余宏淦:《新编沿海险要图说》序,第1页。

〔3〕 余宏淦:《新编沿海险要图说》序,第1页。

点未能——标明其经纬线位置[1];其二,详于中国海图而略于中国陆图;其三,江海险要战守所资,其说未备。因此,他试图著书,加以补正。对于战略要地,凡是遇到通人达士,他无不详细询问其故。"又取西人近绘之沿海地图,与中国原有之图,远征旁搜"。惟有阅历丰富的人,才能有洞察事实的眼光。凡是沿海地区山岭、口岸、沙洲、岛屿,只要关系行军战守,无不加以论说。于 1902 年 4 月(岁次壬寅春三月)撰成《新编沿海险要图说》16 卷。叙述顺次,自北而南,与《新译中国江海险要图说》正好相反。"可于陈译本外,独标一帜也"。[2]

关于撰写的方法和内容,余氏在《凡例》中予以详细说明。他不仅强调是书与《新译中国江海险要图说》有明显区别,而且说明他的研究志趣与中国传统的地理志书有所同有所不同,特别强调其著书目的在于致用,重在揭示战略要塞的军事利用价值。

三、丁开嶂及其《中国海军地理形势论》

丁开嶂(1870—1945 年),原名作霖,字小川,直隶省丰润县(今河北省丰润县)南青坨村人。20 岁左右应遵化州乡试,得中秀才。后入京师大学堂第一班学习。光绪三十年初,日俄两国军队为争夺中国领土而爆发战争。丁开嶂基于对列强侵略和清政府无能的愤慨,与同学张榕等赴东北参与抗俄和反清活动,在奉天组织"抗俄铁血会",发布檄文,声讨俄国侵略中国的罪行。

第二年,与铁血会首领秦宗周、丁东第在张家口地区创立"救国军",扩大武装力量。光绪三十二年(1906 年)加入中国同盟会。明年,以摆斋戒烟酒为名,在黑龙江、吉林、辽宁、绥远、热河、内蒙古、河北、山西等地秘密发展铁血会组织,并在家乡成立"北振武社",将"抗俄铁血会"改名为"北洋铁血会",自任总理。1911 年 10 月 10 日,武昌爆发起义,湖北军政府派代表胡鄂公、孙谏声秘密来到丰润南青坨村与丁开嶂商议举行滦州暴动。不久,在天津法租界小白楼设铁血会军部,开嶂自任军长。11 月初,各路起义战士抵达滦州。1912 年元月 2 日,滦州宣布独立。但因官府镇压,暴动归于失败。开嶂在天津召开军事会议,决定精选壮士潜入北京,于旧历年除夕夜,"以期响应"。后因停战期限一再延长,未得大举。[3] 2 月 12 日,清宣统帝宣布退位,铁血会

---

〔1〕 [英]伯特利主编,陈寿彭译:《新译中国江海险要图志》中的部分地点,按照英国人的习惯,标注有经纬线位置。书中涉及地点众多,为了避免繁琐,没有——标注其经纬线位置。因此,余宏淦的这个批评是不正确的。

〔2〕 吴燕绍:《〈新编沿海险要图说〉叙言》,《新编沿海险要图说》卷首,第 2 页。

〔3〕 丁开嶂:《中国海军地理形势论》自叙,第 1 页。

才放弃起义计划。是年,应河南巡抚林绍年咨调,任河南大学地理学教席,印刷出版《中国海军地理形势论》(图二三)。

《中国海军地理形势论》铅印于 1912 年元月,出版者是天津铁血会事务所。是书共分九章,附图 48 幅。是书,乃是大学第二期作业。按照京师大学堂规定,文科史学门要求学生毕业前必须完成两篇作业,开嶂于历史学主张以革命为宗旨,成"读史评议";于军事学提倡尚武之精神,成"海军地理形势论"。这两项作业完成、提交之后,总监刘廷琛以其宣传革命,极为不满,将其开除,"全体教员、执事员尽力挽留,学员罢课力争,总监均弗许"。[1] 开嶂离开学校后,似乎感到这是上帝在引导他走向革

图二三　《中国海军地理形势论》(天津铁血会事务所 1902 年铅印本,封面)

命。"殆造物于溟默中引出迷途,而就大道"。[2] 更觉得"俯仰自如,天地皆宽,或驰马击枪,舞刀斫剑,消无限抚髀知恨;或游历咽喉要地,聚会当世英雄,谋实行革命之方"。[3] 每日余暇,必回忆以前所著《中国海军地理形势论》,手书数款。及其书稿写成,武昌起义爆发,清王朝迅速被推翻。谓"破坏已毕,建设方兴",将来图强,需要重新建立海军。所著《中国海军地理形势论》,"于战守计划,或不无小补,不可秘不示人也"。[4]

是书撰著,目的明确,"专以普及海军将士之地理知识为宗旨,故文取简要,议取明浅,俾阅者便于记诵,易于领解焉"。[5] 是书写作,最重要的参考书,自然是前述英国皇家海军海图局所编《中国海方向书》。之所以取名《中国海军地理形势论》,"盖注意本国沿海攻守之关系,他国他洲概不述及。因我国兴复海军之目的,现在固守疆域,不在远攻敌国"。[6]

世界进入近代以后,一个国家与潜在的盟国和敌国关系如何? 重大利益是互补还是尖锐对立? 它是否拥有良好的军港? 陆地与海岸的地形构造如何? 一

〔1〕　丁开嶂:《中国海军地理形势论》自叙,第 1 页。
〔2〕　同上。
〔3〕　同上。
〔4〕　同上。
〔5〕　丁开嶂:《中国海军地理形势论》凡例,第 1 页。
〔6〕　同上。

国舰队是否容易被分割？等等，这些问题便是本书要一一回答的问题。

《中国海军地理形势论》分为 9 章 58 款，近 3 万言。第一章为《总论》，主要是划分海域界限，分析中国海防重点区域，提出建筑军港的地理条件。关于中国周边海域的划分，丁开嶂指出："自盛京金州极南之老铁山嘴，南对山东登州府之登州头为渤海口门，口门西为渤海。渤海口外，东至朝鲜，南至扬子江口为黄海。自扬子江口至台湾海峡为东海。自台湾海峡至东京湾为南海。"[1] 这种说法虽然不够精确，但大体如是。在他看来，中国滨海区域广阔，防不胜防，重中之重却在渤海。"中国之海防则以渤海为最重，黄海次之，东海、南海又次之"。[2] 这种认识，主要是基于近代海防战争的爆发地点和影响。主要是西方列强在中国作战通常"以北京为作战目标"。他具体分析说，"若北由内外蒙古，西由新疆、西藏，南由云南、贵州，以谋进取，陆路辽远，运输不便。敌人之劳力最多，我国之损伤甚少。闽、粤、江、浙各省，敌舰固可随处登岸，亦不若直入渤海，攻击北京，能使我受极大之痛创，较事半功倍也。观鸦片之战争及英法联军入京，甲午中日之役，庚子拳匪之变，敌人所作之计划，皆以北京为目标。渤海，则北京之门户，敌舰之所必经，故为国防上最重之地"。[3] 这一分析言简意赅，高屋建瓴，极具战略家的眼光。

海上力量从来不是仅指军舰，它始终指的是武器、设施和地理环境的总和。"中国如练海军，势不得不于邻近渤海之地选择根据地，以阻敌舰入渤海之路，斯京师可巩固也"。[4] 基于这一判断，丁开嶂进一步指出，渤海周围作为军事重点防御区域，却没有良好的军港。当时的旅顺港被日军所侵占，威海卫被英国所强租。那么，中国未来的军港究竟应当建筑在哪里？在丁开嶂看来，应当在黄海和东海选择合适的地方，建筑军港。主要理由有三：第一，西方列强的舰队进入渤海，黄海和东海是其"必出之途"；第二，敌舰在进入渤海之前，需要在接近渤海附近寻找合适的"临时根据地"，"以为补给军需，添助煤水及休养士卒，修理战船"。第三，敌舰要在发动攻击之前，要全面熟悉作战海区地理环境，寻找作战对象，获取必要情报。

为此，他举例指出，"如鸦片之役，英人欲北上，而先占舟山；甲午之战，日人欲西入，而先夺刘公岛。皆欲进攻北京，先在黄海、东海择地停泊"。我国欲防止敌舰进入渤海，必须在黄海，或东海选定军港。在黄海和东海建筑军港，"微

---

〔1〕 丁开嶂：《中国海军地理形势论》，第 1 页。

〔2〕 同上。

〔3〕 丁开嶂：《中国海军地理形势论》，第 2 页。

〔4〕 同上。

特可阻敌人入京之路,且可袭击敌人临时之根据地"。[1]

　　基于上述分析,他认为,中国未来的军港最好选择在距离渤海最近的黄海岸边。"黄海、东海沿岸均多良港,勘筑最便。况黄海近临渤海口门之外乎!"除了在黄海,或者东海建筑主要海军基地之外,他认为中国还应当在南海建立海军分舰队的军港。主要理由是,马六甲海峡为欧洲各国舰队东来的必经之地,中国南海与马六甲海峡比邻,在此建筑海军军港,不仅便于掌握敌舰信息,而且便于发动袭击,阻扰敌国舰队顺利补充给养。"南海者,临中国南面适扼西舰由麻剌甲海峡北下之冲,且敌舰必在此择地泊船。如日俄之战,俄国波罗的海舰队欲赴黄海,先在越南东岸及琼州南岸停泊,是其例也"。[2] 因此,需要在南海选择军港,设立海军支队,"以阻西舰北航之路,剿击其停泊之地,及为搜查敌舰之用"。[3]

　　按照上述分析,敌国舰队既然以攻击北京为主要目标,必然选择在渤海沿岸为登陆作战地点,中国海陆军当然以保卫北京为其根本目的,设法阻拦敌舰攻入渤海,坚决阻击敌军在渤海沿岸登陆。所以,选择军港,"必先审察敌人对我作战之目标,与我对敌作战及国防等计划,再统观我海陆两军战略之情形,最为要事。不独讨论港湾之良否"。[4] 基于上述分析,东海、南海尽管有许多天然良港,但海军基地的选择,必须服从最根本的作战目的。"即我中国对敌人之作战及防务等计划,必以防敌人冲入渤海,使敌人不得在渤海达其登岸之目的为最要"。"故军港之地域必因战略之要旨而定。地域既定,然后再于地域内勘查各港湾之良否?"[5]在这种情况下,中国只能在黄海沿岸寻找合适的海军基地。

　　研究海防地理学的主要目的则是反击敌国舰队的入侵,为本国海防军队服务,控制本国的海域不受侵犯,控制自己交通运输不被敌国舰队干扰,控制本国的海岸城镇不被敌国军舰威胁。丁开嶂认为,当时的国力和现实决定,中国的海防方针只能是防守,而非进攻。"中国今兴复海军,宗旨不为远攻敌国,而在固守疆域,不使被敌国攻入,无疑也"。在这种情况下,必须预见敌国海军攻击的方向和意图,了解敌方的作战计划和手段,同时对自己的海域和海岸情况了如指掌,才能应对自如。

---

〔1〕 丁开嶂:《中国海军地理形势论》,第2页。
〔2〕 丁开嶂:《中国海军地理形势论》,第3页。
〔3〕 同上。
〔4〕 同上。
〔5〕 同上。

第四章　中国海域地理科学之建立（1909—1965 年）

　　人类认识海洋的历史,是在沿海地区和海上从事生产活动开始的。古代人类已具有关于海洋的一些地理知识。但直到 19 世纪 70 年代,英国皇家学会组织的"挑战者"号完成首次环球海洋科学考察之后,海洋学才开始逐渐形成一门独立的学科。20 世纪五六十年代以后,海洋学获得大发展,成为一门综合性很强的海洋科学。

　　研究海洋中的水文、地质、生物、化学、气象和物理等一切综合现象的科学,叫作海洋学。海洋学的内容非常丰富,可以将其分为海洋水文学、海洋地质学、海洋生物学、海洋物理学、海洋化学、海洋气象学等。海洋水文学是研究海水的各种运动和温度、盐度、密度的变化;海洋地质学是研究地质、地貌构造和沉积物形成的过程;海洋生物学是研究海洋中的一切生命;海洋物理学是研究海水的物理特征和性质;海洋化学是研究海水的化学特征和性质;海洋气象学是研究海水和大气的相互作用以及在海洋上发生的各种天气气象。

　　1873 年,英国人开始使用颠倒温度表系统调查海洋信息;1902 年,北欧人开始用艾克曼海流针收集海流信息;尤其是第二次世界大战结束后,许多新型仪器开始装备在海洋调查船只上。

　　欧洲是近代地理学的发源地,近代中国地理学在一定程度上也经历了不断向西方取经,然后再本土化的过程。近代中国地理学通常以 1909 年张相文在天津成立中国地学会为开端。不过,中国地理学专业教育是从 1921 年开始的,这一年,东南大学(中央大学前身)地学系正式成立,地理学科开始系统设置。在此之前,中国大学已有地理学科,但没有地理专业。1922 年,竺可桢向东南大学校长郭秉文请求派遣留学生系统学习西方地理学知识,以利于教学和研究。他说:"德法诸国大学中,对于地理一科虽较美为注重,但我国留学者寥寥。故欲得专门人才,非由本校物色毕业生中成绩卓越者,资遣欧美专门地理不可。"但是这一请求,由于经费支绌,没有得到批准。1928 年,朱家骅与中山大学校长戴季陶联名上书南京国民政府,请求在国立大学的理学院中添设地理系,在此影响下,中央大学、中山大学、清华大学、北平师范大学相继成立了地理系。正是由于这些地理系的成立,使师资力量成为亟待解决的问题。中国地理学留学生通过自费、官费和庚子赔款等三个途径前往欧美留学深造。一批留学生在欧美接受系统地理学教育后,回到祖国,成为开创中国地理学的骨干力量。他们不仅将地理学思想,同时也将其研究方法引入中国。

1935—1936 年间,当时的国立北平研究院动物学研究所与山东省青岛市政府联合组织了一次以海洋动物为主、多学科参与的海洋调查,调查区域为胶州湾及其邻近海域。调查前后进行了 125 天,设立调查站位 460 个,调查对象以海洋动物为主,并包括海洋物理、化学和地质等。理化项目有水深、水文、气温、pH值、透明度等。这次调查共采集各种标本 4 000 多瓶,拍摄照片 21 幅,绘制地图4 幅,出版了 385 页的采集报告。这是中国历史上对局部海区进行多学科调查的开创性尝试。海洋调查是人类了解海洋和认识海洋的基础途径,是正确认识海洋、合理开发利用海洋和有效地管理与保护海洋的基础性工作,对国家海洋战略的实施、维护国家海洋权益、海洋资源的可持续开发利用具有重要意义。

1958 年,我国对渤海、黄海、东海和南海各海域进行了大规模系统调查和研究。在建立研究机构、培养科学研究人员、开展各种调查以及研制海洋仪器方面,取得了一些进展。

第一节　《海洋学 ABC》

王益厓(1902—1968 年),江苏常熟人,教育家,先后留学日本及法国,获博士学位,历任广州国立中山大学、西北联大、南京中央大学、北平师范大学、台湾大学、台湾师范大学等校教授。著有《海洋学 ABC》、《自然地理 ABC》、《地学辞典》等。王益厓利用德国景观学派理论,在汉中盆地考察的基础上,撰写了《汉中盆地地理考察报告》,成为民国区域地理学研究的典范;此外,在都市地理学方面也开了风气之先。

《海洋学 ABC》出版于 1929 年,王氏因感于中国地理学之落后,目的在于普及海洋地理知识。他在序中指出,"我们对于占地球面积四分之一的陆地,尚且把它来细细研究,难道对于占地球面积四分之三的海洋,他的常识,也不要知道一点的吗? 我国出版界对于海洋学竟没有一点发表,这是不能不说是中国出版界的遗憾。这本书里头,把海洋学的各种重要问题都有简单的说明,虽是因篇幅的关系,不能详细的解释,但是读者得了这一本书,海洋知识的饿荒,总可以解决一部分,却是可以预言的了"。[1]

《海洋学 ABC》分为四章:第一章《海水和他的性质》,主要介绍海洋之广阔,海水之成分;第二章《海水的被压性》,介绍海水的压力作用;第三章《海的光学和音响学》,主要介绍太阳光对海水的辐射作用以及声音在海水中是如何传播的;第四章《海水的温度》;第五章《海冰》,主要探讨海水的结冰问题;第六章《波浪》,主要介绍波浪的形成以及对于行船的影响;第七章《潮流》,主要介绍海潮与天体之间的关系;第八章《海流》,主要介绍太平洋、大西洋印度洋的海流以及海流形成的原因;第九章《地理学上的海洋》,介绍海洋的分布状况。

是书不过 4 万字,文字通俗易懂,意在普及知识。就其内容来看,尽管不够系统,不够严密,而且很少涉及中国海域,而对于海洋地理学的要素均有触及,属于中国海洋地理学启蒙性作品。

第二节 《祖国的海洋》

孙寿荫,曾经在南开大学长期任教,先后在《海洋通报》、《天津师范大学学报》、《历史教学》等刊物上发表过《世界大陆架的自然资源概况》、《海河水系的形成和演变问题初探》、《京杭大运河的历史变迁》等多篇地理学文章,著作有《祖国的海洋》。

《祖国的海洋》写于 1955 年,作者在后记中指出:"祖国的海洋是辽阔、美丽而富饶的,是组成我们祖国壮丽河山的不可分割的一部分……过去的出版的地理读物中,很少有介绍这一方面的知识的,不能不说是一个缺点。我编写这本小册子的意图,一方面固然是想把祖国海洋的自然地理和经济地理,作一个比较有系统的叙述,使读者能够在短小的篇幅中,对祖国的海洋获得的一个概念。"[2]
是书写作,主要参考了以下论文和著作:

沙学俊:《中国的绿海及其价值》,《地学集刊》第三卷第 1—2 期合刊(1945 年 8 月);[3]

---

[1] 王益厓:《海洋学 ABC》序,世界书局,1929 年,第1—2 页。
[2] 孙寿荫:《祖国的海洋》,新知识出版社,1955 年,第108 页。
[3] 沙学俊,系美籍华裔地理学教授,曾在复旦大学、中央大学任教,为中央大学训导长。

　　吕炯:《西北太平洋及其在东亚气候上的问题》,《地理学报》第十八卷第1—2期合刊(1951年6月);吕炯:《渤海之水文》,《地理学报》第三卷第3期(1936年);[1]

　　罗开富:《海水的运动》,《地理知识》1952年11月号;[2]

　　张荣祖:《新中国的渔业建设》,《地理知识》1953年4月号;

　　王明业:《新中国的海上运输事业》,《地理知识》1954年1月号;

　　鞠继武:《祖国的南海诸岛》,上海:新知识出版社,1954年;

　　费鸿年:《祖国的渔业》,中华全国科学技术普及学会印行,1954年;[3]

　　郭敬辉:《中国的海洋》(草稿);[4]

　　韩托夫:《过渡时期的交通运输》,北京:人民出版社,1955年;[5]

　　[俄]鲍戈洛夫著,安吉译:《海洋》,北京:商务印书馆,1952年;

　　[俄]郎格(О.К.Ланго)著,周超凡译:《地质学概论》,北京:地质出版社,1954年。

　　是书约有7万字,分为九个方面,分别介绍中国海域地理学的各个方面。第一,《海洋的重要性》。分为三个方面介绍海洋的重要性:一是渔盐之利,强调渔业资源丰富,为人类提供了重要食物;二是调节气候,强调河水流入海洋,海水受到蒸发,化为云雨,被送到大陆,降落到地面,形成一个循环的气候系统;三是便利交通,指出船的载重量大,水的阻力比陆地较小,需要的动力又少,所以运输费

---

[1]　吕炯(1902—1985年),气象学家、海洋气象与农业气象专家、教育家。开创了我国海洋气象学的研究,是我国海洋气象学与农业气象学的先驱。

[2]　罗开富(1913—1992年),中国著名地理学家。曾任广东省科学院地理研究所研究员、副所长、名誉所长。

[3]　费鸿年(1900—1993年),中国生物学教育家、水产科学家。浙江省海宁县人。1921—1923年在日本东京帝国大学深造。回国后先后在北京大学、广东大学(今中山大学)、武昌大学、广西大学等院校任教。其间创建了广东大学和广西大学生物系。中华人民共和国成立后,历任农业部参事、水产部副总工程师、南海水产研究所研究员兼副所长等职。著有《动物生态学》和《鲶鱼呼吸生理之研究》。

[4]　郭敬辉,水文地理学家。直隶定县(今河北定州)人。长期从事地理教育工作。中华人民共和国建国后,历任中国科学院地理研究所研究员、副所长,中国地理学会第三、四届副理事长。积极倡导开展我国的水文地理研究。著有《中国的地表径流》、《中国地表径流形成的地理因素》、《黑龙江流域水文地理》等。

[5]　韩托夫(1909—1992年),海南文昌县人。1926年入中山大学读书。旋即退学。1929年7月考入上海艺术大学,加入中国共产党。1944—1949年相继担任中共中央军委英文学校教员、外事组干部、中央政策研究室编译组组长、《新华日报》言论委员会、新华社国际宣传部主任、中央广播电台部主任等职。1950—1961年历任政务院财经委员会国际经济处处长、中央交通部专家工作室主任兼编译室主任、中央人民交通出版社社长。1962年春任安徽大学副校长。1979年任暨南大学副校长。著作有《过渡时期的交通运输》、《交通运输和工业化》。

用比陆地交通便宜得多,也就是说海洋运输成本较低,并且不受陆地地形的阻碍和限制。

第二,《中国海洋大势》。在他看来,中国不仅是一个领土辽阔的大陆国家,而且也是一个伟大的海洋国家。它屹立在欧亚大陆东南部,像一个巨人似的雄视着烟波浩荡一望无际的太平洋。背依大陆,面临大洋,形势是非常雄伟优越的。中国大陆的海岸线北起中朝交界的鸭绿江,中经辽宁、河北、山东、江苏、浙江、福建、广东和广西,一直到达中越边境上的北仑河口,"总长 11 000 多公里"。"如果把岛屿海岸线计算在内,当在 2 万公里以上"。[1] "海面的范围东面对着朝鲜、日本和琉球群岛,直到台湾以东;向南的面积最广,一直伸展到北纬四度以南的曾母暗沙,与菲律宾群岛、东印度群岛遥遥相望"。[2] 在曲折的海岸线上,还有许多大大小小的河流注入海洋。由于海岸曲折,以及入海流的交叉,海水就在很多地方伸进了大陆,形成了数十个优良的港湾。这些港湾有的山环口窄,可以作为军港,可以作为商港,给海运和海防提供了有利条件。在我国广阔的海面上散布着大大小小的岛屿,环围着祖国的大陆,结成了一道天然的长城,庄严而有力地拱卫着祖国的大陆。然后他指出,中国海虽然是从北到南连成一片,但是由于位置不同,深度有差异,水温有高低,我们通常把它分成四个区域,就是渤海、黄海、东海和南海。

北方的渤海深入到中国大陆内部,东以渤海海峡为界和黄海相通,面积有82 700 平方公里,是四海中最小的一个。从形势上看,它实在是黄海伸入陆地所造成的一个大海湾。黄海是渤海海峡以东,北起鸭绿江口,南至长江口的一段海面,面积约 40 万平方公里。长江口以南,台湾海峡以北,介于江苏、浙江和福建海岸和琉球群岛、台湾中间的海面叫作东海,面积约有 70 万平方公里。从台湾海峡向南,一直到曾母暗沙附近的海面叫作南海,面积约有 270 万平方公里。"总计我国的海面共计有 388 万平方公里,其中渤海、黄海和东海都位于中国大陆之东,所以又合称为东中国海;南海处在中国大陆之南,所以也叫作南中国海"。[3]

第三,《中国海洋的发展简史和海底地形》。海洋和其他的任何自然事物一样,也在不停地变化、运动和发展着。不仅是海洋中的波浪、潮汐和海流是千变

---

〔1〕 孙寿荫对于中国海岸线、岛岸线的估计是非常保守的,是不正确的。实际上,中国大陆海岸线就有 18 000 多公里。又有 6 000 多个岛屿环列于大陆周围,岛屿岸线长 14 000 多公里。二者合计,总海岸线不会低于 32 000 公里。

〔2〕 孙寿荫:《祖国的海洋》,新知识出版社,1955 年,第 9 页。

〔3〕 孙寿荫:《祖国的海洋》,新知识出版社,1955 年,第 11 页。

万化的,海洋中的盐分、水温和水色等是到处不同的,而且海洋的外形、海底的深浅在不同地质时代中,也有很大的差异。千百万年前的汪洋大海,现在可能是起伏的丘陵、广阔的平野。而千百万年以前的陆地,现在也可能变成一望无际、波浪汹涌的海洋。自然界的变化,一直到今天为止,仍旧在继续变化。从地球演变的历史来看,中国在地质史上曾经发生过许多次大规模海侵运动,现在中国的东北、华北、华中和华南都曾经被海水淹没,成为或深或浅的海洋。只是到了第三纪褶曲造山运动,中国大陆东部的地壳受到喜马拉雅运动的影响,开始上升。台湾和琉球群岛才升出地面。同时在地壳断裂和凹陷的地方,火山的喷发极为频繁,因而造成了许多海沟和海岛。在第四纪冰川时代,中国沿海的海水曾经降低到 100 公尺左右,那时我国的海岸线远在东方,大陆面积远较今日为大,台湾和海南岛等和大陆连成一片。只是到了后来,大陆冰川溶解,海面上升,又发生了世界性的海侵现象,中国大陆才和一些岛屿隔开。"同时,我国一些河流的下游被海水淹没,就形成了一些漏斗状的广阔海湾(杭州湾),这在地形学上叫作溺谷,或三角港"。[1] 第四纪海侵运动的规模很大,在华北曾达太行山麓,山东地块沦为海岛,就是长江下游、钱塘江口等地也都成为浅海。那时,我国的海岸线曾退到西方,大陆面积远较今日为小,现在的华北平原还是一片汪洋大海,在地质上叫作北京湾。后来由于黄河、海河、长江以及其他河流,携带大量泥沙堆积到河口地带,三角洲的前缘很快向海中推进,这就造成了今天我国沿海地带的广阔冲积平原。第四纪时期的北京湾的面积就显著缩小,山东地块又和大陆连在一起,形成了今天的渤海。从第四纪以来,我国虽然还有火山活动和地壳运动,但规模不大,对海洋影响较小,海洋的变化也就不很显著了。"像今天这样的中国海洋的形势,大体是在第四纪海侵运动以后形成的。只有中国南海南部的深海盆,情况比较特殊。在构造上,可能是古期地块深深地沦入海洋而形成的,时间约在第三纪以后"。[2]

关于海底的地形,他说:"我国海洋的海底地形,和大陆一样,都是西面高东面低,成为由西北向东南倾斜的形势。自琉球岛以北,直到鸭绿江口一带,海底倾斜的程度都很缓和,形成一带平坦的缓坡。琉球群岛附近和台湾岛的东侧,再向东南去,才急转直下地深陷下去。因此,我国的海水深度,愈近大陆,海水愈浅;离大陆愈远,海水愈深。"[3]

---

〔1〕 孙寿荫:《祖国的海洋》,新知识出版社,1955 年,第 20 页。
〔2〕 同上,第 21 页。
〔3〕 同上,第 21 页。

第四,《中国海水的性质》。主要介绍海水温度的变化、海水的盐分以及海中的光线。

第五,《中国海上的气候》。着重介绍中国海域的气候特点。"我国沿海的盛行风向,与海陆气压的季节变化有密切关系。冬季亚洲大陆上的气压很高,海上的气压很低,风从大陆吹向海洋;夏季的情况恰好相反,风又从海洋吹向大陆,所以我国海上的盛行风和大陆上的风具有同一性质,也是属于季风型的"。[1] 不过,由于海陆区位不同,以及风的偏向作用,所以,风向稍有差异。

第六,《中国海水的运动》。海水的运动主要有三种:即波浪、潮汐和海流。他指出:中国对于这三种运动的具体情况和它们彼此之间的关系,现在了解得还很不够的,有些情况只能够"据理推论",有些现象目前还不十分清楚。"这里所谈的,是目前我们大体上已经能够肯定的"。[2] 如关于海流,他说,海水也有依照一定方向而运动的,那便叫作海流或洋流。海流大体可以分成寒流和暖流两种。从赤道流向两极的海水,水温较高,比重较小,一般在海洋的表层之上流动,叫作暖流。反之,从两极流向赤道的海水,水温较低,比重较大,一般在海洋的下部流动,叫作寒流。这两种海流在中国海域中均有。"中国海中的海流,受整个太平洋洋流体系的影响,具有本身独特的性质。我们把从南向北流的叫作黑潮暖流,从北向南流的叫作东中国寒流"。[3] 孙寿荫关于太平洋西部黑潮和中国沿岸流的解释,大致已经符合现代科学认识。

第七,《中国海中的生物》。分别介绍了海中各种动物和植物种类以及活动地点等。

第八,《海岸、港湾和岛屿》。分别介绍了海岸的地形与地貌,主要港湾的深浅和大小以及海岛的分布情况。

第九,《新中国的海洋事业》。主要介绍了海洋渔业、海盐的生产和海上运输业。

从上述情况可以看出,《祖国的海洋》一书在编著过程中,不仅参考了苏联专家鲍戈洛夫和郎格有关地质和海洋的论著,而且吸收了中国地理学者相关领域的研究成果。限于各项研究工作起步不久,许多观点难免幼稚和粗疏。尽管如此,这本小册子所表达的观点应当是当时中国地理学者共同研究海洋问题的

〔1〕 孙寿荫:《祖国的海洋》,第 40 页。
〔2〕 同上,第 51 页。
〔3〕 同上,第 60 页。

结晶。就海洋学而言,一个人的知识囊括一切领域的时代已经结束,海洋已进入集体认识时代。

第三节 中国海域第一次 大规模综合调查

在 20 世纪 50 年代前后,随着科学技术的发展,一些较发达的国家开始建造专门用于海洋科学调查与研究的船只,海洋调查研究活动在世界各大洋开始广泛地开展起来。尤其是 20 世纪 60 年代以来,世界许多国家参与了大规模的国际合作海洋科学考察活动,海洋考察达到前所未有的广度和深度。

为了适应形势的需要,1956 年,周恩来总理亲自主持制定了《国家 12 年科学发展远景规划》,将"中国海的综合调查及其开发方案"作为国家重点科技任务之一列入了国家计划,新中国首次大规模的海洋综合调查因此应运而生。

为落实这项任务,国务院科学规划委员会海洋组成立。此次调查海军出二条船,中国科学院海洋研究所出"实践"号船,黄海水产研究所出一只实验船,共四条船;人员和仪器各单位临时凑。1957 年春,位于青岛海军基地的"盐城"和"邯城"二只护卫舰改装成海洋调查船的事宜顺利完成。是年 7 月,在国务院科学规划委员会海洋组的统一组织领导下,由中国科学院海洋研究所、海军、水产部和山东大学等单位,在渤海海峡进行了第一次同步观测。随后,又在渤海和北黄海进行了 3 次规模较大的多船同步观测。

为了扩大海洋调查工作范围,1958 年 5 月,全国海洋综合调查领导小组成立,下设海洋调查办公室和技术指导、资料分析以及器材保证等小组,并分设黄渤海区、东海区、南海区三个调查领导小组,参加调查的科技人员共 600 余人。调查单位从各单位抽调,仪器、器材由各单位调配。

1958 年下半年,在国务院科学规划委员会海洋组的全面规划和领导下,全国范围的海洋综合大调查正式启动。调查的目的有三:一是通过对中国近海系统全面的综合调查,绘制各种海洋学(海洋物理、海洋化学、海洋生物和海洋地质地貌)图集、图志,撰写调查报告、学术论文;二是建立海洋水文气象预报、渔情预报;三是编制海洋资源开发方案,为国防和海上交通建设提供海洋环境基础资料。

此次海上调查分为四个阶段:1958 年 9 月至年底,在各海区进行试点调查;

1959 年 1 月至年底, 4 个海区全面进行外业调查; 1959 年 12 月开始和越南民主共和国合作, 开展北部湾海洋综合调查; 1960 年上半年, 调查工作转入资料整编阶段。

这次调查的范围包括了中国海的大部分区域。在北纬 28° 以北的渤海、黄海和东海海区布设了 47 条调查断面、333 个大面积巡航观测站和 270 个连续观测站; 在南海海区 (含北部湾中越第一次合作调查区域) 内布设了 36 条断面、237 个大面观测站和 57 个连续观测站。在浙江和福建沿海的 2 个海区内布设了 8 条断面和 54 个大面观测站, 进行了 8 个月的探索性大面调查。观测项目包括海洋水文气象方面的水深、水温、盐度、水色、透明度、海发光、海浪、气温、湿度、气压、风、云、能见度等; 海洋化学方面的溶解氧、磷酸盐、酸碱度; 海洋生物方面的浮游生物分层和垂直取样以及底栖生物取样; 海洋地质方面的底质采样 (表层取样、柱状取样、悬浮体取样) 和连续测深。

通过上述系列调查, 共获得各种资料报表和原始记录 9.2 万多份, 图表 (各种海洋要素平面分布图、垂直分布图、断面图、周日变化图、温盐曲线图、温深记录图等) 7 万多幅, 样品 (沉积物底质表层样品、地底垂直样品、悬浮体样品及其他地质分析样品) 和标本 (浮游生物标本、底栖生物标本) 1 万多份。1964 年, 出版了《全国海洋综合调查资料》共 10 册,《全国海洋综合调查图集》共 14 册。

此次海洋综合调查, 第一次取得了系统、全面的中国海基础性综合海洋资料, 并掌握了中国近海海洋水文、化学、地质和生物等要素的变化规律。此次海洋综合调查使中国海洋科学实现了跨越式发展, 是中国海洋科学发展史上的里程碑。

第四节　中国海域海洋学之建立

海洋科学是研究海洋的自然现象、性质及其变化规律, 以及与开发利用海洋有关的知识体系。它的研究对象是占地球表面的海洋, 包括海水、溶解和悬浮于海水中的物质、海洋中的生物、海底沉积和海底岩石圈, 以及海面上的大气边界层和河口海岸带等。海洋科学的研究领域十分广泛, 其主要内容包括对海洋的物理、化学、生物和地质过程的基础研究, 海洋资源开发利用, 以及海上军事活动等的应用研究。个人的知识总是有限的, 而海洋科学领域是非常广阔的, 海洋科学的建立与发展需要集体的智慧。

中国海洋科学的建立,有四个重要标志:

其一,中国海洋研究机构的建立。

中国科学院海洋研究所(青岛),成立于 1950 年,最初为中国科学院水生生物研究所青岛海洋生物研究室。

国家海洋局第一海洋研究所(青岛),始建于 1958 年,是重点从事应用基础研究、高技术发展和公益服务的综合性海洋研究所。

中国科学院南海海洋研究所(广州),成立于 1959 年,是我国规模最大的综合性海洋研究机构之一。

国家海洋局第二海洋研究所(杭州),创建于 1966 年,主要从事中国海及大洋、极地海洋环境与资源调查、勘测、预报和应用基础研究。

国家海洋局第三海洋研究所(厦门),其前身为中国科学院华东海洋研究所,创建于 1959 年 11 月,1966 年 1 月 1 日正式划归国家海洋局建制,更名为国家海洋局第三海洋研究所。

中国水产科学院黄海水产研究所(青岛),系农业部所属综合性海洋水产研究机构。1947 年 1 月始建于上海,1949 年 9 月迁至青岛。

中国水产科学院东海水产研究所(上海),创建于 1958 年,是我国面向东海的国家综合性渔业研究机构。

中国水产科学院南海水产研究所(广州),成立于 1953 年,是我国最早建立的从事热带亚热带水产科学研究机构。

中国科学院声学研究所(北京),成立于 1964 年,其前身是电子学研究所的水声研究室、空气声学研究室、超声学研究室。主要从事声学和信号信息处理技术研究。

国家海洋环境预报中心(北京),成立于 1965 年,其前身为国家海洋局海洋水文气象预报总台。主要负责我国海洋环境预报、海洋灾害预警报的发布,为海洋防灾减灾、海洋经济发展、海洋管理、国防建设等提供服务和技术支持。

国家海洋环境监测中心(大连),创建于 1959 年,主要负责我国海洋环境监测、海域使用动态监视与管理。

其二,海洋专业在大学设立,开始培养专门人才。

中国海洋大学(青岛),创建于 1924 年,历经私立青岛大学、国立青岛大学、国立山东大学、山东大学等办学时期,于 1959 年发展成为山东海洋学院。

厦门大学海洋与地球学院。1946 年成立中国第一个海洋学系。

南京大学地理与海洋科学学院,源于 1921 年竺可桢先生在国立东南大学

（南京大学前身）创建的地学系,该系设地理气象和地质矿物两个专业。

北京大学大气与海洋科学系,其前身是 1958 年成立的地球物理系气象专业,1998 年大气物理和天气动力两个专业合并为大气科学专业。

中国地质大学（武汉）资源学院,其前身是原北京地质勘探学院的矿产地质与勘探系,成立于 1952 年建校之初,是该校最早成立的专业之一。

华东师范大学河口海岸科学研究所,是中国最早从事河口海岸研究的机构。其前身为华东师范大学地理系河口研究室,成立于 1957 年,由华东师范大学与中国科学院地理研究所联建。1959 年,以河口研究室为基础建立中国科学院上海地质地理研究所。

河海大学港口海岸与近海工程学院,其前身为 1952 年华东水利学院水道及港口工程系,先后开办水道及港口水工建筑、军港建筑工程、海洋工程水文、港口及航道工程、海岸及海洋工程、船舶与海洋工程、海洋技术、交通工程、海洋科学等专业。

其三,海洋科学刊物的创办,为研究成果提供了园地。

图二四　童第周（中国科学院发育生物学研究所童第周文集编辑委员会编:《童第周文集》,学术期刊出版社,1989 年,前言第 2 页）

《海洋与湖沼》,是中国海洋湖沼学会主办的,创办于 1957 年,以报道基础和应用基础研究成果为主,刊物内容涉及水圈范围内的生物学、物理学、化学、地质学等学科。

其四,关于海洋的科研成果不断发表。

1. 童第周（1902—1979）,浙江省鄞县人,是卓越的实验胚胎学家,是享誉海内外的生物学家。生前曾担任过中国科学院副院长、动物研究所所长（图二四）。

童第周一生致力于实验胚胎学、细胞生物学和发育生物学的研究。1930—1934 年,童第周在比利时的比京大学布拉舍实验室,在对棕蛙卵子受精面与对称面的关系的研究中,证明了对称面不完全决定于受精面,而决定于卵子内部的两侧对称结构状态。在对海鞘早期发育的研究中,证明了在受精卵子中已经存在着器官形成物质,而且有了一定的分布,精子的进入对此没有决定性的影响。另一方面,他观察到内胚层和外胚层似乎有相当的等能性,而且吸附乳头和感觉细胞的形成依赖于外来因素,说明了卵质对个体发育的重要性。这项研究成果是具有开创性的,使他成了中国实验胚胎学的创始人之一。

文昌鱼在生物进化中占有重要地位,是脊椎动物的祖先。童第周领导的研究小组首先在青岛解决了文昌鱼的饲养、产卵和人工授精的技术,为系统研究文昌鱼的胚胎发育奠定了基础,并利用显微技术对文昌鱼胚胎发育机理进行了一系列的研究,对文昌鱼卵的发育能力提出了很重要的修正意见,在国际上受到重视。童第周等所证明的文昌鱼卵这些早期发育特点,进一步论证了文昌鱼在进化上的地位是介乎无脊椎动物和脊椎动物之间的过渡类型。这方面工作也支持了他后期关于核质关系研究的论据。他在两栖类(蟾蜍和黑斑蛙)胚胎发育的研究中,明确指出了胚胎发育的极性现象,从而证明这种感应能力是由一种未知的化学物质,通过细胞间的渗透作用,诱导和决定胚胎纤毛的运动方向。

童第周对鱼类的胚胎发育能力和细胞遗传的研究也做出了卓越的贡献。他在 20 世纪 40 年代开始的实验结果中就证明了在金鱼的卵子中,赤道线以下植物性半球的一边,卵子含有一种有关个体形成的物质,它在发育的早期由植物极性逐步流向动物极性,是形成完整胚胎不可缺少的物质基础。他在这方面的论文是鱼类实验胚胎学方面的重要历史文献。

在研究细胞核与细胞质的关系时,他发现不仅仅是细胞核来决定细胞质发育方向,而是细胞质也决定细胞核的命运,核与质之间不是彼此完全孤立,而是有非常密切的关系,在构造上它们可以互相沟通,在功能上它们可以互相诱发和抑制。这便是被称谓的核质关系理论。

他还和美籍华裔科学家牛满江合作,探讨鲫鱼和鲤鱼的信息核糖核酸对金鱼尾鳍的影响。结果证明,这种核糖核酸能诱导金鱼尾鳍的双尾变成单尾等。从而开拓了在发育生物学和分子遗传学中一个非常值得进一步探索的研究领域。

以上这些研究成果,至今仍是科学文献中的精品,在国内外学术界产生了深远的影响,开创了我国"克隆"技术之先河。

2. 毛汉礼及其物理海洋学研究

毛汉礼,浙江诸暨县人,1919 年生;1939 年考入浙江大学史地系;1943 年毕业,到中央研究院气象研究所工作;1947 年赴美国加利福尼亚州立大学克里普斯海洋研究所进修物理海洋学并获硕士学位;1951 年获得加州大学博士学位,任克里普斯海洋研究所副研究员;1954 年回国,任中国科学院海洋研究所副研究员、研究员和副所长;1981 年当选为中国科学院地学部委员(图二五)。

《海洋》是现代海洋学的奠基人思维尔德鲁普

图二五　毛汉礼(宋立志编:《名校精英·浙江大学》,远方出版社,2005 年,第 163 页)

(Sverdrup)和他的同事合作写成的,被认为是到 20 世纪 40 年代为止,全世界海洋学界理论最全面、最系统、最权威的著作。50 年代,中国的海洋科学刚刚开始建立,研究和教学单位非常需要这类学术著作。毛汉礼花费了两年时间,将之翻译为 100 万字的著作,分为三卷出版。是书出版对于传播海洋学知识,起了很好的促进作用。

关于上升流问题,思维尔德鲁普、索迪(Thorade)等海洋学大师对其进行过不少研究,但属于直观的描述,尚未进行理论性的概括。1957 年,毛汉礼与日本著名海洋学家吉田耕造合作发表了《一个大水平尺度的上升流理论》,该文从简单的涡动方程出发,通过量纲分析和巧妙运算,得出了上升流与风力涡度的简明关系。这篇文章第一次提出了有关上升流的理论模式,被同行专家公认为上升流研究的经典著作之一。以后建立的各种上升流理论,绝大部分都是根据这一理论模式加以推广和发展的。

毛汉礼与甘子钧、沈鸿书合作于 1963 年和 1965 年发表了《长江冲淡水及其混合问题的初步探讨》和《杭州湾潮混合的初步研究》等文,初步建立了有潮河口区域混合问题的研究方法,指出潮混合、风混合以及水团混合的物理过程,阐明了长江冲淡水的形成机制,杭州湾咸水上侵的界限问题,特别是夏季洪水期间长江冲淡水的转向问题。这两项研究成果,为进一步研究长江口外海区沉积动力学奠定了基础。

毛汉礼与邱道立等人合作于 1964 年和 1965 年发表《中国近海温、盐、密度的跃层现象》和《南黄海和东海北部冬夏两季的水文特征以及海水类型的初步分析》等文章,首次阐明了研究浅海温、盐、密度跃层现象和研究浅海水文方法。该文提出的跃层消长分为三个阶段:即生长期、强盛期和消衰期,迄今仍为同行专家所沿用。

3. 杨槱及其造船原理研究

杨槱,江苏句容县人,生于 1917 年 10 月 17 日。1940 年毕业于英国格拉斯哥大学(University of Glasgow)造船系;1940—1944 年,先后任重庆民生机器厂副工程师、工程师,同济大学、交通大学教员、教授;1944—1946 年,为中国海军造船人员赴美服务团成员;1946—1949 年,任海军江南造船所工程师;1949—1950 年,任同济大学教授、造船系主任。1950—1954 年,任大连造船所工程师;1954—1955 年,任大连工学院教授,造船系主任;1955—1990 年,任上海交通大学教授、副教务长、造船系主任、教务长、船舶及海洋工程研究所所长等职务;1981 年,为中国科学院技术科学部学部委员。

杨槱,主要从事造船学和造船史研究,是中国船舶奠基人之一。

　　20 世纪 60 年代,杨槱在交通大学任教务长和造船系主任时,主持制定了我国第一部《海船稳定规范》。1978 年,他在任上海交通大学船舶与海洋工程研究所所长时,先后设计了"瀛洲"号巡逻船、万吨级远洋货船等多型号船舶。1980 年,他编写了研究生教材《工程经济在船舶设计中的应用》。他的科研小组应用现代预测技术、运筹学和系统分析方法解决了水运系统中的船型分析和船队规划等问题,并且在计算机对于水运系统运行原理进行过模拟探索。

　　杨槱是中国船舶科技发展的奠基人之一。他撰写的《中国造船发展简史》,主要介绍了古今中国造船业发展历程。所著《近代和现代中国造船发展史》、《秦汉时期的造船业》、《早期的航海活动与帆船的发展》、《郑和下西洋宝船的进一步分析》、《帆船史》、《轮船史》等论著开船了中国造船史的研究,引起较大反响,并得到史学界的好评。

　　总之,中国海洋学在 20 世纪的前半叶开始奠基,大批留学生从国外陆续归来;到 1965 年,中国海洋学的研究机构、教育机构纷纷建立,海洋学术刊物应运而生,研究成果日益丰富,中国海洋学初步建立。

小　　结

一、中国海域地理学之分期

　　通过上述考察,我们知道,中国海域地理学的建立经历了四个时期。第一个时期是中国海域地理认识的开端,时间从上古一直持续到唐代末年。在这个时期里,我们看到的有关中国海域的地理作品主要有《山海经》、《禹贡》、《邹子》、《十洲记》、《淮南子》等,其中《禹贡》尽管文字无多,而属于中国地理学的开山之作,开启了实证的先河,比较精确地描述了黄河与长江两大流域和大海之间的地理位置。这对于后世地理学的发展影响甚深甚大。邹衍认为,天地是有金、木、水、火、土五种元素组成的,这五种元素都有一个特殊的性能,即相生和相克。人类社会也是这样,自天地剖分以来都是按照五行(即五德)转移的。每一朝代都主一德,每一德都有盛有衰,而五德转移是遵照自然界的五行相克道理进行的。另外,先秦时期早已有九州之说,邹衍的大九州说既是总结先前地理知识而来,也是其思想插上了翅膀的结果。这可以看成是中国早期的世界观或宇宙观。除了上述充满神话色彩的作品之外,《汉书·地理志》、《隋书·地理志》、《新唐书·地理志》更是早期中国海域地理知识的重要记录。大致说来,中国海域地理知识或是来自观察,或是得自神话传说,或是来自现象猜测,半是真理,半是谬误,真理中夹杂着谬误,谬误中包含着真理。

第二个时期是中国海域地理知识逐步积累时期,时间的上限是从宋代建国开始,下限是 1840 年。这一时期中国海域地理学的知识主要体现在对于中国海域、东南亚群岛以及印度洋海港、海道的探险认识上,而这些知识主要得自中国人的亲身探险经历。这一时期的中国海域地理学作品主要有《岭南代答》、《诸蕃志》、《岛夷志略》、《瀛涯胜览》、《星槎胜览》、《西洋番国志》、《东西洋考》、《海国闻见录》和《海录》等。大致从宋代开始,人们对于海洋的认识体现在三个转变上:第一个转变是逐渐淡化了神话传说,人们开始客观地记录海洋地理和海洋物产信息。第二个转变是海洋探险的重点从渤海、黄海和东海,逐渐转向南海,尤其是对于经由南海到达西亚、印度洋国家和地区航线,经过的岛屿和海况记载越来越翔实。从元代的《岛夷志略》中,我们可以看到澳洲大陆的人类最早记录,从明代著作中可以看到非洲东海岸国家早期历史和地理的珍贵记录。第三个转变是由于指南针的使用,开始开辟深水海道,航海线路逐渐趋于捷径,不必沿海岸迂回航行,所经海域的里程记载日渐精确。中国海船已经频繁航行在太平洋西岸和印度洋西岸之间广阔的海域上。总的来说,中国人在这一时期对于海洋地理的认识和探索尽管是缓慢的,却是独立进行的。既没有受到欧洲地理学的影响,也没有受到亚洲其他国家地理学的影响。但是,必须指出,此前的中国人长期受到天圆地方观念的影响,长期受到佛教世界观的影响,对于地球的球体概念缺乏理性认识,进行环球航海尝试则是古代中国人从未想象过的事情。通过比较才能看到彼此之间的差异。

第三个时期为海防地理学的发展阶段。上限起自 1840 年的第一次鸦片战争,下限终结于 1909 年。这一时期基于对付西方列强的入侵,中国学者比较关注海防地理学的研究,中国海域地理知识进一步积累,有关中国海域和世界滨海国家的地理学著作主要有《四洲志》、《海国图志》、《瀛寰志略》、《海口图说》、《洋防说略》、《广东海图说》、《浙江沿海图说》、《新译中国江海险要图志》、《新编沿海险要图说》和《中国海军地理形势论》等。这一时期海防地理学知识相当丰富,因果联系已经运用于各种现象的解释。在假说与概念之间,在概念与感觉之间,知识经过确认、否定和再确认、再否定,逐渐显现出理性的光彩。但是,这一时期的海洋地理知识仍然局限在观察和经验阶段,尚未真正成为可以验证的实验科学。

第四个时期为中国海域地理科学的创始阶段,大致从 1909 年到 1965 年。1909 年中国地学会成立,标志着中国海域地理学开始进入科学考察阶段。

1965年,中国海域地理学的研究全面铺开,但仍处于创始阶段。主要著作有《海洋学ABC》《祖国的海洋》等。尽管这两本著作的容量有限,但却是对于中国海域地理进行全面科学解释的论著。在这一时期,大批留学生归来,西方地理学知识和分析方法已经系统传入中国,中国学者开始运用实验分析的方法,对中国海域地理展开了全方位研究,中国海域地理学体系逐渐建立和完备起来。

1966年开始,中国进入"文化大革命"时期。"文化大革命"结束之后,中国海域地理学研究进入快速发展阶段,成果累累,需要专著加以总结。

二、中国海域管辖范围之明确

如上所述,我们是从过去的岁月中成长起来的,往事是我们的前车之鉴,后事之师。一切事件都处于无时间限制普遍适用的领域中。从过去发生的事件中,我们了解到后果;从现在发生的事件中也可以瞥见将来。尽管时间被分割成一个个阶段,尽管每个时代都不是永恒的,但每个时代都有值得记忆的东西。

中国人对中国海域地理认识有一个从模糊到清晰的过程,对于中国海域之管辖范围也有一个从模糊到明确的过程。早在秦汉时期,中国已经开始对于南海部分区域进行经略和管辖。司马迁记载:"三十三年,发诸尝逋亡人、赘婿、贾人略取陆梁地,为桂林、象郡、南海,以适遣戍。"[1]班固记载:"南海郡,秦置。秦败,尉佗王此地。汉武帝元鼎六年开,属交州。"[2]《后汉书》记载:"平南越以为南海、苍梧、郁林、合浦、交阯、九真、日南、朱崖、儋耳九郡。"[3]于此可见,中国的政治版图在秦汉时期已经包括现在广东、广西、海南岛和越南北部地区。此后,由于各种原因中国朝廷对于越南北部的统治时断时续,最后是得而复失。尽管如此,中央政权对于两广地区和海南岛的政治管辖则长期保持下来。

至于南海群岛(西沙群岛、中沙群岛、东沙群岛和南沙群岛)及其周围海域很早就是中国渔民和商人活动的场所,中国人对其地理环境的考察和命名早在秦汉时期已经开始,《异物志》记载说:"涨海崎头,水浅而多磁石"[4];唐宋时期则称西沙群岛和南沙群岛为"长沙"和"石塘",《岭外代答》作者认为,"长沙、石塘数万里";[5]元代人进一步指出:"石塘之骨,由潮州而生,迤逦如长蛇,横

---

〔1〕　司马迁:《史记》卷六,本纪第六,中华书局,1963年,第253页。
〔2〕　班固:《汉书》卷二八下,志第八下,中华书局,1964年,第1628页。
〔3〕　范晔:《后汉书》卷二四,列传第十四,《马援传》,中华书局,1965年,第841页。
〔4〕　杨孚撰,曾钊辑:《异物志》,中华书局,1985年,第3页。
〔5〕　周去非:《岭外代答》卷一,"三合流",第35页。

亘海中越海诸国,俗云万里石塘。"〔1〕如前文所述,汪大渊认为,"万里石塘"自潮州而生,包括海南岛、西沙群岛、南沙群岛;"迤逦如长蛇",不仅跨越越南等国,还延伸到爪哇、渤泥和西洋,也就是从潮州到达印度洋的东部。到了明清时期,中国人对于南海各群岛的地理环境的记载更加具体和翔实。黄衷记载,"万里长沙,在万里石塘东南,即西南夷之流沙河也。"〔2〕陈伦炯进一步指出:"隔南澳水程七更,古为落漈……气悬海中,南续沙垠,至粤海,为万里长沙头。南隔断一洋,名曰长沙门。又从南首复生沙垠至琼海万州,曰万里长沙。沙之南又生嵝岵石至七州洋,名曰千里石塘。长沙一门,西北与南澳、西南与平海之大星鼎足三峙。长沙门,南北约阔五更。"〔3〕于此可见,1840 年以前,中国人对于南海群岛的地理环境已经了如指掌。

图二六　两广总督张人骏
(《张人骏家书日记》,中国文史出版社,1993 年,封面)

1907 年,日本商人西泽吉次声称发现新的岛屿,企图将东沙群岛窃为己有。清外务部得知这一消息,立即致电两广总督张人骏(图二六),明确指出日本人在东沙群岛建筑房舍,竖立日本旗帜,乃是侵令中国主权的行为。"凡闽海人之老于航海及深明舆地学者,皆知该岛为我属地等情,中国沿海岛屿,尊处应有国籍,该岛旧系何名? 有无人民居住? 日商西泽竖旗建屋,装运货物,是否确有其事? 希按照电

开纬度,迅饬详晰查明,以凭核办。"〔4〕1908 年 9 月,英国驻广州领事傅夏礼致函广东省洋务委员温宗尧,就准备在东沙群岛建立灯塔事宜,询问"蒲拉他士"(Pratas——东沙群岛英文名称)是否属于中国? 温宗尧明确答复该岛确系属于中国。为了考察日本人在南海的活动,两广总督派遣管带黄钟瑛率领"飞鹰"号轮船前往东沙群岛进行考察,发现确有日本人在此活动,同时也发现中国渔船被强行驱逐情况。广东渔船"新泗和"号向黄钟瑛等人控诉道:"本年正月初十日,'新泗和'带记渔船再到该岛,亦为日人所逼,不得已开往西北湾

---

〔1〕　汪大渊:《岛夷志略》,《西阳杂录、诸蕃志、岛夷志略、海槎余录》,第 363 页。
〔2〕　黄衷:《海语》卷三,《海语、海国闻见录、海录、瀛寰考略》,第 35 页。
〔3〕　陈伦炯:《海国闻见录》卷上,第 167 页。
〔4〕　陈天锡编:《东沙岛成案汇编》,商务印书馆,1928 年,第 4 页。

驻泊捕鱼。不料二月十九日,日人复来干涉,并斥逐我船离岛。商等因念此岛向隶我国版图,渔民等均历代在此捕鱼为业,安常习故数百余年。商等骤失常业,血本无归,固难隐忍。而海权失落,国体攸关。以故未肯轻易离去。"〔1〕由此我们知道,东沙群岛乃是数百年来中国渔民的传统渔场,连渔民都知道,"此岛向隶我国版图,渔民等均历代在此捕鱼为业"。据此,中国外务部与日本驻广州领事展开交涉,在铁的事实面前,中国收回东沙群岛。两广总督张人骏从收回东沙群岛的交涉中,深感如果不对中沙群岛、西沙群岛和南沙群岛加以有效管理,担心出现类似日本人侵占东沙群岛的事件。于是,他决定成立西沙岛事务处,具体负责西沙群岛进行考察事宜。1909 年 5 月 19 日,水师提督李准等人奉命率领"伏波"、"琛航"、"广金"等三艘兵船前往西沙群岛进行考察,他们每到一岛,首先进行考察、记录,然后进行命名、竖碑等宣示主权活动。

1937 年 7 月,日军发动全面侵华战争。1939 年 2 月 28 日,侵占海南岛;3 月 1 日,侵占西沙群岛;3 月 30 日,侵占南沙群岛。4 月 9 日,以"台湾总督府"名义宣布占领所谓"新南沙岛"。连同东沙群岛、西沙群岛一并划给台湾总督府管辖,隶属高雄县管辖。抗日战争胜利后,中国政府根据 1943 年 12 月 1 日中国、美国、英国三国签署的《开罗宣言》规定,收复台湾,随后收复南沙群岛、西沙群岛、东沙群岛、中沙群岛。1946 年,中国海军司令部派遣林遵、姚汝钰分别率领"太平"、"永兴"、"中建"、"中业"等四艘军舰前往接受南沙群岛、西沙群岛。就在日军在榆林港集中,将要被遣送时,法国军队却抢先派遣兵船抢占南沙群岛若干个岛屿。对于法国军队在南海的侵略行径,中国国防部于 1947 年 1 月 22 日发表声明,强调:"西沙群岛主权属于我国,不仅历史地理上有所根据,且教科书上亦早载明。去年敌人投降,退出该群岛后,我政府即派兵收复。本月 16 日有法国侦察机一架飞至该岛侦察。18 日,法海军复有军舰一艘行至该群岛中之最主要一岛。我守军当即表示守土有责,不许登陆,并令其撤走。"〔2〕于此可以看到中国政府对于南沙群岛、西沙群岛的管辖权,如同东沙群岛、中沙群岛一样,是十分明确的。

1933 年,为规范地图标绘,中国成立水陆地图审查委员会。1935 年 1 月,将审定结果刊登在第一期会刊上。《中国南海各岛屿华英地名对照一览表》公布了 132 个岛礁名称,其中西沙群岛 28 个,南沙群岛 96 个。同年,该委员会出版了《中国南海岛屿图》,确定中国海域最南端为北纬 4°的曾母暗沙。1936 年白眉

〔1〕 陈天锡编:《东沙岛成案汇编》,第 16—17 页。
〔2〕 《中国海军》第一期,1947 年 3 月 1 日,第 11 页。

初绘编《中国建设新图》，该书第二图是《海疆南展后之中国全图》，明确将东沙群岛、西沙群岛、南沙群岛和团沙群岛划入中国管辖范围之内。作者在图中如是注释说："廿二年七月，法占南海六岛，继由海军部海道测量局实测得南沙、团沙两部群岛，概系我国渔民生息之地，其主权当然归我。廿四年四月，中央水陆地图审查委员会会刊发表《中国南海岛屿图》，海疆南展至团沙群岛最南至曾母滩，适履北纬四度，是为海疆南拓之经过。"[1]

　　东海地理与管辖权问题相对于南海来说，比较简单，但仍然十分重要。如前所说，《顺风相送》是一本记载古代航海的"针路簿"。该针路簿乃是利用指南针，同时观察海道及其参照物的经验记录。在指南针没有运用于航海的情况下，显然是不可能产生针路簿的。由于《顺风相送》记录了多条航线，显然它是长期航海经验的记录。现代学者认为，是书内容有一个长期形成的过程，成于明朝初期，而后又有修订，是有道理的。《顺风相送》最早记录了从福建，经过钓鱼岛，前往琉球的针路。还记录了不同风向情况下，彭家屿、花瓶屿、钓鱼岛作为商船航海坐标的情况。在14世纪，琉球人尚未掌握指南针航海技术。当时在远东地区只有中国人掌握了指南针技术，发现和命名钓鱼岛（图二七）、花瓶屿、彭家屿的人也只能是中国人。

图二七　中国航海者前往琉球的坐标——钓鱼岛（《中华人民共和国外交部声明》插图，《温州日报》2012年2月11日，第5版）

---

〔1〕　韩振华主编，林金枝、吴凤斌编：《我国南海诸岛史料汇编》，东方出版社，1988年，第360页。

明清时期,来往于中国和琉球之间的中国商船和出使的封船无不以钓鱼岛、彭佳屿、花瓶屿为航海坐标。诸如,徐葆光在《中山传信录》中记载:"福州往琉球,由闽安镇出五虎门东沙外开洋,用单辰针,十更,取鸡笼头、花瓶屿、彭家山;用乙卯针,十更,取钓鱼台;用单卯针,四更,取黄尾屿;用甲寅针,十更,取赤尾屿;用乙卯针,六更,取姑米山;用单卯针,取马齿,甲卯及甲寅针,收入琉球那霸港。"[1]再如,陈侃在《使琉球录》中记载说:"十日,南风甚迅,舟行如飞。然顺流而下,亦不甚动,过平嘉山,过钓鱼屿,过黄毛屿,过赤屿,目不暇接,一昼夜兼三日之路。"[2]又如夏子阳在《使琉球录》卷上中记载其航海情况。"午后,过钓鱼屿。次日,过黄尾屿。是夜,风急浪狂,舵牙连折"。[3] 对此,研究者已经反复指出,钓鱼岛等岛屿乃中国人发现,中国人命名,在此不再赘述。

更为重要的是,清代前期,为了保护商船和渔船的安全,为了海防的安全,朝廷谕令各省将近海岛屿和海域划分为内洋和外洋,派遣水师官兵定期进行巡逻会哨。因此,凡是靠近中国海岸的岛屿,凡是海盗船只可能停泊的岛屿,或者划入内洋,或者划入外洋,水师官兵定期前往查缉海盗。

在清代关于台湾的早期文献中,黄叔璥的《台海使槎录》最早将钓鱼岛列入防海对象。他说:"山后大洋,北有山名钓鱼台,可泊大船十余;崇爻之薛坡兰,可进杉板。"[4]另一条资料对于台湾环形海道的开辟以及漳州、泉州人经常在钓鱼岛、"泗波澜"(薛坡兰)活动的情况做了说明。"宜兰县,南与奇莱社番最近……泗波澜有十八社番,与奇莱相近,属凤山县界,亦在崇爻山后。可知奇莱,即嘉义之背;泗波澜,即凤山之脊。由此而卑南觅,而沙马矶头,回环南北一带。则后山诸地,自洲鼻至琅桥,大略与山前千余里等耳。海舟从沙马矶头盘转而入卑南觅诸社。山后大洋之北有屿,名钓鱼台,可泊巨舟十余艘;崇爻山下泗波澜,可进杉板船,漳泉人多有至其地者。"[5]

另外,陈寿祺在《重纂福建通志》第八十六卷《海防·各县冲要》中,专门介绍了噶玛兰厅所属之乌石港、苏澳、钓鱼台和薛坡兰等四个港口情况,特别强调了对于这些岛屿的主权。"噶玛兰,即厅治,北界三貂,东沿大海,生番聚处,时

〔1〕　徐葆光:《中山传信录》卷一,清康熙六十年(1721年)刻本,第3页。

〔2〕　陈侃:《使琉球录》,北京:"北平图书馆善本丛书"第一集,第7—8页。

〔3〕　夏子阳:《使琉球录》卷上,载《国家图书馆藏琉球资料汇编》上,北京图书馆出版社,2000年,第493页。

〔4〕　黄叔璥:《台海使槎录》卷二,"武备",载《台湾文献史料丛刊》第4种,第34页。

〔5〕　《台湾生熟番舆地考略》,《台湾文献史料丛刊》第51种,台湾大通书局、人民日报出版社,2009年,第6—7页。

有匪舶潜踪。又,治西有乌石港,与海中龟屿相对。夏秋间港流通畅,内地商船集此,设炮台防守……苏澳港在厅治南,港门宽阔,可容大舟,属噶玛兰营分防。又,后山大洋北有钓鱼台,港深可泊大船千〔十〕艘。崇爻之薛坡兰,可进杉板船。"〔1〕

　　总之,在清代前期,台湾海峡以及台湾周围岛屿,包括钓鱼岛在内,不是划入内洋,就是划归外洋,均处于清水师官兵的管控之下。〔2〕

---

〔1〕　陈寿祺、魏敬中等纂:《重纂福建通志》卷八六,同治十年正谊书院刻本,第 31 页。
〔2〕　王宏斌:《清代内外洋划分及其管辖问题研究》,《近代史研究》2015 年第 3 期。

第二编
中国海船建造史

第五章 宋代以前的造船技术
（？—959 年）

第一节 上古时期的独木舟

上古时期，人类就已经与江河湖海结下不解之缘，江河湖海为人类提供了丰富的鱼类产品。在捕食鱼类的过程中，人们开始利用各种漂浮物进入江河湖海中。于是舟船被发明出来。《易经》说："刳木为舟，剡木为楫。舟楫之利，以济不通，致远以利天下。"在浙江省余姚县河姆渡村的文化遗址中出土了 6 把木桨，这些木桨都是用单块木头加工而成，桨柄与桨叶自然相连，一把残长 92 厘米，另一把残长 63 厘米，断面呈方形，桨柄仅容手握，做工精细。全是在第三、第四文化层中发现的，考古学家推算，这些木桨应当是 7 000 年前的遗物。[1] 有舟未必有桨，有桨则必定有舟。这说明 7 000 年前已经有了舟楫等渡水工具。河姆渡遗址濒临杭州湾，东望东海，南为四明山，毫无疑问属于海洋文化遗存。在河姆渡遗址中发现了 40 余种野生动物的骨骼，既有淡水鱼骨，也有海洋鱼骨，包括鲨鱼、鲸鱼的骨骼。这说明河姆渡人已经有能力进入大海，可以划桨驾舟捕捞海洋鱼类。

独木舟的制造。1982 年 9 月，山东省文物考古所和荣成县文化馆在该县泊于乡郭家村的毛子沟发现一艘独木舟。该独木舟是在挖蓄水池时发现的。该处是海相沉积小盆地，北临黄海，距离现在海岸线约 2 000 米。独木舟出土的层位距离地表 4 米。出土时保存基本完整，仅右侧有部分损坏。舟长 3.9 米，头部宽 0.6 米，中部宽 0.74 米，尾部宽 0.7 米。舟体高度：头部 0.18 米，中部 0.24 米，尾部 0.30 米。山东考古工作者依据渤海、黄海和东海 7 处不同

〔1〕 河姆渡遗址考古队：《浙江河姆渡遗址第二期发掘的主要收获》，《文物》1980 年第 5 期。

堆积的牡蛎、贝壳的放射性碳同位素测定,确定该独木舟所在堆积不会晚于3800—3000 年,即商周时期。此外,在胶州半岛周围也相继发现了独木舟同一时期的遗存。这说明在商周时期,先民就制作和驾驶独木舟在海边进行采捕。[1]

在独木舟的使用过程中,一般会朝着稳定性方向发展。可能出现三种形态:一是以两只或者多只独木舟并排连接;二是加强横向支撑以扩展舟体宽度,形成复合舟体;三是在独木舟舷外设置支架或平衡物,其目的都是为了改善独木舟的稳定性。正是在向稳定性发展的过程中,独木舟开始向木板船方向逐渐演变。例如,1975 年在江苏武进县万绥镇蒋家巷通往长江的河道上发现一只结构形态类似独木舟又非独木舟的木船。其结构是:底部板由三段木材组成,搭接处由4 个 5×5 厘米的方榫固定。底部中段残长 2.22 米,宽 0.58—0.64 米,厚 0.12—0.20 米。底部两侧的船舷是用独木一剖为二,再剜空而成,其外缘仍保持原木形态,内缘经挖凿成半圆弧面,内径为 60—100 厘米,残长 4.6 米。在船舷板的下侧开有与船底板相互连接的榫空。这种形似独木舟的复合舟显然是独木舟向木板舟过渡的一种形态。据中国考古研究所工作者测定,这艘木船是西汉时期的遗物。1979 年,在上海浦东川沙县川扬河发现一只造型别致的古船。该船由三部分组成:一条独木为船底,两边加装船舷侧板。船底由三段独木相互用榫接在一起,厚约 42 厘米,中间部分挖去 10 厘米左右的小槽,形似独木舟。在其外部加装厚度为 5 厘米的独幅木板,木板略向内弯,为弧形。该船复原后长度达到18 米。伴随该船出土的有唐开元铜钱。据此,考古学者认为这种复合型的独木舟直到唐代仍在使用。

第二节　木板舟之发明与使用

文字学家认为,当"舟"字出现的时候,也就是意味着木板舟的发明。《竹书纪年》说夏代第九代王帝芒曾"东狩于海,获大鱼"。[2] 在商朝末年,周武王率兵攻击殷都时,曾有人记载说:"武王伐殷,先出于河,吕尚为后将,以四十七艘

---

〔1〕 王永波:《胶东半岛上发现的古代独木舟》,《考古文物》1987 年第 5 期;戴开元:《中国古代的独木舟和木船的起源》,《船史研究》1985 年第 1 期;王正书:《川扬河古船发掘简报》,《文物》1987 年第 7 期。

〔2〕 《竹书纪年》卷上,载《四部丛刊初编》第十七册,上海书店出版社,1989 年,根据商务印书馆1926 年第一版影印。

船济于河。"由此可见,在商朝末年和周朝初年船只已经成为交战的工具了。这种船舶既然用于运输士兵,抢渡黄河,其规模自然不会太小。西周时有一个官职叫作舟牧。舟牧的主要职责是查验天子所乘船只的质量。"季春之月,舟牧覆舟,五覆五反,乃告舟具备于天子焉。天子始乘舟。"[1]这是说为了确保天子乘舟的安全,舟牧要反反复复检验船的质量。只有他告诉船已备好,天子才可以上船。

春秋战国时代,铁制的斧、凿、锯、锥、锤等木工工具的发明和使用,为战船制造提供了技术条件。春秋时代,诸侯国相互兼并的战争频繁爆发。战争推动了造船业的发展,也促进了船型的多样化。历史记载的重大水战发生在公元前549 年夏天。"用舟师自康王始",这是说用水军作战开始于康王。公元前525 年发生了一次水战,说的是楚康王率领舟师伐吴,"无功而还"。自此开始,吴楚之间频繁爆发水战。这种作战主要在江河进行,但有时也发展到海上。例如,吴王夫差十一年(公元前 485 年),"徐承率舟师将自海入齐,齐人败之,吴师乃还"。[2]吴国的战船有多种名号:大翼、小翼、突冒、楼船和桥船等。据《越绝书》记载,吴王阖闾问伍子胥战船修造的情况和用途。伍子胥回答说:"船名大翼、小翼、突冒、楼船、桥船,令船军之教比陵军之法,乃可用之。大翼者当陵军之车,小翼者当陵军之轻车,突冒者当陵军之冲车,楼船者当陵军之行楼车也。桥船者当陵军之轻足骠骑也。"[3]"船军",就是水战军;"陵军",就是陆战军。这是说,水战军的战船分为大翼、小翼、突冒、楼船和桥船等五种。只有训练好了,才可以在战场上使用。"大翼"相当于陆战军的战车,"小翼"相当于陆战军的轻车,"突冒"相当于陆战军的冲撞车,"楼船"相当于陆战军的楼车,"桥船"相当于陆战军的骠骑军。吴国战船大翼长 12 丈,宽 1.3 丈;中翼,长 9.6 丈,宽1.3 丈;小翼长 9 丈,宽 1.2 丈。战国时期的尺度,每尺相当于 0.23 米,因此,大翼长为 27.6 米,宽 3.68 米;中翼长 22.08 米,宽 2.99 米;小翼长 20.7 米,宽 2.76 米。这三种战船的长与宽之比分别是 7.5、7.39 和 7.56,形状类似于现在的龙舟。每只船上大约有 50 名士兵划桨,齐心用力,则船行如飞。

战国时期的战船乘员一般在 50 人左右。例如,张仪到楚国出使,他威胁楚怀王说:"秦西有巴蜀,起于汶山,浮江已下,至楚三千余里。舫船载卒,一舫载五十人,与三月之食,下水而浮,一日行三百余里,里数虽多,然而不费牛马之

---

〔1〕《礼记·月令》,载阮元主编《十三经注疏》,中华书局,1980 年,第 1363 页。

〔2〕《左传纪事本末》卷五一,中华书局,1979 年,第 780 页。

〔3〕李昉:《太平御览》卷七七〇,中华书局,1960 年影印本,第 3413 页。

力。"由此可见,江河之船规模不大。根据河南汲县(今卫辉市)山彪镇出土的战国水陆攻战纹铜鉴上的绘图,专家认为这一时期的战船没有风帆,但设有甲板。战士在甲板上面作战,划桨手在下面划桨,操纵船体移动。[1]　武器装备则有长矛、长戟、短剑和弓弩、箭矢等。

汉代船舶的动力工具有篙、桨、橹,控制方向的工具有舵和梢。篙是一种长条形的工具,主要利用河岸、河底的支撑力,反作用于船身,来推动船只前进和后退。桨,又称楫,或棹,是用两只手操纵工具划水,通过反作用,推动船只前进。橹,是船旁有固定支点的用于摇动推动船只前进的较大的工具。既可以调整橹板划水时的攻角,产生较大的推力,也可以调节橹与船体中线面的角度,操纵船的航向。橹的作用和产生的推进力,如果从流体力学来看,是水对滑动的橹板的升力,并非是水的反作用力。由于橹是连续高效的推进工具,又有操纵方向的作用,因此,自从发明之后,得到了广泛应用,无论在江河湖面,还是海洋。即使在风帆技术应用之后,橹仍是船舶上的重要辅助工具。因为,在无风或逆风的情况下,需要靠橹来提供靠岸和离岸的基本动力。

在浅水区的船舶,利用篙可以改变船的航向。但在深水区,仅仅靠划桨来改变船舶的航向是比较困难的。为了使船在航行时既不失去动力,又能适时调整方向,桨手逐渐有了分工。负责操纵方向的桨手一般位于船的尾端。操纵桨手在实践中,掌握了航行的技能和规律。通过加大桨叶的面积,以改变航船的方向。这种操纵方向的桨,逐渐演变为舵和梢。广州东汉陶船模型,距今 2 000 余年,在其船尾上已经有了舵的装置。若仔细观察,这个舵还不是沿着垂直的舵杆轴线来转动,仍然残留着桨叶的痕迹。扩展桨叶面积,使桨演变为舵,成为专门掌握方向的工具。另外,通过将桨柄加长的方法,使桨成为梢,也是一个发展途径。梢,是一根木料制成,其长度可以相当于船长的三分之二以上,下端入水部分类似大刀片,也是通过左右摆动来改变船的航向的。

第三节　风帆的发明与使用

在造船史上,风帆的出现具有划时代的意义。杨槱认为中国早在殷商时期就发明了船帆,依据是甲骨文中有了"凡"字,"凡",即帆也。"因此商代的人已

---

　　〔1〕　郭宝钧:《山彪镇与琉璃阁》,科学出版社,1959 年,第18—20 页。

可能在船上装帆利用风力来行船"。[1] 这一观点得到诸多学者的赞成[2],但
也有一部分学者对于上述观点持有异议。文尚光认为甲骨文中的"凡"字一共
出现了 28 处,均不具备风帆的含义。不仅如此,就是后来的儒家经典,诸如
《诗》《书》《易》《礼》《春秋》等 13 部经典中涉及"凡"字的句子有 856 处,也没有
一处具有风帆的含义。因此,他的结论是:"甲骨文的'凡'字并不能释为'帆'
字,所以,不能以之作为 3 000 多年前的殷商时代就已有风帆的证据。"[3]朱杰
勤也认为只是在东汉时期,中国才开始使用帆来驱动船只。"大致在公元前后,
中国航海船舶已知使用风帆行驶在大海上"。[4] 马融在《广成颂》正式提及风
帆的使用,他说:"然后,方舳舻,连舽舟,张云帆,施霓帱,靡飚风,陵迅流,发棹
歌。"[5]因此,大家公认,公元 1 世纪是风帆出现的下限年代。1976 年,在浙江
鄞县甲村石秃山上出土一件战国铜钺,正面高 9.8 厘米,刃宽 12 厘米,钺厚 2 厘
米。钺上绘有一图,有 4 人泛舟,每个泛舟人的头部均有一个类似帆的图形。有
人据此认为战国时期中国已出现风帆。[6]

从上述情况来看,殷商时期出现风帆的可能性不大,大致在战国时期,或者
在秦汉之际已有风帆,尤其是东汉时期风帆的使用已很普遍。风帆的使用,为船
舶大型化提供了动力。没有风帆的使用,船只是无法战胜波浪、海流和大风的,
也是无法进入海洋深水区的。

秦始皇统一中国后,多次到各地巡游。秦始皇二十八年(公元前 219 年),
前往泰山封禅、立碑,歌颂其统一中国的功业。然后,东至芝罘,南至琅琊。命
令徐福入海求仙,徐福一去不回。中日许多学者认为,徐福和他的船队定居在
朝鲜或者日本。于此可知,秦时从山东到朝鲜或者日本的航线已经开通。在
没有指南针的情况下,徐福船队要达到日本,需要沿着海岸行走,其航程十分
曲折。首先,自琅琊启航,沿海岸航行,绕过成山头,到达芝罘港;然后到达蓬
莱角,经庙岛群岛,到达北城隍岛,跨越海峡,到达老铁山;然后沿海岸向东,再
折向北航行,到达鸭绿江口;继续沿着朝鲜半岛南行,到达朝鲜半岛南端,由此

〔1〕　杨槱:《中国造船发展简史》,载《中国造船工程学会 1962 年年会论文集》,国防工业出版社,
1964 年,第 8 页。

〔2〕　张墨:《试论中国古代海军的产生和最早的水战》,《史学月刊》1981 年第 4 期;唐志拔:《中国
舰船史》,海军出版社,1989 年,第 22 页;中国航海学会编:《中国航海史》,人民交通出版社,1988 年,第
13 页。

〔3〕　文尚光:《中国风帆出现的时代》,《武汉水运工程学院学报》1983 年第 3 期。

〔4〕　朱杰勤:《中国古代海舶杂谈》,《中外关系史论文集》,河南人民出版社,1984 年,第 35 页。

〔5〕　范晔:《后汉书》卷六〇,列传五十上,《马融》,中华书局,1966 年,第 1964 页。

〔6〕　林华东:《中国风帆探源》,《海交史研究》1986 年第 2 期。

跨过朝鲜海峡;在天气晴朗情况下,隔海可以看见对马岛。到达对马岛以后,可以看见冲岛。从冲岛到大岛不过数十里,对准目标航行,就可以到达九州岛的海岸。在这一航程中,渡过朝鲜海峡最为困难。如果没有风帆,仅凭人力划桨,想战胜对马暖流,则是十分困难的。因此,航海者认为,秦时的船舶已经装配风帆。

　　秦始皇时曾经征服百越。但在秦末汉初,百越又复叛乱。汉武帝时期又发动了对百越的战争。元鼎五年(公元前 112 年),汉武帝遣"伏波将军路博德出桂阳,下湟水;楼船将军杨仆出豫章,下浈水"。[1] 遂以其地划分为南海、苍梧、郁林、合浦、交趾、九真、日南、珠崖、儋耳郡。次年,东越王余善叛乱,汉武帝又调兵遣将,予以坚决镇压。"上乃遣横海将军韩说出句章,浮海从东方往征;楼船将军杨仆出武林,中尉王温舒出梅岭,以越侯为戈船,下濑将军出若邪,以击东越"。[2] 从上述用兵过程中,可以看到参与平叛的水战军队沿海而下,借用了季风。指挥官如果没有季风常识,指导军队的沿海行动将是困难的。

　　中国风帆的出现和使用的时间比欧洲晚一些,不过,由于中国风帆的特点,加之中国舵的发明较早,使中国帆船航行技术并不落后,甚至领先于世界各国。《南州异物志》是三国时期东吴太守万震所撰,原书已经失传,但关于汉代风帆技术的记载已收入《太平御览》。根据其记载,船上装有四张帆,由卢头木叶织成,形状像窗叶,长一丈有余,皆使斜风吹力,"故行不避迅风激波",所以能疾驶如飞。[3] 多桅多帆,是海船航行技术的一项重大进步。随着船身长度的增加,船舶需要较大的动力。通过增加桅杆和船帆的数量来增强船的推力,同时还避免使用高桅和高帆,也有利于船行的安全性。

　　总之,大致在战国时期就出现了风帆,在汉代发明了船舶的尾舵技术。这样,从汉代开始,风帆已经与尾舵配合使用。欧洲是从 13 世纪才开始掌握尾舵技术的。"相比之下,在西方虽然帆出现很早,但缺少舵的配合。操纵桨的作用难以与舵相比"。因此,李约瑟评论指出:"中国的这些发明和发现往往远远超过同时代的欧洲。""在 3 到 13 世纪之间保持一个西方望尘莫及的科学知识水平"。[4]

---

〔1〕 班固:《汉书》卷六《武帝纪》第六,中华书局,1962 年,第 186 页。
〔2〕 司马光编:《资治通鉴》卷二〇,中华书局,1956 年,第 668—674 页。
〔3〕 李昉:《太平御览》卷七七一,中华书局,1960 年,第 3419 页。
〔4〕 李约瑟:《中国科学技术史》第一卷"导论",科学出版社,1990 年,第 1—2 页。

第四节　楼船、斗舰与五牙舰

汉代最大的一种船只,被称为"楼船"(图二八)。司马迁在《史记》中记载:"治楼船十余丈,旗帜加其上,甚壮。"[1]"其上板曰覆,言所覆虑也;其上屋曰庐,像庐舍也;其上重屋,曰飞庐在上,故曰飞也。又在其上曰爵室,于中望之,如鸟爵之警视也"。[2] 这是说楼船的上部有 4 层。楼船的下部包括甲板和舱室,还有 2 层。也就是说楼船巍峨高大,有 6 层之高。北宋一位作者绘制了一幅楼船图,大致反映了这个情况。[3] 从图中可以看出,这是一艘靠船桨击水驱动的大型战舰,船上没有风帆,显然无法在海上乘风破浪,只能用于内河作战。建武十八年(公元 42 年),伏波将军马援出兵征交趾,率领楼船大小"二千余艘,战士二万余人"。[4] 这种楼船规模显然不大,平均每艘不过 10 余人,如何能够驾驶高十余丈的楼船。因此,对于楼船名号和规模不可一概而论。

图二八　汉代楼船复原图(上海中国航海博物馆藏)

东汉时期,人们称海船为舶。《南州异物志》说:"外域人名舡,曰舶,大者长二十余丈,高去水三二丈,望之如阁道,载六七百人。"按照汉尺(每尺约 0.23—0.25 米)推算,这种船长 46—50 米,船身出水高 4.6—7.5 米。这种楼船的抗风力有限,在海洋上航行恐怕是相当困难的。唐代的兵书指出了楼船的缺点,"忽遇暴风,人力不能制,不便于事。然为水军,不可不设,以张形势"。[5] 尽管存在着这一缺点,而作为一种威慑力量还是要建造使用的。

晋代"舟楫之盛,自古未有"[6]。是时,造船采取了水密舱技术。《艺文类

〔1〕 司马迁:《史记》卷三〇,中华书局,1963 年,第 1436 页。
〔2〕 刘熙:《释名·释船》,王先谦编:《释名疏证补》,上海古籍出版社,1984 年,第 382 页。
〔3〕 《武经总要》卷一一,《中国兵书集成》第 3 册,解放军出版社,1988 年,第 489—490 页。
〔4〕 范晔:《后汉书·马援传》,中华书局,1965 年,第 839 页。
〔5〕 李筌:《太白阴经》卷四,《水战具篇第四十》,解放军出版社,1988 年,《丛书集成》第 2 卷,第 533 页。
〔6〕 《晋书》卷四二,列传第十二,《王濬传》,中华书局,1974 年,第 1208 页。

聚》说:"卢循新造八槽舰九枚,起四层,高十余丈。"[1]"八槽舰",后人认为是由八个舱组成的船舰。这样,如果其中一个船舱破损漏水,也不会漫延到临近的舱室,船只的浮力不会受大的影响,这就是水密舱技术。这是中国造船技术的一项重要发明,到唐代时已经普遍使用。

斗舰是东汉才出现的一种战船。孙权的部属说荆州刘表善治水军,"蒙冲斗舰乃以千数"[2]。在赤壁之战时,黄盖献计火攻,周瑜采纳,"乃取蒙冲斗舰十艘,载燥荻、枯草,灌油其中,裹以帷幕,上建旌旗"[3]。关于这种战船,李筌记载说:"船舷上设中墙,半身墙下开掣棹孔,舷内五尺又建棚,与女墙齐。棚上又建女墙,重列战格。上无覆背,前后左右树牙旗、幡帜、金鼓,战船也。"[4]1987年,中国军事博物馆邀请专家,根据有关记载,对吴国军队的斗舰进行了复原研究。复原后的斗舰尺度如下:总长 37.4 米,水线长 32.7 米,船宽 9 米,船深 3 米,吃水 1.8—2 米,战棚高 2.3 米,舵楼高 2.5 米,指挥台高 2.5 米。

在隋文帝的统一活动中,牙舰在杨素指挥的水战中发挥了重要作用。"素居永安,造大舰,名曰五牙。上起楼五层,高百余尺,左右前后置六拍竿,并高五十尺,容战士八百人,旗帜加于上。次曰黄龙,置兵百人。自余平乘、舴艋等各有差。及大举伐陈,以素为行军元帅,引舟师趋三峡。"[5]《四库全书》绘有五牙舰的图样。从船舶航行的稳定性看,这类五层高的五牙船很难适宜海洋航行和作战。不过,在江河上进行近舷作战具有居高临下的优势,也许是实有的。问题是什么是拍竿? 有人描绘说:"拍竿者,施于大舰之上,每舰作五层楼,高百尺,置六拍竿,并高五十尺。战士八百人,旗帜加于上。每迎战,敌船若逼,则发拍竿,当者船舫皆碎。"[6]北周和隋朝 1 尺合 0.735 3 市尺,也就是说五牙舰高24.5米。拍竿高五十尺,相当于 12.5 米。拍竿上的大石头用绳索固定,在接近敌船时,松开绳索,石头即以惯性捶击敌船,"当者立碎"。拍竿布置在五牙舰的周边,每边三根,前、中、后各一根,主要用于近舷接战。五牙舰的动力装置可能还是船桨和橹,因为文献记载没有提及风帆和桅杆的位置。

唐代,江河湖海航运发达,"天下诸津,舟航所聚,旁通巴、汉,前指闽、越,七

---

〔1〕 欧阳询:《艺文类聚》第七一,舟车部,上海古籍出版社,1982 年,第 1234 页。
〔2〕 司马光:《资治通鉴》卷六〇,中华书局,1956 年,第 2093 页。
〔3〕 司马光:《资治通鉴》卷六〇,第 2093 页。
〔4〕 魏征:《隋书·杨素传》,中华书局,1956 年,第 1283 页。
〔5〕 魏征:《隋书·杨素传》,第 1283 页。
〔6〕 李盘:《金汤借箸十二筹》卷一二,《水战部·拍竿》,吴寿恪钞本,琉璃厂藏版。

泽十薮,三江五湖,控引河洛,兼包淮海,弘舸巨舰,交贸往还,昧旦永日"。[1]
海船制造规模进一步加大,长度达到 20 丈,载货万斛,可容六七百人乘坐。[2]
据《一切经音义》记载:"埤苍舶大船也,大者长二十丈,载六七百人者是也。""字
林,大船也。今江南泛海船谓之舶,昆仑及高丽,皆乘之。大者受万斛也"。[3]
但是,关于唐代的船只缺少其宽度、深度的具体记载,着实令人遗憾。由于海上
交通和对外贸易的发展,唐代在广州设立了市舶司,任命宦官管理其业务。这是
中国市舶司制度的发端,标志着在 8 世纪初期国家已将海上贸易纳入行政管理
体系之中。[4]

　　在唐朝的战船序列中,除了楼船、蒙冲、战舰(五牙舰)、走舸(小型快船)、游
艇(哨船)之外,还有一种新型船只,名字叫"海鹘"。"海鹘,头低尾高,前大后
小,如鹘之状。舷下左右置浮板,形如鹘翅。其船虽风波涨大,无有倾侧。背上
左右张生牛皮为城,牙旗、金鼓如战船之制"。[5] 海鹘显然是一种适宜在大风
浪中航行和作战的船只。可能唐代造船还有一项技术进步,就是车船。车船以
轮桨为动力,由桨叶演变为轮桨,在船舶技术上是一项重要发明。它使人力推进
工具发生了质的飞跃。所谓轮桨,就是将桨叶装在轮子的周围,通过轮子的圆周
运动,使轮上的桨叶不断击水,产生连续推力。这样,可以大大提高轮舟的速度
和效能。据记载:李皋在江陵任官时,发明了车船。他"常运心巧思为战舰,挟
二轮蹈之,翔风鼓浪,疾若挂帆席,所造省易而久固"。[6]

　　李约瑟对于这种车船的发明非常重视,他说:"这种船的结构以及在湖上和
河上进行水战,在 8 世纪已是十分明确的。那时候唐曹王李皋建造并率领了这
样一支船队。"[7]事实上,这一发明的时间还可以提前。公元 417 年,后秦将领
王镇恶率领水兵溯渭河而上,"乘蒙冲小舰。行船者皆在舰内,秦人见舰进而无
行船者,皆惊以为神"。[8] 这种在船体内给予动力的逆流而上的船肯定是一种
轮叶驱动的船。

―――――――――

〔1〕　刘熙:《后晋书·崔融传》,中华书局,1975 年,第 2998 页。

〔2〕　章巽:《我国古代的海上交通》,商务印书馆,1986 年,第 48 页。

〔3〕　玄应:《一切经音义》卷二;《大般涅槃经》卷八,《大舶》卷一〇,《三具足论·船舶》。

〔4〕　刘熙:《旧唐书》卷一一,本纪十一,"代宗纪",宝应二年十二月甲辰,中华书局,1975 年,第
274 页。

〔5〕　李筌:《太白阴经》,"水战具篇",载《中国兵书集成》第二册,解放军出版社,1988 年,第 532—
534 页。

〔6〕　刘熙:《旧唐书》卷一三一,列传八十一,《李皋传》,中华书局,1975 年,第 3640 页。

〔7〕　李约瑟:《科学与中国对世界的影响》,载《李约瑟文集》,辽宁科学出版社,1986 年,第 261 页。

〔8〕　司马光:《资治通鉴》卷一一八,中华书局,1956 年,第 3708 页。

从上述情况来看,尽管风帆发明了很长时间,帆船已经成为海上交通和贸易的工具,但在军事上帆船似乎尚未进入战舰的序列。从秦汉到隋唐,所有的大型战舰,无论是楼船、蒙冲,还是五牙、海鹘,均未装配风帆。这说明,中国的水战主要发生在河湖水面上,海洋征战的时代尚未真正到来。尽管个别战例中一些帆船参与了沿海的运兵行动。

就海船的制造来说,全国的建造基地,"唐代除了北方山东登、莱二州外,南方的造船基地众多,主要有扬州、苏州、常州、杭州、绍兴、福州、泉州、广州、琼州和高州等"。[1] 唐代造船普遍采用了水密舱技术,即将船底舱用木板隔开,并在隔板与船舷的结合处,采用合适的木料、钉锔加固,捻料填塞、油灰捻料等方法予以密封。这种水密舱技术在当时世界处于领先地位。

---

[1] 陈希育:《中国帆船与海外贸易》,厦门大学出版社,1991年,第10页。

第六章　宋元明时期的造船业
（960—1643 年）

960 年,北宋王朝建立,一直到北宋、南宋灭亡为止,宋朝廷并没有真正完成统一中国的事业,前往西域的通道也始终未能纳入其管辖。这一时期,中国与外国的联系主要依赖海上交通。尤其是指南针的使用,使航海活动成为比较安全的事业,获得了长足的发展,具有划时代的意义。

唐代以前,中国对外贸易,丝绸是大宗商品。从宋代开始,陶瓷成为大宗商品。中国的瓷器,从泉州港出发,经由南海,行销到南亚、西亚、北非,再转销到欧洲。由于对外贸易发展到了一定水平,两宋统治者接受了前代市舶司设立的经验,加强了对外贸易的管理,陆续在沿海各重要港口设立了市舶司等机构。

第一节　指南针与航海

指南针是中国古代四大发明之一。这一发明在世界航海史上具有划时代的意义。海上航行,时常遇到阴雨晦暗天气,仅仅依靠观察太阳和其他天体辨别方向,任何船只是无法离开海岸航行的。没有指南针的发明和使用,人类只能在近海水域徘徊,无法进入深海大洋,大航海时代难以如期到来。

至迟在战国时期指南针在中国已经得到应用。公元前 4 世纪的一本著作写道:“郑人之取玉也,必载司南以端朝夕。”[1]公元前 3 世纪,著名的法家代表人物韩非在其著作中指出:“先王立司南以端朝夕。”[2]这是说,司南是一种通过辨别南北方向,确定方位的工具。古代的司南是用天然磁铁制成的类似于汤匙

---

〔1〕　陶弘景注:《鬼谷子》卷四,谋篇第十,中国书店,1985 年,第 12 页。
〔2〕　陈奇猷:《韩非子新校注》上册,《有度第六》,上海古籍出版社,2000 年,第 111 页。

图二九　中国航海者早期使用的罗盘

的物品,需要将其放置在光滑的地盘上辨别南北。地盘则是一个刻有天干地支,表示各个方向的平面的盘子(图二九)。由于司南的柄始终指向南方,故称司南。

北宋时期,指南针已经广泛应用于舟车之上,通过观察这种物品的指向,可以准确判断其方向。行军作战,"若遇天景阴霾,夜色瞑黑,又不能辨方向,则当从老马前行,令识道路。或出指南车及指南鱼以辨所向。指南车法世不传,鱼法用薄铁叶剪裁,长二寸,阔五分,首尾锐如鱼形,置炭中火烧之,候通赤,以铁钤钤鱼首,出火,以尾正对子位,蘸水盆中,没尾数分则止,以密器收之。用时置水碗于无风处,平放鱼在水面,令浮其首,当南向,午也。"[1]根据有关专家研究,这是一种利用地磁作用使铁片磁化的方法。把铁片烧红,令其对准子位,"可以使其内部处于活动状态的磁畴顺着地球磁场方向排列,达到磁化的目的。然后,把它迅速蘸入水中,这样可以把磁畴的规则排列较快地固定下来。而鱼尾略微倾斜,可起增大磁化程度的作用"。[2]

沈括在《梦溪笔谈》中记录了指南针的制作和使用方法。首先他指出:"方家以磁石磨针锋,则能指南,然常微偏东,不全南也。"[3]当时的使用方法有四种:一是水浮,二是指爪,三是碗唇,四是缕悬。指南鱼和指南针的改良和发明,为行军作战和航海活动提供了必要的技术支持。我们在12世纪初年的著作中看到了指南针在航海活动中的应用。"舟师识地理,夜则观星,日则观日,阴晦则观指南针"。[4]宋代航海一般使用水浮法。水浮的针盘一般分为24等分,分别以地支的子、丑、寅、卯、辰、巳、午、未、申、酉、戌、亥和天干的甲、乙、丙、丁、庚、辛、壬、癸以及八卦中的乾、巽、艮、坤排列。每个字代表圆周方向的15°。子针代表正北,卯针代表正东,午针代表正南,酉针代表正西。乾针表示西北,巽针表示东南,艮针表示东北,坤针表示西南。观察针的指向,就知道船的前行方向。

〔1〕　曾公亮:《武经总要》前集卷一五,载《中国兵书集成》第三册,解放军出版社,1988年,第774—775页。

〔2〕　杜石然、周世德:《中国科学技术史稿》下册,科学出版社,1982年,第11页。

〔3〕　沈括:《梦溪笔谈》卷二四,文物出版社,1975年,第15页。

〔4〕　朱彧:《萍洲可谈》卷二,载《丛书集成初编》,商务印书馆,1939年,第18页。

如正对某字,则说取某针;如果指南针在两字之间,则说取某某针。指南针运用于航海,不但对中国古代的航海起了巨大推动作用,而且对世界航海业的进步起了巨大推动作用。

宋代朝廷时常派遣使团出使朝鲜。其使团专用船只叫作神舟,神舟一般是在滨海地区征用客船加以改造而成。因为要代表一个国家的体面,神舟的选择是比较谨慎的,改造水平也是比较高的,可以代表当时的造船技术水平。例如,宣和四年(1122 年),派遣路允迪和傅墨卿出使高丽,"仍诏有司更造二舟,大其制而增其名:一曰鼎新利涉怀远康济神舟,二曰循流安逸通济神舟。巍如山岳,浮动波上。锦帆鹢首,屈服蛟螭,所以晖赫皇华,震慑夷狄,超冠古今"。[1] 同行的六艘客舟,其规模小于神舟。"旧例每因朝廷遣使,先期委福建、两浙监司雇募客舟,复令明州装饰,略如神舟,具体而微。其长十余丈,深三丈,阔二丈五尺,可载二千斛粟。其制皆以全木巨枋挽叠而成。上平如衡,下侧如刃,贵其可以破浪而行也"。[2] 宋代每斛相当于 120 斤,装载数量 2 000 斛,相当于 120吨。"全木巨枋"是指造船的木料,即用方木制造而成。

北宋时期,制造大型海船,优质的舵料非常昂贵。然而,为了海船的安全,也不惜一切代价。"钦州海山,有奇材二种:一曰紫荆木……一曰乌婪木,用以为大船之柂,极天下之妙也。蕃舶大如广厦,深涉南海,径数万里,千百人之命,直寄于一柂。他产之柂,长不过三丈,以之持万斛之舟,犹可胜其任,以之持数万斛之蕃舶,卒遇大风于深海,未有不中折者。"[3]

宋代福建所造海船,一般采用尖底造型。之所以采用"V"形造船技术,主要是增强海船的抗风能力和降低搁浅的几率。"其舟大载重,不忧巨浪而忧浅水也"。[4] 福建海船多用二重木板,为防海水侵蚀,另外采用水密舱技术。

从《宣和奉使高丽图经》中,我们看到当时的神舟和客船均使用了后舵,有大小二尊,"随水浅深更易",也就是根据海水的深浅使用不同的舵。当时的风帆既有用竹篾织成的硬帆,也有布帆。"风正则张布帆五十幅,稍偏则利用篷。左右翼张,以取风势。大樯之巅更加小帆十幅,谓之野狐帆,风息则用之。然风有八面,唯当头风不可行。"[5] 由此我们可以认定,宋代的神舟和客舟的修造十

〔1〕　徐兢:《宣和奉使高丽图经》卷三四,中华书局,1985 年,第 116 页。
〔2〕　徐兢:《宣和奉使高丽图经》卷三四,中华书局,1985 年,第 117 页。
〔3〕　周去非:《岭外代答》卷六,商务印书馆,1936 年,第 63 页。
〔4〕　周去非:《岭外代答》卷六,商务印书馆,1936 年,第 62 页。
〔5〕　徐兢:《宣和奉使高丽图经》卷三四,中华书局,1985 年,第 117 页。

分坚固,同时使用了风帆、尾舵和指南针等技术。所有的造船技术均已合理采用,达到了较高的技术水平。宋代帆船,从船型到船体结构,再到船舶制造工艺均臻于成熟。

北宋时期,由于首都是开封,需要大量漕船运输货物,因此,漕船数量很大。南宋时期,定都杭州,江防和海防任务突出,故以建造战船为主。两宋时期,造船分为官营和民营两类:漕船和战船一般由官家制造;而客船、商船和渔船自然由民间制造。"漳、泉、福、兴化,凡滨海之民所造舟船,乃自备财力,兴贩牟利而已。"[1]

周去非生动地描述了船只的规模和海商的冒险生活。"浮南海而南,舟如巨室,帆若垂天之云,柂长数丈,一舟数百人,中积一年粮,豢豕、酿酒其中,置死生于度外……人在其中,日击牲酾饮,迭为宾主,以忘其危。舟师以海上隐隐有山,辨诸蕃国皆在空端。若曰往某国,顺风几日望某山,舟当转行某方。或遇急风,虽未足日,已见某山,亦当改方。苟舟行太过,无方可返,飘至浅处而遇暗石,则当瓦解矣。"[2]

宋代,车船技术获得较快发展。据记载:都料匠高宣,"打造八车船样一只,数日并工而成。令人夫踏车于江流上下,往来极为快利。船两边有护车板,不见其车,但见船行如龙,观者以为神奇,乃渐增广车数,至造二十至二十三车大船,能载战士二三百人"[3]。

1974 年,在福建泉州湾的后渚港出土了一艘宋代货船。船体上部结构无存,仅留下船底部,船首保存有首柱和部分底板。船身中部、舷侧板和水密舱保存完好。有关专家根据船身残长和残宽,估计该船长为 30 米,宽度约 10 米。该船为三重板,总厚度 180 毫米,加工比较精细。[4] 许多人认为这一艘沉船大致代表了宋代海船的技术水平。

第二节　元代的水师与造船

元军消灭南宋之后,接收了宋朝的海港,分别在泉州、广州和庆元(今宁波)设立了市舶司。并利用宋军的造船和航海技术,大规模制造战船,连续发动

〔1〕　徐松辑:《宋会要辑稿》卷一九三九二,《刑法》二之一三七,中华书局,1957 年,第 6564 页。
〔2〕　周去非:《岭外代答》卷六,商务印书馆,1936 年,第 62 页。
〔3〕　朱希祖:《杨幺事迹考证》,《史地小丛书》,商务印书馆,1935 年,第 21 页。
〔4〕　庄为玑、庄景辉:《泉州宋船结构的历史分析》,《厦门大学学报》1979 年第 4 期。

了五次跨海征战。第一次是至元十一年（1274 年）发兵日本；第二次是至元十八年（1281 年）再次发兵日本；第三次是至元十九年（1282 年）自海上进攻占城；第四次是至元二十四年（1287 年）从海上进攻安南；第五次是至元二十九年（1292 年）跨海征爪哇。这五次海上征战，少则战船 500 艘，战士 5 000，多则战船 3 400 艘，战士 14 万，然而由于种种原因，均未获得成功。

元初，曾经施行河运，运输成本昂贵。于是，开始尝试海运。"元都于燕，去江南极远，而有司庶府之繁，卫士编氓之众，无不仰给于江南。自丞相伯颜献海运之言，而江南之粮分为春夏二运。盖至于京师者一岁多至三百万余石，民无挽输之劳，国有储蓄之富。岂非一代之良法欤！"〔1〕

元代海运漕粮的海道有过两次重大变化。最初的海道是从平江路刘家港（今江苏太仓浏河口）出发，经海门附近的黄连沙头及其以北的万里长滩，一直沿着海岸北行，在山东半岛绕过成山角，然后西行到达渤海湾西面的界河（今海河口），沿河向上到达杨村码头。这一航线由于靠近海岸，浅沙甚多，危险重重，而且花费时间很长，需要几个月才能到达目的地。至元二十九年（1292 年），漕运总管朱清决定开辟新的航线。他带领漕船离开长江口之后，远离海岸行驶，皆乘西南顺风，一昼夜行驶一千余里，绕过五条沙，到达青水洋，然后向西，靠近海岸乘东南风向北航行，四日后到达成山角，仍按原来航线，抵达界河。这一海道，由于避开了近海浅滩，借用西南风和黑潮暖流，大大缩短了航海的时间。1293 年，千户殷明又开辟了新的航线。他带领漕船，由长江口进入大海，直接向东进入黑水洋，再北上，直抵成山角，然后向西到达界河。在风向顺利情况下，10 天就可以到达目的地。〔2〕 元代海道远离海岸 300 余里，附近又无山形可以参考，全凭指南针指引航向，需要很高的海航技术。

元代漕运海船有二种：一是遮洋船，二是钻风船。遮洋船载重 800 至 1 000 石，主要在开辟的新海道上行走；钻风船载重 400 余石。遮洋船船体扁平，平底平头，全长八丈二尺，宽一丈五尺，深四尺二寸。共十六舱。设双槔，四橹。舵杆用铁力木，有吊舵绳，可以升降舵叶。后来漕运海船的船体有所增大，小者装运二千石，大者装载八九千石。据摩洛哥旅行家伊本·白图泰记载："中国船只共分三类：大的称做艟克，复数是朱努克；中者为艚；小者为舸舸姆。大者有十帆至少是三帆，帆系用藤篾编织，其状如席，常挂不落，顺风调帆，下锚时亦不落帆。每一大船役使千人：其中海员六百，战士四百，包括弓箭射手和持盾战

〔1〕 《元史》卷九七，《食货志》四十二，食货一，"海运"，中华书局，1976 年，第 2364 页。
〔2〕 《海道经》，载《丛书集成初编》，商务印书馆，1936 年，第 2—7 页。

士,以及发射石油弹战士……此种巨船只在中国的刺桐城(即泉州)建造,或在隋尼凯兰(即广州),即隋尼隋尼建造……船上造有甲板四层,内有房舱、官舱和商人舱……中国人中有拥有船只多艘者,则委派总管分赴各国。世界上没有比中国人更富有的了。"[1] 元代最大的船可以装载万石或五千料货物。一石合120斤,万石约合600吨左右。一料相当于一石,五千料相当于300吨左右。在海洋上行驶的商船大多是装载1 000料至2 000料的船只。

元代海运漕粮持续多年,运输量很大,是中国海运史上的壮举。海运漕粮连年增长。1283年,海运46 000石;1284年,海运290 000石;1286年,海运578 000石;1290年,海运1 595 000石;1305年,海运1 843 000石;1310年,海运2926 000石;1320年,海运3 264 000石;1329年,海运3 522 000石。[2] 元代海运是当年海上交通发达的明显标志。元末农民起义爆发后,海运逐渐减少。"元京军国之资,久依海运。及失苏州,江浙运不通;失湖广,江西运不通。元京饥穷,人相食,遂不能师矣。"[3] "运道遂梗,而国已不国矣。"[4] 海运从某种程度上说,是元朝的生命线。"河漕视陆运之费省什之三四,海运视陆运之费省什之七八。"[5]

第三节　明代的海船制造

一、郑和下西洋与明代的造船制度

明朝初年,沿用元代海运漕粮方案。但是,由于运河于1415年修浚,漕粮改为河运。"自是漕运直达通州,而海陆运俱废"。最能代表明代航海技术水平的事件是郑和七下西洋。这也是当时人类最伟大的航海活动。

郑和,云南昆阳县人,回族,世奉伊斯兰教,本名马三宝,因参与明成祖发动的"靖难之役",有功,被擢为内监总管,赐名郑和。他在1405年至1433年奉命率领中国船队七次下西洋,先后到访30多个亚洲、非洲国家。根据各种记载,有人对于郑和下西洋的时间和到访的国家进行了专门研究(表5):

---

〔1〕《伊本·白图泰游记》,宁夏人民出版社,2000年,第486—487页。

〔2〕《元史》卷九七,《食货志》四二,食货一,"海运",中华书局,1976年,第2366—2367页。

〔3〕叶子奇:《草木子》卷三上,"克谨篇",中华书局,1959年,第47页。

〔4〕叶子奇:《草木子》卷三下,"杂制篇",中华书局,1959年,第67页。

〔5〕丘濬:《大学衍义补》卷三四,《文渊阁四库全书》本,第9页。

表5　郑和下西洋往返时间及所经国家和地区一览表〔1〕

	出发时间	回国时间	所经主要国家和地区
1	永乐三年冬季（1405 年 10—12 月）	永乐五年（1407 年 9 月 2 日）	占城、暹罗、旧港、满刺加、苏门答腊、锡兰、古里
2	永乐五年冬末（1407 年）	永乐七年（1409 年夏末）	占城、暹罗、渤泥、爪哇、满刺加、锡兰、加异勒、柯枝、古里
3	永乐七年（1409 年 12 月）	永乐九年（1411 年 6 月 16 日）	占城、暹罗、爪哇、满刺加、阿鲁、苏门答腊、锡兰、甘巴里、小葛兰、柯枝、溜山、古里、忽鲁谟斯
4	永乐十一年（1413 年）	永乐十三年（1415 年 7 月 8 日）	占城、爪哇、古兰丹、彭亨、满刺加、阿鲁、锡兰、柯枝、溜山、古里、木骨都束、忽鲁谟斯、麻林
5	永乐十五年（1417 年秋冬）	永乐十七年（1419 年 7 月 17 日）	占城、渤泥、爪哇、彭亨、满刺加、锡兰、沙里湾泥、柯枝、古里、木骨都束、卜刺哇、阿丹、刺撒、忽鲁谟斯、麻林
6	永乐十九年（1421 年秋季）	永乐二十年（1422 年 8 月 18 日）	占城、暹罗、满刺加、榜葛刺、锡兰、柯枝、溜山、古里、祖法儿、阿丹、刺撒、木骨都束、卜刺哇、忽鲁谟斯
7	宣德六年（1431 年 12 月 9 日）	宣德八年（1433 年 7 月 6 日）	占城、暹罗、爪哇、满刺加、苏门答腊、榜葛刺、锡兰、小葛兰、加异勒、柯枝、溜山、古里、忽鲁谟斯、祖法儿、阿丹、刺撒、天方、木骨都束、卜刺哇、竹步

　　郑和下西洋,其船队多时达到62 艘,官兵25 000 人。郑和船队浩浩荡荡,乘风破浪,分工明确,组织严密,善于利用季风航海,均是乘冬季季风南下,利用夏季季风返回。以罗经指引航向,以更数计算航程。《郑和航海图》,原名《自龙江宝船厂开船从龙江关出水直抵外国诸蕃图》,载于茅元仪所辑录的《武备志》第二四○卷。该海图明确标记海道附近的山形,有山画山,遇岛画岛,有浅滩画浅滩,图上列地名500 余个,其中五分之三属于外国地名。该海图用针表示方向,用更表示航程。在没有陆地作为参照物的情况下,配合使用"过洋牵星术"导航。"过洋牵星",就是利用天体来确定自己在海洋上的地理位置。

　　〔1〕　朱鉴秋、李万权:《新编郑和航海图集》,人民交通出版社,1988 年,第1—2 页。

宋应星在《天工开物》中对于明代船只做了如下分类:"凡舟,古名百千,今名亦百千。或以形名,如海鳅、江鳊、山梭之类。或以量名,或以质名,不可殚述。游海滨者得见洋船,居江渭者得见漕舫。若趣居山国之中,老死平原之地,所见者一叶扁舟,截流乱筏而已。"[1]《明史》作者则按照用途对于船只进行分类:"凡舟车之制,曰黄船,以供御用;曰遮洋船,以转操于海;曰浅船,以转漕于河;曰马船,曰风快船,以供送官物;曰备倭船,曰战船,以御寇贼。"[2]

龙江造船所是明朝官营造船机构,负责官船制造。《南船记》对此作了详细记述。第一卷记载各种船只的尺度,第四卷记载修造各种船只的工本费用。现将书中所记各类船的尺度和工本费用列表如下(表6):

表6 《南船记》所记主要船只尺度与工本造价一览表

船 型	长 (尺)	阔 (尺)	长宽之比 (L/B)	用 工	造 价 (银两)
预备大黄船	84.5	15	5.63	2 558	76.785
大黄船	85.3	15.6	5.47	1 022	30.66
小黄船	83	16.4	5.06	934	28.2
四百料战船	86.9	17	5.11	2 487	74.61
二百料战船	62.1	13.4	4.63	1 000	30.0
一百五十料战船	54.4	16	3.40	751	22.53
一百料战船	52	9.6	5.42	490	14.7
三板船	38	8.4	4.52	256	7.7
划 船	38	8.4	4.52	246	7.4
浮桥船	59.9	15.1	3.97	666	30
四百料巡座船	86.9	17	5.11	1 400	42
二百料巡沙船	67	13.6	4.93	870	26
九江式哨船	42	7.9	5.32	252	7.56
安庆式哨船	36.7	7.8	4.71	252	7.56
轻浅便利船	52.5	10.5	5.00	876	26.28
蜈蚣船	75	16	4.69		

资料来源:沈棨《南船纪》卷一、卷四。

---

[1] 宋应星:《天工开物》卷九,中华书局,1978年,第233页。
[2] 《续文献通考》卷五三,职官考,吏部,《文渊阁四库全书》本,第61页。

由于海洋地理环境不同,中国沿海各地所造海船自然不同。明代海船就修造地点来看,大体分为三类:一是长江附近的沙船,二是广东各厂制造的广船,三是福建各厂制造的福船。

《南船记》的作者是龙江船厂的主持者,所制造的战船自然属于长江沿线的各种船只,既有江河湖面行驶的河船,也有在海面巡逻的巡船。明代工部尺相当于 0.311 米。其四百料战船为大型战船,其长度不过为 27 米,宽 5.29 米,双桅,尾设望亭。表中的大黄船是皇帝御用船只,以黄色标识为尊贵。虽然可以多年不用,但是每年必须修造一次,以备御用。这种船只的长度也不过 26.53 米,宽度 4.85 米。"国朝御用之船,以石黄涂其外,稍上有亭如殿,故名水殿"。明代漕船属于平底船,"三年小修,六年中修,十年更造"。这是说各种漕船使用三年,要小修一次;使用六年,要大修一次;使用十年,就要淘汰更新。各种官船制造,由国家财政负担,按照估价定额随时拨款。

沙船是一种平底船,多桅多帆,方头方梢,发明于长江口地区,多在上海附近的太仓浏河等地制造。这种船只由于是平底,不怕沙浅。元代所使用的海运漕船乃是沙船的原型。明代的二百料巡沙船图,曾经明确标记该沙船属于"崇明三沙船式"。《武备志》一书记载了沙船"能调戗使斗风"的突出优点。海船逆风戗驶要走"之"字形。逆风戗驶时,风帆获得推力,还会对船体产生横向漂移力。由于沙船为平底,吃水较浅,抗漂移能力有限。为此专门发明了一种披水板,放在下风一侧,使用时放入水中,就可起到抗横漂的作用。

广船,原来是民船,由于抗倭斗争的需要,临时征用了东莞的"乌艚"和新会的"横江"两种大船,改造为性能良好的战船。广船吃水较深,适宜外海航行,风帆形如折扇,可以随时调整大小。广船的舵叶上开有菱形小孔,使操舵较为灵便。除此之外,广船的船材较为坚固结实。《明史》作者对于广船评价说:"广东船,铁栗木为之,视福船尤巨而坚。其利用者二:可发佛郎机,可掷火球。"[1]

福船,是福建、浙江沿海一带尖底海船,式样很多。大致可以分为六级:即福船一号、福船二号、哨船(草撇船)、冬船(海沧船)、鸟船(开浪船、苍山船)和快船。大号福船总长可达 40 米,吃水线长 29.5 米,吃水 3.5 米(吃水一丈一二尺)。据记载:"福船一号吃水太深,起止迟重,惟二号船今常用之。福船高大如楼,可容百人。其底尖,其上阔,其首昂而口张,其尾高耸,设楼三重于上,其旁皆护板,护以茅竹,竖立如垣。其帆桅二道,中为四层。最下层不可居,惟实土石,以防轻飘之患。第二层乃兵士寝息之所,地柜隐之,须从上蹑梯而下。第三层左右各设

〔1〕《明史》卷九二,志六八,兵制四,中华书局,1974 年,第 2268 页。

木掟,系以棕缆。下掟、起掟皆于此层用力。最上一层如露台,须从第三层穴梯而上。两旁板翼如栏,人倚之以攻敌,矢石火炮皆俯瞰而发。敌船小者相遇,则犁沉之,而敌又难于仰攻,诚海战之利器也。但能行于顺风顺潮,回翔不便,亦不能逼岸而泊,须假哨船接渡而后可。"戚继光指出,福船高大,非人力可以驱动,全仗风势。"倭船矮小,如我之小苍船。故福船乘风下压,如车碾螳螂。斗船力而不斗人力,是以每每取胜。设使贼船亦如我福船大,则吾未见必胜也。但吃水一丈一二尺,惟利大洋。"《武备志》的作者也指出:"福建船有六号:一号、二号俱名福船,三号哨船,四号冬船,五号鸟船,六号快船。[福船]势力雄大,便于冲犁。哨船、冬船便于攻战追击。鸟船、快船能狎风涛。"〔1〕

《武备志》的作者对于广船和福船的制造质量也进行了评论:"广船视福船尤大,其坚致亦远过之。盖广船乃铁力木所造,福船不过松杉之类而已。而船在海若相冲击,福船即碎,不能挡铁力之坚也。倭夷造船亦用松杉之类,不敢与广船相冲。广船若坏,须用铁力木修理,难于其继。且其制下窄上宽,状若两翼,在里海则稳,在外海则动摇,此广船之利弊也。广东大战船用火器于浪漕中,起伏荡漾,未必能中贼。即使中矣,亦无几何。但可假此以吓敌人之心胆耳。所恃者有二:发礦、佛郎机。是惟不中,中则无船不粉,一也。以火球之类,于船头相遇

图三〇　彩绘封舟图(《明代出使琉球的册封舟》,船舶数字博物馆展品)

之时,从高掷下,火发而贼舟即焚,二也。大福船亦然。广船用铁力木,造船之费,加倍福船,而其耐久亦过之。盖福船俱松杉木,蝤虫易食,常要烧洗,过八九汛后,难勘风涛矣。广船木坚,蝤虫纵食之,亦难坏也。"〔2〕

《武备志》的作者在比较福船与广船优劣时,已经注意到当时战船修造制度的不良。"惟近时过于节省,兵船修造估价太廉,求其板薄钉稀,不可得也。欲船之坚,须加工料,可也。"〔3〕这既是对明朝战船修造制度的中肯批评,也是对清朝造船制度的不良提出警告。

〔1〕　茅元仪:《武备志》卷一一六,"战船",《续修四库全书》第964册,第490页。
〔2〕　茅元仪:《武备志》卷一一六,"战船",《续修四库全书》第964册,第491页。
〔3〕　茅元仪:《武备志》卷一一六,"战船",《续修四库全书》第964册,第492页。

上述大号沙船、一号福船、二号福船和广船,均为大型战船的代表。一号福船最大,其长度不会超过 40 米。在明代,最大的海船是封舟(图三〇)。嘉靖十一年(1532 年)陈侃奉命出使琉球,对于世子尚清进行册封。为此,他到达福建造船所督造封舟。1534 年封舟造成,顺利出使归来。这是代表皇帝的重要活动,封舟自然是越大越体面,质量当然是越高越好,代表着最高的技术水平。陈侃在其《使琉球录》中详细记载了封舟的规模和造船原理。

他说:"其舟之形制与江河间座船不同,座船上下适均,出入甚便,坐其中者,八窗玲珑,开爽明霁,真若浮屋然,不觉其为船也。此则舱口与船平。官舱亦止高二尺,深入其中,上下以梯,艰于出入,面虽启牖,亦若穴之隙。所以然者,海中风涛甚巨,高则冲,低则避也。故前后舱外犹护以遮波板,高四尺,虽不雅于观美,而实可以济险,因地异制,造作之巧也。长一十五丈,阔二丈六尺,深一丈三尺,分为二十三舱,前后竖以五桅,大桅长七丈二尺,围六尺五寸,余者以次小而短。舟后作黄屋二层,上安诏勒,尊君命也。中供天妃,顺民心也。舟之器具:舵用四副,用其一,置其三,防不虞也。橹用三十六枝,风微逆,或求以人力胜,备急用也。大铁锚四,约重五十斤。大棕索八,每条围尺许,长百丈。惟舟大,故运舟者不可得而小也。小划船二,不用,则载以行;用,则藉以登岸也。水四十柜,海中惟甘泉为难得,勺水不以惠人,多备以防久泊也。通船以红布围幔,五色旗大小三千余面。刀枪弓箭之数多多益办。佛郎机亦设两架。凡可以资戎者,靡不周具,所以壮国威而寒外丑之胆也。"[1] 该船的大桅是由五小木攒成,束以铁环。陈侃认为,该船用钉不足,捻麻不密,板联不固,隙缝皆开,乃有进水之祸。

大体说来,中国帆船的发明、发展与衰退与每个时代的政治环境、社会经济环境和自然环境有着密切的关系。无论是船舶的规模、形制和功能的改进与变化,都取决于用途需要和航行的海域环境。官方的战船一般来自优良的民船,经过选择之后,再加以局部的改良和定型。同一种类的风帆战船,尽管大小尺度有所变化,但修造原理和结构大体近似。

此后,明代还有四次向琉球派出使团,其封船均由礼部官员负责,指定福建当地官员督修。应当说封舟尽管在海面遭受暴风袭击,也曾发生桅杆折断,舵绳断绝,以及漏水现象,但总的来说,顺利完成了出使使命,代表着中国当时最高的造船技术水平。

---

〔1〕　陈侃:《使琉球录》,《使琉球录三种》,《台湾文献丛刊》第 287 种,第 12 页。

二、匪夷所思的郑和宝船

图三一 郑和宝船复原图（上海航海博物馆模型）

关于郑和宝船（图三一）的尺度有几种记载：

其一，《明史·郑和传》记载："永乐三年六月，命和及侪王景弘等通使西洋，将士卒二万七千八百余人。多赍金币，以次遍历诸番国。造大舶，修四十四丈者六十二。"〔1〕

其二，谈迁在《国榷》中说，郑和第一次下西洋，宝船63艘，大者长44丈，阔18丈，次者长37丈，阔15丈。人数为27 870人。〔2〕

其三，马欢在《瀛涯胜览》在卷首记载："宝船六十三号，大者长四十四丈四尺，阔十八丈；中者三十七丈，阔一十五丈。计下西洋官校、旗军、勇士、力士、通士、民稍、买办、书手通共二万七千六百七十员名。"〔3〕

其四，《客座赘语》载："宝船共六十三号，大者长四十四丈四尺，阔十八丈，中船长三十七丈，阔十五丈。"

其五，《郑和家谱》载："拔船六十三号，大船长四十四丈，阔十八丈；中船长三十七丈，阔十五丈。"〔4〕

根据以上各种记载：可以确定，如果其数据没有错误的情况下，大号宝船和中号宝船的长与宽之比，分别是2.44：1和2.4666：1。有人认为，这一比值不符合造船比例，匪夷所思，对于宝船的尺度表示怀疑。有人认为上述资料来源并非一处，可信度很高。多少年来，人们对于宝船尺度的讨论仍在进行，信者自信，疑者自疑。持肯定观点的有郑鹤声、郑一钧、庄为玑、庄景辉、席龙飞、何国卫、邱克、王兆生等人。〔5〕

〔1〕 张廷玉等撰：《明史》卷三〇四，中华书局，1974年，第7766—7767页。

〔2〕 谈迁：《国榷》卷三二，永乐三年条，上海古籍出版社，1958年，第953—954页。

〔3〕 马欢著，万明校注：《明钞本〈瀛涯胜览〉校注》，海洋出版社，2005年，第5—6页。

〔4〕 李士厚：《郑和家谱考释》，崇文书局，1937年，第3页。

〔5〕 郑鹤声、郑一钧：《略论郑和下西洋的船》，《文史哲》1984年第3期；庄为玑、庄景辉：《郑和宝船尺度的探索》，《海交史研究》1983年第5期；席龙飞、何国卫：《试论郑和宝船》，《武汉水运工程学院学报》1983年第3期；邱克：《郑和宝船尺寸记载的可靠性》，《文史哲》1984年第3期；王兆生：《试析郑和下西洋中的几个问题》，《郑和下西洋论文集》第1集。

持怀疑态度的是周世德,[1]持否定态度的有管劲丞、杨榓、黄根余和杨宗英等人。到现在为止,尚难取得一致意见。[2]

彻底揭开这一谜底尚需一定时日。笔者认为,无论宝船的尺度是否属实,郑和在15世纪初年领导一支庞大的舰队,常年来往于浩瀚的大海,联通数十个国家和地区,最远到达非洲东海岸,本身就是人类的航海壮举。这一事实是没有争议的。在此笔者借用吴晗的话给予应有的评价:"郑和下西洋比哥伦布(Columbus,1451—1506年)发现新大陆早87年,比迪亚士(Bartholomeu Diastolic,1455—1500年)发现好望角早83年,比达·伽马(Vasco da Gama,1469—1524年)发现新航路早93年,比麦哲伦(Ferdinand Magellan,1480—1521年)到达菲律宾早116年,比世界上所有著名的航海家的航海活动都早。可以说郑和是历史上最早的、最伟大的、最有成绩的航海家。"[3]

对于中国人造船技术的领先程度,欧洲的历史学家也是承认的。"在16世纪的欧洲,造船业当然属于'高技术'产业之列。但是,无可置疑的是,早在几个世纪之前,中国的船舶更大、更好、数量更多,抵达的地方也更远。一个突出的例子是,15世纪初郑和几次率领通商舰队前往非洲。这些舰队的规模和船只之大,远远超过哥伦布和达·伽马的船队。另一个例子是1274年元代中国进攻日本的舰队与1586年西班牙进攻英国的'无敌'舰队二者的差异。二者都是被天气而不是被防御者打败的。但是中国舰队拥有2 000多艘船,而西班牙舰队只有132艘船。"[4]

三、民间造船风俗

明代,渔民、商人都把造船看成是一件带有神秘色彩的大事。造船之先,需要在官方备案。然后,按照船主的生辰八字请阴阳先生选择开工日期。龙骨是一艘船的重要构件。新船安装龙骨,叫作起舱,就像修盖房子上梁那样重要,要祈祷,要供祭品。龙骨上要拴上红布以辟邪。在整个造船过程中,孕妇、月经期的女人不得接近船体。此外,造船还有铺置、上大肋、上金头、启眼等工序。每一道工序都要设置酒席款待全体木工。

---

〔1〕　周世德:《中国沙船考略》,《中国造船工程学会1962年年会论文集》。

〔2〕　管劲丞:《郑和下西洋的船》,载《东方杂志》第43卷第1号;杨榓、杨宗英:《略论郑和下西洋的宝船尺度》,《海交史研究》1981年第3期;杨宗英、黄根余:《浅论郑和宝船》,《郑和下西洋论文集》第1集。

〔3〕　吴晗:《明史简述》,中华书局,2005年,第74页。

〔4〕　[德]贡德·弗兰克著,刘北成译:《白银资本》,中央编译出版社,2011年,第185页。

在造船过程中，无论是渔船还是商船，最受重视的是船眼睛。船的眼睛分为龙眼、凤眼、蝌蚪眼三大类。在舟山群岛捕鱼的渔船一般装配龙眼。一艘船即将造成时，造船工匠要选择最好的木料精制一双船眼睛，钉在船头的两侧，这道工序叫作"定彩"。定彩的仪式比较隆重，事先要请阴阳先生选择吉日良辰，并按照五行金、木、水、火、土，用五种丝线扎在银钉上，最后，由船主将其钉在船头上，然后用红布或红纸封盖住眼睛，这道工序叫封眼。当新船下水时，在鞭炮和锣鼓声中，由船主亲自把封眼的红布或红纸揭掉，这一程序叫作启眼。渔船眼睛的来历，在舟山群岛，人们称渔船为水龙，既然是龙，就要有眼睛，龙没有眼睛就是盲龙。这反映了在人们在海上航行和作业对于航行安全的高度重视。

在闽浙沿海，渔船的桅杆上装有风向旗，用以观察海上风向。这种旗或者叫作桅尾旗，或者称作鸦旗。鸦旗的大小一般为长宽三尺左右，固定在桅杆的顶端，可以随风旋转。之所以称为鸦旗，是因为乌鸦常在桅杆顶上盘旋、栖息。现代渔船上的装饰物大都是特定历史条件下的产物，有着深刻的历史传承性和变异性。它既随着社会发展而诞生，又随着社会发展而变异，甚至消失。

第七章　清代前期的造船业
（1644—1865 年）

第一次鸦片战争时,与英军对抗的中国军队主要是临时集结起来的岸防守兵[1],清军水师战船毫无对抗能力。英军战舰在中国海面、内河自由来往,机动作战,几乎没有受到清军战船的任何有效攻击。从数量上讲,当时清军水师海上战船有 1 000 艘之多;从种类上讲,外海战船样式也不下数十种。论者常谓,中国军事失败在于武器装备落后,不如英军"船坚炮利"。从当时实际情况来看,中国战船性能的确不良,问题是中国船炮生产技术只能达到这个水准,还是另有制约因素。

第一节　清初前期战船修造制度之建立

一、战船的修造期限

清初中国的大型战舰是鸟船(图三二),后来逐渐定型为赶缯船系列。海防以备海盗为主,战略重点在江、浙、闽、粤。各省滨海地理形势不同,任务也有轻重之分,战船配置数量有较大差异。大致说来,以福建、广东战船数量为最多。1800 年以前福建额设海洋战船 241 艘,广东额设内河战船 232 只,外海战船 131 艘,共有 325 艘。战船以其规格和修造技术不同分为各种名号。1800 年以前,直隶的外海战船为大、小赶缯船;山东有赶缯船和艍船 2 种;江苏有赶缯船、沙船、哨船、唬船等 8 种;浙江的外海战船有水艍船、双篷艍船、巡船、赶缯船、快

---

[1]　当时的岸防部队由两个部分组成:一是原来部署在海岸要塞的水师,主要依托构筑的炮台工事进行抵抗;二是从各地调集的陆路军队。

哨船等 11 种；福建的外海战船有赶缯船、双篷艍船、双篷罟船、平底哨船等 10种；广东外海战船也分为赶缯船、艍船、拖风船等 6 种。在各类战船中，以赶缯船（图三三）、沙船和艍船为各省主力战船。

图三二　　郑成功的战船——鸟船
（《中国四大古船简介》，南海船舰科技馆展品）

图三三　　清代前期主力战船——赶缯船
（2008 年完全按照明清时期战船模式，在泉州晋江深沪港由来自福州、泉州、漳州三地的老工匠复原建造而成，取名"太平公主号"。整个船全是由木头组成，没有螺丝钉，船长 15 米，宽约4.6 米）

　　战船在海洋会哨、巡逻、停泊，由于各种原因，必定有所损坏。为了使战船数量保持稳定，战船质量处于良好状态，以保证随时出航执行任务，清廷在沿海各府设立了战船修造厂，制订了各种战船修造条例。1651 年规定，各省战船按期修造，"三年小修，五年大修，十年拆造"。1690 年修订战船修造年限，规定："外海战船、哨船，自新造之年为始，三年后以次小修、大修；更阅三年，或大修，或改造；内河战船、哨船在小修、大修之后，更阅三年，仍修治用之。"[1]这是说，外海战船损坏较快，经过小修、大修，再使用 3 年（共为 8 年），视其情况或继续大修一次，或立即拆造；而内河战船，使用 8 年之后，继续修理使用。限制战船的修造时间，意在保证战船的有效使用和质量，自然也有防止浪费的用意。

　　为了确保战船的安全使用，明确了水师官员的责任。条例规定，武官在海港看守战船，由于玩忽职守出现较大损失，应负较大责任，予以严重处分。如损坏战船 2 只，降二级留任；损坏 3—4 只者，降二级调用；损坏 5—6 只者，降四级调用；7 条船以上者，革职。如系暴风破坏，非个人失职原因造成的损失，应由该管官查明原因，出结详报督、抚。由督、抚具题，免其赔补。如有捏报情弊，查出，将

---

〔1〕　赵尔巽编：《清史稿》卷一三五，兵志六，第 3982 页。

出结官革职,严加治罪。不过,这项规定未能有效保证战船的质量,1759年,有人奏报说:"时值春操,赴崇明查阅,止有出巡船五只,其余各营战船俱交厂修造,无船可操。"其他各镇水师大体一样,"俱藉词无船,尽行停操"。[1] 水师官兵不能登船操练,战船形同虚设。[2]

可怕的是,处处如此,各省皆然,"所谓三年修造亦不过虚应故事,徒循旧例,为冒销之地,且冀掩其废弛之积弊耳。似此因循怠忽,实为各省相沿陋习"。[3] 清廷认为,这是和平环境造成的,"国家承平日久,一切武备鲜知实力整顿",着令各省督、抚、提、镇留心稽查,按定例认真办理而已。海洋战船多数损坏,交厂修造,无船可操,责任由谁来承担?

二、战船修造机构与责任

按照条例规定,战船修造以各省滨海各府正印官为承修官,以各道为督修官。例如,福建以福州、漳州、泉州、台湾四府知府领价办料承修,以粮驿道、兴泉道、汀漳道、台湾道道员为督修官;浙江则由宁波、台州、温州三府承修,以宁台、温处二道督修。具体到福建来说,共设四个修造厂:福州厂承修战船45只(闽安协左右营各7只,烽火营11只,海坛镇左营7只,福宁镇标11只,督标水师营2只),泉州厂承修额设船48只(海坛镇右营8只,水师提标19只,金门镇标左右营各9只,海坛镇标左营3只),漳州厂承修额设战船52只(水师提标左营8只,前营10只,后营11只,铜山营11只,南澳镇标左营10只,金门镇标右营2只),台湾厂承修战船96只(台湾协标中营19只,左营14只,右营16只,澎湖左营17只,右营16只,艋舺营14只)。

战船规格型号通常由各水师提督、总兵官以及兵部、工部共同设计、批准定型,没有专门的造船研究机构。战船费用则由正项钱粮内支取,报户部审核标准。知府虽是战船的承修官,但因行政繁忙,不可能亲自管理,便委派其佐贰官负责购买材料,雇用工匠,按照规定修造战船。1690年题准,各承修官在应修之年,以文到日期为始,限一日领船修理,或估价兴造。大修之船限三个月修成,小修之船限二个月完竣。在限期内,承修官对于应修造的船只不领不估,或修造逾期,分别议处。

---

〔1〕　卢坤、邓廷桢等主编:《广东海防汇览》卷一二,船政一,道光十八年(1838年)刻本,第36页。

〔2〕　清军水师在康熙中后期已废弛无用。只在阅操期登船操演,"临风演驾,浑同戏局。一暴十寒,则水师之设,亦姑存其名耳!"(张泓《鸟船志略》,贺长龄、魏源编:《皇朝经世文编》卷八三,海防上,第44页。)

〔3〕　卢坤、邓廷桢等主编:《广东海防汇览》卷一二,船政一,第36页。

战船修造完成后,条例规定应由总督、提督大员亲自验收。总督本人对于战船性能、质量和材料规格,不可能很熟悉,通常委派中军官代表自己前往查验,同时使用战船的营官到厂接收。营官接收战船,或认真检查质量,或格外吹求,故意刁难需索。限期已届,处分严厉,在这种情况下,有的承修官为了逃避责任,减少麻烦,便把战船修造经费承包给负责验收的营员,"以免参处"。营员负责包修和查验,便利用这种权利和机会,贪污作弊,偷工减料,"大船造小",大修、小修"油灰涂抹"而已。如此修造的战船,质量自然难以保证,出厂不久,"上下皆漏"。清廷发现这种弊端后,于1711年又制定了包修处分则例,规定:"嗣后有营员包修战船,承修知府与该营将官革职;督修道员照徇庇例,降三级调用;督、抚、提、镇各降一级调用。"[1]同时,考虑到限期过严,易生流弊,将小修展限为三个月,大修、拆造改为四个月完工。

雍正时期,因战船修造逾限,且质量不好,将小修展限至四个月,大修与拆造分别展限为六个月,并进一步加重了处分。如规定:修造战船不如式,不坚固以及未至应修年份损坏者,令承修官赔六分,督修官赔四分,仍将承修官革职,督修官降二级调用。修造贻误船工,未及一个月者,承修官罚俸一年,督修官罚俸六个月,将军、督、抚、提、镇罚俸三个月;一个月以上者,承修官降一级调用,督修官罚俸一年,将军、督、抚、提、镇罚俸六个月;两个月以上者,承修官降二级调用,督修官降一级留任,将军、督、抚、提、镇罚俸一年;三个月以上者,承修官降三级调用,督修官降一级调用,将军、督、抚、提、镇降一级留任;四个月以上者,承修官降四级调用,督修官降二级调用,将军、督、抚、提、镇降二级留任;五个月以上者,承修官革职,督修官降三级调用,将军、督、抚、提、镇降三级留任。并规定,承修官将未经修完之船,捏报完工者革职,督修官降二级调用,将军、督、抚、提、镇降一级调用;如承修官详报尚未完工,而督修官以完工转报者,督修官革职,承修官照例议处;若承修、督修官详报尚未完工,而将军、督、抚、提、镇以完工具报者,将军、督、抚、提、镇革职,承修、督修官照例议处。1805年,又进一步规定,各省修造战船由督、抚、提、镇委将、参将会同文职道府领价督修,委都司协同文职府佐筹办船料,负责修造。如系将军标下战船,则委参领以下官同领同办。这是为改变文职承修,战船不能如式,质量严重下降而采取的措施。责任处分规定也更为细密,如凡届修造之年,各营于五个月前,将应小修、大修、拆造之船分别呈报,该上司照例题咨,承修官照额定

---

〔1〕《康熙朝汉文朱批奏折汇编》第三册,第818号,《闽浙总督范时崇奏为遵旨议覆郭王森条陈海防十事折》,第314—367页。

小修、大修、拆造价格造册、具报、领取。另还规定,船届修造之期,该管官不将船上缆索、舵、碇什物交明,以致舵手、兵丁人等偷窃,因而短少残缺者,除将舵手、兵丁等治罪追赔外,将管官降一级调用;交船时,舵手、水手、兵丁人等藉端需索,一经发现,革职提问;该上司明知,而不行揭参者,降二级调用。[1]

上述规定,越来越细密,越来越具体,意在保证战船按时修造完毕,顺利交付使用。这些规定对于督促承修官、督修官等官员恪尽职守有一定积极作用,但并不能保证战船质量不受损害。

三、战船修造的经费管理

清初,关于战船的修造工料价格似乎没有统一的规定。1695 年对此进行了讨论,上谕:"战船关系紧要,修理银数核减太过,恐临用之时,因船料单薄,复行大修,以致贻误。"著工部、兵部、户部再行确议。讨论的结果是:"准令各省督、抚、将军、提、镇将修理战船银数,照各地方工料价值据实确估具题,工竣报销。"[2]这次讨论意在加强战船经费管理,防止贪污中饱。康熙皇帝作为一代明君,预见到战船经费核算过紧,不利于战船质量的保持,解决的方案是实事求是的。但这种"据实确估具题,工竣报销"的方案不便于工部、户部的查核,也可能出现较为严重的贪污流弊。户部作为财政审查机关,为了避免审核的麻烦,不久便将各种战船修造的工料价格以定例的形式固定下来。这种固定经费方法好处在于方便管理,促进战船的制式化,对于贪污也起一定限制作用(表7)。[3]

表7　道光时期广东各种战船的修造定价表

战船型号	规格(尺)	拆造费(两)	小修费(两)	大修费(两)
大米艇	95×20.6	4 378.65	1 926.608	3 283.991
中米艇	86×18.5	3 620.765	1 593.136	2 715.573
小米艇	76×16.48	2 677.873	1 178.264	2 008.404
捞缯船	70×14	1 645.752	724.131	1 234.310
赶缯船	71×17.9	1 115.389	196.922	365.587
艍　船	53.4×14.8	501.602	146.230	258.412

〔1〕　卢坤、邓廷桢等主编:《广东海防汇览》卷一三,船政二,第25—31页。
〔2〕　卢坤、邓廷桢等主编:《防海备览》卷五,《修战舰》,清嘉庆十六年(1811年)望山堂刻本,第20—30页。
〔3〕　卢坤、邓廷桢等主编:《广东海防汇览》卷一二,船政一,第56—63页。

战船型号	规格(尺)	拆造费(两)	小修费(两)	大修费(两)
外海大八桨	45×11	317.821		
内河罟艚船	46.8×8.5	67.504	18.982	23.369
桨　船	38×8.2	40.225	17.288	23.239
内河　快船	38×8.2	15.718	3.858	11.184
内河快桨船	45×9	65.204	22.469	31.224
桨　船	50×9.1	71.210	22.995	42.996
桨　船	37×6.8	45.710	14.772	27.676
桨　船	44×6.5	19.700	6.000	16.700
两橹船	34.8×8.8	47.081	13.468	21.064
四橹船	42×10.4	57.352	17.058	26.886
急跳船	28.3×6.38	23.296	4.790	7.194
内河　巡船	43.7×6.2	52.999	23.319	39.749
内河　桨船	36.5×6.1	17.845	6.225	11.318

　　表 7 反映的是道光时期广东各种战船的修造定价。按照部定价格领取银两修造战船,承修官如能忠实履行职责,战船工料价格又无上涨变化,战船修造质量可能得到暂时保证,而当这些条件发生变化,战船的质量必然下降。清代部定俸禄相当菲薄,任何一位官员单单依靠俸禄,无法使自家亲属和幕僚的生活处于优裕地位,靠山吃山成为官场惯例,积非成是,皇帝为了官僚机器的正常运作,默许"小有所取"的一般贪污行为。[1] 三年清知府十万雪花银,几乎是无官不贪。廉吏与贪官之间的区别仅仅在于贪污手段的高低和量的多少。在部定战船价格一定的情况下,战船承修官为了中饱私囊,便采取偷工减料的手段,战船的质量无法保证。负责查验和接收的中军、营员于是借机勒索,无论修造完工的战船质量多劣,只要有足够的贿金到手,船只便能认验合格;若得不到足够的贿金,即使完工的战船质量不差,也百般挑剔,拖延接收时日。承修官、督修官为了避免处分和勒索,不得不事前打点礼物,疏通各种关节。有的承修官干脆把领取的战船修造费,加上一定"私贴费",交与营员包修。比较好的营员或奉公廉洁,实心修造,或谨守职责,少挥霍一些;而不肖营员将入手工价,大量中饱私囊,"大船造

---

〔1〕《清圣祖实录》卷二二三,康熙四十四年十一月戊寅,中华书局,1985 年,第 4 页。

小,板薄钉稀。应大修之船不能比有司之小修,应小修之船仅油灰涂抹船面而已,出水未几,上下皆漏"。[1]

按照制度规定,战船修造有承修官、督修官,又有负责查验的中军营员,互相监督,互相牵掣,尚且不能保证战船的质量和时间,包修战船省略了查验手续,势必质量更差。战船修造质量不好,经受不住狂风大浪的颠簸,损坏十分严重。营员包修,所配附属设备抽紧,风篷麻索,不足半年之用。按规定,不到修造时间,战船损坏,要追查管船的千总、把总责任,轻则处分,重则赔修、治罪。水师兵弁在洋巡哨,薪俸不多,岂能全部赔修,"是以船只朽烂,杠棍不堪。开帆未见风涛,先愁覆溺,何敢驾入深洋与贼对垒!"

包修战船的弊端经浙江温州镇水师千总郭王森揭发,引起清廷重视,谕令闽浙总督范时崇奏议解决办法。1711 年,范时崇在复奏中承认过去有过包修现象,但已经革除。他说:"然臣闻之战船初造之时,文员不谙修造,营员格外吹求,限期已届,处分甚严,愿于部价之外,津贴私费,交与营员包修,以免参处。迨后文员之承修已熟,上司之查验甚严,包修之弊禁止已久。"在他看来,小修两个月,大修三个月,定限太紧,易生弊端,莫如将修造期限各展限一个月,小修三个月,大修四个月,"则办料购匠,不致潦草塞责。定包修之严例,则战船收坚固之效;宽修船之限期,则营员绝包修之念矣"。[2]

修造时间紧迫与战船质量下降有一定关系,但非真正症结所在。战船质量下降的主要原因是官僚衙门式的垄断经营方式造成的,承造者的利益不是靠提高生产工艺来获得,修造战船的经费一定,投入工料成本价值越高,获利则越少;反之,偷工减料越严重,攫取的就越多。战船质量的改善、保持正好与其经济利益相冲突,陷于无法克服的矛盾之中。无论多么严密的规定,无论怎样严重的处分都无济于事,都难以防止偷工减料的弊端。偷工减料的必然结果是战船质量严重下降。解决这个矛盾的正确方案只能是改善生产机制,改革旧有体制,让战船修造引进竞争机制,使承造者的经济利益增加与其产品质量提高相一致。竞争生智慧,竞争有压力,优胜劣汰,实行优选法,方可保证战船质量的不断提高。因此,解决战船修造的质量问题唯一的办法是面对市场。明代抗倭著名将领俞大猷对此早有认识,他认为征募民船是战船质量得以保障的最好办法。在他看来,官修战船"不能立无弊之法","天下古今岂有视官物为己物者哉! 此惟熟于海务者自知之,乌得而尽言"。范时崇没有找到症结所在,清廷也不懂得这个道

---

〔1〕《康熙朝汉文朱批奏折汇编》第三册,第818 号,第324—327 页。
〔2〕《康熙朝汉文朱批奏折汇编》第三册,第818 号,第324—327 页。

理,只能继续按照他们的糊涂认识走下去。

为了解决战船质量下降问题,清廷制定条例严禁营员包修,并延长了修造限期,但这并不能改变战船质量下降状况,修造战船的各种弊端依然无法克服。雍正年间有人指出:"每遇修船,将备兵目恣意苛求,或将完固勒令修改;或稍有损裂,故行残毁;或将板木藏匿,致累多费工料。兴工时,又于配定丈尺,将大斫小,将长截短。又于修整合式之工搜剔拆换,逼使加添。又或押船赴修之兵,乘夜伺隙,偷窃料物,则是既苦办料雇夫之难,又苦弁兵之扰累,所以台地船工领价贴运必赔贴两倍而后得竣也。"[1]台湾船厂修造战船"赔贴两倍"工价,视为畏途,想辞掉修造差使,其他船厂自然也好不了多少。这就是承修官愿意"津贴私费",出让承包权的根本原因。此后,地方督抚代表各船厂与户部、工部等主管部门围绕着修造经费的多少继续争论。

1727 年,清廷下令沿海各省于每年年终将修造战船名号、数目、动用何项钱粮,并旧料变价若干,分别造册,报部审查,目的自然是控制地方财政支出。地方官则强调额定修造战船工价不足,要求增加报销数额。例如,1756 年,两广总督杨应琚在酌定广东内河、外海水师战船工价时,便以现今"更改各船较之原额多有加长加阔"为由,在呈送的报销单中增加了报销数额。工部、户部在审查时认为:"册内所开船身丈尺,较历次报销各案并未有加长加阔之处,而需用银两多于原定。"遂将加增银两之处,逐一删减,不准报销。强调此后凡是大修、小修、拆造所需的工价,应按核定成规数目,"照例估销"。[2] 地方官员根据实际情况要求适当增加额定修造费用,以确保现有战船质量;京师的工部、户部坚持按例办事,不予批准,理由是战船的规格型号并无明显加长加宽。孰是孰非,当时很难论定。30 年之后,这种争论仍在继续。

"向闻沿海各处官造战船以部定例价系从前工料平减时所定,近年物料昂贵,或有不敷,承办之员惟求符合丈尺,涂饰油粉以为观美,其实钉稀板薄,施之内洋港汊,居然艨艟大舰,一到大洋,即不足以冲风破浪,遇有缉匪等事,多雇民船驶驾"。[3] 1789 年,这一消息在京师官员中传播,此时安南海盗正在沿海横行,海防危机出现,户、工二部感到了压力,他们认为战船质量降低,是承修官员失职,不是自己的责任,要求追查。"如果查系例价本敷,而承办之员偷减工料所致,自当据实奏参,将各员从重治罪,著落追赔,以儆将来。若原定价值实有不

〔1〕 黄叔璥:《台海使槎录》卷二,《赤嵌笔谈》,台北:文海出版社,1986 年影印,第 37 页。

〔2〕 卢坤、邓廷桢等主编:《广东海防汇览》卷一二,船政一,第 50 页。

〔3〕 卢坤、邓廷桢等主编:《广东海防汇览》卷一二,船政一,第 50—55 页。

敷,亦当据实奏明,宁可量减额船数目,将工料归并津贴,以期造一船即收一船之实用"。[1] 地方官员以额定经费所限,推卸战船质量降低的责任;中央主管部门则认为承办员弁偷减工料是问题的症结。

平心而论,两方面均有责任。承修官借机贪污中饱,这是封建专制国家机器的普遍现象,由于缺乏有效的监督机制,根本无法避免。中央主管部门强调按例办事,以僵硬的制度规定来束缚战船的改造,这也是封建国家机关的政治通病。规定价格与实际造价的背离,不会改变承修者对利益的追求,任何一位承修者和督修者都不愿作亏本生意,因此,偷工减料成了必然。官僚主义与贪污腐败的清除只能从根本的政治制度变革中寻找出路。我们关注的是乾隆时期战船质量继续下降,严重损坏,无法使用,"营官以船身损坏不便驾驶,地方官则以修费不资,互相推诿,遂致终年停泊,日久徒归朽废"。[2] 官修战船不能出海,遇有缉匪等事,只好雇用民船出航。"徒以节省之虚名,而致战具之窳陋,沿习不察,积非成是"。

四、战船规格的退化

文献记载提供了清初最大最小战船的长阔数据,"战船每船长十一丈至一丈九尺,阔二丈三尺五寸至九尺六寸"。[3] 在施琅进攻澎湖的海战中,双方的主力战船都是鸟船和赶缯船。[4] 大型鸟船长为十五丈,宽二丈六尺。[5] 这种战船在施琅进攻澎湖的海战中发挥了重要作用,"澎湖八罩犁沉贼艘,实藉辅车之力"。康熙中后期这种大型战船逐渐停废,巡洋会哨使用的是两种较小的战船,即赶缯船和双篷艍船。"海波既恬,当事者以各港水浅,海船急难摇动,且修理估价不资,节浮费而资实用,尽改鸟船为大赶缯"。[6] 战船管理制度化之后,海上主要战船为赶缯船。战船的统一改造是在雍正时期。[7] 闽浙地区的赶缯船长七丈九尺,宽一丈九尺五寸;双篷艍船长六丈六尺,宽一丈七尺五寸。

〔1〕　卢坤、邓廷桢等主编:《广东海防汇览》卷一二,船政一,第50—55 页。
〔2〕　卢坤、邓廷桢等主编:《广东海防汇览》卷一二,船政一,第50—55 页。
〔3〕　《皇朝政典类纂》卷三六四,兵四二,《船政》,台北:文海出版社,1982 年,第7906 页。
〔4〕　《施琅题为正报克取澎湖大捷事本》,《康熙统一台湾档案史料选辑》,福建人民出版社,1983 年,第256、266 页。
〔5〕　潘相:《琉球入学见闻录》卷一,台北:文海出版社,1966 年,第94 页。
〔6〕　陈寿祺:《重纂福建通志》卷八四,同治十年(1871 年)郑谊书院刻本,第16 页。
〔7〕　赶缯船最初是闽浙沿海的一种运输木材的商船。1711 年千总郭王森在其条议海防十事中说:"海洋有等自闽装载木头到浙之巨舟,名曰赶缯船。其船最大,不畏风浪,能深入海洋,海贼出没俱坐此船。"(《康熙朝汉文朱批奏折汇编》第三册,第818 号,第316 页)

从档案资料来看,当时广东对于赶缯船和双篷艍船的设计表示不满,认为"或船篷之长短不合船身之丈尺,或梁头之阔狭不配船底之平梭……稍遇风浪而不堪主,于各项杠枘配搭违法,不特不能冲风破浪,亦且驾驶维艰,此皆相沿旧制"[1]。因此,广东船厂在仿造福建缯、艍船时,又进行了"船底加平,船舱减浅"的技术改造。所以广东的大赶缯船长为七丈一尺,宽为一丈七尺九寸;艍船长五丈三尺四寸,宽为一丈四尺八寸,都比闽浙的同类战船规格设计更小了一些。显然,这种技术改造不是为了深海远洋的作战,而是便于浅海近岸的航行。赶缯船与双篷艍船作为雍正、乾隆时期的中国主力战船,不要说与日益发展的欧美战船相比了,就是与明末清初的战船相比,也是处于退步状态。

前面已经提及郑和下西洋时,宝船的长度为 44 丈,阔 18 丈,雍正、乾隆时期中国的大型战船赶缯船的长度仅有 7.9 丈,不及郑和宝船宽度的一半,如果把赶缯船一只只摆在郑和宝船的船面上,需要 50 余只才能摆满。二者之间的规格差距实在太大,根本不能相比。赶缯船与清初的鸟船相比,就规格来说,也退了一大步。鸟船长为 15 丈,宽为 2.6 丈,约为 390 个单位,而闽浙最大的赶缯船只有 154 个单位,[2]广东的则只有 124 个单位。至此,我们很不情愿地得出这样一个令人十分痛心的结论:雍正、乾隆时期的主力战船在规格上也出现了严重退化。这种退化,同样反映了战船修造制度的腐败与部定价格不足等问题[3]。战船规格的大小虽然不是衡量造船技术水平的唯一标准,但毫无疑问可以作为其技术性能的重要依据。

第二节　嘉庆时期东南海防危机与战船改造

一、海防危机

按照清初水师装备,沿海有数百艘战船,经常巡逻会哨,尽管是星罗棋布,比

---

　　[1]　《广东高雷廉总兵蔡添略奏陈因地制宜陆续改造各营战船管见折》,《雍正朝汉文朱批奏折汇编》,第二十一册,第 341 号,第 421 页。

　　[2]　单位的计算以尺为单位,好船的长度乘以船中间的宽度,再以 10 除其乘积,深度不在计算之内。这是清朝海关丈量外国商船、收取船钞的方法。

　　[3]　明朝的战船修造也有同类问题。万历时期有人揭露说:"惟近时过于节省,兵船修造估价大廉,求其不板薄钉稀,不可得也。欲船之坚,须加工料,可也。"(见王在晋编《海防纂要》卷六,《海鹘》,明万历刻本)

较分散,但只要保持一定的战斗力,用于对付零星的海盗活动是不成问题的。所以东南沿海长期保持相对安静局面。乾隆晚期,各种社会矛盾尖锐化,海盗蜂起,海防危机日渐严重。这次海防危机导因于安南匪船在中国沿海的劫掠而不受重创。1789 年,安南黎氏统治衰微,阮光平父子篡位,引起社会动荡,兵革不息,国内财政空虚,便招致亡命之徒,授以官爵,给以兵船,"使其劫掠我商渔,以充兵饷,名曰采办。实为粤东海寇之始"。[1] 是时,战船失修,武备废弛,海防空虚,水师将领以自身安全为第一,不顾海疆安危,放弃战守责任,会哨巡逻虚应故事。例如,福建金门、厦门的水师将士"各自爱其生,名曰巡察,实则以不遇贼船为幸。猝而遇之,有扬帆而避已耳,是以哨船奉行故事,只依迎港而已"。[2]

社会矛盾尖锐,商渔失业,海盗蜂起,蔓延而不可制,两广总督百龄曾奏报说:"洋盗本系内地民人,不过因糊口缺乏,无计谋生,遂相率下洋,往来掠食。伊等愚蠢无知,但知趁此营生,不知干犯王法。岁月既久,愈聚愈多,甚至不服擒拿,冒死抗拒。"[3]百龄的陈述大体反映了当时"洋盗"的实况。到了嘉庆时期,安南海盗仍在活动,沿海武装帮伙越来越多,越聚越大,"凤尾、水澳、蔡牵三帮各六七十艘"。[4] 1800 年,安南海盗遭受飓风袭击,大部分葬身海底,残余部分被清军水师捕获。此后在沿海活动的武装帮伙主要以蔡牵为首,一直坚持到1809 年,前后持续了 20 年的东南海防危机暂告平息。

二、战船改造计划

东南海防危机一出现,有人便意识到必须改造战船。1793 年广东布政使吴俊说:"东省洋面一带,盗匪出没,劫掠频闻,此固由各营将备弁兵巡缉不力所致,但欲善事者,必先利器。各营现在缉拿盗匪,每因盗艘便捷,官船笨重,追缉不甚得力,不能不雇用民船,而民船又不能一呼而至,势须移行州县,辗转需时,比至雇有船只,而盗已遁去,以至盗风日炽,捕务日弛,殊与洋面大有关系。此时若遽议改造官船,不惟营规旧制难以轻易更张,且议奏需时,亦不能迅济目前要务。"[5]他的说法很策略,既不明说战船质量问题,又强调了雇用民船的困难。

---

〔1〕 程含章:《上百制军筹办海匪书》,见《皇朝经世文编》卷八五,中华书局,1992 年影印本,第38 页。

〔2〕 周凯:《厦门志》卷九,见《台湾文献史料丛刊》第 95 种,台湾大通书局、人民日报出版社,2009 年,第 291 页。

〔3〕 《清仁宗实录》卷二二七,嘉庆十五年三月丁丑,中华书局,1985—1987 年影印。

〔4〕 阮元:《瀛舟书记序》,《揅经室文集》二集卷八,上海书店,1926 年,第 8 页。

〔5〕 吴俊:《请造米艇状》,载贺长龄、魏源编:《皇朝经世文编》卷八五,中华书局,1992 年影印本,第 49 页。

在他看来，"粤东要务无过于捕盗，捕盗急需又无过于船只。与其常年雇觅，旷日靡费，苦累船户，不如一鼓作气，竟行筹款打造，则一劳可冀永逸"。

　　吴俊建议广东自筹经费 15 万两白银，仿照民间米艇，建造 93 艘新型战船，用以加强广东水师的缉捕能力。这既不涉及改变营规问题，又不需要中央财政拨款。这个方案一经两广总督长麟奏请，立即得到清廷批准。广东自筹的 15 万

两白银，拟由各府州县捐银 55 000 两，盐务司及盐务纲局捐银 35 000 两，另外 6 万两从司道以下正印官养廉银内扣发。93 艘米艇分为大、中、小 3 个型号：大米艇 47 只，每只载重 2 500 石，"长九丈五尺，阔二丈零六寸，深九尺三寸"（图三四）；中米艇 26 只，载重 2 000 石，"长八丈六尺，宽一丈八尺五寸，深八尺六寸"；小米艇 20 只，载重 1 500 石，"长七丈六尺，阔一丈六尺四寸八，深六尺五寸一"。有趣的是，吴俊说原来的"官船笨重，追缉不甚得力"，而改造的大、中、小米艇均比赶缯船的规格大。显然笨重是假，不堪使用为真，行政语言歪曲了事实。于此可见官场措辞的奥妙！

图三四　道光时期广东水师主力战舰——大米艇（《遗失在西方的中国史》上卷，北京时代华文书局，2014 年，第 19 页）

　　新造米艇经过实验，比较坚固便捷，颇受水师官兵欢迎。嘉庆时期，又有人以额设缯、艍船船身笨重，不如民船米艇迅捷，奏请陆续仿照米艇式样改造。清廷为了迅速绥靖海面，决定不惜代价，提高水师的缉捕能力。倭什布最初建议改造 33 艘，所需 4 万两白银，拟于关务盈余项下动支，并要求将关盐盈余 14 万两全数留存，用于战船常年修造。嘉庆皇帝仍担心修造经费不足，谕令新任两广总督那彦成，"不必稍存惜费之见，致有窒碍废弛"[1]，允许他将广东其他存贮备用款项，不妨奏请归入缉捕项下。应当说，清廷为了海防的安全，在嘉庆时期下了比较大的决心，筹拨了比较多的经费，准备改良战船设备，这应当是中国海防力量得到加强的契机。就广东来说，乾隆、嘉庆时期战船质量数量有所改良。现在我们将广东战船改造前后的情况列表如下（表8）：

---

[1]　卢坤、邓廷桢等主编：《广东海防汇览》卷一二，船政一，第 55 页。

表 8　广东战船改造前后情况比较表

水师镇营	改造之前						改造之后						
	赶缯船	艍船	彭仔船	拖风船	内河船	合计	大米艇	中米艇	小米艇	捞缯船	八桨船	内河船	合计
南澳镇	6	6				12	3	2			3		8
澄海协	1	4	2		5	12	2	2	3		4		11
达濠营		2	1			3		1	1		1		3
海门营	1	1	4			6	1	3	2		2	4	12
碣石镇	1	10		8	16	35	3	3		3			9
水师提标	2	6			29	37	9	4	2	4		10	29
香山协	2	4				6	5	5	4				14
平海营	1	3		4	1	9	2	2					4
大鹏营		4	4		20	28	3	5	2	2		13	25
广海营		2			10	12	3	3		4			10
阳江镇		8		1	4	13	6	4		4			14
吴川营		2		3	3	8	2			1			3
硇州营		2		2	1	5	2	2	1	1			4
东山营								1		2			3
海口营	2	4		6		12	4	3		4			11
海安营		4			7	11	3	4	1	1			9
顺德协					34	34						33	33
龙门协		4		9		13	3	5		6			14
崖州协				2	3	5	1		1	2			4
新会营					23	23						30	30
督标水师					20	20						20	20
其 他	1	1			19	21						97	97
合 计	17	67	11	35	194	324	52	48	16	34	10	207	367

　　资料来源：摘自《广东海防汇览》卷一四，对其项目稍作归项合并。原额中的内河船一项包括了各种内河战船，如桨船、哨船、橹船，快船等等。其他各项为海船。现额中的大、中、小米艇和捞缯船属于海上主要战船，八桨船是海上轻型战船。

　　从表 8 中的统计来看，在改造之前广东拥有各种战船总数为 324 艘，改造之后战船总数为 367 艘，总数增加了 42 艘，增加率为 13%。改造之前，海上主要战船(赶缯船、艍船和拖风船)共有 131 艘,经过改造、裁汰,在鸦片战前为 160 艘(大、中、小米艇、捞缯船和八桨船),增加了 29 艘,增加率为 22%。就其规格来说,改造之前的主力战船为赶缯船和双篷艍船,赶缯船最大规格"长七丈一尺,阔一丈七尺九;艍船长六丈六尺,阔一丈七尺五寸"。改造之后的"大米艇长为九丈五尺,阔二丈零六寸;中米艇长八丈六尺,阔一丈八尺五寸;小米艇长七丈六尺,阔一丈六尺四寸八;捞缯船长七丈,阔一丈四尺"。改造之后的战船规格比以前明显大一些。大米艇配兵 60 名,中米艇 50 名,小米艇 40 名,每只船的炮位多则 18 位,少则 12 位。每艘米艇掌舵者需要七八人,管头篷者八九人,管大篷者 10 余名,每炮位需炮兵 3 名。就战船的性能来说,嘉庆时期的广东水师官兵一致认为驾驶米艇追捕海盗,颇为便利,可见 19 世纪初期的中国战船性能也有所提高。但必须指出,当时战船的设计者主要着眼于绥靖海盗骚扰、抢劫,便于浅海近岸追逐,根本缺乏远洋大规模作战意识,目光短浅,对于潜伏的西方殖民者入侵的危机缺乏敏感性。

嘉庆时期有人提出了打造一种能在深海远洋作战的战船建议,但在实施过程中夭折了。1807 年,两广总督吴熊光认为捕盗米艇不能远出外洋,不如民用登花船"惯走夷洋",建议按照海澄县登花船式改造新型战船,以利深海远洋作战。拟造的登花船每只工料价为白银 7 000 两,"长十丈,阔二丈一尺,舱深九尺"。显然,登花船的规格要比大米艇大一些,又是专为远洋作战而设计,它的性能应当好一些。这项建议虽在 1807 年奏准,但到 1809 年尚未办齐船料,因此被新任两广总督百龄撤销。[1]

按照设计,登花船的舵杆桅碇必须使用伽兰赋等木材,而伽兰赋木材须采办于国外,没有购买到合适的伽兰赋木材,自然不能兴工打造。战船材料不必购自外洋未尝不对,但百龄以此为由否定打造新型战船的计划则是错误的。在他看来,吴熊光计划打造登花船,组建远洋舰队的计划全部是错误的。他说:"查粤洋绵亘四千余里,盗匪东西游奕,出没靡常,若如吴熊光原议,以二十只之登花船日往来于浩淼汪洋之际,殊不足以联声势而壮军威。且登花船不特购造维艰,即造成亦属无益。如所需伽兰赋等木料竟由外番采觅,办足二十船之料,倘配兵出洋以后遇风摧浪击,稍有损坏,一时无料换修,转致不能应用,仍复闲置,其不必成造者一也;又如粤洋现在贼船分帮窜扰,全赖舟师转掠便截(捷),易于跟追攻捕,登花船身笨重,较之向用米艇掉运不灵,粤省水手、舵工亦均不谙驾驶,倘有

---

[1]　两广总督吴熊光因处理英军占据澳门一事不力,清廷以百龄为新任两广总督,密访吴熊光因循、软弱的原因。

失事转致官兵得所藉口,其不必成造者二也;又如钱梦虎所言,登花船可涉闽洋。查闽粤缉捕固应不分畛域,但如原奏俟登花船造得时,即将米艇全收入内洋防守,是闽粤两省捕务尽仗二十只登花船之力,设或追贼入闽,则粤东外洋遇有盗,转致无船策应,顾此失彼,其不必成造者三也。"[1]

的确,吴熊光的计划不甚周密,船料购自国外,修造不便;他所设计的登花船的规格,要组建的舰队规模也都是低水平的。按说,吴熊光在两广总督任上,负责筹办夷务,对于西方国家的战船、商船制造规格和坚固程度早有认识,对于殖民者的侵略威胁也有一定感受,[2]他应该提出一个更为先进的造船计划。但他没能做到。在这里,我们肯定吴熊光的基本设想,是因为这种设想有利于中国海上力量的加强,有利于中国战船的改善。百龄根本不懂建造远洋舰队的必要性和重要性,由于他的认识错误,导致广东建造舰队计划的夭折,又一次丧失机遇。

广东建造舰队计划的夭折不能简单归咎于百龄个人认识的错误,事实上,他的思想具有一定代表性,当时统治集团中的大多数人对于潜伏的海防危机都缺乏清醒的认识。在海防力量需要调配时,清廷采纳了百龄的错误建议。后来,战船规格又从米艇再退一步。1815年,两广总督蒋攸铦奏请说,自1810年以来,广东洋面安谧,内洋及沿海港口间有"奸渔穷疍"为匪为盗,旋即扑灭。米艇原为外洋联帮缉捕而设,于浅海近岸处所驾驶不灵,自应斟酌变通。于是建议裁去中小米艇,仿照渔民的捞缯船,打造一批无论外洋、浅水、港口均能驾驶的轻便战船。因此在1815年之后,广东水师战船的家族中又多了"捞缯船"的名号。[3]统治集团因循守旧,不顾国际大势,安于现状。直到鸦片战争时,中国既无大型战船,又无一定规模的海上舰队,与英军毫无对抗能力,缺乏战船作战的机动性,专注岸防,结果陷于被动挨打境地。鸦片战争时中国海防空虚,原因种种,其中之一应是海防认识的错误。

上面我们重点考察了乾嘉时期广东战船的改造问题。东南沿海危机同样使闽、浙的海防经受着严峻考验,由于战船质量同样严重下降,经清廷批准,福建、浙江也进行了战船改造。1789年,安南盗船在我沿海开始侵扰时,闽、浙的水师将弁"辄以盗船狡捷,营船追赶不及为辞,请仿照民船式样改制",清廷

〔1〕　卢坤、邓廷桢等主编:《广东海防汇览》卷一三,船政二,第14页。

〔2〕　详见《两广总督吴熊光等筹办英船擅入澳门一事情形折》,《清嘉庆朝外交史料》第二册,故宫博物院,1933年,第33页。

〔3〕　详见军机处录付奏折,嘉庆朝军务档,3—31,1697—31,《蒋攸铦奏酌减米艇裁改捞缯船只由》;又见卢坤、邓廷桢等主编《广东海防汇览》卷一三,船政二,第18页。

派人调查,得到的是虚假的情报,认为战船一向得力,"并无驾驶不灵之处,所有前项战船概可毋庸改造,以存旧制,而免纷更"。[1] 而实际情况则是战船质量严重下降,于外洋追匪不能得力,"动须添雇民船"。当清廷得知实际情况后,不得不承认额设战船"追匪捕盗不力",随即同意所有战船可以按照商船样式改造。

1795 年,乾隆帝令"沿海各督抚将现有官船照依商船式样一律改造,以为外洋缉捕之需"。[2] 由于广东改造米艇在先,使用便利,闽浙仿造,"于巡洋捕盗颇为得力",清廷于是下令滨海各省仿造。1801 年,浙江水师提督李长庚与蔡牵战于东海,深感仿照广东的米艇仍然不利,"牵船重叠张牛皮渔网,炮弹不得入。又其船高出官军所驾米艇,仰攻非便",[3] 请求制造新型战船。这个建议得到浙江巡抚阮元的支持,他在奏折中也强调说:"艇匪船高炮大,边围裹牛皮网纱甚厚,兵船炮子重者不过斤许,匪船炮子重至十三四斤……必当添设大炮大船,加兵始能痛加剿除。"[4] 在阮元的倡导下,浙江各级官员共捐银 5 万余两,又于该省存储闲款内提取一部分,"统计大船工料共用银八万两有奇,大炮工料共用银二万二千六百两有奇"。[5] 新造的"巨艇"在攻剿蔡牵等海上武装方面发挥了重要作用。阮元说:"巨艇成,凤尾、水澳、箬横三帮以次击灭,此三镇大船大炮之力。"[6]

福建海岸线曲折,台湾海峡处于寒流和暖流交汇的海区,风向和风力变化多端。复杂多变的自然环境对于帆船的造型、性能、结构和用料都有特定的要求,由此形成了底部尖削、首尾上翘、船舷外倾、尾舵深插等特点。福建外海战船的规模设计,首先以龙骨的长短来决定。龙骨分为三段:即头龙骨、中龙骨和尾龙骨。再根据头龙骨和尾龙骨起翘高度来决定船底的弧度,这一工序叫作"定艉"。接下来是确定含檀堵,就是确定大桅杆的位置。然后根据龙骨的长度确定含檀堵的宽度、底宽和深度。再根据船种和用途的不同,以含檀营的尺度为基础计算其他隔舱板的形状和尺寸,这样就确定了船的基本形状和规模。确定了船长、龙骨长、船宽和船深,再根据既定比例决定桅、帆、橹、椗的形状和位置。

〔1〕 李锦藻编:《清朝续文献通考》卷二三二,兵考三一,商务印书馆,1936 年,总9773 页。

〔2〕 李锦藻编:《清朝续文献通考》卷二三二,兵考三一,总 9773 页。

〔3〕 王芑孙:《浙江提督总统闽浙水师追封三等壮烈伯谥忠毅公李行状》,《皇朝经世文编》卷八五,兵政一六,第 60 页。

〔4〕 张舰:《雷塘庵主弟子记》卷一,中山大学历史系资料室藏,第 25 页,第 5 页。

〔5〕 张舰:《雷塘庵主弟子记》卷一,中山大学历史系资料室藏,第 25 页,第 5 页。

〔6〕 阮元:《瀛舟书记序》,载《揅经室文集》二集卷八,上海书店,1926 年,第 8 页。

福建从 1799 年开始,对战船也进行了改造。最初是把缯、艍船按照民用同安梭船改造(图三五)。"一号同安梭船长七丈二尺,阔一丈九尺;二号同安梭船长六丈四尺,阔一丈六尺五寸;三号同安梭船长五丈九尺,阔一丈五尺五寸"。1800 年,又按照清廷的命令,添造了胜字号米艇船 30 只。旋因所造不甚得力,又奏准添造大横洋梭式船 20 只,编为集字号 10 只,成字号 10 只。集字号大横洋梭"船长八丈二尺,宽二丈六尺",成字号大横洋梭"船长七丈八尺,宽二丈四尺"。此后对中、小米艇以及梭船进行了数次裁汰,[1]战船规格没有增大变化。浙江与福建的战船改造如同广东一样,主要是建造浅海近岸的巡逻船只,没有设计适应远洋作战的大型战船。[2]

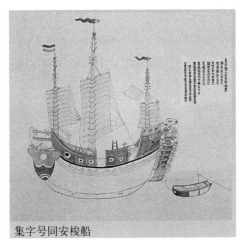 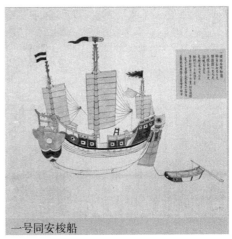

集字号同安梭船　　　一号同安梭船

图三五　道光时期的同安梭船(台北故宫博物院根据军机处藏奏折复制)

三、故态重萌与再蹈覆辙

如前所说,由于官僚主义的管理制度,由于战船修造的内部腐败,外部又缺乏一种竞争机制和压力,雍正、乾隆年间,战船修造质量越来越差,规格越来越小,以致当 1789 年东南沿海出现海盗危机时,战船大多破烂不堪,无法出海,海防十分空虚。在海防危机的逼迫下,沿海各省对于战船进行了一番改造。可是,

〔1〕 "嘉庆十一年奏准添造米艇四十只,旋因所造不甚得力,不准开销,其已造八只与胜字号米艇编为捷字号,分添内地各营配用。嘉庆十三年奏准,应修中小梭船十七只一并裁汰变价。十四年,复准闽省添造集、成两字号大同安梭船二十只,捷字号米艇八只分归各营管领。十五年议准,台湾把守港口,无须多船,裁去新添善字号船十六只。十六年议准,裁汰各营中小梭船三十七只。道光二年奏准闽省胜捷两字号米艇船以缉捕未能得力,裁汰十五只,尚存二十三只"。
〔2〕 陈寿祺:《重纂福建通志》卷八四,《国朝船政》,第 35—37 页。

战船改造的设计者只是着眼于如何消灭海岸线附近活动的小股武装小型匪船，缺乏远大目光，认识不到即将到来的更大的海防危机，所以，战船改造的水平并不高。然而，就是这样一点成果，由于清政府的因循守旧，继续采用先前的战船修造管理制度，按额定经费拨给官设船厂，结果很快被毁坏一空。

乾隆、嘉庆时期，在进行战船改造时，设计者和主持者都强调旧的战船笨重，性能不好，想通过建造新型战船来改变海防空虚的状况。他们也探讨了战船质量下降的原因，或认为是承修者、督修者以及营员等贪污中饱，不负责任，或认为是经费不足，限制了战船性能、规格的改良，却很少接触战船修造制度本身问题。[1] 由于战船修造制度与管理方法依旧，根本错误未能纠正，自然难免再蹈覆辙。战船修造的各种弊端不仅严重存在于 1789 年东南海防危机出现之前，而且严重存在于战船改造过程之中及其以后。

关于战船改造时期(1789—1809 年)的修造弊端，论者颇多，以曾经参与海战的程含章的观察最有代表性。[2] 程含章著有《岭南集》，其中《上百制军筹办海匪书》写于 1809 年。这篇文章是他效力海疆四年的亲身体会和观察。文章对于 1789 年以来的水师战斗力作了这样的评论。他说，20 年来，国家添造战船，命将出师，迄无成效，海上盗贼仍然很多，海盗于"海洋之路，熟若门庭，波涛之险，安如平地。我师转形怯懦矣。兵去则分据各港，无求不获；兵来则连帮抗拒，莫之敢撄，我师转形困瘁矣！"[3] 他认为水师的作战能力和士气都不高。"海上之兵无风不战，大风不战，大雨不战，逆风逆潮不战，阴云蒙雾不战，日晚夜黑不战。暴期将至，沙路不熟，贼众我寡，前无收泊之地，皆不战。及其战也，勇力无所施，全以大炮相轰击，船身簸荡，中者几何。幸而得胜，顺风而逐，贼亦顺风而逃，一望平洋，非如陆地之可以伏兵截获，必待其船伤行迟，我师环而攻之，然后获其一二船，而余船已飘然远去。贼从外洋逃遁，我师不敢冒险，只得回帆收

〔1〕 明代抗倭著名将领俞大猷认为官修战船弊端难以克复，唯有"私募"民船，才能改善战船质量。他说："或问兵船官造与私募孰便？曰：造易而修难也。虽督造之官船，用之海上冲敌激浪，不旋踵必议修矣。修船之弊奚啻万端，议修之后问岸日多，浮水日少，以之守港则可以，之出洋追捕则全不足恃矣。在官府不能立无弊之法，在民间不能克不可制之情。天下古今岂有视官物为己物者哉！此惟熟于海务者自知之，乌得而尽言。"(王在晋:《海防纂要》卷六)

〔2〕 程含章，号月川，云南景东人。乾隆五十七年举人，嘉庆初大挑知县，分广东，署封川，坐回护前令讳盗，革职，投效海疆，因功擢知州，署雷州府同知，率乡勇于海上破乌石大团伙，迁南雄，又坐失察属县亏空，革职，寻复官，为惠州知府，擢山东按察使、河南布政使。道光初年为广东巡抚，调山东、江西、浙江，缘事降职为福建布政使，以病乞归，卒于 1832 年。《清史稿》卷三八一，列传一六八，第 11628 页。

〔3〕 程含章:《上百制军筹办海匪书》，《皇朝经世文编》卷八五，中华书局，1992 年影印本，第38—48 页。

港"。"覆军杀将,兵气不扬"[1],连海上小股海盗势力都对付不了,"方今兵力疲劳之后,强弩之末,难穿鲁缟"。在他看来,官军非大加一番整顿,难以绥靖海洋。针对海防存在的问题,他提出了 18 条整顿措施,涉及战船管理问题的有4 条:

第一,战船质量太差是海战失利的主要问题。"章前因带领红单船百号出海,与舟师相从两月,见各将官座船日夜戽水数百桶,譬驱老牛赢马斗豺狼于崇山峻岭之中,庸有济乎! 毋怪其沿海停泊而不得力也。夫船者,官兵之城廓、房室、车马也。船果坚实,以战则勇,以守则固,以追则速,以冲则坚。反是,则懔懔焉忧沉溺覆亡之不暇,安望获贼?"因此,他认为国家必须"与之以不败之具",才能责令水兵效命疆场。战船的制造,"宜派本管之武弁监修,才能保证质量。不应以一二武弁之不肖,出现勒索匠工之问题,遂谓人人皆然。应将战船次第撤回,彻底修造,派该管弁兵监修,彼其身命所关,不肯听匠人偷工减料。如有需索,指名揭参。至于料价必稍增益,应由藩库发足,毋令承修之员赔累,而后工程可得而固,此为剿贼第一要务,不可不倍加留意也"。[2]

这里提出的战船修造质量问题与改造之前一模一样,仍是承修官偷工减料与经费相对不足两个主要问题。于此可见,在战船改造过程中,战船修造的弊端依然严重存在。程含章建议改变文职承修制度,委派战船使用者代表监修,使战船的好坏与乘坐者命运联系在一起,藉以提高战船的质量。这种想法虽有一定道理,但并未改变官修战船制度的打算,仍然难以避免其通病,即官僚主义的管理方法,偷工减料,贪污中饱的弊端。事实上从 1805 年起清廷就规定,各省修造战船由督、抚、提、镇委副将、参将会同文职道府领价督修,委都司协同文职府佐筹办船料,负责修造。如系将军标下战船,则委参领以下官同领同办。这种措施是想通过文武官员同领同办,互相监督,以改变文职承修不能如式的积弊,结果仍是毫无成效。不改变战船的修造体制,战船的质量显然无法保证。战船质量的提高依赖于一种不断改良的机制。这种机制应当是修造者的经济利益与战船质量相一致,即随着战船质量的不断改良,经济效益相应增大。倘若承修者的经济利益与其质量的改良相矛盾,即经济利益的获取量决定于从额定经费中抽取的份额大小,那么,贪污中饱、偷工减料自然难以避免,战船质量的变劣是必然的。

---

[1]　浙江水师提督李长庚在与蔡牵海战时,被炮伤致死。

[2]　程含章:《上百制军筹办海匪书》,《皇朝经世文编》卷八五,中华书局,1992 年影印本,第38 页。

第二,战船的篷、索、碇、舵、桅木"宜加料制备"。他说,战船的修造按制度规定应由承修官负责,每艘战船的修造费一定。在这种情况下,承修官只考虑如何把修造的船只送出厂,对于战船在海洋上的行驶安全不负责任,不考虑损坏后如何迅速修复,不提供备用的篷、索、碇、舵、桅木等附件。结果是,战船在海洋上行驶,"一船折桅,全军失色,虽贼船唾手可得,亦必舍而收港"。返回军港修理后,几天已经过去,战机自然失去。他的建议是:"应请于篷缆碇舵,加料制备,每船并多给篷席绳缆一副,以备不虞。灰麻钉油等物,事事宽为预备。其头大桅尤关紧要,即不能全用坚完大木,亦须帮镶结实。此皆官兵性命所系,不可以为细故而忽之也。"[1]此处说的虽是战船配件,反映的仍是修造制度本身问题。

第三,战船数量不足。"查现在米艇共百二十号,原不为少。无如盗首乌石二、乌石大匪船不下五六十号;郑一已死,其头目张保最为猖獗,匪船不下百余号;东海八阿婆、带香山二匪船各三四十号;金姑养已死,其头目老蓝带领其众与总兵保大炮腹匪船各一二十号;共计匪船不下三百余号,其余零星小匪尚不在此数,我师未免单弱矣。"因此,应添造战船,使米艇总数达到180只,同时雇用一批民用红单船,分为四路,在广东洋面兜剿,"不论贼逃远洋、近洋,紧紧追蹑,使其船不得燂,水不得取,薪米不得买备,而我以宿饱之师,更番叠战,不过数月,贼党必散,贼首可擒矣"。程含章对于打造大型坚固的战船没有迫切要求,他试图通过数量的增加来实现官兵的战略优势。

第四,"战具宜逐件精良"。他认为海洋作战以炮为主,武器越精良越好。兵法云:"器械不利,以其卒予敌也。"程含章说,海盗船上的大炮重者达到四五千斤,"我师之炮大者不过二三千斤,势不如贼",所以应当研制新的武器。建议制造一种大口径火炮,装入铁钉铁片,增加近距离接战对人员的杀伤力。他认为,海洋作战以火船焚烧敌舰是无效的,不如使用火罐、喷筒。"查贼船火罐受药五六斤,喷筒大径四寸余,长八九尺。我师火罐受药不过二三斤,喷筒不过径寸,长不过二三尺,何以胜贼!""应请制造亦如贼式,罐筒之中加辣椒、川乌、斑茅虫等末。毒烟所到,贼已昏倒。惟制造须密,勿使泄漏。更有火桶、火斗二物,受药愈多,火焰愈烈。须令军士多为预备,逼近贼船时携上头桅,奋力遥掷。火罐亦须上桅方能及远。三者之用,死生胜败决于须臾,必习练精熟,方能先发制人"。强调先进武器在战争中的重要作用是正确的,但他仍停留在近距离接舷战的经验阶段,对于远距离作战的西方火炮技术

<hr />

〔1〕 程含章:《上百制军筹办海匪书》,《皇朝经世文编》卷八五,第39页。

缺乏了解。

　　上述四项关于战船质量问题的讨论,尤其是第一、二两条所涉及的仍是战船修造制度的流弊。这种流弊在战船改造时期(1789—1809 年)没有得到认真纠正,此后依旧严重存在。嘉庆、道光年间,以英国为主的西方殖民者正在紧叩中国的大门,中国面临的海防威胁日渐严重。而战船修造弊端如旧,每遇修船,"武弁索取分肥,半归私囊",文官则冒领中饱,不能如式制造。"官设水师米艇,每艘官价四千,已近洋艘五分之一,层层扣蚀,到工又不及一半"。[1] 到鸦片战争时,各地战船大都朽坏,不堪使用。清廷这才承认,"沿海向备战船,原以为巡哨御侮之需,近来各省多半废弛,不能适用,是以海氛不静,御寇无资"[2]。不仅难以完成抵御外侮的任务,就连维持中国的海区治安也十分困难。1839 年给事中袁玉麟说:"国家设立水师原以巡哨洋面捍卫海疆,乃近来各省渐形废弛,以致在洋被劫之案层见叠出,而各处缉获者甚属寥寥。"[3]

　　黄爵滋在《查验战船草率筹议赶紧修造疏》中说:"御史杜彦士奏称:'沿海水师设立战船,原为巡哨洋面,捍御海疆之用。闽省战船大小二百六十六只,近来水师营务废弛,额设战船,视为无用,风干日炙,敝坏居多,或柁折桅倾,或篷樯缆断,间有稍加修理者,不过涂饰颜色,以彩画为工,其实皆损坏堪虞,难供驾驶。'推原其故,盖由战船例归文员修理,工竣之日,即由武弁接收。近来武弁索取陋规,有加无已,文员所领修费,不足以供其需索,一切船工,不得不草率了事。又或该文员惮于赔累,往往当前后交代之际,互相推诿,时日稽迟,即如兴泉永道修船是其专责,竟有离任数年,而战船尚未修竣者,闽省如此,他省恐不免亦蹈此弊。"[4]人们这才意识到,"额设之战船例价甚轻,监造者不肯赔累,板薄钉稀,一遇风涛颠播(簸),必至破坏,不堪适用"。[5] 因此主张,造船之法,应当宽以岁月,恃以实心。"无惜重赏,无拘文法"。[6] 有的沉痛指出:"国家武备极弛,年来浮慕节省之名,不究实际之用。器以节省愈恣苦窳。今何时哉!技不精,胆不壮,驱使入阵,空杀无辜,是以国侥幸也。目今军需修造悉照旧估,不妨宽其值以尽其用。估务充,不务俭;器贵精,不贵多。庶几制一器,获一器之用……器成无用,并给造之资尽置无

　　〔1〕　魏源:《圣武记》下册,世界书局,1936 年,第 545 页。
　　〔2〕　奕山:《制造出洋战船疏》,见魏源编《海国图志》卷五三,第 14 页。
　　〔3〕　刘锦藻编:《清朝续文献通考》卷二四四,兵考六,总 9705 页。
　　〔4〕　《查验战船草率筹议赶紧修造折》道光二十年三月二十七日,《黄少司寇奏疏》卷一二,台北:文海出版社,1986 年影印本,第 94 页。
　　〔5〕　方熊飞:《请造战船疏》,见魏源编:《海国图志》卷五三,第 3 页。
　　〔6〕　《筹办夷务始末》(道光朝)卷五八,第 2273—2274 页。

用之地,所谓惜小弃大,掩耳盗铃。"[1] 这些批判已经触到了战船修造的要害问题,即制度本身的弊端,"无惜重赏,无拘文法"的呼喊,是要求改革不合理的战船修造制度。至于如何改革,则是鸦片战争后人们深入思考的问题。

总之,从 1789 年到 1809 年中国东南沿海发生了海防危机。这次海防危机为我国的战船改造提供了契机。由于当时沿海各省战船大都朽烂,不堪使用,为了对付海上的敌船和盗船,各省先后对战船进行了初步改造。当时的战船设计者主要考虑的是近岸浅海作战,模仿的是一般民船,改造的新型战船规格仍然很小,这说明当时的统治集团,对于即将到来的更大的海防危机缺少敏感性。吴熊光虽然提出了建造适宜远洋作战的舰队计划,但不为统治集团所接受,中途夭折。鸦片战争时,中国水师缺乏与英军在海上对抗的大型战舰,有制度上的原因,也有认识上的严重失误。在对战船实行改造时,由于对战船修造制度的弊端缺乏清醒的认识,虽对官僚主义的管理方法和内部贪污、偷工减料有所批判,但未能踢开旧的制度,建立一种良性的战船修造机制,结果是重蹈覆辙。鸦片战争时战船大都失修,"不堪使用"。失去了战船,就失去了海上作战的机动性;失去了海上机动作战能力,被迫专注于岸防,便处处被动挨打。

第三节　第一次鸦片战争时期清军
机动作战能力的丧失

有人说,中国是世界上较早建立海上武装的国家之一,其发展水平几乎一直居于世界领先地位,只是到了近代才处于落后挨打的地步。这话并不准确。确切地说,至少从清初开始就逐渐失去了这种优势,到后来差距越拉越大,鸦片战争中的被动挨打局面早就造成了。为了使读者了解鸦片战争之前中国的海防空虚和战船落后状况,这里有必要先介绍一下主要对手——英国的海上力量,以便于对比判断。

一、中英战舰规模与技术之比较

18 世纪的欧洲军舰虽然同样处于帆船时代,而造船工艺水平却相当高。各种海船、军舰已采用以舵轮带动滑轮操纵船舵的技术,改变了过去那种靠人力在

---

[1]　俞昌会:《防海辑要》卷一六,"兵器",第 67—68 页。

整个甲板宽的地方大幅度转舵的笨拙方法,从而提高了军舰、海船的机动性能,减少了舵手人数;老式木壳战船因船底附着海洋生物而降低了速度,采用了以铜皮包裹船壳技术后,可以防止海洋生物的附着,从而提高了航速;随着造船工艺的提高,装有纵帆设备的高大的船楼淘汰了,军舰降低了重心,航行更安全,航程更远了;船帆技术改进也很大,艏部纵向三角帆和桅杆之间的支索帆比仅仅采用横帆航行起来更能吃风。横帆因增加了翼帆,使驱动力得到加强。满帆时,一艘大型帆船可以挂起 36 面帆,以十节的航速破浪前进(每节约合 1.852 公里)。18 世纪军舰最明显的改革之处是,在甲板下面安装了一排排威武的大炮。一艘 200 英尺长的军舰,在巨大的舰体上下三层安装了多达 100 多门大炮,每发炮弹相当于一个人头大小,单舷火炮齐射,一次可以射出半吨炮弹(图三六)。18 世纪的西方海战

图三六　英国的三层甲板船(虎门镇第一次鸦片战争博物馆藏)

技术也有很大进步。战列舰正如它的名称所表示的那样,有其独特的作战方式。它们的炮火十分强大,射击目标十分集中,在大型海战中列成纵队进行炮战。为了便于海洋作战指挥,发明了旗语通信方法。英国依靠战列舰线型战术,保持了100 年海上霸主地位。后来,英国又果断地抛弃了线型战术,采取集中优势舰队实施分割包围的战术,赢得了一系列重大战役胜利。[1]

"魔鬼的武库",历史学家曾经这样描绘 18 世纪的欧洲军舰。军舰威力表现在一个小时内最大的军舰可以发射出 30 吨炮弹,如此坚持作战可以达到数小时。英国皇家海军根据战斗力的大小,将其军舰分为六个等级。第一、二、三级军舰的火炮最少为 64 门,多者为 120 门。这三级军舰具有强大的杀伤力,被称为战列舰;第四、五、六级是一些比较小的军舰,按其任务被称为护航舰、警卫舰、运兵船、军需船等。英国共有 12 艘一级军舰担任舰队旗舰,定员 825 人,它的长度有 206 英尺,携带各种火炮 100 多门,每艘一级军舰的造价高达 100 万英镑。二级军舰比一级军舰规模略小,全长为 195 英尺,装备有 90—98 门火炮。三级军舰装备 64—80 门火炮,船上定员为 490—720 人。1805 年英法在特拉法加海战中共有 175 艘主力舰,其中 147 艘为三级军舰。四级军舰全长为 150 英尺,定

---

〔1〕　〔德〕H·帕姆塞尔著,屠苏译:《世界海战简史》,海洋出版社,1986,第 72 页。

员 350 人，双层炮甲板，装有 50—56 门火炮，这种军舰每艘造价为 26 000 英镑。[1] 五级军舰，全长为 130—150 英尺，定员 250 人，这类军舰主要用于巡航和攻击商船，不参加正规的海战。六级军舰长 125 英尺，是一种单桅纵帆军舰，主要用于通信和护航，每艘造价为 1 万英镑，定员 195 人（图三七）。[2] 鸦片战争时，英国的海军不仅拥有上述众多的大型帆船战舰，而且拥有吃水浅的铁甲轮船，例如"复仇女神号"是当时新式的战船。这种轮船可以在深海行驶，也可以在内河航行，由于动力充足，在无风时还可以牵引大型帆船。[3]

现在我们来比较一下中英战船。此处以广东最大的战船大米艇为例。数量共有 17 只，每艘长度为 95 尺，阔 20.6 尺（折合 104 英尺长，22.6 英尺宽），载重量为 2 500 石（约合 150 吨），造价为白银 4 386 两，约折合 1 100 英镑。[4] 这样的战船规格、造价与英国的战列舰根本不能相比，即使与仅用于通信和护航的第六级军舰相比，差距仍然很大，也就是说，中国战船在英国根本无法列入战舰行列。就质量来说，英国的战舰胁木有 2 英尺厚，水线部分以下全用铜皮包裹。而中国的战船板厚一般只有 1—3 寸，本来已经够薄了，又经过偷工减料的处理，以致"板薄钉稀"，且不说驰骋远洋，连浅海会哨都不堪使用。英国的军舰可以张挂数十面船

---

〔1〕　例如 1794 年英国皇家海军"狮子号"担任东印度公司的护航任务。该船排水量为 775 吨，装备 64 门火炮，水兵船员 400 人。这种军舰应为四级军舰。

〔2〕　例如，在英法海战中立下汗马功劳的"胜利号"军舰。这是一艘一级战列舰，共有三层甲板，装备 102 门火炮，可以发射 12—32 磅的炮弹。单舷炮齐射，一次可以射出半吨重的炮弹，共装 35 吨火药和 120 吨炮弹。从舰首到舰尾全长 226 英尺，舰宽 51 英尺，排水量为 3 500 吨。军舰的龙骨全用榆木制成，其他部分使用橡木。舰胁木材的厚度为 2 英尺。制作舰胁和甲板共用去 2 500 棵树，这相当于 60 亩森林的取材。舰舵和水线以下的舰壳全用铜皮包裹。它共有三根主桅，其中最高的一根高于水线 205 英尺，桅上共有 36 面帆，风帆的总面积约有 4 平方英里，可以 10 节速度乘风破浪前进。（［美］A.B.G.惠普尔著，秦祖祥译：《英法海战》，海洋出版社，1986，第 150 页）

〔3〕　E. Archibold: *The Wooden Fighting Ship of the royal Navy*, pp.66－98.

〔4〕　嘉庆时期中国白银 1 两可以兑换大约 60 便士，12 便士等于 1 先令，20 先令合 1 英镑。当时在中国海面行驶的英国一般商船造价约为 5 000 英镑，所以广东大米艇的造价相当于外国商船的五分之一。"官设水师米艇，每艘官价四千，已近洋艘五分之一"。（刘锦藻编：《清朝续文献通考》卷二四四，兵考六，总 9705 页）

帆,以 6—10 节速度航行。并且采用轮舵装置,一人便可灵活掌握战舰方向。中国战船依然是双桅纵帆,尚未采用轮舵装置,继续使用那种依靠七八人在甲板上大幅度用力转舵的方法。中国战船小,按道理应当行驶灵活些,但由于造船工艺落后,与外国军舰相比,反而显得相当笨重。

1846 年,英国东印度公司秘密在广东私自订购了一艘特制的超大型的中国战船,他们称其为"耆英号"。"这艘平底船载重量在 700 吨至 800 吨之间。它的整体规模是长 160 英尺,最宽处达 33 英尺,船舱深度为 16 英尺。它是用最好的楠木建造的。而且,跟欧洲的建造方法相反,它的船板不是靠钉子将它们钉在一起,而是靠楔子和榫子来加以固定的。它有三根用铁木制成的桅杆,主桅杆是一根高达 90 英尺的巨大木柱……船上的帆用的是厚长的编席,每隔 3 英尺就有一根坚固的毛竹制成的肋状支撑物,而且它们是用一根粗大的用藤条编织起来的绳子来进行升降的。主帆的规模十分惊人,重达 9 吨,需要所有的船员花费两个小时才能将它升起"。至于船上的舵,"它是用铁树木和楠木包上铁皮制成的,其重量约 7.5 吨到 8 吨。舵上穿了许多菱形的孔,并可达到船底之下 12 英尺处的深水。由于船尾翘得很高,人们可以根据水的深度来升降船舵。由于这个缘故,船的吃水深度可以在 12 至 24 英尺的范围内进行变化……当船舵被降到最深处时,就需要有 15 个人的力量来掌舵。即便是这样,人们还是可以从它升降杆上的轴辘和滑轮中得到助力,否则就需要 30 个人的力量来掌舵了"。[1]应当说这一艘船代表了 19 世纪中叶中国的造船技术水平。风帆为典型的巨大的席帆,船舵尚未采用舵轮技术,主要靠人力来掌舵。

鸦片战争时,在前线指挥作战的中国将军对于中美两国的战船作了这样的对比分析。"该兵船分上下两层,安设大炮四十余位,均有滑车演放,推挽极为纯熟。其尤灵便处,中间大桅及头、尾桅均三截,篷亦如之,设遇风暴,即将上截桅篷落下,较之我船桅系整枝,尤觉适用。譬如北风,若行船自南而北,即系顶风,谓之折戗,我船迟笨,戗驶行似梭织;夷船转篷灵便,戗驶略偏风而行。我船向用木碇棕绳,若遇急流巨浸,下碇不能抓地,该夷船碇纯用铁造,尤为得力"。[2]美国的军舰与英国的属于同类水平,这个对比分析,较准确地找到了双方战船工艺水平的差距。

火力对比,中国战船劣势更为突出。大米艇配兵 60 名,装配的铁炮应有十

---

〔1〕　沈弘编译:《遗失在西方的中国史——〈伦敦新闻画报〉记录的晚清 1842~1873》(上),北京时代华文书局,2014 年,第 64—65 页。

〔2〕　奕山:《制造出洋战船疏》,《海国图志》卷五三,第 17 页。

七八位,通常情况下只有十余位,此外还有火罐、喷筒、藤牌、鸟枪等军器,这些装备全置放在甲板之上,战兵作战缺乏掩护。60 名水兵中掌舵者需要七八人,管头椸帆者八九人,管大椸帆者需要 10 余名,除去指挥员等,真正的战兵只有 30 名左右。英国的战舰大者装备 120 余门火炮,小者装备 60 余门,就是非战列舰也装备数十门火炮,由于英国对于火药燃烧、弹道、初速等方面进行了科学研究,所以他们的火炮射程远,威力大,不仅有实心弹,又有爆破弹和霰弹,可以针对不同目标,发射致命的炮弹。他们的滑膛燧发枪本来就比中国的火绳鸟枪有效得多,而在鸦片战争时正被采取击发装置的滑膛枪代替。英国海军水兵炮手训练又非常严格,射击速度达到平均每两分钟发射三发炮弹,程序包括装入火药包,放入炮弹、瞄准开炮、清理炮膛,再装入火药包、炮弹等。大炮也采用了燧发点火装置,淘汰了火绳点火法。尤其是火炮全部装在上下甲板之下,士兵得到安全掩护,整个战舰等于大型活动碉堡。在海战中大船坚船加上火炮优势,必定十分有利。

与英国军舰相比,中国的战船武器装备太差,实力过于悬殊,几乎没有任何抗衡能力。吴淞战败后,牛鉴奏称:"署游击张蕙,左臂受火箭重伤,于嘉定途次晤臣面称:该夷大兵船连椸高有数十丈,船身三层俱有炮眼,不见一人,其火轮等船,亦均不见一人,该游击与提臣陈化成督战时,连用大炮击中火轮船三只后艄。提臣以为可以沉没,阅时竟安然无恙。我兵用炮击中大船正身,反将炮子碰回,毙我守炮之兵,提臣见此光景,顿足长叹,自言事不可为,俄而被炮子击中左臂而毙。"[1]战时人们认识到:"不敌之势悬殊,即挂网张革,亦仅为避炮计,非能以制胜也。"[2]1840 年秋天,黄爵滋在奏报中说:"查各省水师战船均为捕盗缉奸而设,其最大之船面仅宽二丈余,安炮不过十门;夷船大者载炮竟有数十门之多。彼此相较,我船用之于缉捕则有余,用之于攻夷则不足,此实在情形也。"[3]鸦片战争之后,冷静的比较才有了可能,人们认识到中国船炮的劣势。"盖夷炮、夷船但求精良,皆不惜工本。中国之官炮、之战船,其工匠与监造之员,惟知畏累而省费,炮则并渣滓废铁入炉,安得不震裂?船则脆薄窳朽不中程。不足遇风涛,安能遇敌寇?"[4]此时望洋兴叹,徒唤奈何!

二、第一次鸦片战争机动作战能力之丧失

对于中国的武备废弛、海防空虚和战船性能低劣,不堪一击,英国人、法国人

---

〔1〕《筹办夷务始末》(道光朝)卷五一,《牛鉴又奏宝山接仗及防守崇明情形片》,第 1938 页。

〔2〕俞昌会:《防海辑要》卷末,《约言》,第 1—6 页。

〔3〕黄大受辑:《黄少司寇(爵滋)奏疏》卷一六,台北:文海出版社,1986 年影印本,第 146 页。

〔4〕魏源:《圣武记》,附录《武事余记》军政篇,中华书局,1984 年,第 545 页。

早就注意到了(图三八)。1742 年,安逊司令官认为用他的"百人队长号"战舰可以不费吹灰之力,摧毁中国沿海可以集中的所有战船。1787 年,一名法国军官在写给其海军部的信件中说:"用四艘战舰和几只补给船在吕宋岛供给,就可以把中国海军击垮。"[1]英国人选择了海洋,中国皇帝始终认为自己的优势在陆地。前者按海洋民族的特点行事,想通过海洋控制全球;后者认为拒绝以朝贡国的名义来华贸易是落后的蛮夷,是入侵者。前者致力于大海的拓展,后者关注着自己的每一寸土地,冲突迟早要发生。马戛尔尼使节团来华未能促进双方的关系,他注意到中国的海防十分空虚,水师战船不堪一击。他这样写道:"英国

图三八　第一次鸦片战争时期中国的主力战舰(《遗失在西方的中国史》上卷,北京时代华文书局,2014 年,第 19 页)

[1]　转引自[法]阿兰·佩雷菲特《中国的保护主义对应英国的自由贸易》,载《中英通使二百周年学术讨论会论文集》,第 42 页。

只要动用少许兵船,就能远胜中华帝国的整个海军,在不到一个夏季的时间里破坏中国的整个海上运输。"〔1〕通常人们在看到这段史料时,一方面注意英国的侵略性,一方面又批评其狂妄性。这里我们撇开其侵略目的,就战船的作战性能来说,基本上是不错的。

鸦片战争爆发前四年,外国观察者对于中国的海防状况和战船作了这样深入的评论:"中国的战舰庞大而笨重,像一堆木材,有着席帆、木锚、藤缆。船身的弯度颇大,船首平直,船尾没有企柱,但又格外高,并用金黄色与画图装饰着,中间开一大洞,使那个异常庞大的木舵能够于天气不好时扯上来挡往船尾的大望台,但这样便相当削弱了船尾的效能;甲板上有守望台;船平底,吃水浅;船身红色或黑色;船首有凸出的大眼睛,整个样子正如尼克博克所描绘的戈德夫罗号船那样,在风平浪静中显得迷离恍惚,庞大笨重,这便是清帝国'第一等'舰队的外貌。他们之中没有一只超过 250—350 吨,一般只有大炮二门至四门,都安装在一固定的炮床上,使得它们像如前所述,除非在平静的海面上,否则就全无用处。不过,我们有时也看见负有特别任务的大战舰,架有六门大炮,以及在已故的律劳卑事件时,泊在澳门南湾炮台前的两只各架有八门大小不等的大炮,其中两门是旧式的铜制的野战炮,足足占据了舱面全部宽度,如果开起炮来,即使战舰不沉没,炮也会反撞到向后面舰舷侧面通道跌下海去。每舰的水手有四十人至六十人。至于载员多少,要看准备去对付的敌人是本国人还是外国人而定。武器包括枪矛,几把刀剑和大量石头。"〔2〕

总之,中英战船水平的悬殊差距在鸦片战争之前早已确定了,正是这种差距使得水师在战争时根本无法出海迎战英军,清军不得不自动放弃海上交锋的机会,被迫专注于岸防。这种由装备落后而限定的战略防御决策,实际上导致清军丧失了战争的机动性。英军凭借着强大的海军,横行于中国海面,忽东忽西,或打或走,任意选择战略攻击的目标,从容不迫地集结军队,调整部署,完全掌握了战争的主动权,因此也就决定了战争的进程。〔3〕 鸦片战争后,中国在总结战争被动挨打的教训时,便充分认识到失去战船的优势,缺乏强大海军的重要性。"夷畏我内河,专肆惊扰,声东击西,朝南暮北。夷人水行一日可至者,我兵陆行数日方至。夷攻浙,则调各省之兵以守浙;夷攻江则又调各处之兵以守江。即一

---

〔1〕 转引自张之毅《清代闭关自守问题辨析》,载《历史研究》1988 年第 5 期。

〔2〕《中国丛报》1836 年 5 卷 4 期,第 3 篇。

〔3〕 英国著名思想家弗兰西斯·培根(Francis Bacan,1561—1626)早在 17 世纪就说过这样的话:"握有海上霸权的一方是很自由的,在战争中它是可以随意的;相反的一方,即使陆军最强大的国家也会感受到极大的困难。"摘自《广学论》(*Advancement of Learning*)第 8 卷,第 3 章,《论帝国强大之路》。

省之中,而有今日攻乍浦,明日攻吴淞,后日又回扰镇海。我兵又将杂然四出,应接不暇,安能处处得人,时时守备!"〔1〕战争的教训明明白白告诉人们,必须建立强大的海上力量,"必须仿照夷船式样庶堪与该夷对敌"。于是才有了"师夷之长技以制夷"的呼声,以及"造舟之法,宽以岁月,恃以实心,无惜重资,无拘文法"的主张。而由于武器的技术背景不同,17 世纪中期郑成功可以把荷兰殖民者赶出台湾,18 世纪的前期清廷还可以用坚决的语气拒绝罗马教皇的要求,采取果断措施把传教士遣送出国境,那么,到了 19 世纪,当英国的军队大规模出现在中国的海岸线附近时,力量天平上的砝码已经明显偏于欧洲人一边。因为,当时中国的武器装备仍然停留在一二百年以前的水平上,而西方在此期间已经经历了工业革命。战争的结局似乎早在 200 年前中、英两国政府所制订的不同的海洋、海防政策及其实施过程中就已确定。在今天我们品尝鸦片战争中国失败的苦果时,必须对清代前期的海洋、海防政策以及战船兵器修造体制进行总体的深刻反省。笔者深感,冷静的比较与理智的分析重于激情的批评!

第四节　清代前期民船修造与管理

一、康熙时期关于民船的限制性规定

清代从一开始便把我国沿海行驶的商船、渔船纳入海防管理的对象。1655 年题准:"下海船只,除有号票文引许令出洋外,若奸豪势要及军民人等擅造二桅以上违式大船……正犯处斩,枭示,全家发边卫充军;其打造海船卖与番人图利者,为首,处斩;为从,发边卫充军。"〔2〕这是清代关于民船管理的最早条例规定,不许双桅以上大船自由下海,是担心沿海商人与郑成功的抗清武装接触。这与明代的禁令是一脉相承的。"官员军民人等擅造二桅以上违式大船,将带违禁货物下海,往番买卖,潜通海贼,同谋结聚,及为向导劫掠者,正犯处以极刑,全家发边卫充军"。〔3〕 1656 年,清朝关于民船的限制规定更加严厉,不许片帆下海入口,接着是 1661 年的禁海迁界令的下达。

施琅统一台湾后,清廷下令开海复界。开海之后,海上贸易盛况空前,"商

---

〔1〕 杨国桢编:《林则徐书简》(增订本),第 177 页。
〔2〕 光绪朝修:《钦定大清会典事例》卷七七五,《刑部·兵律关津·违禁下海》一,第 3—4 页。
〔3〕 冯璋:《通番舶议》,见《明经世文编》卷二八〇,中华书局,1962 年,第 2966—2967 页。

舶交于四省,遍于占城、暹罗、真腊、满剌加、悖泥、荷兰、吕宋、日本、苏碌、琉球诸国……凡藏山隐谷方物瑰宝,可效之珍,毕致阙下"。[1] 但是,对外商业的迅速发展,从一开始就有人担心出现海防问题。施琅从防患于未然的角度,主张对商船贸易加以适当控制。在他看来,沿海自由贸易是"丛杂无统"。内地积年贫穷,游手奸宄,实繁有徒,乘此开海,公开出入,恐至海外结聚党类。"臣以为展禁开海固以苏民裕课,尤须审弊立规以垂永久。如今贩洋贸易船只,无分大小络绎而发,只数繁多,资本有限,饷税无几,且藉公行私,多载人民,深有可虑"。他的具体建议是,"凡可兴贩外国各港门,议定洋船只数,听官民之有根脚身家不至生奸者,或一人自造一船,或数人合造一船,听四方客商货物附搭,庶人数少而资本多,饷税有征,稽查尤易";"其欲赴南北各省贸易并采捕渔船,亦行督、抚、提作何设法,画定互察牵制良规,以杜泛逸海外滋奸,则民可以遂其生,国可以佐其用,祸患无自而萌,疆圉永以宁谧,诚为图治长久之至计"。[2] 对于商渔船只出海贸易采捕加以管理、控制是必要的。在施琅看来,这样做既可以防止郑氏残余势力东山再起,又可以防止其他敌对武装力量的集结。他不无忧虑地说:"夫安不忘危,利当思害,苟视为已安已治,无事防范,窃恐前此海疆之患复见不远。矧兼水师船只刻限三年小修,五年大修。自征剿及渡载投诚伪官兵眷难民之后,多属朽坏搁泊,少当于用。穷弁不能拮据整葺,请修犹迟时日,而沿海新造贸捕之船,皆轻快牢固,炮械全备,倍于水师战舰,倘或奸徒窃发,藉其舟楫,攘其资本,恐至蔓延。盖天下之东南形势,在海而不在陆。陆地之为患也,有形,易于消饵;海外藏奸也,莫测,当思杜渐。"[3] 施琅对于水师战船失修、损坏表示忧虑,对于迅速恢复和发展的民船制造业优势表示担心。怕水师战船失去作战能力,民船技术发展超过水师的控制能力。

建议对出海的商渔船只进行管理,无论从治安的角度,还是从海防的需要,都是正常的。问题是如何管理?施琅只是建议控制出海商船的数量,担心民船性能优于战船,不利控制,并没有提出具体的控制方案。那么,清廷是怎样思考这个问题的呢?筹足军费,建造大型舰队,控制海疆,是积极的海防方案。清廷没有选择它。这是由于清初的军事制度是为适应满族贵族的统治而设计的,都是为了利用、防范和控制以汉族为主体的绿营兵,特别是三藩之乱后,清廷更加重了对汉族武装力量的猜忌心理。在统一台湾的战争中,由于八旗兵不善水战,

---

〔1〕 姜宸英:《湛园集》卷四,"海防总论",第43—45页。

〔2〕 施琅:《靖海纪事》,中华书局,1958年,第70页。

〔3〕 施琅:《靖海纪事》,中华书局,1958年,第71页。

不得不加强绿营水师力量,几度犹豫之后才最后选定与郑氏有杀父之仇的施琅作为统帅。台湾统一之后,又在弃守台湾问题上一度犹豫不决,内心深处仍然考虑的是能否实行有效的军事控制。施琅周旋于禁中十余年,深知清廷的政治猜疑心理,只能以裁撤水师兵力来化解其疑忌,没有也不敢提出加强水师力量的计划。不能以强大的海上武装力量来有效控制海疆,那么,只好以强制措施来限制民船的规模和技术了。施琅关于民船技术性能规模优于战船的失控担心在其他人身上也有同感。文渊阁大学士李光地之弟李光坡干脆提出了限制民船技术与规模的要求。他说:"凡采捕渔舟,只许单桅平底,朝出暮归,不许造双桅尖底,经月不返。"[1]清廷对于民船实施的一系列限制,均是为了便于控制。"虑其船大越出外洋",所以,从一开始就陷入了误区。他们不懂得民船的技术发展工艺进步可以为战船改造提供动力和条件,不是着眼于自身力量的发展和提高,而是想把自己的海防对象的造船技术永远限制在低水平的状态上。

开海贸易之初,按照清廷规定,只许"乘载 500 石以下船只往来行走"。并规定:"各处商船往东洋者,必由定海镇所辖要汛挂号;往噶喇吧、吕宋等处船出洋,必由澎湖、南澳所辖要汛挂号。"[2]1694 年,对于由国外归来的华商船只也做了限制性规定:"如坐去船只不曾损坏,造船带归者……商人照打造违式大船在海行走例治罪。"[3]此处的"违式大船"语言较为模糊,不知是指超载 500 石者,抑或是在规格上另有具体规定。就目前笔者查阅的史料看,关于商渔船只梁头限制规定始于 1703 年。这一年,闽浙总督金世荣提出了限制民船规格的具体要求。他认为,商渔船只规模越来越大,部分商人将大船卖给外商,渔船到远洋捕鱼,经月不回,虑其为匪,难以控制。金世荣请求对民船打造规模实行控制。

清廷对民船的规模进行了限制。海洋渔船只许单桅,梁头不得过丈,船工水手不得过 20 人,捕鱼不许超越本省海域。未造船时,先具呈州县,该州县讯供确实,取具澳、甲户族里长邻右当堂画押保结,方许兴造。造成之日,报县查验,所烙字号、姓名,并将船工水手一体查验,取具澳、甲长结,船户保结,然后给照。照内应将船户、舵工、水手年貌籍贯开列,以候汛口地方查验。如有违制,船户责四十板,徒三年,船只入官。承验之州县降三级调用,加级记录,不准抵销。舵工、水手如有越数多带,或诡名顶替者,船户责 30 板,徒二年;顶替之人,严究,如无

〔1〕　李光坡:《防海》,贺长龄、魏源编:《皇朝经世文编》卷八三,海防上,中华书局,1992 年影印本,2026 页。

〔2〕　黄任、郭赓武纂:《泉州府志》卷二五,泉州志编纂委员会办公室 1984 年据泉山书社民国十六年乾隆版补刻本影印,第 7 页。

〔3〕　《大清会典》(雍正朝修)卷一三九,《海禁》,台北:文海出版社,1991 年影印,第 8731 页。

他故,杖一百。汛口文武官弁盘查不实,亦降二级调用。内有夹带硝磺等物者,本船户即以通贼论,拟斩。舵工、水手知情,同罪;不知情,责40板,流三千里;里甲长、保结之人各责40板;取结之州县官、汛口盘验之文武官俱革职;如有贿纵情弊,革职,杖一百,流二千里。

关于商船的限制规定也同样严厉。商贾船只许用双桅,梁头不得过一丈八尺,舵工、水手不得过28名;一丈六七尺梁头者,不得过24人;一丈四五尺梁头者,不得过17人;一丈二三尺梁头者,不得过14人。兴造时,先具呈该州县,经查确系殷实良民,方许造船出洋。船户取具澳、里、甲各族长并邻右当堂画押保结,然后准其打造。造成之后,由该州县亲验梁头等项,并将梁头、舵工、水手一一查验,取具澳、甲长、邻右船户当堂画押保结,并将船身烙号刊名,方许给照。照内将在船之人详开年貌、履历、籍贯,以备汛口查验。如梁头过限,或多带人口,并诡名顶替,以及汛口盘查不实等,俱照渔船例,各加一等治罪。[1]

上述关于民船规模、人数的限制规定,根本没有考虑商人、渔民的利益和安全,纯粹是消极性防闲措施,而一经公布,一些官员为迎合清廷旨意,又进一步采取极端行为。1705年,两广总督郭世隆以广东洋面多盗,需要严加整顿为由,下令将大型渔船全部拆毁,"改为梁头不得过五尺,水手不得过五人,舱面不许钉盖板,桅止用单"。[2] 这种规定虽未奏明,相沿而为广东成例,"然渔民实不能遵,船身仍私造宽大,盖板仍用。惟地方文武兵役得借违式需索。文职丈量则有茶果票规,武职口岸查验则有季规、月规,即地方头人、土棍亦勒馈送。稍不如意,俱得以违式惩之,渔民不敢不应,逐日涉深临险,辛勤采捕,半归众饱一旦"。[3] 商船规模小,不利冲风破浪,既影响运输量和远洋航行,又不安全;渔船规格狭小,没有盖板御浪,只能在近岸浅海捕捞,从而减少了海产品数量;海洋运输利益和海产数量均受严重影响。在封建专制政体威压之下,商人、渔民不能以合法手段表达自己的利益要求,只好以纳钱的方法,使官员放松管制。商人在打造船时,仅求梁头合于一丈八尺,"而船腹与底或仍如旧"。对渔船的限制过严,根本无法遵守,"私造宽大,盖板仍用"。文武官员面对不合理的规定和商人、渔民的抵制,好者采取睁一只眼闭一只眼的方法,应付了事;不肖者借机敲诈勒索,哪管百姓死活。

---

〔1〕 卢坤、邓廷桢等主编:《广东海防汇览》卷一六,船政五,第2—3页。
〔2〕 《雍正朝汉文朱批奏折汇编》第三册,第144号。
〔3〕 《雍正朝汉文朱批奏折汇编》第三册,第144号。

1707 年,闽浙总督梁鼐对于这种消极措施提出了异议。他说:"商船不许过大,虑其越出外洋,或至为匪。然船大则商人之资本亦大,不肯为匪,且不容无赖之人操驾。自定例改造,所费甚巨,皆畏缩迁延。其现已改造者,仅求合于丈有八尺之梁头,而船腹与底或仍如旧,是有累于商,而实无关海洋机务。"[1]在他看来,对商渔船只实行保甲制度。"一船为匪,余船连坐",就能防止海患。康熙帝接到梁鼐奏议,认为合理,遂令大学士讨论弛禁。梁鼐奉旨召对,又奏渔船不单单用于捕鱼,有时也运输货物,"不用双桅,难以出洋"。[2] 清廷因此议准:"福建渔船桅听其用双、用单,各省渔船止许用单桅。欲出洋者,将十船编为一甲,取具一船为匪,余船并坐连环保结。"[3]到此为止,商船暂时解除了关于规模的限制,很快在沿海就有了较大规模的商船。例如,1719 年,出使琉球的使臣便在宁波雇用到了长 10 丈、宽 2.8 丈、深 1.5 丈的大商船。[4] 渔船方面,只有福建争得了桅杆"听其用双用单"的权益,广东、浙江、江南、山东等省的渔船仍被限制在单桅的水平上。

从 1707 到 1716 年,清廷关于民船的管理比较宽松,基本上放弃了关于民船规模的限制。这种宽松的政策在 1717 年初开始发生转变。起因是清廷认为商船出海的多,归来的少,以及大米大量出口,担心在海外形成反清基地,害怕出现类似郑成功那样的武装集团。在这种情况下,清廷令兵部会同广东将军管源忠、闽浙总督满保、两广总督杨琳共同讨论,拿出禁止南洋贸易的方案。会议的主要决定是:重申以前曾经采取过的限制措施。新的内容是关于出海人员口粮的限制:"嗣后按其海道远近、船内人数多寡、停泊发货日期,每人每日准带食米一升,并准带余米一升,以防风信阻滞。出口时,守口文武逐一查验明白,方许放行。如越额多带,盘出,将米入官,船商治罪。"[5]限制民船口粮,一是为了防范商船前往南洋贸易,渔船到远洋捕鱼;二是防止内地粮食输出引起饥荒与接济海盗。一个始终强调农业为国本的封建国家,始终把丰衣足食看成是政治最理想的目标。它的基本政策当然是把粮食消费限制在国内,防止饥荒的出现。为了这个目标,国家机关随时使用超经济强制力以限制商品粮的发展。封建时代的大多数政治家、思想家总是把农业、商业看成是本末的矛盾关系,看成是彼消此

〔1〕 蒋良骐:《东华录》卷二二,第 332 页。

〔2〕 同上。

〔3〕 卢坤、邓廷桢等主编:《广东海防汇览》卷三三,方略二二,第 9 页。

〔4〕 周煌:《琉球国志略》卷五,台北:文海出版社,1985 年影印本,第 332 页。

〔5〕 张伟仁:《中央研究院历史语言研究所现在清代内阁大库原藏明清档案》第三十九册,B22301,《康熙五十六年兵部禁止南洋原案》。

长的冲突关系,总是强调重农抑商或重本抑末,不懂得商业的发展与农业的进步是一种相辅相成的关系。

限制民船运销米粮,除了防止饥荒之外,另一个目的是防止"接济海盗"。按照清代政治家的观点,海盗活动在海上,依赖于民船供应的淡水和粮食,"断其接济",海盗在海洋上无法生活,海患自然可以消弭,所以,一直把"断其接济"视为对付海盗的主要手段。我们不否定这种措施有一定合理性。问题是对商船口粮管制,限制了商船的远洋航行能力,起着阻止中国对外贸易发展的作用,同时也束缚了渔民的手脚,无法到深海远洋捕鱼,渔业生产从而受到严重伤害。"商船宁可稀少",这一错误思想观念体现在兵部禁止南洋原案的各条措施中,中国对外贸易再受严重挫折。不仅南洋贸易明令禁止,东洋贸易又加上了条条绳索。18世纪中国的商船在外受到西方殖民者的限制和排挤,在内受到国内政策的压制和摧残,困难险境重重。

二、雍正时期关于民船修造的各种限制性规定

兵部讨论禁止南洋贸易,没有涉及民船规模问题,但几年之后,这个问题引起了反复争论。1722年,新皇帝登基以严猛治天下。就在这一年,礼部尚书赖都献策禁造远洋大船。在他看来,海洋多盗由于贸易船多之故,停止海外贸易,就可以绥靖海面。为此,他建议说:"臣愚以为嗣后禁造贸易洋海大船,惟现在船只准其贸易,则外国之物得通,而海内盗贼可少,将来似有裨益。"[1]建议禁造远洋大船,事实上等于要求停止对外贸易。尽管赖都声称仍准现在船只贸易,试想若干年后,这些船只全部腐朽之后,没有了远洋大船,还有什么对外贸易。

雍正时期关于限制民船规模的讨论,首先是从广东渔船开始的。雍正帝即位不久,正白旗汉军副都统金铎条陈说,广东的拖风渔船规模大,可以冲风破浪,恐生奸猾,建议全部拆毁。两广总督杨琳认为,渔船规模过小,不利捕鱼。梁头稍加宽大,以利渔民在海上作业。廷臣认为,宽其梁头恐渔民深入远洋,复行贩米接济海盗。应照1705年郭世隆所定规模,梁头不得过五尺,越小越好。雍正皇帝一时拿不定主意,批交新任两广总督孔毓珣奏议。孔毓珣了解滨海情况后,态度鲜明,赞成杨琳的意见。在他看来,消灭海盗,主要方法应是岸上严密保甲制度,慎密稽查,"实不在乎渔船之大小。若因船大恐易为盗,即小船出海夺坐

---

[1] 《礼部尚书赖都奏请禁造远洋大船折》,第一历史档案馆编《康熙朝汉文朱批奏折汇编》第八册,第3094号。

商船,夫尝不可为盗。势必并小船禁止而后可,似非探[本]究源之论"。[1] 拆毁大船将造成渔业生产的重大损失,"惠、潮二府渔船地近福建,洋面广阔,梁头俱宽,或八尺、九尺、一丈不等。此二府内约有渔船三千余百只,如一概拆毁,穷民势难重造。即废一年生业,如重造过小,亦不能出洋捕鱼"。他提出了一个妥协建议,梁头稍宽其大,但不得过九尺,水手不得过九人,舱面许用盖板,仍用单桅,每人每日止许带口粮一升,余米一升,"庶船大可以放心捕鱼"。这些建议尽管只是部分放宽限制,但毕竟关心了渔民生产生活,较之金铎单纯强调治安控制,不顾民生困难,显然是较为开明的。孔毓珣的奏议送达御案后,雍正帝认为此论不当。强调禁海宜严,余无多策。"尔等封疆大吏不可因眼前小利,而遗他日之害,当依此论,实力奉行"。[2] 谕令广东执行渔船不得过五尺,舵水手不得过五人的廷议方案。

清廷既然决定继续维持广东渔船梁头不得过五丈的所谓成例,于是就有人建议进一步加以限制。1726 年,广东碣石镇总兵陈良弼奏请限制民船帆篷的规格,他说,滨海居民以海为田,采捕是其常业,无如渔船一出,奸弊丛生,出海行劫,交通接济。海盗必藉渔船而出,必藉渔船登岸。"是以欲弭海盗,先严渔船。议者谓禁绝渔船而海盗自靖。夫边海以渔为生,禁之,是绝生路也。然不设法以绳之,是纵奸也。绝其生路,势所不能;纵其奸毒,法所不可"。在这两难中,他选择的不是积极发展渔业生产,安定民生,从根本上杜绝海盗的发生,而是愚蠢地要求限制渔船的航海能力。在他看来,梁头不得过五尺的限制并不能完全限制渔船的规模,"不知梁头虽系五尺,其船腹甚大,依然可以冲风破浪"。因此他建议同时限制渔船风帆:"请议定其风篷止许高一丈、阔八尺,不许帮篷添裙等项。如有船篷高阔过度,即以奸歹究治。如此则风力稍缓,足以供其采捕之用,而不能逞其奔逐之谋。哨船追之而可到,商船避之而可去。且其桅短篷低,行驶迟慢"。[3] 以为如此这般,便可以消除海患。

同年十月,广东巡抚杨文乾奉令奏议控制渔船问题。他提出的限制条件更加严苛。在他提出的八条措施中有两条颇为奇异:一是"网缯大船得以久出站洋,虽因口岸稽查不严,亦由各船首尾高尖,可耐风涛。应请嗣后成造此等大船首尾不许高尖,梁头不许过八尺。其从前违式者,限以三年内改造合式,至各种

〔1〕《两广总督孔毓珣奏遵旨议覆渔船梁头管见折》,《雍正朝汉文朱批奏折汇编》第三册,第144 号。

〔2〕《两广总督孔毓珣奏覆广东渔船事宜折朱批》,《雍正朝汉文朱批奏折汇编》第十二册,第5 号。

〔3〕《广东碣石镇总兵官陈良弼奏请海疆事宜折》,《雍正朝汉文朱批奏折汇编》第七册,第15 号。

小渔船,若装钉盖板、披水便可抵御风浪。今请成造小渔船梁头总不得过五尺,不许擅装盖板,私用披水。从前凡有擅用者,尽行拆去,庶致盗之源可以永塞";二是"船只出洋必藉淡水以为饮食。出口之后,米粮尚易购求,惟淡水无处寻觅,是以大船站洋必带大水柜盛贮数日饮用淡水,以为久留海面之计。今请严禁私带大号水柜,并不许擅带大篷,以致乘风无阻"。[1] 杨氏认为必须对渔船的航海性能进一步加以限制,除了梁头不得超过一定规格外,还要规定不许"首尾高尖",不得装设盖板、披水,不许高桅大篷。最为荒谬的是限制淡水,不许私带大号水柜。总之一句话,就是把渔船限制在最简陋水平上,只能在近岸浅海缓缓行动作业,完全置于水师官兵的监督之下。这种荒诞的观点,丝毫不顾渔民利益,一旦作为政策长期实施,必定造成灾难性的后果。杨文乾的奏折投合了皇帝以严猛绳天下的脾气。雍正帝当即批交两广总督孔毓珣详议具奏。这个朱批奏折返回广东之后,孔毓珣见木已成舟,虽有不同意见,也只能复奏表示照办。

到此为止,清廷关于渔船出洋捕鱼的限制规定已达到了最严苛的程度,可谓防闲之法无以复加。这种防闲之法虽然可以暂时加强对渔民的监控,苟安于一时,但它破坏了中国的渔业生产力和生产工具,使渔民生活更加困顿,社会治安更趋混乱。官方严格限制民船的规模和技术性能,意在保持战船的相对优势,便利追捕,结果是扼杀了中国的造船业。近代航海技术和造船业是在国际激烈竞争的形势下发展进步的。没有竞争,就没有发展,即使有发展,也相当缓慢。中国处在欧亚大陆的东部,沿海几乎没有强大的敌对国家,本来就缺乏国际竞争对象,又用强制手段限制民船制造技术、规模和已有的航海性能,必然使民船制造技术处于停滞或退化状态。至于渔业生产的损失,那就更是无法估量了。

大致说来,1717 年以前对于出海贸易的商船携带防止海盗袭击的自卫武器没有加以限制。禁止南洋贸易后,清廷加强了对商船武器的控制。1719 年规定,"一切出海船只不许携带军器"。禁止商船携带军器,一是为了防止中国军器远销吕宋等华侨集中居住地方;二是便于师船在沿海地区的查缉活动。这一规定等于解除了中国商船的武装,一旦在海洋上遇到海盗袭击,只能束手就擒。17、18 世纪的海上贸易风险很大,海盗袭击时常发生,所以各国的海上船只大都携带着自卫的武器。禁止中国商船携带军器,也是一项十分愚蠢的决定。有识之士为此发出了抗议。

1724 年,蓝鼎元在《论海洋弭捕盗贼书》中分析道,海盗在海洋拦截商船,稍近则大呼落帆。商人自度无火炮军械,不能御敌,又船身重滞,难以走脱,闻声落帆,

---

〔1〕《广东巡抚杨文乾奏请海洋事宜折》,《雍正朝汉文朱批奏折汇编》第八册,第 222 号。

惟恐稍缓,不能不听任海盗劫掠。"但使商船勿即惶恐下帆,又有炮械可以御敌,贼亦何能乎?""此等有根有据之人岂不可信! 而必禁携枪炮使拱手听命于贼乎! 倘得请旨,勿为拘牵,弛商船军器之禁,则不出数月,洋盗尽为饥殍,未有不散伙回家者也"。武装商船以对付海盗袭击,应当是保护中国对外贸易和商人利益,消弭海患的有效办法之一。18 世纪初期,从西洋远航而来的商船大都携带着充足的枪炮,每艘炮位少则十余,多则数十,炮位大而射程远,比海盗的船只火力猛,海盗船只不敢靠近,便把劫掠的对象选在毫无自卫能力的中国商船上,劫掠极易得手。就在对渔船出洋限制达到无以复加之时,由于闽浙总督高其倬的奏请,禁止南洋贸易政策开始松动。1726 年,高其倬奏报沿海居民生活情况说:"福、兴、漳、泉、汀五府地狭人稠,无田可耕,民且去而为盗。出海贸易,富者为船主,为商人,贫者为头舵,为水手,一舟养百人,且得余利归赡家属。曩者设禁例,如虑盗米出洋,则外洋皆产米地;如虑漏消息,今广东估舟许出外国,何独严于福建;如虑私贩船料,中国船小,外国得之不足资其用。臣请弛禁便。"[1] 很明显,沿海居民生活苦难的加重是由于清廷的禁止南洋贸易政策造成的。在高其倬看来,禁止南洋贸易毫无道理,应当弛禁。这一建议经清廷讨论通过,遂宣布解除南洋贸易禁令。

清廷虽然解除了南洋贸易禁令,但对吕宋、噶留吧等地大量聚集"汉奸"深感不安,为防止出洋商人与海外华侨"勾连串通",危及清廷统治,又规定了许多措施限制出海。1728 年议准,出洋商船于出口之处将执照呈守口官弁验明挂号,填注出口月日放行。如出洋人回而船不回,大船出而小船回,及出口人多而进口人少者,严加讯究。商船规模仍加以限制,梁头不得超过一丈八尺。商船携带军器禁令稍有松动。"经贩东洋、南洋大船携带鸟枪不得过八杆,腰刀不得过十把,弓箭不得过十副,火药不得过二十斤"。此处仅仅允许商船携带一些轻型火器和冷兵器,而海洋上船只的交锋全凭火炮。没有火炮,商船仍无自卫能力。1730 年,关于商船的军器又放宽了一点,规定:"往贩东洋、南洋之大船准携带之炮,每船不得带(过)二位,火药不得过三十斤。"每只出洋商船只允许带二尊火炮,火药三十斤,自卫能力仍然不大,但总比没有火炮好一些。

商船自卫能力如此之低,仍有人想完全解除。广东水师提督王文雄认为:"海船被劫,未闻与贼相拒,所带枪炮反以资贼,请一概禁止。"于是,兵部奏请行文各省讨论。翰林院编修陶贞一得悉此事,愤怒地说:"欲清海贼,惟在召募闽

---

〔1〕《清史稿》卷二九二,《高其倬传》,中华书局,1986 年,第 10303 页。

人,习战攻,明赏罚,更番出哨,毋视为具文,此其要也。且今内地米粮得潜运出口,接济海贼,何有于枪炮必取资于商船乎! 海口之稽查,上下相蒙,关部之牌票,奸良莫辨,不此之禁,而禁商船军器,何其仇商而爱贼也! 商船之枪炮不可资贼,商船之财货反可资贼乎!”在陶氏看来,海盗横行海上,无法消灭,是官府无能,军队无能,把海盗活动与商船携带军器相联系是毫无道理的。禁止商船携带军器是“仇商而爱贼”。他驳得好,也问得妙!

1733 年,福建总督郝玉麟奏请稍宽舵水手人数限制。他强调了外贸在福建的重要性,说福建一年出洋商船三十艘左右,每船货物价值十余万,每年约得番银二三百万,“载回内地,以利息之赢余,佐耕耘之不足,于国计民生均有裨益,是洋商更宜疏通,未便令其畏阻”。商船载货重,航行于大洋洪涛怒浪之中,掌舵、抛桩、落篷全靠人力。原定舵水手人数不足,“是以船户揽载商货上船,遂暗招无照偷渡客民,每人索银五六两不等。漳泉人民多谙驾驶之技,船户又利其相帮,即以混入水手之内,经由汛口稽查,或通同贿放,或在外洋上船,因而偷渡者多”。建议量增水手,以敷驾驶。经此奏议,规定:“出海洋贸易商船许用双桅,梁头不得过一丈八尺。如所报梁头一丈八尺,而连两舷水沟统算果有三丈宽者,许用舵水手八十人;梁头一丈六七尺,而连两舷水沟统算果有二丈六七尺者,许用舵水手七十人;梁头一丈四五尺,而连两舷水沟统算果有二丈五六尺者,许用舵水手六十人。”

大致说来,雍正时期关于民船的限制经历了由宽而严,再由严而为稍宽的变化,允许往贩南洋,允许商船携带少量武器,舵手、水手人数有所增加。这些放宽是在不得已情况下做出的让步,防闲思想并没有丝毫改变。

三、乾嘉时期继续限制民船修造规格和性能改善

乾隆、嘉庆时期,清廷关于民船的海防管理更加僵硬、呆板,缺乏灵活性。1736 年,清廷强调按既定条例管理民船,议准:“商、渔各船由地方官取船户族里保结,果属殷实良民许其制造,给以执照,桅樯双单、船梁丈尺及在船人数各限以制,于执照内登注、漆桅、编号,书船户姓名,各异其色。江南青质白书、浙江白质绿书、福建绿质朱书、广东赤质青书,以昭识别,以备口岸稽察。其江南、浙江、福建、广东商船许往东洋、南洋贸易,他省船不得私往。”[1]乾隆时期关于民船规格的限制,不像雍正时期一个跟一个颁布,但经常重申既定条例的有效性,除此之外,也有一些新的规定,值得注意(图三九)。

---

〔1〕 薛传源:《防海备览》卷三,“禁私通”,第 13 页。

图三九　嘉庆道光年间在浙江内洋的商船(《遗失在西方的中国史》上卷,北京时代华文书局,2014 年,第 18 页)

　　乾隆时期长期坚持限制民船打造规模和技术改进。18 世纪中期,中国商船也开始了风帆的改进,"洋艘于篷顶桅上加一布帆,以提吊船身轻快为头巾。又于篷头之傍加一布帆以乘风力,船无倚侧而加快,为插花"。统治者认为,这种风帆技术改善是不能允许的。1737 年规定,沿海商船,不得在大篷之旁加"插花",不得于桅顶加"头巾",下令永行禁止。1747 年发现福建的艍仔头船"桅高篷大,利于赶风",清廷认为"任其制造",不利控制,下令永行禁止商人为增加船运输量、提高稳定性而加宽船体;同时也申令严禁"舨内再装小舨",以逃避官员的稽查,这种方法在当时被称为"假柜"。1776 年,清朝官员发现"假柜"问题后,又作新的规定,勒令商人申请造船时,必须提供商船设计式样、规格,经地方官核实,与例相符,方许成造。船工竣后,由地方官亲自查验,与原报丈尺相符,方准给照出洋。如果印官委家人、胥役代验,以致商渔船只加宽,丈尺不符,及守口员弁盘查不实者,查出,分别从重议处。若商人在给照之后,私将梁头船身加增者,一经查出,除治罪外,并将船只入官。从这一规定看,18 世纪下半叶,清廷关于海船规模和技术的限制没有任何松动。

　　关于军器的限制,乾隆朝继续坚持,防闲措施比起前朝更是有过之而无不及。1756 年,把民船用于压舱的石块石子当作武器,明令禁止。规定:"出海渔船、商船每藉口压舱擅用石子、石块为拒捕行凶劫夺之具。嗣后均止许用土坯、土块压舱。如有不遵,守口员弁、澳甲、兵役严拿解究。"[1]连自然状态的石子、

────────

〔1〕　卢坤、邓廷桢等主编:《广东海防汇览》卷一六,船政五,第 15 页。

石块都加以限制携带,实属防闲太过。关于商船携带军器的限制,一直维持到 1791 年才有所松动。这是由于海洋上出现了大批安南"夷盗",对中国的商船构成了严重威胁。两广总督福康安认为,外国来华商船携带有充足的军器,可以抵御洋盗袭击,不应限制中国商船军器。"若拘泥禁止,何以卫商旅而御盗劫",清廷于是下令允许商船出洋携带炮位。

嘉庆初期,东南海防危机加重,有人又提出禁海,以为海船载货而出,载银而归,艳目熏心,海盗因而丛生。断绝了海外贸易,海盗失去了劫夺目标,自然消散。清廷令各地督抚奏议,福建巡抚汪志伊、两广总督觉罗吉庆均表示反对。汪志伊认为,禁海必定导致社会治安更加混乱。他说:"即如闽海港澳共三百六十余处,每澳渔船自数十只至数百只不等,合计舵水(手)不下数万人,其眷属丁口又不下十万人。沿海无地可耕,全赖捕鱼腌贩,以为仰事俯育之资。况商船更大,其舵水(手)悉系雇用贫民,更不知几千万亿众也。若一概令其舍舟登陆,谋生乏术,迫于饥寒,势必铤而走险,将恐海盗未靖,而陆盗转炽矣。且船只小者需费数十金,数百金,大者必需数千金,变价无人承售,拆毁更非政体。"[1] 觉罗吉庆也同样认为禁海"所关甚重"。由于多数人的反对,清廷没有实施禁海令。

从以上的考察分析中,我们了解到,从清初开始,清廷便对民船实行种种限制,直到嘉庆时期仍不许民船制造业自由发展,或下令片帆不准下海,或禁止往贩南洋,或限定梁头规格,不许高桅大篷,不许装设"插花"、"头巾",不许"首尾高尖",不许用"盖板"、"披水"和"假柜",限制携带军器、口粮,限制舵工水手人数,甚至储备的淡水、压舱的石子石块都有限制,加之各种烦难的出海造船和查验手续,一切的一切,都是要把民船限制在最简陋的水平上,便利官府的控制。统治者在制订这些条例时,毫不掩饰其赤裸裸的扼制意图。在各种条例的束缚下,中国的民船制造技术无法发展,工艺水平无法提高,处在停滞发展,甚至退化阶段。这可以从清廷出使琉球使臣乘坐的海船逐渐变小中看出来。

1663 年,张学礼等出使琉球,乘船长 18 丈,宽 2.2 丈,深 2.3 丈。[2] 1684 年,汪揖等为使臣,所乘鸟船长 15 丈,宽 2.6 丈;[3] 1719 年徐葆光等出使,雇商船长 10 丈,宽 2.8 丈,深 1.5 丈;[4] 1756 年以周煌为使臣,乘船长 11.5 丈,宽 2.75 丈,深 1.4 丈。[5] 清朝前期,承担战船修造的是一种官办企业,自身缺

〔1〕 汪志伊:《议海口形势疏》,见贺长龄、魏源编《皇朝经世文编》卷八五,海防下,第 33 页。
〔2〕 张学礼:《使琉球记》卷一,第 2—3 页,《台湾文献丛刊》,第 292 种。
〔3〕 徐葆光:《中山传信录》卷一,第 1—2 页,《台湾文献丛刊》,第 306 种。
〔4〕 徐葆光:《中山传信录》卷一,第 2—3 页。
〔5〕 周煌:《琉球国志略》卷五,台北:文海出版社,1985 年影印本,第 333 页。

乏改良机制,又无战船科研机构,官僚主义的管理方法与船厂内部的贪污中饱、偷工减料共同造成战船修造质量不断变劣,规格退化。在这个过程中,民船制造技术又停滞不前,致使整个中国海船制造业处在落后状态。

在近代世界,许多国家都把民船看成是国家海上力量的重要组成部分,千方百计鼓励其发展。例如英国,大力鼓励本国的造船业和航海业,制造大型船只可以从政府领取补助,出入口岸可以宽免其关税,把制造大船坚船看成是国民的爱国义务,予以褒扬鼓励。英国的造船业和航海业就是在这种海洋政策的指导下发展起来的。最初来到中国沿海的东印度公司的商船平均制造度量约为200吨左右,与当时中国出洋商船的规模相比,并无明显优势。进入18世纪,来到中国的英国商船平均每艘为350吨,到中叶为500吨,19世纪初为1 000吨,东印度公司在19世纪30年代撤销时每艘商船的建造度量为1 300—1 400吨,最大的达到1 500—1 600吨。正是这种民船制造工艺的不断改良,为战船的制造提供了发展的动力和技术。相比之下,中国的民船制造业受到严格限制,无法改善,不能发展,不能为战船的改造提供充足的动力和高水平的工艺技术。限制民船的政策和条例,扼杀了中国民船发展的生机,也从而严重影响了战船制造的规模和质量。鸦片战争时,中英双方战船性能的优劣对比,可以从两国政府的不同造船政策中得到明确答案,限制导致劣败,奖励引出优胜。

乾嘉时期,中国的师船进行了一次大规模改造,仿造的是东莞米艇和同安梭船。米艇和同安梭在当时虽是性能较好的民船,但其本身的规模和技术性能受到政府定例的严格限制。既然这些船只受到定例的限制和束缚,那么,战船的仿制和改造必然会受到民船定例的限制和影响。因此说,限制了民船的技术发展,也就限制了战船的工艺进步。再者,民船本身就是国家海上力量的重要组成部分,限制民船工艺技术进步,就是限制国家海上力量的成长。清朝统治者腐败无能,目光短浅,只考虑控制,不懂得利用,不知道民船技术发展的重要作用,一味地限制、摧残,这是中国历史上最为典型的作法自毙事例之一。

第八章 晚清民国时期的轮船制造(1865—1911 年)

英国人在伦敦泰晤士河畔参观中国最高等级的战船——"耆英号"时,他们认为,这艘船上的每一件东西都跟他们在欧洲船只上所看到的截然不同。无论是船的建造方式,还是龙骨、船首、斜桁和侧支索的缺失以及造船的材料、桅杆、帆、帆桁、船舵、罗盘和锚等等,所有这些跟他们所熟悉的船上设备都迥然不同。他们认为是中国人的偏见和傲慢阻碍了中国造船事业的进步。"中国人虽然已经看到过成百上千的欧洲船只,见识过它们的优雅美观的外形和轻便的索具,但却从来也没有意识到它们的优越性,或是想要来模仿它们。他们那种难以克服的偏见和对洋货的极端轻蔑是取得进步的障碍。而且这种偏见是如此根深蒂固,以至于假若人们在建造一艘平底船时,偏离了旧规矩的话,皇帝就会下诏令对它收取额外的关税,仿佛它是一艘外国船似的。"[1] 此话颇有几分道理。

第一次鸦片战争时期,人们已经看到了英国船坚炮利的威力,林则徐、魏源等人提出了"师夷之长技以制夷"的主张,但这种主张在官僚队伍中却得不到应有的响应。许多官员认为,此次战争的失败既是战略失误造成的,也是指挥官昏庸和士兵缺乏训练导致的。他们都主张整顿军队,加强海防建设。但是,他们对于学习外国的长技表示怀疑。他们或者认为清军长于陆战,在高明的将帅指挥下,利用短兵相接战术,就可以打败侵略者;或者认为通过向外国学习的手段无法战胜外国,学生难以打败先生;或者认为向外国学习乃是一种有损国家尊严的活动,"既资其力又师其能,延其人而受其学,失体孰甚"。[2] 因此,"中国虽然

---

〔1〕 沈弘编译:《遗失在西方的中国史——〈伦敦新闻画报〉记录的晚清 1842~1873》(上),北京时代华文书局,2014 年,第 66 页。

〔2〕 梁廷枏著,邵循正校注:《夷氛闻记》,中华书局,1985 年,第 171 页。

经受了一次严重军事侵略,清朝君臣没有从中汲取应该汲取的教训。军事装备的落后状况没有引起官方和社会的高度重视。当主张向西方学习的前线官员由于战败被追究责任等原因,相继从海防前线重要职位退出时,中国引进西方船炮技术活动便自然陷于停滞状态。等到第二次鸦片战争之后,由于购买和仿造西方船炮技术洋务运动渐次展开时,中国已经浪费了20多年的宝贵时光"。[1]

第一节　晚清时期轮船制造机构与造船概况

图四〇　科学家徐寿
(杨根编:《徐寿和中国近代化学史》,科学技术文献出版社,1986年,第8页)

　　1861年,曾国藩在安庆设立内军械所,委任徐寿、华衡芳等人仿造洋枪、洋炮和洋船。1865年4月,徐寿(图四〇)等人终于试制成功中国第一艘轮船。该船造价白银8 000两,排水量约45吨,船长17米,航速6节。曾纪泽乘坐此船到达高邮,对其性能表示满意,乃起名为"黄鹄"号。"黄鹄"号是中国人自行研制,并以手工劳动为主建造成功的中国第一艘机动轮船,它的建造揭开了中国近代船舶工业发展的帷幕。

　　随后,江南机器制造总局成立于1865年,福州船政局成立于1866年,天津机器局成立于1867年,广东军装机器局成立于1873年,旅顺船坞创建于1881年。在这些有关舰船修造和军工的官办企业中,江南制造总局、天津机器局、广东军装机器局均是综合性军工企业,造船只是诸项业务之一,而旅顺船坞仅仅是一个修理大型舰船的船坞。在此,我们先对天津机器局、广东军装机器局和旅顺船坞做一简介。然后,再以福州船政局为例着重考察晚清轮船制造事业遇到的阻力和困难。至于江南机器制造总局的造船事业,则是在1905年以后船坞与机器局分立之后才快速发展起来的,其活动重点在民国时期。因此,我们将其作为民国时期造船企业的代表加以探讨。

　　天津机器局是北洋三口通商大臣崇厚创办的,于1867年正式成立。1870年,李鸿章(图四一)任直隶总督,接办天津机器局。是时,天津机器局分

〔1〕　王宏斌:《鸦片战争后中国海防建设迟滞原因探析》,《史学月刊》2004年第2期。

图四一　直隶总督李鸿章
（《李鸿章传》，百花文艺出版社，2016，第 3 页）

为东、西两个部分。西局在城南海光寺，负责制造枪炮和修理轮船。东局在城东，主要负责制造火药和子弹。天津机器局修造船只不多，但曾经试制过潜水艇之类的船只，形似橄榄，半浮水面。此外，在光绪年间还曾试制过挖泥船。1880 年，还制成 2 艘 20 多米长的布雷艇。是年，为解决北洋水师修船问题，在大沽兴建了船坞。1913 年，大沽船坞改名为海军大沽造船所。在 1915 年至 1925 年间，不仅建造了"安澜"、"静澜"、"河利"、"海达"等多艘小型船舶，还建造了"靖海"、"镇海"、"海鹤"、"海燕"等多艘炮舰。此后，几经顿挫，而损失殆尽。

广东军装机器局是由两广总督瑞麟创办的，于 1873 年成立。在广州购买香港黄埔船坞公司的柯拜、录顺、于仁 3 座船坞及其附属设备的基础上，进一步发展而成。1874 年至 1879 年先后制造 16 艘内河小轮船。1884 年，张之洞（图四二）任两广总督。他一到任，就立即筹办海军，扩充机器局。1885 年，制造了"广元"、"广亨"、"广利"和"广贞"等 4 艘炮艇。1887 年至 1888 年，又先后制造了"广戊"、"广己"等 2 艘小炮舰。1890 年至 1891 年，又制成"广金"、"广玉"等 2 艘铁甲炮舰。两舰舰长 45.72 米，宽 7.3 米，吃水 2.9 米，双机 500 马力，航速为 10.8 节，配炮 5 位。1915 年至 1916 年，又为广东海军建造了"东江"、"北江"等 2 艘浅水炮舰。1921 年以后逐渐废弃。

图四二　两广总督张之洞
（陈秋芳著：《长河落日：张之洞与武汉》湖北人民出版社，2011 年，第 23 页）

北洋水师旅顺船坞是李鸿章下令修建的，开始于 1881 年。是时，北洋水师订购了"定远"、"镇远"两艘大型铁甲舰，为满足日后修理需要，遂选定旅顺作为海军大型舰船的驻泊军港。从 1881 年开始施工，直到 1890 年建成，历时 10 年。"所筑大石坞长四十一丈三尺，宽十二丈四尺，深三丈七尺九寸八分，石阶、铁梯、滑道俱全。坞口以铁船横栏为门。全坞石工俱用山东大块方石，垩以西洋塞门德土（即水泥），凝结无缝，平整坚实"。是为中国第一大船坞，为世人瞩目。1894 年，旅顺军港被日军占领。"三国干涉还辽"后，中国赎回，旋即被沙俄军队占领。1905年,俄军在日俄战争中失败,该船坞又被日军侵占。

第二节　福州船政局造船史

一、福州船政局之创办

(一)左宗棠创办福州船政局的奏议。福州船政局的创办是由左宗棠(图四三)发起的。1866年6月25日,左宗棠拜发了《议筹机器雇洋匠在闽罗星塔设局试造轮船以重国防而利漕运折》。在这份奏折中,左宗棠首先强调东南大利在水而不在陆,明确指出海洋在我国具有军事、运输和经济的重大利用价值。"自广东、福建而浙江、江南、山东、直隶、盛京以迄东北,大海环其三面,江河以外,万水朝宗,无事之时,以之筹转漕(运),则千里犹在户庭;以之筹贸迁,则百货萃诸廛肆……有事之时,以之筹调发,则百粤之旅可集三韩;以之筹转输,则七省之储可通一水。匪特巡洋缉盗有必设之防,用兵出奇有必争之道也。"这种海洋意识较之传统社会单纯把海洋看成是天然屏障或者只是危险的观点有了重要进步。

图四三　闽浙总督左宗棠(吴晓波:《激荡一百年》,中信出版社,2017年,插图)

而后左宗棠从海防、漕运和海洋贸易等方面一一分析了创办轮船厂的必要性。就海防而言,自从西方火轮兵船在我国沿海大量出现之后,"藩篱竟成虚设,星驰飚举,无足当之……欲防海之害而收其利,非整理水师不可;欲整理水师,非设局建造轮船不可";就漕运和海洋贸易来说,自从外国商船开始运输货物之后,由于行驶快而运价低,江浙帆船很快处于不利地位,"费重行迟,不能减价以敌洋商。日久消耗愈甚,不惟亏折货本,浸至失其旧业"。许多海船由于失去了海运价值而停歇、腐朽。没有了海船,漕运将成为严重问题,"非设局急造轮船不为功"。[1] 稍后,他又强调指出,"海疆非此,兵不能强,民不能富"。

左宗棠分析了中国学习西方船炮技术存在的实际困难和各种思想顾虑。在

---

〔1〕　左宗棠:《议筹机器雇洋匠在闽罗星塔设局试造轮船以重国防而利漕运折》,《海防档乙·福州船厂》第1号,第5页。

他看来,在购买外国机器、聘请外国技术人员和培养轮船舵工水手方面,的确存在着一些实际困难,但是这些困难都是可以克服的。他还意识到在当时比较保守的社会氛围中仿造西方船炮技术乃是非常之举,可能遭受各种反对意见,"始则忧其无成,继则议其多费,或更讥其失体"。但他强调中国不可甘心落后,不可妄自尊大,"泰西巧而中国不必安于拙也,泰西有而中国不能傲以无也"。[1]左宗棠非常重视先进武器在战争中的作用,他比喻说:"彼此同以大海为利。彼有所挟,我独无之;譬犹渡河,人操舟而我结筏。譬犹使马,人跨骏而我骑驴,可乎?"公家之事往往缚于文法而摇于物议,左宗棠建议选拔那些敢于不避嫌怨的人主持船政。

图四四 日意格(福州市中国船政文化博物馆展品)

左宗棠的奏折受到清廷的高度重视,7月14日发布谕令说:"择地设厂,购买机器,募雇洋匠,试造火轮船只,系当今应办急务。所需经费即著在闽海关税内酌量提用。"[2]既然清廷决定从关税中划拨经费,表明造船事业已不是地方性的海防措施,而是关系国家未来海防安全的希望所在。接到谕旨之后,左宗棠遂决定聘请闽海关税务司日意格(图四四)和法国军官德克碑为正副监督,负责购买外国机器、聘请外国技术人员并指导造船事宜。为此,先后拟订了章程、合同和规则等。

建造轮船需要大批雇用外国人,由于缺乏必要的经验,又有李泰国与阿思本舰队教训,左宗棠在决定利用西方技术仿造轮船时,也反复考虑了利用和防范问题。在合同中之所以明文规定给予外国雇员以优厚待遇,"亦欲使彼有余润,然后肯为我役"[3]作为防范,那就是在合同中明确规定外国雇员必须承担的义务。《船政事宜》共10条,大意略为:凡是购买外国机器和聘请外国技师等事务责成日意格和德克碑负责;船政局设立艺局,聘请外国教师,传授英、法两国语言文字,以及算学、测绘学、机器制造和驾驶技术等知识,学习优秀者授以水师官职或文职官阶;轮船制造以五年为期,预计制造大小轮船16艘(11艘150匹马力和5艘80匹马力),要求外国技师在限期内必须使中国工匠基本掌握轮船制造技术;预先确定

〔1〕 左宗棠:《议筹机器雇洋匠在闽罗星塔设局试造轮船以重国防而利漕运折》,《海防档乙·福州船厂》第1号,第6页。

〔2〕 《谕军机处》同治五年六月初四日,《海防档乙·福州船厂》第2号,第10页。

〔3〕 左宗棠:《论制造轮船不可惜费》,《海防档乙·福州船厂》第30号,第53页。

奖励标准,日意格、德克碑以及外国技师若按要求完成制造和传授技艺任务,使中国工匠和舵手能够独立制造和驾驶,则分别给予奖励。[1]

《条议十八条》与《合同规约十四条》均是合同性条文,逐条开列日意格与德克碑承担的责任和义务,同时规定中国官方代表在前者履行合同情况下的义务。例如《合同规约十四条》第 8 条规定:"五年限满无事,该正副监工及各匠等概不留用,自应转请发给辛(薪)工两个月。并查照到中国时路费,按人分别匀给。限内教导精娴,中国员匠果能自行按图监造轮船,学成船主,并能仿造铁厂家伙,中国大宪另有加奖银六万两,本监督等届时当照约请领,查明该正副监工同各工匠劳绩,分别转给。如五年限满,教导不精,不给奖赏。"[2]当时,左宗棠对于造船工业的认识是相当模糊的,他以为五年的时间中国工人就可以一劳永逸地掌握造船工艺,却不知轮船制造是一个技术不断进步的工业。他以为轮船制造是一项单独的技术,却不知造船工业需要其他机器工业的密切配合和支持。这种急于求成的心理不仅出现在洋务运动初期的决策者身上,而且在嗣后的中国历史上反复出现。

《保约》则是法国领事的担保文书,主要写明日意格与德克碑应负的责任和义务,例如购买机器,必须保证都是头等器械,如果发现质量有问题或者被损坏,则由日意格与德克碑负责赔偿;再如,要求聘请的外国技师在五年内必须负责教会中国工匠造船技术、冶铁技术、航海技术、驾驶技术、测绘技术和语言文字等,写明这些事项是日意格与德克碑"两人分内保办"的事情。此外,也规定了外国技术人员在中国工作时应该享有的待遇和权利。例如规定:"其外国员匠三十七员名,如五年工竣遣回,或中国有事中止,半途撤回,均请给发每人辛工洋银两月,并发回国路费。即查照三十七员自外国来闽路费一万四千两之数,按人分别匀给。如中国无故停办遣撤回国,及员匠如有因工受伤等事,均分别给发辛工等项……倘员匠等滋事犯革,或因懈惰不力撤退,不给辛工两月,不发路费。"[3]

平心而论,这是一份平等的国际技术合作合同,除了有的地方较为模糊之外,即使现在看来也是基本正常的。就当时的中国政治信仰来说,也是符合儒家羁縻策略的。笼络是手段,目的则是为了获取造船技术。由于有了李泰国、阿思

---

〔1〕　日意格和德克碑各得银 24 000 两,其他技术人员 6 0000 两,合计 108 000 两。《中国近代工业史资料》,第 1 辑,第 386—387 页。

〔2〕　左宗棠:《咨呈总署日意格德克碑禀稿、保约、条议清折合同规约等件禀稿》,《海防档乙·福州船厂》第 20 号,第 41 页。

〔3〕　日意格和德克碑所呈保约、合同和条议等附在陕甘总督左宗棠致总理衙门文后,《海防档乙·福州船厂》第 20 号,第 33 页。

本购买兵船的教训,左宗棠在签订上述合同时非常慎重,并且感到承担了一定风险,他当面向日意格和德克碑指出:"条约外勿多说一字,条约内勿私取一字。倘有违背,为中外讪笑,事必不成,尔负我,我负国矣。"[1]

9月25日,左宗棠正在忙于筹办船政之时,忽然接到清廷让他接任陕甘总督的命令,他担心离任之后船政受到影响,在交卸督篆之时,经过反复商量,决定推荐在籍守制巡抚沈葆桢为船政大臣。直到12月16日,左宗棠与日意格、德克碑将船政计划完全确定之后,才带兵离开了福州。

图四五　沈葆桢纪念铜像(福州市中国船政文化博物馆展品)

(二)沈葆桢与船政事业的顺利开展。1866年12月23日,建造船所工程在马尾开始破土动工。沈葆桢(图四五)按照清朝官场惯例,力辞再三,不过后来还是在福州将军英桂极力劝说下,才勉强表示愿意在守制期满之后接手船政事宜。1867年7月18日,沈葆桢一接收船政印信立即感到有许多困难:一是与日意格、德克碑未曾见面,担心合作困难;二是感到经费缺乏,筹办经费困难;三是胥吏争权夺利,拨弄是非,管理困难;四是乡绅荐书盈箧,许多人想来捞好处,"一旦拒绝,立成怨府,匿名揭帖,倡自官场,辄思摇撼大局,以快其志";五是人人以利薮相窥,思饱私囊,必须严厉惩治贪污;六是外国造船技术掌握起来有一定难度,"不患洋人教导之不力,而患内地工匠向学之不殷";七是担心船政一旦成功,事涉洋人,难免出现嫉妒者,"求分其利,求毁其名"。沈葆桢深感前进路上布满荆棘,踌躇再三,想辞去官职又不敢,只好采取"毁誉听之人,祸福听之天"的态度。[2]

事实上,对于沈葆桢来说,面临的这些困难并不严重。当时,北京正在围绕着同文馆的设立与否展开激烈争论。倭仁作为保守派的精神首领带头反对洋务派官员正在展开的洋务运动,他认为:"立国之道,尚礼仪不尚权谋;根本之图在人心不在技艺。"与此相呼应,有人上书督察院,要求停止正在兴办的机器与轮船制造。例如,直隶州知州杨廷熙以为用制造机器和轮船的办法是不能抵御西方侵略的。在他看来,轮船与机器均属"奇技淫巧"之类,大清王朝不需要这东西。

----

〔1〕　左宗棠:《论制造轮船不可惜费》,《海防档乙·福州船厂》第30号,第53页。
〔2〕　沈葆桢:《船政困难情形及任事日期》,《海防档乙·福州船厂》第45号,第74—75页。

他不知道蒸汽轮船的发明与使用是 19 世纪初叶才出现的。说什么"我朝自开创以来,与西洋通商非一日,彼之轮船机器自若也。何康熙时不准西洋轮船数只近岸,彼即俯首听命,不敢入内地一步"。他公开反对学习和移植西方的先进军工技术,说什么"无论偏长薄技不足为中国师,即多材多艺层出不穷,而华夷之辨不得不严,尊卑之分不得不定,名器之重不得不惜"〔1〕 此类保守势力在北京狂热鼓噪,不仅对于总理衙门,对于地方上的实权派曾国藩、李鸿章和左宗棠,也包括船政的实际操办者沈葆桢无不构成巨大社会压力。中国造船和航海事业的航线上到处是急流与险滩,作为船政局的首脑人物不仅应当具有企业家的精明和执着追求,而且应当具有政治家的智慧和经验,还要具备排除一切干扰的魄力和能力。

总的来说,沈葆桢是一个奋发有为的行政官员,为人正直,办事扎实,操守廉洁。他是林则徐的女婿,在福建享有很高的威望,有一定政治权威,深得左宗棠的信任。在离开福州时,左宗棠还把他的几个幕僚和亲信官员推荐给了沈葆桢。道员胡光墉、补用道叶文澜、同知黄维煊和候补布政司经历徐文渊等人对于西方事物都多少有些了解,并且都不同程度地支持向西方学习,有的还具备与西方雇员打交道的经验。例如,胡光墉熟谙洋务,"且为洋人所素信"。徐文渊粗通西文,不仅可以"涉猎西洋图书",而且颇有巧思,可以仿制洋炮。这些人对于沈葆桢顺利开展工作都是比较得力的。

在沈葆桢的主持下,中国第一座轮船造船台终于在福建马尾建成,与此同时,日意格经手购买的造船机器也陆续到达,近代化轮船制造业陆续展开(图四六)。但是,马尾造船工程正如左宗棠和沈葆桢预料的那样困难重重,必须不断排除各种干扰才能有所前进。造船计划开始实施之时,先是英国领事屡次提出造船不如买船之类的说法,接着法国代理公使伯洛内(Brenier de Montmorand, Vieomte 1813—1894)也说,造船事宜很难一帆风顺,而且造船成本较大,可能远远高于购买经费。福州将军英桂认为通过造船获取外国的先进技术可以加强海防建设,完全符合中国的长远利益。他从"非我族类,其心必异"的早期民族矛盾心理体验出发,指出外国领事的上述言行是居心叵测,"此即暗中使坏一端。不然伊何爱于我,而肯替我打算乎!"〔2〕现在看来,英、法驻福州领事不论怀着何种用心,指出造船不如买船还是有一定道理的,不一定是故意阻挠中国学习造船技术。事后证明,福州船政的创办者对于"造船不如买船"这个问题尽管有一定思想准备,但不论是左宗棠还是沈葆桢,以及他

〔1〕 《都察院代递四川职员杨廷熙原奏》,《筹办夷务始末》(同治朝)卷四九,第 19 页。
〔2〕 英桂致信总理衙门:《筹设船厂情形》,《海防档乙·福州船厂》第 9 号,第 19 页。

们在总理衙门的支持者对于在未来五年时间内移植一整套复杂的西方造船工业技术的困难都估计不够充分,显得过于乐观。当出现重大挫折时,面对各种指责他们很难应付自如(图四七)。

图四六　福州船政局制造的第一艘轮船——万年清号
(福州市中国船政文化博物馆展品)

图四七　福州船政局(《福建海防史》,厦门大学出版社,1990年,第2页插图)

(三)吴棠、宋晋等人对船政事业的阻挠。在国内,反对造船的力量始终存在,新任闽浙总督吴棠就是重要代表人物之一。在他看来,"船政未必成,虽成亦何益!"[1]他一上任就对船政事宜处处掣肘,本来按照左宗棠的推荐和安排,

---

〔1〕　沈葆桢:《船政创始需才折》同治六年九月二十三日,吴元炳编《沈文肃公政书》奏折卷四,光绪庚辰(1880年)刻印本,第12页。

署布政使周开锡和补用道胡光墉分别担任船政局提调,共同帮助沈葆桢处理船政事务,同时,还让广东补用道叶文澜听从沈葆桢调遣。吴棠对此不满,以周开锡为匿名揭帖所牵涉,勒令其继续休假;并且明知叶文澜为人诬告,而故意拖延不予结案;这样处理的结果使胡光墉也对船政事宜望而生畏。官场上的意见分歧很快就流播到社会上,"抽收厘税不为难,欲造轮船壮大观。利少害多终罔济,空输百万入和兰"。[1] 这支竹枝词显然不是出自民间,很可能是某些官员编造的,与吴棠的观点完全投合。反对左宗棠,攻击沈葆桢,阻挠船政的势力逐渐在吴棠的引导下聚集起来,流言蜚语愈来愈多。"闽省自新制军(即吴棠)到后,一意更张,一则恶其害己,一则恶其名不自生。而群不逞之徒,因而肆其狂吠,靡所不至"。吴棠的行为显然不够光明磊落。作为高级官员,既然不赞成兴办船政,他就应该据理上奏清廷表达自己的意见,而不能采取掣肘和拆台的办法。

沈葆桢对于吴棠的做法非常反感,他一方面拜章入奏,并致信总理衙门,希望他们帮助排除干扰。他在信件中说:"吴督身为疆吏,果以为万不可行,命下之日,即宜封牍力争。入闽而后果深察情势,万不能成,亦何妨专衔入告。乃数月以来,不置可否其间,在在阴其而为难。察其举动,事事务与前人相反,船政特其一端耳。"[2]另外也给左宗棠写了信,希望得到他的有力支持。

左宗棠对于吴棠的做法也很失望,他在给沈葆桢的复信中说:"诸所翻异者,皆弟任内奏准之件,自不能无言。然也未可出之太易,高明以为何如? 闽官喜造谣言挟制长官,本是习见之事。竹枝词亦何足据! 惟此次从轻了结,恐日后新闻更多,不成事体耳。"[3]左宗棠曾经致信吴棠,希望他改变态度。而吴棠则坚持己见,不听劝告。在这种情况下,左宗棠不得已也密折上奏说:"吴棠到任后,务求反臣所为,专听劣员怂恿。凡臣所进人才,所用之将弁,无不纷纷求去,所筹之饷需,所练之水陆兵勇,窃拟为一日之备者,举不可复按也。"[4]

事态发展到如此地步,总理衙门不得不公开表示支持左宗棠、沈葆桢。1867 年 12 月 3 日,他们致函沈葆桢,要求他"总以大局为重,勿存疑虑之见,勿生退阻之心"。同时还写信给福州将军英桂,说船政关系海防大局,"断不能因

〔1〕 三山樵叟:《闽省新竹枝词》(抄本),转引自《历史研究》1975 年第 4 期,第 99 页。

〔2〕 沈葆桢致总理衙门信:《日意格办事颇有条理及闽浙总督吴棠掣肘情形》,《海防档乙·福州船厂》第 60 号,第 94 页。

〔3〕 杨书霖编:《左文襄公全集》书牍卷九,光绪十六年(1890 年)刻本,第 39 页。

〔4〕 左宗棠:《奏请船政事宜折》同治六年十月二十五日,《筹办夷务始末》(同治朝)卷五一,第18 页。

一二浮言致滋摇惑。帑金所贵,几及巨万,则事期必集,志在必成。垂竟之功,又岂肯败于中止! 仲宣在闽,闻事事务反前人。即造船一节,诸多作难。此中是是非非,谁誉谁毁,本处原未据为定评。惟以大局而论,创造轮船乃国家公事,非幼丹(沈葆桢)私事,若因意见不合,遂阴为掣肘,是因一人而隳全功,其咎伊谁职之!"〔1〕不久,清廷将吴棠调离闽浙总督,才去掉船政发展道路上的一大障碍。

　　1870 年,内阁学士宋晋奏请裁撤船政局,他把仿造西方船炮活动看成是一种类似于秦皇汉武、唐宗宋祖与周边少数民族"斗智角胜"之类的好大喜功行为,认为中国是礼仪之邦,以礼义道德为干戈"利兵",就可以战胜一切强敌,根本不需要西方性能优良的船炮。他十分幼稚地把中国被迫与西方国家签订的不平等条约看成是维持和平的根据,认为修造船炮可能引起猜嫌,不但不能制夷,反而会破坏"万年和约"。在他看来,中国修造船炮的技术水平,无论如何也赶不上西方,学生无法超越先生。既然赶不上也就没有海防价值,"此项轮船将谓用以制夷,则早经议和,不必为此猜嫌之举,且用之外洋交锋,断不能如各国轮船之利便。名为远谋,实同虚耗"。就国内而言,运输漕粮沿海有的是沙船,而且运输费用比较低;至于巡洋捕盗则已有师船,新造轮船用处不大,"何必于师船之外更造轮船转增一番浩费"。宋晋认为修造船炮不仅是一种有百害而无一利的纯粹浪费活动,而且骚扰民间,"殊为无益"。在他看来,与其把大笔经费花在轮船制造上,倒不如用在京城各部办公或直隶赈灾上。〔2〕尽管宋晋的观点在今天看来相当荒谬,而在当时却有一定代表性。相继担任闽浙总督的吴棠、文煜等人对于轮船制造表面上虽然都不便公开反对,而心中"亦多不以为然",或者事事掣肘,或者冷眼旁观,态度都相当消极。

　　对于宋晋的奏折,清廷一时无法决断,著令福州将军兼闽浙总督文煜与两江总督曾国藩通盘筹划,提供具体方案。1871 年春天,文煜接到军机处转交的"通盘筹划"上谕和宋晋的奏片,对于轮船制造是应该继续还是立即停止采取了模棱两可的态度。在奏折中,尽管他承认左宗棠关于制造轮船的立意至为深远,沈葆桢的规划也极为精详,但他又说制造轮船花费了不少经费,已经超出了 300 万两的预算。他一方面承认新造轮船也都算得上灵捷,而另一方面又说这些轮船"与外洋兵船较之尚多不及,以之御侮,实未敢谓却有把握"。文煜是一个缺乏远见卓识的官员,他的表述虽然都符合事实,而他并不真正懂得制造轮船的意义。最后他还是按照官场惯例把皮球又踢回了北京。"应否即将闽省轮船暂行

---

〔1〕　总理衙门致信英桂:《论办理船政望以大局为重》,《海防档乙·福州船厂》第 66 号,第 102 页。
〔2〕　《同治十年十二月十四日内阁学士宋晋片》,《洋务运动》第五册,第 106 页。

停止以节帑金之处,伏候圣裁"。[1]

曾国藩的态度则与文煜明显不同。在曾国藩看来,人们可以批评修造的船炮质量不够好,不可以怀疑仿造船炮决策的正确性;人们可以建议节约经费,不可以否定加强海防建设的必要性。为了抵抗西方侵略,仿造西方的船炮活动一刻也不应当停止。针对宋晋的发难,曾国藩回答说:"中国欲图自强,不得不于船只、炮械、练兵、演阵等处入手,初非漫然一试也。刻下只宜自咎成船之未精,似不能谓造船之失计;只宜因费多而筹省,似不能因费绌而中止。"[2]他明确表态,"仇不可忘,气不可懈。必常常有设备之实,而后一朝决裂,不至仓皇失措"。海防需要常备不懈,兵轮制造万万不可停止。

面对宋晋等人的激烈批评,关于是否停止轮船制造,清廷本来希望文煜有一个明确的表态,而接到的奏折并没有提供可以决断的理由。为此,又谕令左宗棠、李鸿章和沈葆桢进行通盘筹划。1872 年 4 月 8 日发布了"通盘筹划"船政谕令:"现在究竟应否裁撤? 或不能即时裁撤,并将局内浮费如何减省以节经费,轮船如何制造可以御外侮各节,悉心酌议具奏。如船局暂可停止,左宗棠原议五年限内,应给洋员洋匠辛工并回国盘费、加奖银两,及定买外洋物料势难退回,应给价值者,即著会商文煜、王凯泰酌量筹拨。"[3]此外,还要求讨论枪炮如何制造,所造轮船如何分配使用等问题。由此可见,清廷决策人物对于轮船制造看来也没有坚定的信心,处于犹豫不决的状态。要么坚持下去,继续投资制造;要么承认失败,遣返外籍技术人员。中国的轮船制造事业由于内部的反对而处于生死存亡关头。

是时,沈葆桢本丁忧在籍,不应奏事,但由于关系到船政局的命运,还是按照"通盘筹划"船政特旨要求,上折表达了自己的基本观点。他对宋晋的观点进行了全面批驳。针对宋晋关于制造轮船是好大喜功的观点,他说制造船炮纯粹是为了自强,这与历史上的好大喜功有截然区别。接着,他指出所谓的"和约"并不可靠,《南京条约》并没有限制住英法发动的第二次鸦片战争,现在西方列强继续得寸进尺,"恣意要挟"。一旦新的战争爆发,抱薪救火无用,就是孤注一掷也是一种无谓的牺牲,战争的胜败依赖于平时的未雨绸缪。海防力量必须得到加强,决不能因为敌人的"猜嫌"而自撤藩篱,自我放弃战备的努力。针对宋晋关于自制轮船是"名为远谋,实同虚耗"的攻击,沈葆桢针锋相对提出,"勇猛精

---

〔1〕《文煜奏闽省制造轮船情形并动用造船经费折》,《海防档乙·福州船厂》第 211 号,第 330 页。

〔2〕曾国藩致信总理衙门:《船局不宜停止等情由》,《海防档乙·福州船厂》第 208 号,第 326 页。

〔3〕《同治十一年二月三十日谕军机处》,《海防档乙·福州船厂》第 212 号,第 332 页。

进为远谋,因循苟且则为虚耗"。在他看来,中国试制轮船只有短短几年时间,尽管不如西方制造的船只坚实精利,但要看到其成绩,不能半途而废。"夫以数年草创伊始之船,比诸百数十年孜孜汲汲、精益求精之船,是诚不待较量,可悬揣而断其不逮"。只要从今以后,继续虚心师法,精益求精,中国的造船落后状况还是可以改变的。他比喻说,正像读书一样,刚刚读了几年书,就想超过先生,这是一种妄想;而认为学生既然不如老师,就干脆废书不读,浅尝辄止同样也是错误的。沈葆桢在实践中已经意识到向西方学习轮船技术是一个循序渐进的过程,既不可没有信心,也不可急于求成。至于轮船的作用,他更加坚决地指出,无论是用于运粮还是用于捕盗,都远远胜于以风帆驱动的米艇和沙船。

左宗棠接到"通盘筹划"船政的谕令后,在军务倥偬之际也立即写了一道密折,反复说明船政不可为浮言所动。他首先强调兴办船政是海防形势的需要,"西洋各国恃其船炮,横行海上,每以其所有,傲我所无,不得不师其长以制之"。接着说明福州船政局在沈葆桢、周开锡、夏献纶等人的主持下,在日意格、德克碑以及外国技师的合作下,已经取得了重要成绩,尽管在限期内尚未完成预定的任务,但是进展基本顺利。已经造成的轮船公认"灵捷",正在试造250匹马力兵船,比原计划有所突破。在短短的几年时间内,取得如此成绩必须予以肯定。"就目前言之,制造轮船已见成效,船之炮位马力又复相当,管事、掌轮均渐熟悉,并无洋人羼杂其间,一遇有警,指臂相联,迥非从前有防无战可比"。当然,他也认为在短时间内全部掌握西方的造船工艺的确有一定困难,中国需要时间和努力。他希望清廷把造船看成是非常之举,需要坚定信心,不为浮言所惑,力排各种干扰。最后他强烈要求说:"所有福建轮船局务必可有成,有利无害,不可停止。"[1]

李鸿章接到"通盘筹划"船政谕令后,同样也写了一个很长的奏折,论述了兴办船政,设立机器局的重要性。在李鸿章看来,中国遭遇的是三千年未有之一大变局,"中国向用之弓矛小枪土炮,不敌彼后门进子来福枪炮;向用之帆篷舟楫艇船炮划,不敌彼轮机兵船,是以受制于西人"。抵抗侵略不在于空喊攘夷,正确的自强之路"在乎师其所能,夺其所恃耳!"接着他分析了宋晋思想守旧的原因,指出他们的观点是由于八股文的陈旧思维模式造成的。"士大夫囿于章句之学,而昧于数千年来一大变局,狃于目前苟安,而遂忘前二三十年之何以创巨而痛深,后千百年之何以安内而制外,此停止轮船之议所由起也。"他明确表示,"臣愚以为国家诸费皆可省,惟养兵设防、练习枪炮、制造兵轮船之费,万不

〔1〕 左宗棠:《密陈福建船局不可停止折》,《海防档乙 · 福州船厂》第238号,第366页。

可省"。李鸿章承认中国在起步阶段制造的轮船"不逮"西方轮船性能良好,但认为只要坚持下去,精益求精,终究会有可以媲美的时日。李鸿章还说明了中国的造船目的,"我之造船,本无驰骋域外之意,不过以守疆土保和局而已"。最后强调了中国社会变法的必要性,"事因时为变通,若徒墨守旧章,拘牵浮议,则为之而必不成,成之而必不久。坐让洋人专利于中土,后患将何所底止耶!"[1]在他看来,中国无论是"有贝之财"还是"无贝之才",都远远不如西洋。不但不如西洋,也不如东洋,他感叹说日本人君臣一心,发展势头良好。"中土则一二外臣主持之,朝议夕更,早作晚辍,固不敢量其终极也"。[2]

1872 年 6 月 22 日,军机处按照谕令将左宗棠、沈葆桢和李鸿章三人的奏折抄交总理衙门。总理衙门接到谕令和上述三通奏折,认为左、沈、李三人虑事周详,任事果毅,"意见既已相同,持论各有定识,而且皆身在局中,力任其难,自必确有把握"。他们反对半途而废,明确表示支持轮船制造说:"朝廷行政用人,自强之要,固自有在,然武备亦不可不讲,制于人而不思制人之法与御寇之方,非谋国之道。虽将来能否临敌致胜,未能豫期。惟时际艰难,只有弃我之短,取彼之长,精益求精,以冀渐有进境,不可惑于浮言,浅尝辄止。"[3]这一奏折立即得到清廷批准,福州船政局的造船活动因此得以继续进行下去。

(四)顺利遣返外籍技术人员。当 1873 年的秋天到来时,福州造船所迎来了收获季节,9 月 27 日第 11 号轮船(济安)试航成功;10 月 17 日第 12 号轮船(永保)也同样试航成功,"轮机之灵捷,船身之坚固,与安澜等船大略相同";11 月 8 日第 13 号轮船(海镜)顺利下水,按计划第 14 号(琛航)、第 15 号(大雅)也将在年内和明年开春分别下水。[4]此时,中国工匠已经基本掌握轮船制造和驾驶技术,无论是制造还是在海洋驾驶都能独立完成。"自本年六月起,该监督日意格逐厂考校,挑出中国工匠、艺徒之精熟技艺、通晓图说者为正匠头,次者为副匠头。洋师付与全图即不复入厂,一任中国匠头督率中国匠徒放手自造。并令前学堂之学生、绘事院之画童分厂监之。数月以来,验其工程均能一一吻合,此教导制造之成效也;后学堂学生既习天文、地舆、算法,就船教练,俾试风涛,出洋两次,而后教习挑学生二名,令自行驾驶,使当台飓猝起,巨浪如山时,徐觇其胆识,堪胜驾驶者已十余人。管轮学生,凡新造之轮船机器,皆所经手合拢,

〔1〕李鸿章:《遵议轮船未可裁撤仍应妥筹善后经久事宜折》,《海防档乙·福州船厂》第 239 号,第 372 页。

〔2〕李鸿章:《复曾相》,《李文忠公全书》朋僚函稿卷十二,第 12 页。

〔3〕总理衙门:《筹议船政事宜未可停止折》,《海防档乙·福州船厂》第 251 号,第 386 页。

〔4〕第 7 号马力为 250 匹,比原计划 150 匹马力多 100 匹,"一号抵作两号",福州将军奏报在案。

分派各船管车者已十四名,此教导驾驶之成效也。"〔1〕按照合同规定,负责指导中国造船的外籍人员的任务基本完成。

进入 12 月,船政大臣沈葆桢便开始着手处理遣返外籍技术人员的工作,他连续向北京发送了一批奏折和信件,一方面汇报造船进展情况,另一方面为未来的发展做出安排。在他看来,福州船政局与日意格以及外籍技术人员的合作是成功的,不仅顺利完成了造船和教导驾驶任务,履行了应尽的职责,而且双方也建立了深厚的友谊,部分法国技术人员希望在期满之后,继续留在福州船厂工作。沈葆桢认为这种愿望可以理解,但还是明确表示不能接受这种要求,理由倒也简单,如果留下部分人员,那就无法证明中国工匠已经掌握了造船和驾驶技术。沈葆桢奏请如期遣返外籍人员,按照合同要求给予奖金,并根据出力大小分别给予虚衔和爵号。在附片中,他认为,日意格在工朝夕讲求,"实属不遗余力",应该破格奖励,赏给一等男爵,再加一等宝星;至于德克碑,虽然后期离开了船政局,但在前期也出力不小,请求赏给一等宝星,以示区别而昭激励。其他人员也分别给予三品衔、四品衔或五品衔,一等宝星或二等宝星等。

另一方面,沈葆桢指出,尽管中国工匠已经基本掌握了轮船制造、驾驶和航海技术,但要真正做到精益求精,密益求密,尚有待于将来的努力。考虑到经费紧张,他建议每年至少应当成造两艘轮船。在经费问题上,他认为其他拨款可以省去,而月款五万两不可省去。另外,考虑到中国工匠造船技术刚刚入门的实际状况,他认为只能维持现状,很难有新的进步,建议派遣船政局学堂学生赴英、法留学深造,为国家轮船制造、航海事业以及海军建设培养高级人才。他说:"窃以为欲日起而有功,在循序而渐进。将窥其精微之奥,宜致之庄岳之间。前学堂习法国语言文字者也,当选其学生之天资颖异、学有根底者仍赴法国深究其造船之方,及其推陈出新之理。后学堂习英国语言文字者也,当选其学生之天资颖异、学有根底者仍赴英国深究其驶船之方,及其练兵制胜之理。速则三年,迟则五年,必事半而功倍。盖以升堂者求其入室,异于不得其门者矣。"〔2〕

12 月 25 日,清廷接到沈葆桢等人的奏折,立即批交总理衙门"速议具奏"。

---

〔1〕 沈葆桢:《船政教导告成奖吁恳奖励洋员洋匠折》,《海防档乙·福州船厂》第 303 号,第 470 页。

〔2〕 沈葆桢:《船工将竣谨筹善后事宜请旨定夺折》,《海防档乙·福州船厂》第 304 号,第 473 页。

总理衙门经过与户部官员商议,基本同意沈葆桢遣返外籍员工的善后意见,同意授予船政局申报的外籍员工虚衔和宝星,但认为授予日意格"一等男爵"没有先例可以援引,决定改为赏一品衔,穿黄马褂并给一等宝星。并决定从闽海关和茶税中拨给 15 万两白银,按照合同所定奖金和路费数目,"照数给发,俾得依限遣散,以示大信"。[1] 同意派遣学生到英法留学的建议,而对于沈葆桢关于每年制造两艘轮船的计划则未能立即作出决断,他们还是顾虑造船和养船经费的来源问题。[2]

1874 年 2 月,沈葆桢按照既定合同顺利遣返了外籍员工。[3] 到此为止,双方都履行了各自承担的义务。这次国际造船合作,除了美理登、巴世栋试图插手船政事宜外,基本是顺利的。尽管在开始时许多中国人对于中外合作造船表示过这样或那样的担心,事实证明,这些担心尽管不都是多余的,但也不可疑虑重重。应当说,这次合作造船对于双方来说都是成功的。对于外籍人员来说,他们付出了艰辛的劳动,受到了中国官方和在厂工人的一致赞扬,最后获得了比较高的报酬和荣誉奖励,可谓名利双收,满载而归,感到相当满意;对于中国来说,尽管付出了较为昂贵的代价,收获也不小,通过合作造船不仅把一整套近代造船技术移植到中国,而且通过开办附属工厂,也相应移植了相关的工业技术,同时还通过法国技术人员的言传身教,也把西方的近代工业管理经验部分带到了中国。

二、福州船政局的发展

（一）造船经费之筹措。遣返了外籍技术人员,沈葆桢开始处理造船所的发展问题。当时摆在沈葆桢面前最棘手的问题是造船经费问题。造船所没有被裁撤是幸运的,但要谋求其发展却是困难重重。按照月费 5 万两白银计算,船政局全年的经费总共有 60 万两。按计划每年制造两艘 150 匹马力的兵船,造价需要 40 万两,学生教育费、轮船修理费、员工薪水以及轮船水师口粮合计需要 10 万两,还有 10 万两可以用于出洋留学经费。但是,上述项目并不是船政局的全部开支,还有养船费用没有计算在内。"现局中自养者,二百五十匹马力一号,一百五十匹马力三号,八十匹马力二号,薪费岁需十余万,煤炭岁数万,经费在外"。即使此后把造兵船的计划改为商船,由于不需要配炮,每只可以节约 4 万

〔1〕　总理衙门:《遵旨速议具奏折》,《海防档乙·福州船厂》第 311 号,第 477 页。

〔2〕　总理衙门:《遵旨速议具奏折》,《海防档乙·福州船厂》第 312 号,第 480—481 页。

〔3〕　到 1874 年 2 月 16 日(即同治十三年十二月三十)合同期满时,福州船政局共聘请外籍员工 51 名,大部分是法国人,也有英国人。除了日意格、德克碑赴上海游历,留下总监工舒斐制造炮弹,其余 48 人均乘船离开马尾。

两,两只合计也不过只有 8 万两。根据这种推算,船政局几乎没有任何发展余地,并且随着造船数量的增加,它的负担将越来越沉重。所以,沈葆桢于 1874 年初向李鸿章诉苦道:"无论出洋之款无处可筹,若再成两轮船,即不出洋亦索我于枯鱼之肆矣!"

福州船政局从一开始就进入了经营的误区,只有投资,没有收入;只有粗略的内部成本核算,没有建立精细计算的效益机制。设计者和主持者最初关注的焦点是海防建设需要,当时很少考虑其经济效益。这个问题很快就暴露出来,福建督抚衙门最先感受到经费困难的压力,他们上奏清廷,希望沿海各省共同负担造船经费,而各省有各省的难处,上海、南京、天津的军工企业也处在起步阶段,都需要大量投资,自顾不暇。清政府国库由于连年内战早已被弄得空空荡荡,财政收入也是年年收不抵支。单靠财政拨款无法维持日益增加的造船和养船费用,必须设法减轻船政局的经费压力,寻求船政发展的正确途径。事实上,即使财政拨款比较容易比较充裕,作为一个企业,尤其是作为一个官办军工企业,必须建立一套能够促使它不断追求发展的产品效益机制。如果缺乏这样的机制,单凭若干领导人谋略、廉洁和员工的热情、奉献,很难保证这个企业长期顺利发展,最终走向辉煌。

第一个方案,新造兵船分拨各省以减少闽厂养船费用。促使清政府开始考虑造船的经费问题是在 1871 年 11 月。当时,船政大臣沈葆桢丁忧守制,不便奏事,由署闽浙总督文煜代船政提调夏献纶奏报了"安澜"号改造情况,同时附片说明,随着轮船数量的增加,养船经费越来越大,福州船政局无力承担。请求增加经费,或者把新造的轮船分拨给沿海其他省区,共同分担养船经费。"轮船大号者每月薪费约支银二千一百余两,小号者每月薪费约支银一千五百余两。现成大号船三只,小号轮船两只,每月需银九千余两。又建威夹板练船每月除洋员薪水外,需银一千一百余两。已不敷支给,以后成船日多,经费动支更巨"。[1]总理衙门接到军机处转交的文煜的奏折,认为除了江苏自己可以制造轮船、浙江已经分拨轮船之外,沿海其他省区均应拨用福建船政局制造的轮船,这样既可以节约购买和雇用洋船的经费,又可以减轻闽省船政局的负担,"且不致以有用之船置之无用之地,于试演新船,搏节度支之道,均有裨益"。[2] 于是,行文沿海各省督抚,要他们报领所需船只。

几个月后,各省关于报领闽厂轮船的咨文陆续到达总理衙门。直隶总督兼

---

〔1〕 文煜:《闽省新造轮船养船费用片》,《海防档乙·福州船厂》第 193 号,第 306 页。
〔2〕 总理衙门:《遵旨议奏船政折》,《海防档乙·福州船厂》第 200 号,第 311 页。

北洋通商大臣李鸿章认为"安澜"、"扬武"与"万年清"三船不适合在天津海口使用，只有"镇海"和"伏波"大小尺寸可期合用，而不知质量如何，希望经过检验再作决定。两广总督瑞麟认为使用轮船巡洋捕盗甚为得力，表示广东可以报领"伏波"号轮船。山东巡抚丁宝桢认为轮船出洋巡捕，"甚有裨益"，虽打算报领一只大号轮船，最好是"安澜"号，但又没有把握筹到一笔每年可供支出白银22 000 两的款项。盛京将军都兴阿和奉天府尹瑞联也认为使用兵轮巡洋剿捕比较得力，但由于没有多余的款项，只能报领一只小号轮船，请求从上缴的四成关税内扣留一部分为养船经费。从这些奏折中也可以看出，沿海各省都需要轮船，但大多缺乏充足的养船经费。可见地方财政也不十分宽余。尽管如此，福州船政局制造的第一批轮船总算通过报领的方式可以被分拨到沿海各海口了，多多少少可以缓解船政局造船还要养船的困难。但是，他们也知道这种分拨轮船的方式只能缓解困难，而不能实际解决问题，因为随着造船数量的增加，由于各省经费紧张，很难保证各省有比较充裕的经费供养这些轮船。因此，他们又不得不考虑新的开源节流方案。

第二个方案，新造运输轮船包运漕粮、盐引以贴补国家养船经费。1872 年春天，曾国藩注意到轮船制造经费紧张，如果没有比较可靠的来源，轮船制造很难长期坚持下去。他首先考虑如何解决养船费用问题。在他看来，"不外配运漕粮、商人租赁二议"。他为此提出了一项建议，就是建议制造商业运输船只，出卖或出租给沿海商人。这样一方面可以提高中国海上运输能力，展开与外国的海上运输竞争；另一方面为轮船制造提供相应的经费支持，即使不完全成功，起码可以贴补养船费用。"商人租赁一层，既以裕我经费，并可夺彼利权，洵为良策！"[1]但他认为中国商人可能不愿与官方发生交涉。李鸿章认为曾国藩的顾虑很有道理，同时他还顾虑，如果中国商人租赁官船运输货物，"洋人势必挟重资以倾夺"。因此，他提议采取优惠政策，鼓励中国商人成立自己的运输公司，自建行栈，自筹保险，与外国运输公司进行竞争。官方应给予中国商人兼运漕粮的特权，让他们有专门的生意，"不至为洋人所排挤"[2]。这就是曾国藩与李鸿章于 1872 年关于设立轮船招商局的最初设想。后来，左宗棠也建议闽厂制造的运输船可以装运淮盐到湖口或汉口，然后再由盐贩分销各地，通过这种手段解决一部分养船费用。

---

〔1〕 曾国藩致信函总理衙门：《述船局不宜停止由》，《海防档乙·福州船厂》第 208 号，第 326 页。

〔2〕 李鸿章：《遵议轮船未可裁撤仍应妥筹善后经久事宜折》，《海防档乙·福州船厂》第 239 号，第 371 页。

　　第三个方案,"即以艇船修造养兵之费抵给轮船月费"。李鸿章认为,采取各省报领兵轮的方法只能暂时缓解闽厂的压力,并不能真正解决兵轮不断制造后的养船费用增加问题。在他看来,要彻底解决兵轮的养船费用,就必须裁撤沿海各省额设战船。因为这些旧式战船尽管数量很多,花费很大,但在海防上实际作用不大。他说:"凡有议修各项艇船者,概予奏驳,令其改领官厂兵轮船,以裨实济。缘红单、拖罾等船实不如轮船之迅利,虽费倍而功用亦倍之也。沿海沿江各省尤不准另行购雇西洋轮船。若有所需,令其自向闽、沪两厂商拨订制,庶政令一而度支可节矣。"〔1〕这项建议应当是中国海防军队装备改善的正确途径。即使停修的额设战船经费未必能够满足新造兵轮的养船需要,也是一项符合实际需要的措施。然而要裁撤旧的水师,要停止额设战船的修造费用,就势必触动某些人的利益,引起这样或那样的抵制。

　　从 1872 年李鸿章正式奏请裁撤沿海额设战船一直到 1874 年初,在将近两年时间内几乎没有任何响应。1874 年,李鸿章抱怨说:"东南各当事置而不议,或议而不行。"〔2〕沈葆桢也对这种建议被有意搁置表示不满,他认为"各省付之不答"是政界的一件怪事,愤怒指出:"人人知其不适于用,任其坐食虚縻,无此政体!"〔3〕

　　这样一项符合海防安全实际需要的具体改革措施在保守的社会环境里终未能得到认可和推行。笔者查阅了《光绪朝朱批奏折》中关于"造船"方面的奏折,共有 150 件折片,其中继续要求按例修造旧式船只的仍有 70 余件,涉及黑龙江、吉林、奉天、直隶、江苏、江西、安徽和湖南等八个省区。〔4〕 由此可见,在当时的中国进行制度改革,只要触动某些人的利益,都会遇到阻力和麻烦。中国的改革有时需要外部的一定刺激,海防的落后现状需要在挑战面前得到重新确认,一次海防危机也许是国人的一支清醒剂。

　　(二)日军侵台与造船事业的继续。正当清廷内外为节约轮船经费寻找出路时,1874 年春天日本悍然发兵侵入台湾,海防危机顿时出现。由于日军拥有大型铁甲船,沈葆桢尽管率领多艘兵轮渡台,也无法对日军发起攻击。"明知彼

----

〔1〕 李鸿章:《遵议轮船未可裁撤仍应妥筹善后经久事宜折》,《海防档乙·福州船厂》第 239 号,第 371 页。

〔2〕 李鸿章致信总理衙门:《议论闽厂善后事宜由》,《海防档乙·福州船厂》第 319 号,第 486 页。

〔3〕 沈葆桢致信李鸿章:《论船政事宜由》,《海防档乙·福州船厂》第 325 号,第 502 页。

〔4〕 仅直隶海口负责由海面向通州粮仓驳运的官驳船只就有 2 500 只。这些船只按照规定一半由江西承造,另一半由湖南和湖北承造。直隶代造每只需要库平银 416 两,合计造价 104 万。每年每只应发工食银 7.5 两,油漆银 5 两。每年约需 30 000 两。每只每届三年发给小修费 20 两,均匀牵算每年大约需要 30 000 两。每五年大修一次,还要花费大量经费。

之理曲,而苦于我之备虚","虽经各疆臣实力筹备,而自问殊无把握",参与谈判的外交官员不得不再施所谓羁縻之术,最后以中国赔款 50 万两白银并承认琉球是日本属国,将就完结此案。此次海防危机所暴露的海防空虚问题引起清廷的巨大震动,直接引发了 1874—1875 年的海防大讨论。

　　在这次海防大讨论中,丁日昌明确提出"外海水师专用大兵轮"主张。在他看来,外海水师以火轮船为第一利器,尤以大兵轮船为第一利器。"海上争锋纵有百号之艇船,不敌一号之大兵轮船。盖内海剿盗,则非炮船不为功;外海剿盗,则非轮船不为功"。建议购买美国大兵轮船若干艘,裁撤沿海所有艇船,因为裁 50 艘艇船之费,可养一艘大兵轮船;裁撤 50 只舢板可以养一艘炮船。但是,一说到裁撤旧的水师和战船,一些与此有利害关系的大臣便明确表示反对。

　　参与讨论的大多数官员支持裁撤旧的战船,他们之间的区别在于有的主张全部裁撤,有的同意部分裁撤。李鸿章赞成丁日昌关于北、东、南三洋各有一支舰队的计划,认为裁并艇船、舢板与建造购买铁甲船、炮船都是必需的。他还考虑了购买与建造军舰的利弊得失,认为中国由于技术落后,缺乏材料,"是以中国造船之银倍于外洋购买之价,今急于成军,须在外国订造为省便"。在他看来自造的愿望虽然良好,而未必能够达到预期的效果,只有通过购买可以迅速建成舰队。这种看法与总理衙门的意见基本一致。王凯泰认为各省旧式水师战船,无论怎样修整都没有多大作用,只能用于捕盗,而不能抵御外敌。他毫无保留地支持丁日昌关于建立南、北、中三洋水师的设想,同意逐步裁撤旧的水师。针对社会上存在的各种疑虑,他说:"或虑水师额兵,骤行裁撤,恐滋事端,不知有转移之法,老弱者先汰,革故者不补,其精壮归入轮船练习,二三年间,旧制即可变更,固无庸仓猝全裁也。或又虑轮船经费太巨,不知数十号师船不如一轮船之用,费省而无用与费巨而有用,孰得孰失? 不待智者而可决。且裁减师船糜费供给轮船,更化无用为有用矣。"[1]他主张通过裁兵加饷,实现精兵强军的计划和目标。王文韶也认为中国旧有师船无法抵御外国轮船,必须进行整顿,进行裁汰,然后将节余的例修战船经费用于轮船的购买和制造,"即以此款改造轮船,配以新练水师"。[2]

　　在后来参加讨论的官员中,只有大理寺少卿王家璧明确表示反对裁撤额设战船。他说,长江水师由曾国藩、彭玉麟奏设,裁撤旧式战船则是"名为设防,实

〔1〕　王凯泰:《海防亟宜切筹折》同治十三年十一月十一日,《筹办夷务始末》(同治朝)卷九九,第45 页。

〔2〕　王文韶:《海防亟宜切筹折》同治十三年十一月十一日,《筹办夷务始末》(同治朝)卷九九,第54 页。

为撤防也;名为筹办海防,实则暗以破坏曾国藩、彭玉麟苦心经营之江防也"。他根本不懂旧式战船与近代轮船之间的巨大技术差距,以为50只旧式艇船的作用无论如何要比一艘轮船大一些,他这样计算说:"以艇船五十而论,可用以更番叠战,互相应援,即令一船有失,尚存四十九船。四十九船俱失,犹有一船尚存。若裁并为一大兵轮船,设遇有失,则一败涂地,是一举而失五十艇船也。裁并舢板为根钵轮船,其害盖亦类此。"〔1〕这显然是从传统兵法中的以众击寡原则思考问题的,属于纸上谈兵,远远脱离社会实际。工业近代化是一个过程,既要有明确的目标,又需要举国上下的支持和参与。

此次海防大讨论结束时,总理衙门在奏折中认为,西方国家的军工技术比中国先进,外国船炮比较得力,强调海防练兵"不能不用其所长"。不仅建议所有组建的新型外海水师应当装备外国枪炮、水炮台、水雷等项先进武器,而且要求沿海和内地所练新型陆军也要改练洋枪洋炮,还要求福州船政局继续建造兵轮,精益求精。这样在造船问题上又一次肯定了福州船政局继续办下去的必要性。

1875年,台防撤除警报后,沈葆桢被委以两江总督重任,在离开船政大臣职位时,他最担心的是造船事业的半途而废。在沈葆桢看来,造船事业能否继续下去在很大程度上依赖于继任者的胆识、才干以及经费来源是否稳定。他说:"船政关系海防根底,断不容不慎择其人,非无熟悉工程结实可靠者,然恪守成法恐未能式廓前规,且当经费支绌,动辄掣肘之时,非有卓绝之才识,老成之资望,能于万难中出新意以经纬之者,不足为国家巩持久之基,而收自强之效。"〔2〕先是沈葆桢推荐郭嵩焘出任船政大臣,由于清廷已决定派遣郭为首任出使英法等国大臣,又推荐丁日昌管理船政,很快得到批准。为了给船政事业的顺利发展奠定基础,沈葆桢在临走之际还处理了最为棘手的经费来源问题。

当时,船政局在经费上的确遇到了前所未有的麻烦。1874年秋天,由于台防形势紧张,船政局奉令赶造得力战船,陆续向国外订购了一批造船原料,加之沈葆桢奉令巡台,后勤供应也由船政局负担,这样船政局的经费开支突然增大。本来按计划每年造船经费60万两白银应从闽海关六成项下提取。但是,闽海关全年总收入只有230万两,按六成计算则有将近140万两。同时从六成项下提拨的款项还有京饷、户部垫款、陕西出关以及皇帝的"万年吉地"等项必须按时拨出的款项,以上各项提款大约需要116万两,这样只剩下24万两。而根据批准需要在六成项下提拨的款项还有"雷正缩银二十四万

〔1〕 《光绪元年二月二十七日大理寺少卿王家璧奏折附片》,《洋务运动》第一册,第131页。

〔2〕 沈葆桢:《船政需人甚急请钦派重臣接办折》,《海防档乙·福州船厂》第375号,第589页。

两、奉省捕盗银二万"〔1〕,再加上船政经费 60 万两,共需 86 万两。这样实际有 62 万两的亏空,"早已出入不敷"。即使船政局把剩下的 24 万两白银全部提走,1875 年船政局所需经费仍然短缺 36 万两。不仅如此,前一年已经短解船政经费 20 万两。数十万两经费不能正常到位,"工程每多掣肘",沈葆桢等人不得不采取东挪西凑的办法以解决燃眉之急,或者向钱庄票号借贷,或者向厘捐局等挪借。但由于不能按时归还借款,借贷发生困难,"筹借之路绝矣"。〔2〕更何况原来在海外订购的货物即将运到,必须及时清偿。在万般无奈之下,沈葆桢奏请从海关另外四成之下,"尽数拨抵船费"。经过户部与总理衙门的反复讨论,最后才批准了沈葆桢的"移缓就急"请求,除了同意在闽海关四成税项下拨抵所欠船政局经费银 40 万两外,还重申每月造船经费 5 万两继续在关税六成项下拨解。

（三）福州船政局之整顿。1875 年 8 月 14 日,沈葆桢接到军机处转发的"即赴新任筹办海防,毋庸来京陛见"谕令,仍然对于船政不能释怀。后来得知钦派丁日昌(图四八)出任船政大臣后,立即与他约定在上海见面,交接船政事宜。11 月 4 日,近代两位海防建设的重要人物——沈葆桢与丁日昌在上海会面,他们共同讨论了船政的发展问题。事后,丁日昌向总理衙门汇报了他关于造船的基本设想。第一,继续学习外国的造船经验。在他看来,学习外国的先进技术有一个由粗而精的过程,只要外国的技术处于先进状态,中国的学习就没有止境。"中国学习西法有始境而无止境,彼族得其精者深者,而后导我以粗者浅者,粗欲与精抗,浅欲

图四八　福建巡抚丁日昌画像(《丁日昌外传》,海天出版社,1993 年,封皮左上角插图)

与深衡,固不待智者而知万万不如矣,故谓机器仍我用我法,西法为不足学者固非,然仅得其皮毛,而谓遂足恃以无恐者,亦非也"。〔3〕这样就确定了一项长期学习的任务。第二,准备建造铁甲船。他认为外国的军舰制造技术已经发展到机器使用"康邦",船壳改用铁甲,炮台改用钢铁的水平,相比之下福州船政局所

〔1〕　雷正绾银是指陕西军营拨款。雷正绾系四川中江人,行伍出身,以军功逐渐升为陕西镇总兵、陕西提督,是时帮办左宗棠陕甘军务。1895 年循化撤回起义,因镇压不力,革职留任。1896 年解任回乡。次年病死。

〔2〕　沈葆桢:《船厂经费不敷请拨四成洋税折》,《海防档乙·福州船厂》第 367 号,第 581 页。

〔3〕　丁日昌致信总理衙门:《议船政事宜》,《海防档乙·福州船厂》第 391 号,第 626 页。

造船只仍为旧式木壳机器,整整落后了十年。造成中国技术落后的原因在他看来有两个局限:"限于财力不足者半,限于隔阂未能得风气之先者亦半也。"为了改变这两个局限,他建议不断派遣留学生赴英法等国留学,借以了解西方造船技术,希望这些留学人员,朝夕研究,"彼中一有新式机器,绘图贴说,寄回中国"。同时建议继续聘请外国技师指导造船技术。这样通过内外学习,紧跟西方造船工业技术前进的步伐,"必使外国驻工之人与各厂督办之人呼吸相通,互为表里,方能有裨实用"。[1] 同时,他还建议开采煤矿,发展钢铁工业,为造船工业提供生产原料和经费。根据这些设想可以看出,丁日昌准备在福州船政局开创新局面,成就一番大事业。所以,1875 年 11 月 8 日他一到马尾造船所就进入各个工厂视察,并且亲自考核员工功过,不厌其烦地向外国技师询问技术问题。但是任命他为福建巡抚的谕令于当年 12 月 11 日已经从北京发出,要求他冬季巡台,负责台湾海防安全。

图四九　船政大臣吴赞诚(福州船政局博物馆展品)

12 月 30 日,丁日昌接到谕令,立即写了一道奏折。他说,船政与海防相为表里,与地方行政一样重要,担心顾此失彼,贻误船政和地方行政。"臣实自念才力不及,苟为高掌远跖之图,必有顾此失彼之虑。此臣才短不能兼任地方之实在情形也"。恳求清廷收回福建巡抚成命,专任船政大臣一职。但清廷的命令是福建巡抚一职"不准力辞",至于船政大臣一职则希望由他和沈葆桢共同推荐合适的人选出任。经过与沈葆桢几番信件往来,两人共同署名推荐了顺天府尹吴赞诚(图四九)和直隶津海关道黎兆棠,结果于 1876 年 4 月 2 日任命吴赞诚"以三品京堂候补督办船政"。

福建造船事业既然得到了清廷的认可,又得到了地方督抚实力派人物如曾国藩、左宗棠、李鸿章等人的大力支持,在沈葆桢、丁日昌等威望崇高的官员主持下,克服了种种困难,正在艰难前进。吴赞诚接任船政大臣后,由于他的权威相对不足,面临着更大的困难。困扰船政局最大的问题还是经费问题。经过前任船政大臣沈葆桢和丁日昌的努力,经过总理衙门与户部的共同核议,尽管每月5 万两船政经费从海关税收中尽先拨付的原则也由谕旨加以正式确定,而由于

〔1〕 丁日昌致信总理衙门:《议论船政事宜》,《海防档乙·福州船厂》第 391 号,第 626 页。

海关税收实际不足,处于僧多粥少的局面,船政经费事实上仍然难于落实。1878年1月20日,吴赞诚致信总理衙门说:"核计制船项下,元、二两年已欠银三十八万两,本年六成应拨者又欠银一十二万两。养船项下截至二年十月底止,已由制船经费垫发银一十一万余两。自二年十一月起,截至本年十二月十七日止,各船薪粮等款共支发银二十六万余两。厘税局先后仅解十万余两,而煤炭之费、修船之费不与焉。"[1]

经费拨解的困难,并非福州将军不积极合作造成的,而是由于海关税收有限,"部拨加多"造成的。面对财政拮据的困难局面,总理衙门与户部找不到合适的方法,最后形成的意见是,"应请饬下福州将军、闽浙总督、福建巡抚,即将三年分欠解船政银十二万两仍于六成项下赶紧拨解,嗣后制船经费应遵照奏案,于六成、四成项下按月筹解,不准再有蒂欠。其养船经费亦令宽为筹备;积欠之款,陆续解清"。[2] 这尽管是又一次肯定了造船的重要性,但只是重申了原来的拨款方案而已,并没有采取实际措施减少部拨款项以确保船政经费的顺利划拨。于此可见,决策的正确并不能保证操作的顺利。

1878年,由于福建频年水患,外贸萎缩,厘税短绌,船政经费仍然不能顺利到位。"制船经费项下,元、二、三等年共欠五十万两,四年分六成应拨者又欠银一十八万两;养船项下,自三年四月起截至四年十二月底止,由制船经费垫发薪粮约银二十八万余两"。在这种情况下,船政开支只能是左支右绌,不要说船政的发展了,就是维持现状也是竭蹶万分。1878年6月,"威远"号下水时船政局已经出现"月款支绌,悬釜待炊"的局面,为了节约开支吴赞诚迫不得已裁撤了一批工匠。而到了年底,造船所几乎陷于停顿状态。此时,留下的工人是"皆不可少之人",购买的船料是"皆不可缓之料",也就是说想节约也无从节约了。吴赞诚认为船厂一旦停工,所受损失极大。"使釜斤中辍,殊负十余年缔造苦心,且匠徒遣散后各自营生,再集,良非易易。至应修之船,几无间断……任令抛停,则搁费亦殊可惜。况驾驶将弁效力海上,衽席风涛,额领薪粮亦应按月筹支,未忍令其枵腹"。[3] 他恳请清廷设法解决经费困难。

户部与总理衙门在讨论吴赞诚的奏折时,采纳了南洋通商大臣沈葆桢的意见。沈葆桢认为福建船政局的主要困难是由于养船经费大量增加造成的。为了减轻福建船政局的经费困难,他从海防大局出发,建议把建造好的轮船调拨到江

〔1〕 吴赞诚致信总理衙门:《议论船政经费》,《海防档乙·福州船厂》第507号,第750页。
〔2〕 总理衙门与户部合奏:《遵旨速议船政经费折》,《海防档乙·福州船厂》第517号,第761页。
〔3〕 吴赞诚:《制船养船经费更形支绌折》,《海防档乙·福州船厂》第530号,第778页。

南,由南洋大臣从海防经费中解决养船所需。他说:"目前船政经费制船居其半,养船居其半,船日多则费日增。与其留南洋之费为养船只费,不如移闽厂之船就南洋之饷。"〔1〕

户部要求订立轮船制造章程。吴赞诚为了说明船政经费的困难,曾经谈及轮船经常需要修理问题。这引起了户部官员的注意,他们认为轮船需要经常修理说明制造质量有问题。作为最高的财政管理机构,他们很早就对船政局的报销方案无从查验很有意见。但是,由于轮船在中国是个新生事物,户部官员对它太陌生,因此难以指手划脚。现在他们终于找到了干涉的理由,要求像清代前期管理风帆战船修造一样,对于轮船制造制订相应的管理章程,以便考核。清代前期沿海各省制造战船逐渐形成了一套相当严密的管理规定:规定了战船规模和尺度,制造责任和修造限期,以及查验程序;规定了修造轮船的经费限额,船板厚度、钉子尺寸、油漆遍数,以及一尺船板需要钉几根钉子。这些细密而具体的规定对于督促承修官、督修官等官员恪尽职守和节约经费起了一定积极作用,但并不能保证战船修造质量不受损害,也不能防止贪污和浪费的发生。第一次鸦片战争时期中国海上机动作战能力的丧失与战船质量的变劣在很大程度上是由于这套官僚化管理体制造成的。这套规定在第一次鸦片战争时期尽管遭到了许多有识之士的尖锐批评,但在清廷并没有受到根本怀疑。现在,户部官员又准备重走老路,于1879年3月7日奏请说:"嗣后制造轮船,务须明定章程,严定保固年限,如限内损坏,责令赔修,不得动用正款,并将章程奏明立案。"〔2〕

吴赞诚接到户部关于制订轮船修造咨文后,考虑了很长时间,才以复奏的形式申述了不能订立章程的理由。在吴赞诚看来,轮船构造分为船身、船机、水缸和帆椇四个部分,每一个部分都有许多种构件,每一种构件的选择和制造都非常精细。"先经洋匠教导,选材必精,稍有瑕疵,即摈勿用……洋匠撤后,华工恪守成法,罔敢或渝"。船身构件务求坚固,轮机制造更是精益求精,"皆几经提炼成胚,成胚矣,而后车光,车光矣,而后较准矣,而后刮磨,刮磨矣,而后合拢,所以精益求精者,防一丝之溢,一隙之疏或碍全体耳!"水缸制造需要上百片铁板,厚薄不同,各有各的用处,"平向者务取精良,转折者尤求坚韧,工竣验试,能胜火力,不漏汤气乃称完善"。至于帆布椇杆也大部分取材于欧洲,"开工以来,工匠习于西法,非精者不敢用,亦不能用也"。正是由于选材精良,制造精细,闽厂制造

〔1〕 沈葆桢:《海防成案碍难擎动船政支绌设法通融折》,《海防档乙·福州船厂》第537号,第785页。

〔2〕 吴赞诚:《修理轮船立限事多窒碍折》,《海防档乙·福州船厂》第552号,第801页。

的轮船无论是兵船还是运输船，无论是在外国技师指导下造船还是中国工匠独立制造，应当说造成的轮船都相当坚固耐用。但由于航行过程中天气气候、海洋风浪情况复杂，难以预料，轮船个别零部件受损在所难免，因此需要定期或不定期的更换和维修。

他明确说明制造轮船无法像制造旧式师船那样订立章程。"今欲立定期限，则船身等四项，几年小修，几年大修，几年折造，既难明定章程。而四项中各有所隶，不下数百件，更难逐一区别。况同一船身有木胁、铁胁之殊，同一轮机、水缸有老式、新式、立机、卧机之别乎"。并且强调指出，订立章程不仅不能防止弊端，而且可能贻误海防大局。"天下事亦求无弊耳，拘寻常文法以律轮船，必有已届修而不必修，未届修而不容不修者。不必修而报修，厂员驾弁具有天良，断不致有此举动，不容不修而竟格于成例不得言修，因而不敢言修，迁就于目前，必将贻误于后日。其害曷可胜言！"[1]

到 1879 年 8 月因病辞职时为止，吴赞诚担任船政大臣共有三年时间。我们检阅《海防档》，从开始接办船政大臣到辞职请求被批准为止，吴赞诚共有奏折和公函 67 件，其中要求解决经费困难的公文有 31 件，奏报造船情况的只有10 件，由此可见在这三年时间里他的最大困难就是解决造船经费问题。接任船政大臣时他面对的是"悬釜待炊"，交卸关防时他留给继任黎兆棠的遗产仍然是经费支绌，几乎没有一点好转。

（四）举步维艰的福州船政局。黎兆棠继任船政大臣的谕令虽然在 1879 年10 月 22 日就发出了，但他到 1880 年 3 月 31 日才到达福州船政局，正式接篆视事。黎兆棠接任船政不久，对于福州造船的技术和管理现状均表示不满，在给总理衙门的信件中他直接流露了这种情绪。关于技术问题，他说："当初开刱时雇募洋人日意格等，本非精于造船之人，其招募洋匠帮办类皆二三等脚色，所造之船多是旧式，即如康邦机器，外国通行已久，而船政迟至光绪二年始行改造，其他可知。此则洋监督之不得力也。洋匠与中国立合同，订期若干年造船若干号，据委员夏允晃禀称：洋匠恐成船太速，不能久留，以食薪水饩廪，往往派华匠造一器，必宽其期限，有先期而成者，即甚精美，必以为不中程式弃之，故华匠相约缓延，竟成痼习……此则开刱时洋匠办坏也。"[2]关于管理问题，他说："中国所逊于外国者，以官场积弊太深，不能实事求是，诸多粉饰耳！船政管驾由学堂培养而成，自管驾以至水手皆厚其俸薪，法本甚善，无如日久弊生。闻管驾数年即有

〔1〕　吴赞诚：《修理轮船立限事多窒碍折》，《海防档乙·福州船厂》第 552 号，第 801 页。
〔2〕　黎兆棠致函总理衙门：《议论船政经费》，《海防档乙·福州船厂》第 581 号，第 856 页。

拥厚资者。"关于造船技术落后状况他说得比较明确,而后一条则说得稍为含糊,可能怀疑其内部有浮冒侵吞之弊。在中国政治混乱时代,出现上述思想是很正常的。为了报效祖国,他表示决心大力整顿内部,严肃纪律,痛洗积习。

总理衙门接到黎兆棠的信件后感到问题严重,立即奏报宫中,引起清廷重视,当即谕令黎兆棠大力整顿船政,查明弊端,"分别严行参办"。[1] 尽管档案没有提供黎兆棠整顿船政的具体情况,但从一些文件中大致可以看出,整顿主要从节约经费入手,"于局员则必为事择人,断不稍从徇滥……制造必期精坚,糜费务尽裁革"。从而使船政局的一切经费比以前都有所节省。但是,整顿并非风平浪静。半年后,清廷接到一份奏折,江南道监察御史李士彬揭发:"福建船政局近则专徇情面,滥竽充数,不一而足。学技艺者率皆学画、学歌词。提调、监工不谙洋务,并不过问,船政大臣亦为所欺。凡局中一切公事,该提调等任意把持,不肯举办。"他不仅认为船政局所造轮船难以适用,虚糜薪水,而且出现了怂恿学生加入天主教的严重问题。"该局帮办翻译黄姓久为教徒,暗诱各生进教,偕入礼拜堂中。总办区姓日吸洋烟,十数日不到局一次,纵到亦逾刻即回,绝口不言局事"。学生因此毫无管束,抛荒本业,"纷纷入教"。[2] 清廷震怒,认为"不成事体",着令闽浙总督何璟和船政大臣黎兆棠严厉查处。

何璟和黎兆棠接到谕令后,于1881年2月联合复奏说明既无提调、监工把持,也无学生荒废学业等事。复奏声明:"厂中进退人材,事无巨细,皆由臣兆棠躬亲裁决,在事员绅尚无把持怠玩陋习。"[3] 提调吴仲翔从福建船政局创办时即以绅士襄办文案,深为前船政大臣沈葆桢倚重,后来担任提调,有许多人求其入局当差,未能尽如人意,以致积怨颇深。去冬他已要求北上赴选,早已离开船政局。至于监工王葆辰,品学素优,操守清廉,已经退休。所以,并不存在提调、监工任意把持情事。这显然是一种平息矛盾的说法。无风不起浪,吴仲翔、王葆辰在1880年冬天的相继离去的事实,毫无疑问反映了人事调整过程中的某些冲突,正好证实了提调、监工把持船政之类说法。针对学生荒废学业的指责,复奏说黎兆棠到任之后仍然坚持严格考核制度,从不稍事姑息,数月以来,已经革退者十余人。学生学习绘画和外国语言都是必要的基本技能训练,并非荒废本业。

如前所说,黎兆棠最初认为船政局造船技术落后状况是由于日意格不懂技术以及聘请的外国技师水平不高造成的,但在担任船政大臣一年后,通过实践和

---

[1] 《谕军机处》,《海防档乙·福州船厂》第585号,第860页。
[2] 《光绪六年十一月十六日江南道监察御史李士彬奏》,《洋务运动》第五册,第249页。
[3] 何璟、黎兆棠:《遵旨查明据实复陈折》,《海防档乙·福州船厂》第598号,第890页。

观察他对于福建造船技术的落后现状有了更加清醒的看法,同时对于移植西方先进的造船技术难度也有了新的认识。在他看来,西方军舰制造技术之所以能够日新月异,除了经费充裕的条件之外,还有工业技术的相互支持,是"萃千百万人之材力聪明",互相仿效的结果。相比而言,中国造船工业刚刚开始起步,加之经费困难,成船无多,"正如初学为文,岂能出奇争胜!"中国的造船工业要想赶上西方,不仅需要充裕的经费,而且需要较长的时间。[1]在客观条件尚不具备的情况下,任何在短时间内试图超越西方先进工业技术的打算最终都将被证实是一种急性病。

黎兆棠认为巡海快船(即巡洋舰)是一种先进的兵船,属于海防不可缺少的"利器"。一到任他就开始筹划制造这种快船,花费 3 092 两白银从法国购买了一套 2 400 匹马力巡洋舰图纸,共有 240 幅。1880 年 9 月,"澄庆"号轮船竣工,福建船政局便开始加紧购买船料和制造部件,到 1881 年 10 月中国自制的第一艘巡洋舰"开济"号安上龙骨,1883 年元月 11 日顺利下水。"开济"号巡洋舰的制造成功标志着我国造船技术取得了重要进步。此次造船绘图达到 600 余张,制造模具 2 000 余件。黎兆棠在奏折中首先描述了员工齐心合力克服困难的制造情景。他说:"绘图制式,既无旧式可承;选料庀材,又非一时可集;事之筹划,积阅月日,备极繁难。及开工后,部署甫定,木料之购自暹罗者,钢件购自英德两国者,陆续麋至。于是广招工匠,分厂呈能,厂大者容七八百人,厂小者六百余人。接图制作,推陈出新。趱赶工程,夜以继日。在事员绅匠徒人等,莫不殚精竭粹,寝馈不遑,咸与黾勉从公,稍答宵旰勤求之至意。"[2]接着他胪述了造船技术改进情况。

按照工程处外国委员的说法,欧洲的大号巡洋舰制成于 1871 年,中号巡洋舰制成于 1875 年,这两种巡洋舰盛行于 1877 年和 1878 年。福建船政局仿造的巡海快船的图纸是一种"中号新式快船",技术状况大致相当于法国 1878 年的造船水平。[3]如果这种说法属实,则中国的造船技术与法国相比差距不过 5 年,这应当是一个长足的进步。因此,我们应当正确估价福州船政局的造船成绩,不可以是否赶超世界一流造船水平为评价尺度。对于 19 世纪 80 年代福州船政局造船成绩的恰如其分的肯定,不仅可以鼓舞船政局内部员工的士气,而且有利于增强局外人员,尤其是户部、工部、兵部、总理衙门、闽浙总督等上级主管部门的信心,从而有利于船政经费顺利到位。

〔1〕　何璟、黎兆棠:《遵旨查明据实复陈折》,《海防档乙·福州船厂》第 598 号,第 890 页。

〔2〕　黎兆棠:《奏为韧制巡海快船下水并厂工一切情形折》,《海防档乙·福州船厂》第 636 号,第 937 页。

〔3〕　左宗棠咨总理衙门文:《议论添造快船》,《海防档乙·福州船厂》第 666 号,第 984 页。

（五）船政变通事宜。张梦元接任船政大臣后,对于经费拮据的现状同前任一样表示不满,他对于造船事业的发展缺乏足够的信心。在他看来,造船必须有充足的经费保障。如果经费不足,维持船政的办法只能是裁撤工匠人数和减少船料采购。裁减工匠可能导致工程的旷日持久的弊端,减少船料采购则可能出现停工待料的局面,实际达不到节省的效果,"欲省转糜"。无论从海防的紧张形势上看,还是为了现有兵船的修理,船政都有万万不可停办的理由。船政既然不能停办,就应当大力开拓。"惟有添厂地,添机器,添工匠,添料件而后制船速,成船多,既足以应海防之急需"。但是成船增多,养船经费势必相应增加。因此,他希望清廷通盘考虑,早做决断,要么提供充足的经费,以便于进一步开拓造船事业;要么立即收束造船活动,以解决工程甚少、费用甚多的问题。"经费足,则先开拓而后收束;经费不足,则早收束而无庸开拓。舍此两端,无可中立"。〔1〕 在他看来,既要花钱少,又要造船好,那是不可能的事情。

无论张梦元对造船持积极态度还是缺乏信心,由于他在船政大臣的交椅上仅仅坐了几个月,对于船政影响都不大。不过,张梦元主持福州船政期间唯一值得一提的事情是,他配合兵部拟订了一份轮船修造章程。前文曾经说到吴赞诚明确表示不赞成制订轮船修造章程,后来黎兆棠也只是提出了一个原则性的建议:"嗣后凡遇修船总以四十日以内为小修,四十日以外统为大修。遇大修之船,无论大小兵商船上管驾以及舵水各项人等,应得薪粮,概给五成,以资日用。公费月给六十两。水手饬令帮同做工,炮勇令其操演。分防各省轮船回闽一律照办。小修则不在此例。如适因更调管驾,新募舵水,应俟修竣试车之日起支,亦不在此例。"张梦元又把这个建议以咨文形式呈交兵部。

兵部官员认为轮船大修时管驾、舵手、水手无事,等于休息。无论他们在船薪水多少,一概给五成,不仅没有区别,而且过于靡费。主张按照领取薪水的多少确定扣除的比例,"应将月支银自二百六十两至一百两者,遇修工期内,该为支给二成薪粮;月支银自六十两至四十两者,遇修工期内,改为支给三成薪粮;月支银自三十两至二十两者,遇修工期内,改为支给四成薪粮;其余月支银十六两至八九两者,遇修工期内,即照来咨所拟,支给五成薪粮。无论大小修,一律照扣。倘有经年始能修竣之船,其管驾人等应即先行撤遣,俟修竣试洋之日,再行照额募补。以节靡费"。〔2〕 分别规定轮船管驾、舵手、水手在船与在岸的薪水,

---

〔1〕 张梦元:《船政宜筹变通折》,《船政奏议汇编》卷二二,光绪戊子(1888)福州船政局编印,第22页。

〔2〕 兵部咨总理衙门文:《议论轮船修理经费》,《海防档乙·福州船厂》第671号,第990页。

不仅可以节约兵饷,而且可以鼓励水手安心在船服务。所以,制订这类章程,只要不是繁文缛节,还是很有必要的。

　　1882年秋天,面对东洋日本咄咄逼人的侵略势头,清廷内部曾经就是否跨海东征问题出现过一次秘密讨论。翰林院侍讲学士何如璋在出使期间(1876—1880年),对于西方国家的海军发展状况以及日本海军的迅速崛起情形都比较关注。他认为中国海军力量不足,"以之应变却敌",难操胜算,建议急起直追,大力整顿海军。在他看来,建立海军的确需要大量经费,但是这些经费与每一次海防危机出现时的临时备战的兵饷开销和战后的巨额赔款相比要小得多。他深信"经费不患不足",通过整顿措施,"则区区海军经费当易为力"。[1] 或许正是这种积极的海防建设态度,使他很快成为福建船政大臣的合适人选,1883年10月9日,何如璋授命督办船政。他认为,"船政为海防根本,万无收束之理"。在他看来,中国工人和技术人员经过多年努力,已经初步掌握了西方的造船技术,一旦解散,将来再召集起来非常困难,"费千百万之帑金,经十余年之缔造,乃以经费支绌,尽弃前功,贻笑强邻"。[2] 因此他提出"添机扩厂"、"仿造铁甲"、"购造船坞"和"开办铁矿"等四项开拓船政主张。当12月29日他正式接收船政衙门大印时,他已经注定成为悲剧人物了。

　　1884年春天,福建船政局正在按照计划制造"横海"号兵轮。与此同时中法战争的阴云正从中越边境线上向中国逼近。清廷决策人物和沿海督抚对于战争的威胁虽然都早有预感,但又都存在着侥幸心理,并没有决战到底的决心。清流派官员对于清廷的这种犹豫态度表示强烈不满,他们慷慨陈词议论时政,在海防战备和船政方面提出了不少值得重视的建议。张佩纶便是其中最为积极的人物之一。在他看来,中国的海防形势已经发生了重要变化,西方列强利用轮船的快捷、苏伊士运河的凿通和海底电报线路的铺设,已经占据了制海权的优势,"客之势转逸,主之势转劳"。我兵只能采取岸防方针,势必处处被动挨打。要改变这种被动局面,中国必须大治水师。他评论说,由于经费不足,加之人才缺乏,内外议论之不一,"至今外海师船未改旧章,各省轮舰未垂定制,无警则南北洋之经费关关欠解,有警则南北洋之经费省省截留。仍此不变,而欲沿海水师足备攻援,足资战守,亦已难矣"。他认为外交家的口舌之争没有多大用处,海防安全依靠的是海军的实力。因此,恳请清廷下定增强海防力量的决心,建议沿海各省

---

　　[1]　《光绪八年九月二十日翰林院侍讲学士何如璋奏》,《洋务运动》第二册,第535页。
　　[2]　何如璋:《船政关系海防拟请协筹经费以扩成规而期实效折》,《船政奏议汇编》卷二四,第1页。

督抚通力合作筹集巨额经费,殚心竭虑共同经营海防的钢铁长城。"彼以水师火器为长技,挟兵以卫商,挟战以要和;而我犹狃于旧船旧炮,不知改弦更张,徒欲将士血肉相薄,文臣以口舌相穷,亦常不及之势矣"。[1] 当法国舰队进入马江时,张佩纶对于孤拔的突然袭击阴谋虽然有所觉察,也懂得战场上掌握主动权的重要性——"胜负呼吸,争先下手"。而被万里之外一道"彼若不动,我亦不发"指示所束缚,不敢临时决断,贻误了战机。如同何如璋一样,两任船政大臣都落了个革职拿问的下场。

1885 年,福州造船所由于海防经费紧张,面临着严峻的考验。是继续投资造船,还是把有限的经费用于购买铁甲船? 抑或是兼顾二者? 清廷决策人物需要对此作出抉择。当时,社会上流行着一种错误观念,他们认为马江之战的失败,已经证明中国所造船只没有多大用处,与其花费大量经费建造无用船只,莫如专注岸防。他们看不见中国造船事业的进步,也不懂得发展轮船事业的重要意义,要求撤销船政局。"至谓工厂可撤,轮船可废"。薛福成等有识之士针对这种错误观念,首先肯定说:"华匠能以机器造机器,华人能通西法作船主,功效不为不著。"中国的造船事业不可半途而废,"掷千百万之巨款,忽弃已成之功,灰志士之心,长敌人之气,失策莫甚于此"。造船事业需要大量的经费,仅仅靠政府拨款,"其势固有所不支"。"中国之船政欲广招徕,莫如研求厂务……欲谋持久,莫如经营商务"。[2] 他建议兵船出海保护华侨华人商业利益,由商人负担养船费用。如一埠不能养一船,则数埠共养一船。"中国有事,则悉数召归,以备调遣。夫如是,船厂无养船之费,而获捍卫之资;兵船无坐食之名,而有历练之实"。这种看法虽有一定道理,但并不完全符合实际。一则中国商人缺乏实力,二是中国商人与官方心理隔阂较大,商人普遍不愿与官方发生联系,招商承办困难重重。

(六)船政局的恢复与发展。在中法战争中,由于法国军舰吃水较深,只能停泊在罗星塔以外,福建船政局虽遭炮火轰击,但损毁并不十分严重。船厂大练门被毁,新设炮架被击毁,拉铁厂烟囱被轰倒,船台上的第五号铁胁船中弹 90 余处,其他各厂也有不同程度的损伤。战后,船厂修复大约用了 11 000 两白银。裴荫森(图五〇)接任船政大臣后,一面修复船厂,一面恢复了轮船制造。在裴荫森看来,中国马江战败和海上失利在很大程度上都是由于缺乏铁甲船造成的,"自来兵家有恃乃可无恐,先声足以夺人,南北洋筹办水师颇费财力,援闽之师

---

〔1〕 张佩纶:《奏为详设沿海七省兵船水师折》,《皇朝经济文新编》船政卷,光绪二十七年上海宜今室石印本,第 3 页。

〔2〕 薛福成:《筹洋刍议·船政》,见《薛福成全集》,第 543 页。

久而不出,出则迟回观望,畏葸不前,法人得窥
其微,遂乃截商阻漕,欺中国铁甲未成,兵船无
护,不敢轻于尝试"。[1] 因此,他主张整顿海
军,"必须造办铁甲",恳请拨银130万两试造三
艘双机钢甲兵船。可惜,这一奏折因奉旨留中
而无下文。

图五○　船政大臣裴荫森
(福州船政局博物馆展品)

张之洞接任两广总督后,认为广东六门海
口内外,"扼守无具",主张建造浅水兵轮,加强
海口和内河防守。先后拨款建造了"广元"、"广
亨"、"广利"和"广贞"四只小兵轮。广东造船
得到华侨和富商支持,相对福建筹资容易。但
由于机器局机器设备简陋,技术力量薄弱,所造
小兵轮性能一般,没有能力建造在海面航行的大兵轮。是时,福建船政局经过多
年努力,造船技术已有长足进步,可以建造钢甲巡洋舰,具备造船技术条件,但造
船月款经常不到位,集数年之款不足以造一艘大型钢甲船,需要找米下锅。经过
反复商议,两广总督张之洞和船政大臣裴荫森共同决定在福州船政局为广东建
造8艘兵轮:1 600匹马力快船一号,2 400匹马力穹甲式快船三号,浅水小兵轮
四号。广东方面每号大兵轮协济银9万两,每只小浅水轮协济银3万两,通盘计
算48万两。广东尽管比其他省区富裕,但在当时官绅中集资48万两已经很不
容易。据张之洞说,为了这批捐款他已经磨破了嘴皮。协造8艘兵轮预算造价
大约需要110万两,超出的部分显然需要船政局通过报销月款来解决。这种"协
济"造船方案既可以满足广东海防的需要,也可以部分解决船政局经费周转和
无米待炊的困难。事实上在此之前已经有过"协济"造船的先例。1880年,准备
建造"开济"号快船时需要40万两白银,由于月款不足,船政大臣黎兆棠请求南
洋大臣拨解协济银20万两,条件是"开济"号造成后归南洋大臣调遣使用。"开
济"竣工后,"镜清"、"环泰"的开工建造也都得到了南洋的协济款项。应当说以
"协济"的方案解决船政局造船经费的困难是可行的,况且已经有了先例。

不料,户部表态不同意闽粤协济造船方案,理由相当荒谬,言称协济款项来
源不同,南洋大臣协济的是"官款",广东协济不是国家财政拨款,而是私人捐
款。户部的奏折这样说:"粤省所造兵轮系由官绅捐办,与南洋之动支官款者不
同。将来应由广东督抚汇案开报。该大臣所请由厂报销先行立案之处,应毋庸

〔1〕　裴荫森:《恳准拨款试造钢甲兵船折》,《船政奏议汇编》卷二七,第7页。

议。至于造船价银,该大臣既与粤省自行定议,将来即由该大臣与粤省自行清算,不得于官款内先为垫付,亦不得开支监造员绅薪水。"[1]户部官员的意见如此不合逻辑,清廷的批示居然是"依议",令人不能不怀疑晚清中枢机关处理国家大政方针的判断力。

裴荫森接到户部的奏折和朝廷的批示,立即复奏反驳。他首先描述了造船月款拨解不能到位的情况,"光绪四、五年以后,闽海关四成项下应月解二万金者,近来尚勉强敷额,六成项下应月解三万金者或全年停解,或每年仅解两三月,积欠竟至二百余万之多"。[2]然后说明在月款不能到位、造船经费困难的情况下,采取协济方案实属迫不得已。接着指出,无论广东协济款项是官款还是官绅捐助,只要是用于国家海防建设,就不应当有任何歧视。在他看来,广东协济款项虽然名义是捐款,"而成船均为公家防海之用,与通商口岸鸠资造船装货贸易者自有区别,既与闽厂可资周转,复于粤洋有裨巡防,事属一家,计为两得"。似乎没有不可行的道理。再次恳求批准按照南洋协济造船方案报销其余部分。裴荫森的这道奏折被批交户部后,户部官员继续坚持原来的成见,再次拒绝说:"此项兵轮系粤省官商捐办,与开济快船事由官办者不同,所请动支闽省官款及代为报销之处,碍难核准。"

裴荫森关于协济造船的第三个奏折是与两广总督张之洞、广东巡抚吴大澂联名发出的。他们认为,广东协济款项尽管出自民间捐助,所造船只则归国家使用,"与民捐民用者迥然不同。虽非全数报销,较之南洋究可省官款一半,转不令协助工费,臣等反复思之,未解其理。"张之洞提议广东再增加 5 万两,使总数达到 53 万两,约为 8 艘兵轮造价的一半左右,另一半则由闽厂动支月款。最后他们指出:"国家设立船政,原为海疆各省造船而设,经费有专款,员匠有常额,自造与协造本无区别,协粤与协江更无差等。"[3]经过张之洞、吴大澂和裴荫森三人的据理力争,慈禧太后才批准了这项协济造船方案。到现在为止,我们仍然未能弄懂户部官员反复驳阻广东协济造船方案的真实用意。

从 1885 年春天到 1890 年秋季,闽厂共制造 5 艘战船,平均每年一艘。其中三艘巡洋舰,一艘小型钢甲船,一艘鱼雷快船。就其造船的技术来说,达到了比较高的水平。不仅能够制造铁肋巡洋舰,而且可以制造钢甲船和鱼雷快艇。1888 年 1 月 29 日,钢甲船"龙威"号下水,其船式之精良,轮机之灵巧,钢甲之坚

〔1〕 裴荫森:《协济广东兵轮援案动支官款折》,《船政奏议汇编》卷三六,第 19 页。
〔2〕 裴荫森:《协济广东兵轮援案动支官款折》,《船政奏议汇编》卷三六,第 19 页。
〔3〕 张之洞等人:《广东捐造兵轮屡经部驳现拟勉增协费折》,《船政奏议汇编》卷三八,第18 页。

密,炮位之整严,都远远超过其他各船。裴荫森奏报说:"该船工料坚实,万一海疆有事,不特在深入洋面纵横荡决,可壮声威,即使港汊浅狭,进退艰难,斯船吃水不深,其攻守尤资得力。"[1]可见在裴荫森担任船政大臣期间,船政局在经费特别困难情况下,通过协济方案等陆续造成 5 艘兵轮,无论从技术还是从性能上看这些船只均有新的进步。

三、船政局的衰落与停办

(一)捉襟见肘的财政困境。裴荫森之后,福建船政局进入闽浙总督或福州将军兼管时期,由于兼职者衙门在福州,相距马尾船厂 50 里之远,加之本任公务繁忙,很少到厂办公。造船事务虽由提调处理,但由于他们没有决断奏事权力,许多事情无法得到及时解决。加之此后海防危机加深,战争赔款成为沉重负担,造船经费的筹措更加困难,船政事业停滞不前,势成秋扇。

这种局面一再受到批评。1895 年 9 月 25 日,刘坤一附片奏请整顿船政。他激烈批评说:"中国办事往往有始无终,务虚名不求实济,以致一事无成,为外洋人所笑。即如前大学士左宗棠创设船政局,并设立各项学堂,规模何等阔大。乃后来者,不知随时考究,明知外洋轮船日新月异,而我拘守故常,以致所造轮船均不合用。并以乾修多,经费少,所造之船工料不免偷减;由是各省需用轮船多向外洋订购,中国船政局每欲承揽一二只而不可得。以中国特设之船政局不能造中国之船,中国各省需用之船不由中国船政局制造,实属不成事体。今船政局竟同虚设,势将成废,而常年经费仍不可无。其实,前在外洋订购之'南琛'、'南瑞'等船,均不如福建船政局所造之'开济'、'环泰'、'镜清'及上海制造局所造之'保民'等船,此臣在南洋所目击者,则亦何必舍己求人,舍近求远。"[2]因此,他建议整顿船政,添拨款项,逐渐扩大造船事业。事实上,福州船政局作为官办企业自始至终都遭到各方批评。"腥膻之地易启艳羡猜疑之论",各种浮议之所以流传不息,总由船政局岁支数十万两白银,缺乏严密的会计和核查制度。

是时,社会上出现了"改官造为商造"的呼声。有人发表文章指出,由于官营造船体制存在着严重缺陷,加之经费缺乏,一直困扰着船政局的发展。人们也一直围绕着管理和经费兜圈子,总是希望由商人出资造船来解决困难,但始终找不到问题的出路。关键在于商人与官方之间并未建立必要的信用关系,"商之不愿者,畏官之无信而已"。中国商人具有一定资本积累,例如,在长江下游航

〔1〕　裴荫森:《双机钢甲兵船下水并陈现在厂务情形折》,《船政奏议汇编》卷三七,第4—5页。
〔2〕　《刘坤一奏整顿船政铁政片》,《清末海军史料》上册,第 127 页。

行的轮船有十七八只,总计资本不下200万两白银,几乎全是中国商人的资本,而由于种种原因这些资本只能附着在洋商名下。在作者看来,"与其官造之而仍望商用之,又何如从此即令商造乎?"船政的根本出路在于商办,国家应当制订合理的政策予以保护和支持。"诚能尽去其畏官之隐衷,而予以谋生之大道",各地商人的积极性就会被充分调动起来。"商人造,则资用可源源不穷;商人造,则各有身家性命,不必他人督责而自能精巧。是一转移间同一造轮而费充,工效天渊矣!官无费用之筹,而海满轮船之用"。等到商船发展到一定数量之后,再按照一定比例来制造军舰,就可以实现"寓兵于商"目标,"从此月饷敛之商,训练责之商,是朝廷安坐而收无形之富,亦成无形之强矣!"文章还认为,向西方学习仅仅重视科学技术是不够的,还必须移植西方的政治管理经验和法律制度。"议者皆知习泰西之长技,而不知探泰西立法之大旨本源焉"。[1]

官员中也有类似主张。给事中褚成博认为官办企业耗费不资,建议各督抚招商劝办,"以开利源"。户部在讨论褚成博的建议时,也认为:"改归商办,弊少利多。"清廷为此谕令说:"制造船械,实为自强要图。中国原有局厂,经营累岁,所费不资,办理并无大效,亟应从速变计,招商承办,方不致有名无实。"[2]"该商人如果情愿承办,或将旧有局厂,令其纳资认充,或于官厂之外,另集股本,择地建厂。一切仿照西例,商总其事,官为保护;若商力稍有不足,亦可借官款维持"。[3]

在官办军工企业中如何防止贪污和浪费,的确是个难题。为了防范经手者的营私舞弊行为,你可以通过法律手段来限制经办官员的行为,但效果总是有限和暂时的。贪污和浪费在国家工厂里是个痼疾,永远无法根除。日久弊生,防不胜防。为了确保军工产品的质量,清代前期户部、工部对于战船的每一尺船板需要几个钉子,甚至连钉子的大小长度都有具体规定,但这并不能有效防止偷工减料和确保战船的修造质量。你可以派遣几位官员来监视修造全过程,但你无法保证这些监修官不接受贿赂,不同流合污。其中关键的问题就是利益的获得方式问题。在官营企业中,经手者的利益不仅不靠提高产品质量来获得,产品的质量正好与经手者的利益成为反比例关系。在这种情况下,偷工减料和贪污浪费成为必然。那么,如何建立一种制度,使产品的质量与经营者的利益成为正比例关系,这既需要解决所有权问题,也需要建立合理的利益获得机制。约束经办官

---

〔1〕《轮船进止议》,何良栋编《皇朝经世文四编》,卷四十四,第11页。
〔2〕《清德宗实录》卷三六九,中华书局,1986年影印本,第22页
〔3〕《清德宗实录》卷三七〇,第6—7页。

员的私利,最好的方法不是通过法律的强制手段来压制这种私利,而是建立一个最佳的自控体制。那就是把这些军工交给商人来生产,政府不用直接投资,也不需要派遣代表监督生产质量。政府应当做的事情只是使用优厚的价格购买最好的产品,让企业家获得合理的利益,让企业家获得动力去设法保证产品的质量和必要的技术革新。政府不必去费心计算产品的工料。

在西方,兵船制造也采取了这种类似的利益导向机制,海军所需战舰一般从私人厂家订购。为了保证海军的需要,国家对于私人造船厂通常采用补贴的办法,要求厂家优先保证供应。尤其是战争时期,首先要保证国家的订购任务。不仅如此,国家根据需要通常对于民用船只采取征购的办法。为了战时改造的便利,国家在平时还通过法律的形式,要求民用船只在设计和制造时就要充分考虑战时改造的需要。战舰采用商业订购方式,既可以避免管办企业的种种弊端,也可以通过招标的方案选择性能良好的战舰,最有效地使用海军装备费用。

1895 年,船政局面对社会各界的激烈批评,出现的这次向商业造船转化的机会稍纵即逝。御史陈璧认为在中国兵船制造需要国家垄断,就中国的体制和传统来说,很难商业化。他一方面担心风气未开,中国商人难以胜任;另一方面又害怕为外国商人留下觊觎船厂的机会。“欲以该厂招商承办,臣诚愚浅,窃以为非计之得者也”。[1] 在他看来,只要有充足的经费,主持人合适,中国的船政还是很有希望的。因此,他建议仍循旧章,派遣大员查明船政实在情形。户部也赞同陈璧的意见,放弃了招商承办的方案,他们认为船政宜仍循旧章,请求特派大臣主持。谕令闽浙总督边宝泉查明具奏。边宝泉也认为,船政若不及时整顿,前功尽弃,殊属可惜。为此提出四条意见:造船宜讲求实际,物料宜内地采办,学生宜认真造就,经费宜通筹的款。恳请按户部意见,简派廉洁、精干大员主持船政事宜。并说明派员招商没有获得成功的原因,“该厂需费较繁,华商既无力承揽,洋商又未便招致”。[2] 清廷再次批交总理衙门议奏。

总理衙门复奏首先回顾了船政局兴办的历史与现状。他们认为船政局在沈葆桢主持时期,由于本人朴实耐劳,办公实事求是,加之聘请的局员多为本地寒士,布衣草笠,内部管理“故弊绝风清,为各省官厂所仅见”。船政事业有了一定发展。后来,西方造船工业日新月异,闽厂派出的学生固然不乏聪颖之人,也能自行设计制造,但由于经费紧张,既不能添机拓厂,又不能制料储材。

---

〔1〕 陈璧:《请派大员查明福建船政实在情形速规推广以振防务折》,《望岩堂奏稿》卷一,第12 页。

〔2〕 《船政局招商迄无成议请作罢论片》,《船政奏议汇编》卷四六,第16 页。

无机无厂,不便设计制造新型军舰,只好采取购买现成机器就厂合拢办法,勉强维持。于是,制造越来越少,工匠闲置,不得已而裁撤。各省需要轮船,不得不从外国购入。结果是既浪费了经费,又耽误了许多事情。他们认为造船不可前功尽弃,必须设法筹备船料,开矿挖煤,冶铁炼钢,重用出洋学习归来的学生,继续仿造外国铁甲船。关于经费问题,总理衙门奏折认为,应当仿照 1876 年所定闽海关按月拨清 5 万两的方案解清,"倘解不足额,请照甘饷之例,由臣衙门严定功课,奏明请旨办理"。在经费到位的情况下,如果造不如式,应将船政大臣和在事人员,分别议出处。船政大臣则应选择专人负责。总督事繁,势难兼顾,"应请援照旧例,钦派大臣前往督办,随时与该将军、总督、南北洋大臣联衔具奏。一切兵轮各船,统归节制,以重事权"。[1] 上谕认为,总理衙门所奏整顿船政各节均为周妥,着令执行。本来总理衙门的奏折说得明明白白,应当钦派重臣担任专职船政大臣,然而清廷的谕令是:"福州将军裕禄著兼充船政大臣。"只是把船政衙门的木质官防从总督衙门移送到了将军衙门而已,兼理的形式并未发生变化。

1897 冬天,裕禄与法国人商定建造两艘 6 500 匹马力的雷快船,航速为 23 海里。除此之外,裕禄还讨论了中国建立海军的计划,需要大小战舰 34 艘,除了现有的 13 艘铁甲舰、穿甲舰、鱼雷船之外,还需要建造 18 艘鱼雷艇,1 艘大号铁甲船,2 艘二等铁甲船,估计船炮造价共需白银 670 万两,计划四年完工,平均每年需要 160 万两。此项计划裕禄于 1898 年秋天曾经面奏光绪皇帝批准,由各省分别筹拨。9 月 21 日,政变发生后,谕令增祺,除了正在建造的两艘鱼雷快船之外,其他船政暂缓兴工,并要求各省将筹拨的这批经费一律解交部库。后来,在已经报解的 35 万两白银中,只留下 15 万两以应船政急需,绝大部分作为军饷转交荣禄支配。船政事实上陷于无米之炊的处境。无论何人作为船政大臣,或兼理船政,在事实上都没有多大意义了。

(二)福州船政局的停办。当 1907 年春天到来时,包括总监工柏奥镋在内,法国在船政局的所有雇员均已满期,法国公使看到本国雇员被遣返的时日不多了,但仍希望控制福州船政局。于 3 月 2 日,向中国外务部发出照会,声称在福州船政局创办过程中法国工程人员立下很大功劳,尽管合同期限将满,得知中国打算重建海军,准备整顿福州船政局,也可能迁移造船所,无论如何办理,法国政府均愿继续合作。无论需要何种人员,法国政府均可提供。[2] 是时,兵部改为

---

〔1〕　朱寿朋编:《光绪朝东华录》光绪二十二年六月,第 3823—3825 页。
〔2〕　《法国公使巴乐礼致外务部照会》,《海防档乙·福州船厂》第 741 号,第 1115 页。

陆军部,海军事宜暂时仍归陆军部管理,七年发展规划仍在起草过程当中,陆军部无法明确表态。6 月 6 日,法国公使再次发出照会,直接说明是本国政府希望了解船政局的发展规划,要求外务部明确回答船政局是否迁移,是否聘请法国技师等问题。

陆军部经过派人实地调查,认为福州船政局不仅机器陈旧,缺乏技术人员,而且地点也不太合适,加上经费紧张,决定暂时停办。要求崇善辞退所有外国雇员,派人看守船坞和机器设施。外务部为此于 6 月 18 日复照法国公使,正式通知说:"该厂工程现在既经暂行停办,所有前聘贵国员匠应俟限满遣散。"[1] 这样,法国企图控制福州船政局,进而控制中国造船事业的一切打算都没有了理由。

9 月 12 日,是法国雇员在中国合同期满的日子,但是,法国人并不甘心从中国的造船业中永久退出,仍然希望有一天卷土重来。9 月 10 日,法国代理公使潘苏纳照会中国外务部,蛮横要求中国政府必须声明:将来开办船厂时,"仍旧聘请本国(即法国)工程师"。[2] 不难想见,参与遣散工作的清朝官员最后怀着什么心情送走了这帮法国"雇员"。

崇善在担任船政大臣期间(1902—1907 年),除了处理法国监督杜业尔与柏奥锃造成的一系列麻烦外,也曾有所打算。他看到各省机器局铸造铜圆发了财,主张购买铸币机器,试图通过铸造铜圆获取暴利来解决船政局的经费困难。他根本不懂金属货币流通规律及其价值尺度职能。在他看来,铸币是一项有利而无弊的重要举措,通过大量铸造铜圆可以获得高额利润。船政局得此盈余,不仅可以迅速归还购买铸币机器的贷款,而且可以彻底解决船政局的经费困难,不需要海关拨款。但是,事与愿违。铸币机器开始生产后,他才发现购买的机器效率十分低下。不仅如此,由于其幕僚马绛生从中贪污十余万两,所购买的料铜价格十分高昂,压铸铜圆无利可图。船政局不仅从中没有得到余利,反而因此大量增加了开支,等于雪上加霜,负债白银 30 万两,经费更加困难。清廷不得不勒令其停办。

1906 年 6 月,为了解决经费困难,商部奏议船政局兼造各种机器。崇善从各方面讲,都是一个平庸之辈,他看不到船政局的市场出路,也缺乏开拓的勇气,思想依旧徘徊在官办军工企业的藩篱之中。在复奏中,他反复强调的理由都是经费不足。一则由于经费不足,船政局只好停工待料,而购料又要待价,超过期

---

〔1〕《外务部致法国公使照会》,《海防档乙·福州船厂》第 747 号,第 1119 页。
〔2〕《法国代理公使潘苏纳致外务部照会》,《海防档乙·福州船厂》第 750 号,第 1120 页。

限又要贴息,以致船料价格昂贵;二则船政局的人员和机器设备可以同时建造数船,但由于经费不足,只能筹到一船经费,陆续购买一船材料,既耽误了时间,又浪费了人力、技术和设备,使造价成本增大;三是船政局员工役丁有定额,即使无船可造,工薪一定,"费则一无可节";四是修造价格高昂,没有商人愿意订造商船;五是闽厂穷困已久,人人视为残局,即使竭力筹商协济,"舌敝唇焦,鲜有应者";六是船政局培养的学生,学成归来没有用武之地,导致人才流失和闲置,"散诸四方,就食他省,禄养既穷,羁縻无术"。[1] 平心而论,崇善所强调的经费支绌、成本昂贵以及用人不当等问题应该说或多或少都是中国造船事业难以发展的原因。他看不到解决问题的出路,只能在旧体制上原地打转,建议船政局由更大权威的南、北洋大臣接管,以为这样款项比较容易筹集,船政局就可以摆脱困境,起死回生。

不仅崇善如此,整个朝廷都是这样。中国造船事业犹如一条航行在茫茫大海上的破舟,在一团团迷雾包围中,谁都看不到希望,找不到前进的方向。陆军部、度支部以及南北洋大臣在讨论崇善的建议时,谁也提不出正确的方案。南北洋大臣派员调查后,认为该厂机器陈旧,厂址不妥,不如另起炉灶。1907年6月11日,建议船政局"暂行停办",全部遣返外国雇员。几天之后,这项建议得到清廷批准。清末最后一任船政大臣松寿的主要任务是设法遣送外国雇员,处理善后事宜(表9)。

表9 福州船政局1869—1905年成造轮船数量与质量情况(单位:千两)

船名	造船尺度(尺)长×宽×深	排水(吨)	马力(匹)	机式	航速	质料	下水时间	造价千两	船种	炮位
万年清	238×27.5×6	1 370	580	立机	10	木	1 869	163	商船	
湄云	162.1×23.4×14	500	320	卧机	9	木	1 869	100	炮船	5
福星	162.1×23.4×14	515	320	卧机	9	木	1 870	106	炮船	6
伏波	217.8×35×16.5	400	580	卧机	10	木	1 870	161	炮船	7
安澜	200×30×18	1 258	580	卧机	10	木	1 871	156	炮船	5
镇海	166×26×14	572	350	卧机	10	木	1 871	109	炮船	6
扬武	190×36×21	1 560	1 130	卧机	12	木	1 872	254	炮船	13
飞云	108×32×16.5	572	1 130	卧机	9	木	1 872	163	炮船	7

---

[1] 《船政奏议续编》卷六,第22—23页。

续　表

船名	造船尺度(尺)长×宽×深	排水(吨)	马力(匹)	机式	航速	质料	下水时间	造价千两	船种	炮位
靖远	166×26×14	1 256	350	卧机	12	木	1 872	110	炮船	5
振威	260×26×14	572	350	卧机	9	木	18 721	110	炮船	5
永保	208×32×16.5	1 353	580	立机	10	木	1 873	167	商船	
海镜	208×32×16.5	1 358	580	立机	10	木	1 873	167	商船	
济安	208×32×16.5	1 258	580	立机	10	木	1 873	163	炮船	7
琛航	208×32×16.5	1 358	580	立机	10	木	1 873	164	商船	
大雅	208×32×16.5	1 358	580	立机	10	木	1 874	162	商船	
元凯	204×32×16.5	1 358	580	立机	10	木	1 875	162	炮船	9
艺新	183×17×13.1	245	200	卧机	9	木	1 876	51	炮船	5
登瀛洲	204×33.5×16.5	1 258	580	立机	10	木	1 876	162	炮船	7
泰安	217×33.5×16.5	1 268	580	立机	10	木	1 876	162	炮船	7
威远	217×33.1×17.5	1 268	750	卧机	12	铁骨	1 877	195	炮船	7
超武	217×31.1×18.8	1 268	750	卧机	12	铁骨	1 877	195	炮船	7
康济	217×31.1×17.8	1 268	750	卧机	12	铁骨	1 879	211	商船	
澄庆	217×31.1×17.8	1 268	750	卧机	12	铁骨	1 880	260	炮船	6
开济	265.8×36×25.3	2 200	2 400	卧机	15	铁骨	1 882	268	巡洋	8
横海	217×31.1×11.8	1 230	750	卧机	12	铁骨	1 884	200	炮船	10
镜清	265.8×36×25.3	2 200	2 400	卧机	15	铁骨	1 885	366	巡洋	7
环泰	265.8×36×25.3	2 200	2 400	卧机	15	铁骨	1 886	306	巡洋	7
广甲	220×33.7×25.3	1 300	1 600	卧机	14	铁骨	1 887	220	巡洋	3
平远	197×10.7×21.2	2 100	2 400	卧机	14	钢甲	1 887	504	炮船	12
广乙	133×27.4×18.6	1 010	2 400	卧机	14	钢甲	1 890	200	猎舰	9
广庚	131×18.3×27.4	320	440	卧机	14	钢骨	1 891	60	雷艇	3
广丙	226×26.4×18.7	1 030	2 400	卧机	13	钢甲	1 891	200	猎舰	11
福靖	220×26.4×18.6	1 030	2 400	卧机	13	钢甲	1 892	200	巡洋	11

续　表

船名	造船尺度(尺) 长×宽×深	排水(吨)	马力(匹)	机式	航速	质料	下水时间	造价千两	船种	炮位
通济	253×34.1×25.1	1 900	1 600	卧机	13	钢甲	1 893	226	练船	7
福安	238×32.2×24	1 800	750	卧机	12	钢甲	1 897	200	商船	
吉云	104×18.5×8.4	135	300	立机	11	钢壳	1 898	56	拖船	2
建威	258×25.5×13.5	830	6 500	立机	23	钢壳	1 898	637	巡洋	9
建安	258×25.5×13.5	830	6 500	立机	23	钢壳	1 900	637	巡洋	8
建翼	36×10×7.5	50	550	立机	21	钢甲	1 900	24	雷艇	3
宁绍	272×42×26	2 160	5 000	立机	15	钢甲	1 905	370	商船	
合计		45 428						8 327		

资料来源:《清末海军史料》下册,第 756—759 页。

第三节　江南制造局造船史

一、从江南制造局到江南造船所

"目前资夷力以助剿济运,得以纾一时之忧;将来师夷智以造炮制船,尤可期永远之利"。[1] 这是洋务运动开展的策略,也是曾国藩、李鸿章筹建江南机器制造总局的思想动机。1862 年(同治元年),曾国藩在安庆设立内军械所,委托徐寿、华蘅芳等人开始用手工仿造洋枪、洋炮和轮船。不久,徐寿等人用中国人自己的智慧研制出中国第一部蒸汽发动机,并将其装入木壳船中,在长江进行了航行试验。初步试验成功,起名为"黄鹄"号(图五一)。

图五一　中国人自制的第一艘轮船黄鹄号
(《陕西工人报》2018 年 5 月 29 日,第 4 版插图)

---

〔1〕《曾文正公全集》奏稿卷一五,中华书局,1977 年,第 14 页。

1862年至1863年,李鸿章委任道员丁日昌等人在上海、苏州等地设立了三个洋炮局,雇用英国、法国等技工生产开花炮弹。是时,李鸿章认为,制造机器之器,与其远赴外洋采购机器,不如就近在上海招商购买,更有把握。他说:"若托洋商回国代购,路远价重,既无把握;若请派弁兵径赴外国机器厂讲求学习,其功效迟速与利弊轻重,尤非一言可决。不若于就近海口,访有洋人出售铁厂机器,确实查验,议价定买,可以立时兴造。"[1]1865年,丁日昌看中上海虹口旗记铁厂地址,设法购买到手。在英国人马格里的鼓动下,李鸿章决定在上海创办江南机器制造总局,简称"江南制造局"。该局正式成立于1865年6月。同年,容闳向美国买的机器设备抵达,并入该制造局。此前虽然有安庆内军械所以及上海、苏州等洋炮局,但规模均不大,而且主要不是机器加工,而是手工劳作。所以,江南制造局应是中国最早使用机器生产的军事工业(图五二)。

图五二　江南制造总局(席龙飞:《中国造船通史》,海洋出版社,2013年,第474页)

　　江南制造总局原址在虹口。1867年夏,在上海城南高昌庙,兴建新厂。其原因是原址为美国租界,外人不愿制造局在当地生产军火,同时又因原来地址狭小,地租又贵。因此在城南购地七十余亩,建成汽炉厂、机器厂、熟铁厂、洋枪楼、木工厂、铸铜铁厂、火箭厂、库房、栈房、煤房、文案房、工务厅及中外工匠居住房屋。该局是一个综合性军工企业,既要炼铁炼钢,又要加工机器之器;既要生产军火,又要制造轮船。江南制造局的生产规模相当庞大。1893年,一位外国人

---

〔1〕《中国近代工业史资料》第一辑,上册,科学出版社,1957年,第272页。

惊奇地指出:"真没有预料到它后来在历任两江总督的培植下,竟会发展成为今天这样一座庞大的机器制造局。"〔1〕

这里我们关注的是该局的造船事业。江南制造局收买的美商旗记铁厂,原来的业务是以修造轮船为主。江南制造局成立之初,忙于制造枪炮,造船一事一度搁置。1868 年,曾国藩奏请划拨专款,于海关税收中,提取二成作为制造局的经费,其中一成专为轮船之用。同年,建成船坞一个,坞身长 325 尺,为泥质,初步具备了造船的条件。是年,第一艘轮船下水,船长 185 尺,宽 27.2 尺,马力 392 匹,载重 600 吨。曾国藩将其命名为"恬吉"号,取"四海波恬,厂务安吉"之意。后来改名为"惠吉"。"恬吉"属于浅水明轮船,船上的机器是旧的,购自外国人,锅炉和船壳则由中国技工制造。

此后,该机器局又先后制造了"操江"、"测海"、"威靖"、"海安"、"驭远"、"金瓯"、"保民"等七艘小轮船,其质量不断有所提高,详如下表。这些兵轮每一艘下水都引起了上海各界人士的关注。例如第六号"驭远"号,长 300 尺,宽 42 尺,马力达到 1 800 匹,载重 2 800 吨。《申报》评论指出,该船下水,岸上观者如云。"以舟高数丈,数十丈长之轮船落水,比长安拖坝之小舟尚觉平稳暇逸,亦可谓技精入神矣"。〔2〕 此外,该局还建造了 5 艘双暗轮小铁壳船和一艘大夹板船。这一时期,"南琛"、"南瑞"、"镜清"等 11 艘兵船曾经在此修理(表 10)。

表 10　江南制造总局制造轮船表

年份	船　名	长度 (尺)	宽度 (尺)	马力 (匹)	载重 (吨)	工料价值 (规银两)
1868	惠吉	185	27.2	392	600	81 397.32
1869	操江	180	27.8	425	640	83 305.97
1869	测海	175	28	431	600	82 736.58
1870	威靖	205	30.6	605	1 000	118 031.49
1873	海安	300	42	1 800	2 800	355 198.16
1875	驭远	300	42	1 800	2 800	318 717.00
1876	金瓯(铁甲)	105	20	200		62 586.93
1885	保民(铁甲)	225.3	36	1 900		

资料来源:《江南制造局记》第 3 卷,第 55 页;《洋务运动》第 4 卷,《江南制造局历届报销单》。

---

〔1〕《北华捷报》1893 年 6 月 9 日。

〔2〕《申报》1873 年 11 月 5 日。

总的来说,江南制造局所造轮船,不仅吨位较小,而且式样陈旧,性能不佳,只能在沿江沿海防盗。西方人指出,这些小型兵轮,"太平年月无用,战争起时是废物"。[1] 李鸿章也心中有数,认为"沪局所造惠吉、操江、测海等船,大小尺寸虽稍异,总之,不离乎根驳式样"。[2] 至于"海安"和"驭远"等较大兵轮,李鸿章也认为,这些船只在国外为二等,"在内地为巨擘"。尽管如此,这是中国制造轮船的拓荒时期,技术在不断进步,值得肯定。遗憾的是,正在技术日渐成熟的时候,该局制造轮船业务陷入停顿状态。从 1877 年到 1884 年,在 8 年时间内竟然没有一艘兵轮出厂。1885 年,江南制造总局的"保民"铁甲船下水之后,该局停止了一切制造业务,只保留了修理部分兵船的业务。

如同福州船政局一样,主要是经费困难导致江南制造总局制造轮船业务陷于停顿。从 1869 年开始,经曾国藩奏准,在海关二成税收中的一半用于轮船制造。海关税收二成约为规银 50 万两,也就是说有 25 万两可以用于制造轮船。最初,这一经费还可以凑集起来,但随着江南制造总局规模不断扩充,开支日益增加,同时,所造之船需要养护,税收又不能固定,时多时少,因此,造船经费无从保障。两江总督沈葆桢于 1879 年奏报说:"近日关税绌,则二成亦从而绌。供应制造,不敷本巨,采办物价,积欠尚多。造船早已议停,而养船断无可省。"[3] 正是在这一困难逼迫之下,1882 年,两江总督刘坤一不得不奏请该局停造轮船。"查该局现在制造枪炮弹药,业必专而始精,不必再造铁甲船,致糜工费"[4]。除了上述原因之外,清廷是时加快了北洋海军的成军计划,正在全力购置英国和德国大型军舰,不得不移缓就急。

1895 年,《马关条约》签订之后,朝臣深感战舰凋零,海权全失,江南制造总局在滨海地区,极不安全,于是,有人提议工厂内迁。1897 年 10 月,荣禄奏请将军火工厂内迁,同时强调指出,江南制造总局所购炼钢机器,因其地不产铁矿,"采买炼制,所费不赀,以致开炉日少,似宜设法移赴湖南近矿之区,以便广为制造"。[5] 为此,清廷谕令两江总督刘坤一筹议办法。刘坤一认为炼钢机器不仅繁重难迁,而且建设新厂也缺乏经费,请求暂时缓议。

1900 年,八国联军入侵中国,《辛丑条约》签订后,清廷深感江南制造局必须内迁,谕令新任两江总督张之洞筹议。1904 年,张之洞提出了整顿旧厂,拟设新

〔1〕 《北华捷报》1873 年 6 月 7 日。
〔2〕 《江南制造局记》第二卷,第 61 页。
〔3〕 《中国近代工业史料》第一辑,上册,科学出版社,1957 年,第 318 页。
〔4〕 《中国近代工业史料》第一辑,上册,科学出版社,1957 年,第 291 页。
〔5〕 《江南制造局记》第二卷,第 38 页。

厂办法。后来,这一计划交由新任江南制造总局总办魏允恭等执行。魏允恭到任后,对于旧局整顿比较认真。将原有 13 个厂,裁并成 7 个。为了开辟经费来源,又将原来的炮弹厂改建为铸造铜元厂。由于裁掉了许多员工,导致全局人心惶惶。而缺乏资金,新厂也迟迟不能动工,不免中途搁置。

　　江南制造总局,无论是创办时的经费,还是扩建时的追加经费,以及周转资金,均是依靠政府拨款。这对于制造局的发展既有有利的一面,又有不利的一面。有利的一面在于,资金划拨比较容易,动辄几十万两,便于制造局生产规模和品种的扩大。由于有政府拨款可以依赖,不管产品质量如何,不管利润有无,不管成本高低,只要有计划有指标就上。不利的一面在于,企业本身没有资金来源,不能自主安排生产,不能出售产品,没有盈利之说。制造局的经费开支是实报实销,其产品供应,不计价也不收价,产品成本核算马虎,缺乏企业应有的精细的核算管理制度。

　　另外,制造局的原材料供应主要源自国外。在 1890 年以前,所有的钢、铁、铜、铅、煤炭、火药,甚至木料都是从外国购买的。1890 年以后,自己设立了炼钢厂等,亦可以生产无烟火药,减少了原材料的部分进口,但许多材料仍然依赖国际市场。由于经手人从中渔利,原材料价格十分昂贵,大大增加了机器制造产品的工本费用。"沪局向来风气,凡外省订购枪炮、修理轮船,缴到价银,往往收支含糊,诸多牵混"。[1] "凡制一器,非一厂所成也。凡办一事,非一处可了也。料物办存库房,支领听凭各厂"。[2] 库房不知某厂需某料若干,与某料应造某物若干,各厂亦不问料物之高下与价值之多寡,购则滥购,领则滥领。仅就一厂以抉其弊,不能水落石出。弊端多种多样,应有尽有。

　　对此,报界揭露指出:"自刘某(指刘麒祥)接办上海制造局后,局中所制枪炮,遂一无进步。其致弊之原因不一而足,腐败之现象亦不一而足,而莫不由于款项之支绌。而款项之支绌,又莫不侵蚀之太甚。"[3] 总办刘麒祥如此带头贪腐,其下属自然效尤。这是江南制造总局的贪腐情况,也是当时所有官办企业的通病。

　　从管理上看,江南制造总局俨然是一个衙门,管理手段比较落后。全局非生产人员总数达到 648 人,"占全部生产人员总数约近四分之一"。在管理机构中,不少是挂名支薪的额外人员。该局总办赵滨彦承认:"局内委员四十余员,

---

〔1〕《江南制造局记》第四卷,第 24 页。
〔2〕《江南制造局移设芜湖各疏稿》,第 89—91 页。
〔3〕 汪敬虞编:《中国近代工业史资料》,第二辑,上册,第 422 页。

司事一百数十人,实为各省局所罕见。"〔1〕其总办魏允恭也指出:"局中委员数十员,司事一百数十人,除分派各厂办事外,又有津贴员司数人,差遣委员十余人。此项津贴差遣之员,大率因情面而来,但取薪俸,并无执役。每月薪水多者数十金,少亦十余两,以岁计之,为数甚巨。"〔2〕

上海是中国的主要通商口岸,进出口贸易约占当时全国的半数左右。商品贸易依靠轮船运输,因此,上海的航运需求十分旺盛,这就刺激了上海的轮船修造业。是时,英国商人的祥生、耶松等船厂迅速得到发展,获得了高额利润。据统计,祥生船厂在1895—1900年间平均利润高达22.30%,每年的纯利润为规银20万两左右。耶松船厂的利润也很巨大,仅在1892—1899年,支付的股息总额即有规银877 500两。1900年,祥生、耶松、和丰三家船厂合并为耶松船厂公司,资本总额为规银557万两,员工4 000余人,拥有6个新老船坞。合并后第一年,纯利润为规银1 848 550两。与此同时,德国瑞熔船厂营业利润也非常丰厚。

相反,江南制造总局依靠政府拨款,不能面向市场,不仅船坞设备荒废,就连军火制造的资金也难以为继。面对上海船舶修造业欣欣向荣,张之洞于1903年建议江南制造总局内迁时,提及船坞的发展方向。他说:"原有船坞亦可代修华洋官商各轮……此外,迁空之厂屋,兼可赁与华商,另作生理,量取租资。上海局厂如林,旧厂用处甚广,生发无穷,断不可使一机一屋听其闲废,实可筹巨款,以添补厂用。"〔3〕不过,局坞分家是由两江总督周馥主持完成的。1904年,周馥到江南制造总局视察,看到荒废了近三十年的船坞,认为已经到了穷极当变之时。于1905年4月,正式提出"船坞另派大员督理,仿照商坞办法,扫除官场旧习,妥筹改良"办法。即采用市场经营方式,主要为中外兵船提供修理服务。经奏请后,清廷允准。

二、江南造船所之快速发展

局坞分家之后,江南船坞归海军部管辖。以海军提督叶祖珪为船坞督办,不久叶祖珪病逝,由萨镇冰继任。总办为总兵衔副将吴应科,具体管理全厂一切事务。总督查为德国人巴斯,在此之前在北洋海军总管轮机。总工程师是英国人毛根(R. B. Mauohan),管理工程事宜和招揽中外兵轮修造业务。

〔1〕 《江南制造局移设芜湖各疏稿》,第27页。
〔2〕 《江南制造局记》第二卷,第71页。
〔3〕 《江南制造局移设芜湖各疏稿》,第6页。

江南船坞独立时,接收的厂房、设备估价为规银 773 000 两(约合银 1 073 611 元,规银 0.72 两折合 1 银元)。议定开办经费 20 万两,由江安粮道提供,以后船坞盈利分期归还。此外,船坞还要每年负担江南制造总局规银 10 000 两租金。人员方面,辞去了原来的委员,改由工头带领工人和学徒。原来的工人则按照技艺熟练程度决定留用还是辞退,留用的有 20 余名,遣散的有 400 余名。另外还规定,对于本国工程修船费用适当限价,一般不高于工料价值的 10%。对于外国工程,则按市场价格收取费用。

1911 年,辛亥革命,沪军都督陈其美曾任命朱志尧为江南船坞经理,准备以私人方式经营。1912 年,根据海军总长刘冠雄的咨请,仍将江南船坞划归海军部直接管辖,改称江南造船所(图五三),并派陈兆锵办理交接事宜。是时,基于海防战略考虑,海军部认为江南造船所应当专修军舰,承办对外业务"殊非慎重军备之道",准备改变江南造船所的发展方向。他们要求陈兆锵研究改良办法。陈兆锵调查之后,认为困于经济,限于人才,不能轻易改良。因此,江南造船所继续按照商务方针经营。1915 年,刘冠雄命令陈兆锵拟定改良方针。陈兆锵为此拟定办法四条:一是专修军舰,每年养厂费用需要 23 万余元,海军舰艇寻常修理,不必付费。若是大修工程,或是制造新船,或是扩充船坞,则需另外筹款。二是附设实地练习处,招收留学生,预计开办经费 1 200 元,常年经费 5 000 元。三是设立海军舰船学校,开办经费 10 000 元,常年费用 20 000 元。四是设立艺徒学校,培养技术工人,开办经费 6 000 元,常年经费 16 000 元。刘冠雄看到这一计划后,认为:"现在中央财政异常支绌,所开计划和预算均属过巨,殊非一时所能措办,统俟财力稍舒,再行筹议。惟艺徒一项不厌其多,且经费亦属有限,尚可准行。"[1]

1916 年,艺徒学校筹办经费有幸列入国家预算。但就连这一点点钱,最后也未划拨兑现。1921 年 5 月,正是江南造船所业务繁忙季节,北洋政府海军部竟因库款匮乏,积欠各舰队及各船坞修费等项,"被催不堪,无款弥补"为由,准备将江南造船所以 500 万元抵押给外国商人。这一打算一方面受到江南造船所职工的抵制,一方面因海军部内部分歧,未能成为事实。1924 年 10 月,军阀陆永祥擅自派人接收江南造船所,勒令停止生产,盗走钢材价值白银 24 000 两。1926 年 3 月,奉系军阀毕庶澄指派军队占领江南造船所,准备将其财产全部充为军饷。在政治动荡时期,工厂命运多舛。不过,总的来说,江南造船所在这一时期获得了较快发展。历年新造船只吨位总数如下表(表11)。

---

[1] 《江南造船所纪要》,第 30—32 页。

表 11　江南造船所(厂)历年造船数量吨位一览表(1905—1926年)

年　份	艘　数	排水量(吨)	年　份	艘　数	排水量(吨)
1905	2	37	1917	18	4 471
1906	19	728	1918	10	60 373
1907	20	5 399	1919	22	5 398
1908	39	4 033	1920	29	10 643
1909	5	353	1921	18	8 737
1910	11	975	1922	26	3 236
1911	40	9 515	1923	38	6 281
1912	16	3 181	1924	36	12 634
1913	24	3 474	1925	13	2 724
1914	25	5 241	1926	20	5 810
1915	24	5 178	总计	505	165 133
1916	50	6 712			

资料来源：根据江南造船所存档《造船年表》计算。

通过上表可以看出，自1905年到1926年，在这22年时间内江南造船所一共制造了505艘轮船，总排水量达到165 133吨，平均每年为23艘，排水量每年为8 000吨。这与江南制造总局时期相比，不可同日而语。江南造船所不仅在制造数量上远远高于江南制造总局，而且在质量上也有明显提升(表12)。

表 12　江南造船所制造八百吨以上船舰概况(1905—1926年)

制造年份	船　名	订购单位	型　号	排水量(吨)
1907		招商局	钢质货驳船	896
1907		招商局	钢质货驳船	896
1908		津浦铁路局	钢质方船	1 120
1911	永绩	海军	双螺旋蒸汽机钢质驳船	860
1911	永健	海军	双螺旋蒸汽机钢质驳船	860
1911	江华	招商局	双螺旋蒸汽机钢质长江船	4 130

制造年份	船　名	订购单位	型　号	排水量（吨）
1911		PEKIN SYNDICATE	钢质方船	800
1913		日清汽船公司	钢质方船	1 018
1914	蜀亨	川江公司	双螺旋蒸汽机钢质长江上游船	900
1915	祥泰	英商祥泰木行	双螺旋蒸汽机钢质汽船	1 460
1915		通州	钢质方船	1 120
1917	VIGAN	CHINA COAST TRANSPORTATION CO.	双螺旋柴油机汽轮	938
1918	上海 3 号	CHINA COAST TRANSPORTATION CO.	单螺旋蒸汽机汽轮	1 200
1918	Mandarin（官府）	美国政府	单螺旋蒸汽机钢质运输舰	14 750
1918	Celestial（天朝）	美国政府	单螺旋蒸汽机钢质运输舰	14 750
1919	Oriental（东方）	美国政府	单螺旋蒸汽机钢质运输舰	14 750
1919	Cathay（震旦）	美国政府	单螺旋蒸汽机钢质运输舰	14 750
1919	隆茂	隆茂洋行	双螺旋蒸汽机钢质长江上游轮船	840
1920	江庆	招商局	双螺旋蒸汽机钢质长江上游轮船	840
1920		INTERNATIONAL EXPORT CO.	钢质方船	814
1920	大庆	大达轮船公司	双螺旋蒸汽机钢质长江上游轮船	900
1920		SHANGHAI ICE co.	钢质方船	1 018
1920	新蜀通	川江公司	双螺旋蒸汽机钢质长江上游轮船	1 300
1920	万通	太古洋行	双螺旋蒸汽机钢质长江上游轮船	1 500

制造年份	船 名	订购单位	型 号	排水量(吨)
1920	福源	聚福公司	双螺旋蒸汽机钢质长江上游轮船	1 500
1921	听天	海洋社	双螺旋蒸汽机钢质长江上游轮船	932
1921	行地	海洋社	双螺旋蒸汽机钢质长江上游轮船	932
1921	云阳丸	日清汽船公司	双螺旋蒸汽机钢质长江上游轮船	840
1921	江阴	招商局	钢质方船	2 240
1924		亚细亚火油公司	钢质方船	1 018
1924	真安	日清汽船公司	钢质驳船	3 340
1924	嘉禾	怡和洋行	双螺旋蒸汽机钢质长江上游轮船	1 095

资料来源:根据江南造船所存档《造船年表》编制。

上表所列制造排水量在800吨以上各类船只达到32艘,既有江轮,又有海轮;既有民船,又有军舰;既有货船,又有客船。可谓应有尽有。业务广泛,既有本国的商船和兵船,也有外国订购的商船和兵船。尤其是为美国政府制造的四艘运输舰,每艘排水量达到14750吨,每艘船长429英尺(1英尺等于12英寸,相当于0.914市尺,约135米),宽55英尺(16.71米),高37英尺11寸(11.57米),吃水27英尺6英寸,指标功率为3670匹马力,航速每小时10.5海里。所有收款、购料和扩充机器等事项,均委托纽约大来洋行经手办理。足以证明江南造船所的造船技艺达到了较高的水平。对此,报界如是评论说:"今江南造船所所承造之美国一万吨汽船,除日本不计外,乃为远东从来所造最大之船……从前中国所需军舰及商船,多在美、英、日三国订造,今则情形一变。向之需求于人者,今能供人之需求,中国工业史乃开一新纪元。"[1]每次美国军舰下水,引来参观者无数,异常拥挤,尤其是第一艘美国政府订购的军舰下水典礼最为隆重。海军总长刘冠雄和美国驻华公使参加了典礼。在赶造美国运输舰期间,不仅造船场地

---

[1] 《东方杂志》第16卷,第2号。

一再扩充,就是用工人数也在快速增加,从原来的 3 000 余人,猛增到 7 000—8 000 人。有些技术工人是从天津等地远道招募而来,"是生产上的全盛年代"。

图五三 江南造船所首次出口船舶典礼(1920 年 6 月 3 日,美国公使克兰参加典礼)

江南造船所这一时期的业务不仅大大超过江南制造总局时代,而且超越了同时期上海外国船厂的生产规模。与此同时,江南造船所还承修了很多船只,据不完全统计,达到 2 722 艘(表 13)。

表 13 江南造船所承修的船只数量(1907—1926 年)

年份	艘数	年份	艘数	年份	艘数	年份	艘数
1907	43	1912	117	1917	169	1922	172
1908	126	1913	135	1918	130	1923	186
1909	138	1914	96	1919	174	1924	168
1910	95	1915	115	1920	132	1925	158
1911	122	1916	99	1921	140	1926	207
						总计	2 722

资料来源:根据管理船坞者黄容个人登记的船名录统计,不包括未进船坞的船只。

随着生产业务的迅速扩展,江南造船所的营业额和利润也大大增加。1905 年,船坞分家时,借用江安粮道库银 20 万两,原定 10 年内分期归还,由于营业状况较好,于 1911 年即全部提前还清(表 14)。

表 14　江南造船所历年营业额及盈余额(1905—1926 年)　　　　单位：银元

年　　度	营　业　额	盈　余　额
1905.04—1907.04	1 691 582.37	130 280.70
1907.04—1907.12	715 379.21	107 711.92
1908.01—1908.12	880 694.57	116 840.86
1909.01—1909.12	887 600.05	85 165.47
1910.01—1910.12	729 709.34	45 712.54
1911.01—1911.10.20	931 546.46	262 204.06
1911.10.21—1912.04	571 158.62	46 014.38
1912.05—1912.12	984 708.42	213 026.21
1913.01—1913.12	958 314.77	93 226.83
1914.01—1914.12	1 197 571.81	143 277.08
1915.01—1915.10	1 168 420.10	241 983.99
1915.11—1916.12	1 887 998.30	205 186.46
1917.01—1917.12	2 208 893.37	604 171.13
1918.01—1918.12	2 592 984.94	490 650.90
1919.01—1919.12	1 580 540.47	325 526.25
1920.01—1920.12	3 634 931.56	1 152 409.84
1921.01—1921.12	18 060 742.22	2 167 003.69
1922.01—1922.12	3 910 440.16	1 465 561.76
1923.01—1923.12	2 348 580.01	781 156.76
1924.01—1924.12	4 131 274.33	2 130 511.43
1925.01—1925.12	3 670 192.48	629 736.65
1926.01—1926.12	2 423 193.16	—174 000.58
合　　计	57 166 456.72	11 263 358.16

资料来源：《江南造船所纪要》第 29 页,第 87 页;民国二十年《海军江南造船所工作报告书》。

除了 1926 年之外,其余各年度均是盈余状态。而 1926 年的亏损显然不是经营不善造成的,而是军阀混战,厂内部分机器和材料被军队抢走导致的。"据老职工回忆,这时候的库存原材料价值总额,经常达一二百万银元,家底雄厚,资金充裕,确实是江南造船所在旧中国历史上的黄金时代"。[1]

[1]　《江南造船所厂史》,第 113 页。

随着修造轮船业务的发展,江南造船所的技术日渐提高。1911 年为海军制造的钢质双轮座船"联鲸"号,船长 173 英尺,排水量为 5 000 吨,全用柔钢造成,马力 1 000 匹,航速每小时 14 海里,配有快炮、重机关枪等,探海灯、电灯、暖气管、电风扇等附属设备一应俱全,不仅船式美观,工程也非常坚实。1912 年制造的长江客轮"江华"号,船长 330 英尺,宽 47 英尺,深 14.9 英尺,吃水 12 英尺,排水量为 4 130 吨,机器马力 3 000 匹,航速每小时为 14 海里。船体、主机和锅炉均由该厂设计制造,船身坚实,行驶便捷,是当时在长江行驶的最好客轮。[1]尤其是为美国政府制造的 4 艘万吨运输舰,船体庞大,比较全面地显示了该厂的技术水平。该型运输舰装配的 3 000 匹马力的主机完全由江南造船所制造,尽管钢板等原材料来自美国。美国方面对于运输舰的质量要求很高,监造也很严格。各舰造成后,美国接收人员表示满意。[2] 这几艘运输舰服役之后,一直在欧洲航线上行驶,直到第二次世界大战爆发前夕,仍在正常航行。

江南船坞分立之初,工程技术人员 14 名,全是外国人,中国职员 20 余人,主要是辅助外国工程技术人员的工作,工人 60—70 名,其中熟练工人甚少。1920 年,一份杂志记录了该厂工程技术人员以及工人的发展情况。"所内工人随工程繁简而多少,无一定数额。现在总共在四千人以上,有时竟达七千人左右。计机器匠近四百人,木模匠近百人,翻砂匠二百余人,铁匠三百余人,铜匠约一百余人,木匠三百人,锅炉匠三百人,舢板匠一百多人,电镀电灯漆工等匠约五十人,其余造船场、修船坞、煤栈、材料栈近二千余人"。[3]

在这一时期,英国人毛根独揽全厂经营权。毛根是英国工程技术人员,1887 年来到中国,曾经在轮船招商局任机器工程师。1894 年担任英国祥生船厂的机器工程师,后来又在英和丰船厂做经理,积累了比较丰富的技术和管理经验。局坞分家后,船坞总稽查巴斯聘请毛根担任总工程师,管理工程事宜,"兼招揽中外兵商轮船修造生意"。1907 年,总稽查巴斯被调回海军部,毛根接任总稽查,这样,毛根不仅负责技术管理,而且兼管经营,还有行政管理,大权几乎独揽。所有修造船只业务,均由毛根决定。毛根对于承接的业务,尤其是外国工程,抓得很紧,每天都要亲自下工场进行指导和监督,务求做工坚实,修造周期缩短,尽力做到物美价廉。为了招揽生意,该厂备有小火轮三四只,专门派人打探外国轮船进出港口情况,等候船舶停稳,立即上船招揽生意。对于外国轮船的介绍人和经办人,按照行

---

〔1〕《北华捷报》1912 年 5 月 4 日,《江华轮下水》。
〔2〕《字林西报》1921 年 6 月 27 日。
〔3〕《新青年》1920 年第 7 卷第 6 号,第 37 页。

业惯例,给予佣金,以求发展。总之,毛根尽可能把英国造船商的技术和管理经验全部移植到江南造船所。这一时期,江南造船所实行包工制度,即把修船和造船的某些工程业务,通过招标和议价方式,承包给包工老板。然后由承包的老板根据工程量的大小和技术要求,自行招聘工人完成,或者转包给某些工头完成。凡是与工人有关的招雇、解雇和日常管理、工资支付等一切责任,均由承包的老板负责。也就是说厂方只同包工的老板发生承包关系,同工人不直接发生雇用关系。

三、继续发展的江南造船所

1926年3月14日,海军司令杨树庄宣布脱离北京政府,加入国民革命军,并向北洋军队下达了进攻的命令。是时,杨树庄统率第一和第二两个舰队的20艘战舰,并控制着江南造船所和福建马尾船政局等海军部属机构。上海起义成功后,开始组建国民政府的海军,1928年成立海军署;1929年4月,正式成立海军部,江南造船所在行政上仍然隶属于海军部,仍保持海军江南造船所的名称。是时,海军部拟定了六年建设计划,计划建造不同种类的巡洋舰、驱逐舰、潜水艇、飞机母舰、浅水炮舰、扫雷艇、运输舰、医院舰等105艘。要求各地造船所适度扩充,以适应造船需要。1928年,蒋介石也曾表态,要把海军舰艇扩充到60万吨的水平。江南造船所不仅基础条件最好,业务水平最高,而且位于国民政府的统治中心地区,自然成为海军部选中的主要修造基地,海军的舰艇绝大部分要求江南造船所完成。这既是该厂获得重大发展的一次机遇,又是一次严峻的挑战。

从1927年到1937年,该厂共制造各种船舰230艘,而排水量仅为60 842吨。每年平均造船21艘,排水量平均为5 531吨。就所造船舰规模来说,10年时间内,新造800吨以上船舰为18艘。其中为海军部所造舰船只有3艘,为江海关所造缉私艇3艘(表15—17)。

表15 江南造船所历年新造船舰数量一览表(1927—1937年)

年份	船舰(艘)	排水量(吨)	年份	船舰(艘)	排水量(吨)
1927	8	749	1933	23	5 800
1928	39	10 646	1934	15	2 562
1929	25	4 303	1935	25	5 163
1930	25	8 854	1936	21	5 049
1931	17	4 474	1937	20	8 315
1932	12	4 937	合计	230	60 842

资料来源:根据造船所档案所存《造船年表》编制。

表 16　江南造船所新造 800 吨以上船舰情况一览表（1927—1937 年）

制造年份	船　名	订造机构	型　号	排水量（吨）
1928	洛阳丸	日清汽船公司	双螺旋蒸汽机长江下游钢质客轮	4 275
1929	逸仙	海军部	双螺旋蒸汽机钢质巡洋舰	1 545
1929	海龙	黄浦疏浚公司	梯斗式挖泥船	814
1930	KHEDIVE	太古洋行	钢质方船	1 323
1930	AYAME MARU	亚细亚火油公司	单螺旋柴油机钢质油驳	1 631
1931	平海	海军部	双螺旋蒸汽机钢质护航舰	2 383
1932	民族	民生实业公司	双螺旋柴油机钢质客轮	826
1932	德星	江海关	双螺旋蒸汽机钢质缉私艇	1 032
1932	联星	江海关	双螺旋蒸汽机钢质缉私艇	1 032
1932	和星	江海关	双螺旋蒸汽机钢质缉私艇	1 032
1934		海军部	双螺旋柴油机护航舰	1 731
1935	锦江	招商局	双螺旋蒸汽机钢质客轮	1 232
1936	民彝	民生实业公司	双螺旋蒸汽机钢质客轮	800
1936	民本	民生实业公司	双螺旋蒸汽机钢质客轮	1 240
1936	民元	民生实业公司	双螺旋蒸汽机钢质客轮	1 240
1937		粤汉铁路	钢质方船	916
1937		粤汉铁路	钢质方船	916
1937		民生实业公司	浅水汽船	1 934

资料来源：根据江南造船所存档《造船年表》编制。

表 17　江南造船所历年修理船只（1927—133 年）

年　度	修船数量	年　度	修船数量
1927	228	1931	424
1928	323	1932	274
1929	428	1933	292
1930	438		

资料来源：《海军江南造船所报告书》，第 30—64 页。

根据以上统计,这一时期造船数量与前期持平,但所造大型船只不如前期多。就修理船只数量来说,比前期稍多一些。1927年,江南造船所为海军建造了"咸宁"号炮艇,接着陆续建造了"永绥"、"民权"、"民生"、"平海"等中型军舰。1931年,又建造了"江宁"等10艘炮艇。此外,还为海军改造了若干艘旧舰艇。在1905—1926年间,新造海军舰艇为37艘,排水量合计为5 606吨,分别相当于造船总数的7.3%和总排水量的3.4%。而在1927年至1937年间,新造海军舰艇85艘,总排水量为14 568吨,分别占本期造船总数的37%和总排水量的24%。

"平海"号巡洋舰,舰长109.8米,宽11,9米,深6.7米,吃水4米,排水量2 400吨,主机功率为7427匹马力,航速25节。舰上装备有140毫米双联舰炮3座,80毫米高射炮3门,60毫米炮4门,533毫米双联装鱼雷发射管2个。这一舰艇于1937年9月在抗击日本进攻上海时曾经作为中国海军的旗舰。

总的来说,江南造船所这一时期建造的海军舰艇数量不多,而就整个业务来说,商务性质的经营仍占主要地位。新造商船仍占总数的63%。

1934年至1936年间缺少精确的营业利润统计,下表是1927年到1933年间7年的营业收支情况(表18)。

表18   江南造船所盈亏情况(1927—1933年)   单位:元

年　度	收　入	支　出	盈(+)亏(-)
1927	2 350 883	2 226 012	+124 871
1928	5 538 525	4 442 319	+1 096 206
1929	4 111 137	4 623 775	-512 638
1930	4 232 013	4 270 811	-38 798
1931	4 287 362	4 452 412	-165 050
1932	3 742 534	2 506 334	+1 236 200
1933	5 597 094	5 667 139	-70 045
合计	29 859 548	28 188 802	+1 670 746

资料来源:根据民国二十年和二十二年《海军江南造船所报告书》编制。

从上面可以看出,在此七年中有3年略有盈余,4年处于亏损状态。这一时期江南造船所的营业额有所增长,盈余反而减少。实事求是地说,不是经营不善造成的,而是海军舰艇任务加重引起的。根据局坞分家时的规定,江南造船所为海军修造舰艇,只能按照实用工料收回工价,就是按成本计算,不得有利润。按照这种规定执行,修造海军舰艇是没有利润的。修造的海军舰艇越多,其利润越小,这是完全可以理解的。另外,由于海军军费拮据,对于江南造船所应拨的经费经常发生拖欠,因而也加重了江南造船所的财务困难。

这一时期,马德骥任造船所所长,陈藻藩为副所长,叶在馥为造船课主任,郭锡汾任造机课主任,曾诒经任飞机制造处处长,这些人全部是1909年海军选派前往英国、美国留学人员。他们在1917年前后陆续归国,被分配在马尾船政局、江南造船所和海军飞潜学校工作。马德骥(1889—?),字伯良,江西南丰人。1909年冬,毕业于南京江南水师学堂,后赴英国学习造船;1915年,转往美国麻省理工学院攻读舰船制造;1917年,毕业回国;1918年,授海军造舰少监;1920年,任福建船政局工务长,并兼代海军艺术学校校长;1921年,晋升海军造舰中监。1925年,任福州船政局局长,同年晋升海军造舰大监;1927年,兼海军莲柄港灌田局局长,旋任马尾造船所所长,并兼代海军江南造船所所长;1930年,任海军江南造船所所长。马德骥担任江南造船所所长后,上述技术人员也先后到达该所任职,这样就形成了以马德骥为中心的一支中国造船技术队伍。

马德骥任海军江南造船所所长时期,对于该所组织机构进行了大幅度调整。此前,毛根任总稽查时期,造船所的机构比较简单。毛根主要通过账房和绘图室发号施令。马德骥到任后,即着手机构调整和制度建设。设立秘书课、英文秘书课,负责人事调动工作;设立考工课,负责考察工人的劳动和技术情况;设立材料课,负责管理各种材料的采购和发放;会计课,负责管理资金结算;设立簿记课,管理档案事宜;设立监修课,负责监管修造船只的质量等;设立电机课、造机课、造船课,具体负责修造船只的各项业务;设立营业课,负责联系船舰业务;设立制造飞机处,负责研制飞机事宜。下设锅炉厂、木模厂、铸铁厂、打铁厂、打铜厂、轮机厂、船坞工务室等生产机构,还有军医室、水巡队、工人子弟学校等附属机构。这一组织系统以所长为权力中心,不仅所有课室直属所长管辖,就连各个工厂和附属机构也统归所长领导。在制度上,建立了职员的任免、调动和升迁等一套人事制度。工人的雇用全部由考工课负责,限制了包工头的权力。全所技术人员与工人的薪水待遇有了明确规定,会计方面的成本核算制度也建立起来。这种机构设置与制度规定,有利于规范各个岗位的业务行为,办事有章可循;有利于加强全所的行政管理、技术管理和财会管理。但是,随之而来的是,机构庞大,管理人员大幅增加,修造成本提高和官僚衙门习气浓厚。例如,课室等机构,由原来的5个100余人,扩大到12个240余人。

制度是人设计的,任何制度都不是完美的。贪污是官僚制度的附属物,只要有官僚机构就会有贪污。在江南造船所的历史上,贪污问题一直存在,但在这一时期明显加重。无论做什么事情，例如，设计、投标、施工、监修、采购等等，都有行贿受贿现象。侵吞公款乃是官办企业的通病。1935年，会计课职员冯子范负责报关事务，月薪35元，经常利用职务便利，在报关单上增加数字，侵吞公款14万银元。由于其上下班有小车代步，举止过于招摇，引起怀疑，经过查账才发现其侵吞公款问题。经当地法院审讯，冯犯供称：此事除了本人之外，尚有会计课主任和两个课员共同犯罪。再如，1936年，一名技术人员利用承造方船之机，与客户串通，盗走造船所许多造船材料。包工商向造船所承包工程，更是黑幕重重。例如，承包商要承包工程，事先要向负责工程的课长和技术人员行贿，商定好投标额，并按照投标额加十分之一，作为工程师和课长的"帽子钱"。所谓"帽子钱"，就是包工商向造船所经办人员预先约定的回扣费。总之，凡是官营企业的痼疾和弊端，在江南造船所内均有一定表现。

四、日军控制下的江南造船厂

1937年，日本发动全面侵华战争。8月13日，向上海大举进攻，上海失陷，江南造船所陷入敌手。在抗日战争爆发之前，国民政府感到危机重重，曾经下令江南造船所将机器设备内迁。但是由于时间仓促，运输能力所限，只有部分小型机器和职工设备迁入内地。所有大型机器和原材料无法迁移，使拥有巨大生产潜力的江南造船所不但未能在反侵略的事业上发挥作用，反而成为被日军利用的军事生产基地。

1937年11月12日，上海沦陷。上海是中国最大的通商口岸，也是远东地区最大的国际市场。开埠之后，西方列强利用不平等条约，在上海建立了租界制度，成为"国中之国"。在租界内，中国政府无法行使自己的主权。因此，租界成为中外各色人物聚居的地方，成为各种政治势力利用的场所。上海沦陷前夕，江南造船所的大批贵重的五金材料搬到租界内的永嘉路的中国中学存放。另外还把造船所拥有的"江定"、"江南"和"新江南"等拖轮寄存在中法合营的求新船厂。

上海沦陷初期，马德骥、陈藻藩等主要造船所负责人员继续留在上海租界，设立了办事处，开展各种活动。该办事处先是在吕班路海军联欢社办公，后来迁至永嘉路中国中学，再迁至亚尔培路（即陕西南路）24号。马德骥先是利用寄存在求新船厂的三艘拖轮，创办了福华轮船公司，这三艘拖轮行驶在上海和崇明之间的航线上，载运客货。公司的办事机构，设在九江路大陆大楼。公司的船只和资金自然是江南造船所所有，其管理人员大都是造船所人员，实际负责人是马德骥。但是，为了掩人耳目，公司名义上由德国礼和洋行出面经营，代理人为德国人杜洛赛，其船只也挂的是德国国旗。以一定的盈余比例作为对该洋行的报酬。

马德骥又利用毛根的关系,在陆家嘴开设了一家小型船厂,名为普永船厂,主要负责修理驳船和小火轮,以英国人克兰士顿为其代理人。后来,这一船厂又和美国商人的恒丰洋行合作,成立了黄浦造船厂,地点在浦东地方。江南造船所的投资主要以原有机器为股,共计拨给黄浦船厂大小机器 20 余台。黄浦船厂的管理人员和工人大部分来自江南造船所。生产业务,主要是修理船只,也制造过几艘小火轮。存放在租界内的一批五金材料,由该所办事处陆续在市场出售,所得款项作为发放江南造船所留沪职工的半数薪金的经费。是时,江南造船所留沪人员中一部分已经安插进福华公司和黄浦船厂,尚有一部分职工没有工作,需要这一笔资金维持生活。后来,因经费困难,发放范围进一步缩小,限制在有海军军衔的职员之内,停发了没有海军职衔的职员和工人一半薪水。

1940 年,由于日伪政权一再施加压力,马德骥等人在租界内的活动被汉奸告密。马德骥只得离开上海,经过香港,前赴重庆。副所长陈藻藩继续留在上海,主持办事处的工作。太平洋战争爆发后,日本侵略军公开占领上海租界,江南造船所办事处被日本宪兵队查封,全部剩余器材和文件账册落入敌手。黄浦造船厂也被日军占领,其代理人被关进集中营,职工被迫解散。在马德骥离开上海后,福华轮船公司的营业盈余被杜洛赛侵吞,其拖船"新江南"等或沉没,或被侵吞,其公司宣告歇业。这样,马德骥托庇租界的修造轮船活动全部宣告破产。

抗日战争爆发前夕,湖北省政府曾经计划设立一个造船厂,请求江南造船所予以协助。日本发动全面侵华战争后,上海日趋紧张,国民政府命令马德骥设法将造船所机器内迁。马德骥认为可以把本所一部分机器转移到湖北。于是,派人前往湖北省洽谈合作事宜。协议签订后,立即将一部分小型机器,如车床、锯床、刨床、钻床等 20 余台用民船转运到武汉,由于准备计划生产水雷,还添购了一些焊接机器。内迁的 20 余人中包括一些工场的领班和制造水雷的技术人员,由叶在馥和郭锡汾带领。本来打算在武汉立足,而武汉又很快陷入战乱和沦陷,江南造船所内迁人员在此无法立足。叶在馥带领 10 余名员工前往重庆民生公司工作。郭锡汾因病回到上海租界。剩下的一部分员工和机器,由海军部指令搬到湖南辰溪,设厂制造水雷,后因交通不便,又搬到常德。这个工厂后来发展到 100 余人,其中安排了海军部的部分人员。其所造水雷,杀伤力较大,对于阻碍日本军舰的活动起了一定作用。

水雷制造厂只使用了一部分人员和技工,另一部分技工和机器仍在闲置。1939 年,海军部决定将剩余的机器和人员搬迁到重庆毛溪。原来准备修造小型船只,但因承揽业务困难,难于开展。后来,将其业务改为加工车床之类的机器,才逐渐稳定下来。抗日战争结束之后,该厂宣告停工,原来江南造船所的人员撤回上海，新招的当地工人，全部遣散。

江南造船所于 1938 年 1 月被日本陆军占领，旋即移交日本海军。日本海军交由日商三菱重工业株式会社负责经营，改名为"三菱重工业株式会社江南造船所"。日本海军对于江南造船所始终保持着监督和控制。所内设有海军第一工作部驻所监督室，由一名大佐担任监督官，下面还设立了一些监督员。

从 1938 年下半年开始，到 1941 年 12 月太平洋战争爆发为止，这一阶段，"三菱重工业株式会社江南造船所"的业务重点是修理日本海军在中国战场上被大量损伤的舰船。修理的种类大多是浅水舰艇和运兵船。从 1941 年 12 月太平洋战争爆发到 1945 年日军宣布投降，这一时期主要是为日军制造各类兵舰，为太平洋战争提供服务。所造新船数量虽没有留下统计数字，而据在船厂工作的职工回忆，至少建造有沿海客货轮 10 艘，排水量 4 000 吨；长江浅水轮 4 艘，排水量 2 000 吨；火车轮渡 3 艘，趸船 10 艘，码头方船 20 艘，小型"自杀"艇 300 余艘。由于一味赶造工期，侵略者对于舰船质量监督马马虎虎，导致造船质量低劣。例如，"自杀"艇，设计长度为 10 英尺，宽 3 英尺，构造十分简单。机器装在艇身中部，艇上装有大量炸药，用以自杀性攻击。先是用钢板制造，后来钢板用完了，便用木料来代替。

在管理体制上，"三菱重工业株式会社江南造船所"完全搬用了日本三菱株式会社的长崎造船厂的管理体系和管理制度。所长之下设立总务部、工务部和人事系。总务部下设材料课、会计课、劳务课、庶务课、营业课和医务室。工务部下设检查课、造船设计课、造机设计课、造船工场、造机工场、电气工场、营缮工场、船渠工场等。其中造船工场分为外业系和内业系两种，外业系负责船体修造，内业系负责船内等修造业务。造机工场则分为木模、翻砂、打铁、车工、钳工、铜工、锅炉等。

日军控制下的"三菱重工业株式会社江南造船所"，从所长、部长、工场场长直至生产组长全部由日本人担任，就是具体生产也由日本技术工人控制。在场的中国人只是供人役使的劳动力。日本人分为参事、工师、工师补、技师和技手等技术职衔。中国职员开初一律称为试用员，三年期满后改为用员，也就是临时职员和正式职员之别而已。

五、江南造船厂的复兴

1945 年初，太平洋战争仍在紧张进行。是时，美国海军想在中国东南沿海找到一个立足点，然后攻占日本本土。在这种军事战略指导下，位于上海的江南造船所自然成为美国计划中的海军修造基地。正在这时，在重庆的马德骥组织了一个"中国海军人员赴美造船服务团",前赴美国帮助建造军用船只,学习美国建造潜艇技术。1944 年 11 月,该服务团到达美国,先到纽约、费城、波士顿、诺福克等地参观学习,然后到美国海军造船厂听讲和实习。在美国参观学习期间,马德骥代表中国海军与美国海军代表洽谈"造船物资借款合约"。该项合约签订于 1946 年 5 月 15 日,双方代表是:中国海军署副署长周宪章代表江南造船所,美国海军少将摩勒代表美国海军部。该合约规定:在订立合约后,美国将价值 1 000 万美元的剩余物资贷给江南造船所。江南造船所在 30 年内以修理美国军舰形式偿还贷款,贷款利息为二厘半;美国海军部派遣技术顾问若干人指导江南造船所的技术工作。在美国期间,马德骥还与几家美国公司签订了有关技术和业务合作协议。

1945 年 8 月 23 日,中国海军司令部指令上海办事处处长林献炘会同江南造船所副所长陈藻藩负责办理江南造船所的接收事宜。9 月 13 日,日方海军工作部长汤泽锭之助将该所全部财产和机器装备移交给陈藻藩等人。除江南造船所之外,凡属日本海军系统和三菱株式会社系统在上海的船厂和原材料仓库,均由陈藻藩负责接收。

从 1946 年元月到 1949 年 5 月,江南造船厂制造大小船舰 34 艘,排水总量为 9 667 吨。在所造船只中,只有为招商局制造的"伯先"号单螺旋蒸汽机钢质客货轮的排水量达到 3 255 吨,技术上并无新的进步。大致说来,在这一期间,江南造船所的技术元气尚未恢复,主要是承接修船业务,1947 年共修船舰 497 艘,总排水量为 838 155 吨;1948 年 1 月至 7 月共修理船舰 224 艘,总排水量为 673 320 吨。这一时期,有大量舰船等待修理,是因为中国百废待兴的局面形成的。抗日战争胜利后,由于西南地区的大批人员和物资急需运往沿江沿海地区,而当时中国水上运输业在战争中大部损坏,急需恢复,因此出现航运紧张、运费昂贵的局面。正是因为航运业的利润丰厚,需要大量的船只,刺激了本国修船业的繁荣。不过,这一切不过昙花一现罢了。

第四节　晚清民船制造与管理

一、鸦片战后民船的制造

第一次鸦片战争之后,人们痛定思痛,开始考虑"师夷长技以制夷"。尽管广东方面开展得非常缓慢,但在造船方面还是取得了一些进展。到第二次鸦片战争爆发时,英军注意到广东的战船已经有了改善。"二十年前,中国的兵船船身很短,式样丑陋,形状怪异、笨拙。外国海员们都惊讶于这样的平底船居然还能往前走,或还能克服沿海地区的危险和对付错综复杂的险恶形势。自那个时候以来,中国在建造海船方面的进步令人刮目相看。而且,尽管在这些兵船的显著特征上仍然保留了中国人的独特品味,但现在船舶性能优异,经得起海上的风浪。跟以前腰部的臃肿,从船头至船尾几乎形成了一个半圆弧形兵船的情况不同。他们现在的兵船极大地改变了上述特点,有些船甚至已经完全地抛弃了这些特点。那些三桅帆船、蛇形船、走私船、海盗船以及中国海域出现的其他船只,船体曲线都非常优美。而且在所有的动作和性能方面都显示出了很高的水平。二十年前,兵船的火力装备主要包括安装在舷墙围栏上的火绳枪。而现在最高等级的中国兵船就像英国护卫舰那样,在甲板之间装备了大炮,而且这些大炮的炮口内径令正在中国海域的英国海军军官们

感到吃惊。因为有许多这类大炮的口径和炮身的金属重量都超过了英国生产的大炮。那些中国兵船的帆布质量和水勇操纵船只的整体水平也有了长足的进步。然而中国正规水师兵船并未因这些改变和进步而放弃的一个显著特征就是在船头木板上画的大眼睛(图五四)。因为中国人坚信,如果缺了这个眼睛,没有一艘船能够顺利出海。"[1] 英国人相信,"中国人很快就能制造出模仿欧洲军舰式样的兵船,用不了多少年,他们就能建立一支前所未有的强大舰队"。[2] 从这些战地记者的报道中可以看到,清军的战船在 19 世纪 50 年代已经有所进步。从 1840 年与 1857 年的中国战船图画中,也可以看到这种缓慢的进步。不过这种进步,由于轮船时代的到来和技术迅速提高,对于中国影响已经无足轻重。

图五四　广东水师战船大米艇尾部及其眼睛位置(《遗失在西方的中国史》上卷,北京时代华文书局,2014 年,第 67 页)

---

〔1〕 沈弘编译:《遗失在西方的中国史——〈伦敦新闻画报〉记录的晚清 1842~1873》(上),北京时代华文书局,2014 年,第 176—177 页。

〔2〕 沈弘编译:《遗失在西方的中国史——〈伦敦新闻画报〉记录的晚清 1842~1873》(上),北京时代华文书局,2014 年,第 177 页。

二、道咸时期中国海域混乱状况

第一次鸦片战争之后,人们意识到了战船机动作战的重要性,呼吁购买西方船炮,呼吁"师夷制夷",希望通过船炮技术的提高,加强海上武装力量。与此同时,清朝的官员似乎也注意到了民船工艺水平高低对于战船修造技术的影响,不仅逐渐放宽了关于民船制造工艺的种种限制,而且开始鼓励民间建造近代化的海上交通工具。但是,从严格查验到解除限制,再到奖励建造,却经历了相当长的时间,其中又有曲折和反复。

1842 年,直隶总督讷尔经额在海防善后折中主张继续使用传统的海防措施,加强航运管理,规定本地商渔船只不准偷越外洋,"查有私越外洋者,罪其船主"。[1] 对于来自福建、广东的商船,继续严加控制,照旧收取炮械,查对票照,只准在葛沽停靠,不准驶近天津。他奏请设立大沽海防同知,专门负责稽查民用船只的出口和入口,检查夹带违禁货物。从这些措施中还看不到任何新的时代信息。

1846 年清廷颁布《船政章程》,仍然规定:"凡船主造船,开明该船名目、用处、尺寸、样式,欲雇何厂承制,报知澳甲,澳长禀县核明、批准,方许赴厂雇造。该船(厂)主承雇之后,亦即将何人雇造报知澳甲,澳长禀县查对、批准,方许兴工。工竣,仍报知澳甲,澳长禀县验明,编甲印烙,给予牌照,注明船主、舵水姓名、年籍及例带器械,立薄登载,方许开行。"[2]这项规定尽管仍要求船主和厂家在签订造船合同前后必须将所造船只的用处、尺寸和样式报知澳甲长和县衙备案批准,但与以前的条例相比,最大的不同是删除了"核明与定例符合"等字样。也就是说,民间此后打造船只不必遵照原来国家关于船梁尺度、桅杆多少、风帆技术和水柜大小等种种限制了。至于其他规定,只是为了海防安全,便于管理和查验而已。应当说,这项章程的修订基本适应了第一次鸦片战争之后初期形势的需要。

不过,形势发展复杂多变。第一、二次鸦片战争之后,随着中国通商口岸的增多,西方的冒险家蜂拥而至,飘扬着各种旗帜的外国商船越来越多地出现在中国的江海航线上和港口里。随着外国航运业在中国的发展,中国商人看到搭乘外国商船运输货物不仅便捷,而且可以避免清朝官员强制征收的各种捐税,他们

---

[1] 穆彰阿、潘世恩:《奏议直隶天津善后章程》,《筹办夷务始末》(道光朝)卷六三,第 6 页。

[2] 两广总督毛鸿宾致总理衙门:《嗣后内地雇买火轮等船应由官为经理由》附录,《海防档甲·购买船炮》第 546 号,第 814 页。

开始利用外国商船运输自己的货物,或者采用购买的形式,或者采取雇用或租借形式。中国商人把外国轮船普遍作为运输工具可以查知的时间是 1860 年前后。[1]

1860 年,美国商人花马太(M.G. Holmes)在筹设洋行时,就邀请华商李振玉参加。琼记洋行从 1863 年开始陆续购买了 3 艘轮船,其中吸收了 19 名华商的投资。公正轮船公司于 1867 年成立时,接收了 2 艘华商资本轮船,后来唐景星成为该公司 5 名中国股东之一。旗昌洋行是中国商人附入资本最多的洋行,1862 年时有资本 100 万两白银,其中华商资本约占百分之六七十。除了附股投资之外,中国商人还经常雇用外商轮船。1865 年,到达牛庄的 274 艘外籍船只中有 237 艘是中国商人雇用的。[2] 中国商人自置船只挂洋旗航行的事例在当时被称为诡寄经营。1859 年“美利号”商船悬挂着美国国旗航行在澳门与香港之间,这艘船的主人却是中国人。进入 60 年代,中国商人购买轮船悬挂外国旗帜的事例开始明显增多,例如,在长江里航行的“汉阳号”、“洞庭号”、“惇信号”等轮船的真实老板都是中国人。[3] 中国商人悬挂外国国旗不仅是轮船,实际上帆船更为普遍,据江海关统计,1861 年下半年有 193 只悬挂英国国旗,129 只悬挂美国国旗,有 50 只悬挂其他国家的旗帜。[4] 当然,最典型的事例应是悬挂英国国旗的“亚罗号”快船了。

中国商人这种诡寄经营活动的普遍存在主要是为了逃避海关当局的“捐项”。根据有关规定,洋行进出口货物只纳关税,并无“捐项”,而中国商人经营进出口贸易既要交纳关税,还要交纳“捐项”。这种自我压制性的贸易政策使本国商人处于非常不利的地位,只能起到为渊驱鱼、为丛驱雀的作用。避重就轻,因此成为通商口岸难以遏止的普遍现象。“华商避捐,因托洋行;洋商图利,愿为代报”。[5] “彼洋人者无货而有货,非商而皆商,又奚怪中土利权不为其网尽”。[6] 诡寄经营活动不仅给海关税收造成了一定损失,使外国商人得到了更

〔1〕 樊百川:《中国轮船航运业的兴起》,四川人民出版社,1985 年,第 185—186 页。

〔2〕 《1865 年海关贸易报告》(牛庄),第 14 页。

〔3〕 聂宝璋编:《中国近代海运史资料》下册,上海人民出版社,1983 年,第 1351—1353 页。中国第二档案馆藏轮船招商局档案,全宗号 468,《唐廷枢复江海关道沈秉成》同治十三年二月二十三日;《朱其昂唐廷枢等移江海关道》同治十三年二月。

〔4〕 马士:《中华帝国对外关系史》第一卷,商务印书馆,1963 年第 460 页。

〔5〕 李鸿章:《查复华商雇买洋船情形稽查防范等办法》同治三年九月初六日,《海防档乙·购买船炮》第 543 号,第 809—810 页。

〔6〕 《江南机器制造局来禀》同治十一年六月十八日,近代史研究所编印《海防档丙·机器局》第 50 号,第 109 页。

多的机会,而且使中国官员失去了对于各类船只的控制权。沿江沿海官员对此感到惴惴不安,仔细阅读他们相互之间的通信,可以看到他们对于"捐项"的受损似乎并不十分在意,而令他们最为担心的是,这些轮船、夹板船一旦被太平天国起义者购买和利用,对于统治者将构成严重威胁。

总理衙门得悉太平军准备购买轮船,立即要求上海、广州和福州官员调查报告详细情况。江南海关道丁日昌根据总理衙门要求进行了调查,他报告说:"凡内地商人买雇洋商火轮、夹板船只,写立笔据,多托洋行出面,赴领事衙门呈报更名入册,领取船牌行驶,从未赴地方官报明立案。上海为中外通商总汇之区,其中仍与洋商合伙贸易者十之七八,自置货物贸易者十之二三。合伙贸易之船,凡报关完税等事,固由洋行出面,即自行贸易之船,亦多托洋行代报。缘洋商之货,进出只需完税,并无捐项。华商之货,进出应完税,又须报捐,因托洋行。洋商图利,愿为代报,船货之是洋是华,专凭商人自报,既属无从分别,又复难以查禁。此外国船只为内地商人买去,藉以运货之实在情形也。"[1]福建巡抚徐宗干也奏报说,此等商船在福建都是使用的外国牌照和旗号,"并不报明地方官立案,亦不由内地官员另给船照"。[2] 两广总督毛鸿宾的奏报也是这样,"向来华商买雇外国火轮、夹板等船,由通事自向外国人议价交易,并不赴地方官报明立案,其是否将外国船牌一并卖给,亦无从查悉"。[3]

这些不法行为逐渐引起清朝官员的重视,他们忧虑的不仅仅是捐项的偷漏。"外国船只江洋通商各口,樯桅云集,漫无稽查,诚恐日久弊生,设为匪徒蒙混,一经雇买驾驶外洋之害,奚可胜言?"此等船只仅为中国商人所买,其弊犹小,"若为匪徒所买,贻害匪细"。一旦出现盗劫事件,中国水师能不能登上这些船只执行搜查任务?会不会再次发生"亚罗号"事件?

与大多数官员一样,李鸿章、丁日昌与毛鸿宾等最初缺乏与西方人打交道的经验,他们不知道哪些问题是本国主权范围?哪些需要经过外交谈判,签订条约解决问题?只是模糊感到这些问题涉及外国船只,需要通过外交途径来解决问题。1864 年 10 月 6 日,李鸿章和丁日昌建议说:"应否咨明总理衙门,照会各国公使,通饬各口领事,转饬洋行,若有内地殷实华商出具连环保结,禀明地方官编

---

〔1〕 李鸿章致信总理衙门:《内地人置买火轮夹板须由内地殷实华商连环出保由》,《海防档甲·购买船炮》第 543 号,第 809 页。

〔2〕 徐宗干致信总理衙门:《尊查内地人员买雇洋船一事容会商将军妥议章程》,《海防档甲·购买船炮》第 545 号,第 812 页。

〔3〕 毛鸿宾致信总理衙门:《嗣后内地雇买火轮等船应由官为经理由》,《海防档甲·购买船炮》第 546 号,第 813 页。

立字号,一面由监督府县设法稽查,以期有利无害。至船牌一项,系商船进出报关信据,中国商船无船牌报验,即作盗船论,外国商船无船牌执驶者不能进口赴领事衙门呈缴,商船之良好自此而分也。"[1]毛鸿宾也建议总理衙门与英法驻京公使商议,饬令各该国领事官,查明洋商从前出售、受雇火轮、夹板等船若干? 是何通事经手? 与何华商交易? 将船名及通事、华商姓名、籍贯并是否连外国船牌卖给等事项一一调查清楚。

对于李鸿章、丁日昌和毛鸿宾的这些建议,总理衙门一时拿不定主意,仍旧咨文李鸿章,要求他斟酌情况,提供具体解决方案。与此同时,他们向英国驻华使馆发出照会,大意是:此后中国人购买和雇用外国船只,应当由官府加以管理,"不得任凭民间私相授受",希望英国公使转饬各领事馆执行。

英国使馆接到照会后,于 1864 年 12 月 19 日复照说,英国关于兵船的管理规定是,当国际正在进行战争时,禁止出售,以示中立;民船买卖自由,从不予以禁止,英国船只在国外出售时,只是规定必须缴还牌照。此后,这些船只不归英国所有,自然不准悬挂英国国旗。至于雇船,只要不是用于走私犯罪,则"毫无所禁"。由于英国民船可以自由买卖和雇用的惯例,本公使不能承诺查禁英国民船的出售或雇用。[2] 这样总理衙门等于碰了一鼻子灰。

三、同光时期民船制造政策的松动与调整

总理衙门接到英国公使照会后,认为英国民船在出卖之后,既然收回了船牌,中国人购买了这些船只后,就应当由中国政府制订章程加以管理,立即行文上海通商大臣李鸿章、两广总督毛鸿宾、闽浙总督左宗棠和福建巡抚徐宗干,令他们各自就此问题提供管理章程草案。

1865 年 7 月 13 日,福建方面的章程草案最先送到北京。闽浙总督左宗棠在咨文中转述督粮道周立瀛的话,说外国船只与中国商人之间存在着购买、雇用和租用三种方式:"买者,向由华商备价置买,改换中国船牌;雇者,华商暂雇洋船装货搭人,仍用外国船牌、旗号;租则又与雇、买不同,立有年限租约,租定后亦用外国船牌、旗号,自行揽载,限满归还。"[3]以上三种方式,在福建尽管都不多,

---

〔1〕 李鸿章致信总理衙门:《内地人置买火轮夹板须由内地殷实华商连环出保由》,《海防档甲·购买船炮》第 543 号,第 809 页。

〔2〕 英国公使照会总理衙门:《华人雇买洋船饬令由官经理一节碍难办理由》,《海防档甲·购买船炮》第 547 号,第 815 页。

〔3〕 左宗棠致总理衙门:《咨送雇买轮船章程请示遵办由》,《海防档甲·购买船炮》第 549 号,第 821 页。

但很难按照内地商船,"听守口文武员弁一律查验"。对于这些船只,为了防止税收"避重就轻"的弊端,福建只好采取全部按照洋船征税的方式,"如有洋船装货者,不论是否华商租雇,总以货在洋船,概征洋税,以杜避重就轻情弊"。按照总理衙门要求,草拟章程七条。这个章程的起草者不仅是缺乏基本的外交常识,而且不顾西方海上力量的现实冲击,同清代前期海防政策制订者一样,都不考虑中国商人的利益和本民族海上力量的成长,根本不懂得如何维护自己的主权,目的仅仅是为了海防安全,这在今天看来相当荒唐,然而在当时它的立法含意与传统的海防思想却是一致的。例如,第一条这样说:"华商向洋商置买火轮、夹板各船,应先令洋商报明该口本管领事官查明无异,即将原船主所领外国船牌吊销,一面照会地方官,立传承买华商取具就地行店保结,并饬缴卖契呈验用印,仍送领事官会立印信移还后,另换中国船牌,同卖契一并发给,并令该华商于船上另换中国旗号。如未经领事官吊销船牌而成交者,即以私相授受论,一经查明,立提华商承讯有无别项情弊,分别惩办,仍均将船只入官,其卖主亦应由领事官一体究治。"[1]

按照近代国际惯例,一切进入中国海域和港口的外国船只都应当遵守中国政府的管理。中国人购买外国民船属于中国政府管理本国交通工具的范围。中国政府不必经过外国领事官的批准和帮助,完全有权审查这些外国船只的来历,设立专门的机构进行必要的登记和发给行驶执照。但是,当时的中国官员刚刚与西方国家接触,不懂得西方世界已经形成的国际惯例,不懂得哪些是自己的主权,哪些需要借助国际合作。

1865年9月5日,广州将军衙门的复文也到达北京。这道公文可作为广东高级官员的集体意见,共同署名者是代理广东布政使、盐运使方浚颐和署理广东按察使郭祥瑞。章程草案则是广州知府梅启照与南海、番禺两个知县共同提出的。他们处在变革时代,不顾国际大势,仍然安于现状,株守传统民船控制管理方法。他们的目的仅仅是为了控制民间"私相授受",以便"杜绝匪徒假冒",丝毫未考虑中国海洋社会经济力量的成长问题。他们所拟订的章程共有两项:第一,凡是外国轮船或夹板船在中国沿海出售,自领事官吊销其船牌之后,责成中国买船商人将其姓名、年貌、籍贯、船只尺度、式样等情况报告当地澳长、地保。经地方澳、甲长查明确实是殷实良民,然后呈报州县核实。州县官"照例取具各结",核实后方可编号入甲,给予行使牌照。牌照照例"将船主及舵水手人等的

---

[1] 左宗棠致总理衙门:《咨送雇买轮船章程请示遵办由》,《海防档甲·购买船炮》第549号,第821页。

实姓名、年貌、籍贯一律填明。并开船内所带器械及备用什物件数,以便汛口查验"。第二,按照传统民船管理方式,对于购买的外国各种船只分别在船头、船梢等处油漆船名、编号和所在县、埠、澳、甲,以便查验。这些管理方式没有增加任何新的时代内容。至于对中国人雇用或租用的外国船只,他们还没有忘记"亚罗"号所带来的麻烦和耻辱,希望各国领事官给予合作,"将某船于何日,凭何行户,受雇华商某人姓氏、籍贯,雇往何处,长雇、短雇缘由,各随照会查明,随报立案"。[1]

　　总理衙门接到左宗棠和瑞麟的咨文后,为了慎重起见,将这些公文转交给总税务司赫德,征求他的意见。刚刚经历了"阿思本与李泰国舰队"风波之后,赫德很需要总理衙门对他的信任,所以,对于这件事他表现得既热心又认真。在赫德看来,闽浙方面起草的章程不仅行不通,而且有明显缺点和漏洞。首先,责成领事官办的事情,超越了领事官的职权范围,各国领事"必不肯答应";其次,中国商人购买外国船只不一定限于中国沿海口岸,不法匪徒可能在香港、澳门之外的地方购买洋船。所以,这种购买外国船只的章程和严格程序,根本无法防止非法之徒购买洋船;第三,更重要的是,这项章程"不但不足禁止贼匪购买,恐正经商人因掣肘甚多,亦不肯自行买雇"。也就是说,它不利于中国海洋运输业的发展。赫德在 1865 年 7 月 27 日的呈文中表达了他的这些意见。

　　又过了两个月,也就是 10 月 5 日,赫德又递上一份 28 条章程。在呈文中,他更为明确地表示了对于中国传统的海洋海防政策的忧虑。他认为,中国内地船只各口有各口的定式,并且有"止准赴某口,不准任便住泊"等条例限制,华商即使想购买和使用外洋夹板、火轮等船只,"恐干例禁",以致裹足不前,只好借外国商人之名运输自己的货物。在赫德看来,中国商人之所以雇用而不购买外国船只,除了由于外国船只速度快,运费低,有保险之外,还由于中国商人出口货物被各地政府"勒捐"太多。华商由此计算,不肯再用中国船只,"以致近来出口日少,渐致停歇"。这种情况若不设法整顿,"不但华船不日全无生计",影响中国海洋运输业和商业的发展,而且还会影响国家海防力量的成长,因为后者的成长依赖于前者的发展所提供的人员和技术的支持。赫德的高明之处在于他看到了民船技术与海防力量以及海防安全之间的紧密联系,因此他提醒清廷说:"盖准华商办此等船,必有华人学用此船之法。将来由众水手之中挑选水师之健利

---

[1]　瑞麟致信总理衙门:《酌拟中国雇买洋船章程谨请核覆通饬办理由》,《海防档甲·购买船炮》第 551 号,第 824—827 页。

者,以备任用……若中国无得力水师,竟不思患豫防,则沿海自南至北,内江自东至西,何以能有备无患耶!"〔1〕现在,我们阅读赫德起草的章程,不仅可以看到它体现了赫德上述基本主张,而且从中还可以发现西方民船管理经验和制度的悄悄植入。例如,规定"艄工照洋船规矩,每日在船记事薄注明日日经过之事";"出口之后,若有犯法违章者,即由艄公将其锁铐,俟进口交税务司送地方官或领事官查办";"凡量船之法,应照洋船定规,算为若干墩(吨)数之船";等等。〔2〕

1866年元月11日,上海通商大臣李鸿章的咨文与章程草案也到达北京。上海方面参与章程起草的主要是署理江海关道应宝时和税务司日意格。〔3〕 日意格最初提出的章程草案有11条,应宝时补充了7条,一共18条。据李鸿章咨文所说,曾经照会英、法、美、俄四国领事,征询他们对于这一草案的意见。各国领事虽然从不同角度提出了自己的一些看法,但都认为这项草案应该由各国驻华公使核议。李鸿章感到,"非由总理衙门核定,照会各国驻京公使饬办,各领事未必一律照行"。在咨文中,李鸿章还有一种很大的顾虑,即是否允许中国商人购买的"洋船"进入非通商口岸问题。按照正常逻辑来说,中国商人购买的外国船只应当完全纳入中国民船管理范围,但由于这些船只可能雇用外国人,使中国官员产生了种种疑虑。在李鸿章看来,如果允许这些船只进入中国内地口岸贸易,"则洋人久必觊觎。且轮船所到口岸,华商之内地船只贸易者将被压退。既不在通商口岸停泊,即难仍在洋关纳税。无论船中仍用洋人,或全系华人,即试行果无流弊,遵依逢关纳税,遇卡抽厘章程,亦不准随意进泊内地河湖各口。只准于通商江海口岸往来买卖,庶有限制"。〔4〕 这种为了防范外国人的竞争和觊觎而设定的对中国船主的所谓"限制",尽管在今天看来非常奇怪,不合逻辑,但在当时却相当符合人们对于外国事物普遍存在的疑惧和防范心理。

与赫德所拟章程相比,上海起草的章程更加详细和具体。这两个章程都把中国商人拥有的"洋船"同外国船只一样看待,明确规定:只准在通商口岸或外国口岸停泊,不准在中国内地非通商口岸停泊。这些中国人的洋船在纳税方面,

〔1〕 赫德致信总理衙门:《申呈雇洋船章程事件由》,《海防档甲·购买船炮》第552号,第828页。

〔2〕 赫德致信总理衙门:《申呈雇洋船章程事件由》,《海防档甲·购买船炮》第552号,第828页。

〔3〕 日意格(Giquel, Prosrer Marie, 1835—1886),法国海军出身。1856年来参与法军占领广州。1861年进入中国海关,历任宁波、上海、汉口等地税务司。在宁波税务司任上曾组建常捷军协助清军镇压太平军,因此结识左宗棠。1866年以后,受左宗棠委派,参与筹建福州船政局。他同戈登一样,是清廷赏穿黄马褂的外国人。

〔4〕 李鸿章致信总理衙门:《咨覆华人雇买洋船筹议章程十八款请照会公使饬各国领事一律遵行由》,《海防档甲·购买船炮》第555号,第835页。

无论是税则规定还是缴纳方法都与其他中国民船不同,"均照洋商税则纳税",由各口税务司负责征解。所以,除了船牌和旗帜之外,中国人购买的洋船事实上不能取得中国民船的完全资格。

为了慎重起见,总理衙门将上海方面起草的章程再次转交赫德,征询他的意见。赫德经过一个月的斟酌,对上海章程进行了全面修改,除了一般性的文字之外,在精神方面最重要的地方是修改了第 15 至 18 条。上海章程草案中要求各国领事参与外国船只的买卖和雇用活动。例如,第 15 条和第 17 条分别规定:"凡洋商将火轮等船卖于华商,必须报明该口本国领事官经理,知会中国地方官查办。如系私自售卖,不由领事官经理者,洋商罚银五百两。""凡洋商将火轮、夹板各船租与华商,不候本国领事官眼饬知,先将船只开驶者,罚银二百两"。在赫德看来,这些地方不仅"于贸易有碍",而且"于公事无益"。依法对中国商人购买外国船只的活动进行治安或行政方面的管理完全是中国自己的主权,不必要借助外国领事的帮助和干涉。他说:"此乃中国之事,无烦别国过问,所拟防各层,中国自可专主。"[1]为此,赫德重新拟订了一个章程,递交总理衙门。

1866 年 2 月 10 日,总理衙门接到赫德重拟的章程后,对于其中第 1 款第 4 条、第 2 款第 1 条和第 4 款第 1 条等处做了一些签注意见,然后发送上海,要求李鸿章等人一一详细核议,"务期有利无弊,可以永远奉行"。李鸿章认为赫德所拟章程与先前上海方面草拟的 18 条章程在精神上是一致的,基本同意这个草案,除了将总理衙门的意见写入之外,又增加了一些租船条款。到此为止,关于中国商人购买或租用外国民用船只的章程,经过了两年多的酝酿而最终形成。从上述情况来看,它不仅反映了北京、广州、福州和上海等中枢机关和地方高级官员的集体认识,而且充分听取了赫德、日意格等外籍税务司的建议,完全可以说,这是中国近代早期中西合璧的结果。因此,现在有必要看一下它的具体内容。

《华商买用洋商火轮夹板等项船只章程》共有 6 款 30 条。第 1 款分为 4 条,规定了管理机构。凡是中国商人购买外国火轮船与夹板船,一切管理事宜由总理衙门与南北洋通商大臣拟订;凡是中国商人购买的洋船应由各海关颁发船牌,悬挂中国绿地黄文旗帜;各海关自第一号起算,每年颁发若干,在年底由监督报告通商大臣,再咨呈总理衙门。第 2 款分为 12 条,着重规定中国商人领取船牌、购买洋船手续和查验机构。第 3 款共有 4 条,主要规定华商夹板船停泊的地点

---

〔1〕　赫德致信总理衙门:《申覆筹议华商造买夹板等项船只章程由》,《海防档甲·购买船炮》第557 号,第 842 页。

和纳税方法。例如,规定准许华商洋船赴外国贸易,"并准在中国通商各口来往,不得私自赴沿海别口,亦不得任意进泊内地湖河各口,致有碰坏船只"。凡是华商洋船进口,必须将船牌呈交税务司,泊船、卸货以及填写报单等一切事宜均照外国船只定例办理,所装货物"均照洋商税则纳税,其船钞照纳"。第4款分为5条,规定如何约束水手,要求受雇的外国水手与舵工必须遵守中国各项法度,由该国领事和该口税务司查明国籍、姓名、年龄、相貌等情况,签字画押后方可受雇。洋船出海后,水手如有不法行为,船长可以将其拘押,待进口后交税务司转送中国监督或外国领事处理。并且要求船长必须按照洋船惯例,准时记录航海事项。第5款共有3条,规定华商洋船违犯章程罚款事宜。第6款分为2条,规定中国商人租用外国船只,必须报告新关,由该关税务司登记备查,并知照监督衙门存案。最后附录船牌式样和填写的内容。[1]

我们从上述情况可以看到,这一章程明显存在严重缺陷。例如,规定中国商人购买的洋船不得停泊中国非通商口岸,不得进入内河航行,并且规定华商拥有的洋船必须按照外国商船税则纳税,等等。清廷尽管在名义上承认了华商洋船的中国国籍,而在事实上对于它并不开放完全的权利。就章程的内容来看,与外国商船相比,我们几乎看不到华商洋船的权益区别。也就是说,对于华商购买洋船当局缺乏支持的诚意,不仅没有制订鼓励性的条款,而且继续设法限制和防范。不过,尽管如此,我们还是看到了中国商船管理办法与西方商船航海条例开始部分接轨,譬如,第4款明确规定船长的职责、水手的雇用方法以及必须悬挂中国的"绿地黄文旗号"等。总的来说,这个章程把中国商人购买外国商船的活动以及航海事项正式纳入国家海洋管理范围,从而扭转了第一次鸦片战争之后发生的中国籍洋船航运方面的混乱局面。

在这一章程基本起草完成之后,赫德再次向总理衙门递交申呈说明鼓励华商购买外国夹板船与火轮船的意义。他说:"中国各式船只实不及洋船之稳固、迅速,若船户等不思舍旧从新,恐所有沿海贸易之事,渐皆属洋商矣。船一停业,水手即无以聊生。"赫德的话绝对不是危言耸听,自从五口通商后,外国海洋船运对于中国的沿海贸易和运输已经构成了严重挑战。例如,道光以来,江南漕米海运主要依靠的是沙船海运,这些沙船装载漕米北上,返回时从牛庄运输大豆等客货,最盛时约有3 000余艘。外国夹板船利用运输速度快和价格低的优势,抢走了大批客货,使沙船运输无利可图,纷纷歇业,到1867年初"仅存四五百号"。

---

〔1〕 李鸿章致信总理衙门:《咨送筹议中国商民置买洋船章程并船牌式样及巡船牌式》,《海防档甲·购买船炮》第560号,第853—857页。

不仅如此,在赫德看来,鼓励民间制造和购买外国船只,也是借以加强中国海防建设的重要手段,"华商夹板船日多,华民作水手者自日聚,并可熟悉船中洋事,如中国有战船之设,即不虑无水师之人也。此举于国于民两有裨益"。[1] 应当说,赫德在着眼于海洋经济的同时也考虑了军事建设,的确是深谋远虑。相比而言,中国官员对于民用船只的海防价值和鼓励中国航海事业发展方面考虑得很少,他们虽然也考虑了海洋运输的衰败问题,而着眼点仍侧重于沿海治安和控制。

总理衙门为此于 1867 年 3 月 24 日致函两江总督曾国藩,详细说明这个章程的起草因由和过程,希望他斟酌利弊,提出修改意见。是时,曾国藩已担任上海通商大臣,他认为买船"害多而利少",买船不如造船,尤其是"制造轮船为当今之急务"。不过,在他看来,自强之道需要一个过程,先是官方通过仿造掌握西方的轮船技术,而后提倡民间集资购买,由官厂代为制造,十年之后,自制的轮船必可通行于中国。"自强之道,眼前亦无速效,此如求三年之艾,不能不忍耐以待之也"。[2]

由于曾国藩对于《华商买用洋商火轮夹板等项船只章程》不置可否,总理衙门写信再次催问。曾国藩复文认为,该章程对于华商的防范,"不免失去主客内外之义,于商情亦恐未顺"。[3] 但考虑到这是个试行章程,可以按照实际情况随时加以修改,原则上表示同意由江南海关道应宝时刊刷简明告示,公布施行。正式公布的时间是 1867 年 9 月 29 日。但是,刚一公布,便接到英国驻上海领事温思达的照会,声称该章程第 6 款,也就是关于租用船只的规定,英国不便遵守。理由是该条语义模糊,"分析未明",并且事前没有征得英国公使同意。总理衙门接到英国照会后,同时觉得第 1 款所说语意重复,且提及英国公使,为了避免麻烦,遂决定将该章程的第 1 款与第 6 款一同删去。所以,这个章程的有效部分只是中间 4 款。

此后在相当长时期内,在如何对待民间雇用和购买外国轮船、夹板船问题上,清政府一直找不到合适的立场,从传统的对于造船业的防范和限制很难一下子过渡到鼓励、保护和利用。中国商人对于清政府的购买和雇用轮船章程自然一直采取怀疑态度,他们看不到购买轮船的利益和安全,即使购买,在实际操作

〔1〕 赫德致信总理衙门:《议论华商造买洋船由税司代觅其应办事由》,《海防档甲·购买船炮》第 563 号,第 863—864 页。

〔2〕 曾国藩致信总理衙门:《详论华船造买洋船由》,《海防档甲·购买船炮》第 566 号,第 866—867 页。

〔3〕 曾国藩致信总理衙门:《论华商造买轮船一切情形由》,《海防档甲·购买船炮》第 568 号,第 872 页。

时,也往往把资本继续附于洋商名下。1874 年,郑观应被聘为太古轮船公司总理,兼管账房、栈房等事宜,对于中国商人把资本附于洋商名下的情况十分了解。他说,"现在上海长江轮船多至十七八只,计其本已在一二百万,皆华商之资,附洋行贸易者十居其九"。[1] 中国商人之所以"不乐自居华商之名",显然是由于他们对于清政府的轮船制造和雇用政策存在着种种顾虑。

是时,福州船政局和江南制造总局虽然成立不久,它们面临的最大困难是资金来源问题。清政府的财政收入本来就十分有限,而经营西北塞防和举办海防需要花费巨额资金,财政异常拮据。在这种情况下,有人以造船质量不佳为由,提议停止造船,节约经费。这尽管是一种目光短浅的行为,但提出了一个重要问题。造船这类企业究竟是依靠财政拨款还是采取商业集资形式?依靠前者,企业只能采取官僚管理体制,生产活动只能满足政府需要,不可能重视商业利益。这种管理体制既然不重视企业利益,势必会产生严重的官僚腐败。第一次鸦片战争以前的中国水师造船制度就是这种模式,无论采取什么办法,都难以避免贪污腐败。长期偷工减料必然导致产品质量低劣,严重浪费使产品成本过高。不考虑市场效益自然缺乏技术革新动力。中国近代军工企业的兴办,在管理体制上遵循的是旧的规则,它们面临的问题也是老问题——资金、质量与腐败。要改变这种局面,只有像西方国家那样采取市场竞争机制,部分军工生产商品化。这个建议,在 19 世纪 70 年代初期郭嵩焘和郑观应等人就相继提出。

郭嵩焘认为,清朝政府长期以来执行的禁止和限制商人出海贸易的政策,不仅压抑了中国对外贸易的发展,而且束缚了中国海上军事力量的成长。"国家制法防范愈密,则商人之比附亦愈深。何也?利之所趋,虚文有所不能制也"。[2] 在他看来,发展海上贸易与提高海上力量的最好办法是鼓励商人自由购买和制造轮船,"将欲使中国火轮船与洋人争胜,徒恃官置一二船,无当也"。"窃谓造船、制器,当师洋人之所以利民,其法在令沿海商人广开机器局","使商民皆得置造火轮船以分洋人之利。能与洋人分利,即能与争胜无疑矣"。[3] 制造机器,购买商船,"必沿海商人为之,出入海道,经营贸易,有计较利害之心,有保全身家之计,因而有考览洋人所以为得失之资。是中国多一船即多一船之益,各海洋多一船即多一船之防"。[4]

郑观应同样认为,轮船制造最好采取商人自由集资的形式。福州船政局面

〔1〕 郑观应:《论中国轮船进止大略》,《郑观应集》上册,第 54 页。
〔2〕 郭嵩焘:《条议海防事宜》,见《郭嵩焘奏稿》,岳麓书社,1983 年,第 341 页。
〔3〕 郭嵩焘:《伦敦与巴黎日记》,岳麓书社,1984 年,第 608 页。
〔4〕 郭嵩焘:《条议海防事宜》,见《郭嵩焘奏稿》,岳麓书社,1983 年,第 342 页。

临的主要困难固然是资金,商人有的是资金而不愿投资,主要是缺乏利润的驱动。在他看来,中西观念有所不同,西方国家的政府与商人联系紧密,"商不虑官之无信,官亦不借商为可耻"。国家遇到大事,利用国债,"动以千百万计"。甚至个人也可以出面号召,"一人建议,万人集资。一旦获益,则创其事者皆分其利。故成事较易"。[1] 而中国长期执行重本抑末政策,商人缺乏之应有的地位,官府与商人之间既没有建立信任关系,也没有可以遵循的利润分配原则。商人之所以不愿意投资官办造船所是因为"畏官之威与畏官之无信而已"。因此他主张把轮船的"官造"改为"商造"。那么,商人制造有哪些好处呢?他说:"商人造,则资用可以源源不穷;商人造,则该事系商人性命所关,即无人督责,亦不虑其不造乎精巧。是一转移间,同造一轮,而精粗美恶自有天渊之别矣!诚如是,则官无费用之筹,而海满有轮船之用。"[2]这是说商人制造轮船既有资金来源,又可以利用市场经济规律保证产品质量。他还建议说,在商人制造轮船技术提高后,可以要求他们按照商船的一定比例制造兵船。这些兵船在和平时期负责护商捕盗,在战时听从官府调遣。郑观应把这叫作"寓兵于商"。"从此月饷敛之商,训练责之商,是朝廷安坐而日收其无形之富强,于公家真有万种之益,而无一丝之损矣!"我们不知道他是否考虑了兵船的制造成本与价值,也不知道兵船的制造者与使用者怎样完成交换?尽管如此,这种思想在当时还是相当开放的。

后来,清流派官员张佩纶也提出了类似观点。张佩纶直接建议学习外国公司生产兵工制度,取缔武器生产的长期禁例,准许殷实商人凑集资本购买机器,于府、州、县设立分厂,自由制造洋枪洋炮,通过市场竞争国家选择所需的兵工产品,这样军器制造势必精益求精。他说:"外国枪炮,商厂精于官厂,德之克虏伯,美之格林,皆商厂也……中国将有殷实商人愿于省府、州县分设洋枪子药机厂者,我但准盐商领票及外国公司之法,本集于商,权总于官,可以省公家购买机器之资,可以救机局孤悬海口之病。"[3]使千百家商人看到制造洋枪洋炮能够获得巨大利益,他们中间"无智无愚,无巧无拙,皆殚心究虑于斯,艺必日进,器必日工"。不仅如此,在他看来兵工生产的发展还可以带动采矿业的繁荣,"商厂日盛,中枪日精,必争开煤铁之矿以自便"。[4]

〔1〕　郑观应:《论中国轮船进止大略》,见《郑观应集》上册,第54页。
〔2〕　郑观应:《论中国轮船进止大略》,见《郑观应集》上册,第54页。
〔3〕　张佩纶:《拟请武科改试洋枪折》光绪十年二月初八日,《涧于集》奏议卷三,1918年刻本,第64—65页。
〔4〕　张佩纶:《拟请武科改试洋枪折》光绪十年二月初八日,《涧于集》奏议卷三,1918年刻本,第64—65页。

郭嵩焘、郑观应、张佩纶这种由商人自制武器、购买和经营轮船,发展海运,增强海上力量的想法,显然来自西方的造船管理模式,不仅是正确的,也是可行的。日本明治维新初期,在官办造船企业缺乏巨额资金等重重困难情况下,便毅然走上了这条道路。日本政府不仅大力支持民间集资制造轮船,而且把官办造船所廉价出售给私人,并且制订措施奖励民间造船业。19世纪末期20世纪初期日本造船业的迅速发展充分证明,鼓励私人造船和发展航运事业的国家政策不仅在西方是正确的,而且也完全适用于东方。

但是,在中国由于陈腐的观念依旧盘踞在人们的心头,传统的军工垄断生产制度没有得到批判和清理,许多人意识不到放弃军事工业官营垄断的必要性,无法摆脱垄断模式的束缚。对于传统社会的官绅来说,轮船制造事关国防安危和治安秩序,从历来限制和禁止一下子过渡到鼓励和支持私人制造,无论如何是困难的。事实上,军工生产应当区别对待,部分采取官营,部分采取民营。对于国防尖端技术,国家应当划拨充裕的资金加以重点研制和开发。而对于不需要垄断的军工生产,例如工程建筑、车辆船械以及陆、海、空三军服装等后勤供应品的生产,甚至国防尖端技术的附属产品等,似乎都可以采取竞标的方式,选择物美价廉的生产厂家。基本原则应是,除了必须采取官营垄断方式的军工生产项目之外,其他军事工业品的生产应尽可能采用市场化的竞争、选择制度。

19世纪80年代,轮船在内河行驶已有几十年的历史,湖南知府、道员等官员为了便利出行,"必调取轮船","独不准百姓置造"。[1] 1882年,翰林任雨田呈请在岳州、沙市试办轮船航运,"凡三次呈请",均被湖南巡抚阻止。1888年,王文韶任湖南巡抚,托李鸿章劝郭嵩焘主办湖南轮船航运,消息传出,"闻者皆各欣然,甫一集议,集资至二万余"。但这件事情很快被彭玉麟、李桓等湖南籍官绅阻难,不得不停止筹办。郭嵩焘针对彭玉麟、李桓等官绅的保守言行悲愤指出:"五十年办理洋务,在官所见如此,而谓西法可行,富强可期,殆非所敢知也。"[2] 于此可见,陈腐的思想观念不仅是中国工业近代化也是海防近代化的巨大绊脚石。

总之,国家海洋海防政策可以通过鼓励海洋经济发展而促进本国海上力量的成长,也可以通过条例法规压制和摧残海洋社会的发展。令人遗憾的是,清廷为了防止海外结集反清武装力量,为了保持水师战船对民船的某种优势,不是设法提高战船规格和性能,而是采取种种方法限制民船的规格与航海技术性能的

〔1〕 郭嵩焘:《致李傅相》,《养知书屋遗集》文集卷一三,第20页。
〔2〕 《郭嵩焘日记》光绪十四年十月二十九日,湖南人民出版社,1981年,第816页。

改善。不许高桅大篷,不许装设"头巾"、"插花"、"假柜",不许"首尾高尖",或限制船梁长度,或限制携带军器、口粮、淡水,甚至石子、石块。所有这一切,都是要把民船限制在最简陋水平上。限制民船制造规模与技术,不仅严重阻碍了民船的发展和进步,而且严重影响到战船水平的提高。在战船缺乏改良机制的情况下,民船制造业如果能够自由发展,还可以为战船的改造提供动力和必要的技术条件。限制民船技术的进步,等于断绝了战船改造的条件,束缚了战船工艺的进步。另外,民船本身是国家海上力量的潜在组成部分,在战时民船一经征用改造就成为军运船和战船。限制民船的制造规模和技术进步,就是限制国家航海技术的改善;束缚与损害海外贸易与渔业生产,就是限制国家海上武装力量的成长,这是典型的作茧自缚事例。

1840年以后,中国海域的航海活动处于混乱状况,一方面是外国船只在中国海域利用领事裁判权的庇护,横行无忌;另一方面是清廷官员固守陈腐的观念,不愿适时调整对于民船的管理制度,而民间又要千方百计摆脱这种束缚。在这种情况下,一些有识之士开始呼吁清廷改变旧有的民船管理规定。总理衙门在现实逼迫之下,开始起草新的有关民船修造、置买和航海的有关规定。《华商买用洋商火轮夹板等项船只章程》的出台,是中西古今关于民船的复杂思想博弈的一个结果,但中国民船的自由修造、置买和租赁尚需一定时日。

小　　结

若以动力为标准,中国的海船造船史可以分为三个时期:即人力划桨时期、风帆驱动时期和火力蒸汽时期。人力划桨时期,从远古时期独木舟的使用开始一直到春秋时期;风帆驱动时期,从战国开始使用风帆技术到1860年代;火力蒸汽时期,从1860年代开始一直到今天。

若以造船政策划分,大致可以分为三个时期:从远古到宋元时期,官府对于造船很少有限制性规定,造船活动处于自由状态。因此,中国造船和航海技术不断被发明,遥遥领先于世界各地。明清时期,官府对于民间造船开始加强控制,如果说明代对于民间造船的控制时断时续,尚未严重扼杀中国造船技术的进步,而从清初开始,由于实行禁海迁界政策,不许民间建造任何船只。在1684年开海之后,清廷对于民间制造大型商船表示担忧,主要担心造船技术传入外国,或者把船只卖给敌对力量,对中国沿海安全构成威胁。因此,不仅下令严禁民船制造规模,商船梁头不准超过一丈八尺,不许超过双桅,渔船梁头不得超过一丈,只准单桅,而且限制风帆等航海技术的改进。尤其是官营战船制造厂制造制度不良,所造战船质量越来越低劣。在这种情况下,为了保持水师战船对民船的某种优势,继续严格控制民船规模的扩大和技术的改良,致使长期领先的中国海船制造技术停滞不前,甚至出现倒退现象,以至于在第一次鸦片战争爆发时,中国战船与英国军舰相比完全处于落后状态,几乎没有机动作战能力。[1] 清代前期的造船政策完全是作茧自缚。可悲可叹!第二次鸦片战争之后,曾国藩、李鸿章、左宗棠、沈葆桢、丁日昌等人接受教训,发起师法洋人的造船制炮的洋务运动。在晚清这段历史上,轮船制造以福州船政局为代表,在左宗棠、沈葆桢、丁日昌等人的积极努力下,福州船政局引进了一整套法国造船技术,也培养了一批中国造船技术人员和工人,而且有能力制造钢甲巡洋舰。但是,一方面由于经费缺乏,福州船政局时常处于待米之炊状态;另一方面由于造船事业时常受到顽固派的诘难,不能顺利发展。民国时期的轮船制造可以江南造船所为代表。在第一次世界大战时期,江南造船所获得了快速发展的机会,可以制造 4 500 匹马力的军舰。但是,此后由于时局动荡,特别是日本占领上海时期,造船厂的发展遭受严重顿挫。中国的轮船制造事业可谓一波三折,艰难异常。

就海船建造技术来说,中国在 1860 年以前一直是独立发展的。唐代造船已经普遍采用了水密舱技术,即将船底舱用木板隔开,并在隔板与船舷的结合处,采用选择合适的木料、钉铜加固,捻料填塞、油灰捻料等方法予以密封。这种水密舱技术在当时世界处于领先地位。

在中国人的帆船建造过程中,无论是海上作业的渔船还是跨越大洋的商船,都要安装上眼睛。船的眼睛分为龙眼、凤眼、蝌蚪眼三大类。舟山群岛人们称渔船为水龙,既然是龙,就要有眼睛,龙没有眼睛就是盲龙。在船头安装眼睛就是祈祷海船顺利作业和安全航行,反映了航海人对于航行安全的高度重视。人的眼睛瞎了,两眼一抹黑,难于安全行走。在苍茫的大海上航行的海船,如果辨别不清方向,那也是非常危险的。西方人发现:"中国帆船在船头的两边有两只大眼睛,这是大多数古老的民族都采用过的装饰,并被认为是用来预示警惕和活力。然而中国人给了它一种不同的解释。他们说:'有眼睛,就能够看;能看,就能够知晓;没有眼睛,就不能看见;不能看见,就不能知晓。'"[2]海船非常需要眼睛,船头上的木雕眼睛就是这种象征。那么,海船的真正眼睛是什么?在大海

---

〔1〕 王宏斌:《鸦片战争中清军海上机动作战能力的丧失》,《光明日报》1997 年 11 月 25 日,理论版。

〔2〕 沈弘编译:《遗失在西方的中国史——《伦敦新闻画报》记录的晚清 1842~1873》(上),时代华文书局,2014 年,第 66 页。

上航行,舵手、水手的经验自然非常重要。但是,舵手、水手的经验无论有多丰富,由于人体自身条件的限制,没有罗盘的帮助,是无法解决海洋方向迷失问题的。

中国对于航海技术的最大贡献就是指南针(图五五)。指南针的发明是我国古代先民对磁力现象的观察和研究的结果。古代人在观察和研究磁石现象的过程中,逐渐了解了磁石的性质,并开始学会利用它。《晋书·马隆传》记载马隆率兵西进陕甘一带,在敌人必经的狭窄道路两旁,堆放磁石。穿着铁甲的敌兵路过时,被牢牢吸住,不能动弹了。马隆的士兵穿犀甲,磁石对他们没有什么作用,可自由行动。敌方以为马隆得到了神的帮助,不战而退。指南针一经发明很快就被应用到军事、生产、日常生活、地形测量,尤其是航海等方面。指南针在航海上的应用有一个逐渐发展的过程。《萍洲可谈》中记有:"舟师识地理,夜则观星,昼则观日,阴晦则观指南针。"[1]这是世界航海史上最早使用指南针的记载。文中指出,当时只在日月星辰见不到的时候才使用指南针,可见指南针在刚开始时,使用还不熟练。二十九年后,徐兢的《宣和奉使高丽图经》也有类似的记载:"惟视星斗前迈,若晦冥则用指南浮针,以揆南北。"[2]到了元代,指南针一跃而成为海上航行的最重要仪器,无论昼夜、晴阴都用指南针导航了。而且还编制出使用罗盘导航,在不同航行地点指南针针位的连线图,叫作"针路"。船行到某处,采用何针位方向,一路航线都一一标识明白,作为航行的依据。

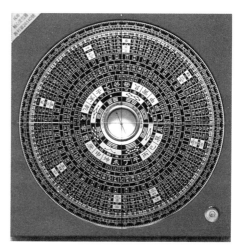

图五五　中国古代的伟大发明——罗盘针

指南针导航技术经阿拉伯人传入欧洲,对欧洲的航海业乃至整个人类社会的文明进程,都产生了巨大影响。没有指南针指引航行,海船只能循岸而行。没有指南针指引方向,郑和船队无法跨越印度洋,到达非洲东海岸;没有指南针的指引,哥伦布的船队不敢跨越大西洋,达·伽马的船队无法完成环绕地球的航行。因此,指南针是最伟大的发明,不仅在中国航海史而且在世界海航史上具有划时代的意义。指南针的发明为海船装上了真正的眼睛。在帆船制造历史上,

〔1〕　朱彧:《萍洲可谈》卷二,《丛书集成初编本》,商务印书馆,1939 年,第 18 页。

〔2〕　徐兢:《宣和奉使高丽图经》卷三四,《半洋礁》,中华书局,1985 年,第 120 页。

东方与西方各自都有一个独立发展的时代,技术上也各有优劣,可谓各领风骚。唯独指南针的发明为人类跨越大洋提供了最有效的工具。没有指南针的西传,无论是西班牙人、葡萄牙人、荷兰人,还是英国人、法国人,无论欧洲人天生的有多么勇敢,也都无法远离海岸,也就没有新大陆的发现机会。

人类仅仅靠着一叶扁舟,进入无边无际的大海,完全是依靠其沉着和勇敢。黑格尔对此赞美说:"船——这个海上的天鹅,它以敏捷而巧妙的动作破浪前进,凌波以行——这一种工具的发明,是人类胆力和理智最大的光荣。"[1]但是,他又说,"这种超越土地限制,渡过大海的活动,是亚细亚洲各国所没有的,就算他们有更多的壮丽的政治建筑,就算他们自己也是以海为界——像中国便是一个例子",则是大错特错。[2]

---

〔1〕 [德]黑格尔著,王造时等译:《历史哲学》,商务印书馆,1963年,第135页。
〔2〕 [德]黑格尔著,王造时等译:《历史哲学》,商务印书馆,1963年,第135页。

第三编
中国海域盐业渔业生产史

第九章　宋代之前海洋渔业与盐业(？—959 年)

第一节　先秦时期的海洋社会与齐国的"官山海"

一、远古时期人类海洋生产生活遗迹

在史前史的开端,也同样构成了人类存在的第一章。哪里为人类提供了生存的条件,哪里就有人类的谋生活动。人类海洋文明最早起源于对于海洋生物的采集和捕获。在旧石器时期(距今 300 万年—1 万年)的渤海沿岸已经有了人类活动的遗迹。考古工作者先后在辽宁发掘到金牛山遗址、小孤山遗址,在河北发掘到灰山遗址、岩山遗址、爪村遗址、孟家泉遗址、滦河流域遗址,在天津发掘到了营坊遗址、太子陵遗址,在山东发掘到了蓬莱村遗址等。但是,在这些遗址中,很少有海洋生物化石,很难说在旧石器时代,我们的先民已经与海洋有过亲密的接触。不过,到了新石器时代(10 000 年至 5 000 年前或 2 000 年前),大量的贝丘遗址,证明我们的先民已经开始从事海洋生物采集活动。是时,渔民乃是中国海洋社会的唯一主人。

例一,浙江省余姚县河姆渡村遗址。1973 年,考古学家在此发现人类活动遗址,经鉴定该遗址的年代大约在公元前 5 000 年至公元前 3 300 年,距今 7 000 至 5 500 年。河姆渡遗址分为四个文化层:第一文化层距今 5 000 年,第二文化层距今 5 000 多年,第三文化层距今 6 000 年,第四文化层距今 7 000 年。河姆渡人已经能够造船使舟。在第三和第四文化层出土了六支木桨。"发现的留置木质船桨中,有一枝外形基本完整。全桨分为桨柄和桨叶两部分,它们由同一块木板削制而成"。河姆渡遗址出土的海洋生物遗骸数量巨大,种类繁多,不

仅有多种浅海生物,而且还有鲨鱼、鲸鱼等深海生物。[1]

例二,辽宁大连旅顺口区江西镇大潘家村遗址。由于地中有大量贝壳,面积达到 1 000 平方米,1992 年对这一遗址进行了考古发掘,发掘面积为 500 平方米,发现新石器时代房址 7 座,灰坑 7 个,儿童墓 1 个,并发现有网坠、骨鱼卡、蚌器以及大量鱼骨、鱼鳞以及绘有海参形状的陶罐。这些均是海洋文化遗存的有力证据。[2]

例三,山东省烟台市福山区邱家庄遗址。该遗址位于大沽河和清河之间,是典型的贝壳遗址,贝壳堆积厚达 5 米多。从出土的陶器来看,属于新石器遗址。在这一遗址中,发现贝壳数超过 4 万个,绝大多数是蚬壳,还有脉红螺壳、牡蛎壳、蛤仔壳等,遗址中还有鹿、猪、雉、兔等动物骨骼。这意味着邱家庄人在新石器时代从事捕捞鱼类和贝类的同时,还从事养猪等畜牧业。这一遗址说明海洋生物已经成为邱家庄人的主要食物之一。[3]

例四,山东即墨市金口镇北阡村新石器时代遗址。该遗址南北长约 180 米,东西宽约 300 米,距离海岸 3 公里。其遗址地表散布许多牡蛎壳、陶片等。1994 年和 1996 年,中国社会科学院考古所对该贝丘遗址进行了调查。认为"北阡遗址的陶器、石器特征属于邱家庄一期,其存在的时间应与邱家庄一期相当。遗址中采集的贝类基本上都是牡蛎,这应是当时人获取的主要贝壳"。[4]2007 年和 2009 年两次发掘都证明上述推断是正确的。

例五,登州港外港庙岛群岛的大黑山岛的大濠村遗址。考古人员于 1983 年在距地表 7 米(一说 12 米)深处发现了龙山文化层,层上还叠压着一艘已经腐烂的木残船和一支残断的木桨。从残木船碎片分析,该船板厚约 5 厘米,板面加工十分平整,交接之处榫卯结构清晰可见。船桨与近代大体相同。这只残船的年代,经考古工作者鉴定,"最迟为 4 000 多年前,即龙山文化时期的器物"。1980 年代,在南长山岛前海打捞到一只石锚,据考古工作者鉴定,这只石锚有 4 000 多年的历史,抛入海底可以稳住 6 吨重的船只,"亦为龙山文化时期的器物"。[5]

从贝壳遗址来看,我国先民早在新石器时代已经开始在渤海、黄海和东海沿

〔1〕 李可可、谌洁:《河姆渡遗址史前文化探讨》,《中国水利》2007 年第 5 期。
〔2〕 大连市文物考古研究所:《辽宁大连大潘家村新石器时代遗址》,《考古》1994 年第 10 期。
〔3〕 中国社会科学院考古研究所编:《胶东半岛贝丘遗址环境考古》,社会科学文献出版社,2007 年,第 118 页。
〔4〕 中国社会科学院考古研究所编:《胶东半岛贝丘遗址环境考古》,社会科学文献出版社,2007 年,第 65 页。
〔5〕 蔡玉臻:《登州古港早期的港航活动》,《登州与海上丝绸之路》,人民出版社,2009 年,第 86 页。

岸活动,与海洋发生了密切关系,海洋已经开始为我国先民提供食品。

二、夏商周时期的海洋渔业和盐业

根据各种文献记载,夏代已经有了国家组织。夏人将其疆域分为九州。《禹贡》记载:"横卫既从,大陆既作。岛夷皮服,夹右碣石入于河。"这是说冀州临海,其海岛之夷人以皮服为贡品。《禹贡》又说:"海岱惟青州,嵎夷既略,潍淄既道。""海物惟错"。[1] 这是说青州这个地方贡品很多,其中有许多海产品。

大禹还对各地的贡品作了明确规定。"夏成五服,外薄四海,东海鱼须、鱼目,南海鱼革、珠玑、大贝,西海鱼骨、鱼干、鱼肋,北海鱼剑、鱼石",[2] 于此可知,海中的产物已经成为沿海各地向中央王朝进贡的方物。《竹书纪年》记载:夏代帝芒"东狩于海,获大鱼"。可以想象,夏代人已经掌握了海上捕获大鱼的技术。

在商代,曾要求沿海各地贡献"鱼支之鞞"、"乌鲗之酱"、"鲛盾"、"珠玑"和"玳瑁"等珍稀海产品。由此可见,商朝沿海的渔民已能进入深海,获得这些深海产品。在安阳的殷墟中,考古人员发现了海洋的红螺和海贝。当时贝壳已经货币化,开始扮演商品交换的媒介。这种货贝经专家鉴定,产于东海和南海。既然中原地区将这些贝壳作为货币来使用,那么,东海和南海的其他海产品运入内地也是可能的。

到了周代,国家专设"渔人"和"渔征",掌管渔业生产和渔税征收。由此可以想见,当时的渔业生产达到了一定规模,统治者感到有必要设立官职,加以专业管理了。

三、齐国的"官山海"

殷商和东周时期海盐的生产已经达到相当大的规模。从2003年开始,北京大学中国考古学研究中心、山东省文物考古研究所与地方文物部门联合对莱州湾沿岸地区和黄河三角洲地区的盐业遗存进行了长达数年的系统田野考古勘查工作,发现了龙山时期、殷墟时期至西周早期、东周、汉魏和宋元时期上千处制盐遗存。根据勘查和发掘的综合情况来看,殷墟至西周早期是渤海南岸地区第一个盐业生产的高峰期,已发现十余处规模庞大的殷墟时期的盐业遗址群,总计300多处遗址。东周时期是渤海南岸地区第二个盐业生产高峰期,这一时期的

---

[1] 李民:《尚书译注》卷一,"禹贡",上海古籍出版社,2004年,第60页。
[2] 李民:《尚书大传》,虞夏传四,"禹贡",商务印书馆,1937年,第21页。

盐业遗址数量远远超过殷墟时期,有不少与殷墟时期的遗址相重叠。其范围大于殷墟时期,向东跨过胶莱河,到达莱州市,向西向北扩展至河北黄骅和天津静海区,长度达到 350 公里。每个遗址群平均有 40—50 个盐场。[1]

渤海沿岸盐业的开发是世界上盐业生产最早的地区之一。当时渤海沿岸生产的食盐除了满足当地的需要之外,还必须向中央政权纳贡,在《周礼》中这种纳贡的海盐叫作"散盐"。同时,还有相当多的海盐销往其他地区。正是这种巨大产量和需求,春秋时期,管仲为齐桓公的王霸事业出谋划策,请求"官山海"。"桓公问于管子曰:吾欲藉于台雉何如?管子对曰:此毁成也。吾欲藉于树木?管子曰:此欲伐生也。吾欲藉于六畜?管子对曰,此杀生也。吾欲藉于人何如?管子对曰:此隐情也。桓公曰:然则吾何以为国?管子对曰:唯官山海可耳"。

什么是"官山海"? 就是对海盐的买卖实行官营制度。管仲这样分析食盐产业道:"十口之家,十人食盐,百口之家,百人食盐。终月,大男食盐五升少半,大女食盐三升少半。吾子食盐二升少半。此其大历也。盐百升而釜。令盐之重升加分强,釜五十也;升加一强,釜百也;升加二强,釜二百也。钟二千,十钟二万,百钟二十万,千钟二百万。"[2]这是说,无论男女老少都要食盐,社会需求巨大。一个成年男子一个月需要五升半,一个成年女子一个月需要三升半,一个孩子一个月需要二升半。由于社会需求巨大,如果每升加一钱,煎盐一釜为一百升,就可多得一百钱;如果每升加二钱,则煎盐一釜,可以多得二百钱。这样一钟(相当于十釜)就可以多得二千钱;十钟可以多得二万钱,百钟可以多得二十万钱,千钟可以多得二百万钱。如此推算,一个国家有多少人口,就有多大社会需求。

实行食盐官营制度,适当增加盐的价格,可以获得巨大利润。而这并非是向人口加税,百姓也不会有任何怨言。在农闲的季节,"君伐菹薪,煮沸水为盐,正而积之三万钟"。钟为古代量器,每钟六斛四斗。"至阳春,请籍于时"。农忙的时候,停止盐的生产,这样也不会耽误农业生产。同时,对各国商人实行优惠政策,"为诸侯之商贾立客舍,一乘者有食;三乘者有刍菽,五乘者有伍养"。如此这般,国家控制了盐的生产和销售,必然实现国富兵强的目标。"通齐国之鱼盐于东莱,使关市幾而不征,以为诸侯利"[3]。齐国土地不够肥沃,粮食生产不足,但可以海为田,增加粮食产量。诸侯国土地肥沃,粮食丰产,而缺少的是食

〔1〕 燕生东、田永德、赵金、王德明:《渤海南岸地区发现的东周时期盐业遗存》,《中国国家博物馆馆刊》2011 年第 9 期。
〔2〕 《管子》,"海王篇",商务印书馆,1936 年,第 82 页。
〔3〕 左丘明:《国语》,"齐语",齐鲁书社,2005 年,第 121 页。

盐。管仲看准了这个机会,建议齐桓公大力开展盐业生产,有效控制盐的销售,使天下之商贾归齐若流水。"楚有汝汉之金,齐有渠展之盐,燕有辽东之煮,此三者亦可以当武王之数"。[1]"海王之国,谨正盐策"。

齐国用鱼盐来换取各国的粮食等货物,迅速富强起来。桓公因此成为"一匡天下"的诸侯霸主。齐国的煮盐政策促进了沿海地区的经济繁荣,同时也必然刺激其他滨海地区争相学习。淮夷在淮河入海口的煮盐业也悄然兴起。这一盐场很快成为长江淮河下游食盐的供应地,先后为郯、齐、吴、楚、越等国所属。

第二节　秦汉魏晋南北朝时期海洋渔业与盐铁专营

一、秦汉魏晋南北朝时期渔业生产与管理

秦汉时期,沿海人口迅速增加,对于海产品的需求日益增加。随之,沿海地区出现了专门"以渔采为业"的渔户,这就改变了先前以"渔采以助口食"的亦农亦渔生产模式。鱼类捕获之后,必须迅速处理,要么立即卖掉吃掉,要么加工成能够存放的半成品。于是,一部分剩余的鱼被加工成鲊(鱼酱)和菹(以盐米酿鱼以为菹),存储起来,销往外地。有的海产品,例如,鳆鱼(鲍鱼),成为宫廷的供应品。史书记载:在其政权在最危急的时刻,王莽还要"啖鳆鱼"[2]。沿海各郡,北起上谷、辽东、乐浪,中经齐楚,南至南海,均有渔业生产,其中以齐地的渔业生产规模较大。"莱黄之鲐不可胜食",[3]莱黄是地名,在今山东东部沿海。

由于渔业生产不仅给当地的民众提供了食品,而且成为商品,加工成半成品,运销到其他地方。汉武帝时期,官府一度想垄断海产品的生产和销售。但是,这种政策试验后,立即失败。"长老皆言:'武帝时县官尝自渔,海鱼不出。后复予民,鱼乃出'"[4]。这里的"官尝自渔"显然不是官员亲自去打渔,而是试图控制海产品的生产和销售,结果是渔民没有捕捞积极性,"海鱼不出"。在允许渔民可以自由处置剩余产品的情况下,渔民的生产积极性提高了,"鱼乃出"。

〔1〕《管子》,"地员",商务印书馆,1936 年,第 167 页。
〔2〕《汉书》卷九九下,列传六十九下,《王莽传》,中华书局,1964 年,第 4186 页。
〔3〕桓宽:《盐铁论》,通有第三,中华书局,1956 年,第 4 页。
〔4〕《汉书》卷二四,食货志第四上,中华书局,1964 年,第 170 页。

到了公元前57至公元前53年（汉宣帝五凤年间），在大司农耿寿昌的建议下，汉宣帝从其计，"白增海租三倍"[1]。这里的海租就是一种海产品的税收。这说明国家要对渔民征税，可见海产品在当时已经达到了比较大的生产量。抬高海租，是与渔民争夺海洋利益。要征税，就要设立相应的机构，于是"都水官"就产生了。班固对于东汉"都水官"一职这样注释说："有水池及鱼利多者，置水官，主平水收渔税。"[2]这是说，凡是有鱼产的地方，无论江河湖海，均设置都水官掌管税收。东汉时期，"禁民二业"，即"有田者不得渔捕"。规定有田的农民要一心一意种地，不要去捕鱼；没有田地的渔民要专心打渔，不要想种地。试图取消"亦渔亦农"的兼营生产模式。这一规定很难贯彻到底，因为在海边生活的人群不单单是渔民。在农闲的时候，农民在近海从事捕捞海产品，不仅可以"助口食"，而且可以将多余的海产品提供给市场，获得鱼利。天下熙熙皆为利来，追求利益活动是人的本性，违反人性的禁令难以有效实施。

秦汉时期，捕鱼的技术有所提高。据《淮南子》记载："钓者静之，眔者舟之，罩者抑之，罾者举之，为之异，得鱼一也。"这显然是指四种捕鱼方法，于此可见捕鱼方法的多样性。

魏晋南北朝时期，台湾与大陆的联系已经发生。早在1700年前，台湾的渔业和加工方法就比较发达了。有人记载道，台湾"土地饶沃，既生五谷，又多鱼肉……取生鱼肉，杂贮大器中以卤之，历日月乃啖食之，以为上肴"[3]。从台湾发掘的贝丘遗址来看，早在三四千年以前，台湾的渔业已经开始发生。

二、秦汉魏晋南北朝时期盐业官营与民营

西汉初期，官府对于社会的控制有所松动，"弛山泽之禁，是以富商大贾周流天下，交易之物莫不通"[4]。食盐的生产和销售掌握在富商大贾手中。司马迁从人弃我取的理念，总结商人致富的秘诀。"齐俗贱奴虏，而刁间独贵之。桀黠奴，人之所患也。惟刁间收取，使之逐鱼盐商贾之利，或连车骑交守相，然愈益任之，终得其力，起富数千万"[5]。吴王刘濞也是一个善于经营的人，富可敌国，他"招致天下亡命者铸钱，煮海水为盐"[6]。

〔1〕《汉书》卷二四，食货志第四上，第170页。
〔2〕《后汉书》卷一一八，志第二十八，百官五，中华书局，1964年，第3625页。
〔3〕（吴）沈莹撰，张崇根辑校：《临海水土异物志辑校》，农业出版社，1988年，第1页。
〔4〕《史记》卷一二九，列传第六十九，货殖列传，中华书局，1963年，第3261页。
〔5〕《史记》卷一二九，列传第六十九，货殖列传，中华书局，1963年，第3279页。
〔6〕《史记》卷一〇六，列传第四十六，吴王濞，中华书局，1963年，第2822页。

汉武帝时期,为了解决财政困难,也为了压制诸侯王的政治势力的膨胀。公元前 118 年(元狩五年),桑弘羊等人提议盐铁官营。汉武帝采纳,下令实施。西汉的食盐官营有三项内容:一是海盐生产收归朝廷管理,收入归于国家;二是朝廷委派官员招募民人煮盐,给予煮盐的器具和本钱——牢盆等;三是规定私人不能擅自煮盐,违者,钳锁其左脚,没收其器具。[1] 为了推行盐政,国家还在各地设立了管理盐务的职官——盐官。"凡郡县出盐多者置盐官,主盐税"。[2]郡国盐官,"均隶郡县"。[3] "若其大利,则海滨博诸,溲盐是钟,浩浩乎如白雪之积,鄂鄂乎若景阿之崇"。从汉赋的描写中可见齐地海盐产量之一斑。[4]

根据连云港市东海县寅湾村汉墓出土的《东海郡属县乡吏员定簿》所记,此地有盐官吏员 82 名之多,可见当时管理盐税的机构是十分庞大的。一个郡县设立这么多盐务管理人员,全国该有多少呢? 庞大的盐务机构成为国家的赘瘤。盐铁官营虽然增加了国家的财政,但是由于过度征税,严重挫伤了盐民的积极性,导致盐业生产处于凋敝状态。汉元帝初元五年(公元前 44 年),元帝诏令撤销盐铁官。事实上盐铁官营开辟了国家机关直接经营企业的先例,也为西汉王朝提供了大量财政收入。"四方征暴乱,车甲之费、克获之赏以亿万计,皆赡大司农。此皆扁鹊之力,而盐铁之福也"。[5] 但是,官府垄断食盐供应,官吏着眼于国家收入,盐价不断提高。这样,盐铁之利,并未达到政策设计者预期的效果,既没有"佐百姓所急",也未能"足军旅之费"。

从元狩三年(公元前 120 年)开始官营,到初元五年(公元前 44 年)下令罢黜盐铁官,时间有 76 年。东汉时期,仍设立盐官。但这时的盐官不再直接从事盐业的生产和销售了,只是负责征收盐课而已。从初元五年(公元前 44 年)至公元 189 年,共有 235 年。是时,官商资本雄厚,又有官府保护,占有盐业生产的有利条件。"豪强大家得官山海之利,采铁石鼓铸,煮海为盐。一家聚众或至千余人,大抵尽收流放人民也"。[6] 汉代,海盐从生产地区运输到消费地区是由盐铁机构负责完成的。一般是按照当地的人口计算出消费的数量,然后由各地官府将食盐运输到本地。消费区必须按照官府分配的数量来接收,不得使用其他地区的产盐。销售时,民众必须到官府设立的代销点购买,这叫作"计委量

---

〔1〕《汉书》卷二四,食货志第四上,中华书局,1964 年,第 170 页。
〔2〕《后汉书》卷一一八,志第二十八,百官五,第 3625 页。
〔3〕《后汉书》卷一一八,志第二十八,百官五,第 3625 页。
〔4〕 徐干:《齐都赋》,《北堂书钞》卷一四六,第 3 页,《四库全书》,子部,类书。
〔5〕 桓宽:《盐铁论》,轻重第十四,中华书局,1956 年,第 15 页。
〔6〕 桓宽:《盐铁论》,复古第六,第 6 页。

入"。[1] 在条件不允许的情况下,才可以将盐交给商人来分销。

海盐的生产重点区域,可以从盐官的设置数量看出来。西汉时期,在27 郡中设立盐官 35 处。齐鲁地区的渤海、千乘、北海、东莱、琅邪五郡设立盐官 12 处,"占西汉盐官总数的三分之一以上"。[2] 其次为辽东一带,辽东、辽西以及渔阳郡各设有盐官一处。江南沿海地区的盐业不甚发达,江浙仅会稽郡设有一处盐官,岭南仅南海和苍梧各设一处盐官(图五六)。

图五六　秦汉时期的煮盐图(《中国古代盐业专卖历史》插图,《燕赵晚报》2016 年 5 月 6 日)

总之,秦汉时期,燕国有鱼盐枣粟之饶,齐国"带山海,膏壤千里,宜桑麻,人民多文采布帛鱼盐",[3] "专巨海之富而擅鱼盐之利也",[4] 楚有海盐之饶。即凡是靠近渤海、黄海的地区,经济上均与海洋发生了密切联系。这时的海洋社会除了渔民和盐民之外,还有经营海盐的富商大贾。为了管理海洋社会,取得海洋利税,国家不仅设立了管理盐务的盐官,而且设立了管理水产的都水官。

从初平元年(公元 190 年)到开皇元年(581 年)隋朝建立,其间 391 年。由于政权时有更替,盐政时有变化,或官营,或民间煎煮,官方征收盐税,现在已经无法确切考证。大致说来,北方政权对于盐的生产经常纳入军事管制之下,南方政权一般实行税盐政策。隋朝统一之后,农业税收比较充足。在此背景下,隋文帝除旧布新,宣布废除北周的税盐政策。我们知道,东魏时期(534—550 年),曾于沧州、瀛州、幽州和青州"傍海煮盐"。当时以"灶"为单位,沧州有灶 1 484 个,瀛州 452 个,幽州 180 个,青州 546 个。[5] 这种灶户可能是民营,是官府征收的单位。据记载,朝廷在上述四州,"傍海置官以煮盐,每岁收钱,军国之资,得以周

〔1〕桓宽:《盐铁论》,轻重第十四,第 16 页。
〔2〕林剑鸣:《秦汉社会文明》,西北大学出版社,1985 年,第 119 页。
〔3〕《史记》卷一二九,列传第六十九,货殖列传,中华书局,1963 年,第 3265 页。
〔4〕桓宽:《盐铁论》,刺权第九,第 9 页。
〔5〕《魏书》卷一一〇,志第十五,食货,中华书局,1974 年,第 2863 页。

赡"。[1] 唐朝前期,"负海州岁免租为盐二万斛,以输司农",[2]应当是北朝盐政的延续。

第三节 隋唐时期的海洋盐业与渔业

一、隋唐时期的盐业生产与管理

唐初,承袭隋朝旧制,废除专卖制度,开放盐禁,只征收市税。史书对淮北盐业的记载日益丰富。唐高祖武德三年(620年),吕四场开辟为盐场。唐玄宗开元时期(713—741年),设立扬州处置转运院,是为淮南盐区设官之始。长安二年(702年),依旧税盐。

开元九年(721年),左拾遗刘彤上《请检校海内盐铁表》,要求改革盐政。他说:"先王之作法也,山海有官,虞衡有职,轻重有术,禁法有时。一则专农,二则饶国,济人盛事也。臣实谓当今宜之。夫煮海为盐,采山铸钱,伐木为室者,丰余之辈也……若能收山海之利,夺丰余之人,蠲调敛重徭,免穷苦之子,所谓损有余而益不足,帝王之道,可不谓然乎?"[3]这些主张汉代的桑弘羊在《盐铁论》中早已提出。刘彤并非是完全照搬桑弘羊的思想,有所不同的是,不是以抑制豪强为目的,而是要"损有余而益不足",收山海之利,夺丰余之人,以便减少农民的赋税,使人归之于农。开元十年(722年),唐玄宗敕令:"诸州所造盐铁,每年合有官课……宜令本州刺史上佐一人检校,依令式收税。"[4]由此盐税开始再次全面推行。

天宝十四年(755年),安史之乱爆发,国家因财政拮据,开始变通盐法。758年(唐肃宗乾元元年),以免除徭役为优惠条件,招募无业游民到两淮地区煮盐。但是,由于环境恶劣,生活艰苦,自愿迁入的人很少,劳动力奇缺。官府只好把一批刑徒罪犯押解到此,强制从事盐业生产。

"以钱收景城郡(沧州)盐,沿河置场,令诸郡略定一价,节级相输"。[5] 这是对海盐实行统一购买的制度。"就山海井灶收榷其盐,官置吏出粜。其旧业

〔1〕《隋书》卷二四,志第十九,食货,中华书局,1973年,第676页。
〔2〕《新唐书》卷五四,志第四十四,食货志四,中华书局,1975年,第1377页。
〔3〕刘彤:《盐铁》,见《唐会要》卷八八,文渊阁《四库全书》本,第1—2页。
〔4〕《唐会要》卷八八,《盐法》,文渊阁《四库全书》本,第2页。
〔5〕殷亮:《颜鲁公行状》,见《全唐文》卷五一四,中华书局,1983年,第5228页。

户浮人愿为业者,免其杂徭,隶盐铁使,盗煮私市罪有差。百姓除租庸,无得横赋。"[1]宝应元年(762年),全国税收为1 200万缗,食盐税收占了一半。其中淮盐的税收75万缗,相当于全国盐税的12%。

唐代宗永泰二年(766年),刘晏任盐铁使,改进盐法,实行民制、官收、商运、商销政策。[2] 他在涟水设海口场,大力发展沿海煮盐事业。是时,淮扬盐产富饶,李白曾经作诗赞其质量:"玉盘杨梅为君设,吴盐如花皎白雪。"国家盐税自40余万缗逐渐提高到600余万缗。史官对此评价说:"天下之赋,盐利居中,官闱、服御、军饷、百官俸禄皆仰给焉。"[3]为了保证盐的运输,杜绝走私,刘晏曾经在淮北设立巡院十三,查缉走私。并在扬州设立巡院,委派干员驻守,判官多至数十人。唐顺宗永贞元年(805年),江淮盐税收达到230万缗,相当于全国盐税的32%。扬州迅速崛起,富商大贾云集,而扬州城的发展与漕米的运输和淮南盐的转运有着密切的关系。唐代淮盐的快速发展,乃是唐代国家机关发展海洋事业的一个缩影。

唐代在两淮盐区从事煎盐的人叫作"亭户",五代时期改称灶户。是时,煎盐分为官办与民办两种:官商出资兴办的叫"商亭",民资兴办的叫"灶亭"。无论"商亭"还是"灶亭",煎盐必须有场地。两淮煎盐的地方叫"荡田"。"荡田"的位置有好也有坏。"荡为草源,草为盐母"。荡田优越的地方通常被大官僚和大商人占有,按人口租给亭户。海盐生产出来后,要归官府统一收购,亭户不能随意出卖自己的产品。由于制度的设计有利于垄断,因此在盐业生产中形成了富者愈富、贫者愈贫的局面。煎盐一般在炎热的暑天举行,盐民们往烧热的炉灶上浇灌海水,通过海水蒸发和凝结制取海盐,十分辛苦。清代诗人吴嘉纪的《煎盐绝句》一诗反映了灶户的艰辛劳作:"白头灶户低草房,六月煎盐烈火傍。走出门前炎热里,偷闲一刻是乘凉。"[4]

煎盐一直是古代渤海沿岸的重要产业。唐代的渤海盐业生产采取民屯的方式进行。例如,"傍海煮盐,沧州置灶一千四百八十四,瀛洲置灶四百五十二,幽州置灶百八十,青州置灶五百四十六"。[5]"幽州屯,每屯配丁五十人,一年收率满二千八百石以上,准营田第二等;二千四百石以上,准第三等;二千

〔1〕《旧唐书》,卷一二三,列传第七十三,《第五琦传》,中华书局,1975年,第3517页。

〔2〕 刘晏(718—780年),唐朝丞相,曹州南华(今山东东明)人,字士安。唐肃宗时任度支郎中,兼侍御史,领江淮租庸事。后来任户部侍郎,兼御史中丞,并充度支、铸钱、租庸等使。

〔3〕《新唐书》卷五四,志第四十四,食货志,中华书局,1975年,第1378页。

〔4〕 吴嘉纪:《煎盐绝句》,《陋轩诗》,道光年间泰州夏氏刻本。

〔5〕 杜佑编:《通典》卷一〇,食货,盐铁,文渊阁《四库全书》本,第23页。

石以上,准第四等"。[1] 幽州,是唐代的一个行政区,大致在今北京和天津一带。隋朝时曾经改幽州为涿郡,唐武德元年(618 年)复为幽州。天宝元年(742 年)改为范阳郡,乾元元年(758 年)又改为幽州,州治蓟县。民屯,以征发的丁壮充之。官府供给屯丁衣食之外,每年还要给屯丁 2 500 文薪资。这是说,在幽州滨海煎盐,是按照交纳海盐的数量分配营田的。每 50 人为一屯,能够交纳食盐 2 800 石以上的,可以在二等营田上生产;能够交纳 2 400—2 800 石的可以在第三等营田上生产;交纳 2 000—2 400 石的只能在第三等营田上生产。沧州滨海十县,均有魚盐之利。棣州也是唐代的一个行政区,设置于贞观年间,治所在今山东惠民县辛店乡,今属滨州市,当时是重要盐产区之一,年产多达数十万斛。"旧谣车三千乘,岁挽盐海濒,民苦之。中立置'飞雪将'数百人,具舟以载,自是民不劳,军食足矣"。[2] "飞雪将"应是负责运输白色食盐的军队。这是说原来运输食盐靠的是谣车,推拉谣车的民人运输食盐非常辛苦。自从军队改用舟船运输食盐之后,不仅老百姓不再辛苦,而且军队的粮食供应也充足了。

不过,只要是官营企业,不可能不发生严重弊端。唐宪宗时期(806—820 年),榷盐弊端已经相当严重。唐朝末年,盐政机构十分庞大。为此,诗人白居易一针见血地指出:"臣以为瘠薄之由,由乎院场太多,吏职太众故也。何者?今之主者岁考其课利之多少,而殿最焉,赏罚焉。院场既多,则各虑其商旅之不来也,故羡其盐而多与焉。吏职既众,则各惧其课利之不优也,故慢其货而苟得焉。盐羡则幸生,而无厌之商趋矣。货慢则滥作,而无用之物入矣。所以,盐愈费而官愈耗,货愈虚而商愈饶,法虽行而奸缘,课虽存而失利。"[3]这是说官场太滥,连环弊生。不仅官僚机构庞大,不负责任,而且商人从中倒卖,法制破坏,盐价虚高,除了个别商人发财之外,国家并没有得到实利。

二、隋唐时期的渔业

随着造船和航海技术的提高,唐代人开始深入海洋捕鱼,"有与蛟龙斗者"。当时人们看到"东海大鱼瞳子大如三斗盎",于此可见渔民已有能力捕获体重巨大的鲨鱼。诗人元稹升任浙东观察使时,认为从沿海向京师运输海鲜品,乃是劳民伤财,于长庆三年(823 年)奏请朝廷下令禁止。"浙江东道都团练观察处置等

---

〔1〕　杜佑编:《通典》卷一〇,食货,盐铁,文渊阁《四库全书》本,第 24 页。
〔2〕　《新唐书》卷一七二,《杜兼传,附中立》,中华书局,1975 年,第 5206 页。
〔3〕　白居易:《议盐法之弊》,《白氏长庆集》卷六三,文渊阁《四库全书》本,第 9 页。

使当管明州,每年进淡菜一石五斗,海蚶一石五斗。右件海味等起自元和四年,每年每色令进五斗。至元和九年,因一县令献表上论准诏停进,仍令所在勒回人夫当处放散。元和十五年,伏奉圣旨却令供进,至今每年每色各进一石五斗。……每年常役九万余人,窃恐有乖陛下罢荔枝减常贡之盛意……如蒙圣慈特赐允许,伏乞赐臣等手诏勒停"。[1] 在唐代有许多作品提及海产品。除了大量浅海产品之外,还要向宫廷进贡大量鲛鱼皮,鲛鱼就是鲨鱼。在海上捕鱼的渔民生活十分艰辛,诗人对于采珠人非常同情。"海人无家海里住,采珠役象为岁赋;恶波横田山塞路,未央宫中常满库"。[2]

---

〔1〕 元稹:《浙东论罢进海味状》,《元稹集》卷三九,中华书局,1982年,第440—441页。
〔2〕 王建:《海人谣》,《唐诗选》下册,北京出版社,1982年,第100页。

第十章 宋元明时期的海洋盐业与渔业(960—1643年)

第一节 宋元时期的海洋盐业与渔业

一、宋元时期的盐业生产与管理

两宋时期,官府对全国食盐实行"榷盐"制度,对生产、运输和销售实行全面垄断,尽管这种垄断体制时常受到民间反抗和冲击,不断有人发出"罢榷"的呼声。有宋一代,榷盐制度时有变革,而万变不离其宗,垄断的性质却始终没有改变。

官府垄断食盐生产。宋代的盐业生产分为官营、民营和民制官营三种类型。官府直接经营的是颗盐、土盐和四川官井盐,这些盐是在内陆生产的。民营,就是民间自煮之,"岁输课利钱银绢"而已,[1]北宋时期曾经在四川井盐区实行。民制官营的盐是海盐,又称"末盐",主要在沿海产盐区实行。于两淮、浙江、福建、[2]广东等十一路设立亭、场,拘籍亭户(灶户)[3]、盐丁,"计丁输盐"。[4]生产盐的本钱一般由官府事先支付一半,或者在盐丁交盐时,按照价格扣还亭户。按照规定数额缴纳的盐叫作额盐,又称"正盐"。亭户于正额之外生产的盐叫作"浮盐"。按照规定,无论是正盐还是浮盐,统统交纳官府,一斤一两不得透漏私留。只是浮盐,采取加价征收而已。北宋时期,福建官府征购食盐的价格一

---

〔1〕《建炎以来朝野杂记》甲集,卷一四,《蜀盐》,文渊阁《四库全书》本,第13页。

〔2〕宋代晋江有161亭,同安有4个盐场,惠安有129个亭。(王存:《元丰九域志》卷九,中华书局,1984年,第402页)

〔3〕《宋会要辑稿》卷九七九一,《食货》二六之二〇,中华书局,1957年,第5243页。

〔4〕脱脱:《宋史》卷一八二,志第一三五,《食货》四,第4437页。

般是"斤为钱四"[1]。

官府垄断食盐运输。官府组织的运盐活动叫作"官自辇运",或者叫"官般"。"官自辇运"有两种方法:一是直接派遣兵丁用牛车或舟船运输,即"差役兵士车牛"。[2] 二是"科差丁夫役使"。[3] 一般是上三等户在担任里正、户长期满之后,轮流派充"衙前",负责辇运官物。专门负责运盐者,谓之"帖头",这叫作"量民赀厚薄,役令帖车,转之诸郡"。"帖头"可以役使车户和民夫。为了保证盐运的安全和临时储存食盐,各路、府、州、军、县通常设置"转般仓"、"都盐仓"、"十万仓"等。例如,位于福州的南台仓,设置于北宋时期。其职责是"储福清、长乐等县盐,给州县务",同时接收兴化军涵头盐场的海盐,以备州军转运。

官府垄断食盐销售。无论是颗盐、土盐、井盐还是末盐,均由官府垄断销售。为了避免竞争和减少管理成本,一般采取分区销售。一种食盐由于产量较大,可以同时在几个地区销售,但是各种盐不得在同一地区销售,以防"递相侵越"。各府州县销售食盐是根据本地城乡人口,按照一定时间销售给个人,或是逐月,或是半年,或是每岁一次,散给坊郭主户或客户,这叫作"量口赋之"。[4] 民众受盐,要交纳现钱,或者"随税纳钱入官"。[5] 有的地方,在产丝地区,也可以不交现钱。官府将食盐贷给民人,"蚕事既毕,即以丝绢偿官"。[6] 这种官盐与丝绢交换方法,叫作"蚕盐"。

为了确保官府对于食盐的生产、运输和销售,两宋朝廷制订法律,严厉打击私盐生产、运输和销售。所谓"私盐",包括私刮碱土,私凿井盐,私辟或私租碱地,私设盐灶、私自煎盐、私自卖盐、私自买盐、私自贩盐、私自藏盐、私自超过标准拥有盐等。[7] 宋代对于私盐的打击力度远远超过汉代和唐代。汉武帝规定:"罶盐者,钛左趾,没入其器物。"[8] 钛者,钳锁也;趾者,足也。也就是锁住左脚,没收其器物而已。唐代的私盐法律规定:"盗罶两池盐一石者,死。"[9] 宋代规定:"私炼盐者,三斤,死;擅货官盐入禁法地分者,十斤,死;以蚕盐贸易及

---

〔1〕 脱脱:《宋史》卷一八二,志第一三五,《食货》四,中华书局,1977 年,第 4438 页。

〔2〕 包拯:《包公集校注》卷二,《言陕西盐法》,黄山书社,1999 年,第 131 页。

〔3〕 《庆元条法事类》卷四八《赋役门》,据中国国家藏清钞本影印。

〔4〕 李焘:《续资治通鉴长编》卷一八,宋太宗太平兴国二年二月丁未附注。

〔5〕 《宋会要辑稿》卷九七八九,《食货》二四之二七,中华书局,1957 年第 5208 页。

〔6〕 李焘:《续资治通鉴长编》卷二,宋太祖建隆二年四月己未附注。

〔7〕 品官有盐:九品,五斤;八品以上,十斤;六品以上,二十斤。此外,即为非法私有。(《庆元条法事类》卷二八,《许有禁物条》,据中国国家藏清钞本影印)

〔8〕 马端临:《文献通考》卷一五,征榷考二,文渊阁《四库全书》本,第 3 页。

〔9〕 《新唐书》卷五四,志第四四,食货志,中华书局,1975 年,第 1379 页。

入城市者,二十斤以上,杖脊二十,配役一年;三十斤以上,上请(治罪)。"[1]乾德以后,官府对私盐打击的标准有所提高,这叫作"增犯盐斤两"。[2]但是,到了南宋时期,又有反复,不断严申私盐之禁。

两宋时期,国家机关不仅制订了严厉的法律,打击私盐制造、贩运和销售,而且制订了奖惩制度,鼓励执法人员对私盐实行严刑峻法。例如,两浙提点刑狱卢秉,由于打击私盐而加级进爵。有人揭发指出:"盐课虽增,刑狱实繁","无辜即罪者众"。以致在他的辖区,"催盐偿,至有母杀之者"的反常现象,"配流者至一万二千余人"。[3]卢秉被迫辞职后,后任官员继续采用严刑峻法,"两浙之民以贩盐得罪者岁至万七千人而莫能止"。[4]两浙如此,其他地方可以想见。

两宋时期,官府采用严刑峻法大力推行"榷盐"制度,目的在于确保国家的财政收入。宋太宗朝十五路,岁入钱1 600余万缗。南宋淳熙末年,仅东南岁入即为6 530余万缗,[5]比北宋初年增长了三倍以上,其中盐茶等收入为4 490万余缗,[6]相当于岁入的69%。

南宋时期,淮南楚、通、泰3州有盐场15处,灶盐412所,[7]产量十分巨大。1133年(绍兴三年),国家岁入6 000万余缗,单单东南海盐与四川井盐的收入即为2 100万余缗。[8]因此,乾道年间(1165—1173年),户部侍郎叶衡指出:"今日财赋之源,煮海之利实居其半。"[9]宋高宗也承认:"今国用仰给煮海者十之八九。"[10]

两宋榷盐之厚利。天圣元年(1023年)以前,规定:淮南通、泰、楚三州之亭户交纳的正盐三石,"价钱五百文省","每正盐一石纳耗盐一斗"。[11]一石为50斤,省百为77文。三石正盐,加耗三斗,共有165斤;"五百文省",实际只有385文。这样,正盐的收购价格每斤不过2.3文。天圣元年以后每三石正盐田钱"一百文省",即165斤,给钱462文,每斤正盐收购价格2.8文。而官府在通、

---

〔1〕《宋会要辑稿》卷九七八八,《食货》二三之一八,中华书局,1957年,第5183页。
〔2〕《宋大诏令集》卷二〇〇,《刑法增犯盐斤两诏》,中华书局,1997年,第740页。
〔3〕脱脱:《宋史》卷一八二,《食货志》,中华书局,1977年,第4437页。
〔4〕苏轼:《上文侍中论榷盐书》,《苏轼文集》,中华书局,1986年,第1400—1402页。
〔5〕《建炎以来朝野杂记》甲集,卷一四,《国初至绍熙天下岁收数》,文渊阁《四库全书》本,第1页。
〔6〕《建炎以来朝野杂记》甲集,卷一四,《国初至绍熙天下岁收数》,第2页。
〔7〕乐史:《太平寰宇记》卷一二四,文渊阁《四库全书》本,第15—16页。
〔8〕《建炎以来朝野杂记》甲集,卷一四,《景祐庆历绍兴盐酒税绢数》,第3页。
〔9〕《宋会要辑稿》卷九七九二,《食货》二七之三三,中华书局,1957年,第5272页。
〔10〕《建炎以来系年要录》卷一四五,绍兴十二年六月壬午。
〔11〕《宋会要辑稿》卷九七八八,《食货》二三之三一,中华书局,1957年,第5190页。

泰、楚三州出卖食盐的价格是"每石收钱一千三百文足",也就是每斤 26 文。这样,"官有九倍之利"。实际上,淮盐的销售主要不在本州,而在长江流域,"每斤钱五十足陌",[1]相当于收购价的 20 倍。南宋时期,官盐价格昂贵,老百姓不愿购买。官府则强制配给,"官肆不售,即按籍而敷,号口食盐,闾阎下户,无一免者,民甚苦之"。[2] 漳州官兵强制售盐如下:"铺有监胥一人,走卒十数辈,擅将人户编排为甲,私置簿册,抄括姓名,分其主客,限以斤数。或父子一门并配,或兄弟同居而均及,虽深山穷谷,无有遗漏;虽单丁孀户,无获逃免。每季客户勒买九斤,斤十七文,该钱一百五十二足,通一岁计六百一十二足。主户勒加三斤,为十二斤,该钱二百单四足,通一岁计八百一十六足。成数既定,列在私籍,更不容脱。"[3] 如此这般强买强卖,事实等于横征暴敛。

两宋榷盐之恶果是,食盐生产与消费脱节,由于价格高昂,食盐经常处于滞销和脱销状态。熙宁九年(1077 年),"盐货千万,积贮在山"。[4] 两浙盐场"发泄不行"。[5] 由于供过于求,官府不得不采取减并亭灶。而在另外地区,又处于食盐紧缺局面,官盐不能及时投放,"一旦弗继,则人亡以食",[6]"民苦食淡",以至于死。

从唐代到宋代,在煎盐之前有三道工序:一是刮壤,二是聚溜,三是沥溜。所谓刮壤,就是剌土,即刮取海滨咸土。所谓聚溜,就是把刮取的咸土堆积在草席上,使之成为一定规模的土堆。所谓沥溜,就是用海水浇灌土溜,使其中的盐分分离出来,卤水经过草席过滤后,流入已经挖好的卤井中。"凡取卤煮盐,以雨晴为度。亭地干爽,先用人牵牛,挟剌刀取土;经宿,铺草籍地。复牵爬车聚所剌土于草上成溜,大者高二尺,方一丈以上。锹作卤井于溜侧。多以妇人、小丁打芦苇,名为'黄头',舀水浇灌,盖从其轻便。食顷,则卤流入井"。[7] 这是淮南一带距离海边较远地方的取卤方法。在岭南滨海地区,取卤方法则与此有所不同。亭户取卤的工序是,"尚人但将人九,收聚咸沙,掘地为坑。坑口稀布竹木,铺篷篝于其上,堆沙,潮来投沙,咸卤淋在坑内,伺候潮退,以火炬照之,气冲火灭,则取卤汁"。[8] 福建盐民取卤方法则比较特殊,其操作程序如下:"海水

〔1〕《宋会要辑稿》卷九七八八,《食货》二三之二〇,中华书局,1957 年,第5184 页。

〔2〕熊克:《中兴小纪》卷三七,文渊阁《四库全书》本,第 9 页。

〔3〕陈淳:《北溪先生全集》第四门卷二四,《与庄太卿论鬻盐》。

〔4〕《宋会要辑稿》卷九七八九,《食货》二四之一〇,中华书局,1957 年,第 5199 页。

〔5〕《宋会要辑稿》卷九七九三,《食货》二八之一,中华书局,1957 年,第 5279 页。

〔6〕《宋故尚书封员外郎充秘阁校理新知湖州文公墓志铭》。

〔7〕乐史:《太平寰宇记》卷一三〇,《淮南道》八,文渊阁《四库全书》本,第 7 页。

〔8〕李昉:《太平御览》卷八六五,饮食部二三,《盐》,文渊阁《四库全书》本,第 12 页。

有咸卤,潮涨而过埕地,则卤归土中。潮退,日曝,至生白花,取以淋卤。”“方潮未至,先耕埕地,使土虚而受信。即过,刮起堆聚,用车及担辇至塾头,穴土为窟,名为漏丘,以杵筑实,用茅衬底,满贮土信,取咸水淋之。唯实,则取卤必咸。旁用芦管引入卤楻,楻在漏丘之下,掘土为窟以受卤”。〔1〕 南宋人将盐埕质量划分为三等:“沙埕为上,夹沙次之,泥埕为下。”之所以这样划分,是因为“沙埕喜受潮信,退则易干,实漏丘则易淋,故为上;半沙半泥,故为次;泥湿,拒潮,且难于淋,故为下”。〔2〕

取得卤水之后,要经过试卤,来辨别卤水的浓度。一般方法是:“取石莲十枚,尝其厚薄,全浮者全收盐,半浮者半收盐,三莲以下浮者,则卤未堪,须另刺开而别聚溜。”〔3〕当然试卤的方法,各有不同。例如,江淮地区试卤,“即置饭粒于卤中,粒浮者,即是纯卤也”。〔4〕 福建的验卤方法是:“取鸡子或桃仁置卤中以俟,浮则卤咸可煎。”〔5〕“每用竹筒一枚,长二寸,取老硬石莲五枚,纳卤筒中,一二莲浮,或俱不浮,则卤薄,不堪用,谓之退卤。莲子取其浮而直,若三莲浮,则卤将成,四五莲浮则卤成,可用,谓之足莲卤,或谓之头卤”。〔6〕 这些测试卤水浓度的方法均是根据液体的比重,用经验辨别的。

煎煮乃是制盐的最后也是最关键的一道工序。“卤可用者,始贮于卤漕,载入灶屋……旋以石灰封盘角,散皂角于盘内,起火煮卤。一溜之卤,分三盆至五盆,每盆成盐三石至五石。既成,人户疾着水展上盘,冒热收取,稍迟则不及。收迄,接续添卤,一昼夜可成五盘”。〔7〕 这里的“盘”就是盆,也就是牢盆,是煮盐的专用工具,通常用铁制成,广袤数丈。也有用细竹篾制成的牢盆。竹制盐盘,通行于福建、广东和浙江。为防止泄露,才用石灰封盘角。皂角,在水解之后可以促进盐水的饱和,加速食盐的结晶过程。“福建诸处,盘分两等,略小于淮东;大盘呈盐二百斤,小盘成盐一百五十斤或一百斤”。〔8〕

煎煮海盐,需要能源。所以,准备薪草是一项不可忽视的劳动。近海煎盐,主要取材于芦苇和草荡,有人专门负责搜集芦柴。总而言之,制盐乃是一项非常艰辛而且有一定技术含量的劳动。

---

〔1〕 梁克家:《淳熙三山志》卷四一,《土俗类》三,四川大学出版社,2007 年,第 1662 页。

〔2〕 梁克家:《淳熙三山志》卷六,《地理类》,四川大学出版社,2007 年,第 156 页。

〔3〕 乐史:《太平寰宇记》卷一三〇,《淮南道》八,文渊阁《四库全书》本,第 7 页。

〔4〕 李昉:《太平御览》卷八六五,饮食部二三,“盐”,文渊阁《四库全书》本,第 12 页。

〔5〕 梁克家:《淳熙三山志》卷四一,《土俗类》三,四川大学出版社,2007 年,第 1662 页。

〔6〕 施修:《会稽志》卷一七,文渊阁《四库全书》本,第 53 页。

〔7〕 乐史:《太平寰宇记》卷一三〇,《淮南道》八,文渊阁《四库全书》本,第 8 页。

〔8〕 梁克家:《淳熙三山志》卷四一,《土俗类》三,四川大学出版社,2007 年,第 1662 页。

　　两宋时期,福建盐产量快速增长。北宋至道年间福建路年产盐 100 300 石(约合 5 015 000 斤),[1]南宋绍兴三十二年已达到 16 569 415 斤(约合331 388.3石)。[2]

　　自唐朝天宝年间到五代时期,河北州郡时常陷于战乱状态,食盐生产与销售屡榷而屡罢,未能有一定之制。元代盐运官职屡次变化,到忽必烈至元年间才确定下来。太宗二年(1230 年),元太宗设立税课所,负责征收盐税。按照规定,每盐一引重 400 斤。太宗六年(1234 年),改税课所为盐运司;太宗十一年(1240 年),又改为提举盐榷所;乃马真后二年(1243 年),改为提举盐课使;海迷失后元年(1249 年),名称变回盐课所;宪宗二年(1252 年),改为提举盐使司;中统元年(1260 年),设宣抚司提领盐使所;中统五年(1263 年),改为转运使;至元元年(1264 年),改为都转运司。

　　元初,盐法沿袭宋代,盐场灶户煎盐,官府给予工本费。每引 400 斤,给中统钞三两(相当于钱一贯五百),每斤海盐折合工本费为 3.75 文。是时,销售盐价每引中统钞 9 贯,每钞一贯当钱五百文,则每斤食盐销售价为 11.25 文。法久弊生,官盐在运输过程中,"则有侵盗渗溺之患";进入仓库,"则有和杂灰土之奸";"名曰一贯,二斤四两,实不得一斤之上。其洁净不杂,而斤两足者,唯上司提调数处耳"。[3] 由于官盐价格昂贵,民户多食私盐。官盐滞销,盐课亏空。于是,按照籍贯计算人口,强制销售食盐。这就是食盐史上的"计口敷盐"。据《元史》记载:"大德中,因商贩把握行市,民食贵盐,乃置局设官卖之。中统钞一贯买盐四斤八两。后虽倍其价,犹敷民用。及泰定间,因所任局官不得其人,在上者失于钤束,致有短少之弊。于是巨商趋利者营属当道,以局官侵盗为由,辄奏罢之,复从民贩卖。自是钞一贯仅买盐一斤。无籍之徒,私相犯界煎卖,独受其利,官课为所侵碍,而民食贵盐益甚,贫者多不得食。"[4]对此,有人一针见血指出:"当时置局设官,但为民食贵盐,殊不料官卖之弊,反不如商贩之贱。岂忍徒费国家,而使百物贵也。"[5]

　　元代盐运司计有两淮、两浙、山东、福建、河间、广东、广海以及河东、四川等。从盐场来看,元代的海盐产量远远大于井盐和池盐。两淮之区,"所隶之场凡二十九"。计有吕四、余东、余中、余西、西亭、金沙、石港、掘港等场及淮北莞渎、板浦、临洪、徐渎等场。根据《元史》记载:1264—1279 年(至元元年至十六年)全

〔1〕《宋史》卷一八四,志第一三六,食货志下五,中华书局,1977 年,第4461 页。
〔2〕《宋会要辑稿》卷九七八八,《食货》二三之一六,中华书局,1957 年,第5182 页。
〔3〕《元史》卷九七,志第四五下,食货五,《盐法》,中华书局,1976 年,第2487 页。
〔4〕《元史》卷九七,志第四五下,食货五,《盐法》,中华书局,1976 年,第2485 页。
〔5〕《元史》卷九七,志第四五下,食货五,《盐法》,中华书局,1976 年,第2488 页。

国食盐产量为 218 643 吨,其中两淮为 160 000 吨,约占全国总产量的 73%。元武宗至大年间(1308—1311 年),海盐产量快速增加(表 19)。

表 19 元代食盐年产量对照表

产盐区名	元 初(吨)	至大元年产量(吨)	产盐区名	元 初(吨)	至大元年产量(吨)
河间	21 375	90 000	广东	124	300
山东	14 400	62 000	广海	4 800	7 400
两淮	160 000	190 015	河东	12 800	22 400
两浙	18 430	90 000	四川	2 090	5 782
福建	1 211	28 000	全国合计	218 643	495 897

资料来源:《元史》卷九四,《食货志》。说明:至大元年(1308 年)产量一栏中,四川的产量系天历二年(1329 年),两淮产量为大德二年(1298 年)。

从表中统计数据来看,河东是池盐,四川是井盐,其他区域均是海盐。元初食盐总产量为 218 643 吨,海盐产量为 203 753 吨,约占总产量的 93%;至大元年食盐总产量为 495 897 吨,海盐产量为 467 715 吨,约占全国总产量的 94%。由此可见,海盐在元代成为食盐的主要来源。1329 年,两淮盐产量为 190 015 吨,约占全国海盐产量的 41%,其产值为"中统钞二百八十五万二百二十五锭"。[1]

元代初年,福建沿海制盐已经开始采用晒盐的技术(图五七)。"大德五年(1299 年),江浙省据福建司申:……所辖十场,除煎四场外,晒盐六场,所办课程,全凭日色晒曝成盐,色与净沙无异,名曰沙盐"。[2]

图五七 宋代煎煮海盐场面(苏颂:《图经本草》卷二)

───────────

〔1〕《元史》卷九四,志四三,食货二,中华书局,1976 年,第 2391 页。按,元代中叶以 200 文为 1贯,10 贯为 1 锭。

〔2〕《大元圣政国朝典章》户部卷八,典章二二,《盐课》,第 15 页。

二、宋元时期渔业生产与管理

宋太宗赵炅统治时期(976—997 年),北宋与辽国处于战争对峙阶段。986 年(雍熙三年),宋军北伐失败,辽兵南侵不断。为防止辽兵取海道袭击沿海,朝廷诏令沿海禁渔,封锁海面。但是,这种政策对于渔业生产是一种自我扼杀,受到沿海渔民的抵制。淳化元年(990 年),朝廷不得不解除禁令,渔民因此可以进入海洋,采捕渔猎。

"登州有嘉鱂鱼,皮厚于羊,味胜鲈鳜,至春乃盛,他处则无之。鳆鱼亦出此州,石决明是也"。[1]"沧州大海出鱼,不异南方"。[2] 广东海产更是沿海居民的主要食品来源。"粤女市无常,所至辄成区。一日三四迁,处处售鱼虾"。[3]

南宋高宗建炎年间(1127—1130 年),为了防范金兵自海上南侵,朝廷开始在舟山群岛等地设立 10 个军寨,一方面是保护渔民生产,另一方面是防范金兵自海上入侵。例如,三姑寨设于大洋山,与岱山寨共有弓箭手 73 名,另有土军630 名。三姑都巡检治所在大洋山,指挥使二员,一治烈港,一治岑港。其间一度废置。开禧二年(1206 年),"诏庆元府三姑山都巡检复迁于三姑山普明院旧基,所管水军与岑港、烈港两寨军兵,分为两番轮往屯泊,一季一替"。宝祐六年(1258 年),诏令定海水军统制带领水军和寨兵 1 000 余人,"亲涉海岛,相度地势,日举烟旗,夜举火号……自定海水军招宝山至沥港,自沥港至五屿山,自五屿山至宜山,自宜山至三姑山,自三姑山至下干山,自下干山至徐公山,自徐公山至鸡鸣山,自鸡鸣山至北沙山,自北沙山至绿华山,自绿华山至石衕山,自石衕山至壁下山",建立海上烽燧一十二铺[4],"以防海寇"。

南宋偏安江南,形成宋金对峙局面。为了自身安全,需要防卫入侵,保护海道和河道的安全,朝廷注重水战,注重帆船制造,客观上有利于渔业生产。南宋京城杭州,各种海鲜铺户遍布全城,"有团招客旅,鲞鱼聚集于此。城内外鲞铺,不下一二百余家,皆就此上行合摅"。[5] 温州、台州和宁波无不如此。舟山群岛附近的渔场为浙江沿海城市提供了充足的海产品。在捕鱼季节,舟山群岛附近大小船只以万计。

---

〔1〕 庞元英:《文昌杂录》卷二,中华书局,1958 年,第 20 页。
〔2〕 欧阳修:《文忠集》卷一一七,《乞放行牛皮胶鳔》,文渊阁《四库全书》本,第 28 页。
〔3〕 秦观:《淮海集》卷六,《海康书事十首》,文渊阁《四库全书》本,第 8 页。
〔4〕 杨应发、刘锡同撰:《四明续志》卷五,文渊阁《四库全书》本,第 18 页。
〔5〕 吴自牧:《梦粱录》卷一六,浙江人民出版社,1984 年,第 54 页。

元代,舟山群岛的三姑巡检司搬迁到沥港,有弓兵 20 名。在蓬莱乡五都地方设立北界巡检司,有弓兵 30 名。至元二十七年(1290 年),在台州和四明(今宁波)派驻军队。为解决南粮北运问题,开始经营海运,保护海道。元代海运,不仅促进了海洋交通的发展和进步,同时也刺激了沿海造船业和渔业。舟山渔场在这一时期得到了进一步拓展。

第二节　明代的海洋盐业与渔业

一、明代的盐业生产与管理

(一)盐业生产。明代的财政主要依赖于盐业,而两淮盐业则占有很大比例。"洪武时,岁办大引三十五万二千余引,弘治时,改办小盐引,倍之。万历时,同。……岁入太仓余盐银六十万两"[1]。"两淮灶荡延袤千二百里,以顷计者,四万二千有奇"[2]。两淮转运盐使下辖泰州、淮安、通州三个分司,拥有 30 个盐场(元代 29 个盐场,明朝增加兴庄、天赐 2 个盐场,不久,天赐盐场并入庙湾,故为 30 个盐场),同时设立了 30 个盐课司,并在淮安、仪真设立了 2 个批验所。两淮灶户 15 516 户,灶丁 38 150 人。正统年间,工本不足,盐课加重,盐户难以生存,相率逃亡。凡是能够脱籍的办法,无所不用。或逃亡他乡,或投靠大户,或私自剃度,或入赘,或窜名军伍。于此可见,明代灶户地位低下,生活困苦。由于灶户经常借机逃走,官府不得不设法以因犯补充。例如,1529 年(嘉靖八年),两淮盐御史朱廷立奏请将各处充军人犯,发充灶户,以为补充。明代立法,规定:嗣后凡是违犯盐法的因犯,在徒罪以上者,俱充灶户,编入灶籍,不许脱籍。

明代在天津附近有三个盐场:三汊沽、丰财和芦台。三汊沽盐场,在今天津市内三汊河口附近。丰财盐场,东起渤海湾,南接沧州县境,西南邻静海县。芦台盐场,东南临海,东到东沽,西至军粮城。明朝废清池县,恢复长芦县,归沧州管辖,设盐运司驻其地,管理盐政,所以上述三个盐场,统称长芦盐区。长芦盐区,南起山东利民县的黄河入海口,经黄化县、长芦县、滦县、乐亭县,到达抚宁县的洋河口,有一千余里海岸线。该盐区受黄海和渤海潮汐影响,在近岸地区形成

---

〔1〕《明史》卷八〇,志第五六,食货四,中华书局,1974 年,第 1934—1935 页。

〔2〕王重民辑:《徐光启集》卷五,《屯田疏稿·晒盐第五》,中华书局,1963 年,第 260 页。

了数十里淤泥浅滩,卤根积存深厚。明初,长芦盐区仍以煮盐为主要生产方法,到明代中叶,开始广泛采用晒盐技术。明初煮盐的器皿主要有盘、锅。大盘径长八九尺,小盘径长四五尺,都是铁铸的,锅也是用铁铸成。大盘、小盘由官府发放,最重的达一千斤,十分坚固,非一灶一丁所有,灶丁集体拥有使用权,大盘一昼夜可生产六百多斤,小盘一昼夜生产二三十斤不等。锅是个人置买,为灶户所有。

长芦制盐,"筑滩如治畦,麟次向下,其旁为大堑。潮上则堑皆平,潮退挹水注上畦中,风之,日之,又注一畦;风之,日之,又注如初。投以石莲,立而不仆,则水气尽,卤凝如饴,东北风至,水上凝盐如雪花"。[1] 然后,把盐田中盐收集起来,运到盐坨上封好。这是明代逐渐形成的晒盐技术。晒盐,不需要锅灶,不用柴薪,成本较低,质量较好。晒盐只是开几个池子,引海水入畦,自然蒸发即可,因此,降低了生产的成本,减轻了劳动。"洪武年间,全国盐的产量约为三亿余斤,长芦盐产量仅次于两淮、两浙,约占全国十分之一弱。弘治朝后,长芦盐产量超过两浙,仅次于两淮,一直保持到明末"。[2] 不过,晒盐颇受自然气候影响,产量难以确定。正是因为晒盐产量难以保障,因此两淮地区,尤其是淮南地区仍采用煮盐技术,只有淮北三个盐场采用了晒盐技术。

(二)盐业管理机构。洪武二年(1369年),明王朝在沧州设立北平河间盐运司。永乐十三年(1415年),设立长芦巡盐御史,一年两巡。宣德四年(1429年),特命御史于谦率锦衣卫巡视长芦盐政,督催盐税,以充实军饷。正统元年(1436年),刑部侍郎何文渊奉命巡视长芦盐政。正统十一年(1446年),命长芦巡盐御史监管山东盐政。嘉靖年间,一度撤销巡盐御史,不久,又诏令设立。万历时期,再罢巡盐御史。隆庆三年(1569年),将长芦盐场由24场合并为20场。盐运司之下设立沧州分司和青州分司。分司之下设立盐场,盐场设立盐课司盐官,盐官下设团首。明代盐务机构,主要管理食盐的征收和缉拿私盐贩运,借以保证对于灶户产盐的有效控制。

为了控制食盐的产量,明代初期官府采取四种措施:第一,拨给灶户一定土地,叫作灶地或盐滩,同时拨出一块地方供采集柴薪,叫作草荡;第二,为灶户提供必要的生产工具和粮食,例如,免费供应大盘、小盘,偿付一定的工本费,又叫工本米;第三,免除灶户的其他徭役,令其一心一意制盐;第四,将灶户千方百计固定在一定的盐场。要求灶户按户出丁制盐,称为盐丁。每20个盐

〔1〕 谈迁:《枣林杂俎》智集,《食盐》,中华书局,2006年,第7页。
〔2〕 郭蕴静:《天津古代城市发展史》,天津古籍出版社,1989年,第254页。

丁编为一号,每号立料头一人,管理盐丁。当盐丁缺额时,由附近的农户或犯人补充。盐丁一旦被编入灶户籍,其子子孙孙都要世代为盐丁。如果盐丁擅自逃跑,被抓回来,刑罚八十棍。谁窝藏盐丁,就罚谁充当盐丁。知而不首告,也要受刑罚。明朝中期,长芦灶户生产生活归长芦盐运司管辖,但名籍却归州县管理。盐运司催盐税,而州县派灶户出杂役。灶户负担沉重,纷纷逃避。"庶民之中,灶户尤苦"。"粮食不充,安息无所。未免预借他人。所得课余悉还债主,艰苦难以尽言。小屋数椽,粗粟粝饭,不能饱餐"[1]。"晒盐苦,晒盐苦,水涨潮翻谈没股。雪花点散不成珠,池面平铺尽泥土。商执支牒吏敲门,私负公输竟何补?"[2]

　　隆庆三年(1569年),芦台盐场的灶户几乎全部逃入深山或民户,盐场无人做工,一派荒凉景象。隆庆五年(1571年),朝廷下令,今后勿令灶户、民户互相影射。万历二十三年(1595年),又令将转移入民户的灶户清理出来,恢复灶户户籍。明代中叶,实行折色法,允许灶户出卖余盐,这才调动了盐丁生产的积极性,盐产量大幅度提高。由于生产规模扩大,劳动力缺少,盐商开始从内地雇用劳动力充当盐丁。到明朝末年,长芦盐区灶户数以万计,沿河海而居,盐业生产兴旺。

　　明代,福建制盐的盐民被称为"埕户",若干埕户组成"团",每个团的管理者有三种称谓,即总催、秤子和团长。团名按照《千字文》顺次排列(详见表20)。弘治时期兴化府的埕户就有"二千五百六十六家,分为三十一团,有总催,有秤子,有团长,皆择其丁粮相应者而为之也……每岁共办盐二万二百引一百八十斤零八钱"[3]。是时,福建每引重400斤,也就是说每年兴化盐民需要缴纳8 080 180斤海盐。最初,兴化府产盐由煎烹煮而成,由于煎盐需要大量柴薪,因此出现互相结合的两类灶户:依山灶户出备柴薪银两,附海灶户用力煎办盐斤,"有无相须,称为两便。后盐由暴晒而成,近海灶户渐生勒掯,依山灶户遂至靠损"[4]。

　　明初,经营盐业的称为盐商。是时,盐商兼有地主、粮商等身份。由于实行开中法,手续繁杂,盐商既要向边境地区运输粮食换取盐引,又要运盐销售,无力兼顾。于是出现了"边商"、"内商"和"水商"等。"边商"是指当地前往边境运送粮食的商人,"内商"是指在盐场守支盐引的商人,而"水商"是指代理内商运销盐引的商人。纲盐法实行后,盐商见有利可图,纷纷登记如册,成为世袭的盐商。为了控制盐的生产,在冬季发给灶户贷款,叫作"冬赈",借以固定这些灶户

---

〔1〕〔2〕　郭五常:《盐丁叹》,嘉庆朝修《东台县志》卷三六,艺文志。

〔3〕〔4〕　弘治《兴化府志》卷一一,《盐课》,福建人民出版社,2007年,第321页。

表 20　明代弘治年间兴化府埕户分团缴纳盐引情况一览表

里名	盐团名称	盐灶数量	额办盐斤	里名	盐团名称	盐灶数量	额办盐斤
延寿里	天地团	12	228 477		来西下团	1	119 077
	地玄黄团	12	440 382	待贤里	来西东团	12	316 510
	玄黄洪荒团	9	219 061	合浦里	富盈上团	7	225 947
望江里	洪荒日月团	8	204 336		富盈下团	1	327 635
	日月团	8	202 964		广衍上团	9	262 728
	日月盈团	8	376 912		广衍下团		321 514
	盈字团	12	825 533		广衍永济上团	7	257 738
	盈昃团		280 306		广衍永济下团		92 898
	昃辰团	12	401 220		正永济团	7	311 868
	辰宿团	8	279 724		丰实团	7	324 256
	宿列团	8	247 078	福兴里	永丰团	11	369 624
	列张团	7	234 128		永宁前团		214 287
永丰里	张寒团	8	173 512		永宁中团		162 332
	寒子上团	11	241 251		永宁团	10	203 624
	寒字下团	1	173 076		永宁团	8	238 970
	来西上团	10	155 594				

资料来源:《重刊兴化府志》卷一一,福建人民出版社,2007 年,第 322—328 页。按,本表部分为空白项,原文如此;部分为重复项。例如"永宁团"有一重名,但灶数不同,不知是何原因。各团额办盐斤数量均按照盐引数量换算而来。

来年交纳的新盐,这叫作"批水盐"。为了销售食盐,他们又在城镇设立总店和分店。随着海盐经营方法的改变,生产技术的进步,海盐产量增大十分显著。"明朝初年,长芦盐产量是二千五百余万斤,到明末时达到三千六百余万斤"。[1] 长芦盐税每年达到 18 万两白银,仅次于两淮。福建的盐业发展也是比较快的。"洪武间(1368—1398 年),岁办盐一十万四千五百七十二引三百斤零。弘治间(1488—1505 年),岁办大引盐一十万五千三百四十引二百六十五斤八两九钱……万历六年(1578 年),岁办大引盐二十万四千三百四十引二百六十

〔1〕 郭蕴静:《天津古代城市发展史》,天津古籍出版社,1989 年,第 267 页。

四斤,岁解太仓银二万二千二百两一钱"。[1]

随着海盐产区的兴旺和繁荣,一些邻近的地方出现比较大的城镇。例如,天津的繁荣发展与海盐的生产运销关系十分密切。明初,长芦盐产区大都是斥卤不毛之地,不能耕种。天津卫城建成后,随着长芦盐区生产的扩大,天津沿河建起许多运盐的码头。天津因此成为长芦盐的外运基地。

(三)盐引管理办法。食盐从生产、收购,到运输、销售和消费有五个环节。明代官府对于食盐的控制主要表现在官府收购,然后通过榷税征收,以确保财政收入。明朝沿袭元朝旧制,按照食盐销售区的人口确定分销的大致数量,然后将各个盐场生产的食盐以引为单位分配到各个消费区。何为盐引? 商人贩盐,先交现金购买一定数量的盐引。盐引则有大引、小引之别,最初大引为300斤。官府开写盐引数量、字号于簿册。每引一号,前后两卷,盖印后,从中间分成两份,后卷给商人,叫作盐引,前卷留为稽查依据,叫"引根"。商人,凭"盐引"到盐场支领盐斤,运到指定的销售区销售。清代长芦盐引引式与明代相同。引式如下[2]:

　　一、长芦运司,凡客商买盐,每引行盐三百斤,直隶盐加包索耗盐十斤,河南盐加包索耗盐十五斤,半印盐目,每引完纳引价,随便给引支盐。

　　一、凡客商兴贩盐货,不许盐引相离,违者同私盐追究。如卖盐毕十日内不缴退引者,笞四十。将旧引影射盐货,同私盐论罪;伪造盐引者,处斩。

　　一、行盐地:直隶顺天府、永平府、河间府、天津府、正定府、顺德府、广平府、大名府、遵化府、冀州、赵州、深州、定州、宣化府属延庆一州,易州并所属涞水县。

　　河南开封府、怀庆府、彰德府、陈州府、卫辉府所属汲县、淇县、延津、滑县、浚县、封邱、获嘉、辉县、新乡、南阳府属舞阳一县、许州并所属临颍、郾城、长葛。

　　右引给客商收执。照盐。

　　准此。

　　　　　　　　　　　　年　　　月　　　日

---

〔1〕《福建盐法志》卷一,《通考》。
〔2〕黄掌纶撰:《长芦盐法志》卷九,嘉庆十年(1805年)刻本,第37页。

盐引由户部印制,是盐商支盐的凭证,也是运销盐的通行证。户部将盐引盖印后,截去左下角,交给商人。商人到盐场支盐,盐场大使或场知事查验盐引,按盐引书写数字,支付盐斤,然后,截取左上角。等到掣验所时,又在盐引上盖上掣验所得印章,截取右上角。商人运盐到达州县销售地后,查验盖印,以示官府批准买盐。凭此盐引在指定销售区销售,又截取右下角。盐引四角都被截去,叫作"残引"。由此可以看出,盐商购买、运输和销售食盐手续非常严格,自然也是相当繁琐。制度设计在于防范贪污作弊,很少考虑商人运销成本和便利,也没有考虑人民食盐价格问题。

两淮盐引地,也就是食盐销售区是:"直隶之应天、宁国、太平、扬州、凤阳、庐州、安庆、池州、淮安九府,滁、和二州、江西、湖广二布政司,河南之河南、汝宁、南阳三府及陈州。"[1]长芦盐引地,为京畿八府和河南二府。食盐产区与消费区是对应的,彼此不得跨越界限。如果一个生产区的食盐运到非盐引确定区域销售,就被当成私盐来处理。不过,由于产量变化,盐引区域可以随时调整。例如,1589 年(万历十七年),开封府 23 个州县就改食长芦盐。长芦盐引区域的扩大,说明长芦盐产量有所提高。

明代盐法经历三次变化:明初实行开中法,明代中期实行折色法,明代末年实行纲盐法。明朝初年,官府对于盐的运销控制十分严密,食盐生产稳步发展。同时实行开中法,鼓励商人向边远地区运粮。所谓开中法,就是按照商人向边区运交的粮食数量,折价给盐引,后来又允许纳马、纳铁换取盐引。例如,"令商人于大同仓入米一石,太原仓入米一石三斗,给淮盐一小引。商人鬻毕,即以原给引目赴所在官司缴之,如此则转运费省而边储充"。[2] 简而言之,"召商输粮而与之盐",就是以向边境地区运输米粮为条件换取盐引的销售权。开中法对于保障边境地区的军粮供应是有积极意义的。但是,由于官府把盐价提得很高,而在边区收取军粮又不考虑运输的费用。这样,商人利润不大,运粮换盐引的积极性不高,长芦盐引和两淮盐引出现积滞局面。由于盐引积滞影响财政收入,官府不得不改变盐法。例如,"长芦以十分为率,八分给守支商,曰常股,二分贮于官,曰存积,遇边警,始召商中纳"。[3] 虽然购买常股盐引价格低一些,购买存积盐引价格高一些,但是,由于常股需要等待一定时间,而存积不需要等待时间,商人经过精心计算,认为购买存积盐引比较合算。因此,大家都选择存积盐引,

---

〔1〕《明史》卷八〇,志五六,食货四,中华书局,1974 年,第 1932 页。
〔2〕《明史》卷八〇,志五六,食货四,第 1935 页。
〔3〕《明史》卷八〇,志五六,食货四,第 1937 页。

而不购买常股。"各边开中,徒有虚名;商人无利,皆不肯上纳"。[1] 明朝官府试图通过食盐的收购和盐引的发放牢牢控制食盐利润,而不考虑食盐消费的实际情况。于是,开中法大坏。

弘治年间,鉴于开中法的弊端,官府只好改行折色法。所谓折色法,就是让商人出钱购买盐引。成化末年,官府发行的盐引远远超过库存盐的数量。这样,提取食盐成为特权。权要、宦官于是插手其间,操纵盐引的支领,食盐供应紧缺。是时,官府对于灶户按定额收购产盐,于是灶户手中便会有一些余盐,官府也允许商人直接向灶户购买余盐。灶户余盐价格没有经过官府加价,价格相对便宜,盐商争收余盐,按住葫芦起来瓢。余盐开禁,标志着官府承认灶户对于额外余盐的支配权,标志着灶户与盐商建立了直接关系,从而宣告了官收余盐政策的结束。但是,由于私盐泛滥,官府盐引处于滞销状态。官府一旦失去对食盐的运销控制,国家财政势将受到严重影响。

"近年,正盐之外,加以余盐;余盐之外,又加工本。工本不足,乃有添单。添单不足,又加添引……方今灾荒叠告,盐场淹没。若欲取盈百万,必至逃亡。弦急欲绝,不棘于此"。[2]

万历四十五年(1617年),盐法道袁世振建议实行纲盐法。所谓纲盐法,就是以旧引附见引行。即将历年积压的盐引和现在盐商所领的盐引统统编辑成册,绑缚在一起销售。淮南编为十纲,淮北编为十四纲,计十余年,则旧引尽行。这样,从原来的民制、官收、商运、商销,发展为民制、商收、商运、商销。但由于规定只准纲册有名的商人销售,纲册无名的不得贩运。这样,食盐的运输和销售均由世袭的商人负责。盐商为了垄断食盐运销利润,纷纷前来登记,历年积压的官府盐引顺利进入流通渠道,积滞的盐引终于找到出路。两淮盐场、长芦盐区的产盐从此成为世袭的盐商占有的盐窝,他们垄断了盐业的生产、运输和销售,在清代出现了很多流弊。

(四)私盐。为了保证国家从食盐中获得的财政收入,朝廷极力打击私盐犯罪。是时,认为除了谋反之外,贩卖私盐就是最大的犯罪。对于走私贩盐者称其为盐匪、盐枭。具体说来,私盐犯罪名目繁多。有商私、场私、船私、邻私、官私、军私、肩私、担私、包私之别。商私,就是商人以官引运盐,私自夹带盐斤;场私,就是灶户私制私手盐斤;船私,就是船户夹带盐斤;邻私,就是盐商超越指定的销售区销售盐斤;官私,就是以官局经营私盐;军私,就是借军队之名

〔1〕 陈洪谟:《治世余闻》,"佚文"条,中华书局,1985年,第119页。

〔2〕 《明史》卷八〇,志五六,食货四,第1943页。

贩卖私盐;肩私,是指一票多用;担私,是指合伙持械贩运私盐;包私,是指用包夹带私盐。

除了法律明文规定私盐重罪之外,盐运司还在盐区周围设立关卡,稽查走私行为。例如,万历三十九年(1611 年),巡盐御史毕懋康在天津东门外建成临盐关,有房屋 98 间。于此可以想见,当时的缉私机构十分庞大。

二、明代的渔业生产与管理

(一)渔业生产。从 13 世纪开始,九州和濑户的一部分武士和名主结成海上冒险的团伙,一方面到中国和朝鲜进行武装贸易,一方面伺机进行抢劫,成为东海和黄海上最活跃的海盗。中国人称其为"倭寇"。这种倭寇的活动,历时长达 3 个世纪之久,到嘉靖年间(1522—1566 年),一度达到"濒海千里同时告警,东南半壁几无宁土"的局面。每岁倭舶入寇,五岛放洋,东北风五六昼夜即至陈钱,"分艘以犯闽浙、直隶(南直隶,指江南省)"。是时,明朝组织军队进行围剿,效果不佳。

在无法有效抵御倭寇入侵的情况下,朱元璋下令禁海,不仅严禁商船下海贩运,也不允许渔船下海捕鱼。例如,洪武十七年(1384 年),命信国公汤和巡视浙江、福建沿海城池,"禁民入海捕鱼,以防倭故也"。[1] 但很快这道禁令就取消了。洪武十八年(1385 年),朱元璋下令,"各处鱼课皆收金银钱钞"。既然要对渔民征税,显然已经解除了渔民入海捕鱼的禁令。正统七年(1442 年),山东备倭署都督金事力福奏请减免渔户的徭役。在他看来,"渔舟有税课,不可重役"。[2] 这说明正统时期(1436—1449 年)渔民只要交纳鱼课,就可以下海捕鱼了。

明清时期,金州附近的海面是一个著名的渔场,盛产黄花鱼和鲅鱼。"卫境凡七十二岛,罗列海滨,居民往往渔佃于此"。[3] 由于产量巨大,商贩云集,前来贩运海产品。"渔贩往来,动以千数"。[4] 山东黄海水域海产品数量巨大,万历年间,涛洛口、夹仓口以及安东、灵山一带地方,"近多福建、徽州巨商做鱼兴贩"。[5]

〔1〕《明太祖实录》卷一五九,洪武十七年正月壬戌,第 2460 页。

〔2〕《明英宗实录》卷九〇,正统七年三月己巳。

〔3〕 顾祖禹:《读史方舆纪要》卷三七,山东八,中华书局,1955 年,第 1567—1569 页。

〔4〕《明世宗实录》卷四六〇,嘉靖三十七年六月己卯。

〔5〕 梁梦龙:《海运新考》卷上,《海道湾泊》。玄览居士编:《玄览堂丛书》第四十册,1941 年,第 27 页。

（二）渔业管理。从保存的历史档案残件中我们看到,正德年间,渔民下海捕鱼事先要拿到官府颁发的许可证。而要拿到捕鱼的许可证,则必须向官府交纳鱼课。官府根据捕获量将渔民分为大网户和小网户征收鱼课,大网户"每名纳银二两","每名纳银一两二钱",小网户"每名纳银一钱"。鱼课通常由千户、百户收齐,然后逐层上交。但是,无论是大网户还是小网户,金州渔民通常以"船网破烂"为名拖欠鱼课。

> 陈文所余丁状供:先年……该渔课银一百三十三两五钱。委先现任……故库官大使许增收大网户郑刚等八名,每名纳银二两;正德十一年分大小网户郑其等一百五名额,该渔课银一百三十三两……交收,取有都司印信批回附卷,解送金州等卫备御都指挥王道处……船网破烂,拖欠银四十二两二钱,未纳。正德十二年分大小网户郑其等一百五名额……经称验明白,送定辽前库收贮,取有批回附卷。钺等九十名,因逃故,船网破烂……大网户钺等四十一名,小网户艾美茂等四十三名,共八十四名,各审,船网破烂,逃故。每名纳银一两二钱,小网户徐原等二名,每名纳银一钱。[1]

舟山渔场,盛产黄鱼,每逢初夏,宁波、台州、温州渔船出洋"大小以万计",苏州沙船以数百计。"小满前后放船凡三度,谓之三水黄鱼"。渔民出海,预防海盗,必须招募惯走海洋之人,"格斗则勇敢也,器械则犀利也,风涛则便习也"。舟山群岛每逢鱼汛,遍海都是渔船。倭寇到达舟山群岛,看到的到处都是渔船。"而其来舟乃星散而行,以渐而至,势孤气夺,远而他亡矣"。有人看到了渔民的力量,思想借用渔民的力量,保卫苏松。

松江知府方公廉建议借用沿海渔民和盐民的力量。他说:"本府所造之船,数本不够,仅可以支把港之用。此但可以言守,而不可以言战……查得沿海灶民,原有采捕鱼虾小船,并不过海通番。且人船惯习,不畏风涛。合行示谕,沿海有船之家,赴府报名。给予照身牌面,无事听其在海生理,遇警随同兵船追剿。此官兵无造船、募兵之费,而灶民有得鱼捕盗之益。"从这一资料中可以看出,明朝的盐民兼有渔民的生产手段,即亦渔亦盐。甚至是亦农亦渔又亦盐,一身而多业,农忙时种地,农闲时打渔,鱼汛过后,再煮盐,十分辛苦。将渔民和灶民组织起来,保护渔业安全,保护盐业生产安全,保护家乡安全,是一种多功能的防御体

---

[1]《金州卫关于网户拖欠鱼课事的呈文》正德十六年四月,《明代辽东档案汇编》第 112 号,第385—386 页。

制。"渔船于诸船中制至小材,至简工,至约。而其用为至重。何也? 以之出海,每战三人:一人执布帆,一人执桨,一人执鸟嘴铳。布帆轻捷,无堑设之虞。易进易退,随波上下。敌舟瞭望所不及,是以近年赖之取胜擒贼者,多其力焉"。

当时,福建把渔民也组织起来,编成罟棚和艖。所谓罟棚,就是把 8 至 10 艘渔船组成一棚,每棚配有料船一艘,负责随时加工海产品,要求渔民互相监督,不得接近海盗船只。在阳江,这种罟棚一般由两只大船和 40 只小船组合在一起。大船为罟母,归一个或二个罟主所有,负责指挥小艇捕鱼和运载网具。小艇,又称板仔。每年 5—11 月捕鱼,11 月散棚。每年罟主先向小艇预付一定资金,第二年,按照渔获量的比例分成,罟主为二成,小艇得八成。

到了万历年间,有人提议在渔民中实行保甲制,遇有剿倭战事,令其随同官兵一齐出海作战。对于明朝时期台湾渔业,有人根据荷兰人 Ogilby's atlas Chinensis 和葡萄牙商人 Ambrosio Veloso 的报告,以及日本中村孝志教授发表的《论台湾南部的鲻鱼渔业》进行综合研究,其结论是:"(1) 自宋元以来,闽南的渔户不断地扩大其活动范围,不断地寻觅新的渔场,其结果遂来到台湾。(2) 在明季荷兰人占据台湾以后,汉人的渔业颇受保护,故其时台湾的渔业颇为殷盛,在 1637 年前后,自金门、厦门、列屿等地,每年约有渔船 300—400 艘来至台湾,来台的渔人约有 10 000 人左右,而输至大陆的水产估计约达 100—1 200 万斤。主要的渔期是在东北季风期,而最盛的是 12—2 月间的乌鱼渔业;重要的渔场,在南路有打狗、尧港、淡水等地,在北路有魍港、笨港等地。(3) 这很隆盛的渔业对于荷兰人的财政贡献颇多,故荷兰人对于渔业亦颇加保护。然荷兰人在感受郑成功袭台的威胁时,对于渔人是采取着警戒的态度。(4) 大陆上来的渔人在渔期中或渔期外常用小额的资本兼营商业。(5) 同时,因为有此项渔业活动,故汉人与土著间逐渐发生关系,一方面又促进盐业的发达,而渔人的定居,并遂开农业之端绪。(6) 故我人不能不承认渔人在台湾的开发上市具有着莫大的功绩。"[1]

随着天津城市的崛起和人口的大量增加,对于海产品的需求也日益增强,渤海西部的渔业也获得了快速发展的动力。据记载,天津附近"渔人驾舟出海约三百号"。天津大沽有居民 90 余户,其中有渔户 50 余户。渔业不仅成为天津利源之一,而且起到了丰富人们生活的作用。明代,渤海的鱼类有:银鱼、鲤鱼、黄花鱼、鲫鱼、鳝鱼、鲇鱼、白鱼、羊鱼、鲭鱼、回网鱼、鲈鱼、鲂鱼、鳗鱼、鲦鱼、燕鱼、

---

〔1〕 曹永和:《明代台湾渔业志略补说》,台湾银行经济研究室编《台湾经济史》上册,古亭书屋,1957 年,第 45—46 页。

比目鱼、刀鱼、鲁鱼、蟒头鱼、瓶鱼、鲨鱼等三十余种鱼类以及虾蟹、河豚、鳖等。渤海的海产品除供应天津外,还运往京城,供皇宫贵族、富商大贾以及市民消费。

"黑土课米银",是一种鱼税。最初,"黑土课米银"是指一种盐税。由于天津地处海滨,居民多刮取黑土煮盐。官府对于这种谋生手段自然要课税。因为是用黑土淋卤,故称"黑土课米税"。后来,由于潮起潮落,这些被挖走的黑土逐渐变成一个个水坑,水坑又变成鱼塘。原来淋卤煮盐的人又开始以捕鱼为生。官府继续对他们课税,所以,"黑土课米税"成为一种鱼税的代名词。嘉靖二十九年(1550 年),长芦运司利国等场滨海黑土潮水冲没,"因置造船网,采捕鱼虾,先年奉例议纳课米,岁征本色,赴各原定仓口输纳。近年征收屡后,相应议处,将利国等场原征天津等仓课米,每石折征银五钱,征定赴司,解赴彼处官司上纳"。[1] 税监污吏为了取悦上级,往往加收鱼税,"渔网船只,皆派征落地税银,且落地商税无物不征"。"凡民间撑驾舟车。牧放牛马,采捕鱼虾、螺蚌莞蒲之利,靡不刮取"。[2] 有人对此抨击说:"畿内八郡之税不啻十余万金,此南北各省所未有也。"[3]

---

〔1〕 《长芦县志》卷一九。

〔2〕 《续文献通考》卷六,《田赋考》,北京:现代出版社,1986 年,第 78 页。

〔3〕 汪应蛟:《抚畿奏疏》卷七,北京:全国图书馆文献缩微复制中心,2006 年,第 1232 页。

第十一章 清代前期海洋盐业与
渔业(1644—1840 年)

第一节 清代前期盐业生产与管理

一、纲盐的穷途末路

清初盐法,大率因明制而损益之。1644 年,清军入关,定鼎北京,立即着手整顿盐政。因为,盐赋关系国计,而"国计之盈欠,商灶之戚休",取决于盐政如何推行。顺治十二年(1655 年),谕令简化盐商购买盐引手续。1661 年,谕令免除一些灶户的盐课,"每遇潮灾,不惜数万帑金,借给灶户,俾资修整"。[1] 同时,责令巡盐御史,到各个盐场清理豪强隐占的灶户,发给门牌,十家编为一牌,牌有牌头;十牌编为一甲,甲设甲长;十甲编为一保,保有保正,负责稽查犯法和隐匿灶丁等治安事宜。

康熙年间,平定三藩之乱,统一台湾,军饷所出,半资盐利。不过,总的来说,从顺治朝到康熙朝,盐政并没有大的改革,基本上沿袭明代的纲盐制度,牢牢控制着盐的专卖权,增课增引,以助军饷,在全国设立盐务官员,控制各个盐场的征收权。1661 年,谕令"以后官盐各官多得盐课者,著以称职从优议叙;额课不足、亏欠者以溺职从重治罪"。[2] 国家既然以征收盐课多少为标准来衡量盐务官员的政绩,从事盐务管理的官吏只能以多征盐课为目标。

清代前期,对于盐务官吏的考核分为三项:一是盐课,二是销引,三是缉私。

---

〔1〕 王守基:《长芦盐法议略》,见盛康辑《皇朝经世文续编》卷五三,户政二五,《盐课》四,光绪二十三年思补楼本,第 11 页。

〔2〕 《清朝文献通考》卷二八,征榷考三,《盐》,商务印书馆,1936 年,第 5099 页。

前两项属于量化管理,完成盐课和销引数额的给予奖励,未完成的予以处分。康熙时期规定:欠不及一分者,停其升转,罚俸六月;欠一分者,罚俸一年;欠二分者,降职一级;欠三分者,降职二级;欠四分者,降职四级;欠五分者,降职五级。1698 年(康熙三十七年),也详细规定了对于缉私官员的革职、降级、留任等行政处分。

在各种政策的督下,清代的盐课有所增长。"顺治初,行盐七十万引,征课银五十六万两有奇……乾隆十八年,计七百一万四千九百四十一两有奇;嘉庆五年,六百八万一千五百一十七两有奇;道光二十七年,七百五十万二千五百七十九两有奇。"[1]

清代前期,全国盐产地划分为 11 个区,即长芦、奉天、山东、两淮、浙江、福建、广东、四川、云南、河东、陕甘。前七个属于海盐产区,其他为井盐、池盐产区。长芦旧有 20 场,行销直隶、河南两省;奉天旧有 20 场,行销奉天、吉林、黑龙江三省;山东旧有 19 场,行销山东、河南、江苏、安徽四省;两淮旧有 30 场,行销江苏、安徽、江西、湖北、湖南、河南六省;浙江 32 场,其地分隶浙江、江苏,行销浙江、江苏、安徽、江西四省;福建 16 场,行销福建、浙江两省,其在台湾尚有 5 场,行销本府。广东 27 场,行销广东、广西、福建、江西、湖南、云南、贵州七省。在海盐产区中,两淮盐区产量最大。"国家海府之利,无大两淮"。[2]"顺治二年,两淮纲引为一百四十一万三百六十引",其中,"淮南一百一十八万一千二百三十七引,淮北二十二万九千一百二十三引"。[3]两淮盐运使,下设通州、泰州、淮安三个分司,分别驻扎通州石港场、泰州东台场和淮安安东场。经过几次裁撤、合并和新设,大致保持 23 个盐场。其中淮南有 20 个盐场,继续保持煮盐生产技术。淮北虽然只有 3 个盐场,但是由于采用了晒盐技术,产量巨大,"亦不下五六十万引"。[4]淮北产盐主要销售到江苏、安徽北部和河南一部分地区。淮南产盐主要销售到江苏中部,安徽省南部、江西及两湖大部分地区。

长芦盐区居其次,清初有盐场 20 个:利国、利民、海丰、阜民、阜财、深州海盈、海润、严镇、富国、兴国、厚财、丰财、富民、芦台、越支、石碑、惠民、济民、海盈、归化。康熙十八年(1679 年),整顿场务,将有场无丁的厚财场并入兴国场,将惠民场并入归化场,将海润场并入阜财场,将深州海盈场并入海丰场,因此,康熙中后期是 16 个盐场。雍正十年(1732 年),又因利国、利民、阜民、阜财、富民、海盈

〔1〕《清史稿》卷一二三,《食货志》,中华书局,1986 年,3606 页。

〔2〕 魏源:《淮北票盐记》,《魏源集》下册,中华书局,1983 年,第 889 页。

〔3〕《江南通志》卷八一,《食货志》,文渊阁《四库全书》本,第 24 页。

〔4〕 魏源:《淮北票盐记》,《魏源集》下册,中华书局,1983 年,第 889 页。

等 6 场,滩坨废弃,从不晒盐,予以裁撤。这样,只剩下 10 个盐场。1831 年(道光十一年),富国场也因并无灶丁晒盐,予以裁撤。次年,兴国场因规模小而银课少,并入丰财场。这样,到 1840 年,长芦盐场实际只有 8 个。明代长芦有盐场 20 个,平均年产 180 800 引(每引 200 斤),约合 3 616 万斤。而清代中期虽然只有 8 个盐场,但是,产量巨大,平均每年达到 600 万担(每担 100 斤),约合 6 亿斤。

清代福建的盐业生产进一步扩大,新的盐场不断得到开发。明代福建运司最初为 7 个,到明朝后期发展到 10 个,到清代前期发展到 19 个,到道光年间合并为 16 个。福清县的福清场、江阴场、福兴场,莆田县的莆田场、下里场,晋江县的浔美场,惠安县的惠安场,南安县的莲河场,同安县的浯州场、祥丰场,诏安县的诏安场,漳浦县的漳南场,罗源县的鉴江场,宁德县的章湾场,霞浦县的淳管场。此外,在台湾尚有洲南场、洲北场、濑南场、濑北场、濑东场。在上述盐场中,除了鉴江、章湾、淳管三场继续采用煎盐法制盐之外,其余各场均采用埕坎晒盐法。明朝万历年间每年大引盐为 204 340 引,约合 8 174 万斤。到了清道光年间,福建的盐产量多达 16 669 万斤,相当于明朝晚期的 2 倍。[1]

清朝前期在全国各地设立都转盐运使司。都转盐运使司的职能是管理盐的生产、运销、缉私和征税等事宜,考核所属官员政绩等。例如,长芦都转盐运使司,驻扎天津。设转运使一员,为从三品,掌征收盐课,疏引销盐等事宜,下辖两分司、两所、八场、一巡检、三首领官。盐务历来被看成是"肥缺"。嘉庆朝"盐务盛时,盐政一年数十万,运司一二十万"。[2] 长芦都转盐运使司下设机构有经历司(掌管盐课)、广积库(掌管平兑)、吏房(掌管官吏升补)、户房(掌管盐的运销)、兵房(管理缉私军队)、刑房(处理有关讼案)、架阁房(掌管公文档案)等。

清初,盐引制度沿袭明代,户部负责印刷,盐商在户部购买盐引,然后到所指定的盐场平兑。购盐时,必须领取盐运司"支单"。这种支单,又称"照单"、"限单"或"皮票"。盐商先到盐院领取挂号半印,填写某字某号水陆运单。盐运司填写盐引数量、商人姓名、运输方式、发运地方、达到日期等内容,发给商人。"凡商人所认额引,均须按年缴课,照额办运。如有课未缴足,引未运清者,即将该商引窝革退,另募殷商接充,欠课由该商家产追赔。其无力办运者亦如之。窝单不准转租,例禁本严"。[3]

〔1〕 《福建盐法志》卷九,《盐灶》。明代福建盐法,每大引 400 斤,每小引 200 斤。

〔2〕 金安清:《水窗春呓》卷下,《金穴》,《清代史料笔记丛刊》,中华书局,1984 年,第 34 页。

〔3〕 田秋野、周维亮:《中华盐业史》,台湾:商务印书馆,1979 年,第 45 页。

清朝初年，"以二百二十五斤为一引"；康熙十六年（1677 年），每引加盐二十五斤，增课银七分；雍正元年（1723 年），每引加盐五十斤，"以三百斤为一引"。[1]

是时，食盐运输有两种：一是商运，二是官运。清初实行招商购买盐引，由盐商自行运盐的制度。商人运盐，难免被沿途官员敲诈勒索，对于所过关卡都要通过贿赂才能顺利过关，运输成本比较高，销售价格也比较高。在有利可图的情况下，商人继续购买盐引和组织运输盐斤。在无利可图或利益不大的情况下，购买盐引的数量不免下降。在官盐很少有人承办的情况下，官府不得不组织运输，但是，官运又会发生诸多流弊，也无法长期维持。

清初，社会政治动荡，走私贩盐可以获取暴利，因此，团伙走私、武装走私比较猖獗。清廷认为盐务关系国家财政，走私影响盐务收入，因此历代统治者都对走私贩盐设法进行打击。康熙七年（1668 年），派遣巡盐御史李棠驻扎天津，负责整顿盐务，似乎成效不大。1670 年，天津附近出现，"结伙百余，骑马带车，各持器械，将盐镇等场之盐贩出强卖，州县捕役畏其威胁，不敢捉捕，故官盐壅滞"。[2] 雍正时期对于走私贩盐加大了打击力度，于长芦盐区的北坨、狮子林、赵公书院、三岔河口、西沽教场、北仓、杨村沿河一线设官稽查。乾隆登基之后，同样严厉打击走私贩盐，于乾隆元年（1736 年）谕令："严缉私贩，定缉私赏罚，地方有抢盐奸徒，官吏用盗案例参处。"[3]但是，由于纲盐价格昂贵，走私贩盐利益巨大，有禁而不止。因此有人一针见血地指出："盐务不理其本，徒缉私，私不胜缉也。"[4]"官无大小，按引分肥，商人安得不重困？赔累日深，配引日少，官盐贵而私盐横行，皆加派所致"。[5] 症结在于官府和商人试图垄断食盐销售的巨大利益。盐政混乱，弊端百出，不是哪一个人管理的问题，而是纲盐制度造成的。不改革纲盐制度，无从下手。两淮盐政出现六大苦和三大弊端："一、输纳之苦；一、过桥之苦；一、过所之苦；一、开江之苦；一、关津之苦；一、口岸之苦。总计六者、岁费各数万斤……一、加铊之弊；一、坐斤之弊；一、做斤改斤之弊。"[6]

---

〔1〕　王守基：《长芦盐法议略》，见盛康辑《皇朝经世文续编》卷五三，户政二五，《盐课》四，光绪二十三年思补楼本，第 14 页。

〔2〕　《新修长芦盐法志》（嘉庆朝）卷一八。

〔3〕　《清史稿》卷三一〇，列传九七，《稽曾筠传》，中华书局，1989 年，第 10623—10625 页。

〔4〕　《清史稿》卷四八六，文苑三，《周济传》，中华书局，1989 年，13413 页。

〔5〕　王庆云：《石渠余记》卷五，《纪盐法》，台北：文海出版社，1966 年影印本，第 463 页。

〔6〕　《清史稿》卷一二三，《食货志》，中华书局，1986 年，第 3607 页。

二、票盐法的实验

雍正时期,盐政弊端百出,各级官吏勾结盐商,导致盐价昂贵,而盐引滞销,不仅上亏国课,而且下累百姓。雍正皇帝试图加以解决,谕令将滞销的盐引运输到畅销地区,谕令灶户赎回被侵占的滩地,但不得要领,反而增加了纷扰,收效并不明显。

乾隆时期,朝廷不时以各种名目向纲商勒派捐输,有时是以战争需要报效,有时以军队战胜归来需要犒劳,有时以自然灾害需要救助,名目繁多,不一而足。"各地盐商为了寻求利益最大化,千方百计逃避纳税义务,希望盐课越少越好;国家机关巧立名目,认为盐课愈多愈好。双方在多缴与少缴的博弈过程中,需要找到一个平衡点。盐商允诺按照国家机关要求缴纳盐课,但是要求实行垄断经营;国家机关为了得到充足的盐课,只好以赋予盐商垄断经营权为交换条件。除了'正供'之外,盐商还要在国家急需时,以报效和捐输的名义,交纳数额巨大的银两。堤内损失堤外补,盐商在交纳报效和捐输银两之后,也得到一定的政治、经济回报"。[1]

嘉庆、道光两朝盐商报效和捐输的银两数额巨大,盐商困顿。"成本之输于官者,为科则有正项、杂项、带款等名目;用于商者有引窝、盐价、捆坝、运费、辛工、火足等名目。此外应征杂支各项尚多,而外销、活支、月折、岸费等款,皆总商私立名目,假公济私,诡混开销,种种浮费,倍蓰正课,统名为成本,归于盐价。以致本重价悬,销售无术,转运愈来滞,积引愈多"。[2] "私盐充斥,固应首重缉私。然岸销之滞,不尽关枭贩"。"在两淮岁应行纲盐百六十余万引,及(道光)十年,淮南仅销五十万引,亏历年课银五千七百万。淮北销二万引,亏银六百万"。"至于带征带补之缪缠,预纳减纳之套格,挪前移后,无非以己身之亏欠,嫁害于他人。如积欠之四千余万,欲分年弥补,以数十年后之人,代数十年前之人完欠,固属悬虚。若带征杂项,按年即须输纳,内如帑利息本等款,各处经费攸关。核计子母,为度支所必需,难以悉归无著。而本银久化为乌有。今之纳息者,并非昔时领本之原商,尽为他人赔偿。如关规等利,本系专商另完之款,近亦派于众商纳利,且有将本全摊者,任意牵连,伊于胡底?"[3] "纲利尽分于中饱蠹弊之人。坝工、捆夫去其二,湖枭、岸私去其二,场岸官费去其二,厮夥、浮冒去其

---

〔1〕 王宏斌:《报效与捐输:清代芦商的急公好义》,《盐业史研究》2012年第3期。
〔2〕 《清史稿》卷一二三,《食货志》,中华书局,1986年,第3617页。
〔3〕 《清史稿》卷一二三,《食货志》,中华书局,1986年,第3618页。

二。计利之入商者,什不能一"。[1] 于是,盐政到了千疮百孔之时,穷途末路,必须改革。

长芦也是这样,"道光二十八年,商倒引悬,河南则二十州县,直隶二十四州县未运积引至一百余万道,未完积欠至二千余万两"。[2] 在两江总督陶澍看来,盐政弊端百出,"利衰引滞"。"查淮商向有数百家,近因消乏,仅存数十家,且多借赀营连,不届自己资本,更有以商为名,网取无本之利,并不行盐者,以致利衰引滞。向系两年三运,今乃一运两年"。陶澍一方面针对浮费、夹带和走私进行整顿,另一方面开始着手在淮北推行票盐制度。规定:每票一张,运盐十引,无论何人,只要照章纳税,即可领票贩盐。也就是废除盐商的世袭垄断制度,实行商人自由采购制度。"是以票法一经实行,票贩立即踊跃领运,自场河至双金闸三百里间,盐船络绎于途,帆樯如林,数月之间,税收三十万引,场内积盐十余年来未运者,一扫罄尽"。[3] 自道光十二年(1832 年)开始推行票盐法,到1839 年为止,历年合计销售票盐 331 万余引,较之定额 172 万余引,多销 158 万余引。八年之间,共征税银 337.9 万两。"是法成本既轻,盐质纯净,而售价又贱。私贩无利,皆改领票盐"。魏源称赞其利国、利民、利商、利灶,为数百年所未有。[4]

论者谓:淮南与淮北盐引利弊相当。其弊也,淮北最甚;其效也,亦唯淮北为速。朝野莫不以废引改票为济时之谋。由于票盐法比较符合商品流通的规律,不仅食盐的运输畅通了,食盐的价格也下降了。这是两千年来盐政管理的一次最大进步。盐业的生产、运输、销售和消费终于实现市场化。但是,国家机关每逢困难,需要筹集经费之时,仍然以盐课关系国计为由,一再对于食盐生产、运输和销售进行干扰,一再加收盐厘。

三、晒盐技术的推广

清代晒盐技术得到推广。"凿地作盐池,池光朝潋潋。不藉薪火功,天地自烹炼"。[5] 明代晒盐尚无完整的汲水沟渠,清代不仅有系统的汲水沟渠,而且相互联系在一起,形成了大规模晒盐的条件。例如,长芦丰财场的葛沽镇,有四

〔1〕　魏源:《淮北票盐志叙》,《魏源集》下册,中华书局,1983 年,第 439 页。

〔2〕　王守基:《长芦盐法议略》。见盛康辑《皇朝经世文续编》卷五十三,户政二十五,《盐课》四,光绪二十三年思补楼本,第 20 页。

〔3〕　田秋野、周维亮:《中华盐业史》,台湾:商务印书馆,1979 年,第 312 页。

〔4〕　魏源:《淮北票盐记》,《魏源集》下册,中华书局,1983 年,第 891 页。

〔5〕　戴宽:《盐池》,见《晚晴簃诗汇》卷五十五,《续修四库全书》本,第 237 页。

个滩地：邓沽、塘沽、新河庄、东沽。邓沽就有汲潮水沟三道,塘沽有汲潮水沟二十八道,东沽有汲潮水沟一道,新河庄汲潮水沟数量不详。芦台场有汉沽、塞上、营城等三个晒盐区,共有汲潮水沟三十余道。晒盐技术要求较高,一方面要看土地成分是否合适,以及汲灌海水的功能是否齐全,同时还要修理堤坝,防止潮水的侵灌,因此,晒盐工程量较大,需要协力合作。

晒盐池一般有七层,多的达九层,以此自高而下。当海水退潮后,用人力或畜力或风力把海水提灌到第一层盐池中,晾晒几天后,把第一层盐池的卤水放入第二层,再晾晒几天后,再将第二层盐池的卤水放入第三层,如此这般,将最浓的卤水放入最后一层盐池。这样,几乎每隔数天就要汲潮水一次,就要收获一次海盐。另外,灶户在长期的制盐实践中,也摸索出许多宝贵经验,例如,挑挖宽窄、深浅不同的水沟以及大小深浅不同的水池,在盐池上安装过水圈、凉水圈等,以利缩短晒盐的周期,并提高晒盐的质量。由于生产规模扩大,生产工具改进,生产关系也发生了变化。这种大规模的晒盐场所既需要大量投资也需要雇用劳动,还需要技术分工。因此,长芦盐场有挑沟工、滩工、驳运工、坨工等。小规模的个体的灶户已经不适宜盐业发展的需要。大规模的生产提高了盐产量,清初长芦盐场每年盐产量大约为 600 万引,约占全国总产量的 12%。到雍正时期,长芦盐运达到 966 040 引。

四、富可敌国的盐商与灶户的艰辛

在纲盐制度下,食盐的生产、收购、征税、运输、销售和消费是一个完整的商品周转链条。在这个链条中,盐丁和食盐销售地的民众处于链条的两端：一端是盐丁必须低价出售其产品,另一端是消费者承受着高盐价。官府与商人控制着中间环节。在官府与商人的博弈过程中,尽管商人有时处于不利地位,但是,总是有一部分商人通过各种手段——包括合法的和非法的,获取巨额利益。

清代前期盐商大体分为三类：一是坐商,二是引商,三是号商。所谓坐商,就是控制盐场,持有银票的垄断商;所谓引商,就是负责运输和销售的商人,一般受坐商控制;所谓号商,就是在食盐消费地从事食盐销售的商人。黄应泰为扬州八大盐商之商总,"系由部委,以关系全国庞大物资,税收几占全国总收入之半,归少数商人近于包办"。[1]

扬州作为两淮食盐的集散地,是盐商的集中居住地。"衣服居室,穷极华

---

[1] 杜负翁：《扬州盐务话沧桑》。

靡。饮食器具,备求工巧。俳优妓乐,恒舞豪奴。服食起居,同于仕宦……各处盐商皆然"。[1] 著名的盐商有,黄应泰、李吉人、尹汉台、查三骠、汪石公等人,他们广造园林,大兴土木,凡百工业,得以繁荣。"八大盐商富傲王侯。各大盐商挥金如土,其穷极奢侈,有出人意表之外者"。康熙、乾隆两位皇帝曾经六次南巡,"车驾所至,风景之点缀,行宫之修饰,经费来源,悉赖盐务"。道光时期,长芦盐商竞相修建豪华住宅,建筑风格趋于典雅、富丽堂皇,天津木雕、砖雕艺术应运而生。有的盐商不顾封建等级制度,甚至敢于"越分犯礼",清廷为此不得不发出严厉警告,希望他们"痛自改悔,循礼安分"。[2] 有的盐商附庸风雅,有的文人接受金钱役使。"淮海维扬州地多盐荚之利,挟巨资者,如雍正间马氏玲珑山馆,其一也。然于风雅一道,未尝稍废,以是四方名彦,靡不闻风而至"。[3] 盐商"其黠者颇与名人文士相结纳,藉以假借声誉,居然为风雅中人"。[4] 不过,也有富裕的盐商从事文化活动,真心投资开办学校、善堂等教育和慈善事业(图五八)。

清代前期,从事盐业生产的灶户生活仍然十分艰辛。但是这一时期,劳动所得大抵能够维持其生存的水平,所以盐民逃亡现象不太严重。

图五八　扬州卢氏盐商住宅(位于扬州市广陵区康山街22号)

〔1〕《清世宗实录》卷十,雍正元年八月己酉,第1页。
〔2〕《重修长芦盐法志》(雍正朝)卷十。
〔3〕方南堂:《辍锻录》,金楷序。
〔4〕黄钧宰:《金壶七墨·金壶浪墨》卷一,《纲盐改票》,台北:文海出版社,1966年,第28页。

第二节　清代前期渔业生产与管理

一、清代初期渔业生产

在"禁海迁界"期间,寸板不得下海,中国沿海渔业停顿了数十年。施琅统一台湾之后,迁界地区陆续复界,渔民终于可以下海捕鱼采集。是时,官府对于渔船出海实行严格控制。为了把渔船限制在"内洋",规定:只许单桅,只许朝出暮归,梁头不得过丈,不准越界采捕,不许多带米粮和淡水。由于渔船规模受到严格限制,携带的生活必需品有限,渔民无法到外洋深水捕鱼,只能在"内洋"港汊活动,生产处于停滞状态。

乾隆时期,渔业生产管制较为宽松。舟山群岛作为中国东海最大的渔场,清代每年有数千艘渔船在此作业。在此捕鱼的渔船按照户籍的不同,分为宁波帮、台温帮和福建邦,仅福建的调冬船就有五六百号。霜降出洋,谷雨回洋。大钓船容量十万斤,小钓船七八千斤。所捕之鱼,腌制成咸鱼,运往宁波、上海和杭州等处销售。一般来说,秋冬季节,各种鱼类自北而南,成群觅食。福建渔民已经掌握了鱼群迁徙的规律,因此,沿海渔船"无虑数千艘,悉从外洋趋而北,至春,渔乃渐南,闽船亦将归钓"。[1]

清代渤海渔税分为上、中、下三等。据记载,天津当时有苇渔天、左、右三场,约有二千九百五十三顷八十五亩一厘,"总计实际征银三千七百二十两二钱三分二厘"[2]。福建官府向渔民征收的渔税名目繁多,有泥泊,有网门,有网位,有扈,有桁,有蚝坵,有海屿,等等。或者按照网的数量和大小征税,或者按照海边滩涂养鱼的面积和产量征税。

清代前期规定:渔船准备出海,必须事先禀明该地方官,登记渔户姓名,取得相互保结,得到官府发给的印票,方许出海。如有违背,无论官民,"俱发边卫充军"。[3] 康熙五十三年(1714年),为了稽查的便利,官府规定,渔船前后必须书写"渔"字,两旁刻写某省某府某州县第几号渔船及船户姓名;同时规定,"渔船出洋时,不许装载米酒,进口时亦不许装载货物。违者严加治罪"。[4] 为

---

〔1〕 朱维干:《福建史稿》下册,福建教育出版社,2008年,第456页。

〔2〕 沈家本等修:《重修天津府志》卷二十七,经政一,光绪己亥(1899年)刻本,第11页。

〔3〕 光绪朝修:《钦定大清会典事例》卷七百五十六,《刑部·兵律关津·违禁下海》二,第20页。

〔4〕 《清朝文献通考》卷三十三,市籴考二,"市舶互市",商务印书馆,1936年,第5157页。

了加强对渔民的控制,将陆地上的保甲制推广到海面的渔船上,规定:"十船编为一甲,取具连环互保结,方准出洋。并令依限换照,不准逗留洋面。如一船为匪,九船连坐。"同时规定,渔船只准在内洋捕鱼,不准在海上过夜。不仅严格限制渔船规模(只准单桅),而且严格限制口粮和淡水。不过,为了防范海盗袭击,确保沿海治安秩序,清代开始派遣水师穿梭巡洋。渔民在内洋捕鱼的安全得到了保护。

"天津一带民间渔船专以贩鱼为业,每年谷雨以后、芒种以前是其捕取之时,亦犹三农之望秋成也。若此时稍有耽误,则妨小民一年之生计矣"。[1] 为此,雍正皇帝谕令沿海各省不得在捕鱼季节强雇民船。

二、渔民帮会与公所

渔民曾经自动组织成各种帮会,若干个帮会联合成立渔业公所,这是渔业发展的产物。渔帮多以地缘联系为纽带。例如,浙江有张网帮、清网船帮、济网船帮、大捕船帮、墨鱼小对船帮、春对渔船帮、秋对船帮、冬对船帮、冰鲜船帮、钓船帮等。他们相互结帮的目的有三:一是共同抵御海盗袭击;二是发生海难,互相救助;三是互相通报渔场信息。各个渔帮相互联系在一起,成为渔业公所。浙江有渔业公所20余个。例如,雍正时期,在镇海成立北浦公所,在宁波成立南浦公所。乾隆时期,在象山成立太和公所,在奉化成立栖凤公所。但是,通常为渔棍或地方豪强所把持或操纵。他们勾结官府,盘剥渔民,"利未见而害已随之"。

福建渔船有缯船、钓艚、牵风等名号。沿海的渔场有台山渔场、四礵渔场、东引渔场、牛山渔场、南日渔场、乌丘渔场、东北桩渔场和兄弟岛渔场等。宁德三都澳是福建近海最大的渔场,每年立夏前后,黄花鱼成群应候而来,宁德、福安、霞浦三县渔船往来作业如织,远近渔商云集,通宵达旦,灯火辉煌。由于季节不同,渔民捕获的鱼类也不同。冬春捞取的鱼类以带鱼为主,夏初捕获的鱼类以大鰳和马鲛为主,盛夏捕捞的鱼类以鲨鱼、鲢鱼、鲳鱼为多,秋季捕获的多是金鳞、肥鲈。清代沿海居民,亦农亦渔,仍很普遍。例如,"连江人海为田园,渔为衣食,地势使然,约分农桑之半"。[2] 厦门岛也是这样,田不足耕,"近海者耕而兼渔,统计渔倍于农"。[3]

---

〔1〕《清世宗实录》卷一百零五,雍正九年四月戊午,中华书局,1985年,第393页。
〔2〕 嘉庆朝修:《连江县志》卷十五,《俗尚》。
〔3〕 周凯主修:《厦门志》卷十五,《俗尚》,第644页。

福建也有很多渔业公所,诸如八闽渔业公所、崇武渔业公所等。渔民帮会和渔业公所,最初是民间的自发组织,是渔民为保护自身利益结成的社会团体。福建南部的渔业组织,一般有母船一艘,小船一艘,竹排五只。母船备有渔具、冰、盐和粮食等,小船和竹排分散捕鱼,傍晚返回母船抛锚位置,将捕获物交给母船加工处理。船只、网具大都是大船船主拥有,每船雇工若干名,捕获量按照事前约定的比例分配。

群船在粤语中称为"朡","十余艇船为朡,或一二罛至十余罛为一朋,每朋则有数香舠随之腌鱼",或"以船十数艘为一朋,同力以取大鱼,故曰朋罛"。[1]

三、在南海作业的中国渔船

清代广东渔业大致分为五个捕捞区,即汕尾渔场、万山渔场、七洲羊渔场、北部湾渔场和西沙、东沙和南沙渔场。广东沿海渔船以拖网船为主,大小形制不同,名称不一。"捕鱼者曰香舠,亦曰乡舠,曰大捞罾,小捞罾,其四橹六橹者曰小舠,八橹者曰舠,曰索罛船,曰沉罾。其曰朋罛者,以船十数艘为一朋,同力以取大鱼,故曰朋罛,亦曰摆帘网船。其上滩濑者,曰扁水船,即艑艇也,亦曰扒竿船"(屈大均:《广东新语》)。广东的疍户分布在陆丰、海丰、惠阳、番禺、东莞、香山、顺德、新会等县滨海地区,所用之船为艇。乾隆年间,新会的疍户约有1 700余户。珠江口外万山群岛附近,疍户渔艇丛集,不下数千艘。疍民在采捕活动中,创造了很多种捕鱼方法。他们所使用的工具有大罾、小罾、罾门、竹箔、篓箔、摊箔、大箔、小箔、大河箔、小河箔、背风箔、方网、辏网、旋网、鱼篮、蟹篮、大罟等。广东采珠之法,"以黄藤丝棕及人发纽合为缆,大经三四寸,以铁为耙,以二铁轮绞之。耙之收放,以数十人司之。每船耙二、缆二、轮二、帆五六,其缆系船两旁,以垂筐。筐中置珠媒引珠。乘风帆张,筐重则船不动,乃落帆收耙而上,剖蚌出珠"。[2]

根据《新译中国江海险要图志》记载,至少有36个中国渔民捕捞区。"琼州岛畔渔艇亦夥,皆以坚重之木料为之,以代中国常有之松木小艇也。每年渔季,诸艇皆出行两月,常离其岛至七八百里,收采海参,剥玳瑁,晒鱼翅。其所渔者,常在中国海东南部众浅水滩之间,出渔恒在西历三月,能望见北向诸岸。每船仅用一二舵工,并数瓮清水而已。诸艇皆进至爪哇临近诸大浅上,陆续渔至六月初始归,革积其所有以为货。鹦哥海村,是处渔梁甚多。南澳:岛上地虽瘠,居民

〔1〕 屈大均:《广东新语》卷十八,舟语,中华书局,1985年,第435页。
〔2〕 屈大均:《广东新语》卷十五,货语,中华书局,1985年,第412页。

颇多,以渔为生。其岛周围深水之处皆渔梁,须避之,有时以足以坏船也。及入岛之内,向其两旁之渔梁尤夥"。[1]

考古工作者在西沙的甘泉岛上发现有唐宋时期中国人食用后抛弃的鸟骨和螺蚌壳。在永兴岛、石岛、东岛、赵述岛、广金岛等地发现了明清两代的小庙。1844 年至 1868 年,英国测量船在中国南海测量时,记载了中国渔船在南海捕捞作业和居住岛礁的情况。"海南渔民以捕取海参、贝壳为活,各岛都有其足迹,亦有久居岩礁间者"。[2] 由于渔场海水深浅不同,捕捞技术也不同。拖风船一般在海深 10—100 寻[3]的海面作业,围网、流刺网一般在 50—60 寻的海域使用,钓钩则用于比较深的海域。

北部湾也是我国重要渔场之一。嘉庆年间,涠洲岛周围进行作业的渔船,"多至千余艘"。有的渔民使用绞缯捕鱼。所谓绞缯,就是利用设置在海中竹篱进行诱捕。绞缯与绞缯之间相距 2 里,当时有 200 多架,绵延数百里。

————————

〔1〕 ［英］伯特利主编,陈寿彭译:《新译中国江海险要图志》补编卷一,光绪二十七年(1901 年),上海经世文社石印本,第 244 页。

〔2〕 ［英］伯特利主编,陈寿彭译:《新译中国江海险要图志》补编卷一,光绪二十七年(1901 年),上海经世文社石印本,第 244 页。

〔3〕 1 寻等于 8 尺。

第十二章 晚清和民国时期海洋盐业与渔业(1841—1949年)

第一节 晚 清 盐 业

一、票盐法的推行与失败

陶澍在淮北稳步推行票盐法成功之后,曾经试图在淮南逐步展开,但他的身体状况已经不允许他完成盐政改革计划了。陶澍逝世于1839年,这一改革计划不得不暂停。道光二十九年(1849年),湖北武昌发生大火,烧毁盐船400余艘,损失盐本500余万两,盐商停歇。两江总督陆建瀛在不得已的情况下,决心将淮北的票盐法推广到淮南。于扬州设立总局,负责收纳盐税,每运盐十引,填票一张,以十张为一号。将淮南行盐岸区分为四个大区,[1]凡是商人请运,自百引起至千引止,只需领票十号或百号,也不作为常额。其在销售区内,无论何县悉听转贩流通,并不划定专售岸区。如有侵越界外,盐斤与盐票互相分离者,以私盐论处。沿途关津,只准验照,不许查验。各个盐岸浮费不废而裁。这一票盐法推广后,手续便利,成本减轻,受到各地商人热烈欢迎。是年,两淮征收盐税银500余万两,效果显著(图五九)。

魏源对比分析道:"票盐特革中饱之利,以归于商贩,故价减一半,而商仍有赢余。夫以批发之纲商勉支全局,何如散商之力,众擎易举。——纲商,任百十厮夥之侵蚀,何如众散商各自经理之核实。以纲埠口岸规费无从遥制,何如散商

---

[1] 中国产盐地区虽然广泛,但也有产盐甚少,或者不产盐的省区。这些省区是海盐、井盐、池盐的行销区。例如:湖南、湖北、江西、河南、陕西、吉林、黑龙江、广西、贵州等省,故称其为销岸。由于古代运盐多从水路运输,到达目的地后,再搬运到陆地,因此,称盐的行销地为岸。如鄂岸、湘岸、赣岸、皖岸等。具体到一个行销区内,又分为腹岸(中心地带)和边岸(偏远地区)。

势涣,莫可指索。以纲商本重费重,反增夹带之私,何如散商本轻费轻,可收化私为官之益。总之,弊出于繁难,防弊出于简易,此两淮所同,亦天下盐政所同。淮醝明,浙、粤、芦、潞之利害皆明;淮醝效,而浙、粤、芦、潞之推行皆效。"[1]

淮南票盐法的成功,为全国的盐政改革提供了样本。咸丰初年,户部奏请在全国推行。略谓:"今两淮改票既有成效,则各省亦可仿照成案,量加变通……不过数年,各省尽行改票,课额之增,将有加倍于今日者。"然而,太平天国起义造成的社会动荡,使票盐法未能在全国推行。票盐法虽在浙江、福建和河东得以推行,但是,社会动荡导致其效果甚微。不仅如此,就连票盐已经

图五九　《淮北票盐志略》
(两淮盐运司海州分司,同治七年刻本,封面)

推行的两淮,也由于长江梗阻,盐运不畅,无资收盐,灶户因而失业。"淮南自道光末改行票盐,成效虽著,未几而鄂赣、安庆相继失守,江路梗阻,票贩星散,几于片引不行"。于是开始对于经过关津的所有货物征收厘金,从前官府对于食盐只征盐税,自此开始,多以盐厘为大宗收入。

二、纲盐法之复活

湘军镇压太平军之后,江路肃清,运道畅行。两江总督曾国藩采用盐运司忠廉等人的建议,就旧有票盐法,参用纲盐法,核定新的章程,聚散为整,召集富商承办。凡行销湖北、湖南和江西三省者以 500 引起票,谓之大引;行销安徽者以 120 引起票,谓之小引。办运大票,需要白银 5 000—6 000 两,办运小票需要 1 000—2 000 两。小贩无力领票,从而失去票法精神。在曾国藩看来,"淮北盐务自陶澍改行票盐,意美法良,商民称便,果能率由旧章,行之百年不弊。无如军兴以来,提盐抵饷,变易旧规,营员日出于途,商贩闻而却步。现在淮甸肃清,亟宜大加整理,将饷盐截停,召集新旧票贩,照常请运,以复旧规。拟仿淮南之例,于例给大票外,将每船装盐包数,填给舱口清单,不准在西坝改捆大包,庶盐与票符,不致以多报少。并于正阳关设督销局,以杜抢跌贱售之弊"。

曾国藩在湖北、湖南、江西和安徽设立督销局,由两江总督委派江南候补道员充任总办,以湖北、湖南、江西各盐道兼办。淮北督销局以正阳关盐厘局长兼

〔1〕　魏源:《筹醝篇》,《魏源集》下册,中华书局,1983 年,第 434—435 页。

任总办。又在仪征设立扬子淮盐总栈,亦以道员充任。自此以后,请运日旺。盐额少而商人多,供不应求。每到开纲时,商人纷纷认领,无法满足每一个商人的要求。只好加以限制,定为验资、掣签、减折之法。如此办理,小商小贩自然难于加入。同治五年(1866年),李鸿章接任两江总督,认为商贩不远千里,挟资而来,往往因销售已空,不得片引。而认引各商,有的确实是盐商,有的不过是"夤缘空号希图转卖以渔利者"。不仅如此,验货也好,掣签也好,减折也好,任何一个环节都存在弊端。莫如令已认之商贩,预先交纳后运之盐厘以及报效捐款,即将原请商名续运后纲之引,循环给运,不必再招新商。其已经认领盐引的商人因故不能续运,再行另招新商。这一办法,无非是回到纲商的老路上。有人认为难免再倒覆辙。而李鸿章固执己见,他奏请说:"淮南票盐自颁新章,请运日旺。每值开纲,纷纷认运,至数十万引之多,掣签、减折实于商情诸多不便。寓于票法之中,参用纲法,即就现认商贩循环给运,不愿者禀退,犯规者扣除,仍由运司及督销各局另招充补。倘无禀退、扣除之引,毋庸另再招商,以示限制。"

按照章程规定:湖北和湖南二岸,每引交盐厘银一两,江西一岸每引二两;报效之款,江西岸每引捐引一两四钱,安徽岸每引一两,湖北岸每引六钱,湖南岸每引五钱。盐商交清盐厘和报效银两之后,始能领到环运咨文,然后赴扬州总局投咨挂号,每引预先交五成盐价,经过核实,即按照投咨、交价之先后,为开纲后发给买单之次第。如果,超过限期,没有投缴,即将引票扣运一次,以杜取巧。凡是商贩售出本纲一票之盐,即由督销局给予下一纲票咨文。如此,循环递运,"永为世业"。淮南如此办理,淮北票贩亦要求援照淮南章程办理,两浙票盐亦按照两淮章程办理。这样,两浙、两淮都回到了纲盐法的老路上,虽有票盐法之名,而无票盐法之实;虽无纲盐法之名,却有纲盐法之实。光绪六年(1880年),户部奏称:"兹虽名为票商,实与引商无异。一经认运,世世得擅其利。是使大利尽归于商,而司鹾政者反不得操纵进退盈缩之权,殊非权盐正办。"因此,户部主张票商运盐一年一运,每年每票除了必须缴纳正税、盐厘之外,仍令按年捐银一次,作为票本。分为上、中、下三则;上则捐银一千两,中则捐银八百两,下则捐银六百两。这一办法,由于督臣不赞成,没有立即推行。光绪二十七年(1901年),户部需要筹集巨额赔款,再次奏请谕令盐商捐银,由此开始,票商遂以票本以专盐运之利,票盐法荡然无存。这是盐政史上的一次大倒退。

盐厘征收始于两淮,其后各省斟酌仿行。光绪年间,盐厘不断加价,逐渐超过正税,加之报效、捐银,盐商运盐成本高昂,行销地区盐价亦高昂。官盐昂贵,走私严重。官盐流通不如私盐,盐商不得不停歇。于是,开始官办。官办有两种形式：一是官运官销，二是官督商销。官运官销就是由地方官筹集资本，委员领引，设立专局，运输推销盐斤。直到清廷垮台，各省盐政纷如乱麻，国课与民生两受其困。清末各省征于盐的税厘、杂费明目多达七百余种，国家盐政败坏达到极点。正如实业家张謇所说："法之坏，政之弊，我国今日不宁唯盐，而盐其一也。"

第二节　民　国　盐　业

一、北京政府之盐税抵押

中华民国建立后，政局多变，不是南北对峙，变乱纷呈，就是军阀割据，各自为政。一方面是政府以食盐为财政之来源，设法征税；另一方面是盐商专擅盐利，处处阻挠改革，设法规避。加之，私盐猖獗，盐政异常混乱。中华民国临时政府迁都北京后，由于财政困难，国库空虚，临时大总统袁世凯欲通过盐税抵押，举借外债，以应急需。于是下令："盐务收入各款应自民国二年一月起，专款存储，无论何事，概不得挪移动用，庶几内巩财权，外昭国信，所有盐务，应设稽核造报所，专司考核款目。即由财政部迅速拟订章程，呈核施行。"1913年1月，在财政部内设置盐务筹备处和稽核造报所(是年9月，将盐务筹备处改为盐务署，将稽核造报所改为盐务稽核总所)。是年4月26日，善后大借款合同签署。该借款合同第五条规定："中国政府承认即将指定为此项借款担保之中国盐税征收办法，整顿改良，并用洋员以资襄助。至如何办法，已由财政部定夺。"[1]同时规定，"中国政府在北京设立盐务署，由财政总长管辖。盐务署内设立稽核总所，有中国总办一员，洋会办一员，主管所有发给引票，汇编各项收入之报告及表册各事，均由该总、会办专任兼理。又，在各产盐地方设立稽核分所，设经理华员一人，经理洋员一人(此二员之等级、职权均相平等，即系英文所称华洋所长)，该二员会同担负征收、存储盐务收入之责任。华洋经、协理及稽核总所并各稽核分所必需之华洋人员，其聘任、免任由华洋总、会办会同定夺，由财政总长核准。各该华洋经、协理须会同监理引票之发给及征收各项费用及盐税，并将收支各事详细报告该地方盐运司及北京稽核总所，由稽核总所呈报财政总长后，分期将报告颁布。各产盐地方，盐斤纳税后，须有该处华洋经、协理会同签字，方准将盐放

---

〔1〕　王铁崖编：《中外旧约章汇编》第二册，生活·读书·新知三联书店，1959年，第868—869页。

行。所有征收之款项应存于银行,或存于银行之后所认可之存款处,归入中国政府盐务收入账内,并应报告稽核总所,以备与稽核总所所存在表册核对。以上所言盐务进款账内之款,非有总、会办会同签字之凭据,则不能提用。该总、会办有保护盐税担保之各债先后次序之职任。"[1] 从这一规定可以看出,盐税已经质押给外国银行(汇丰银行、德华银行、东方汇理银行、道胜银行和横滨正金银行),并将盐税的管理权交给双方组成的盐务稽核总所来监管。

自从盐务稽核所成立后,由于担保外国债务之性质,洋人参与盐务管理,所以盐税集中存储,非经华洋经理、协理或华洋所长共同核准签字,一概不许挪移动用。掣放盐引亦由稽核机关办理,非经纳税,给予正式准单,不得将盐发放。这些规定体制不仅可以克服既往多头管理的混乱状况,而且盐税归于财政部控制,各省不能擅自提用,有利于中央政府对于各地盐务机关的垂直管理。

二、民国时期之盐场

中国产盐地区,北自辽宁,南到广东,东起台湾,西至川藏,分布十分广泛。民国政府控制下的盐区有 20 个,其中辽宁、长芦、山东、淮北、淮南、两浙、松江、福建、广东等滨海九区生产的是海盐产区,各个海盐产区盐场情况如下表(表 21)。

表 21　民国时期海盐产区盐场名称一览表

盐区	盐 场 名 称	
辽宁	营盖场、复县场、庄凤场、庄河场、兴绥场、锦县场、北镇场、盘山场。	
长芦	丰财场、芦台场、海丰场、严镇场、越支场、济民场、石碑场、归化场。	先后将海丰、严镇并入丰财,越支并入芦台,济民、归化并入石碑,旋又裁撤石碑。
山东	永利场、王家冈场、官台场、西繇场、富国场、石河场、涛雒场、威宁场、青岛场。	先后将王家冈与官台合并为王官场,改西繇为莱州,富国改为其分场。石河场改为金口场。
淮北	板浦场、中正场、临兴场、济南场。	
淮南	吕四场、余中场、丰掘场、拼角场、安梁场、东何场、丁溪场、草堰场、伍祐场、新兴场、庙湾场。	

---

〔1〕 王铁崖编:《中外旧约章汇编》第二册,生活·读书·新知三联书店,1959 年,第 869 页。

续　表

盐区	盐　场　名　称	
浙江	仁和、许村、黄湾、鲍郎、海沙、芦沥、钱清、三江、东江、金山、余姚、清泉、穿长、大嵩、岱山、定海、玉泉、长亭、杜渎、黄岩、长林、北监、南监、双穗、上望。	先后来裁撤仁和,将许村并入黄湾场,海沙并入鲍郎场,穿长、大嵩并入清泉场,上望并入双穗场,杜渎并入黄岩场,并将金山、三江、东江三场合并为三江场,复将三江场并入钱清场。
松江	袁浦场、青村场、横浦场、浦东场。	横浦场与浦东场合称为两浦场。
福建	梧州场、福兴场、莆田场、前江场、下里场、山腰场、浔美场、祥丰场、莲河场、诏浦场、浦南场、埕边场、江阴场。	先后裁梧州场、福兴场,将祥丰场并入莲河场,又将前江、下里并为前下场,复将惠安场分为山腰、埕边两场,复将福清、江阴场并入莆田场,又裁埕边场、浦南场。
广东	河西场、招收场、东界场、海山场、乌石场、三亚场、上川司场、双恩场、碧甲场、淡水场、大洲场、澂白场、石桥场、小靖场、海甲场、隆井场、惠来场、雷茂场、博茂场、白石场。	先后裁撤河西场,并入招收场;裁撤东界场,并入海山场;将雷州三场并为乌石场,琼州所属六场改为三亚场。旋裁上川司场,并入双恩场。

各个盐区制盐技术不同,方法多样。除了传统的煮盐、晒盐之外,这一时期出现了机制盐和对盐的精加工技术。中国精盐加工始于 1914 年范旭东创办的久大精盐公司。[1] 后来又有通益公司、福海等公司在山东、辽宁、两浙相继设立精盐加工厂。到 1928 年为止,经稽核总所确认的精盐公司达到13 家。所加工的精盐最初销售限于通商口岸,旨在抵制外国盐的输入。1935 年,久大精盐公司等联合呈文,请求放宽限制条件,准许精盐自由加工和行销。当时加工精盐有四个步骤:一是化卤,即将原盐倾入卤池中,加水溶解,过滤泥沙等杂质而成;二是煎熬,将卤汁煎熬成结晶体;三是烤焙,将湿盐放入容器,烤去水分;四是轧碎,即将烤成之盐用机器轧碎,经铁筛筛取均匀颗粒。制造精盐的机器,福海、华丰、洪源、利源等公司均使用奥地利开锅式,而奉天、裕华两公司则使用锅炉等。

---

〔1〕 范旭东乃是创始者。范氏曾在日本京都帝国大学学习,留校担任专科助教。1911 年回国,在北京政府北京铸币厂负责化验分析。不久,被派赴西欧考察英、法、德、比等国的制盐及制碱工业。回国后,于 1914 年在天津塘沽创办久大精盐公司。在此基础上,又着手开创制碱工业,于 1917 年创建永利碱厂。为了进一步发展盐业,范旭东于 1926—1927 年,又在青岛开办永裕盐业公司,在汉口开办信孚盐业运销公司。1938 年 7 月,将久大精盐公司搬迁到四川,在自贡开办久大自流井盐厂。

三、南京政府盐务之整顿

南京国民政府成立后,于 1929 年 1 月,改订《稽核章程》,将有关损害国家主权的条目除去,一切外债,凡是与盐税担保有关者,均由财政部负责,以解除过去因外债丧失之主权,但是保留了盐务稽核之框架和机关。1932 年,复将盐务署及其所属之各产盐区盐运使、盐运副使、销售区之榷运局、督销局等机构或者裁撤,或者归并于稽核总所。这样,稽核总所成为唯一的全国盐政的最高领导机关,事权完成统一,隶属关系及其相应职能彻底厘清。然后,简化运销手续,整齐税率,划一衡制。1936 年颁布《新盐法》,规定:"盐就场征税,任人民自由买卖,无论何人,不得垄断。"由于采取了上述综合措施,食盐基本按照市场需求生产、运输和供应,产量因之大量增加,盐税收入大幅增加。除此之外,还在各省建立常平仓,以备紧急需要,防备盐商囤积居奇,扰乱市场。

中国尽管从秦代开始统一度量衡,但是由于各地习惯不同,衡器有所差异,或大或小,五花八门。民国成立后,规定统一使用司马秤。根据统计,1921 年至 1930 年 10 年间,平均每年放运盐斤 3 700 万司马担;[1] 1931 年,全年放运 4155 万担。1928 年,中国年鉴统计中国人口为 44 822 万人,则每人每年消费食盐 9 斤左右。

国民政府对于盐务改革正在卓有成效地进行时,1931 年,"九一八"事变,东北各省失陷,辽宁盐区被日本关东军夺取。1937 年,"卢沟桥"事变发生,日寇相继占领长芦盐区、松江盐区、山东盐区、两淮盐区,浙江、福建和广东盐区也相继成为战地,海盐生产遭受重创。战争时期,国民政府统治区由于人口大量西迁,食盐需求旺盛,国民政府对于食盐生产、运输和销售被迫实行统制政策(统购、统运和统销),以解决战时社会和军事需求,四川井盐得以扩大生产。抗日战争时期,江运梗阻,沦陷区盐岸制度彻底紊乱,各省盐岸处于开放状态。两浙盐区、两淮盐区、山东盐区、长芦盐区业商、租商、代商、包商等制度自行废除。专商失去垄断基础,或裹足不前,或无力经营,势力日渐消乏,退出历史舞台。

古代从事盐业生产的工人,没有专称。唐代称为"畦夫"、"亭户",五代十国成为灶户,宋代称浮盐生产者为锅户,同时还保存畦夫、亭户、灶户之称谓,

---

〔1〕 中国传统的计量单位,中国改用十两一斤计量单位后,而香港一些行业(如黄金首饰业和一些需要计量贵重物品的行业)依然沿用旧式计量单位,称为"港秤",也就是习惯上称的"司马秤"。规范的称法应该叫作司马平制标识。1 司马担等于 1 百司马斤,1 司马斤等于 16 司马两,又等于 600 克。

均是沿用前代之称呼。明代不同省区对于从事盐业生产者,称谓有所不同。海盐产区,统称为灶户。在两浙产区,也称亭户,福建又称盐户。清代根据制盐方法加以区分,晒盐者被称为晒户、晒丁,此外还有滩户、板户之称。煎盐者被称为灶户、灶丁。民国时期,盐业生产者的社会地位得以提高,统称其为盐工。民国时期的盐工大体有四类:一是自由雇用的盐工,盐工按照雇主需求建立彼此雇用关系;二是独立从事盐业的自由生产者;三是被雇主长期雇用的包身工;四是按照雇主要求从事盐业生产者。一般以盐的产量多少为其薪水之高低。

第三节　晚清海洋渔业政策与日本之侵渔

一、渔轮渔业公司之创办

1840 年以后,中国进入近代社会,但是渔业仍然长期处于传统捕鱼技术时代。官府对于渔业的管理仍然限于编立户籍,征收渔课而已,只知取利,不知兴利。不仅如此,还把渔民看成是异己力量,千方百计加以控制。在这种政策的控制下,中国的渔业发展处于迟滞阶段。

渤海渔民所使用的渔网有很多种,或者根据捕获的对象命名,或者根据使用方法命名。根据捕获对象命名的渔网有青鱼网、裤裆鱼流网、鲨鱼流网、虾网、鲈鱼网、青鳞网、干贝网、鲐鱼网、鲳鱼网、小鱼网、鲅渔网等,根据使用方法命名的渔网有插网、张网、风网、扒扣网、坛子网、锚网、围网、拖网、建网等。钓具也有很多种,诸如刀鱼钩、廷巴(河豚)钩、真鲷钩、老板购、鲹鱼钩、杂鱼钩、拖刀鱼钩、干钩、甩鲅鱼钩等。就操作方法来说,鱼钩还可分为延绳钓、曳绳钓和手钓等。渔民出海捕鱼一般分为春汛和秋汛。连云港附近的渔民一般选择清明前后的双日出海。出海时,渔船老大要带领全体船工向海龙王献祭,牺牲为猪羊。

近代渔业是以渔轮为标志工具的渔业。第一艘渔轮制造于 1882 年的英国。这艘渔轮以蒸汽为动力,并用机械操作网具,适合在深海进行作业。同传统的木帆船相比,渔轮的出现是渔业发展史上的技术革命。渔轮出现之后,其技术逐渐传播到世界各地。德国是较早在中国开办新式渔业公司捕鱼的国家。1903 年底,德商在胶州湾创设中国渔业有限公司,计划购置拖船十二号,运船二号,准备在东亚、西亚海滨,用拖船新法,大规模从事捕鱼事业。是时,已购置新式拖网渔轮"万格罗"号,在胶州附近海面开始捕鱼,这是外国渔轮在中国侵渔的开端。[1]

图六○　商部头等顾问张謇(匡亚明主编:《张謇评传》,南京大学出版社,2001年,第3页)

这一事件引起了近代中国实业家商部头等顾问张謇的注意(图六○)。张謇由此开始大声呼吁捍卫国家大海洋权益,振兴渔业。"凤鸣与张南通共事实业界垂三十年,从事于渔之日尤多。盖以渔天然大利也,且与海权有密切关系。第以斯学失传……海通以后,虽渐有注意农工商业,而于渔则无人言。自德人以捕鱼汽船入我领海,识者始有觉悟。乃集海内士绅,期会于沪,创设七省渔业公司"。[2]

此前,张謇已经开始意识到渔业发展的重要性。光绪二十九年(1903年)夏季,张謇作为中国实业界代表赴日参观其第五次国内劝业会,感触良多,其中对于日本渔业发展印象深刻,意识到渔业的重要性,因此回国后就试办渔业公司。当他得知德商在胶州湾举办新式渔业公司后,立即致函两江总督、署理南洋大臣魏光焘,建议中国创办新式渔业公司,但未受重视。"与江督论中国渔业公司,关系领海主权,宜合南北洋大举图之。不能,则江浙、直东。又不能,则以江浙为初步"。[3]

张謇认为,德国人在中国沿海开始捕鱼,这不仅"侵我国之海权,夺我民之渔利",而且违犯国际惯例。于是向商部提交《条陈渔业公司办法》咨文,建议各省自设渔业公司,并由各省派兵船游弋保护。光绪三十年二月二十三日(1904年4月8日),商部收到张謇的咨文,认为举办渔业公司,"实为自保利权起见",奏请朝廷批准,首先在江北一带招股试办。并建议光绪帝谕令南洋大臣、江苏巡抚,转饬所属文武各员实力保护。商部的奏议迅速得到了朝廷的批准。[4]

〔1〕　张锡纯主编:《山东省水产志资料长编》,山东省水产志编纂委员会内部发行,1986年,第146—147页。

〔2〕　《郭凤鸣关于振兴渔业条陈》,1923年,中国第二历史档案馆编《中华民国史档案资料汇编》第三辑,农商二,江苏古籍出版社,1991年,第740页。

〔3〕　张謇研究中心等编:《张謇全集》第六卷,日记,江苏古籍出版社,1994年,第865页。

〔4〕　《山东商务局据渔业公司咨拟定现在将来各办法转详署山东巡抚杨请咨部立案文》,《东方杂志》光绪三十二年五月二十五日,第3年第6期,第118页。

　　张謇得到商部的支持后,立即着手创办新式渔业公司。6 月 7 日,张謇与苏松太道袁树勋会谈,商量公司创办事宜,"拟招集商股,用新法捕鱼,购德人拖船试办,以上海为总局,另设江苏分局五处,浙江分局十处,以保护旧有之渔业,保全中国之海权为宗旨"。[1]

　　按照张謇等人的设想,兴办沿海渔业,"以内外界定新旧法为宗旨,以南北洋总公司为纲,以省局县会为目,以官经商纬为组织"。所谓"以内外界定新旧法",就是新式渔业公司用拖船在远洋捕鱼,与小船在近海捕鱼互不妨碍,"各国领海界,大约以近海远洋为分别,近海为本国自有之权,远洋为各国公共之路"。大型渔轮宜在远洋布置,"近海一二十里,仍留为我寻常小船捕鱼之利。外为内障,内为外固,可以相资为用,而不相妨"。所谓"总公司为纲",就是在江、浙、闽、粤四省设立一个总公司。所谓"以省局县为目",就是一省或两省设立一俱,然后在各府设立分会。例如,在江苏,"江可分淮、海、扬、通、苏、松、太,浙可分杭、嘉、湖、宁、台、温,各就其地联之"。这样,分会隶属于局,局隶属于总会。所谓"官经商纬为组织",就是"分类编船,分船编人,分人编姓,使皆瞭然易查易察"。[2] 计划南洋渔业总公司使用新式渔轮捕鱼,至少一省二船,计四省八船。如江浙合办,一省二船,共四船,江局分江南一艘,江北一艘,浙局分温台一艘,宁波一艘。江浙合办预计筹措资本 45 万两,其中官拨 5 万两。按照张謇的设想,传统的小型木帆船继续在近海(内洋和外洋)作业,大兴渔轮则在远洋作业,这样彼此互不影响生计,即所谓"外为内障,内为外固",可以有效捍卫国家的渔业权益。

　　张謇建议在新船制造之前,先由苏松太道拨款或垫付资本购置德轮"万格罗"号。是时德国在胶州采用新式捕鱼技术,尽管捕获量大增,而因为所捕之鱼在青岛销路太窄,运至上海,各鱼行不肯包买,连续亏损。[3] 清廷批准了张謇购置德国渔轮计划,该轮随后被成功收购,改名"福海"号。10 月 9 日,江浙渔业公司正式开办。《江浙渔业公司简明章程》规定,公司集股 60 万元,共 6 万股,每股银 10 元,两省渔户均可入股。"福海"号成为公司第一艘新式捕鱼轮船,并规定"以后增船皆以海字排次","此船现系官款垫购,作为渔业公司保护官轮,由

〔1〕《署两江总督周奏开办江浙鱼业公司折》,《东方杂志》光绪三十一年七月二十五日,第 2 年第 7 期。

〔2〕《商部头等顾问官张殿撰謇咨呈两江总督魏议创南洋渔业公司文》,《东方杂志》光绪三十年九月二十五日,第 1 年第 9 期,第 148—149 页。

〔3〕《商部头等顾问官张殿撰謇咨呈两江总督魏议创南洋渔业公司文》,《东方杂志》光绪三十年九月二十五日,第 1 年第 9 期,第 148—149 页。

官发给快炮一尊,后膛枪十枝,快刀十把,管驾大副定时督同水手操练,藉以保卫江浙洋面各渔船"。[1]

在张謇的影响下,一些官员开始重视中国的海洋渔业权益。浙江巡抚冯汝骙在复张謇文中,专门谈到他对渔业权益的认识。"海界之说,士大夫且茫然,彼渔户又安知海界渔业权之重要,往闻我国渔船所至之处,北抵海参崴左右,东极浪岗以东,宁波渔户往往望见长崎而返,南迄琼州迤南之七洲洋,德人渔业书中有云,华人每在千里石塘、万里长沙之上捕燕窝、鱼蚌。尝闻粤人捕鱼采珠,实至于赤道以南之爪哇岛海,是海界之延长,即海权之所在"。[2] 如同张謇一样,冯汝骙对于海权的认识限于"海洋权益"的层面,尚未上升到海洋战略的"海权"层面。

江浙渔业公司做法大体成为其他各省渔业公司效仿的对象。例如,山东登莱青三府创办渔业公司就是如此。《山东登莱青三府倡办渔业公司招股办事简明章程》明确规定公司的目的:"兴办渔业公司系为东三府自保利权起见,于沿海渔民之生计,不敢稍有妨碍,且拟随时保护渔民,为之兴利除害,务使渔船不受侵凌,渔业日臻兴盛,是为公司一定之宗旨。"亦采用江浙渔业公司办法,"拟租用小轮船一只,酌仿南洋渔业公司办法,请官发给枪炮刀械,在东海出鱼各地方来往梭巡,保护大小渔船,以免盗贼劫夺之患"。[3]

江浙渔业公司创办之时,周馥由山东巡抚调署两江总督和南洋大臣。周馥在山东时就已开始创办渔业公司,调署南洋大臣后,积极听取张謇建议,决心联合七省,大力振兴渔业。光绪三十年十一月初十日(1904 年 12 月 16 日),批准加入渔会的渔船免厘。光绪三十一年(1905 年),周馥与袁世凯会衔奏请次第开办江浙闽广奉直东等省渔业公司。商部为此征求张謇意见,希望先行制定渔业公司章程。"查渔业一事,关系海权,非博采各国章程,参合中国情形,详加考究厘订,不能遽臻周妥。现在渔业公司业经设局开办,此项章程亟应从速订定,咨送本部查核,奏明立案,以资遵守"。

此时,张謇亦在认真考察渔业公司情况,一面调查"福海"号开办情况,一面到福州考察。"福海"号自开办后,半年内均处于亏损状态,"平均约计一月之中捕鱼不及十日"。造成亏损的原因是多方面的。其一,船主不得力,捕鱼方法不当。其二,官府强迫征用,如宁波小轮失事沉没,"福海"号被宁波道强

〔1〕《江浙渔业公司简明章程》,《东方杂志》光绪三十年十二月二十五日,第 1 年第 12 期。

〔2〕《冯抚论海权与渔业之关系》,《申报》光绪三十四年八月初五日。

〔3〕《山东登莱青三府倡办渔业公司招股办事简明章程》,《东方杂志》光绪三十一年十一月二十五日,第 2 年第 11 期,第 193 页。

派起船捞尸。其三,海关则因该轮性质到底是官船还是商船发生争执,扣押四十余日。

9月,张謇结合"福海"号渔轮开办情形及在福州考察情况,提出兴办渔业的现在及将来两项办法。所谓现在办法有五:"曰整顿奖励,改良捕法,藉资经费;曰减免厘税,实行保护,收合渔民;曰七省各先置渔轮一艘,出入向来洋面,著渔界所至之标识;曰七省各先分立渔会,稽查保护,结国民之团体;曰请奏设七省渔业总公司于南北适中之吴淞口外,请奏派专办七省渔业公司总理。"〔1〕将来应办之事也为五项:曰总公司订定七省渔业公共章程,七省各订总会分会章程;曰订定每年渔轮会合章程,规定渔轮每年会合吴淞一次;曰各就渔会地方建立初等小学校;曰就吴淞总公司附近建立水产商船两学校;曰七省合筹补助经费,用于总公司及两校筹办。商部接到张謇的呈文后,表示赞同,奏请朝廷批准了七省合办渔业公司的计划。12月7日,商部奏派袁树勋为头等顾问官,兼充渔业公司监督,张謇为总理。

随后,各省纷纷举办渔业公司。例如,1905年,袁世凯督直时,取消鱼行,改设渔业公司,以长芦盐运使张镇芳兼理其事。旋因渔业公司事务繁杂,改委直隶提学使庐靖兼理其事。1906年,山东巡抚杨士骧以准备金三万两,创设渔业公司于芝罘,"以渔船之保护、渔具渔法之改良,鱼类之盐制贩卖,鱼属之养殖保护等为其业务"。同年,广东绅商募集资本六十余万两,设广东全省渔业公司,禀请总督与上海渔业公司联络。1907年,设立奉天渔业公司于营口。

二、日本开始在渤海侵渔

1905年,日俄战争结束后,日本侵占了旅顺与大连。是时,日本政府为了保护本国的渔业资源,开始设定禁渔区,迫使一部分日本渔民前往中国和朝鲜近海捕鱼。据统计,1906年,日本渔民从我国海域掠夺水产资源1 400吨。〔2〕关注中国渔业的人士意识到"渔权即海权",高呼"海权之存亡,视乎渔界之涨缩",提出"各国之视渔业至为重要,非徒以开商民之利源也,且兴海权有最大之关系";〔3〕海洋社会是国家海上力量的重要组成部分,也是海权的要素之一。张謇呼吁朝廷重视渔业生产,保护渔民利益,维护中国的海洋权益。他说:"海权渔界相为表里。海权在国,渔界在民。不明渔界,不足定海权;不伸海权,不足保

〔1〕 《商部头等顾问官张咨呈本部筹议沿海各省渔业办法文》,《东方杂志》光绪三十二年二月二十五日,第3年第2期,第20—21页。
〔2〕 中国水产协会:《中国渔业史》,中国科学技术出版社,1993年版,第104页。
〔3〕 佚名:《兴渔业说》,《东方杂志》1904年第9期,第134—136页。

渔界。互相维系,各国皆然。"〔1〕然而,中国政治涣散,对于渔业缺乏管理,只知取利,不知兴利。外国人正在上海创办渔业公司,一旦其阴谋得逞,中国势必又丧失一利权。"渔界因含忍而被侵,海权因退让而日蹙。滨海数十里外,即为公共洋面。一旦有事,人得纵横自如,我转堂奥自囿,利害相形,关系极大"。〔2〕是时,张謇正积极倡议成立渔业公司,特别强调:"渔业公司之设,名为保护鱼利,实则爱惜海权。"〔3〕从张謇反复提及的"海权"来看,是指中国的海洋权益,而非马汉论证的海洋战略。

是时,中国有识之士对于西方的领海观念提出了质疑。19世纪末年,随着国际法的传输,中国人对于西方的领海观念有所认识,"按各国公法,沿海之地皆有领海界限,视精远之炮弹所及为止。近以炮弹所及为止愈远,故已由三海里渐展至十海里。所谓领海者,平时捍御边警,及战时局外中立之界限,亦即保护渔利之界限"。〔4〕人们似乎意识到西方的领海观念与我国的内外洋划分有所不同,"查西国海权以潮退三海里为限。英法等国海峡甚狭,海滨小岛亦多近岸。中国沿海岛屿星罗棋布,甚者相隔百余海里者,岛无大小远近皆渔人托业之区,趁潮往来,不分界限。若仅以潮退三海里为限,则名为保护反蹙海疆"。中国的外洋外缘线远在航线上,有的地方距离中国海岸有二三百里之遥,如果按照西方的领海主张三海里,那等于自我束缚,最好还是"仍行我向来领海之权较为上策"。〔5〕这是中国人对于内外洋划分与西方领海观念比较的一次深刻反省。

日俄战争后,日本开始频繁对我国进行侵渔活动,在渤海引发了"熊岳城渔业案"。日本"无理由可据,遂牵入海权问题",即以三海里原则为己辩护,提出渤海并非中国领海,遭到我国知识界的驳斥。"现在各国所默认者,以弹著说(即距离三海里说)为最有力,然弹著之进步一日千里,数十年前之领海界域与数十年后领海界域必不能画一",特别强调"渤海湾全部为中国领海"。〔6〕于此

---

〔1〕 张謇:《商部头等顾问官张咨呈本部筹议沿海各省渔业办法文》,《东方杂志》1906年第2期,第20—29页。

〔2〕 张謇:《商部头等顾问官张咨呈本部筹议沿海各省渔业办法文》,《东方杂志》1906年第2期,第20—29页。

〔3〕 张謇:《商部头等顾问官张咨呈本部筹议沿海各省渔业办法文》,《东方杂志》1906年第2期,第20—29页。

〔4〕 佚名:《兴渔业说》,《东方杂志》1904年第9期,第134—136页。

〔5〕 佚名:《署两江总督周奏开办江浙鱼业公司折》,《东方杂志》1905年第7期,第112—113页。

〔6〕 佚名:《渤海湾全部为中国领海说》,《中国地学杂志》1910年第5期,第43—44页。

可见,中国知识界已经意识到渔权乃是国家重要的海洋权益,必须加以维护;渤海乃是中国的内海,不许他人垂涎。

总的来说,清末,日本一方面设法排斥中国在黄海的渔业生产,另一方面在渤海湾一带大肆侵渔。这些侵略活动严重侵害了中国的领海和渔业生产权益。由于中国国力比较虚弱,清廷对于日本的侵渔事件很少采取有力措施,加以制裁,外交抗议只是一种无可奈何的选择,这种抗议无法根本解决日人侵渔问题。日本人在渤海湾的大肆侵渔根源于旅大租借地的存在。旅顺、大连无法收回,侵渔问题自然难以解决。

第四节　中华民国海洋渔业
政策与日本之侵渔

一、中华民国海洋渔业政策

1912年,中华民国成立,渔政归实业部管辖。民国政府迁入北京后,实业部分为农林、工商二部。在农林部之下设立渔业局,管辖渔政。两年后,农林、工商二部又合二为一,张謇任农商部部长,渔业局改名为渔牧司。渔牧司的职责是,奖励公海渔业,监督和保护水产及教育,支持渔业团体等。1914年4月,北京政府颁布了《公海渔业奖励条例》,规定:渔船在外洋作业,政府给予一定奖励。"以渔业或鲜鱼之搬运为业者,农商总长依其业务之种类区域期间及船舶之构造吨数、船龄给予奖励"。[1] 当时用于奖励的资金只有5万元,对于中国海洋渔业来说,不过是杯水车薪。尽管如此,国家机关毕竟对于渔业和渔民改变了歧视和防范、限制措施,从这些条例可以看出渔政在这时处于积极进取的阶段。同一年,农商部还公布了《渔轮护洋缉盗奖励条例》,规定:"凡本国人民以公司或个人名义购置渔船,经本部立案,许可其在洋面护洋缉盗之权……得由政府给予护洋缉盗奖励金。"[2]

1925年,农商部举行事业会议,通过的议案有:沿海各省筹办水产专门学校、扩充水上警察等、筹设沿海渔业管理局、渔业试验场等。在张謇的热心倡导

〔1〕 民国政府农商部《公海渔业奖励条例》1914年4月28日,载丛子明、李挺主编:《中国渔业史》附录,中国科学技术出版社,1993年,第325页。

〔2〕 民国政府农商部《渔轮护洋缉盗奖励条例》1914年4月28日,载丛子明、李挺主编:《中国渔业史》附录,中国科学技术出版社,1993年,第326页。

下,中国渔业公司创办的越来越多,然后,出现了联合的趋势。1921 年,烟台、大连两地渔业公司联合,从日本人手中购买到 30 马力燃油发动机手操网渔轮。1922 年,北京政府的农商部颁布《渔会暂行章程》,通令沿海渔民按照章程办理,目的在于以新式渔会代替传统的渔业帮会组织。1925 年,农商部通过扩充水上警察案,准备保护渔民在海上的生产活动。

　　1927 年,南京政府制订《训政时期工作纲要》,要求设立中央模范水产试验场,设立渔业保护管理机构。1929 年 11 月 11 日,南京政府又制订和颁布了《渔业法》,规定:"凡在中华民国领海或其它公用水面,取得渔业之权利者,应依本法呈请该管行政官署核准登记。"[1]同时经第二十一次国务会议决定,宣布中国领海宽度为 3 海里,海关缉私界限为 12 海里。这是中国首次公布自己的领海范围。同时,也意味着中国放弃了自清代开始的对于内洋与外洋的传统管辖权。同年 11 月 11 日,中华民国立法院第五十六次会议通过《渔会法》,第一条规定:"渔会以促进渔业人之知识技能,改善其生活并发达渔业生产为目的。"第四条规定:"渔会以县为区域,在渔业繁荣之地方设置之,同一区域内不得设置两个渔会。但重要港口,相距在 40 里以外者得设分会。"[2]该法令公布之后,各省委派官员到沿海渔民居住地区组织发展渔会。表面上各地渔会组织起来,但是工作成效甚微。主要原因是,传统渔民社团还在起着隐性作用。

　　1930 年,由于日本渔轮在中国沿海大肆侵渔,各地政府和渔民社团纷纷要求政府驱赶日本渔轮,保护渔民利益,扶持渔业生产,维护领海权益。在这种情况下,为了增强中国渔业的竞争力,1931 年 3 月 28 日,南京政府颁布了《豁免鱼税令》。令文指出:"吾国渔业日见衰落,如非积极提倡,实不足以资挽救而图振兴。兹将所有渔税、渔业税一律豁免。嗣后无论何项机关皆不得另立名目,征收此项捐税,以副政府废除烦苛,维护渔业之至意。"这本来是一项惠及每一个渔民每一个渔业公司的好政策,但是,由于当时政出多门,有令而不行,有禁而不止。1933 年春天,实业部提出了征收建设费以改进渔业的计划。《实业部渔业建设费征收暂行规定》:"渔业建设费由中央政治会议决议案,按渔获物市价值百抽二,以一次为限。""渔业建设费由卖主负担,得就销售各鱼行或趸商之商店征收之,肩挑摊贩概予免征"。当时设计者预期可以用这一笔收入用于渔业发

---

〔1〕 中华民国《渔业法》1929 年 11 月 11 日,载丛子明、李挺主编:《中国渔业史》附录,中国科学技术出版社,1993 年,第 328 页。

〔2〕 中华民国《渔会法》1929 年 11 月 11 日,载丛子明、李挺主编:《中国渔业史》附录,中国科学技术出版社,1993 年,第 332 页。

展,然而这一规定却难以实行。本来渔业建设费用取之于渔,用之于渔,于国于民有利而无害。但是,由于中国鱼行大部分都在上海法租界的十六铺租界里面,中国的法令在此无效,

1935年,南京国民政府实业部建议成立江浙渔业改进委员会,建议发展外海捕鱼计划。其内容包括,建造调查船一艘,新式拖网渔轮两艘和手操网渔轮4艘,以及配套的调查、冷藏盒无线电设备等。但是这个计划由于经费困难,加之一二不明渔业大势者之非议,竟作罢论。

1937年,日军对华发动全面战争,中国沿海地区次第沦陷,中国渔业和渔轮遭受战争破坏,或被征用,或被战火焚烧,渔业基本陷于瘫痪。1945年,抗日战争结束,中国旋即陷于内战,中国渔业暂时难以振兴。

二、肆无忌惮的日本侵渔活动

中华民国建立不久,第一次世界大战爆发。日本对德国宣战,出兵占领青岛。第一次世界大战结束,中国作为战胜国之一,在巴黎和会上反而成为被宰割的对象。中国代表要求索回德国强占的山东半岛的主权,然而操纵和会的英、法、意代表将德国的山东利益转送给日本。日本在华势力进一步增强,更加有恃无恐,还不断增派渔船,进入黄海和渤海捕鱼。据日本人统计,1929年就有116艘渔船在渤海北部海域作业,其中多是渔轮船。到了30年代,在渤海侵渔的日本渔船就更多了。据《满支的水产情况》一书记载,当时进入旅顺、大连的日本渔船分为20组,共有600余艘。1914年,日本侵占青岛后,其军部立即制订水产组合规划,补贴2万元,招徕日本渔民到青岛捕鱼。日本商人中正正树筹资4万元,在小港附近设立鱼市和金融组合,推销日本渔船的产品。水村政平亦设立水产株式会社,开设政昌公司渔业部。从此,青岛成为日本侵渔的又一根据地。是时,日本政府不准大型渔轮在本国近海捕鱼,这些渔轮大都集中到中国的黄海和渤海,大肆侵渔。1922年,青岛交还中国,日本在此侵渔活动稍稍收敛。但到了1925年,日本人又在青岛大力发展轮船船底曳网渔业,渔轮船达到64艘,从业人员达到700多人,渔获量达3500万斤。"民国十三年山东沿海一带,日本渔轮满先丸等四十九艘,先后在蓬莱、黄县、屺碣岛、掖县、石虎嘴等处大肆捕捞,并任意将吾国渔人之网绳、钩线等渔具拖拉毁损,我政府束手无策。"[1]

1928年,日本再次占据青岛,日本渔民又蜂拥而来,渔获量节节攀升(详见下表),而中国沿海渔业奄奄一息(表22)。

―――――――

〔1〕　竞武:《日人侵犯我国渔权的一页痛史》,《新渔》第1期(创刊号),1941年7月5日,第10页。

表 22　日本人在青岛的渔获量统计表

年　代	渔获量(市斤)	鱼产价值(元)
1929	8 564 460	762 175
1931	5 443 918	999 024
1932	21 019 646	1 255 171
1936	35 279 798	1 883 251
1942	43 871 858	15 763 769

资料来源:陈国相:《冀鲁区敌伪水产业调查》。

舟山群岛是中国最富饶的渔场,日本人垂涎已久。1928 年,长崎海产会社渔业部长加藤、横滨水族馆长平田包定分别到达上海进行调研,开始制订东海侵渔计划。从此开始,日本渔船在其军舰的保护下成群结队来到舟山群岛侵渔。据记载:经常在舟山群岛作业的有第七、第八博通丸,第八、第十大秀丸,第三千岛丸等三十余艘渔轮,常年在东海进行侵渔活动。据统计,1930 年日本渔轮进入上海的就有 172 艘次。1932 年"一·二八"事变之后,上海各界抵制日货,到达上海的日本渔轮有所减少,但日本人在东海的侵渔活动并未收手。他们将捕获的鱼类在海上卖给中国的鱼贩子,只是变换手法而已。

台湾是日本在东海侵渔的又一个基地。1895 年,日本占据台湾后,总督府内设立水产股管理台湾渔业,同时建立蓬莱渔业公司,具体负责侵渔活动。台湾渔轮逐渐增多,到 20 世纪 30 年代达到七八十艘之多。渔获量逐年增大。1932 年鱼产价值达到 305 万元。

1842 年,英国人占据香港后,禁止任何人在香港周围捕鱼。1925 年,广东政府断绝香港的粮食供应。日本领事以供应粮食为条件,取得在香港经营渔轮权,以 10 艘为限。于是,台湾蓬莱渔业公司香港分公司挂牌成立。后来,日本人又在香港、澳门创立华南渔业公司、富美渔业公司、滨田渔业商会、亚细亚渔业会社等机构,在南海从事侵渔活动。1930 年,仅蓬莱渔业公司香港分公司的渔产价值就达到 100 万元。

总之,从 1905 年日本占据旅顺、大连之后,一直到 1945 年,日本人一直是中国海域的主要侵渔者。尤其是日本侵华战争期间(1931—1945 年),日军先后占领了我国沿海大部分渔业基地,先后建立了一系列侵渔基地和机构。在华北有华北水产协会、青岛支部、中国水产公司、青岛水产统制组合、山东渔业株式会社等;在华东有华中水产公司、东洋贸易公司、中支水产炼制公司、中国水产公司、帝国水物株式会社等;在华南有大西洋渔业株式会社、海南水产株式会社、拓南产业株式会社、华南日本渔业统制株式会社等。"(日本)渔轮满布我国沿海,且经常在我国渔场捕捞者有共同渔业株式会社等八公司,合计渔轮七十五艘。但据台湾水产报告,日本之长崎、佐贺、福冈、山口等县之手操网渔轮在我国捕鱼者计达一千二百艘之多。每艘每年平均以捕获价值三万元计,合计三千六百万元。数额之巨,至为惊人"。[1]

小　结

　　中国人对于海洋的开发和利用如同西方滨海国家一样,始于渔业,继之盐业与运输业。渔业从远古开始乃是一种兼工,亦农亦渔,直到这些渔民完全失去土地,渔获产品在市场上出售之后,基本可以养家糊口,才完全成为单纯的行业。渔民历来都是社会的底层,他们在海上捕鱼风险很大,生活异常艰辛,历代官府关注的是鱼税和珍珠,很少采取措施保护渔民安全。即使像清代前期那样,对于渔民在海上的生产采取了保护政策,但关注的重点是防止其接济海盗。清代前期,为了阻断海上异己力量与大陆民众的联系,用法律和制度严格限制渔民的生产区域和方法。规定:渔船梁头不许超过一丈,只许使用单桅;不许到外洋捕鱼,只准在内洋港汊活动;不许多带米粮和淡水,只许朝出暮归。在上述政策束缚下,渔民的生产积极性受到严重压抑,生产技术更是无从改善。中国的渔业发展因此长期处于停滞状态。也正是由于海产量有限,海产品市场有限,鱼税在国家财政中的数额有限,故未能成为国家机器关注的重点。晚清时期,西方列强,特别是日本人在中国沿海的侵渔活动引起有识之士关注。于是,张謇等爱国士绅开始呼吁保护渔业,反对侵渔,组织渔轮协会,保护中国的领海主权。但是,这种活动收效并不十分明显。

　　中国盐业始于远古,历史悠久。在其成为人类生活的必需品之后,战国时期的齐国率先开始"官山海",对于海盐的生产、运输和销售实行官府垄断制度。从此开始,历代王朝无不将其视为大利之源,从不允许盐民灶户自由生产和出售其产品,不是实行盐民生产、官府掌握收购、运输和销售,就是盐民生产、官府收购和收税,商人负责运输和销售,万变不离其宗,从先秦时期的"官山海"到秦汉时期的"盐铁官营",再到隋唐时期的"榷盐"制度,再从宋代的官般盐,到明清时

〔1〕　国民政府行政院编印:《渔业》,1948年。

期的开中法、纲盐法、票盐法，一直到民国时期的统制政策，都是为了满足国家的财政需要，或为了筹集军饷，很少顾及老百姓的承受能力。

历史研究的任务就是透过一切迷乱的现象，透过一切表面的偶然性，揭示这一过程的内在规律性。国家政策的制订应该以绝大多数人的需要和幸福为目标，而不应当仅仅是为了国家机器的赋税增加。大海为人类提供了用之不竭的盐矿，而官府为了垄断其利税，千方百计阻断盐业生产者与消费者的直接交换，使普通民众的食盐需要经常得不到满足。国计与民生两受其害，导致中国盐业技术进步缓慢，百姓食盐始终难以有效解决。对于取之不尽、用之不竭的海盐尚且如此难以治理，何况资源相对紧缺的其他物质乎！

第四编

中国海洋贸易与管理史

第十三章 宋代之前海洋贸易与运输(？—959年)

第一节 秦汉时期滨海港口城市的兴起

> 东方云海空复空,群仙出没空明中。
> 荡摇浮世生万象,岂有贝阙藏珠宫。
> 心知所见皆幻影,敢以耳目烦神工。
> 岁寒水冷天地闭,为我起蛰鞭鱼龙。
> 重楼翠卓出霜晓,异事惊倒百岁翁。
> 人间所得容力取,世外无物谁为雄。
> 率然有请不我拒,信我人厄非天穷。
> 潮阳太守南迁归,喜见石廪堆祝融。
> 自言正直动山鬼,岂知造物哀龙钟。
> 伸眉一笑岂易得,神之报汝亦已丰。
> 斜阳万里孤岛没,但见碧海磨青铜。
> 新诗绮语亦安用,相与变灭随东风。

这一首诗是宋代大诗人苏东坡元丰八年(1085 年)到达登州后看到海市蜃楼的观感。宋代登州,治所在今山东蓬莱市,这里之所以被人称为神仙的居所,就是因为时常在这里出现海市蜃楼。平素明明是海面,忽然出现海市,若真若幻,若隐若现,朦朦胧胧,不能不使人感到在人世之外还有另外一个神仙世界。

海市蜃楼是一种光学幻景,不过是地球上物体反射的光经大气折射而形成的虚像。但是,古人无法理解这一虚无缥缈的现象,总认为那是神仙的世界。由于海市蜃楼频繁出现在渤海和黄海上空,生活在沿岸的人们对这种虚幻的景象自然产生神秘的向往。于是神山神仙的故事便在滨海的齐国和燕国到处传播，一些方士趁机寻找市场，以致秦汉时期的帝王求仙活动一再上演。

秦始皇统一中国后，对传说中海上神山和神仙非常迷信，不仅多次派遣徐福等方士携带童男童女和大量财宝前往海中探寻长生不老之术，而且多次亲自带领官兵前往东海、黄海和渤海沿岸巡视和狩猎，到处勒石纪念，为自己的统一事业歌功颂德。汉朝建立后，在政治上奉行黄老之治，与民休息，经过长时期的和平发展之后，西汉经济有了长足发展。元封二年(前109年)，汉武帝派遣水军七千人乘坐楼船，会同陆路大军，占领朝鲜，"以其地为乐浪、临屯、玄菟、真番郡"。[1] 这样，黄海两岸归在一个政权统治之下，经济与文化的来往日益密切。汉武帝对神山和神仙也同样痴迷，先后十次巡视东部沿海。

秦始皇和汉武帝这种张扬的巡狩活动，在政治上毫无疑问起到了加强中央对于沿海居民控制的作用。和平安定为经济发展提供了前提条件，黄海、渤海东海和南海沿岸经济迅速提升。随着经济的繁荣，人口大量迁移，沿海重要港口城镇随之崛起(图六一)。

图六一　山东烟台秦始皇东巡宫(外景)

秦汉时期，渤海的重要港口有碣石港和登州港。碣石东临大海，为东北诸郡之门户，且有驰道可达。因此，秦始皇与汉武帝均曾巡游此地。登州港位于蓬莱附近，是秦汉时期帆船经庙岛群岛，前往辽东半岛和朝鲜的出发港。秦始

〔1〕 王先谦：《释名疏证补》，中华书局，2008年，第286页。

皇东巡时曾经三次到达琅琊,有一次,"南登琅邪,大乐之,留三月。乃徙黔首三万户琅邪台下,复十二岁。作琅邪台,立石刻,颂秦德,明得意"。[1] 后来又迁徙了3万户。这样,每户按5人计算,6万户相当于30万人。琅邪作为一个港口,聚集30万人,变成一个港口城镇。不过,后来琅邪由于地震和大水等原因而废弃。西汉时期,苏北的广陵已经是一个城周十四里半的城市了。"夫广陵在吴越之地……三江、五湖有鱼盐之利,铜山之富,天下所仰"。[2] 秦汉时期福建的东冶是一个重要的港口。"旧交趾七郡,贡献转运皆从东冶泛海而至,风波艰阻,沉溺相系"。[3] 番禺也是一个重要的城市,产品有珠玑、犀、玳瑁、果、布之类。[4]

不过,总的来说,东海和南海沿岸地区这一时期还是比较落后的,"被发文身,错臂左衽","习于水斗,便于用舟"。尽管大海为其提供了重要食物,没有饥馑之虞,而大多数人都很贫穷。"楚越之地,地广人稀,饭稻羹鱼,或火耕而水耨,果隋蠃蛤,不待贾而足,地执饶食,无饥馑之患,无积累而多贫。是故江淮以南,无冻饿之人,亦无千金之家"。[5]

第二节　魏晋南北朝时期的航海运输

魏晋南北朝是中国政权频繁更代的时期,扰扰攘攘370年(220年—589年),先是东汉末年的黄巾起义,接着是三国鼎立相互厮杀时期。西晋统一全国只有37年,晋惠帝时期又爆发了"八王之乱"。"八王之乱"后,西晋小朝廷处于风雨飘摇状态,五胡纷纷进入中原,黄河流域各实力派开始争夺地盘,相互攻伐,乱哄哄,你方唱罢我登台。政治动荡,战争频繁,人们为了逃避战乱,被迫背井离乡,四处流亡。统治者为了增强政治和军事实力,时常在占领区内强制人口迁徙。汉献帝在一通诏书中承认:"今海内扰攘,州郡起兵,征夫劳瘁,寇难未殚。或将吏不良,因缘讨捕,侵侮黎民,离害者众。风声流闻,震荡城邑,丘墙惧于横暴,贞良化为群恶……今四民流移,托身地方,携白首于山野,弃稚子于沟壑,顾故乡而哀叹,向阡陌而流涕。饥厄

---

〔1〕《史记》卷六,秦始皇本纪六,中华书局,1963年,第244页。
〔2〕《史记》卷六〇,三王世家第三十,第2116页。
〔3〕《后汉书》卷三三,列传第二十三,《郑弘传》,第1156页。
〔4〕《史记》卷一二九,货殖列传第六十九,第3268页。
〔5〕《史记》卷一二九,货殖列传第六十九,第3270页。

困苦,亦已身矣。"[1]这既是东汉末年中原地区的民众乱离场景,也是整个华北地区社会政治生活的缩写。

魏晋南北朝时期的人口大量迁徙,或者由于逃避战乱,或者由于强制迁移,或者由于人口掠夺,或者由于招引。人口迁徙是悲惨的,也是困难的。但是,人口迁徙有一个意料不到的好处,无论是从文化相对落后地区迁入比较先进地区,还是从生产技术较为先进的地区迁入比较落后的地区,都会促进彼此之间文化的交流,加速生产力的提升,以及加强民族情感的融合。是时,江南地区已经是"鱼盐杞梓之利充仞八方,丝绵布帛之饶,覆衣天下",[2]"江东沃野万里,民富国强"。[3] 江南经济发展的重要标志是,扬州、苏州、杭州、常州、润州、湖州、越州、明州、衢州、婺州、宜州等迅速崛起。正如唐宪宗即位时所说:"鹗汴而东,濒海之右,名都奥壤,疆里接壤。"[4]

魏晋南北朝时期,由于淮河以北地区处于长期政治动荡局面,经济发展陷于停滞。而这一时期,江淮地区相对政治稳定,北方民众通过各种途径迁移到淮河以南,将先进的农业技术和经验带到了新的居住地。江淮地区既获得了北方的劳动力,又获得了农业技术和经验,因此得以加速发展。在北方民众向江淮迁移过程中,渤海与黄海沿岸的渔业和盐业生产技术也传播到东海和南海沿岸,而长江流域比较先进的造船与航海技术也传播到了北方。

三国时期,东吴的孙权与辽东的公孙渊海上来往密切。曹魏朝廷在一道公文中指出,"比年已来,(东吴)复远遣船,越渡大海,多持货物,诳诱边民。边民无知,与之交关。长吏以下,莫肯禁止。至使周贺浮舟百艘,沈滞津岸,贸迁有无。既不疑拒,赍以名马,又使宿舒随贺通好"。[5] 这是说,近年以来,东吴与辽东的公孙氏在海上互通来往。东吴派遣周贺,带领上百艘船只到达魏国的边地,以贸易为名,购买战马。而魏国的地方官不仅不加以禁止,反而派遣人员跟随周贺前往东吴,互相通好。于此可见,曹魏与孙吴尽管以长江为界南北对峙,但大海却成为南北经济联系的通道。233 年(魏青龙元年,吴嘉禾二年),吴国遣使前往朝鲜半岛联络高句丽王国。高句丽王因此派遣使团,向东吴"贡貂皮千枚,鹖鸡皮十具"。[6]

〔1〕《三国志》卷八,魏书八,《陶谦传》,中华书局,1964 年,第 249 页。
〔2〕《宋书》卷五四,列传第十四,《沈昙庆传》,中华书局,1974 年,第 1540 页。
〔3〕《三国志》卷五四,吴书九,《周瑜传》,中华书局,1964 年,第 1267 页。
〔4〕 王溥:《唐会要》,卷七七,《诸使上·巡察按察巡抚等使》,文渊阁《四库全书》本,第 26 页。
〔5〕《三国志》卷八,魏书八,《公孙度传》,中华书局,1964 年,第 255 页。
〔6〕《三国志》卷四七,吴书二,《江表传》,中华书局,1964 年,第 1140 页。

吴黄武五年(226年),孙权派出以从事朱应、中郎将康泰为首的外交使团出访东南亚各国。据记载,该使团在东南亚活动时间长达十余年之久。"其所经及传闻则有百数十国,因立记传"。[1] 该使团回国后,朱应和康泰分别撰写了《扶南异物志》和《吴时外国传》,记载其使团活动经过及当地风物见闻。这两本书虽然现在已经失传,但是,其部分内容保存在《水经注》《艺文类聚》《通典》、《太平御览》等书中。

南朝初年,印度支那半岛上的林邑国(今越南中南部)曾派人阻截中国商船。元嘉二十一年(445年),宋文帝发兵讨伐林邑,宋军获胜,史称"象浦之役"。永明二年(484年),海路再次受阻,齐武帝再次发兵讨伐,林邑国王表示臣服,海路于是再次通达。由于海路畅通,据说东晋时期的都城建康(今南京),"贡使商旅,方舟万计"。当时的交州港,"外接南夷,宝货所出,山海珍怪,莫与为比"。[2] 三国时期的魏国也与罗马帝国建立了外交外贸联系,"大秦道既从海北陆通,又循海而南,与交趾七郡外夷比。又有水道通益州永昌,故永昌出异物"。[3] 于此可见,三国时期,中国与罗马之间的贸易是陆路与海路并行。

阿拉伯国家历史记载:"中国的商船,从公元3世纪中叶开始向西,从广州到达槟榔屿,4世纪到达锡兰,5世纪到亚丁,终于在波斯及美索不达米亚独占商权。"[4]另一位阿拉伯史学家也说,"中国船只于5世纪航行至幼发拉底河的希拉城,与阿拉伯人进行贸易"。[5]

黄龙元年(229年),孙权称帝于建康,旋即派遣将军卫温、诸葛直率军万人浮海探寻前往夷洲(台湾)、亶洲(日本列岛)的海路。卫温和诸葛直率领船队横渡台湾海峡,到达夷洲。但是,他们认为亶洲所在绝远,无法到达。于是,但得夷洲数千人还。由于他们没有完全执行命令,"违诏无功",孙权命令将其下狱诛死。

福建地区造船业的发展有赖于吴国谪臣的迁徙,"其自内郡徙边区者,多犯罪之人"。例如,凤凰三年(272年),"会稽妖言:章安侯奋当为天子。临海太守奚熙与会稽太守郭诞书,非论国政。诞但白熙书,不白妖言,送付建安作船"。[6] 这里的"建安"是指三国时期的建安郡,位于福建北部,或称建瓯、建

〔1〕《梁书》卷五四,列传第四十八,《诸夷传》,中华书局,1973年,第783页。
〔2〕《南齐书》卷一四,志第六,《州郡志》上,中华书局,1972年,第266页。
〔3〕《三国志》卷三〇,魏书三十,附注,第八六一,中华书局,1964年,第861页。
〔4〕转引自王仲荦《魏晋南北朝史》上册,第489页。
〔5〕[阿拉伯]马斯欧迪:《黄金原和宝石矿》,转引自张嫱艳、颜浩《魏晋南北朝的海上丝绸之路及对外贸易的发展》,《沧桑》2008年第5期。
〔6〕《三国志》卷四八,吴书三,《三嗣主传》,中华书局,1964年,第1170页。

州。由此可见,南北航海技术的交流,促进了福建航海技术的发展。

第三节 隋唐时期的海上贸易与港口

隋唐时期,政治稳定,经济繁荣,文化昌盛。由于全国海道已经开通,东亚的国际海道和南海海道均已开通,海上交通运输十分繁忙。开元时期,开始进行大规模海上运输。据《开元水部式》残卷所记,"沧、瀛、贝、莫、登、莱、海、泗、魏、德等十州,共差水手五千四百人,以三千四百人海运,二千人平河,宜二年与替"。[1] 在这十个州中有五个滨海州,即沧州、登州、莱州、海州、泗州,共有3 400 人参与海运。每两年轮换一次。除了向内地运输各种物资之外,还向辽东半岛运输军需和人员。"安东都里镇防人粮,令莱州召取当州经渡海深谙知风水者,置海师二人,舵师四人,隶蓬莱镇,令候风调海晏,并运镇粮"。都里镇是唐朝设立在辽东的一个军镇,每年人员来往和军需均由海运来解决。唐代向辽东运兵,也经常采用海运方式。"云帆转辽海,粳稻来东吴"。[2] "幽燕盛用武,供给亦劳哉。吴门转粟帛,泛海凌蓬莱"。[3] 杜甫的这些诗文就反映了江南稻米海运到辽东的情况。

隋唐时期,在黄海和东海上,经常有中、日、韩三国使臣乘坐的船只。据研究者统计,唐朝与新罗之间的关系密切。新罗以各种名义向唐朝派遣使节126 次,唐朝向新罗派遣使节 34 次,双方使节来往达到 160 次。[4] 唐朝时期,日本共向唐朝派出 19 次遣唐使,实际到达唐朝的遣唐使是 15 次。[5] 唐朝文化交往是双向的,既有日本的遣唐使来华学习,又有中国学者前往日本传学。僧人鉴真受邀前往日本传戒,历尽艰辛和波折,到达日本九州和平城(今奈良)。无论是新罗派往中国的使臣,还是日本的遣唐使,经由海路来中国,都要携带大批物资。在这些物资中,既有贡品也有在市场上出售的商品。在这些使团返回时,不仅携带大量唐王朝的回赠品,而且在市场上还可以购买到亲友们所需的物品。日本的《延喜式》中记载了送给唐朝皇帝的贡品清单和遣

---

〔1〕 刘俊文:《敦煌吐鲁番唐代法制文书考释》,中华书局,1989 年,第 330—331 页。
〔2〕 杜甫:《后出塞五首》,见《全唐诗》卷二一八,文渊阁《四库全书》本,第 11 页。
〔3〕 杜甫:《昔游》,见《全唐诗》卷二二二,文渊阁《四库全书》本,第 15 页。
〔4〕 杨昭全:《中朝关系史论文集·唐与新罗之关系》,世界知识出版社,1988 年,第 11 页。
〔5〕 藤家礼之助:《日中交流二千年》,北京大学出版社,1982 年,第 99—103 页。

唐使人员随船携带的用于交易的物品。[1]　因此,从某种程度上说,这些外交活动附着着外贸的色彩。

隋唐时期,除了官方的贸易活动之外,民间的贸易更加频繁。唐朝时有很多新罗人定居在中国沿海港口和城镇。为了管理的便利,当时官府专设新罗所,或称新罗坊、新罗馆,安置新罗的侨民。日本圆仁和尚在其《入唐求法巡礼行记》中记载了新罗人在中国的侨居和海上船只来往情况。他说在登州城南街有新罗所,在新罗所中不仅有大量新罗人聚集,而且还收容日本人。[2]　新罗人在侨居地庆祝中秋节,"歌舞管弦以昼续夜"。[3]　开成四年(839年)春天,日本遣唐使返国时,在中国一次雇用了9只新罗船,"更雇新罗人谙海路者六十余人,每船或七或六或五人"。[4]　日本遣唐使在中国海岸一次可以雇用到新罗这么多船只和水手,由此可以想见新罗人在中国从事贸易和海上运输的人很多。

不过,唐代的海上对外贸易活动事实上已经转移到了南方。"广州地际南海,每岁有昆仑乘舶以珍货与中国交市"。[5]　其中以师子国舶,"长二十丈,可载六七百人","南海舶,外国船也。每岁至安南、广州,师子国舶最大,梯而上下数丈,皆积宝货。至则本道奏报,郡邑为之喧阗"。[6]　作为海上丝绸之路起点的泉州和广州,每年迎来大批南亚和阿拉伯商人。唐设福建观察使、清源(即泉州)参事处、平海参事处,负责征收蕃舶、商舟之税。"每发蛮舶,无失坠者,人因谓之招宝侍郎",在泉州贸易的主要是阿拉伯人、波斯人和东南亚人。后来,在扩建泉州城时,环城种植了刺桐树,因此泉州又有了一个别称——刺桐城。唐朝人称阿拉伯国家为大食。据记载,从唐高宗到德宗时期,大食派遣到中国的朝贡使团有40多次。非官方的民间交往十分频繁,无法统计。

据《苏莱曼游记》记载,当时在广州的阿拉伯人数达到10万余人。"广府河在距广府下游六日或七日行程的地方入中国海。从巴士拉、斯拉夫、阿曼、印度各城、阇婆格诸岛、占婆以及其他王国来的商船,满载着各国的货物逆流而上"[7],到达广州。正是由于西亚和南亚各国商人众多,贸易额巨大。唐高宗显庆六年(661年),朝廷在广州设立了第一个专门管理对外贸易的机构——市舶使。"东南际

〔1〕　张声振:《中日关系史》,吉林文史出版社,1986年,第109—111页。
〔2〕　白化文校注:《入唐求法巡礼行记校注》,花山文艺出版社,1992年,第222页。
〔3〕　白化文校注:《入唐求法巡礼行记校注》,花山文艺出版社,1992年,第178—179页。
〔4〕　白化文校注:《入唐求法巡礼行记校注》,花山文艺出版社,1992年,第128页。
〔5〕　《旧唐书》卷八九,列传第三十九,《王方庆传》,中华书局,1975年,第2897页。
〔6〕　《唐国史补》卷下,《松窗杂录(及其他四种)》,中华书局,1991年,第164页。
〔7〕　《阿拉伯波斯突厥人东方文献辑注》,中华书局,1989年,第17页。

海,海外杂国,时候风潮,贾舶交至,唐有市舶使总其征"。[1] 市舶使一般由宦官担任,有时由节度使兼领。其主要职责是管理对外贸易,征收关税,并为宫廷采购奇珍异宝。在税收方面,朝廷禁止官吏滥征关税。太和八年(834 年)的一则圣旨明确指出:"南海蕃舶本以慕化而来,固在接以恩仁,使其感悦。如闻比年,长吏多务征求,嗟怨之声,达于殊俗。况朕方宝勤俭,岂爱遐琛。深虑远人未安,率税犹重,思有矜恤,以示绥怀。其岭南、福建及扬州蕃客,宜委节度观察使常加存问,除舶脚、收市、进奉外,任其来往通流,自为交易,不得重加率税。"[2] 此处的"舶脚",就是船钞税。"收市",就是收购品。"进奉",就是贡品。唐代市舶使有以下职责:其一,"籍其名物",即登记外国商人的姓名和货物;其二,"纳舶脚",即下项税,类似于清代的船钞税;其三,"禁珍异",即由宫廷收购珍宝,限制自由买卖;其四,征收货税,一般征收十分之一;其五,保管外国商人货物;其六,管理外国商人在华贸易和生活。

图六二 《蕃坊觅踪》(2010 年版,封面)

"先是土人与蛮僚杂居,婚娶相通,吏或挠之,相诱为乱。钧至立法,俾华蛮异处,婚娶不通,蛮人不得立田宅。由是徼外肃清,而不相犯"。[3] 为了管理的便利,在广州城设置"蕃坊",专供外国人侨居,并设蕃坊司和蕃长,负责管理(图六二)。[4] 其用意在于防止中国人与外国人杂居通婚,在于防止外国人在中国置买田地和宅基等不动产。

"诸化外之人,同类自相犯者,各依本俗法;异类相犯者,以法律论"。[5] 这是说,同一国籍或同一民族的人相互之间侵犯他人利益,按照其本国或本民族的习惯法处理。而不同国家或不同民族之间相互之间侵犯他人利益,则按照唐朝法律来处理。阿拉伯商人苏莱曼记载说:在

〔1〕 罗濬:《四明志》卷六,《郡志·叙赋下·市舶》,北京图书馆出版社,2003 年影印,第 1 页。
〔2〕 《全唐文》卷七五,文宗七,《太和八年疾愈德音》,嘉庆十九年(1814 年)扬州全唐文局刻本,第 1—2 页。
〔3〕 《旧唐书》卷一七七,列传一二七,《卢钧传》,中华书局,1975 年,第 4592 页。
〔4〕 《唐国史补》卷下,《松窗杂录(及其他四种)》,中华书局,1991 年,第 164 页。
〔5〕 长孙无忌:《唐律疏义》卷六,中华书局,1983 年,第 133 页。

商人云集的广州,中国政府委任一位穆斯林处理各穆斯林之间的纠纷。这是按照中国皇帝的旨意办理的。每逢伊斯兰节日,总是由他带领穆斯林进行祷告,并为穆斯林的苏丹祈祷。此人行使职权,做出的一切判决,并未引起伊拉克商人的异议。因为他的判决是合乎正义的,是合乎至尊无上的真主的经典的,是符合伊斯兰法律的。[1]

　　正是唐朝官府实行的开放和优惠政策,使广州成为繁荣的城市。"诸蕃长远慕望风,宝舶渐臻,倍于恒数……除供进备之外,并任蕃商列肆而市,交通夷夏,富庶于人,公私之间一无所缺"[2]。 由于阿拉伯商人在中国从事贸易活动人数众多,为了满足其自身宗教生活的需要,又将伊斯兰教带到中国(图六三)。"唐开海舶,西域回教默德那国王谟罕慕德其母舅——番僧苏哈白赛来中土贸易,建光塔及怀圣寺"[3]。 "蕃塔始于唐时,曰怀圣塔,纶囷直上,凡六百五十丈。绝无等级,其颖标一金鸡,随风南北。每逢五六月,夷人率以五鼓登其绝顶,叫佛号,以祈风信,下有礼拜堂"[4]。 在泉州也是这样,不仅建有寺院,而且在泉州城东郊外建有阿訇的墓地,灵山就是埋葬阿拉伯著名阿訇的茔地。

图六三　19世纪外国人绘制的广州怀圣寺光塔(广州市伊斯兰教协会藏)

　　公元8世纪,中国海商前往西亚贸易,通常从泉州或者广州出发,循海岸航行,经过长途跋涉才能到乌喇,然后换乘小船到达巴士拉。到了9世纪,中国商

〔1〕 穆根来等译:《中国印度见闻录》,中华书局,1986年,第7页。
〔2〕 韩振华:《唐代南海贸易志》,《福建文化》1948年第2卷第3期。
〔3〕 《番禺县志》卷五三,台湾:成文出版社有限公司,1967年,第651页。
〔4〕 方信儒:《南海百咏》,中华书局,1985年,第7页。

船前往阿拉伯贸易则必须停靠在巴士拉和乌喇东南的波斯一个名叫斯拉夫(Siraf)的港口。这是因为幼发拉底河和底格里斯河淤积导致大型商船无法到达乌喇,只好选择斯拉夫停泊,然后把货物装在小船上,才能运达巴士拉。由于必须在斯拉夫中转,斯拉夫很快成为中阿商品的集散地。据记载:"大部分的中国船都是在斯拉夫装了货启程的。所有的货物都先从巴士拉和阿曼及其他各埠运到了斯拉夫,然后装到中国船内。其所以要在此换船者,为的是波斯湾内风浪险恶,而其他各处的海水不很深。"[1]正是由于中国商品需要在斯拉夫中转,使斯拉夫一度成为西亚很富裕的港口城市。

海港在古代是各种海船的抛锚地,是安全的避风港,也是货物与人员的集散地。海上帆船运输离不开港口,唐代海上运输繁忙也体现在海港的不断开辟上。辽东半岛上的都里镇、三山浦,山东半岛上的登州港,淮安附近的楚州港都是当时著名的港口。中小港口则不胜枚举,诸如青山浦、赤山浦、乳山浦、牢山港、陶村、邵村浦、卢山港、长淮浦、旦山浦,等等,都是帆船在黄海和渤海沿海岸航行的避风港。南方的广州港、泉州港、福州港、明州港(今宁波港)、扬州港、杭州港更是驰名中外。此外,东海和南海沿岸还有数不清的避风港,随时为中外商人提供海上生活补充品和各种保护。

"海外诸国,日益通商。齿革羽毛之殷,鱼盐蜃蛤之利,上足以备府库之用,下足以赡江淮之求",[2]唐代是中国古代经济和文化发展的一个高峰期。不仅对外陆路贸易相当繁荣,而且海路贸易也相当兴旺。促进海上贸易的因素很多,最主要的是航海业和造船业的进步为海上贸易提供了前提条件,而唐朝廷推行的开放政策则为其提供了政治保障。通过陆路和海陆丝绸贸易,增进了中国与南亚、西亚和欧洲经济、文化和科学技术的交流,对古代人类文明进步产生了深远影响。

---

〔1〕 《苏莱曼东游记》,中华书局,1937年,第18页。
〔2〕 张九龄:《开凿大庾岭路序》,《曲江集》卷一七,文渊阁《四库全书》本,第5页。

第十四章　宋元明时期海外贸易与海防(960—1643年)

第一节　宋元时期海洋贸易与管理

一、两宋时期海洋贸易与管理

北宋建国之后,始终未能真正完成统一中国大业,长城以北、陕西、四川和云南以西中国领土,非宋所有,陆地上丝绸之路自然中断,不得不一心一意发展海上贸易。当然,宋代的农业、手工业和科学技术的发展也为对外贸易的开展提供了坚强的动力。不仅农业方面出现了"苏湖熟,天下足"的局面,而且手工业方面出现了纺织、陶瓷、矿冶、金属制造业快速发展的势态,特别是火药火器、指南针、印刷等科学技术方面的发明与传播成为国家的象征。

宋代统治者意识到"市舶之利,颇助国用",[1]南宋高宗在绍兴七年的上谕中也说:"市舶之利最厚,若措置合宜,所得动以百万计。岂不胜取之于民!朕所以留意于此,庶几可以宽民力尔。"[2]因此,两宋朝廷一直鼓励商人从事海上贸易。北宋时期,规定商人出海贸易,应领取凭照,以备稽查。"商贾许由海道往外蕃兴贩,并具船货名数,所诣去处,申所在册"。[3] 在商船返回时,要求该船商人到市舶司接受检查,实报关交税。"未经抽解,虽一毫,皆没其余货",[4]

---

〔1〕 《建炎以来系年要录》卷一一六,绍兴七年闰十月辛酉,中华书局,1956年,第1868页。

〔2〕 《宋会要辑稿》卷一一二四,《职官》四四,中华书局,1957年,第3373页。

〔3〕 李焘:《续资治通鉴长编》卷四五一,元祐五年十一月己丑,文渊阁《四库全书》本,第1页。

〔4〕 朱彧:《萍洲可谈》,梁廷枬辑:《南越五主传及其他七种》,广东人民出版社,1982年,第99页。

"凡舶至,帅漕与市舶监官茇阅其货而征之,谓之抽解"。[1]

同时,为了加强对商人的控制,也是为了征税和管理的便利,规定了中国商人相互之间的责任和义务。"船户每二十户为甲,选有家业行止众所推服者二人,充大小甲头,具置籍,录姓名年甲并船橹棹数,其不入籍并橹照过数及将堪以害人之物,并载外人在船,同甲人及甲头知而不纠,与同罪"。[2]

宋初,对中国商船出海贸易没有限制,这样容易出现走私贸易。到了端拱二年(989 年),宋太宗诏令:"自今商旅出海外蕃国贸贩易者,须于两浙市舶司陈牒,请官给券以行,违者没入其宝货。"[3]这显然是为防止走私贸易而采取的措施。但是,广州、泉州、温州等地的商人如果往南洋各国贸易,必须先北上杭州请牒,然后再折返回去,显然不便,因此就近分别设立市舶司。明州和广州两个市舶司的设立,解决了南贩北运申请出海贸易的凭证问题。"非广州市舶司辄发过南蕃纲舶船,非明州市舶司而发过日本、高丽者,以违制论,不以赦、降、去官原减"。[4]这就是按照不同方向办理出国贸易手续。发船前往各国贸易主要针对的是中国商船,而非前来中国的蕃船。广州与明州市舶司的设立只是解决了一部分"请牒"问题,事实上对于沿海区出国贸易的商人而言,仍很不便。例如,自山东和江苏出海贸易,必须前往宁波"请牒",自广西前往南洋各国贸易,必须前往广州"请牒",均属不便。因此,亦就近设立市舶司,以方便中国商人"请牒"。中国商船自海外贸易归来,按照最初规定,只能在市舶司指定的港口停泊,以便"抽解"。后来,发现上述规定不合实际,于是允许回国商船可以停泊在任何一个市舶司管辖的港口,只要按照规定抽解关税即可。不过,又有许多弊端发生。

宋代,先后在广州、杭州、明州、澉浦、泉州、密州、秀州、温州和江阴设立了九个市舶司,负责管理对外贸易。宋太祖开宝四年(971 年),宋军攻克广州,设立市舶司,命潘美、尹崇珂充任市舶使,续收前代市舶之利。[5]宋太宗端拱二年(989 年),首先在杭州设立市舶司[6];宋太宗淳化三年(992 年)迁至明州,而后再迁回杭州。宋真宗时期(998—1022 年),始命在杭州和明州各设市舶司,"听蕃官从便"。[7]泉州市舶司设立于宋哲宗元祐二年(1087 年),密州市舶司设

〔1〕 朱彧:《萍洲可谈》,梁廷枏辑:《南越五主传及其他七种》,广东人民出版社,1982 年,第99 页。

〔2〕 李焘:《续资治通鉴长编》卷四五一,元祐六年七月戊辰,文渊阁《四库全书》本,第 15 页。

〔3〕《宋会要辑稿》卷二一二四,《职官》四四之二,中华书局,1957 年,第 3364 页。

〔4〕 苏轼:《东坡全集》,卷五八,《乞禁商旅过外国状》,文渊阁《四库全书》本,第 1 页。

〔5〕《文献通考》卷六二,《职官·提举市舶》一六,浙江古籍出版社,1988 年,第 563 页。

〔6〕《宋会要辑稿》卷二一二四,《职官》四四之二,中华书局,1957 年,第 3364 页。

〔7〕《文献通考》卷六二,《职官·提举市舶》一六,浙江古籍出版社,1988 年,第 563 页。

立于元祐三年(1088 年),[1]秀州市舶司设于宋徽宗政和三年(1113 年),温州和江阴市舶司设于南宋高宗绍兴元年(1131 年),[2]澉浦市舶场设于南宋理宗淳祐六年(1246 年)。两宋时期,虽然设立了 9 个市舶机构,而实际上分属 4 个市舶司,即广南路市舶司、福建市舶司、两浙市舶司和河北东路市舶司。广南路市舶司又称广州市舶司,福建市舶司又称泉州市舶司,河北东路市舶司又称密州市舶司,杭州、明州、秀州、江阴和温州市舶司或市舶务均隶属于两浙市舶司。南宋时期,密州市舶司沦入金人管辖区,自动废置,南宋朝廷只有广南、福建、两浙 3 个市舶司。乾道二年(1166 年),因两浙市舶司官委冗滥,罢提举市舶司,存留 5 处市舶务。不过,此后外国到浙江的船只逐渐集中到明州一处。至宋光宗、宁宗统治时期,废除了温州、秀州和江阴 3 个市舶务。不过,在宋理宗时期又添设澉浦市舶场。两宋时期市舶机构根据中外贸易情况设置。一般来说,外国商船来往不受限制,只要外国船只到来,地方官就奉命接待。即使没有市舶机构,也会委派地方官员代理处置。

宋初,市舶使不是专职,一般由知州兼任。宋神宗时期,开始设立专职市舶使,长官为提举市舶使,下设监官、专库和手分等辅佐官员。其官署,在明州和杭州称为提举市舶司,在各州则称其为"市舶务",或"市舶场"。市舶使的主要职责是,招徕蕃舶,为外商提供必要的服务,管理出海贸易的中国商船,颁发凭照,征收关税,清查中外商船装载的进出口货物,缉查走私犯罪,代为宫廷购买所需物品,管理蕃巷和蕃坊。两宋时期管理对外贸易依据管理条例,例如,元丰三年(1080 年)的《广州市舶条》详细规定了发舶、回港、抽解、博买、禁榷、违禁、奖惩和优恤蕃商等条目,可惜这一条例已经失传。[3]

两宋时期招徕外商,不仅仅是靠派遣使者,更主要的手段是实行优惠政策。其一,热情接待外国商人。外国海舶到港,所在州、军市舶机构必委派官员前往迎接,预备车马,接入馆驿,用官钱设宴,配以妓乐。凡是离港之时,也要设宴欢送。这一措施从宋朝初年就开始实行。"广州自祖宗以来,兴置市舶,收课入倍于他路,每年发舶月份,支破官钱管设津遣。其蕃汉纲首、作头、

〔1〕　例如,密州市舶司设立于元祐三年(1088 年)。元丰五年(1082 年)密州知州范锷奏请设立市舶司,说明该地控东南海道,三日可抵明州定海,海商络绎不绝,宜在本州板桥镇设置市舶司。1088 年,范锷再请设立市舶司,谓:"广南、福建、淮浙贾人航海贩物至京东、河北、河东等路,运载钱帛丝绵贸易,而象、犀、乳香珍异之物,虽尝禁榷,未免欺隐,若板桥市舶法行,则海外诸货物积于府库者必倍于杭、明而州。使商舶通行,无冒禁罹刑之患,而上供之物,免道路风水之虞。乃置密州板桥市舶司。"(《宋史》卷一八六,志一三九,《食货下》八,中华书局,1977 年,第 4561 页。)

〔2〕　《宋会要辑稿》卷二一二四,《职官》四四之一六,中华书局,1957 年,第 3371 页。

〔3〕　《宋会要辑稿》卷二一二四,《职官》四四之六,中华书局,1957 年,第 3366 页。

梢工等人,各令以坐,无不得其欢心,非特营办课利,盖欲招徕外夷,以致柔远之意"。[1] 福州市舶司也是这样热情招徕。例如,绍兴十四年(1144年),一位新任泉州市舶使指出,"臣昨任广南市舶司,每年于十月内,以例支破官钱三百贯文,排办筵宴,系本司提举官同守臣犒设诸国蕃商等。今来福建市舶司,每年止量支钱委市舶官备办宴设,委是礼意与广南不同。欲乞依广南市舶司体例,每年于遣发蕃舶之际,宴设诸国蕃商,以示朝廷招徕远人之意"。[2] 宋高宗当即批准、执行。

其二,对于漂泊和损坏的蕃舶给予拯救和抚恤。外国海商来中国贸易,或者经过中国海域前往其他国家和地区,难免在海洋遭遇风暴袭击,以致出现漂泊和海船受损等海难事故。按照规定,宋朝沿海官员有责任和义务予以救助。例如,乾德元年(963年)秋季,高丽使团在登州海面遭遇大风,使团溺死90余人,只有贡使幸免于难,朝廷诏令抚恤。熙宁九年(1076年)秋季,在秀州华亭县海岸发现有20多名外国难民,官府立即给予官舍官食。元符二年(1099年)规定:"蕃船为风飘着沿海州界,若损败及舶主不在,官为拯救,录物货,许其亲属召保认还。"[3]

其三,保护外国商人合法权益。宋朝条例规定中外商人应当和买和卖,市舶司官员不得勒掯外商,不得要挟,不得索贿。如有上述情弊,允许外商控告和申诉。例如,建炎元年(1127年),诏令市舶司,"有亏蕃商者,皆重置其罪,令提刑司按举闻奏"。[4] 1135年(绍兴五年)规定:"市舶务监官并见任官诡名买市舶司及强买客旅舶货者,以违制论……许人告。"[5]

其四,实行优惠政策,鼓励外商来华贸易。例如,规定:"倭船到岸,免抽薄金子。"[6]这一政策实施后,大批商人来华贸易,不仅国家"所损无毫厘",[7]而且受益超过3万贯。

其五,奖励蕃商与纲首。"广州蕃坊,海外诸国人聚居,置蕃长一人,管勾蕃坊公事,专切招邀蕃商入贡"。[8] 纲首是指中外商船的船长,朝廷鼓励纲首招

〔1〕《宋会要辑稿》卷二一二四,《职官》四四之一四,中华书局,1957年,第3370页。

〔2〕《宋会要辑稿》卷二一二四,《职官》四四之二四,中华书局,1957年,第3375页。

〔3〕《宋会要辑稿》卷二一二四,《职官》四四之八,中华书局,1957年,第3367页。

〔4〕《宋会要辑稿》卷二一二四,《职官》四四之一一,中华书局,1957年,第3396页。

〔5〕《宋会要辑稿》卷二一二四,《职官》四四之一九,中华书局,1957年,第3401页。

〔6〕梅应发等编:《开庆四明续志》卷八,中华书局,1990年宋元地方志刊本。

〔7〕梅应发等编:《开庆四明续志》卷八,中华书局,1990年宋元地方志刊本。

〔8〕朱彧:《萍洲可谈》,梁廷枏辑:《南越五主传及其他七种》,广东人民出版社,1982年,第101页。

引各国商人来华贸易,有功者给予奖励,甚至给予官爵。绍兴六年(1136 年),规定:"诸市舶纲首能招诱舶舟,抽解物货累价及五万贯、十万贯者,补官有差。"[1] 是年,蕃客蒲啰辛和纲首蔡景芳即因招商有功,先后补授承信郎,蒲啰辛还被赐予公服履笏。[2] 南宋末年,阿拉伯商人蒲寿庚因常年在华招商,曾被委任为泉州提举市舶司。[3]

其六,举行祈风典礼。帆船行驶,凭借风力。商船在海洋行驶是否顺利,与海风顺逆和大小关系密切,无不祈求海神庇佑。官方希望海商一路顺风,遂组织典礼,带头祈祷海神风神。南宋泉州太守真德秀(图六四)在《祈风文》中这样写道:"惟泉为州,所恃以足公私之用者,蕃舶也。舶之至时与不时者,风也。而能使风之从律而不愆者,神也。是以国有典祀,俾守土之臣一岁而再祷焉。呜呼! 郡计之殚,至此极矣……引领南望,日需其至,以宽倒悬之急者,惟此而已。神其大彰其灵,俾波涛晏清,舳舻安行,顺风扬飘,一日千里,毕至而无梗焉。是则吏民之大愿也。"[4] 从这一祈风文中可以看到,每年官府要为商船顺利出海和返回进行两次祈祷典礼,四月祈求南风如期而至,祈求商舶顺利返回祖国,十月祈求北方季风如期而至,祈求商舶顺利出海。祈风的地点在南安九日山延福寺通远善利广福祠进行,由此可见,海上贸易已经成为国家的重要财源。真德秀生活在南宋后期,国力衰弱,国家财政对于关税有很大依赖性。"引领南望,日需其至,以宽倒悬之急者"。

图六四　真德秀画像(《西山先生真文忠公文集》插图)

南安九日山现存宋代祈风石刻十方,是泉州官府举行祈风仪式后留下的珍贵记录。例如,其中一方这样写道:"淳熙十年,岁在昭阳单阏闰月廿有四日,郡守司马伋同典宗赵子涛、提舶林劭、统军韩俊以遣舶祈风于延福寺通远、善利、广福王祠下。修故事也。遍览胜概,少息于怀古堂,待潮泛舟而归。"[5]

〔1〕　《宋史》卷一八五,志第一三八,《食货志》下,中华书局,1977 年,第 4537 页。
〔2〕　何乔远:《闽书》卷一五二,第五册,福建人民出版社,1995 年,第 4496 页。
〔3〕　《宋史》卷四七,本纪第四七,《瀛国公·二王附》,中华书局,1977 年,第 942 页。
〔4〕　真德秀:《西山先生真文忠公文集》卷五〇,《祈风文》,四部丛刊本。
〔5〕　吴文良:《泉州九日山摩崖石刻》,《文物》1962 年第 11 期。

宋代对于寄居的蕃商管理沿袭唐朝的办法。大量蕃商侨居中国,广州城外汉、蕃杂居,数量达到万家。为便于管理,宋徽宗时期,在市舶司机构附近划出一片空地,修建房屋,专供蕃商居住,这些街坊被称为"蕃巷"或"蕃坊"。从"因俗而治"的观念出发,一般在蕃坊内招募一名外籍人员担任蕃长。蕃长对市舶使负责。市舶使责成其管理蕃商日常活动,并负责处理蕃商之间发生的各种矛盾和诉讼案件。宋代法律对外国商人的合法权益给予保护,规定:所有蕃舶进入港口,均由市舶司派人检查,目的是防止奸人混入和走私漏税。所有蕃舶出口,必须经市舶司派人查看,主要检查有无违禁品,以防走私透漏。

当时称征收关税为"抽解"。所谓"抽解",就是按照官价抽收一定比例的金钱和实物。细色(体积小而价格高的物品)抽一分,粗色(体积大而价格低的物品)抽三分,然后将这些钱和物解送到京城。从北宋末年开始,泉州贸易日益兴盛,逐渐与广州并驾齐驱。到南宋时期,泉州对外贸易快速发展,后来者居上,海外商船聚集泉州,到元代成为中国对外贸易的最大港口。在泉州贸易的蕃人,既有来自东亚的日本人、新罗人、东南亚人,又有来自西亚的大食人、波斯人和南亚次大陆的印度人。乾道元年(1165 年),诏令撤销两浙市舶司,提升泉州的市舶地位,与广州等同。于此可见,泉州在南宋时期的外贸地位相当重要。

总的来说,两宋时期的海上贸易政策是比较开放的。北宋时期,"国家根本仰给东南,而东南之利,舶商居第一"。[1] 南宋时期,"经费困乏,一切倚办海舶"。[2] 绍兴二十九年(1128 年),全国财政收入为 4 000 万缗,而市舶司收入为 200 万缗,约占财政总收入的 5%。[3] 关税显然成为两宋时期财政重要来源之一。巨大的外贸收入,虽然是由于商品经济的发展,而商品经济的发展又与海外贸易政策密不可分。宋代市舶司制度,不仅增加了宋王朝的财政收入,而且拓展了中外贸易,增进了中外经济和文化交流。

宋代的海禁政策。其一,禁止敌对国家贸易。北宋和南宋分别以辽、金为主要敌对国家。为防止奸细出入和透漏人口,两宋朝廷严加设防,只在陆地少数榷场互通贸易,但在海上严禁往来,甚至采取一些过激的措施。例如,发现有的海商以与高丽、新罗贸易为名,偷渡辽国口岸,进行贸易。朝廷发现之后,

───────────

〔1〕《宋史》卷一八六,志一三九,中华书局,1977 年,第 4560 页。

〔2〕顾炎武:《天下郡国利病书》卷一二〇,《海外诸蕃入贡互市》,《续修四库全书》第 597 册,2002—2013 年,上海古籍出版社,第 588 页。

〔3〕《建炎以来朝野杂记》甲集卷一五,《市舶司本息》,文渊阁《四库全书》本,第 20 页。

一度下令断绝了与高丽和新罗之间的贸易。"客旅商贩不得往高丽、新罗计登莱州界,违者并徒二年,船物皆没入官"。熙宁四年(1071 年),对断绝高丽和新罗的贸易政策有所调整,不仅允许中国商人继续前往高丽和新罗贸易,而且派人前往招徕高丽商人。元丰二年(1079 年),高丽"复与中国通"。元丰八年(1085 年),诏令:"惟禁往大辽及登莱州,其余皆不禁。"结果是海商争请公凭,"往来如织"。至于当时为何禁止前往交趾贸易,史载不详。其二,禁止中国商船擅自运载外国人来华。该项禁令何时发布,记载不详。但在元丰八年(1085 年)解除了上述禁令,诏令:"诸蕃愿附船入贡,或商贩者,听。"[1]元祐五年(1090 年),苏轼上《乞禁商旅过外国状》,认为外国商船如织,公然载运外国人来华,"骚扰所在",要求重新禁止。朝廷为此颁布诏令,"不得擅载,如违,徒二年,财物没官"。[2]但崇宁时期,又颁布诏令,说明:"如蕃商有愿随船来宋国者,听从便。"[3]这些禁令看似矛盾,实际是可以理解的。两宋官府招徕的是商人,而不是普通民众和奴隶。禁止擅自附带普通民众和奴隶,而不禁止外国商人附搭海船。其三,禁止铜钱和军用物资出海。由于宋代铜钱铸造质量较高,颇受各国欢迎,"无一国不贪好"。因为担心钱币大量流出,故宋朝法令严禁铜钱出海。例如,大中祥符六年(1013 年)诏令:"申禁广州蕃汉商旅将带铜钱过海。"[4]此后一再重申禁令。除了铜钱之外,军器一般也规定不得买卖、不得夹带。

为了保护合法贸易,同时监视商船进口出口,打击海盗活动,宋朝在沿海布置了相当的军事力量。两宋时期,在港口附近设立了巡检司,并配备一定数量的士兵。巡检司"掌巡逻稽查之事"。南宋时,"凡沿江沿海招集水军,控扼要害及地分阔远处,皆置巡检一员;往来接连和相应援处,则置都巡检以总之,皆以材武大小使臣充。各随所在,听州县守令节制"。[5]宋代在重要港口均设有巡检司,明州有昌国西监巡检司,福州有钟门巡检司,泉州有泉州巡检司,漳州有黄谈头巡检司,广州有望泊巡检司。各巡检司各有数百人控制海道,大的港口达到上千人。例如,广州港的巡检兵为 1 050 人。[6]海港附近的巡检司主要负责海上治安,监视和保护过往商船。海船入港,一般由巡检士兵护送

〔1〕 苏轼:《东坡全集》卷五八,《乞禁商旅过外国状》,文渊阁《四库全书》本,第 1 页。

〔2〕 《宋会要辑稿》卷一一二四,职官四四之一三,中华书局,1957 年,第 3370 页。

〔3〕 《朝野群载》卷二〇,《大宰府附异国大宋客商事》中所收宋崇宁四年明州所发去日本公凭。

〔4〕 章如愚:《群书考索》后集卷六〇,《财用门·铜钱》,文渊阁《四库全书》本,第 10 页。

〔5〕 《宋史》卷一六七,志一二〇,《职官志》七,中华书局,1977 年,第 3982 页。

〔6〕 陈大震:《大德南海志》卷一〇,《旧志兵防数》,广东人民出版社,1991 年影印,第 2—4 页。

至市舶码头,然后再实行"编栏"。巡检司在巡察各国海船时,主要负责检查其各种凭证。没有武装力量的管制,海上贸易难于有秩序地进行。巡检司的设立,保证了两宋海上贸易政策的贯彻和执行。但是,巡检司的设立又不免增加其行政管理成本。

总的来看,两宋时期的海外贸易政策比唐代更为有效,因此,中国与东亚日本、高丽,东南亚三佛齐,西亚的阿拉伯国家外贸联系明显加强。宋代设立市舶司的海外贸易港口多达9处。泉州港的地位迅速上升,南宋初年已与广州并驾齐驱,到南宋后期,跃居为全国最大的对外贸易港口。为了适应对外贸易蓬勃发展的需要,宋代的对外贸易管理制度较之唐代又有所改善。

二、元代的海洋贸易与管理

元代统治者认为对外贸易是损有余而补不足,即"以损中国无用之赀,易远方难制之物",[1]通过"诸蕃辅之"的手段,解决天子缺少某些物品的困难。至元十五年(1278年),元世祖忽必烈诏令通过外商宣传其贸易政策。"诸蕃国列居东南岛屿者,皆有慕义之心,可因蕃舶诸人宣布朕意。诚能来朝,朕将宠礼之。其往来互市,各从所欲"。[2]

至元十二年(1275年),元军第一次攻占广州,立即设立市舶司。旋因宋军反攻,市舶司暂停。至元十三年(1276年),元兵占领两浙,进入福建,立即在泉州、庆元、上海和澉浦四地设置市舶司。后来,又在杭州、温州和广州设置市舶司。元代市舶司的管辖屡经变化。"(至元)二十一年设市舶都转运司于杭、泉二府。九月,并市舶入盐运司,立福建等处盐课市舶都转运司。至二十二年正月,又诏立市舶都转运司。六月,又省市舶入转运司。二十三年八月,以市舶司隶泉府司……十二月,复置泉州市舶提举司。二十四年闰二月,改福建市舶都转运司为都转运盐使司……二十五年……四月,从行泉府司沙布鼎乌玛喇请置……市舶提举司。"[3]在短短五年之间,市舶司、盐课司、都转运司等三个机构变来变去,分分合合,反映了国家机关对于海洋产业(盐业生产、交通运输与海上贸易)的管理方案问题,即究竟采取综合管理呢,还是专业管理?元代市舶提举司,每司设提举二员,官阶五品,其市舶事务一般归各行省长官统一管理。"每岁集舶商于蕃帮,博易珠翠、香货等物,及次年回帆,然后听其货卖"。[4]市

〔1〕 苏天爵:《元文类》卷四〇,《市舶》,文渊阁《四库全书》本,第25页。
〔2〕 《元史》卷一〇,本纪第一〇,《世祖纪》七,中华书局,1976年,第204页。
〔3〕 王圻编:《续文献通考》卷二六,市籴二,浙江古籍出版社,1988年影印,第3024页。
〔4〕 《元史》卷九四,志第四三,《食货·市舶》二,中华书局,1976年,第2401页。

舶条例最初沿袭宋代规定。至元二十八年(1291 年),开始着手制定新的市舶条例,至元三十年(1293 年)终于修订成《整治市舶司勾当》22 件,延祐元年(1314 年),又进一步修订成市舶法则 20 条。其主要内容如下:

其一,严格执行凭证制度。规定:中国出海贸易船只必须向所在市舶司申请,领取公凭。申请人必须有物力户为之作保,必须经过保舶牙人这一中间环节。公凭内必须注写船主、直库、梢工、部领、碇手、作伴等船上所有人员的身份信息,以及该船货物数量、前往某国贸易等等。船舶回国后,必须回到出发港口进行抽解,不许在其他市舶司和港口停泊,不许将货物藏匿和转移。如发现作弊,"尽没入所有而罪其人,如律"。[1] 其二,抽解关税。元代抽解将商品分为粗、细二色,按不同比例抽税。至元二十年(1283 年),元世祖定市舶抽分例,"舶货精者货十之一,粗者十五之一"。[2] 抽解比例时有变化,"粗货十五分中抽二分,细货十分中抽二分"。[3] 除了正常抽解之外,在货物出卖之前还要再征一次税,比例为"以三十分为率,要抽一分"。[4] 其三,规定官员和市舶司官吏不得利用职务之便参与海外贸易。[5] 至于其他权要、名流,只要依法进行抽解,即可自由从事海外贸易。"诸王、驸马、权豪、势要、僧道、也里可温、答失蛮(伊斯兰教教职人员)诸色人等下蕃博易到物货,并仰依例抽解"。[6]

在元代中国从事海外贸易的人既有官商,又有私商。官商代表官府前往海外贸易,例如,至元十年(1273 年),世祖"诏遣扎术呵押失寒、崔杓持金十万两,命诸王阿不合市药师子国"。[7] 私商包括蒙古权贵商人、色目商人、汉族商人。资本雄厚的商人被称为"舶商",比较小的散商被称为"人伴"或"搭客"。

元朝在对外贸易港口设立来远驿或怀远驿接待外国使团和商人。外国使节到达港口后,一般由市舶司官员迎接入驿馆,再按照规定通报朝廷。然后根据朝廷指令护送其前往京城,沿途设立驿站(站赤)殷勤招待。元代对外贸易,比较注重海外奇珍的征购。

元代,泉州港的地位超越了广州,成为国际化的大都市,东亚最大的商品集

〔1〕　乌斯道:《转运使倪君大亨行状》,《春草斋集》卷五,文渊阁《四库全书》本,第 21 页。
〔2〕　《元史》卷一二,本纪第一二,《世祖纪》九,中华书局,1976 年,第 255 页。
〔3〕　方龄贵校注:《通制条格校注》卷一八,《市舶》,中华书局,2001 年,第 533 页。
〔4〕　方龄贵校注:《通制条格校注》卷一八,《市舶》,中华书局,2001 年,第 533 页。
〔5〕　方龄贵校注:《通制条格校注》卷一八,《市舶》,中华书局,2001 年,第 533 页。
〔6〕　方龄贵校注:《通制条格校注》卷一八,《市舶》,中华书局,2001 年,第 533—534 页。
〔7〕　《元史》卷八,本纪八,《世祖纪》五,中华书局,1976 年,第 148 页。

散地,影响力相当于埃及的亚历山大港。泉州市舶提举司设置于府治南水仙门内。据《岛夷志略》所记,在泉州贸易的国家和地区达到上百个。从泉州运出的主要货物有丝绸、瓷器、茶叶、糖和书籍。而从国外运入泉州的货物主要有香料、药材、琉璃、胡椒等,品种齐全,应有尽有。对于出口,元代禁止人口和部分商品出口,例如,金银、铜钱、铁货,男子、妇女人口,"不许下海私贩诸番"。弓箭、军器和马匹也一律禁止出口。至正十八年到至正二十七年(1357—1366年),泉州万户赛甫丁阿迷里可与管理泉州贸易的那兀纳之间爆发十年战争,导致泉州城遭到严重破坏。尤其是明朝初年的海禁政策,导致海上贸易一落千丈,泉州风光不再。

在宋元交替之际,广州屡经战火浩劫,海运能力受到严重影响,在元代对外贸易中尽管不如泉州那样重要,但仍有半壁江山。"海外真腊、占城、流求诸国蕃舶岁至,象、犀、珠玑、金、贝、名香、宝布诸凡瑰奇珍异之物宝于中州者,咸萃于是"〔1〕市舶收入比较可观,"抽赋帑藏盖不下巨万计"〔2〕。元代的庆元港,就是唐宋时期的明州港,是当时三大港口之一。

元代,留居中国的外国商人众多。由于侨民众多,各国宗教相继传入。儒教、佛教、道教、伊斯兰教、摩尼教、印度教(婆罗门教)、犹太教、天主教(唐代叫景教,元代叫也里可温教),各种宗教、各种语言文化、各种生活方式,应有尽有。在马可波罗看来,泉州乃是世界上最大的港口之一。这个地区风景秀丽,物产丰富,人民是偶像的崇拜者,性情平和,安居乐业。印度有许多富人来到这里,仅仅是想刺得一身美丽的花纹。大批商人云集于此,货物堆积如山,船舶往来如织,装载着各种货物,驶出和驶入,非常繁忙。〔3〕马可波罗在游记中不过如实描述了中国各地的情况,欧洲人由于对东方世界过于陌生,大都认为马可波罗有些言过其实,属于天方夜谭。但是,中国的富裕和奇风异俗激起了欧洲人的好奇心,探寻东方成为欧洲冒险家的强烈愿望。同宋代一样,官府设置蕃坊,管理外商。蕃长,在元代的阿拉伯文献中称为"谢赫·伊斯兰"。"中国每一个城市都设有谢赫·伊斯兰,总管穆斯林的事务。另有法官一人,处理他们之间的诉讼案件"。〔4〕

元代市舶司不再举行祈风典礼,而是举行祭祀海神仪式。祭祀海神仪式开始于宋代,仪式在泉州东南海边真武庙举行。真武庙在府治东南石头山上,宋时

---

〔1〕 杨翮:《送王庭训赴惠州照磨序》,《佩玉斋类稿》卷四,文渊阁《四库全书》本,第12页。
〔2〕 《渊颖吴先生集》卷九,四部丛刊初编,集部,上海书店,1989年影印,第15页。
〔3〕 《马可波罗游记》第二卷,中国文史出版社,2008年,第208—209页
〔4〕 马金鹏译:《伊本·白图泰游记》,宁夏人民出版社,1985年,第552页。

建立,"为郡守望祭海神之所"。天妃,据说是湄洲屿的一位叫作林默娘的女子,生于建隆元年(960 年),在 28 岁时成神,行善济人,用法力保护海上船只和水手。从宋代开始,一再显灵。民间对其崇拜有加,终于成为"天妃"。宣和四年(1122 年),给事中路允迪出使高丽,在海上遇险得救,以为该女子显灵,奏请朝廷封其为"灵惠昭应夫人",赐庙为"顺济"。绍兴二十五年(1155 年),封为崇福夫人。在朝廷褒扬之下,天妃影响不断扩大,成为中国海域的海神。元代出于海上交通安全的需要,对天妃不断加封。明代一再加封,为"弘仁、普济、护国、庇民、名著天妃"。

国家机关无论是以隆重典礼祭奠风神,还是祭祀海神,都是为了祈祷以海为生的民众平平安安。这反映了海洋社会的普遍愿望,当然亦符合官府的想法。到了清代,妈祖的信仰更加普及。"台湾往来,神迹尤著,土人呼神为妈祖,倘遇风浪危急,呼妈祖,则神披发而来,其效立应。若呼天妃,则神必冠帔而至,恐稽时刻。妈祖云者,盖闽人在母家之称也"。[1]

总之,宋元时期,开放的海洋政策,推动了中国海上贸易的发展。是时,形成了以中国商品、中国帆船和中国市场为依托的东亚和东南亚海上贸易网络,从而加速了本地区经济的发展和文化联系,海上贸易的多元化也成为元代的一个特点。而元代制订的第一部完整和系统的海上贸易管理条例,则将对外贸易的管理提高到新的水平。

第二节　明代的海禁与海防

明朝统治时期,中国的农业、手工业进一步发展,商品经济进一步活跃,开展海外贸易的物质基础更加雄厚。然而,明朝廷过高地估计了海盗的威胁,长期实施海禁政策,试图切断中外之间的民间贸易。15—16 世纪,欧洲人掌握了指南针的航海技术,发现了通往美洲的航路,世界政治、经济格局迅速发生变革。亚洲、非洲和拉丁美洲纷纷沦为欧洲人的殖民地。中国与欧洲国家的贸易逐渐发生,民间走私贸易迅速扩大。面对海盗的冲击,面对西方殖民势力的挑战,朝廷被迫取消民间贸易禁令。但是,仍采用诸多行政措施加以限制,作茧自缚,结果导致中国朝贡贸易体制处于不利地位,中国商船贸易范围不断萎缩。欧洲人在西太平洋和北印度洋的贸易中逐渐占据主导地位,中国在这些海域的贸易优势

---

[1]　赵翼:《陔余丛考》卷三五,河北人民出版社,2007 年,第 716 页。

逐渐丧失。

一、海禁与海防

元末,日本历史进入南朝与北朝对峙时期,其内战中的残兵败将以及商人、海盗,乘中国政治动荡之机,屡次寇掠中国滨海州县城镇乡村。这些海盗在中国历史上被称为"倭寇"。与此同时,方国珍、张士诚等残余势力仍在海上活动。"北自辽海、山东,南抵闽浙、东粤,滨海之区无岁不被其害"。[1] 据学者粗略统计:洪武时期遭受倭寇侵害44次,辽东1次,山东9次,南直隶7次,浙江16次,福建4次,广东7次。[2] 例如,洪武二年(1369年),"倭人寇山东海滨郡县,掠民男女而去"。[3] 又如,洪武四年,"寇胶州,劫掠沿海人民"。[4] 洪武时期的倭寇活动虽然对沿海民众生活造成了一定程度的扰乱,但是实事求是地说,这一时期并无真正的敌对国家,也无强大的海上异己力量足以威胁中国的沿海城镇安全和海上贸易。在国家政权鼎革之际,在海疆出现一些动荡和一些劫掠事件,在所难免,不必把形势估计得过于严峻。

为了抗击倭寇入侵和安定海疆,明朝廷采取了一系列应对措施。这些措施有的是正确的,有的是错误的,有的是过激的。其一,组织卫所,随时抗击。例如,洪武三年,"倭夷寇山东,传掠温、台、明州傍海之民,遂寇福建沿海郡县。福州卫出军捕之,获倭船一十三只,擒二百余人"。[5] 再如,洪武七年,"倭寇滨海州县,靖海侯吴祯率沿海各卫兵捕获,俘送京师"。[6] 组织沿海军民随时抗击倭寇和各种海盗,在任何时候都是正确的。

其二,委派舟师,游巡海面。朱元璋在建国过程中,非常重视水师的作用。洪武三年,组建水师24卫,"每卫船五十艘,军士三百五十人缮理,遇征调,则益兵操之"。[7] 这是说水师常备人员有8 400人,一旦遇到战争,随时扩充兵力,通过短期训练,即可用于征战。这些常备人员显然是指舵、水、碇、棚的操纵者和指挥官。洪武六年,德庆侯廖永忠奏请说:"今北边遗孽远遁万里以外,独东南倭寇负禽兽之性,时出剽掠,扰滨海之民。……臣请令广洋、江阴、横海、水军四卫添造多橹快船,令将领之。无事,则沿海巡徼,以备不虞;倭来则

---

〔1〕　谷应泰:《明史纪事本末》卷五五,《沿海倭乱》,中华书局,1977年,第843页。
〔2〕　范中义、仝晰纲:《明代倭寇史略》,中华书局,2004年,第18页。
〔3〕　《明太祖实录》卷三八,洪武二年正月乙丑,第781页。
〔4〕　《明太祖实录》卷六六,洪武四年六月戊申,第1248页。
〔5〕　《明太祖实录》卷五三,洪武三年六月乙酉,第1056页。
〔6〕　《重修胶州志》卷三四,《记·大事》,第338页。
〔7〕　《明太祖实录》卷五四,洪武三年七月壬辰,第1061页。

大船薄之,快船逐之。彼欲为内寇,不可得也。"[1]请求打造近海快船,配合大船,从而建立一支在海上可以截击倭寇的游击水师。朱元璋采纳了廖永忠的建议,于洪武七年(1374年)谕令靖海侯吴祯为总兵官,带领江阴、广洋、横海、水军四卫舟师巡海,缉捕倭寇。"沿海诸卫官军悉听节制"。[2]此后,"每岁春发,舟师出海巡倭"。[3]但是,到了洪武十五年,舟师巡海活动,停了下来。是年,山东都指挥使司奏请派遣舟师巡海。朱元璋却说:"海道险,勿出兵。但令诸卫严饬军士防御之。"[4]从此,很少看到明朝舟师的巡海活动。舟师巡海是保障近海和海岸安全的有效措施,放弃这种有效措施显然是错误的。

其三,实施禁海,限制沿海人民的海洋活动。朱元璋为防备张士诚、方国珍等残余势力的崛起,并希望彻底消灭倭寇,多次下令禁海。洪武四年,朱元璋诏令,"仍禁濒海民不得私出海"。[5]这是明代正史记载的最早的禁海令。但是,从"仍"字可以看出,在此之前,似乎还有禁海令。是年十二月,太祖朱元璋再次谕令说:"朕以海道可通外邦,故尝禁其往来。近闻福建兴化卫指挥李兴、李春私遣人出海行贾,则滨海军卫岂无知彼所为者乎?苟不禁戒,则人皆惑利而陷于刑宪矣。尔其遣人谕之,有犯者论入律。"[6]洪武时期的禁海令不仅禁止人们出海贸易,而且禁止渔民出海捕鱼。洪武五年,上谕户部:"石陇、定海旧设宣课司,以有渔舟出海故也。今既有禁,宜罢之,无为民患。"[7]洪武十七年,"命信国公汤和巡视浙江、福建沿海城池,禁民入海捕鱼,以防倭故也"。[8]洪武时期的禁海令所禁的商品,不仅包括各种金属、铜钱、丝绸和兵器,而且禁止老百姓使用各种番香和番货,还禁止两广地区的香料向内地贩运。洪武二十三年,再次申严"交通外番之禁"。洪武二十七年,"禁民间用番香、番货。先是,上以海外诸夷多诈,绝其往来,唯琉球、真腊、暹罗许入贡。而缘海之人往往私下诸番,贸易香货,因诱蛮夷为盗。命礼部严禁绝之。敢有私下诸番互市者,必置之重法。凡番香、番货不许贩鬻。其见有者,限以三月销尽。民间祷祀止用松柏枫桃诸香,违者罪之。其两广所产香

〔1〕谷应泰:《明史纪事本末》卷五五,《沿海倭乱》,第840页。

〔2〕《明太祖实录》卷八七,洪武七年正月甲戌,第1546页。

〔3〕《明太祖实录》卷一四○一,洪武十五年正月辛丑,第2226页。

〔4〕《明太祖实录》卷一四○一,洪武十五年正月辛丑,第2226页。

〔5〕《明太祖实录》卷七○,洪武四年十二月丙戌,第1300页。

〔6〕《明太祖实录》卷七○,洪武四年十二月乙未,第1307—1308页。

〔7〕《明太祖实录》卷七六,洪武五年九月己未,第1397页。

〔8〕《明太祖实录》卷一五九,洪武十七年正月壬戌,第2460页。

木听土人自用,亦不许越岭货卖。盖虑其杂市番香。故并及之"。[1] 总而言之,就是彻底断绝中国一切对外贸易。但如果是为了消灭倭寇,短期实施禁海措施,也许对海洋社会的伤害有限。十分荒谬的是,禁海令下达之后,执行了几十年,一直到朱元璋死去,朱棣发动靖难之役,才有机会改变这种自杀性的政策。

海禁政策的严厉推行,一定程度上削弱了海盗力量,维护了国内的和平安定局面,但它同时也破坏中外正常的经济联系,尤其是严重伤害了中国的海洋社会。自古以来,中国学者对于国家政策大多倾向于赞成"严厉"。对于"宽松"的批评俯拾即是,而对于"严厉"的批评少之又少。似乎"宽松"等于"废弛","严厉"等于"振刷纲纪"。实际上,"宽松"与"严厉",都是政策标准问题,也是行政力度问题。国家任何一项政策,既不可过度宽松,也不可过于严厉。法律和政策都应当讲求"适度",追求公平。过度"宽松"导致行政废弛,过度"严厉"则导致政治紧张。二者同样有害,不可偏向。

从宋代开始,中国东海"以海为田"的社会人口激增,既有随着季节变化来来往往的中外商人和水手又有修造各种船只的工匠,既有渔民疍户又有盐民盐商,既有伺机抢夺他人财物的海盗又有为各类海上人员提供各种服务的人群。可以说,大海为数以百万的人口提供了衣食来源。社会人口庞大复杂,行政管理必须与时俱进。海洋社会人口的激增既是机遇也是挑战。管理得好,沿海社会经济就会快速发展;管理得不好,就会引起经济发展的迟滞和社会、政治的混乱。洪武时期,朝廷面对新的社会问题,反应过度,视中外商品贸易为祸根。因噎废食,采取过激措施,切断了中外贸易,从而切断了海洋社会的生活来源。最高统治者以为断绝了人们对利益的追求,就可以消灭倭寇,思想陷入了严重误区。

二、海防机构与制度

明朝建立后,在全国实行卫所兵制。其构想借鉴于隋朝的府兵制,"自京师以达郡县,皆立卫所"。[2] 即将全国划分为若干个防区,几个府设一卫。卫以下设千户所和百户所。兵数大抵以 5 600 人为一卫,1 120 人为一千户所,120 人为一百户所。百户所有总旗二,各辖 50 人,小旗十,各辖 10 人。兵士称"军",世袭当兵,另编军籍。卫的主官为指挥使,所的主官为千户或百户。各卫所分别隶

---

〔1〕《明太祖实录》卷二三一,洪武二十七年正月甲寅,第 3373—3374 页。
〔2〕《明史》卷八九,志第六五,《兵志》一,中华书局,1974 年,第 2175 页。

属于各省的都指挥使司(简称都司),全部卫所军队归五军都督府统辖。洪武二十六年(1393年),全国的军队编制是,有都司17、行都司3、留守都司1、内外卫329,千户所65。永乐以后,增为都司21、留守司2,内外卫493,千户所359,总兵额270余万人。洪武时期,卫所军队以大部分屯田,小部分驻防,屯田所供以军饷。如同全国一样,沿海地区分别划归各个卫所来管辖。

从辽东半岛开始到山东,沿海设立的卫有:金州卫、复州卫、盖州卫、海州卫、广宁右屯卫、宁远卫等。除了卫所组织之外,明朝还在县以下辖区设立巡检司,负责当地的治安管理。朱元璋设立巡检司始于元末,最早是至正二十四年(1364年),如湖广常德府属桃源县白马渡巡检司、武昌府属江夏县浒黄州镇巡检司等。此后,朱元璋在其统治区内设置了数目不等的巡检司,如岳州府属华容县明山古楼巡检司、黄家穴巡检司,武昌府属江夏县金口镇巡检司、鲇鱼口巡检司等。洪武元年以后,全国各地普遍设置巡检司。但是,到了洪武十三年,吏部奉旨裁汰天下巡检司,"凡非要地者悉罢之"。

洪武二十年,朱元璋着手加强东南沿海的海防建设,诏令江夏侯周德兴前往福建,"按籍金练,得民兵十万余人,相视要害,筑城一十六,置巡司四十有五,防海之策始备"。明年,又谕令汤和巡视闽粤,筑城增兵。"置福建沿海指挥使司五,曰:福宁、镇东、平海、永宁、镇海。领千户所十二,曰:大金、定海、梅花、万安、莆禧、崇武、福全、金门、高浦、六鳌、铜山、悬钟"。[1]

根据《大明会典》及各地方志的记载,明代大多数州县不仅设有巡检司,而且在许多州县内还设有多处巡检司。更为重要的是,明代巡检司已经制度化、规范化。巡检司一般设于关津要道要地,归当地州县管辖,巡检统领相应数量的弓兵,负责稽查往来行人,打击走私,缉捕盗贼。最初,巡检为杂职,后来改为从九品。综合各种记载来看,巡检司具有武装性质,应属于军事系统,但却归地方行政辖属。朱元璋曾敕谕天下,巡检司的职能在于维护地方治安,"朕设巡检于关津,扼要道,察奸伪,期在士民乐业,商旅无艰"。[2] 基于这种设想,洪武时期,在滨海地区设立了许多巡检司,捕拿倭寇和各种罪犯,以维持沿海地区的治安秩序。

明朝在沿海地区还设立最基层的军事瞭望和驻防机构,即墩和堡。"所有哨兵食粮于邑,无事则登高以瞭望,有事则驾舟以侦探"。[3] "大曰墩,小曰堡。

〔1〕《明史》卷九一,志第六七,《兵志》三,中华书局,1974年,第2243页。

〔2〕《明太祖实录》卷一三〇,洪武十三年二月丁卯。

〔3〕《乐安县志》卷一〇,《兵防》,同治十年(1872年)刻本。

委军守之,所以备寇盗也……墩军例设五名,堡军例设六名。各有汛地,分辖于营弁、巡司。"[1]无论是卫、所还是巡检司,均下辖有墩、堡。一般来说,卫所下辖的墩、堡通常多一些,巡检司下辖的墩、堡少一些。例如,安东卫下辖九墩:兰头山、鸦高山、大河口、黑漆子、泊峰、张洛、小儿皂、昧蹄沟;八堡:三桥铺、虎山、烽火山、关山、昧沟、木寨、孤嘴、董家。南龙湾巡检司:下辖陈家台、胡家和琅邪台等三个墩。另外,在重要海口,明代还布置有炮台。这种炮台距离海面较近,用于防范倭寇登岸袭击。炮台很简陋,最重要的标志是炮台上装配有一尊或数尊火炮,构成一个简单的火炮工事。

总之,在洪武时期,为了抗击倭寇的侵扰,明朝官府在漫长的海岸线上设置了卫所、巡检司等军事机构,设立了墩、堡、炮台等军事设施,构成了一道互为依托的海防线。这种军事机构和设施呈现的是星罗棋布的特征,主要用于对付倭寇等小股来犯之敌。军事布置服从于战略需要,在抗击倭寇入侵的战斗中发挥了一定作用。

永乐皇帝登基之后,迁都北京,从此以后,渤海的战略地位突然凸显。是时,倭寇骚扰依然严重,而且规模有所扩大。例如,永乐十三年(1415年),"七月十四日,倭贼入旅顺口,尽收天妃娘娘殿宝物,杀伤二万余人,掳掠一百五十余人,尽焚登州战舰而归。"[2]

为此,朱棣采取了一系列措施,以确保京畿安全。一是命令沿海驻军严阵以待,随时准备消灭来犯倭寇。如在永乐十七年,在金州卫金线岛西北望海埚将大股入侵倭寇围而歼之,"自辰至酉,擒戮尽绝,生擒百十三人,斩首千余级"[3]二是派遣水师进行巡海。三是增强渤海沿岸军事力量,如在山东文登、登州和即墨设立三大海防营,在北直隶设立天津海防营、新桥海口营、赤洋营、牛头崖营。四是积极整顿卫所建制。五是大力修缮墩堡、炮台等设施。望海埚战之役,倭寇遭受重创,"自是倭大惧,百余年间,海上无大侵犯"[4]

和平使人们的海防意识逐渐淡薄,海防机构日渐腐朽;重文轻武,偃武修文,导致军备日渐废弛。明朝的军事制度,重点考虑的是命将调兵的便利,重点考虑的是防止军人政变和叛乱,以及如何减少军费,很少考虑野战需要。发生在正统十四年(1449年)的"土木之变",正统皇帝被瓦剌所俘虏,已经暴露

---

〔1〕《莱州府志》卷五,《兵防》。

〔2〕《朝鲜李朝实录中的中国史料》上编,卷三,第264页。

〔3〕《明太宗实录》卷二一三,永乐十四年六月甲申,第1935页。

〔4〕《明史》卷九一,志第六七,《兵志》三,中华书局,1974年,第2244页。

了军事体制的致命弱点。然而,这样的打击并未引起朝廷官员应有的重视。嘉靖时期,不仅卫所、巡检缺伍现象严重,而且海防设施日渐废弃。有人于嘉靖三十二年(1553 年)指出:"山东卫所官军设于济、兖、东三府者以防内地,设于青、登、莱三府者以备倭寇。自永乐初轮番调发京操,而有司怠玩,军粮不足,脱逃数多,顾觅充数,班操之缺如故。"[1]在军户退化最严重的地方,实际存在的编制寥寥无几。[2]而且这有限的士兵,又成为军官役使的劳工。军事设施的废堕也十分严重,"山东沿海地方,自青州卫唐头寨起,迤东历成山卫转折而南,至安东卫南直隶接界,中间有备倭都司、三营、十卫、五守御所、十七备御所。原设城池据险当要,联络不绝。但今坍塌数多,如灵山卫、夏河等所坍塌几尽,门楼铺舍行迹全无"。[3]于此可见沿海各地军事设施废弃之一斑。

当沿海武装走私达到一定规模之后,视地方守军为无物。无论真倭还是假倭,沿海武装大多都是乌合之众,既没有严密的组织,也没有凝聚力量的纪律和信念。就是这样的乌合之众,卫所军队也无法对付。不是因为倭寇的战斗力太强,而是由于卫所军队太过虚弱。朝廷这才发现国家不仅没有可调之将,也没有可调可用之兵。穷则思变,改革因此成为必然。16 世纪中叶,在张居正主持下,一场政治改革运动全面进行。在内外重臣张居正、谭纶等人的支持下,戚继光和俞大猷各自提出了改革的建议。戚继光主张组建了一支纪律严明的新型军队。在训练这支新军时,戚继光除了要求士兵对于兵器必须娴熟掌握之外,还要做到各种武器和各个人的协同配合。俞大猷则非常重视武器装备的优势,主张进行海战,将真假倭寇尽可能消灭在海中。在他看来,"海上之战无他术,大船胜小船,大铳胜小铳,多船胜寡船,多铳胜寡铳而已"。[4]这里的"大铳"是指火炮,这里的"小铳"是指火绳枪。他建立一支装备相对优势的海军,通过海上机动作战,将一切海盗彻底消灭在海上。俞大猷还主张将两个士兵的军饷集中用在一个人的身上,即着眼于精兵建设,以质量胜数量。要实现这个目标,显然需要国家投入较多的军费和较长的时间。可惜,当时大多数人不理解海军的性能和战术,俞大猷的建议没有机会得到批准。相对而言,戚继光所提出的装备和战术更加符合实际。嘉靖三十八年(1559 年),戚

---

〔1〕《明世宗实录》卷四〇三,嘉靖三十二年十月丁酉,第 7057 页。

〔2〕吴晗:《明代的军兵》,《吴晗史学论著选集》第二卷,人民出版社,1986 年,第 230—236 页。

〔3〕《海运新考》卷下,《四库全书存目丛书》史部第 274 册,第 378 页。

〔4〕俞大猷:《正气堂集》卷五,第 2 页;卷七,第 19 页;卷八,第 13 页。

家军投入作战,开始执行迎战、攻坚、追击等任务,所向无敌,获得了对真假倭寇作战的一连串胜利。嘉靖四十二年十二月,终于取得大捷,肃清了真假倭寇的根据地。[1] 这是一次决定性的战役,从此,真假倭寇只有零星的残余势力在活动,对中国沿海地方不再构成严重威胁。

三、郑成功收复台湾

从嘉靖末年到万历时期,原来活跃于东南沿海的真假倭寇团伙次第被消灭,随着隆庆开海政策的实施,真正的倭寇退出中国沿海,原来"亦商亦盗"的一些团伙开始专门从事海上运输和贸易,东南海洋处于相对安静状态。但是,海患并没有真正解除。这一时期曾一本、林道乾、郑芝龙领导的武装团伙最为活跃,因为他们是漳州人、潮州人、泉州人,他们分别被看成是漳州帮、潮州帮和泉州帮。后来在明军的围剿下,曾一本被擒就戮,林道乾亡命海外,不知所终,只剩下郑芝龙久盛不衰。郑芝龙早年依附于李旦、颜思齐等人,亦商亦盗。有时参与劫掠沿海州县,有时经营远洋贩运,主要以澎湖和台湾为据点。由于所占地理位置比较特殊,进可随时出击,退可随时防守。天启年间,郑芝龙兼并了李旦、颜思齐等团伙,势力增强。明朝军队无法剿灭郑芝龙,因此想以毒攻毒,利用郑芝龙剿灭其他海盗团伙;郑芝龙则希望借助官军的旗号,消灭异己。崇祯元年(1628 年),郑芝龙接受福建巡抚熊文灿的招抚,成为官军,竭力扩充其力量,扩大地盘,先后消灭了李魁奇、杨六、杨七等集团,逐步控制了台湾海峡,控制了东海、南海贸易。郑氏集团的货船来往于中国大陆、台湾、澳门和吕宋、日本之间,其他"海舶不得郑氏令旗不能往来,每舶利入三千金,岁入千万计,以此富敌国"。[2] 郑芝龙实力增强,朝廷则不断为之加官进爵,由游击升为参将,再升漳潮副总兵、前军督府带俸右都督等。郑芝龙实力最大时,西班牙、葡萄牙和荷兰的商船也需要得到他的默许,才能顺利与中国商船进行贸易。

清顺治元年(1645 年),清军占领江南、浙江、福建,摧毁了弘光政权。一些明朝遗老和抗清力量,在福州拥立唐王朱聿键为帝,建号隆武。当时郑芝龙手握重兵,成为隆武帝依靠的主要军事力量。隆武帝为笼络郑氏,赐姓郑芝龙之子郑成功姓朱,并把原名森改为成功。从此,郑森改名为朱成功。自是,朝廷内外都称成功为国姓,普通百姓呼其为"国姓爷"(图六五)。

---

〔1〕《明史》卷二一二,列传第一〇〇,《俞大猷传》,中华书局,1974 年,第 5601—5608 页。
〔2〕 中国航海博物馆编:《航海:文明之迹》,上海古籍出版社,2011 年,第 255 页。

是时,荷兰人以台湾为基地,试图垄断中国、日本与南洋国家的贸易,与郑成功的海上利益不免发生冲突。1661 年(明永历十五年,清顺治十八年),荷兰人所用通事何斌向郑成功献计,"台湾沃野千里,实霸王之区。若得此地,可以雄其国。使人耕种,可以足其食。上至鸡笼、淡水,硝磺有焉。且横绝大海,肆通外国。置船兴贩,桅船、铜铁不忧乏用。移诸镇兵士、眷口其间,十年生聚,十年教养,而国可富,兵可强"。[1] 郑成功对何斌言听计从,决心收复台湾。经过精心准备,于 1661 年 5 月自厦门率兵出征,在鹿耳门内禾寮港登陆,先后向赤崁城和台湾城发起攻击,围困荷兰长

图六五 郑成功画像(《郑成功弈棋图(局部)的厦门摹本》,《联合报》2009 年 2 月 27 日)

达九个月的时间,彻底驱逐了荷兰殖民者。至此,台湾重回祖国怀抱。

郑成功收复台湾后,废除了荷兰人的一切殖民体制和机构,设立一府(承天府)两县(天兴县、万年县),委派官员,管辖台湾行政事宜。然后大力移民台湾,鼓励屯田,扩大生产。推动了台湾生产力的开发与经济发展。

第三节 明代官方航海活动与朝贡贸易体制

一、官方的航海活动

明朝官方组织的航海活动包括两个方面:一是明初的漕米海运,二是郑和船队下西洋。朱元璋建立明朝后,为保障北疆驻军的粮食供应,利用元朝人已经积累的航海技术、知识和经验,继续组织海运漕米。洪武三年(1370 年),朱元璋诏令中书省敕令山东行省召募水工,"于莱州洋海仓运粮,以饷永平卫"。[2] 是时,大运河北段已经凿通,但仍无法解决山海关内外的军粮供应。而永平府(唐

---

〔1〕 江日升:《台湾外记》卷五,福建人民出版社,1983 年,第 192 页。
〔2〕 《明太祖实录》卷四八,洪武三年正月甲午,第 949 页。

山、秦皇岛和辽宁南部)驻扎大量明军,需要大量军需供应,道途劳于挽运,故有是命。洪武四年(1371 年),辽东地区纳入明朝廷管辖范围。为了保障驻扎该地大军粮饷供应,必须组织海运。洪武年间连年组织海运,不但次数频繁,而且规模巨大。例如,洪武二十一年,"航海侯张赫督江阴等卫官军八万二千余人出海运粮,还自辽东"。[1] 又如,洪武二十九年,"命中军都督佥事朱信、前军都督府都督佥事宣信、总神策、横海、苏州、太仓等四十卫将十八万余人,由海道运粮至辽东"。[2] 于此可见,洪武时期的海运规模和参与人数十分庞大,组织如此大规模海运有两个目的:一是满足前线军需供应;二是锻炼军队的航海能力,威慑倭寇。对此,明人指出:"国初海运之行,不独便于漕纲,实令将士习于海道,以防倭寇。自会通河成而海运废。近日倭寇纵横,海兵脆怯,莫之敢撄,亦以海道不习之故耳。"[3]

郑和下西洋,这是一个中外学术界讨论的热点问题。关于郑和下西洋的研究成果已经很多很多,本书篇幅有限,无法对这一研究领域存在的方方面面的争论展开充分讨论,这里仅仅关注其航海活动的起因和影响。大致说来,对于郑和下西洋的动机有七种说法,既有"踪迹建文"说[4]、"西域寻玺"说[5]、"耀兵异域"说[6]、剿灭海寇说[7],又有联络西域对付帖木儿帝国说和附带贸易说[8]、建立"朝贡贸易"说[9],也有混合动机说,等等。

在笔者看来,郑和下西洋的动机可能是复杂的,也是多重的。首先说,"踪迹建文"说与"西域寻玺"说,可能不是郑和下西洋的主要原因,但不能排除这种动机。理由是,中国人对于政治敌手总是想斩草除根,不留后患,这方面的事例

---

〔1〕 《明太祖实录》卷一九三,洪武二十一九月壬申,第 2901—2902 页

〔2〕 《明太祖实录》卷二四五,洪武二十九年三月庚申,第 3553 页。

〔3〕 严从简:《殊域周咨录》卷之二,《东夷日本国》,中华书局,1993 年,第 59 页。

〔4〕 范金民:《郑和下西洋动因新探》,《南京大学学报》,1984 年第 4 期。

〔5〕 庄景辉:《泉州郑和行香碑考》,《泉州考古与海外交通史研究》,岳麓书社,2006 年,第 165—181 页。

〔6〕 梁启超:《祖国大航海家郑和传》,《新民丛报》第三卷第二十一期(1905 年);范金民:《20 世纪的郑和下西洋研究》,《百年郑和研究资料索引》,上海书店出版社,2005 年,第 324—357 页;潘群:《"耀兵异域"为"耀威异域"考》,《纪念郑和下西洋 600 周年国际学术论坛论文集》,社会科学文献出版社,2005 年。

〔7〕 陈佳荣:《中外交通史》,香港学津书店,1987 年,第 443 页;王赓武著,姚楠编:《东南亚华人——王赓武教授论文集》,中国友谊出版公司,1987 年,第 52—60 页。

〔8〕 《郑和研究八十年》,《郑和研究资料选编》,人民交通出版社,1985 年;李士厚:《郑和家谱考释》,1937 年,第 51 页;刘伯午:《郑和下西洋与明初海外关系的发展》,《内蒙古财经学院学报》1980 年第 1 期。

〔9〕 侯仁之:《所谓"新航路的发现"的真相》,《人民日报》,1965 年 3 月 12 日;郑鹤声、郑一钧:《郑和下西洋简论》,《吉林大学学报》(社科版)1993 年第 1 期;杨熺:《郑和下西洋目的略考》,《大连海运学院学报》,1980 年第 2 期。

并不罕见。例如,施琅于康熙二十二年(1683年)攻占台湾后,就曾派陈昂前往东南亚各国追踪郑氏后人的下落。

其次,"耀兵异域"说,也不能完全排除。理由很简单,如果没有这种动机,何必派遣庞大的舰队。根据史料记载,从永乐元年(1403年)到永乐十七年(1419年),先后建造了2 718艘海船。永乐三年,第一次郑和下西洋,其随员和士兵乘坐208艘船,是船只数量最多的一次。永乐十一年(1413年)第四次下西洋,"宝船六十三号,大者长四十四丈四尺,阔十八丈;中者三十七丈,阔一十五丈。计下西洋官校、旗军、勇士、力士、通士、民稍、买办、书手通共二万七千六百七十员名。"[1]宣德六年(1431年),第七次下西洋,"官校、旗军、火长、舵工、班碇手、通事、办事、书算手、医士、铁锚、木舱搭材等匠、水手、民稍人等共二万七千五百五十员名"。[2]从永乐皇帝的诏令来看,向西洋派遣如此庞大的舰队,并没有指明需要征服的对象。也就是,郑和船队的作战对象并不明确。当然,在下西洋的过程中,有过一些战斗,但均属随机性的。既然没有明确作战对象,而派出如此庞大的舰队,不能排除"耀兵异域"的用意。

其三,"剿灭海寇"说,最为牵强。理由是,明初的海上主要来自东洋日本,而非来自西洋。如果以彻底消灭倭寇为目的,那郑和的船队航行的方向不应该是西洋。

其四,联络西域各国,对付帖木儿帝国说,也有些牵强。从战略战术考虑,彻底击溃蒙古人的军队,以免其东山再起,这是政治家的正常思维。但在当年皇帝的诏令中和郑和的活动中没有看到这方面的记载。并且在永乐三年郑和第一次下西洋时帖木儿帝国已经瓦解了。推论不可作为信史。

其五,建立"朝贡贸易"说,应当最有道理。

从事后来看,明朝的确在设法维持一种朝贡体系和一种有限的贸易。从洪武时期开始禁海,一直持续了30多年。禁海法令不仅限制中国商人商船出海贸易,而且禁止中国人与外商发生任何贸易联系,这不能不影响到先前已经形成的中国与南亚和西亚的商品贸易网络。在传统朝贡体系中,贸易乃是不可分割的重要事项,没有了贸易,朝贡体系也就失去了价值。洪武末年的朝贡体系已经名存实亡,朱棣即位,试图重建朝贡体系,但他选择的是以官府垄断的朝贡贸易活动,而非宋元时代相对自由的民间贸易活动。这既不是要不要番香和番货的问题,也不是要不要中外贸易的问题,而是采取什么样的贸易体制,由谁来控制海上贸易的问题。这才是问题的关键。只有明白了这一点,才

---

〔1〕　马欢著,万明校注:《明钞本〈瀛涯胜览〉校注》,海洋出版社,2005年,第5—6页。
〔2〕　祝允明:《前闻记》,《下西洋》条。

能理解其相互矛盾的政治行为。朱棣一面派遣庞大的船队,耀武扬威,去寻求朝贡的对象,购买大量番货,另一面还要坚持乃父确定的禁海政策,继续扼杀民间贸易。

朱棣一即位,即宣布继承其乃父的衣钵。在其诏书中说:"缘海军民人等近年以来,往往私自下海,交通外国,今后不许,所司一遵洪武事例禁治。"[1] 第二年,他担心沿海官员执行禁海令不够坚决,干脆来个一劳永逸,对于民船采取彻底破坏方式,下诏将民船一律修造成不能出洋的平头船。[2] 但是,他对朝贡贸易很感兴趣。据福建长乐南山寺天妃之神灵应碑记载说:"海外诸番实为遐壤,皆捧珍执宝,重译来朝。皇上嘉其忠诚,命和等统率官校、旗军数万人乘巨舶百余艘,赍币往赍之。"[3] 马敬在给马欢所著《瀛涯胜览》写的序言中更是讲得明明白白,"洪惟我朝太宗文皇帝、宣宗章皇帝咸命太监郑和率领豪俊,跨越海外,与诸番货"。[4] 宣德五年的宣德皇帝给守备太监的敕令,对前往西洋建立"朝贡贸易"体系的目的,也讲得清清楚楚:

> 今命太监郑和等往西洋忽鲁谟斯等国公干,大小船六十一只。该关领原交南京入库,各衙门一应正钱粮并赏赐番王头目人等彩币等物,及原阿丹等六国进贡方物给赐价钞、买到纻丝等件,并原下西洋官员买到瓷器、铁锅人情物件,及随船合用军火器、至札、油烛、柴炭并官内使年例、酒、油、烛等物。敕至,尔等即照数放支与郑和、王景弘、李兴、朱良、杨真、右少监洪保等关领,前去应用,不许稽缓。[5]

二、朝贡贸易体制的确立

郑和船队所到之处均有两种活动:一方面是,"其所赍恩颁谕赐之物至,则番王酋长相率拜迎,奉领而去。举国之人奔趋欣跃,不胜感激。事竣,各具方物及异兽珍禽等件,遣使领赍,附送宝舟,赴京朝贡"。[6] 另一方面是,郑和船队的书算手和官牙人等,先将从中国带来的锦绮罗等货,"逐一议价一定,随写合

---

〔1〕《明成祖实录》卷一〇,洪武三十五年七月壬午。
〔2〕《明成祖实录》卷二七,永乐二年正月辛酉。
〔3〕巩珍著,向达整理:《西洋番国志》,中华书局,2000年,第53页。
〔4〕马欢著,万明校注:《明钞本〈瀛涯胜览〉校注》,海洋出版社,第1页。
〔5〕《西洋番国志》,宣德五年五月初四日敕书,第1—3页。
〔6〕巩珍著,向达整理:《西洋番国志》,中华书局,2000年,第1—3页。

同价数,各收"。然后,其国商人将其宝石、珍珠、珊瑚等物来看议价。这种贸易活动,"非一日能定,快则一月,缓则二三月"。[1] 从这里,我们可以看到,郑和下西洋的主要活动,就是要建立这种朝贡加贸易关系(图六六)。这种朝贡贸易关系,既适合朝贡国也同样适合宗主国。朝贡与贸易互相结合在一起,显然带有官方主导或垄断性质。对此,明朝人指出:"凡外夷贡者,我朝皆设市舶司以领之……其来也,许带方物,官设牙行与民贸易,谓之互市。是有贡舶即有互市,非入贡即不许其互市,明矣。"[2] 朝贡贸易,毫无疑问是当时一种贸易模式,但这不是一种较好的贸易模式,因为这种贸易具有官方垄断性质,排斥了双方民间的自由贸易,必定背离商品价值和市场交换规律。朝贡贸易者不再为追求利润选择物美价廉的商品,而是采取偷工减料的方式欺骗应付当局。明朝人明确指出这种弊端严重存在。"今诸夷进贡方物,仅有其名耳,大都草率不堪……而朝廷所赐缯、帛、靴、帽之属,尤极不堪,一着即破碎矣……且近来物值则工匠侵没于外,供役则厨役克减于内,狼子野心,且有谇语。谇语不已,且有挺白刃而相向者,甚非柔远之道也"。[3]

频繁的朝贡贸易,固然造成了一种"万国来朝"、"四夷咸服"的盛世假象,但

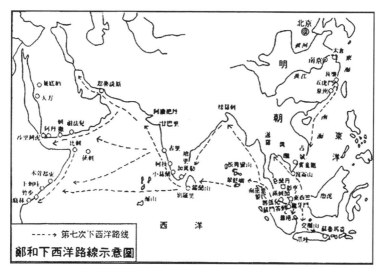

图六六　郑和七下西洋的航线(《郑和下西洋的航行路线》,中国网
2005年6月1日)

〔1〕　马欢著,万明校注:《明钞本〈瀛涯胜览〉校注》,海洋出版社,2005年
〔2〕　《续文献通考》卷二六,《市籴考·市舶·互市》,文渊阁《四库全书》本,第46页。
〔3〕　谢肇淛:《五杂俎》卷四,《地部》二,辽宁教育出版社,2001年,第71页。

是,这种不计成本、违背等价交换原则的活动,给朝廷带来了沉重的负担,各地官府和百姓不胜其扰。庞大的船队,巨额的开销,沉重的负担,不能不引起政治家和理财家的批评。永乐朝一位翰林院官员对此批评说:"朝廷岁令天下有司织锦缎,铸铜钱,遣内官赍往外番及西北买马收货,所出常数千万,而所取曾不能及其一二,耗费中国,糜敝人民,亦莫甚于此也。"[1]官僚机构不计成本的政治、外交活动只能是暂时的,势难长期维持下去。

宣德六年(1431年),郑和船队第七次下西洋,曾经在爪哇和忽鲁谟斯停留了一段时间,在此建立了便于此后活动的"官厂"。其他各次下西洋似乎也同样在重要港口也建立了类似的"官厂"。郑和在东南亚和印度洋建立的这种"官厂"和形成的网络是为官方垄断服务的,一旦这种朝贡贸易政策受到质疑或改变,这种"官厂"和网络便会丧失和断裂。总之,郑和下西洋所建立的朝贡贸易模式"主要处于明朝官方控制之下",对此,有人认为:"郑和下西洋推动的朝贡—贸易关系表现了从东亚向整个印度洋地区发展的跨地域联系的趋势,或者说是亚洲和非洲旧大陆的早期全球化趋势。"[2]恰恰相反,中国与印度洋之间贸易网络早在宋元时期已经由中国商人建立了,郑和下西洋形成的朝贡贸易网络只是对于前人的继承。问题不在于这个贸易网络是否形成,而在于这个网络由谁来控制。这种具有垄断性质的朝贡贸易体制对于中国海洋社会的发展起了相当大的阻碍作用,不可高估。在朝贡贸易体制下,固然从外国来的既有使团也有商人,对外国商人影响也许不大,但在丝绸之路上活动的商船和贡船与此前相比,大多已非中国人。在朝贡贸易体制下,从郑和第七次下西洋归来之后,朝廷不仅很少派遣使团出国,而且继续禁止中国商人出洋贸易。中国从印度洋沿岸国家贸易网络中退出,显然是朝贡贸易制度导致的。

第四节　明代民间走私贸易

一、走私贸易的盛行

从洪武初年开始的海禁政策,不仅使自宋元已经形成的民间海外贸易活动陷于停滞状态,而且使长期以来以海为田的人群失去了生计。尤其是郑和第七

---

〔1〕　邹缉:《奉天殿灾上疏》,《明文衡》卷六,文渊阁《四库全书》本,第26—27页。
〔2〕　陈忠平:《郑和下西洋:走向全球性网络革命》,《读书》2016年第2期。

次下西洋归来之后,官方经营的朝贡贸易网络事实上已经处于断裂状态。

"天下熙熙皆为利来,天下攘攘皆为利往"。断绝了生计的以海为生的民众,只好私自下海进行走私贸易。从朱元璋开始下令禁海,沿海各省商人便开始从事走私贸易。洪武时期,"两广、浙江、福建愚民无知,往往交通外番,私易货物"[1]。 到了永乐、宣德时期,一部分官员和军人加入走私行列,"近岁官员、军民不知操守,往往私造海舟,假朝廷干办为名,擅自下番"[2]。 总的说来,这一时期的走私活动规模不大。到了成化年间,沿海富商大贾为了追求更大利益,纷纷打造海船,通过贿赂手段,积极参与走私。走私贸易利润丰厚,吸引更多的人从事非法活动,走私规模越来越大。"浙海瞭报,贼船外洋往来一千二百九十余艘"[3],福建也是这样,漳州商人"私造双桅大船不啻一二百艘,鼓帆洪波巨浪之中,远者倭国、彭亨诸夷,无所不至"[4]。 巨额的走私贸易诱使冒险者纷纷出海,"小民宁杀其身,而通番之念愈炽也","商道不通,商人失其生理,于是转而为寇"[5]。 这样,国家的禁海政策得到了相反的结果,"片板不许下海,艨艟巨舰反蔽江而来;寸货不许入番,子女玉帛恒满载而去"[6]。

对于这种大规模的海上走私活动,官府毫无疑问是十分清楚的。要么采取熟视无睹的态度,要么主张坚决镇压。明朝官府对于走私贸易通常采取查禁和打击的措施,这样,就迫使走私者团结起来,拿起武器,与官府公开对立起来。"顾海滨一带,田尽斥卤,耕者无所望岁,只有视渊若陵,久成习惯。富家征货,固得捆载归来。贫者为佣,亦博升米自给。一旦戒严,不得下水,断其生活,若辈悉健有力,势不肯束手困穷,于是所在连结为乱,溃裂以出。其久潜踪于外者,既触网不敢归,又连结远夷,向导以入。漳之民始岁岁苦兵革矣"[7]。 非法的武装力量一旦组织起来,就会失去理性。他们一面从事武装走私贸易,一面伺机登陆抢劫,更为严重的是与日本海盗合流,严重危害中国东南沿海社会秩序。"倭寇连舰数百,蔽海而至,浙东西、江南北,滨海数万里,同时告警"[8]。

当禁令被严格执行时,这些经商的人群自然被看成是海盗之类的团伙;当禁

〔1〕 《明太祖实录》卷二○五,洪武二十三十月乙酉。

〔2〕 《明宣宗实录》卷一○三,宣德八年六月己未。

〔3〕 朱纨:《双屿填港工完事》,见《明经世文编》卷二○五,中华书局,1962 年,第 2165 页。

〔4〕 崇祯年间修:《海澄县志》卷一九,见《稀见地方志》第十册。

〔5〕 唐枢:《复胡梅林论处王直唐枢》,见《明经世文编》卷二七○,中华书局,1962 年,第 2850 页。

〔6〕 谢杰:《虔台倭纂》上卷,《玄览堂丛书续集》第十七册,国立中央图书馆 1947 年影印本,第 7 页。

〔7〕 张燮:《东西洋考》,第 131 页。

〔8〕 《明史》卷三二二,列传第二一○,《外国·日本传》,中华书局,1974 年,第 8352 页。

令处于相对松弛状态时,走私者只是一群正常从事商业活动的商人。他们的身份随时可以转化,随时由国家法令来确定。有人对此指出:"寇与商同是人,市通则倭转为商,市禁则商转为寇。始之禁,禁商;后之禁,禁寇。禁越严而寇愈盛……于是海滨人人皆贼,有诛之不可胜诛者。"[1]

随着时间的推移,"倭寇"一词所指的对象发生了变化,不一定是来自日本的真海盗。到了嘉靖、隆庆时期,在中国沿海活动的所谓海盗,"大抵真倭十之三"。这一时期的海盗也不全是海盗,其中一部分是从事违反国家贸易禁令的商人和平民。洪武三十年(1397 年)颁布的《大明律》规定:私自携带铁货、铜钱、丝绸等违禁货物下海,私自与外番进行交易,一律处以斩刑,禁止私人制造二桅以上大船。对勾结外番者,处以极刑。不仅对首从处以凌迟,而且对本宗九族(祖父、父亲、儿子、孙子、叔父伯父、兄弟、侄儿、堂兄以及同居的外祖父、岳父、女婿,甚至家中奴仆),凡是年满 16 岁以上,皆斩。为了不被诛灭九族,从事海盗或非法贸易的人员不得不掩饰其真实身份,因此,海盗多以倭人自称。而对于地方官府来说,为了逃避行政管理责任,也将本区发生的海盗事件,统统称为"倭寇"。

由于滨海民众失去生计,要么忍饥挨饿,要么铤而走险。刑部尚书王世贞指出,福建漳州、广东潮州和惠州,民寇一家,"自节帅而有司,一身之外皆寇"。"全民皆寇",显然是国家禁海政策造成的。海禁愈严厉,走私贩运愈是集团化和武装化,因为小股的分散的走私难以对抗官军的缉拿和镇压。沿海商民成群结党,或者以大欺小,或者以小吃大,亦商亦盗。武装团伙多了,必定为了争夺利益和地盘,互相火并,沿海社会秩序于是大乱。胡宗宪指出:"今之海寇动以数万,皆托言倭奴,而其实出于日本者不下数千,其余皆中国之赤子无赖者入而附之耳。"[2]

浙江巡抚朱纨主张坚决镇压一切倭寇,无论真倭还是假倭。在他看来,漳州诏安男不耕作而食必粱肉,女不蚕织而衣皆锦绣,其收入均是非法的,"或出本贩番,或造船下海,或勾引贼党,或接济夷船"。[3] 他采纳佥事项高的建议,革渡船,严保甲,搜捕通倭奸民,试图整顿海防,严禁商民下海。嘉靖二十五年(1548 年),朱纨委派都司卢镗率福清兵由海门进兵,攻克双屿港,捕获日本人稽天和中国海盗许栋等,并将通倭罪犯统统处死。朱纨的行动触犯了走

〔1〕 谢杰:《虔台倭纂》上卷,《玄览堂丛书续集》第十七册,国立中央图书馆 1947 年影印本,第 7 页。

〔2〕 胡宗宪:《筹海图编》卷一一,《叙寇源》,文渊阁《四库全书》本,第 1 页。

〔3〕 朱纨:《甓余杂集》卷五。

私者的利益,又因在日本贡使周良的处置问题上,与主客司、福建籍的林懋和发生矛盾,招致闽人官僚仇恨。是年,吏部奏请削夺朱纨的权力。朱纨上疏抗争,提出"明国是"、"正宪体"、"定纪纲"、"扼要害"、"除祸本"、"重断决"等六项措施。俘获海盗李光头等 96 人,亦尽诛之,而御史陈九德为此弹劾其擅杀无辜。朝廷诏令将朱纨革职,朱纨愤恨自杀。真可谓,忠君未必爱国,爱国未必忠君。嘉靖时期的"倭患",实际是一场国家"禁海",民间反对"禁海"的斗争。

二、月港开海贸易与马尼拉大帆船

嘉靖真假倭乱发生后,当时朝野发生过一场关于要不要禁海的争论,就是要不要放弃老祖宗确定的"禁海"政策,以及是否解除本国商民出海贸易的禁令。尽管很多人当时仍抱着既定的"禁海"政策不放,还是有一些人看到了"禁海"与海寇滋生之间的关系,主张开放"海禁",以根除海寇。嘉靖四十三年(1564年),福建巡抚谭纶在《条陈善后未尽事宜以备远略以图治安疏》中明确指出:"闽人滨海而居者不知其凡几也,大抵非为生于海,则不得食。海上之国方千里者不知其凡几也,无中国绫绵丝帛之物,则不可以为国。禁之逾严,则其值愈厚,而趋之者愈众。私通不得,即攘夺随之。昔人谓:弊源如鼠穴也,须留一个,若还都塞了,好处俱穿破……听于附近海洋从便生理之意,推广而行。"[1]这个主张既没有把"禁海"与"海盗"之间的关系讲透彻,也没有指明"禁海"政策错误的实质,故未能立即得到朝廷批准。

1567 年 1 月 23 日(嘉靖四十五年十二月十四日),明世宗病逝。2 月 4 日,朱载垕即皇帝位,年号为隆庆。福建巡抚涂泽民利用隆庆改元而政治布新之机,奏请在漳州月港开放海禁,准许中国商民出海贸易。奏议迅速得到朝廷的批准,从而形成了"月港开放"的局面。这在明朝对待国民的海外贸易政策上,可谓是一个重要转变。这就是"隆庆开海"的由来。应该说"隆庆开海"是嘉靖时期中国海商海盗武装走私集团斗争的结果。朝廷虽然用武力镇压了沿海的武装走私集团,但不少人也从中意识到这些武装走私集团是长期坚持"禁海"政策酿制的毒酒。

大海给了人们苍茫无限的观念。人类在大海的无限里感到他自己的无限的时候,他们就被激起了勇气,要去超越那有限的一切。大海鼓励人类追求利润,

〔1〕　谭纶:《条陈善后未尽事宜以备远略以图治安疏》,《谭襄敏奏议》卷二,文渊阁《四库全书》本,第 46 页。

从事商业活动,同时也诱惑人类从事征服,从事掠夺。月港,又叫月泉港,在漳州城东南 50 里,位于贯穿漳州平原的九龙江入海口。"外通海潮,内接山涧,其形如月,故名"。就海港条件而言,月港毫无优势。因为,月港既非深水良港,又不能直接出海,需要经过厦门才能出海。大船由月港出海,需要数条小船牵引始能行,一潮至圭屿,一潮半至厦门。正是由于其"僻处海隅,俗如化外",不为官府所重视。早在正统、景泰、天顺年间,该地已经成为走私港口之一,到 16 世纪中叶(嘉靖年间)处于繁盛阶段,不仅漳州人、泉州人造船买货,出海贸易,甚至外国人也前来交易。尤其是葡萄牙商人,"私舶杂诸夷中,为交易首领",[1]"有佛朗机船载货在于浯屿地方货卖,漳龙贾人辄往贸易",[2]"每岁孟夏以后,大舶数百艘,乘风挂帆,蔽大洋而下"。[3] 官府出动军队查禁,但是,有禁而不止。"今虽重以充军、处死之条,尚结党成风,造船出海,私相贸易"。[4] 这样,月港成为对外最大的走私港口。不仅是最大的走私港口,而且后来者居上,夺走了泉州等地朝贡贸易的机会。

"惟市而后可以靖倭,惟市而后可以知倭,惟市而后可以制倭,惟市而后可以谋倭",[5]徐光启总结的这一经验教训值得当局深思。"隆庆开海"后,长期以来遭到严厉禁止的民间出海贸易终于取得了合法地位,月港的对外贸易快速发展,到万历年间达到全盛时期。"于是五方之贾,熙熙水国,刳舻艎,分市东西路,其捆载珍奇,故异物不足述,而所贸金钱,岁无虑数十万,公私并赖,其殆天子之南库也"。[6]"凡福之绸丝、漳之纱绢、泉之兰、福延之铁、福漳之桔、福兴之荔枝、漳泉之糖、顺昌之纸……其航大海而去者,尤不可计"。[7]

月港贸易的繁盛与马尼拉大帆船贸易有一定关系。嘉靖四十三年(1564年),西班牙殖民者利亚从墨西哥城出航到达菲律宾。他认为吕宋是日本、中国、爪哇和婆罗洲之间最理想的中转地。但是,吕宋并没有理想的商品,于是他盯住了月港的货物。隆庆元年(1567 年),在月港的贸易取得合法地位后,福建的商人急于寻找发财机会,将丝绸、茶叶和瓷器运到了马尼拉。万历二年

〔1〕 顾炎武:《天下郡国利病书》卷一一九。《海外诸蕃》,转引自张海鹏主编《中葡关系史资料集》上卷,四川人民出版社,1999 年,第 28 页。

〔2〕 万历年间修:《漳州府志》卷一二,《杂志》,台湾学生书局,1965 年影印本,第 216 页。

〔3〕 王耀华、谢必震:《闽台海上交通研究》,中国社会科学出版社,2000 年,第 17 页。

〔4〕 王耀华、谢必震:《闽台海上交通研究》,中国社会科学出版社,2000 年,第 17 页。

〔5〕 徐光启:《海防迂说》,见《徐文定公集》上册,上海古籍出版社,1984 年,第 48 页。

〔6〕 张燮:《东西洋考》,《周起元序》,中华书局,1981 年,第 17 页。

〔7〕 王世懋:《闽部疏》,《丛书集成初编》,中华书局,1985 年,第 12 页。

(1574年),有6艘中国船只到达,万历四年,又有12—15艘到达。福建商人为西班牙人运来了他们想要的丝绸和瓷器等各种商品,西班牙人也把美洲殖民地墨西哥与秘鲁的白银运到了马尼拉,中国这一时期正处于对于白银的强烈需求时期,其价格不断上涨。于是,马尼拉成为中国与美洲贸易的中转地,墨西哥阿卡普尔科(Acapulco)—菲律宾马尼拉—中国漳州之间的贸易形成一个完整的链条。据记载,万历时期(1573—1619年),按照规定前赴东洋贸易的商船为44艘,但由于路近而利大,一些领了前往西洋执照的商船,也转贩吕宋。很快,大量福建人开始大量移居马尼拉,"漳人以彼为市,父兄久住,子弟往返,见留吕宋者盖不下数千人"。[1]

三、市舶司职能之演变

明朝永乐时期,海疆渐趋平静,通过郑和下西洋活动,建立了官方垄断的朝贡贸易体制。为了适应这一体制,明朝在名义上继续实行市舶司制度,但是,其海上贸易政策与前朝则有明显区别。洪武元年(1367年),在太仓黄渡设立市舶提举司,俗称"六国码头"。该市舶提举司"设提举一人,从五品;副提举二人,从六品;其属吏目一人,从九品,驿丞二人"。[2]洪武三年,因太仓逼近南京,担心外夷生变,"或行窥伺,遂罢不设"。[3]洪武七年,又在宁波、广州和泉州三处设立市舶司,以适应朝贡贸易,"宁波通日本,泉州通琉球,广州通占城、暹罗西洋诸国"。[4]

永乐时期,朱棣派遣郑和下西洋,建立朝贡贸易制度。永乐元年(1403年),恢复宁波、广州和泉州三处市舶司。为了招待外国朝贡使团,又在泉州设立来远驿、宁波设立安远驿、广州设立怀远驿。永乐六年,平定安南之乱,设立交趾市舶司,置提举、副提举各一员。后来又在云南设立市舶司以负责接待从陆地而来的西南诸国贡使。

明代市舶司有四项职责:辨勘合、禁通番、征税和管理交易,即"掌海外诸番朝贡、市易之事,辨其使人表文勘合之真伪,禁通番,征私货,平交易"。[5]

所谓勘合制度,就是辨别来华朝贡的使团的真伪。"以海外诸国进贡,信息

〔1〕　许孚远:《疏通海禁疏》,见《明经世文编》卷四百,中华书局,1962年,第4332页。
〔2〕　张廷玉:《明史》卷七五,志第五一,《市舶提举司》,中华书局,1974年,第1848页。
〔3〕　沈德浮:《万历野获编》卷一二,《户部·海上市舶司》,燕山出版社,1998年,第133页。
〔4〕　张廷玉:《明史》卷八一,志第五七,《食货》五,中华书局,1974年,第1980页。
〔5〕　张廷玉:《明史》卷七五,志第五一,《市舶提举司》,中华书局,1974年,第1848页。

真伪难辨,遂命礼部置勘合文簿发诸国,往来俱布政司凭信稽考,以杜奸诈之弊"。[1] 嘉靖年间,有人这样描述说:"我朝互市,立市舶提举司以主诸番入贡。旧制:应入贡番,先给与符簿。凡及至,三司与合符,视其表文、方物无伪,乃津送入京。"[2]这是说,为了维护朝贡贸易,朝廷给一些国家颁发了朝贡贸易许可证。许可证一式两份,一半为勘合,一半为底簿,中间用朱墨印有某字某号骑缝章。明朝的礼部和相关的机构保存底簿,勘合则发给朝贡国。例如对于日本,朝廷作成"日"字勘合、"本"字勘合各一百道,共计二百道。另外,制成"日"字号勘合底簿两扇,"本"字号勘合底簿两扇,共计四扇。其中,"日"字号勘合一百道,"日"字号勘合底簿一扇、"本"字号勘合底簿一扇保存在明朝礼部,"本"字号勘合底簿一扇保存在福建布政司,另以"本"字号勘合一百道、"日"字号勘合底簿一扇发给日本。各国入贡时,在勘合上要填写使臣及随员姓名、朝贡物品名称、数量等。朝贡船只靠岸后,由市舶司与布政司会同查验勘合的真伪。确定真实无误后,则派人将使节护送到京城。到达京城后,礼部官员拿出保存的勘合底簿进行核对,鉴定其真伪。明朝使臣出使也要携带礼部所保存的勘合,在到达出使国之后,也要与该国所保存的勘合底簿进行核对。返回时,必须将该国赠送的礼物一一填写在勘合上,以备查验。根据记载,获得这种勘合的国家有:暹罗(今泰国)、日本、占城(今越南南部)、爪哇、苏门答腊、渤泥(在今印度尼西亚境内)、锡兰(今斯里兰卡)、苏禄、古麻剌朗(在今菲律宾境内)、古里、柯枝(位于今印度半岛的西南部)、满剌加(今马来半岛的马六甲)等五十余国和地区。这种严格限制和繁难的手续,严重挫伤了朝贡国贸易的积极性。到宣德八年(1397 年),继续前来朝贡的国家只有安南、占城、真腊、暹罗、琉球等数国,中外经济、外交联系均遭受重创。

所谓禁通番,就是禁止与朝贡使团以外的商人进行贸易。"市舶与商舶二事也。贡舶为王法所许,司于市舶,贸易之公也;海商为王法所不许,不司于市舶,贸易之私也"。[3] 简而言之,就是禁止中外任何民间交易。对朝贡贸易的这种严格限制,不仅损害了朝贡国的民间贸易,也剥夺了中国商人的出海贸易的机会。

所谓征税,就是按照规定对于朝贡使团所带的私货按比例抽分。最初,对于

〔1〕 涂山:《新刻明政统宗》卷四。

〔2〕 戴璟等纂修:《广东通志初稿》卷三〇,《番舶》,《北京图书馆古籍珍本丛刊》第三十八册,书目文献出版社影印本,第 39 页。

〔3〕 王圻:《续文献通考》卷二六,《市籴考·市舶互市》,浙江古籍出版社,1988 年,第 3030 页。

私货不征税。例如,永乐二十一年(1423 年)规定:"使臣人等进到物货,俱免抽分,给与价钞。给赏毕日,许于会同馆开市。"[1]

所谓管理交易,就是贡船到达市舶司所在港口后,首先派人钉封船舱和货物,以免贡品和货物走私上岸,然后派人将贡品运入市舶司设立的仓库。当贡品进入仓库后,要在地方官的监督下将贡品登记造册,捆扎打包,然后封闭仓库,等待朝廷明令一到,即派人将其护送到京城。同时,将朝贡使团随员安置在驿馆内,设宴招待,予以保护,不许与外界随意接触。待贡使朝觐之后,准备返回时,再设宴招待,护送出港。除了贡物之外,外国使团通常带有私货。本来番使多贾人,"来辄挟重资与中国市",明代允许外国使团携带私货在市舶司所在地方出卖和交易,"贡舶与市舶一事也。凡外夷贡者,我朝皆设市舶司领之,许带方物。官设牙行,与民贸易,谓之互市。是有贡舶即有互市,非入贡,不许互市矣"[2]。但后来似乎有所改变,开始征税。例如,嘉靖八年(1529 年),广东巡抚林富奏报说:"祖宗时,诸番常贡外,原有抽分之法,稍取其余,足够御用。"据地方志记载:明朝互市,"若国王、王妃、陪臣等互市货物,抽其十之五入官,其余官给之值。暹罗、爪哇二国免抽。其商私赏货物入为易市者,舟至水次,官悉封籍之,抽其十二,乃听贸易"[3]。就是说,除了暹罗和爪哇两国之外,其他来华使团人员各按一定比例抽税。

正德、嘉靖年间,东南海警不断,浙江沿海影响最大,宁波市舶司业务受到较大冲击,日本贡使很少到达。为此,浙江右布政使奏请减少市舶司的官吏。尤其是日本"争贡事件"发生后,夏言等人主张关闭市舶司,认为"倭患始于市舶"。嘉靖皇帝遂诏令撤销浙江、福建两市舶司,"惟存广东市舶司"[4]。嘉靖三十九年,浙江市舶司复设。但不久,又被撤销。嘉靖四十五年,第三次复设,然而不到一年,又一次废置。

福建市舶司原来设在泉州,成化十年(1474 年)迁至福州。日本"争贡事件"发生后,裁撤。但在嘉靖三十九年复设,但由于福州不复开海市,市舶司官吏无事。当月港开海之后,出海贸易商船多集中在厦门附近,福州市舶司的存在已毫无意义。

广东市舶司设于洪武年间,但不久即撤销。永乐元年,恢复设立,由宦官负

〔1〕　严从简:《殊域周咨录》卷八,《暹罗》,中华书局,1993 年,第 281 页。

〔2〕　王圻:《续文献通考》卷二六,《市籴考·市舶互市》,浙江古籍出版社,1988 年,第 3030 页。

〔3〕　戴璟等纂:《广东通志初稿》卷三〇,《番舶》,《北京图书馆古籍珍本丛刊》第三十八册,书目文献出版社影印本,第 39 页。

〔4〕　张廷玉:《明史》卷七五,志第五一,《食货志》,中华书局,1974 年,第 1848 页。

责管理。在市舶司的宦官通常为四级,高于文官提举司的从五品。所以,权力集中在宦官手中。清人指出:"自洪武迄嘉靖,置罢不常;又始置三司,后复罢浙江、福建,而专设之广东。大抵归其权于中官,凌砾官吏。古人互市之法,荡然矣。"[1]

隆庆开海之后,由海防馆负责管理对外贸易。海防馆设立于明代前期,职能是打击走私贸易。月港开禁后,海防馆的职能发生变化,改为管理海外贸易。万历二十一年(1593 年),海防馆改为督饷馆,其职能如下:其一,颁发引票。所谓引票,就是出海贸易的许可证。规定:商人出海贸易必须向督饷馆申请领取引票,填写商人姓名、户籍所在地,贩运货物名称、数量,装运货物的船只大小尺度以及前往贸易的国家名称。核对之后,商人要按照装载的货物名称和数量交纳引税。其二,督饷馆征收的饷税有三种:水饷、陆饷和加增饷。所谓"水饷",就是船舶税,根据商船梁头大小征收。所谓"陆饷"就是货物税,按照货物的多少从价计征。所谓"加增饷",就是附加税,征税对象是前往吕宋的商船。其三,监督和查验出口商船。每逢商船出海,督饷馆官员照例检验商船所载货物名称和数量,核查与引票登记的货物名称与数量是否一致。当商船返回时,则委派官员带领兵弁护送商船在港内停泊,意在防止偷漏饷税。

正德四年(1509 年),广州开放外商来华贸易。但这一做法不断受到保守派官员的批评,多次出现开而复禁,再开再禁。这一局面持续到嘉靖中后期。

正德五年葡萄牙舰队驶入印度洋,旋即占领印度西海岸的果阿。次年,占领马六甲。正德九年,葡萄牙马六甲总督派船到达中国广州。正德十三年,再次派船到达中国,要求与中国建立外贸关系。嘉靖三十二年,葡萄牙人贿赂广东海道副使汪柏。以商船遭遇风暴为借口,占据澳门。从此,葡萄牙人以及欧洲人大批来到澳门。随着澳门港成为西洋商船的停泊地,嘉靖十四年,朝廷在澳门设立市舶司,负责征收进出口货物税和船舶停泊税。隆庆五年(1571 年),将抽分制改为丈抽制,即将原来的按照实物抽取十分之二,变为按照船体大小征收一定的货币税。规定,外国商人到达港口后,必须向地方官申报,然后由地方官通知市舶司,共同查验外商携带的货物名称和数量,确认没有违禁品之后,按章程规定征税。

明代以前的市舶司长官一般由朝廷委派,位高权重。到了明代前期,为了执行禁海政策,市舶司全部隶属于布政司,较之前代,其政治地位明显降低,出任市舶司官员的人不再是朝中重臣或宦官。由于市舶司长官职务卑微,权力有限,其

---

〔1〕　梁廷枏:《粤海关志》,广东人民出版社,2014 年,第 119 页。

职能自然萎缩。明代前期市舶司主要执行朝贡贸易政策,明朝后期,澳门设立市舶司之后,该机构则只是查验进出口商品和征收进出口货物税和停泊税,不再负责中外商人的管理,对外国商人的管理已经委托牙行负责。随着外国商人的增多,官牙管理制度的各种弊端日益严重,明末的牙行逐渐被专门从事进出口贸易的行商来取代。

总之,明代海外贸易,无论是前期的朝贡贸易和民间走私贸易,还是后期部分开放贸易,都不同程度地促进了中外经济交流,而且在地域上和规模上都超越了前代。明代与前代市舶司虽同名,但职掌却有很大区别。宋元时期的市舶司是一个积极提倡外贸的机构,征税以助国用,缉私以维持正常贸易;而明代前期的市舶司是一个管理朝贡贸易的机构,将民间贸易统统视为非法,加以禁止和打击;明代后期澳门的市舶司,虽然负责征收外国商船的进出口货物税和船舶税,但已经不再负责管理外侨事务。明代以前的市舶司和明代的市舶司性质明显不同:一种是开放的海洋贸易政策,一种是封闭的对外政策。必须指出,明代的对外贸易未能得到应有的发展,主要是朝廷的禁海政策导致的失误。这一失误,导致中国未能凭借自身的优势占据广阔的海外市场,导致中国商船逐渐丧失了传统的贸易港口,中国因此也丧失了世界经济的领先地位。

第十五章　清代前期海外贸易与海防（1644—1840 年）

第一节　清代前期对于内外洋的管辖

一、关于内洋与外洋的划分

清初,沿袭明朝制度,亦将沿海水域划归各省管辖。盛京管辖的海域包括辽东半岛三面,北以鸭绿江口与朝鲜比邻,西以天桥厂海面与直隶为界;直隶管辖的海面,分别以天桥厂、大口河与盛京、山东为界;山东所辖海面西自大河口,东达成山外洋,南以莺游山与江南为界,北以隍城岛与铁山之间的中线与盛京为界[1];江南管辖崇明至尽山一带海域,北以莺游山,南以大衢山与山东、浙江为界;浙江所辖海面分别以大衢山、沙角山与江南、福建为界;福建管辖的海域包括福建沿海、台湾、澎湖列岛周围海域,南以巴士海峡与菲律宾为邻,北以沙角山为标志与浙江分界,西南以南澳岛中线与广东为界;广东管辖的海域包括本省大陆海岸和环琼州岛岸的所有海面。

为了行政和军事管辖的便利,按照水域的大小和远近,清朝官员进一步将临近中国大陆海岸和岛岸附近的水域区分为内洋与外洋两个部分:凡是靠近州县行政区域的海面划为内洋,责成州县官员与水师官兵共同管辖、巡逻;凡是远离

---

〔1〕　1714 年规定:山东与盛京水师官兵各巡本管洋面,金州之铁山、旧旅顺、新旅顺、海帽坨、蛇山岛、并头双岛、虎坪岛、筒子沟、天桥厂、菊花岛等皆系盛京所属,令该将军派拨官兵巡哨;北隍城岛、南隍城岛、钦岛、砣矶岛、黑山岛、庙岛、长山岛、小竹岛、大竹岛至直隶交界武定营等处止,并成山头、八家口、芝罘岛、崆峒岛、养马至江南交界等处止,皆归山东所属,令登州总兵官派拨官兵巡哨。至铁山与隍城岛中间相隔 180 余里,其中并无泊船之所。规定自铁山起,90 里之内归盛京将军官兵巡哨,自隍城岛起90 里归山东官兵巡哨,如遇失事,各照划定疆界题参。(《钦定大清会典则例》卷一〇五,全国图书馆文献缩微中心,2005 年,第 47—48 页)

海岸和岛岸的海域,由于超出了州县官员的管辖能力,不得不将这一海域的巡哨任务全部交由水师官兵负责。1736 年,清会典则例明文规定:"内洋失事,文武并参;外洋失事,专责官兵,文职免其参处。"〔1〕这就是雍正时期河东总督田文镜所说的,"外洋责之巡哨官兵,内口(洋)责之州县有司"。〔2〕

关于内洋与外洋划分的标准,笔者没有找到清廷的明确旨意。不过,有这样一条资料,大致可以反映沿海各省划分内洋与外洋的基本原则:"中外诸洋,以老万山为界。老万山以外汪洋无际,是为黑水洋,非中土所辖。老万山以内,如零丁、九洲等处洋面,是为外洋,系属广东辖境。其逼近内地州县者,方为内洋,如金星门,其一也"。〔3〕 显而易见,清朝人自内而外将海洋分为三个部分:一是靠近州县行政中心的海面,这一部分被称为"内洋",由地方政权和水师官兵来共同管辖;二是以老万山为标志的附近海面,这一部分海面被称为"外洋",属于中国的领水,为"广东辖境",由水师官兵专门负责巡哨;三是老万山以外的黑水洋(即深水洋),"非中土所辖",这一部分海域就是现代意义的公海。

此处需要指出的是,清代人在使用"内洋"这个词语时通常是严谨的,很少是泛称,而在使用"外洋"这个词语时,有时泛指非中国官府管辖的所有海洋,甚至包括中国以外的各个国家。〔4〕 因此,在阅读清代文献时,需要仔细辨析。本文所探讨的"外洋",概念严格限制在"中土所辖"的范围之内,是狭义的"外洋",是纳入清朝行政管辖的邻近"内洋"的一条带状海洋区域,属于国家领水的重要组成部分。

关于内洋与外洋的宽度,笔者看到的唯一资料是,"艋舺营参将水师,海洋南自淡水厅属大安与台协左营交界,北至噶玛兰属苏澳止,计水程七百余里,沿边临海五里为内洋,黑水为外洋,归艋舺参将统辖,沪尾水师兼辖"。〔5〕 从这一记载来看,台湾划分内洋宽度的标准是"临海五里"。那么,关于沿海其他省区的内洋、外洋的宽度清廷是否有过统一的具体规定? 仅凭这一条资料,笔者暂时难以做出一个合乎逻辑的判断。

尽管我们现在还不知道清廷划分内外洋的确切年代,但可以肯定,在雍正、

〔1〕　光绪朝修:《钦定大清会典则例》卷一二七,《吏部·处分例·地方缉捕窃盗》一,第 48 页。

〔2〕　《世宗宪皇帝朱批谕旨》卷一二六之二三,第 36 页。

〔3〕　方濬师:《海洋纪略》,《蕉轩随录》卷八,中华书局,1995 年,第 38 页。

〔4〕　例如,直隶总督王文韶曾于附片奏陈采购外国机器,铸造银元时说:"定购外洋机器于九十月间先后运到。"此处的外洋,显然指的是外国。(《王文韶奏为定购外洋机器试铸银元事》光绪二十二年十二月二十二日,北京中国第一历史档案馆藏录副奏折,档案号: 03－9532－088)

〔5〕　《艋舺营所辖地方洋面程途里数》,《台湾兵备手钞》,《台湾文献丛刊》第 222 种,第 19 页。

乾隆时期,沿海各省都对近海水域进行了内外洋的划分和有效管辖。这里我们仅以浙江省为例,简要说明当时内外洋划分情况。

在沿海省区中,浙江省划分内外洋的资料在《浙江通志》中得到完整的保留,略如下表(表23)。

表23　浙江沿海绿营兵分防海洋汛地及内外洋标志一览表

	汛地名称	内　　洋	外　　洋
乍浦水师营	乍浦汛	大羊山、小羊山、滩山、浒山、黄盘山、中四屿山、菱杯山	
定海镇中营	旗头汛	龟山、小盘屿、吞铁港、火烧门、大渠山、小渠山、摘箬山、虎胫头、乱石港、箬帽门、狮子礁、小茅山、猫门、粮长礅、升罗山、旗头洋、虾岐门、虾岐山、稻蓬礁、插排山、洭泥港、六横山、椒潭、田礅、缸片礁、大涂面、官山头、朴蛇山、梅山港、上梅山、箬帽屿、杨三山、黄牛礁	双屿山、双屿港、白马礁、尖仓山、五爪山、四礁头
	青龙汛	青龙山、青龙港、下梅山、汀齿港、汀齿山、佛肚山、温州屿、孝顺洋、蒲门、干门、东屿、西屿、鸡娘礁、鸡笼山、金地袄、道人港、乱礁洋、将军帽山、白岩山、白岩洋、碗盏礁、石擎礁、青门宫、鞍子头山	
定海镇左营	沈家门汛	道场礁、十六门、野猪礁、鲫鱼礁、嵩山、拗山、大干山、长屿、马秦门、马秦山、老鼠山、大佛头山、桃花山、蚂蚁山、点灯山、登埠山、树茨山、鸡冠礁、乌沙门、卢家屿、沈家门、藕胫头、分水礁、金钵盂山、顺母涂山、石牛港、朱家尖、白沙港、港片礁、莲花洋、普陀山、大洛伽山、洛伽门、小洛伽山、羊屿、东闪、西闪	倒头礅、庄前竹、癞头屿、小衢山、石子门、潮头门、大衢山、衢东、鼠狼湖、烂冬爪山、狮子礁、五爪湖、霜子山、环山、西寨山、东寨山、菜花山、黄星山、庙子湖、青帮山、三星山、霍山、羊鞍山、船礁、九礁
	长涂汛	塘头嘴、蟆头礁、菱杯礁、香炉花瓶山、黄大洋、官山、秀山、灌门、梁横山、钓门山、青肚山、黄肚山、螺门、分水礁、泥礁、竹屿礁、长涂港、栲鳖山、南庄门、东剑山、西剑山、牧羊头、东岳嘴山、西岳嘴山、衢港洋、大衢山、礁潭、乍浦门、黄沙礅、沙塘礅	

	汛地名称	内　　洋	外　　洋
定海镇右营	岑港汛	竹山门、盘屿、盘屿港、大王脚板、鸭蛋港、寡妇礁、蟹屿、蟹屿港、螺头门、洋螺山、横水洋、半洋礁、乌屙礁、外钓山、中钓山、里钓山、岑港、潭头、泥湾、黄牛礁、双尖、三山、茅礁、黄歧港、穿鼻港、大榭山、水蛟门、寿门、售门、白鸭屿、大猫山、猫港、长柄	姚姓浦、尖刀头、售港门、东沙角、篦箕礁、栲门、燕窝山、鲞蓬礁、东垦山、西垦山、双合山、分水礁、茭杯山、花果山、虾爬礁、大渔山、练槌、小渔山、鱼腥脑山
	沥港汛	沥港、天打岩、金塘山、横档山、西后门、小李骜、刁柯山、鱼龙山、菜花山、插翅山、兰山、桃夭门、系马椿、爪连山、五屿	
	岱山汛	岱山、蒲门、高亭、南蒲、五虎礁、峙中山、鳖山、龟山、龟鳖山、长白山、长白港、马目山、马目港、虎嗓头、爪连门、桃花女山、韭菜塘、八斗骜	
昌石水师营	石浦汛	石浦港、铜钱礁、铜瓦门、獭鳗嘴山、牛栏基、金沙滩、淡水门、外淡水门、鹁鸪嘴、半边山、锁门、鸡鸣涂、鸡鸣礁、里担门	三岳山、将军帽山、南韭山、九龙港、八亩礁
	淡水门汛	中擎山、外旦门、屏峰山、桃仁桃核山、岳头港、锯门、珠山、龙洞口、大目山、大目洋、小目山、虾部门、茭杯礁、棉花礁、牛门、牛扼山、青门宫、鞍子头	
镇海水师营	海汛	镇海港、蛟门山、虎蹲山、捣杵山、金塘山、太平山、沥表嘴山、后海、东霍、七姊妹山	
黄岩镇中营	海汛	主山、黄礁门、深门、三山、老鼠屿、川礁娘娘宫、纪青山	大陈山、凤尾山、东箕山、西箕山
黄岩镇左营	海汛	牛头门、白岱门、米筛门、圣堂门、靖寇门	鹅冠山、雀儿骜、东屿、西屿、大渔山
黄岩镇右营	海汛	鲎壳骜、龙镬门、龙王堂、鸡脐山、杨柳坑、石塘山、榔机山	钓棚、螭洋、洞正山
宁海营	海汛	靖寇门、狗头门、茶盘洋、五屿门、满山、宁台屿、三门、罗汉堂、玉夷、长山门、九龙港、石浦所、林门、南田山、大佛头、罗源、珠门、急水门、花骜、青门、迷江山	

汛地名称	内　　洋	外　　洋
温州镇中营	海汛	霓嶴、三磐、长沙、黄大嶴、大门、鹿西、双排	
玉环右营	坎门汛	大岩头、梁湾、黄门、坎门、乌洋港、大青山、小青山、方家屿	披山、大鹿、小鹿、前山、沙头
	长屿汛	车首头、分水山、女儿洞、乾江冲、担屿、长屿、洋屿	
温州镇左营	海汛	凤凰山、大丁山、小丁山、铜盘、南龙、白脑门	北麂
瑞安营	海汛	北关、官山、金乡、琵琶、大四屿	南麂

资料来源：沈翼机等编《浙江通志》卷 96、卷 97、卷 98。按，1724 年前，温州镇中营所管海汛为：三磐、霓嶴、大门、黄大嶴、鹿西、长沙、白脑门、铜盘、大衢、南龙等；左营所管海汛为：镇下关、北关、金乡、南麂、官山、琵琶、凤凰、大丁山、小丁山、北麂等；右营所管海汛为：横址、梁湾、小门、双排、茅岐、乌洋、大岩头、方家屿、大青山、小青山、黄门、坎门、车首头等。是年 9 月，题请右营改为陆营，瑞安、磐石并为水师营。遂将原来三营所辖海汛自南至北分为四段：第一段，自镇下关与福建烽火门汛海汛交界处起，北关、官山、金乡、琵琶、南麂，北至大四屿，与左营海汛交界处止，归瑞安营管辖；第二段，南自大四屿起，凤凰、大丁山、小丁山、铜盘、南龙、北麂，北至白脑门与中营海汛交界处止，归左营管辖；第三段，南自左营白脑门起，霓嶴、三磐、长沙、黄大嶴、大门、鹿西、双排，北至横址与磐石营海汛交界处止，归中营管辖；第四段，南自横址起，大岩头、梁湾、黄门、坎门、乌洋、大青山、小青山、茅岐山、方家屿，北至车首头与黄岩镇标海汛交界处止，归磐石营管辖。1728 年，浙江总督李卫奏请，磐石营改为陆营，设立玉环左右营。"玉环既设专营，其从前分隶黄、磐两营防守之陆路，今应尽归玉环管辖，其水汛除磐石原管洋面仍归玉环外，附近玉环，旧归黄标右营巡防之女儿洞、乾江冲、担屿、沙头、长屿、洋屿及外洋之披山、大鹿、小鹿、前山等汛地，其外洋则以洞正属之黄标，披山属之玉环为界"。(《闽浙总督阿林保浙江巡抚清安泰奏请将温州府属外洋各山岛改隶玉环版图其洋面改归玉环营管辖事》嘉庆十二年九月初十日，朱批奏折，档案号：04－01－01－0503－044)

　　综上所述，我们知道，清代前期将接近大陆海岸和岛岸的海域划分成三个部分：一是内洋，这部分海域由于靠近大陆海岸或岛岸，以一些小岛为标志，类似于内海，由沿岸州县和水师官兵共同负责治安管辖；二是大洋、深水洋或黑水洋，这部分海域无边无际，"非中土所辖"，类似于现代的公海；三是介于二者之间的一条洋面，被清人称其为外洋，这部分海域通常以距离中国海岸、岛岸最远的岛礁或航线为标志，由于超出了文官的管辖能力，委派水师官兵来负责巡哨。关于"外洋"的宽度，笔者没有查阅到具体的里程，按照早期习惯，应是以外缘岛礁为中心的目力所及的范围，也就是水师船只在外缘岛礁之间往返梭巡时能够观察到的一条带状海域，或者是在商船行走的航线上。

二、巡洋制度的建立与完善

划分内洋与外洋,目的是加强国家机关对于近海水域的行政、军事和经济管理,便于维护中外商人的贸易利益和行船安全、保证沿海居民的生产和生活安全,以及国家的领水权益。

根据巡洋任务的轻重、海域范围的大小以及实际需要情况,清廷在沿海地区设立了不同规模的水师,一共配备了 826 艘外海战船。由于福建的防海任务最艰巨,配置的外海战船多达 342 艘;其次为浙江,配备 197 艘;再次为广东 166 艘,江南 83 艘,山东 24 艘;直隶与盛京的海防任务最轻,配置的外海战船分别为 8 艘和 6 艘。[1] 外海战船战时用于征战,平时用于巡洋会哨。承担巡洋任务的官弁按照分防范围的大小和职位的高低,分为专汛、协巡、分巡、委巡、总巡、统巡。千总、把总为专汛,外委为协巡,这是最基层的巡洋单位;都司、守备为分巡;委署的官员参与巡哨叫委巡;[2] 副将、参将、游击为总巡,需要周巡一营负责之内外洋;总兵官巡海被称为统巡,又称督巡。统巡是指总兵官与相邻水师镇协的定期会哨活动。

各省水师官兵,驾驶巡船,沿海上下往来巡逻,以诘奸禁暴。水师官兵按照分防的洋面进行巡哨,参与巡哨的每一艘战船官兵和装备均有额数限制。倘若出洋之后,水手不如额配足[3],以致巡哨船只不能管驾,遭风损坏,负责调度的官员要受严重的革职处分,同时参与巡哨的官兵要承担巨大的经济损失。条例明文规定:"将派拨之员革职,船只著落巡哨各员赔造。不行稽查之总巡官,降二级调用;总兵,降一级调用。"[4]

由于季风的影响,南北洋情况不同,各省水师巡洋的时间和班次亦不同。"江南省巡洋官兵以三个月为一班;广东省巡洋官兵以六个月为一班,每年分为上下两班;福建省巡洋官兵每年自二月起至五月止为上班,六月起至九月止为下班,十月起至次年正月按双、单月轮班巡哨;浙江省巡洋官兵每年二月至九月以两个月为一班,十月至次年正月以一个月为一班;山东登州水师每年于三月内出洋巡哨,于九月内回哨。各省水师俱令总兵统率,将备弁兵亲身出洋巡哨,遇有

---

〔1〕　乾隆朝修:《钦定大清会典则例》卷一一五,第 64—67 页。

〔2〕　各省水师署任人员轮派出洋巡哨,遇有失事,如在疏防限内撤巡,并卸委署之任者,照离任官例议结。如已经撤巡,而署任尚未交卸者,仍照承缉官例,议处。

〔3〕　"春秋会哨外洋之例,艍船定额,每只配兵四十名,罟艚船每只配兵二十名,快哨船每只配兵一十五名"。(《世宗宪皇帝朱批谕旨》卷一一三,第 4 页)

〔4〕　严如煜:《洋防经制上》,《洋防辑要》卷二,台湾学生书局,1975 年,第 10 页。

失事,分晰开参,照例议处"。[1]

则例规定:水师各营配兵出洋巡哨,必须选择明干弁兵,实力巡哨。倘若该弁兵等在洋遇有匪船退缩不前,转被盗劫,该督抚等查明,即将本船弁兵严行治罪,并将负责派拨的官员参奏革职。仍令自备资斧在于洋面效力三年,方准回籍。该总巡、总兵降三级调用。[2] 凡是巡海船只,在未出口之前,应取同船兵丁不敢抢劫为匪连名甘结,在船该管官加结申送上司存案。会哨之日,仍取同船兵丁在洋并无抢物为匪扶同隐匿事发愿甘并坐甘结,送该上司查核。如弁兵在洋抢夺商人财物,该管官不是同船,失于觉察,照失察营兵为盗例,议处;若该管官通同隐匿、庇护,革职提问;督抚提镇不题参者,照徇庇例议处。[3]

邻境的盗匪被官兵追缉到汛,在洋巡哨的官兵必须协力缉拿。倘若巡缉之员不协力缉拿,盗犯被其他汛地官兵缉获归案,供出追捕地方并经由月日,则将该汛未能协捕之巡洋各员弁降二级留任,总巡上司降一级留任。

统巡是水师总兵官的按期督察活动,意在防范各哨官兵畏怯风涛,偷安停泊,在洋梭织游巡。"是以总兵官每于春、秋二季不时亲坐战船出洋督哨"。[4] 康熙、雍正、乾隆时期,苏松水师所属内外洋汛,按照规定由本标中营、左营、右营、奇营以及川沙营、吴淞营按照各自疆界分月巡查。总兵官于春、秋两季不时督巡,例如,1773 年,苏松水师除轮派总巡中营游击许文贵、分巡右营守备童天柱带领本标四营以及川沙、吴淞二营随巡官兵于 5 月 21 日开赴外洋巡哨之外,总兵官陈奎于 5 月 30 日乘坐战船前往吴淞会操,然后前往大戢山、小戢山、徐贡山、马迹山、尽山等处统巡。[5]

定海水师总兵官也是这样,通常于舟山捕鱼繁忙季节,亲自带领战船巡海。例如,1743 年春末夏初,黄鱼起汛,闽浙沿海渔船三千余艘齐集舟山群岛捕鱼,蔚为壮观,商贾携带银钱买鲜,就近晾晒,"海岸成市",[6] 闽浙总督那苏图担心渔民得利则返,无利则易于在洋面为盗,因此饬令定海镇总兵官顾元亮亲自率领

---

〔1〕 严如煜:《洋防经制上》,《洋防辑要》卷二,第 3 页。

〔2〕 严如煜:《洋防经制上》,《洋防辑要》卷二,第 10 页。

〔3〕 乾隆朝修:《钦定大清会典则例》卷一一五,第 51 页。

〔4〕 《江南水师总兵陈伦炯奏报外洋督巡情形》雍正十三年十月十五日,北京中国第一历史档案馆藏朱批奏折,档案号:04-01-30-0199-022。

〔5〕 《江南苏松水师总兵陈奎奏报春季统巡内外洋面安静情形事》乾隆三十八年六月初三日,北京中国第一历史档案馆藏朱批奏折,档案号:04-01-03-0029-022。

〔6〕 《闽浙总督那苏图奏为巡历内外洋面闽浙二省渔期告竣事》乾隆八年六月十三日,北京中国第一历史档案馆藏朱批奏折,档案号:04-01-01-0095-027。

战船加紧巡哨内外洋面。

有时候,沿海省区的总督、巡抚也亲自参与巡海活动。例如,1744 年 3 月 19 日,浙江巡抚常安亲自巡海,先到镇海,再到定海内洋、外洋。[1]

从上述情况来看,清朝前期关于水师官兵巡洋的规定涉及方方面面,相当严密。事实上,水师官兵巡洋制度的建立,经历了一个不断发现流弊、探讨对策、修改规定,条例由疏渐密的完善过程。

1689 年,规定:海洋巡哨,水师总兵官不亲身出洋督率者,照规避例,革职。[2]

1704 年,规定:广东沿海以千总、把总会哨,副将、参将、游击每月分巡,总兵官每年于春、秋两季出洋总巡。

1708 年,规定:江南苏松、狼山二镇总兵官各于本管洋面亲身总巡,每岁一轮,年终将出洋回汛日期呈报该提督察覈。又规定,浙江定海、黄岩、温州三镇总兵官出洋总巡,每年定于二月初一日起至九月底止。

1714 年,规定:盛京海洋以佐领、防御、骁骑校为分巡,协领为总巡。如有行船被盗,由该将军题参,将分巡、总巡各官照江、浙、闽、广之例,议处。

1716 年,规定:福建水师五营、澎湖水师二营、台湾水师三营分拨兵船,各书本营旗号,巡逻台湾海峡,每月会哨一次,彼此交旗为验。"如由西路去者,提标哨至澎湖交旗,澎湖哨至台湾交旗,送至台湾协查验;由东路来者,台湾哨至澎湖交旗,澎湖哨至厦门交旗,皆送提督察验。如某月无旗交验,遇有失事,则照例题参。"

1717 年,由于山东登州水师营员较少,不能如浙江、福建等省按照总巡、分巡各名目轮派。规定山东水师分为南、北、东三汛:南汛以千总、把总为专汛,以胶州游击为兼辖;北汛以千总、把总为专汛,以登州守备为兼辖;东汛以千总、把总为专汛,以成山守备为兼辖,俱以该镇总兵为统巡统辖,遇有疏防案件,照闽浙海洋失事例议处。[3]

同一年又规定:福建提督水师、台湾、澎湖两协副将每年必须率领三艘战船亲身出巡各本管洋面,两协游击、守备分巡各本汛洋面,海坛、金门二镇各分疆界为南北总巡,每年提标拨出十艘战船,以其中六艘归巡哨南洋总兵官调度,四艘

〔1〕《浙江巡抚常安奏为查勘定海内外洋面情形事》乾隆九年二月二十日,北京中国第一历史档案馆藏朱批奏折,档案号:04 - 01 - 01 - 0109 - 013。

〔2〕乾隆朝修:《钦定大清会典则例》卷一百十五,第 46 页。以下 11 个自然段,凡未注明者,资料均见本书本卷第 46—64 页。

〔3〕严如煜:《洋防经制上》,《洋防辑要》卷二,台湾学生书局,1975 年,第 4 页。

战船归巡哨北洋总兵官调度。其台湾、澎湖二协副将、金门、海坛总兵官均于二月初一日起至九月底止期满,撤回至各营。分巡官兵挨次更换,如果遇到海洋失事,各照例题参。

1718 年,规定:南澳镇总兵、琼州水师副将各率营员专巡各本管洋面。自南澳以西,平海营以东分为东路,以碣石镇总兵官、澄海协副将轮为总巡,率领镇协标员以及海门、达濠、平海各营员为分巡;自大鹏营以西,广海寨以东分为中路,以虎门、香山二协副将为总巡,率领二协营员及大鹏、广海各营员为分巡;自春江协以西,龙门协以东分为西路,以春江、龙门二协副将轮为总巡,率领二协营员及电白、吴川、海安、硇洲各营员为分巡。共分为三路,每年分为两班巡察,如遇失事,照例题参。

1730 年,规定:福建、浙江巡哨官兵船挨次两月更换,如风潮不顺,到汛愆期,应俟到汛交待,具报该上司查核。

1735 年,规定:福建南澳镇左营以及金门镇之铜山洋汛归南澳镇巡察,每年上班巡期委右营守备与广东镇协会哨,左营游击与海坛、金门两镇会哨,该总兵官驻镇弹压;下班巡期委右营游击出巡,总兵官亲率兵船与两镇会哨,以左营游击留营弹压。

1736 年,规定:广东西路洋面分为上下二路:自春江至电白、吴川、硇洲为上路,上班以春江协副将为总巡,下班以吴川营游击为总巡,率领春江、电白、吴川、硇洲各营员为分巡,均于放鸡洋面会巡至硇洲一带。自海安至龙门为下路,上班以海安营游击为总巡,下班以龙门协副将为总巡,率领海安、龙门各营员为分巡,均于琼州洋面会巡所属一带。至上路之电白营游击上班随巡,听春江协副将统领;电白营守备下班随巡,听吴川营游击统领(图六七)。

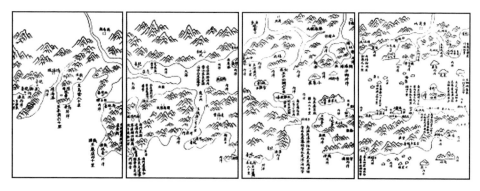

图六七　潮州府之内外洋(《广东通志》卷一百二十四,见《续修四库全书》第 671 册,第 731—735 页)

1747 年,两江总督尹继善奏请加派官兵巡海,由原来的两个营改为四个营,每班四个月改为两个月,一年轮巡一次,得到乾隆皇帝批准。[1] 从此开始,每年二月至九月,苏松镇标中、左、右、奇四营之游击、守备八人分为四班,每营游击各巡两个月,各营守备与游击错综换班,每人随游击分巡两个月,川沙、吴淞二营之参将、守备共四人,每人分巡两个月,未轮班之各营委拨弁兵驾船随巡。至于十月至正月,则令镇标四营、川沙、吴淞二营每营各管二十日,如有失事,将分管之营题参。该镇总兵官仍亲身巡察。所有出洋回汛日期报总督、提督稽核。狼山镇标于二月初一日起,右营游击率领中、左、右三营官兵在于内外洋面巡哨,至九月底期满回营,该镇总兵官亦亲身巡察,将出洋、回汛日期呈报总督、提督查考。

1752 年,规定,山东省登州镇水师,每年五、六、七、八月间,官兵出洋,分为南、北、东三汛,各汛在该管地界,彼此往来巡防。福建省海坛镇于三月初一、九月初一与金门镇会哨于涵头港,五月十五日与浙江温州镇会哨于镇下关;金门镇于三月初一、九月初一与海坛镇会哨于涵头港,六月十五日与南澳镇会哨于铜山大澳;南澳镇于六月十五日与金门镇会哨于铜山大澳。会哨之期,总督预先派遣标员前往指定处所等候,如两镇同时并集,即取联衔印文缴送;或一镇先到,点验兵船,取具印文,先行缴报,即准开行;一镇后到,别取印文缴送,以两镇到达指定处所为准,如迟至半月以后不到者,察系无故偷安,即行参处。至分巡洋汛相离本不甚远,一月会哨一次,该镇总兵官差员取结通报,如有违误,即行揭参,若徇隐及失察者,一并参处。又规定,浙江省定海镇于三月十五、九月十五日与黄岩镇会哨于健跳汛,属之九龙港;五月十五日与江南崇明镇会哨于大羊山;黄岩镇于三月初一、九月初一日与温州镇会哨于沙角山,三月十五、九月十五日与定海镇会哨于九龙港;温州镇于三月初一、九月初一日与黄岩镇会哨于沙角山,五月十五日与福建海坛镇会哨于镇下关。其会哨之期,总督预先派遣标员前往指定处所等候,及两镇出具印文缴送之处,均同福建之例行。同年又规定,广东省水师各营总巡指定地点,定期会哨。如会哨官兵同时到达,即联衔具文通报。倘因风信不便,到达时间先后参差,先到者,即具文通报,巡回本辖洋面;后到者,于到达之日,具文通报,然后巡回本营所辖洋面。至于各分巡官每月与上下邻境会哨一次,或先西后东,或先东后西,预先约定。一经会面,即联衔通报。

1760 年,江南提督王进泰认为,既往巡哨规定虽然严密,但仍有漏洞。例如

---

〔1〕 《两江总督尹继善奏为酌定水师各营内外洋巡防章程事》乾隆十二年四月初九日,北京中国第一历史档案馆藏朱批奏折,档案号: 04 - 01 - 01 - 0146 - 002。

十月至正月这四个月 120 天,尽管由六个营各自负责 20 日,而各营以风大浪急,例不出巡,致使此四个月内外洋面并无巡哨,"遇有失事,该管镇营彼此不无推诿,难以查参。"为此,他建议在此四个月中,轮值各营应派遣少量官兵,继续前往尽山一带外洋游巡,弹压奸匪。[1]

1789 年,温州镇李定国带领战船巡洋会哨,因风大难行,停泊小门洋,没有按照规定于九月初一前往沙角山与黄岩镇会哨,为了逃避不按时会哨处分,伪造印文,希图蒙混交差。这件事情被揭发之后,经浙江巡抚题报,将李定国革职,遣送伊犁效力,以示惩戒。乾隆皇帝认为,巡洋会哨毕竟不是出兵打仗,若届期遇有飓风突然发作,该镇总兵官担心迟误,身获重谴,委派官兵冒险放洋,使专汛官兵冒险于暴风巨浪之中,则是对巡洋官兵身家性命不负责任。因此谕令:"嗣后,各该镇定期会哨,如实有风大难行,许其据实报明督抚,并令该镇等彼此先行知会,即或洋面风大,虽小船亦不能行走,不妨遣弁由陆路绕道札知,以便定期展限,再行前往。但该督抚等务须详加查核。设有藉词捏饰,即应严参治罪。若果系为风所阻,方准改展日期,以示体恤而崇实政。"[2]考虑到江南、浙江、福建和广东沿海九月份飓风较多,乾隆皇帝谕令各督抚,各处洋面不必拘泥于三月、九月会哨。旋据伍拉纳覆奏,"海坛、金门二镇每年三、九两月于涵头港会哨之期,因其时风信靡常,并多海雾,改为四、八两月"。[3]

1800 年,发现沿海水师,"向例设有统巡、分巡及专汛各员出洋巡哨,近因各省奉行日久,渐有代巡之弊,即如统巡一官,系总兵专责,今则或以参将、游击代之,甚至以千总、把总、外委及头目兵丁等递相代巡,遇有参案到部,则又声明代巡之员,希图照离任官例,罚俸完结。殊非慎重海疆之道"。为此,专门制订《巡洋水师人员代巡处分则例》,规定各省水师人员按季巡洋,应照新定章程轮派,不得滥行代替。无论何省,总以总兵为统巡,亲身出洋督率将备巡哨,以副将、参将、游击为总巡,都司、守备为分巡。倘总兵遇有紧要事故,不能亲身出洋,只准以副将代统巡;副将遇有事故,偶以参将代之,不得援以为常。其余游击、都司均不准代总兵为统巡,都司、守备不准代副、参、游击为总巡,千总、把总、不准代都、守为分巡,目兵不准代千总、把总外委为专汛。派员出洋,责令统巡总兵专司其事,按季轮派,一面造册送部,一面移送督抚、提督查核。如于造册报部后,原派之员遇有事故,不能出洋,应行派员更换者,亦即随时报明,出具印甘各

---

〔1〕 《江南提督王进泰奏为请严外洋巡哨事》乾隆二十五年三月二十一日,北京中国第一历史档案馆藏录副奏折,档案号:03-0463-018。
〔2〕 严如煜:《洋防经制上》,《洋防辑要》卷二,台湾学生书局,1975 年,第 3 页。
〔3〕 严如煜:《洋防经制上》,《洋防辑要》卷二,第 3 页。

结。倘违例滥派代替,或无故滥行更换
者,该督抚、提督据实严参,将统巡总兵
官降二级调用。督抚、提督如不据实查
参,率行转报、题咨者,将督抚、提督降一
级调用。倘本官畏怯风波,不肯出洋,临
期托病,私行转委所属员弁代替,经总
督、提督、总兵查出,揭参者,将本官革职
提问(图六八)。[1]

图六八　嘉庆时期在外洋行驶的中国
商船受到水师的保护(Wllliam Alexander, *The Costume of China*, The Letter-Press By W. Bulder And Co, 1805)

　　综上所述,对于内洋,清廷实行的是
文武兼辖制度;对于外洋,则主要依靠沿
海水师官兵来巡哨。为了加强内洋与外
洋的行政和军事管理,清廷不断根据情
况变化,制订和修改条例,形成了一套相
当严密的水师巡洋制度。沿海水师巡
洋,不仅按照专汛、协巡、分巡、总巡、统巡区分所辖海域的责任和义务,而且按照
季节的不同,规定了会哨的方法、时间和地点,同时为了限制水师官员逃避风险
和责任,还规定水师高级官员必须亲自带领战船在内洋和外洋巡哨,不得以低级
官弁代巡,借此督促在洋巡哨的官兵尽职尽责。此外,为了确保巡洋制度的顺利
贯彻,清廷还制订了明确的问责条例。

三、内洋与外洋的管辖权

　　无论是内洋与外洋的划分,还是巡洋制度的建立与完善,都是为了确保国
家机关对于近海水域的管辖权。为此,有必要解释一下管辖权的涵义。管辖
权的概念有狭义和广义的分别:狭义的管辖权(Jurisdiction),是指法院对案件
进行审理和裁判的权力或权限;广义的管辖权,是指国家对其领域内的一切人
和物进行管辖的权利,自然也包含了司法管辖权。本文使用的管辖权是广义
的概念,与此管辖权相关的还有独立权和自卫权等。独立权,是指国家按照自
己的意志处理内政、外交事务,而不受他国控制和干涉的权利。自卫权,是指
国家保卫自己生存和独立的权利。下面我们着重探讨一下清代前期关于内洋
与外洋的管辖权。

─────────

[1]　严如煜:《洋防经制上》,《洋防辑要》卷二,第 7 页。

（一）保护和救助外国商船

"外国商民船,有被风飘至内洋者,所在有司拯救之。疏报难夷名数,动公帑给衣食,治舟楫,候风遣归。若内地商民船被风飘至外洋者,其国能拯救资赡、治舟送归,或附载贡舟以还,皆降饬褒奖"[1] 这是救助外国商船的早期条例规定。

1729 年初,澳门番人前往越南贸易,在琼州府会同县外洋遭遇暴风袭击,商船损坏。该汛把总文秀等人驾舟搬取船上货物。登岸之后,止还事主缎匹、银器数件,其余藏匿不还。这一见利忘义事件传到京师,雍正皇帝非常震怒。他认为"此皆地方督抚、提镇等不能化导于平时,又不能稽查、追究于事后,以致不肖弁兵等但有图财贪利之心,而无济困扶危之念也"。为此,雍正皇帝于 1729 年 8 月 15 日(雍正七年七月二十一日)谕令内阁道,"各省商民及外洋番估携资置货、往来贸易者甚多,而海风飘发不常,货船或有覆溺,全赖营汛弁兵极力抢救,使被溺之人得全躯命,落水之物不致飘零。此国家设立汛防之本意,不专在缉捕盗贼也"[2] 要求沿海督抚、提镇就此事各抒己见,提出从重治罪方案。议奏到后,九卿会议制订惩罚专条。"抚难夷。外洋夷民航海贸易,猝遇飘风,舟楫失利,幸及内洋、海岸者,命督抚饬所属官加意抚绥,赏给储粮,修完舟楫。禁海滨之人利其资财,所携货物,商为持平市易,遣归本国,以广柔远之恩"[3]

乾隆皇帝对于外国商船也主张加以保护,1737 年,下达谕旨说:"今年夏秋间,有小琉球国装载粟米、棉花船二只遭值飓风,断桅折舵,飘至浙江定海、象山地方,随经该省督抚察明人数,资给衣粮,将所存货物一一交还,其船及器具修整完固,咨送闽省,附伴归国。朕思沿海地方常有外国夷船遭风飘至境内者。朕胞与为怀,内外并无歧视。外邦民人既到中华,岂可令一夫失所。嗣后如有似此被风漂泊之船,著该督抚督率有司,加意抚恤,动用存公银,赏给衣粮,修理舟楫,并将货物给还,遣归本国,以示朕怀柔远人之至意,将此永著为例。"[4]

1795 年 6 月 19 日,一艘琉球国商船在温州南麂山附近外洋被拦劫,船上所载海参、银两、衣物被洗劫一空。事发之后,温州镇总兵谢斌立即派兵缉拿,很快捕获案犯。[5]

〔1〕 允裪等撰:《钦定大清会典》卷五六,第 10 页。

〔2〕 李绂等编:《世宗宪皇帝上谕内阁》卷八三,雍正七年七月二十一日,第 21—22 页。

〔3〕 允裪等撰:《钦定大清会典》卷一九,第 5 页。

〔4〕 乾隆朝修:《钦定大清会典则例》卷五三,第 91—92 页。

〔5〕 《浙江巡抚奏为已获盗犯林玉顶供认行劫琉球国商船地点系在南麂山外洋事》乾隆六十年,北京中国第一历史档案馆藏朱批奏折,档案号: 04 - 01 - 01 - 0466 - 052。

1801 年,兵部进一步明确了水师官兵保护外国商船安全的责任和义务。规定:"外国夷船被劫,巡洋各弁失于防范,初参,限满,不获,将分巡、委巡、专汛、兼辖各官降二级调用,总巡、统辖降一级调用。盗犯交接巡各官,勒限缉拿,统巡总兵降一级留任。"[1]这种保护外国商船的措施,比起清朝官府承担的对于本国商船的保护力度强得多。

从以上这些条例、事例可以看出,尽管没有国际海事条约的相互约束,清朝官府已经自觉承担了对内洋和外洋航行的外国"商民船"的安全保护责任和救死扶伤义务。

(二) 外夷兵船不准驶入内洋

与自觉承担保护和救护外国商船的责任和义务的同时,清朝官府为捍卫领水主权,明确表示反对外国兵船进入内外洋,尤其是对于寻衅滋事侵犯中国主权的外国兵船则采取坚决驱逐的措施。

嘉庆、道光时期,海盗活动猖獗,外国兵船借口保护商船,开始频繁到达中国所辖内外洋面。清廷对此越来越不安,多次谕令,不准外国兵船在中国外洋停泊,不准外国兵船阑入中国内洋。例如,1814 年,两广总督蒋攸铦奏报广州中外贸易情形,"近来英吉利国护货兵船不遵定制,停泊外洋,竟敢驶至虎门,其诡诈情形,甚为叵测"。为此,他奏请整顿水师,慎重海防。嘉庆皇帝肯定蒋攸铦"所奏俱是",谕令:"嗣后所有各国护货兵船仍遵旧制,不许驶近内洋;货船出口,亦不许逗留。如敢阑入禁地,即严加驱逐。倘敢抗拒,即行施放枪炮,慑以兵威,使知畏惧。"[2]1835 年,两广总督卢坤针对外国护货兵船擅自进入澳门,侵犯中国内外洋的情形,提出了针锋相对的措施:"嗣后各国护货兵船如有擅入十字门及虎门各海口者,即将商船全行封舱,停止贸易,一面立时驱逐,并责成水师提督,凡遇有外夷兵船在外洋停泊,即督饬各炮台弁兵加意防范,并亲督舟师在各海口巡守,与炮台全力封堵……务使水陆声势联络,夷船无从闯越。"[3]为此还专门制订了《防范贸易夷人酌增章程八条》,第一条即明确规定:"外夷护货兵船不准驶入内洋。"[4]

---

〔1〕　伯麟等修:《钦定兵部处分则例》卷三七,道光朝刻印本,第 5 页。

〔2〕　《清仁宗实录》卷三〇〇,嘉庆十九年十二月戊午,《清实录》第三十一册,中华书局,1985 年影印,第 1121 页。

〔3〕　梁廷枏:《粤海关志》卷二九,台北:文海出版社,1986 年影印,第 2090—2091 页。

〔4〕　《清宣宗实录》卷 264,道光十五年三月癸酉,《清实录》第三十七册,中华书局,1985 年影印,第46 页。

（三）查验和驱逐非法进入中国内洋夷船

为了加强海防管理,1757 年,规定江、浙、闽三个海关继续管理日本、朝鲜、琉球等东洋、南洋贸易,粤海关重点管理西洋各国贸易。[1] 英国商人在对华贸易不断扩大时,对粤海关、十三行贸易体制日益不满,多次派船前往宁波试探（图六九）。

图六九　《广州十三行商馆玻璃画》(《海贸遗珍》,第 263 页)

1832 年,一艘英国商船到达浙江洋面,"欲赴宁波海关销货"。浙江巡抚富呢扬阿得到报告,立即谕令沿海水师官员驱逐。"当饬该管道府明白晓谕,不准该夷船通商。咨会提镇督令分巡各弁兵前往驱逐。该夷船挂帆开行,放洋而去。又飞咨江南、山东、直隶督抚饬属巡防,毋令阑入。并将未能先事预防之备弁等奏请交部议处"。道光帝认为英国商船前往宁波贸易,违反先前规定,著令沿海各省总督、巡抚,"严饬所属巡防将弁认真稽查。倘该夷船阑入内洋。立即驱逐出境,断不可任其就地销货"。[2] 1833 年,道光皇帝得知英国鸦片走私船在江南、浙江、山东一带活动,再次下达谕令:"英吉利夷船不准往浙、东等省收泊,定例綦严。嗣后,著责成该省水师提督严督舟师官兵,在近省之外洋至万山一带,及粤闽交界洋面实力巡查。一遇夷船东驶,立令舟师严行

〔1〕　王宏斌:《乾隆皇帝从未下令关闭江浙闽三海关》,《史学月刊》2011 年第 6 期。
〔2〕　《清宣宗实录》卷二一三,道光十二年六月壬午,《清实录》第三十六册,中华书局,1985 年影印,第 139 页。

堵截,并飞咨上下营汛及沿海州县一体阻拦,务令折回粤洋收口。倘再有阑入闽浙、江南、山东等省者,即著将疏玩之提镇、将弁据实严参,分别从重议处。"〔1〕

西洋商船在广州贸易,通常由官方选派的引水带进黄埔,经过丈量船只规模、查验货物、缴纳货税、船钞之后,方准开仓贸易。如果违反上述规定,擅自进入内洋,走私贸易,水师官兵须"从严驱逐,不容任意逗留"。1834年,外国鸦片商在中国沿海的走私贸易越来越猖獗。道光皇帝再三发出谕旨,"毋许夷船阑入内洋",〔2〕要求沿海督抚认真查究鸦片走私,从重拟办。

1836年,道光皇帝谕令:严禁外国鸦片走私船进入内洋,不许在外洋停泊逗留。"著邓廷桢等严饬各营县及虎门各炮台,随时查察,严行禁阻、防范。并谕饬澳门西洋夷目派拨夷兵在南湾一带巡哨,勿使烟船水手人等登岸滋事,仍即驱逐开行回国,毋令久泊外洋。倘该夷人不遵法度,竟肆桀骜,立即慑之以威,俾知儆惧"。〔3〕

（四）盘查海船违禁货物(详见第四节)

（五）盘查渔民和海岛居民

凡是前往台湾、澎湖、舟山等大小岛屿谋生的民人,必须持有地方官发给的印票,由守口员弁稽查验放,同时饬令巡洋的官兵不时盘查。如果有无照人员偷渡台湾、澎湖,或者有人私自进入内外洋岛屿,搭盖房屋,均视为非法偷渡,概行驱逐。条例规定:"各省海岛除例应封禁者,不许民人、渔户扎搭寮棚居住、采捕外,其居住多年,不便驱逐之海岛村墟及渔户出洋采捕,暂在海岛搭寮栖止者,责令沿海巡洋各员弁实力稽查,毋致窝藏为匪。倘不严加稽查,致海岛居民及搭寮采捕之渔户有引洋盗潜匿者,将沿海巡洋各员均降三级调用,水师总兵及提督降一级留任。如沿海巡洋各员知情贿纵者,革职提问,水师总兵及提督降一级调用。"〔4〕因此,我们知道巡洋官兵负有盘查内外洋居民的责任。1793年,苏松水师总兵官孙全谋督巡外洋,督巡的内容包括督促巡洋各哨在洋梭织巡游、检查各

〔1〕《著沿海各省督抚按照已定章程严防外国船只侵入内地洋面事上谕》道光十三年正月二十日,《鸦片战争档案史料》第一册,第137页。

〔2〕《清宣宗实录》卷二五〇,道光十四年三月壬辰,《清实录》第三十六册,中华书局,1985年影印,第784页。

〔3〕《清宣宗实录》卷二七七,道光十六年正月己酉,《清实录》第三十七册,中华书局,1985年影印,第276页。

〔4〕严如煜:《洋防经制上》,《洋防辑要》卷二,台湾学生书局,1975年,第19页。

个岛屿居住的渔民、农户是否合法等。返回驻地后,照例奏报说:"查点在山六澳厂头网户二百二十名,俱有地方官印给腰牌,并无无照之人……洋中均各宁静。"[1]

(六)海洋失事处分则例

除了短时期的征战之外,水师官兵巡洋最重要的任务就是缉拿海盗,行使司法管辖权。为了有效维护中国内洋与外洋的航行安全,督促水师官兵尽职尽责,清廷制订了严密的海洋失事处分条例。[2]

顺治时期,关于缉拿海盗的条例较为粗疏,只是规定:沿海督、抚、提、镇严饬官弁及内地所属地方官立法擒拿海盗,务期净尽。如果无海盗,令该管官按季具结,申报督、抚、提、镇,报部。倘具结之后,此等海盗经别汛拿获,供出从前潜匿所在,将供出之该官汛口地方官降二级调用。[3]

康熙时期,缉拿海盗的司法条例日趋严密。例如,1707年规定:江、浙、闽、广海洋行船被劫,无论内外洋,将分巡、委巡、兼辖官各降一级,留任;总巡、统辖官各罚俸一年,限一年缉拿盗犯。不获,将分巡、委巡、兼辖官各降一级调用,总巡、统辖官各降一级,罚俸一年。如被盗地方有专汛官,照分循官例,议处。其巡哨期内,本汛并无失事,而能另外拿获一艘海盗船者,将专汛、分巡、分巡、委巡、兼辖各官各记录一次;拿获两只海盗船者,将专汛、分巡、委巡、兼辖各官各记录两次,总巡、统辖各官记录一次;拿获多只盗船者,按数递加奖励。

雍正、乾隆时期,对海洋失事条例又进行了新的厘定,主要是针对内洋与外洋不同情况,确定了问责的对象。1729年,议准:海盗从外洋行劫,咎在出洋巡哨之官,将守口官免议。至于海盗在外洋行劫之后,散伙登岸,混入海口,守口官弁失于觉察者,罚俸一年。如果海盗由海口夺船出洋行劫,将失察之守口官弁,降一级留任,限期一年缉拿盗犯,全获者,开复;限满,不获,照所降之级调用。若本案盗犯被其他海汛侦破,以三年为期,有能拿获另案盗犯者,或本汛并无失事

---

〔1〕 《江南苏松水师总兵官孙全谋奏报外洋督巡情形事》乾隆五十八年九月二十一日,北京中国第一历史档案馆藏朱批奏折,档案号:04-01-04-0018-006。

〔2〕 清代惩罚文武官员过失有三种处分:一是罚俸,二是降级,三是革职。其中罚俸最轻,因为俸禄收入有限,官员大多不依赖俸禄。降级分为留任、调用两种,留任等于现代的行政警告,个人权利不受大的影响;调用是比较严重的处分,是从高级降一级或二级使用,对官员仕途影响很大。革职,是勒令致仕,即罢官,通常还伴随边疆效力等处罚。有的革职,亦有留任的变例,这种革职留任,虽没有俸禄,不能升转,但保留有特旨开复的机会。雍正四年规定,四年无过,可以开复。所以,革职留任处分,与降一级调用大体相当,虽名义上受处分,但权责不受影响。

〔3〕 乾隆朝修:《钦定大清会典则例》卷一一五,第58页。

者,该督抚具题,准其开复。[1] 1736年,进一步规定:"内洋失事,文武并参;外洋失事,专责官兵,文职免其参处。其内洋失事,文职官员处分照内地无墩防处所武职处分之例,初参,停其升转;二参,罚俸一年;三参,罚俸二年;四参,降一级留任。"[2]

（七）惩处外洋失事水师官弁若干事例

内洋失事,惩罚疏防事例很多,由于文章篇幅限制,在此不再赘述。但为了说明清廷对于外洋的管辖权,这里有必要介绍几个事例。

1727年7月2日,澄海县商人张合利带领舵水手,驾驶商船前往南澳贸易,于7日中午行至七星礁外洋,遇到海盗袭击,船中银钱货物被洗劫一空。事发之后,诏安知县得知消息,迅速派人侦缉,很快破获案件,除盗首林阿士逃逸外,其余七名盗伙全部被捉拿归案。是案疏防期限为四个月,并未到期。经过层层报告,最后由两广总督郝玉麟题参,"外洋失事文职职名例应免开,所有分巡七星礁外洋水汛疏防武职系南澳镇标左营游击邱有章,总巡系署理金门镇总兵官印务延平协副将李之栋"。[3]

1820年9月1日,海丰县商人梁宏璜在阳江外洋南澎下大角被劫,商船被撞沉,水手四人被淹死。两广总督阮元闻讯,当即严令巡洋舟师赶紧查拿,很快将盗犯陈亚堂等缉拿到案,依法予以严惩。[4]

1824年7月24日,镇海县商人张翘的货船在定海县双屿港外洋被数艘海盗船抢劫。浙江省疏防例限六个月,限满,赃盗无获。按照规定,定海镇开具武职疏防人员名单:专汛系定海中营把总徐元龙、协汛系定海中营外委高奇彬、兼辖分巡系前署定海中营守备左营千总余云龙、统辖总巡系定海镇总兵龚镇海。全部按照规定予以处分。[5]

1839年8月13日至31日,在短短19天内,连续有四艘商船分别在荣成县苏山岛、鸡鸣岛、蓬莱县北隍城岛、大竹山岛被劫,由于这些岛屿均被划分为外洋,按照海洋失事条例规定,荣成、蓬莱二县文职免参。苏山岛系登州水师前营

〔1〕　乾隆朝修:《钦定大清会典则例》卷一一五,第61页。

〔2〕　乾隆朝修:《钦定大清会典则例》卷二六,第40—41页。

〔3〕　《两广总督郝玉麟题报》雍正十年九月十五日,《清代法制研究》第二册,台北中研院历史语言研究所专刊之七十六,案例第12,第111—117页。

〔4〕　《两广总督阮元奏为审拟新安县住民陈亚堂在南澎下大角外洋劫船杀人事》嘉庆二十五年十二月二十七日,北京中国第一历史档案馆藏录副奏折,档案号:03-3911-015。

〔5〕　《浙江巡抚韩克均题报》道光六年十一月十六日,《清代法制研究》第二册,台北中研院历史语言研究所专刊之七十六,案例第45,第310—313页。

东汛,千总杨成功为专汛,署任守备杨成功为分巡;鸡鸣岛、大竹山岛系水师前营北汛,把总李昌志为专汛,守备车万清为分巡;北隍城岛系水师前营把总赵得福为专汛,守备车万清为分巡;前营游击、成山汛守备周耀廷为总巡。按照商船连续被劫疏防事例,全部摘去总巡、分巡、专汛官周耀廷、赵得福、车万清、杨成功、李思志的顶戴,勒令他们在三个月内缉拿盗犯。[1]

上述这些惩罚水师官弁的外洋失事案例,足以说明清廷对外洋的管辖是有效的,"外洋"如同内洋、内地一样,属于清廷的有效的行政、军事管辖范围。

总而言之,从上述内容来看,清廷对内洋、外洋实行了有效的管辖权。无论是对进入中国所辖内洋、外洋的外国兵船进行监督、查验和驱赶,还是对外国商船货物的检查、保护和救护,无不体现了清廷对于内洋、外洋的完全管辖权,以及官兵捍卫国家主权的意志和能力。无论是在内洋对中国商船、渔船、海岛货物、人员的查验、保护、救援,还是在外洋梭巡,缉拿海盗,无不体现了中国文臣武将对于内洋和外洋商业、渔业秩序的管理职能和行政、司法责任。

四、中国的"外洋"与西方"领海"观念之异同

由于内洋类似于内海,沿海国家对于内海的有效管理都是符合人类自然惯例的。这里我们重点关注的是清朝前期关于"外洋"的管辖问题。在笔者看来,清朝的"外洋"类似于欧美各国的领海,关于外洋的管辖权亦与西方国家的领海权主张比较接近。

根据 1958 年《领海及毗连区公约》规定,领海(territorial sea;territorial waters),是"国家主权扩展于其陆地领土及其内水以外邻接其海岸的一带海域",是国家领土的组成部分。因此,领海既与公海不同,又与内水有别。领海的概念是在 17 世纪产生的。大多数专家认为,沿海国家有必要对其海岸毗连的水域行使管辖权。一种主张认为,管辖权的范围应该以大炮的射程为限,另一种主张认为,该范围应当更大一些。18 世纪末,一些国家把领海确定为 3 海里;19 世纪,许多国家相继承认这一宽度。但大炮的射程不断扩大,3 海里的主张因而失去其理论根据。学者们的意见以及各个国家的实践,在领海宽度问题上,是很不一致的。中华人民共和国中央人民政府 1958 年 9 月 4 日声明:"中国大陆及其沿海岛屿的领海以连接大陆岸上和沿海岸外缘岛屿上各基点之间的各直线

---

[1] 《护理山东巡抚杨庆琛奏为水师前营东汛千总杨成功等巡缉不力致使商船在外洋连续被劫请先行摘去顶戴勒限严缉事》道光十九年九月二十五日,北京中国第一历史档案馆藏录副奏折,档案号:03-2910-002。

为基线,从基线向外延伸 12 海里的水域是中国的领海。在基线以内的水域,包括渤海湾、琼州海峡在内,都是中国的内海,在基线以内的岛屿,包括东引岛、高登岛、马祖列岛、白犬列岛、乌岳岛、大小金门岛、大担岛、二担岛、东碇岛在内,都是中国的内海。”[1]

清代关于“外洋”的划分与西方国家关于“领海”的概念既有相同的地方又有相异处。“领海”与“外洋”二者的不同点在于:其一,领海是国家主权扩展于其陆地领土及其内水以外邻接其海岸的一带海域;外洋尽管也是以距离中国海岸或岛岸最远的岛礁为标志,却不仅仅向外划分,而是以此为中心向四周划分海域,并将这些海域相互连接在一起,形成一条广阔的带状海域,也就是说,“外洋”既包含了现今的领海部分又与中国的一部分内海相重叠。其二,在没有岛屿和内海的情况下,领海的划分直接以海岸为基线向外划分,而外洋的划分则与此稍有不同,通常将靠近海岸附近的海域首先划分为内洋,然后在内洋之外再划分外洋,甚至以远离中国海岸的帆船航线作为“外洋”的界限。其三,领海的划分强调的是沿海国家配置在海岸或岛岸的武器装备对于海域的有效控制宽度,而外洋的划分强调的是水师官兵对于外缘岛屿周围海域的安全控制范围。尽管存在上述三点区别,但这三点并非本质区别,只是划分的方式有所差异而已。

就“领海”与“外洋”划分的共同点来说,二者都是介于内海与公海之间的一条沿海岸或岛岸延伸的海域地带,二者都是以海岸或岛岸为标志向其他国家宣示本国海域的主权范围。正是由于这两个共同点,决定了二者的本质的相近。由此可见清代的“外洋”与“领海”共性大于差异。正像中国的名家与西方的逻辑学一样,“领海”与“外洋”名虽异而实相近。因此,我们可以把清代内洋、外洋的划分看成是当时的中国人向世界各国宣示类似于西方领海的主权。这种宣示领海主权的方法之所以到今天尚未引起中外学者的关注,是因为它是用汉语表达的,是按照典型的中国思维方式处理的。因此,可以说,清代中国虽无领海之名却有领海之实,应是当时世界各国领海划分方式之一,只不过是一种典型的中国方式而已。

一条方志资料是这样描述定海内洋、外洋划分情况的。“东自沈家门至塘头嘴、普陀、大小洛伽、朱家尖、树枚、洋屿、梁横、葫芦、白沙,南自龟山至大小渠山、小猫、六横、虾岐,西自大榭、金塘至野鸭、中钓、外钓、册子、菜花、刁柯鱼、龙

---

〔1〕 国家海洋局政策法规办公室编:《中华人民共和国海洋法规选编》,海洋出版社,2001 年版,第1—2 页。

兰山、太平、捣杵,北自灌门至菱杯、官山、秀山、长白、龟鳖山、岱山、峙中、双合、东垦、西恳、燕窝,东南自十六门至大小干拗山、桃花山、顺母、涂登埠、蚂蚁、点灯、马秦,西南自竹山至鸭蛋、盘屿、螺头、洋螺、蟹屿、寡妇礁、摘箬、大猫、穿鼻,西北自里钓至马目、爪莲、菰茨、五屿、桃花女,东北自钓门至螺门、兰山、青黄肚、栲鳖、竹屿、东西岳、长涂、剑山、五爪湖、扑头王山,俱内洋也;若东之浪冈、福山,北之大小衢山、鲞蓬、寨子烂、东爪,西北之大小渔山、鱼腥脑,东北之香炉、花瓶、青帮、庙子湖、鼠狼湖、东西寨、黄星、三星、霜子、菜花、环山,则皆外洋也"。[1]将当时的地图与这一资料互相对看一下,可以明白清人划分内外洋的用意、方法和标准。

语言的贫乏迫使人们以同一语词表示不同的事物,同样,语言的多样性又使人们用不同的词语表达相同的事物。就划分、管辖内海与公海之间的一带海域来讲,中国人与西方人的思想是相通的。无论是关于管辖权的认定,还是在具体案件的处理方法上都是相近的。下面我们再以若干案例,对照一下彼此观念的相同之处。

其一,任何外国武装船只均可无害通过领海和外洋。格劳秀斯认为,海洋对不同的民族、不同的人乃至对地球上所有的人都应当是自由的,每个人都可以在海洋上自由航行,"海洋无论如何不能成为任何人的私有财产"。[2] 19 世纪末,无害通过的习惯法得以确立。"一国疆内有狭海,或通大海,或通邻境,不可禁止他国无损而往来"。[3] 随着这种思想的传播、领海制度的建立,无害通过逐渐成为一项航海权利,这种权利是沿海国家领海主权与公海航行自由权的相互平衡和妥协的产物。1958 年的《领海与毗连区公约》,在 1982 年《联合国海洋法公约》中得以完善。无害通过最初的准确表述是外国商船在领海享有无害通过权,这一点,至今都没有任何异议。问题是这种无害通过思想观念在中国是否有过呢? 尽管在清代前期的海洋理论中我们没有看到这种公开的主张,而在海洋实践中却不乏这类事例。

1792 年,英国女王以给乾隆皇帝祝寿为名,派遣马戛尔尼出使中国。次年8 月使团到达大沽口,受到清廷官员热情接待。9 月,马戛尔尼在热河行宫谒见乾隆皇帝,提出开放宁波、天津为通商口岸,占据舟山一个岛屿,以便囤积货物的

---

〔1〕 沈翼机等编:《浙江通志》卷三,第28—29 页。文渊阁《四库全书》,史部。

〔2〕 [荷]格劳秀斯著(Hugo Grotius),马忠法译:《论海洋自由》(The Freedom of Seas),上海人民出版社,2005 年,第30 页。

〔3〕 [美]惠顿(Henry Wheaton)著,丁韪良(Martin, William)等译:《万国公法》(Elements of International Law),上海书店出版社,2002 年,第73 页。

蛮横要求,加之叩拜礼仪之争,乾隆皇帝拒绝了英国的请求。在马戛尔尼离开京师后,乾隆皇帝担心马戛尔尼空手返回,在中国沿海地区挑起战争事端,为此谕令沿海军队严阵以待。

> 今该国有欲拨给近海地方贸易之语,则海疆一带营汛,不特整饬军容,并宜豫筹防备。即如宁波之珠山等处海岛及附近澳门岛屿,皆当相度形势,先事图维,毋任英吉利夷人潜行占据。该国夷人虽能谙悉海道,善于驾驶,然便于水而不便于陆,且海船在大洋亦不能进内洋也……若该国将来有夷船驶至天津、宁波等处妄称贸易,断不可令其登岸,即行驱逐出洋。倘竟抗违不遵,不妨慑以兵威,使之畏惧。此外,如山东庙岛地方,该使臣曾经停泊,福建台湾洋面,又系自浙至粤海道,亦应一体防范,用杜狡谋。[1]

从以上这道谕旨可以明显看出,乾隆皇帝对马戛尔尼率领的军舰采取了既严加防范,又允许其安全通过“外洋”的方针。清廷对马戛尔尼的这种处置方案,与当今的领海无害通过原则基本吻合。

其二,任何外国兵船不得侵犯中国所辖内外洋的主权。按照国际惯例,当两国进入战争状态时,任何敌对一方的船只逃入非交战国的领海,无论商船还是兵船,任何外国兵船都不得进入非交战国的领海进行追捕。“船只既入此处,即不许敌船追捕”。[2]

1743 年 7 月,一场飓风之后,有两艘英国大型战舰突然闯入虎门,停泊于狮子洋。史料如此记载道:

> 癸亥六月,海大风,有二巨舶进虎门,泊狮子洋,卷发狰狞,兵械森列,莞城大震。制府策公欲兴兵弹压,布政使富察托公庸笑曰:无须也,但委印令料理,抵精兵十万矣。公白制府曰:彼夷酋也,见中国兵,恐激生他变,某愿往说降之。即乘小舟,从译者一人,登舟诘问,方知英夷与吕宋仇杀,俘其人五百以归,遇风飘入内地,篷碎粮竭,下椗收船。五百人者,向公号呼乞命。公知英酋有乞粮之请,而修船必须内地工匠,略捉撽之,可制其死命,乃归告制府及托公,先遏粜以饥之,再匿船匠以难之。英酋果不得已,命其头目叩

〔1〕《清高宗实录》卷一四三六,乾隆五十八年九月辛卯,《清实录》第二十七册,中华书局,1985 年影印,第 196—197 页。

〔2〕[美]惠顿(Henry Wheaton)著,丁韪良(Martin, William)等译:《万国公法》(Elements of International Law),第 73 页。

关求见。公直晓之曰:天朝柔远,一视同仁,恶人争斗,汝能献所俘五百人,听中国处分,则米禁立开,当唤造船者替修篷桅,送汝归国。英酋初意迟疑,既而商之群酋,无可奈何,伏地唯唯。所俘五百人焚香欢呼,其声殷天。制府命交还吕宋,而一面奏闻,天子大悦,以为驭远人,深得大体,即命海面添设同知一员,而迁公驻扎焉。[1]

这是说,英国两艘军舰在海上遭遇大风,需要修理,需要补充粮食,紧急停泊于狮子洋。在布政使托庸的建议下,两广总督策楞委派东莞县知县印光任带领翻译登上英国战舰,询问事由。印光任得知"英夷"与"吕宋"之间爆发战争,英军捕获了五百名"吕宋"俘虏,准备返回英国,不幸在海上遭遇大风,篷碎粮竭,不得不停泊于中国内洋。船上的"吕宋"俘虏求救于印光任。印光任返回后,向总督策楞建议,"先遏粜以饥之,再匿船匠以难之",如此这般,可以救出"吕宋"战俘。策楞采纳了印光任的建议,依计而行。英军舰长无可奈何,只得听从中国官员处分,交出了俘虏。这一事件得以平息。

这一资料中所说的"英夷"与"吕宋"之间的仇杀事件,是指英国与西班牙之间因奥地利皇位继承而爆发的战争。1740 年 10 月 20 日,奥地利皇帝查理六世(Charles VI,1685—1740)逝世,没有男性后嗣。根据查理六世于 1713 年所颁布的《国事遗诏》,其长女玛利亚·特蕾西娅(Maria Theresa,1717—1780)有权继承其奥地利大公之位,她的丈夫弗兰茨·斯蒂芬则可以承袭奥地利王位。对于这一事件,欧洲国家分成两大对立的同盟国。西班牙与法国、普鲁士、巴伐利亚、萨克森、撒丁、瑞典和那不勒斯等国试图瓜分哈布斯堡王朝领地,拒绝承认玛利亚·特蕾西娅的继承权,不承认弗兰茨·斯蒂芬的帝位;而英国、荷兰、俄国等国从各自利益出发,则支持奥地利,赞同玛利亚·特蕾西娅的继承权。由此两个联盟之间爆发了长达 8 年之久的所谓奥地利王位继承战争。这场战争虽然以欧洲为主要战场,而战火事实上也蔓延到美洲和亚洲。英国借此机会,派出两支舰队,试图一举夺取西班牙在中美洲和亚洲的殖民地,一支袭击墨西哥湾,另一支攻取吕宋,结果均未成功。前述事件即是英国与西班牙战争进行到第三年,发生在中国海面,引起中英官员交涉的一场风波。这里需要引起我们注意的是,在英国兵舰撤离之后,中国官员按照条例规定,派船遣送了西班牙的俘虏。1744 年4 月,西班牙人"以赍书谢恩"为借口,派遣三艘兵船,停泊于澳门十字门外洋鸡

---

[1] 袁枚:《小仓山房文集》卷三五,第 30 页,上海图书集成印书局,光绪十八年(1892 年)铅印本。

颈地方,"欲待英吉利商船以图报复"。对此,清朝官员明确表示,中国所辖洋面绝对不允许成为西班牙与英军的战场,"调度巡船相机弹压",经海防同知印光任等力劝之后,西班牙舰队撤走。[1]

第二年7月,英国6艘战船在澳门附近之鸡颈地方集结,"诡言将往日本贸易"。印光任接到报告,一面调集巡洋舟师,"分布防范",一面派人劝其从中国所辖内外洋面撤退。是年9月14日,英国战舰扬帆起航,准备夺取即将到达的法国商船。法国商人告急,印光任接到报告,当即与香山协副将林嵩一起调动水师战舰,一字横截海面,"且遣澳门夷目宣谕威德"。傍晚西南风起,法国三只船只迅速驶入澳门,"红夷计沮,乃逡巡罢去"。[2]

从这一事件的处理过程来看,无论是采取果断措施反对英国兵船进入中国内外洋追捕西班牙船只,还是坚决用水师战船驱逐英国、西班牙兵船,借以防范在中国所辖洋面可能发生的海战,清朝官员的主张及其采取的措施与西方国家相关的规定都是不约而同的。

其三,任何外国商船不得在中国内外洋进行走私贸易。按照国际惯例,任何一国的商船进入其他国家的领海以后,即不准擅自开仓卸货;如果要卸货,必须向该国海关缴纳进口货税之后,方可进行。否则一概被视其为走私活动。英国、美国对于进入其领海的各国商船是这样管辖的,"英国海旁有大湾数处,名为王房,亦属本国专主,船只既入此处,即不许敌船追捕,且不许商船于三十五里内开仓卸货,如欲卸货,必纳进口税。美国之例亦同。二国法院皆以此例与公法甚吻合也"。[3]

清朝前期中国对于进入内洋和外洋的商船亦是这样处理的。1835年5月6日,一艘西洋商船擅自驶入不该驶入的福建所辖内洋,福州将军乐善立即调动水师官兵查办、驱逐。据奏报:"本年四月初九日,闽省洋面有夷船一只,径由五虎门之偏东乘潮驶入熨斗内洋停泊。当经该将军等调派文武员弁驰往驱逐,稽查弹压。该夷船乘兵船未集之时,于初九日夜用小船剥载夷人十四名欲图阑入内港。经调集会堵之镇将等写帖晓谕,饬令回棹,藐抗不遵,当即施放枪炮拦阻。该夷船始知畏惧,窜入小港,经该把总林朝江等驾船赶及,宣示国威,随将该夷船

〔1〕《两广总督马尔泰署理广东巡抚策楞广东提督林君升奏明查办吕宋夷船缘由事》乾隆九年四月十一日,中国第一历史档案馆藏录副奏折,档案号:03-0459-013。

〔2〕印光任、张汝霖:《澳门纪略》上卷,张海鹏主编《中葡关系史资料集》上册,四川人民出版社,1999年,第508页。

〔3〕〔美〕惠顿(Henry Wheaton)著,丁韪良(Martin, William)等译:《万国公法》(Elements of International Law),第73页。

牵引出港。"[1] 1837 年，又有外国走私船借口风向不利，偏离传统航路，停泊于惠来县属内洋。两广总督邓廷桢认为，这艘商船长时间在海门营所辖汛地停泊，不无走私鸦片嫌疑，该营官兵未能及时盘查、驱逐，自然属于严重失职。为此，奏请追究失职者的责任。[2]

从以上这些事例来看，无论是对无害通过原则的认同，还是关于兵船的严格防范，抑或是关于商船停泊地点的限制性规定，中国人与西方人对于外洋与领海的管辖观念都是十分相近的，这也从另一个侧面证明了外洋与领海本质上的相近。"新海权时代产生于西欧的原因，是与近代资本主义的发生、发展与胜利有连带关系的"。[3] 中国的"外洋"与西方的"领海"观念为何如此相近，却是一个待解之谜。

第二节　清代初期的禁海政策

一、清代初期的禁海迁界政策

1647 年，颁布《广东平定恩诏》，明确规定"广东近海，凡系飘洋私船照旧严禁"。从此开始，禁海令率先在广东实行。1656 年，郑成功部将黄梧降清，向清朝官员提出《剿灭郑逆五策》，要求全面禁海。其中一策是，"金、厦两岛弹丸之区，得延至今日而抗拒者，实有沿海人民走险，粮饷、油铁、桅船之物，靡不接济。若从山东、江、浙、闽、粤沿海居民尽徙入内地，设立边界，布置防守，不攻自灭也"。另一策是，"将所有沿海船只悉行烧毁，寸板不许下水。凡溪河竖桩栅，货物不许越界，时刻瞭望，违者，死无赦。如此半载，海贼船只无可修葺，自然朽烂，贼众许多，粮草不继，自然瓦解，此所谓不用战而坐看其死也"。[4] 这一措施的用意在于通过禁海和迁界，彻底隔离郑成功与大陆人民的联系。在黄梧看来，郑成功的船只没有根据地，没有粮食供应，没有军需品，在海上坚持不了半年。

〔1〕《清宣宗实录》卷 266，道光十五年五月乙酉，《清实录》第 37 册，中华书局，1985 年影印，第92 页。

〔2〕《两广总督邓廷桢奏为海门营把总李英翘、参将谭龙光于夷船被风寄椗外洋汛弁玩不自禀应行斥革事》道光十七年七月初一日，中国第一历史档案馆藏录副奏折，档案号：03 - 2902 - 037。

〔3〕［美］拉铁摩尔著，唐晓峰译：《中国的亚洲内陆边疆》，江苏人民出版社，2010 年，第 4 页。

〔4〕《清世祖实录》卷一〇二，顺治十三年六月癸巳；连雅堂：《台湾通史》卷三，商务印书馆，1946 年，第 39 页。

廷议,采纳黄梧的建议。是年,谕令:凡沿海地方大小船只及可泊船舟之处,严敕防守,"不许片帆入口,一贼登岸"。[1] 同时,派遣苏纳海前往福建勘察,准备下令迁界。[2] 浙江、福建、广东、江南、山东、直隶各地督抚,严厉禁止商民船只私自出海。禁海令下达之后,并未能彻底割断海内外联系。"禁海迁界"以一种错误的假设为根据,据此建立的海洋政策难免是错误的。无论是政策的建议者,还是政策制定者和执行者,均不足以承受历史灾难之重。

1661 年,清廷开始推行迁界令。为了将郑成功的军队彻底困死在海上,清廷委派四名大臣前往江、浙、闽、粤,执行迁界令。奉使者仁暴有异,宽严有别。大抵江浙稍宽,福建较严,广东最严。最初以距离大海二十里为界,旋即认为二十里太近,又缩二十里;仍认为太近,再迁十里。"诸臣奉命禁海者,江浙稍宽,闽为严,越尤甚。大较以去海远近为度。初立界犹以为近也,再远之,又再远之,凡三迁而界始定"。[3]

据屈大均记载:"岁壬寅二月,忽有迁民之令,满洲科尔坤、介山二大人者,亲行边徼,令滨海民悉徙内地五十里,以绝接济台湾之患。于是麾兵折界,期三日尽夷其地,空其人民,弃资携累,仓卒奔逃,野处露栖,死亡载道者以数十万计。明年癸卯,华大人来巡边界,再迁其民。其八月,伊、吕二大人复来巡界。明年甲辰三月,特大人又来巡界,遑遑然以海防为事,民未尽空为虑,皆以台湾未平故也。先是,人民被迁者以为不久即归,尚不忍舍离骨肉,至是漂流日久,养生无计,于是父子夫妻相弃,痛哭分离,斗粟一儿,百钱一女……其丁壮者去为兵,老弱者辗转沟壑,或合家饮毒,或尽帑投河,有司视如蝼蚁,无安插之恩,亲戚视如泥沙,无周全之谊。于是八郡之民,死者又以数十万计。民既尽迁,于是毁屋庐以作长城,掘坟茔而为深堑。五里一墩,十里一台,东起大虎门,西迄防城,地方三千里,以为大界。民有阑出咫尺者,执而诛戮,而民之以误出墙外死者,又不知几何万矣。自有粤东以来,生灵之祸,莫惨于此"。[4]

迁界之地,毁坏田舍、村镇、城廓,居民限日搬出,违者以军法论处。挖界沟,筑界墙,设烟墩,严禁任何人进入界内,越界者死。沿海人民被强行赶出家园,一迁再迁,数十万群众流离失所,"携妻负子载道路,处其居室,放火焚烧,片石不

〔1〕 《清世祖实录》卷一○二,顺治十三年六月癸巳,中华书局,1985 年影印,第 789 页。

〔2〕 江日升:《台湾外记》卷五,福州:福建人民出版社,1983 年,第 105 页;赵尔巽主编:《清史稿》卷二六一,《黄梧传》,第 9879—9880 页。

〔3〕 王胜时:《漫游纪略》卷三,《粤游》,见《笔记小说大观》第十七册,广陵书局,1983 年,第 10 页。

〔4〕 屈大均:《广东新语》卷二,《地语》,中华书局,1985 年,第 57 页。

留"。明年，"令定海总兵牟大寅率兵巡海，见岛屿而木城草屋者，悉焚毁搜斩"。[1] 浙江尚且如此，广东更为严重。"隳县、卫城郭以数十计。居民限日迁入，逾期者，以军法从事，尽焚庐舍，民间积聚器物，重不能致者，悉纵火焚之。乃著为令。凡出界者，罪至死。地方官知情者，罪如之"。[2] "界外所弃，若县，若卫所，城廓故址，颓垣断础，髑髅枯骨，隐现草间，粤俗乡村曰墟，惟存瓦铄；盐场曰漏，化为沮洳，水绝桥梁，深厉浅揭，行者病之。其山皆丛莽黑菁，豺虎伏焉。田多膏腴，沟塍久废，一望污莱"。[3] 守界兵弁横行，贿之者，纵其出入不问；有睚眦者，拖出界墙外杀之。官不问，民含冤莫诉。人民失业，号泣之声载道，十分凄惨。诗曰："堂空野鹤呼群立，门塌城狐引子蹲。坠钿莫思悲妇女，路隅何处泣王孙？"[4] 同时，清廷又以法律的形式明确规定：凡将牛马、军需、铁货、铜钱、缎匹、绸绢、丝棉出境贸易及下海者，杖一百；若将人口、军器出境及下海者绞；因而走泄事情者斩，官吏庇纵者同罪。

"民有阑出咫尺者，执而诛戮，而民以误出墙外死者，又不知几何万矣"。[5] 清廷在广东等地"凡三迁而界始定"，"功令既严，奉行者惟恐后期，于是四省濒海之民，老弱转死沟壑，少壮者流离四方"。[6] 禁海、迁界给沿海六省特别是江、浙、闽、粤四省的沿海居民带来了巨大灾难。沿海居民世代依海而居，以出海捕捞和贸易为生。禁海令一出，严重影响了他们的生计，而迁界令一出，便剥夺了他们的生存基础。"被迁之民流离荡析，又尽失海上鱼虾之利。"[7] 大量人口流离失所，"谋生无策，丐食无门，卖身无所，辗转待毙，惨不堪言"。[8] "流离死亡者以亿万计"，仅粤东八郡死亡人数就达数十万。

禁海迁界令制造了一个人为的荒芜的隔离带之外，以付出无数人的生命、财产为代价，并没有达到半年内困死郑成功军队的目的。1661 年，郑成功率领军队收复台湾，开始在台湾移民，大力发展生产，不仅实现了粮食自给，而且积极开展海上贸易，所有军需品应有尽有，在台湾牢牢站稳了脚跟。"禁海"、"迁界"既

〔1〕 《清史列传》卷六，《李之芳传》，中华书局，1987 年，第 424 页。

〔2〕 王胜时：《漫游纪略》卷三，《粤游》，见《笔记小说大观》第十七册，广陵书局，1983 年，第 11 页。

〔3〕 王胜时：《漫游纪略》卷三，《粤游》，见《笔记小说大观》第十七册，广陵书局，1983 年，第 11 页。

〔4〕 江日升：《台湾外记》卷六，福建人民出版社，1983 年，第 188 页。

〔5〕 屈大均：《广东新语》卷二，《地语》，中华书局，1985 年，第 57—58 页。

〔6〕 屈大均：《广东新语》卷二，《地语》，中华书局，1985 年，第 57—58 页。

〔7〕 钱仪吉：《姚启圣传》，《碑传集》卷一五，上海书店，1988 年影印本，第 218—219 页。

〔8〕 陈鸿：《莆变小乘》，见《福建丛书》第二辑之九，江苏古籍出版社，2000 年，第 31 页。

未达到消灭郑氏集团的目的,又造成了巨大的社会灾难,引起海洋社会各阶层的强烈不满,或者保持沉默,或者铤而走险,或者通过各种途径诉之官府,统治集团内部接二连三对此提出了不同看法。

最早对"禁海"、"迁界"措施表示反对意见的是湖广道御史李之芳。[1] 他一听说清廷派遣苏纳海等前往各地监督"迁界"、"禁海",就立即上奏表示反对。在他看来,"禁海"、"迁界"不是积极的军事对策。"自古养兵原以卫疆土,未闻弃疆土以避贼"。他列举了八条反对意见。第一、二、三条略谓,郑成功兵败江南,胆破心寒,今已远遁台湾,应派大兵乘胜追击,救民水火,完成统一大业,不该"禁海"、"迁界",导致居民流离失所,为渊驱鱼,为丛驱雀。"沿海皆我赤子,一旦迁之,鸿雁兴嗟,室家靡定,或浮海而遁,去此归彼,是以民予敌"。第四、五两条说,官府并未做好安顿移民的准备,只是一味强调"迁界"日期,当道者未有处置,使民离开家园之后,无家可依,无粮可食,饱受流离之苦,走投无路,势必铤而走险。"谕限数日。官兵一到,遂弃田宅,撤家产,别坟墓,号泣而去,是委民于沟洫也"。"不为海寇,即为山贼,一夫持竿,四方响应",[2] 后果不堪设想。第六、七条说,江、浙、闽、粤滨海地区以鱼盐为富强之资,鱼是日用之需,盐为五谷之辅,实施"禁海"令,片板不许下海,是自弃渔盐之利。而断绝海外贸易,等于抛舍东西洋船饷数万。最后他强调说,滨海地区是内地天然藩篱,兵不守沿海,尽迁其民于内地,是自撤藩篱。李之芳一开始就对这种消极的"禁海"、"迁界"措施的效果表示怀疑,他认为郑氏可以与东西洋各国贸易,断其接济是不可能的。可惜,李之芳的奏议未受重视,疏上,留中不报。清廷失去一次纠正错误政策的最好机会。

"禁海"、"迁界"令推行之后,正如李之芳的预料,对沿海居民造成了巨大骚扰,沿海农业生产、渔盐采集以及贸易均受巨大破坏,而郑成功以台湾为根据地,鼓励军民垦荒种粮,积极发展对外贸易,上通日本,下达吕宋、安南等国,火药军器之需,布帛服用之物,应有尽有,加之台湾林木茂盛,造舟之材并不缺乏,"故海上之威曾不为之稍减"。又有一些地方督抚认识到"禁海"、"迁界"过于荒诞,为此提出异议。1668 年,广东巡抚王来任视察沿海地区时看到流民颠沛失所,几次想上奏要求撤销"迁界"令,苦无同心应援之人。迨其病危,自叹说:"此衷未尽,不但负吾民,且深负吾君。"于是写下遗疏。他在遗疏中提出了三条建议,

---

[1]　李之芳,字邺园,山东武定人。顺治四年进士,授金华府推官,累迁刑部主事、广西道御史、山西巡按,康熙初裁巡按,复授湖广道御史。擢左都御史,迁吏部侍郎。1673 年(康熙十二年)以兵部侍郎总督浙江军务,后以平定三藩之乱,加兵部尚书衔。1687 年(康熙二十六年)授文华殿大学士。

[2]　本段中引文皆见于《清史稿》卷二五二,《李之芳传》,第 9715—9719 页。

其中第二条是"粤东边界急宜展也"。他认为广东负山面海,山多地少,人口密集,沿海居民原来以海为田,养家糊口,迁界之后,数十万人迁入内地,抛弃了大量良田,地丁银粮损失三十余万两,大量流民无家可归,死亡频闻。又在在设重兵以守其界,筑墩台,树桩栅,每年需用大批人力修整,动用不资,未迁之民日苦于派差。他建议立即撤销"弃门户而守堂奥"的错误"禁海"政策,"急弛其禁",招徕迁民,复业耕种与煎晒盐斤;将外港内河撤去桩栅,听民采捕;将腹里之兵移驻沿海,以防外患。如此这般,"于国用不无可补,而祖宗之地又不轻弃,更于民大有神益"。[1] 王来任的第三条建议是,撤去横石矶口子,准许商人与澳门自由贸易,同时要求在澳门设兵,以防接济海盗。从这些建议看,王来任只是感到"禁海"、"迁界"造成了民生困苦,需要开界复业、发展生产、稳定生活。

是时,郑经集中精力在台湾进行生产和建设,沿海无战事。清军在施琅统帅下经过准备,试图渡海消灭郑氏集团,但在海上遭受大风袭击,师船溃散。清廷感到渡海作战没有必胜把握,将施琅召回京城,裁去水师提督之缺,将战船焚毁,准备通过和谈,与郑氏集团保持和平状态,阅王来任遗疏,得知沿海居民流离困苦,随差人前往调查巡视,准备开界。两广总督周有德得知清廷意图,立即巡行界外,所过地方宣布开界,"蠲其租赋,给以牛种",得到沿途百姓的热烈拥护,"所过郡邑,黄童白叟无不焚香顶祝,迁民千百成群,欢呼载道",如庆更生。[2] 1669 年,江、浙、闽、粤四省同时接到复界命令,而广东先一年开界复业,百姓感谢周有德的政绩,建祠祭祀。[3]

各省奉令开界,由于认识不同,开界情况有较大差异。有的虽题请开复,而台堡之禁未除,百姓仍不能自由从事渔业生产,更不敢出海贸易;有的使者惮于渡海,继续严禁居民回岛耕种。浙江巡抚范承谟调任福建总督后,见福建台堡高筑,依然严禁,遂于 1673 年上疏,请求完全解除禁令。他说,福建老百姓非耕即渔,自"禁海"、"迁界"以来,民田荒废 2 万余顷,亏减正供约计 20 余万两,以致赋税日缺,国用不足。沿海居民辗转沟壑,逃亡四方,所余孑遗,无业可操,颠沛流离,至此已极,迩来人心惶惶,米价日贵,若不立即妥善安插,一旦饥寒逼迫而生盗心,后果不堪设想。"我皇上停止海界之禁,正万民苏生之会,而闽地仍以台寨为界,虽云展界垦田,其实不及十分之一。且台寨离海尚远,与其弃为盗薮,何如复为民业。如虑接济透越,而此等迁民从前飘流忍死,尚不肯为非。今若予

〔1〕 江日升:《台湾外记》卷五,福建人民出版社,1983 年,第 165 页。

〔2〕 江日升:《台湾外记》卷五,福建人民出版社,1983 年,第 167 页。

〔3〕 《碑传集》卷六三,《周有德传》,上海书店,1988 年影印本,第 795 页。

以恒产,断无舍活计而自取死亡之理"。"设立水师,原为控扼岩疆,未有弃门户而反守堂奥之理!"[1] 在他看来,从来富国强兵莫过于重视渔盐之利,福建自禁海以后,"利孔既塞,是以兵穷民困"。因此,他主张开放海禁,允许百姓入海采捕,而加以适当管理,"每十筏联一甲,行以稽查连坐之法"。开船之时,只许携带干粮,不许多带米谷。其采捕之鱼,十取其一,以充国课。此项钱粮可以接济兵饷,用于战船修造,"一举而数善备"。[2] 然而这一建议未及讨论,福建便沦入"三藩之乱"的战火中了。

二、禁海迁界令的解除

"三藩之乱"发生后,清廷再下"迁界"、"禁海"令,"凡官员兵民私自出海贸易及迁移海岛,盖房居住、耕种田地者,皆拿问治罪。该管州县知情同谋故纵者,革职,治罪;如不知情,革职,永不叙用。该管道府各降三级调用;总督统辖文武,降二级,留任;巡抚不管兵马,降一级,留任。文武官员有能拿获本汛出界奸民者,免罪。"[3] 这个禁海令从某种程度上说,比顺治时期下达的禁海迁界令更加严厉,因为它直接把禁海迁界与各省督抚、道府、州县官员的官位联系在一起。一方面是严厉惩罚,另一方面是加官晋爵。也由此可以看出,沿海各省对于这样的禁令从心理上是抵触的。"禁海迁界"令下达之后,"上自福州福宁,下至诏安,沿海筑寨,置兵守之,仍筑界墙,以截内外,滨海数千里,无复人烟"。[4] 由于战乱影响,"秦蜀楚粤闽浙如鼎沸"[5]。尚之信首鼠两端,叛后复降,于1678年10月上疏,要求开海复界,允许百姓出海贸易,以利官兵使用商船征战,解决军费不足。康熙皇帝接到奏疏后,明确表示反对。他说:"今若复开海禁,令商民贸易自便,恐奸徒乘此与贼交通,侵扰边海人民,亦未可定,海禁不可轻开。"[6]

1680年,福建总督姚启圣认为东线战场无战事,趋于稳定,主张复界开海。[7] 他在《题为请将界外田地给予投诚官兵屯垦事本》中说,现在沿海为盗者,皆滨海迁移之民,无田无地,铤而走险。投诚之后,若不给予俸饷,无以安其身心;若

〔1〕 范承谟:《条陈闽省利害疏》,《范忠贞(承谟)集》卷三,第54—55页。文渊阁《四库全书》本,第1314册。

〔2〕 《碑传集》卷一一九,《范承谟传》,上海书店,1988年影印本,第1456页。

〔3〕 光绪朝修:《钦定大清会典事例》卷一二〇,《吏部·处分例·海防》,第1页。

〔4〕 夏琳:《闽海纪要》,第51页,台湾文献丛刊,第23种。

〔5〕 赵翼:《皇朝武功纪盛》卷一,《平定三逆述略》,台北:文海出版社,1966年影印本,第25页。

〔6〕 《清圣祖实录》卷七七,康熙十七年九月丙寅,中华书局,1985年影印本,第985页。

〔7〕 姚启圣死后,福建由浙江总督兼领,称闽浙总督。雍正五年(1727),闽浙两省各设总督。雍正十二年(1734),又合二为一,总称闽浙总督。(郝玉麟主修:《重纂福建通志》卷二〇,《国朝职官》,第10页)

长期给予,则朝廷有限金钱,难以为继;若尽令归农,无地可归,势必仍旧为盗;若仍散发各省屯垦,则有前此屯垦之兵变乱之忧。在他看来,只有将界外之地全部复还,才能化盗为民。复还界外之田,使投诚之官兵"乐其故土,人人皆有安土重迁之思,田园地宅之恋,即迫之为盗亦不可得矣"。[1] 这项建议只是着眼于"投诚官兵"的安置,尚非对"禁海""迁界"令的彻底否定。

稍后,总督姚启圣、巡抚吴兴祚又联名提出平海善后条款事本,其中第五条认为,应当开界,以利开垦输课。但是,这些建议均未得到批准。这是因为清廷认为"禁海""迁界"对于遏制郑氏势力的成长是有效的。议政王大臣会议认为,先前未迁界时,郑成功盘踞厦门、金门等处,"恣意抢掠",实施"禁海""迁界"令之后,"贼势渐衰",大半投诚,余则逃往台湾。"三藩之乱"时,越界百姓未能迁移,以致郑经重新占领厦门,"任意妄行"。尔后将百姓迁移界内,"贼势又衰"。由此得出的结论是,"禁海""迁界"有利于瓦解郑氏集团,"不便开界"。

清军重新占据厦门、金门后,姚启圣等再次题请开界,认为:"外防既设,内禁宜开。早展一日之界,非特流离失业残黎得早沾一日之恩,即投诚解散之众亦早安插得所,国计民生实两有攸赖匪浅。至于土田垦而赋税增,穷民安而盗贼息,变一二千里之荒芜为任土作贡之乐地,其利益不可殚述。""是迁界之事,实今日闽省第一要务也"。[2] 这一请示得到批准。在"三藩之乱"后,福建开界最早。

1683 年,施琅率军攻占澎湖,台湾郑氏宣布归降。福建总督姚启圣条析时务八事,连上奏章,在《请复五省迁界以利民生事本》中要求五省迁界全部开复,在《请开六省海禁事本》中要求撤销禁海令,允许自由采捕,"洋贩船只照例通行","使六省沿海数百万生灵均沾再造,而外国各岛之货殖金帛入资富强"。当时康熙帝认为,姚启圣在施琅进攻台湾问题上事事掣肘,事后又有争功之嫌,所上八事是借端陈请,"明系沽名市恩,殊为不合,这各本皆不准行"。[3]

但是,到了十月,当两广总督吴兴祚的开界奏折一到北京,康熙便决定开海复界。"吴兴祚所奏极是。其浙、闽等处亦有此等事情,尔衙门(户部)所贮本章,关系海岛事宜者甚多,此等事不可稽迟"。旋即决定派遣吏部侍郎杜臻、内阁学士席柱前往广东、福建,工部侍郎金世鉴、都御史雅思哈往江南、浙江主持开

---

[1] 姚启圣:《题为请将界外田地给与投诚官兵屯垦事本》康熙十九年四月,《康熙统一台湾档案史料选辑》,第 210 页。

[2] 姚启圣:《题为请旨归还本界事本》康熙十九年十一月初四日,《康熙统一台湾档案史料选辑》,第 224 页。

[3] 《康熙朝起居注》,康熙二十二年九月初九,中华书局,1984 年。

海复界与布置海防事宜。到 1684 年夏天,江、浙、闽、粤均完成复业展界工作。康熙帝同时也认识到,开海贸易,财货流通,各省俱有裨益。"且出海贸易非贫民所能,富商大贾懋迁有无,薄征其税不致累民,可充闽粤兵饷,以免腹里省份转输协济之劳。腹里省份钱粮有余,小民又获安养,故令开海贸易"。[1] 既然开海贸易有利于各地,遂于 1684 年宣布:"各省先定海禁处分之例,应尽行停止。"[2]"禁海"、"迁界"令虽然废除了,但"禁海"思想的幽灵仍然盘绕在庙堂之上,不时以各种形式体现以来。

第三节　禁止南洋贸易令的下达与撤销

一、禁止南洋贸易令的下达

从 1684 年准许商人出洋贸易,"以彰富庶之治"为始,到1717 年清廷下令禁止往贩南洋为止,这一阶段共有 33 年。在这一阶段开初,清廷在云台山设立江海关、宁波设立浙海关、漳州设立闽海关、广州设立粤海关,负责管理对外贸易事务(图七〇)。开海贸易之初,除了正常的出入口关税管理外,涉及海防安全的限制不算太多,但到后来越来越严厉,最终导致了禁止南洋贸易案的发生。

准许海上贸易后,"每年造船出海贸易者多至千余"。[3] 对于武器等军货的出口实施限制政策。1684 年规定,出海贸易不准将硝磺、军器等物私载出洋。次年议准:"兵器向来禁止,不准带往卖给外国,但商人来往大洋,若无防身军器,恐被劫掠。嗣后内地贸易商民所带火炮军器等项,应照船只大小,人数多寡,该督酌量定数,起程时令海上收税官员及防海口官员查明数目,准其带往,回时仍照原数查验。"[4]应当说,这项规定是合理的,既考虑军用武器不能私自出洋,又考虑到海船航行安全,允许带一定数量的武器用以自卫,不失为明智决定。

其次是关于民船规模的限制。清廷关于民船规模的限制主要是为了便于控制,有意识地阻止民船制造业的发展和进步,规定商船梁头不得过一丈八尺,舵

〔1〕　《清圣祖实录》卷一一六,康熙二十三年九月甲子,中华书局,1985 年影印,第 212 页。
〔2〕　《清圣祖实录》卷一一七,康熙二十三年十月丁巳,中华书局,1985 年影印,第 214 页。
〔3〕　《清圣祖实录》卷二七〇,康熙五十五年十月庚戌,中华书局,1985 年影印,第 649 页。
〔4〕　梁廷枏:《奥海关志》卷一八,禁令,第 11 页。

图七〇　粤海关大楼正面(1914年奠基,1916年竣工,1993年列入广州文物保护单位,位于沿江西路29号。)

工水手不得过28人,渔船梁头不许过丈。这些规定是毫无道理的,既不利于对外贸易的发展,又限制了国家造船业和航海业的进步。

第三是关于出海人员的口粮限制。清人认为粮食是一种战略物资,就海防来说,粮食的重要性甚至超过军器。在他们看来,海上没有粮食生产,控制了粮食的供应,海盗没有粮食,在海上无法生存,就会自行解散。另外,粮食价格的变化也关系到沿海地区的政治安危,所以在康熙、雍正、乾隆时期千方百计限制海上粮食运输。开海之后,控制粮食运输始于1708年。在这一年,都察院左金都御史劳之辨奏报说:"江浙米价腾贵,皆由内地之米为奸商贩往外洋之故,请申饬海禁,暂撤海关,一概不许商船往来。"[1]仅仅由于江浙地区粮价上涨就要求禁海,甚属荒谬。清政府亦不以为然,户部认为,自开海允许贸易以来,"商民两益,不便禁止","至于奸商私贩,应令该督、抚、提、镇于江南崇明、刘河、浙江乍浦、定海各处派兵巡察。除商人所带食米外,如违禁装载五十石以外贩卖者,其米入官"。[2]这一规定较为宽松,也算合乎情理。

总的来说,从1684年到1917年这33年间清政府关于海外贸易的管理是正常的,即使有些限制不合理,而与后来相比,还算宽松。宽松的海洋、海防政策,

─────────

〔1〕　梁廷柟:《奥海关志》卷一八,禁令,第11页。
〔2〕　梁廷柟:《奥海关志》卷一八,禁令,第1—2页。

促进了当时东南沿海地区贸易的迅速发展。据统计,到日本贸易的中国商船在
1684 年为 26 只,1685 年为 85 只,1686 年为 102 只,1687 年为 136 只,1688 年为
194 只,短短五年间,中国商船增加了六七倍。[1] 但在 1717 年,清廷的海上贸
易政策来了一个大转弯,宣布禁止往贩南洋。是什么原因导致清朝政策在和平
时期发生如此大的变化呢?

第一,主要是为了遏制海外反清势力的再次崛起。清军入关之初,有许多明
朝遗民躲避战乱,流亡南洋各地。施琅统一台湾后,又有一批不愿降清的志士乘
船自台湾逃到吕宋或爪哇、马六甲等处。开海贸易后,沿海又有许多人出洋,由
于种种原因留居海外不归。吕宋、爪哇等处大量聚集的华侨、华人,与当地的西
方殖民统治者发生矛盾冲突,迫切需要祖国政府的支持。而清廷认为,海外华侨
越聚越多,不仅使内地人口严重流失,而且担心类似郑成功那样的反清武装力量
崛起,这在清廷讨论禁止南洋贸易时讲得清清楚楚。1716 年,清廷得到大米大
量出口、出口船多、返回船少的情报后,非常担心海外出现新的反清基地。谕令
说:"苏州船厂每年造船多至千余,出洋贸易回来者不过十之五六,其余皆卖在
海外,赍银而归。海船桅木、龙骨皆中国所产,海外无此大木,故商人射利偷卖,
即加查讯,彼但捏称遭风打坏。海外如吕宋、噶啰吧等口岸多聚汉人,此即海贼
之薮。如张伯行启奏,江浙间米俱出海口去卖等语。贸易人等所带米粮酌量足
敷口食,不应太多。海中东洋可往贸易,若南洋商船不可令往。如红毛等国之船
使其自来耳。若出南洋必从南澳、海坛镇过,此处截住不放,岂能偷过。"又说,
"往年差往福建运米,广东所雇民船三四百只,合计便数千人。此数千人聚集海
上,须为长久之策。即台湾之人,时与吕宋等处相通,皆须预为措置"。还说,
"商船宁可稀少,船少于贸易更有利益。且大船指称贸易,领票出洋,另泊一处,
用小船于各处偷买米石,载入大船,不知运往何处……现今九卿为防海事会议,
尔八人将此谕说与九卿"。[2] 从这些谕令中,可以直接看出清廷对南洋华侨华
人聚集的忧虑。清廷显然认为出口船多,归来船少,大量米粮出口是个很危险的
信号。所以,宣布禁止往贩南洋。这是最主要的原因。

第二,对西方冲击的消极反应。西方的冲击主要表现在天主教传教士大批
进入中国,天主教迅速传播,罗马教皇试图干涉在华传教方式,引起清廷反感。
康熙中期以来,罗马教皇派铎罗到中国宣布禁止异端敕谕,不许中国教徒祭祖祀

〔1〕 〔日〕大庭修:《江户时代日中秘话》,第 31 页;黄启臣:《清代前期海外贸易的发展》,《历史
研究》1986 年第 4 期。

〔2〕 张伟仁编:《中央研究院历史语言研究所现在清代内阁大库原藏明清档案》,第三十九册,
B22301,《康熙五十六年兵部禁止南洋原案》,康熙五十六年正月二十四日。

孔,并摘下康熙为教堂题写的"敬天"匾额,这无疑是对皇权的挑战。清廷针锋相对,下令驱逐铎罗,并声明:"若不遵利玛窦的规矩,断不准在中国住,必逐回去。"〔1〕1715 年,罗马教廷无视中国主权,重申所谓"禁约",派人赴华宣谕,康熙对于罗马教廷的强横非常生气,立即下令驱逐一部分传教士出国。他不无忧虑地说:"千百年后,西洋诸国恐为中国之患。"这时,广东碣石镇总兵陈昂对于西方殖民者借助传教在东南亚的侵略和在中国的势力扩大深表忧虑,他在遗折中说:"天主一教设自西洋,今各省立坛设堂招集匪类,此辈居心叵测,目下广州城设立教堂,内外布满,加以同类洋船丛集,安知不交通生事,乞饬早为禁绝。"〔2〕陈昂把天主教在华的迅速传播与西方殖民势力在东南亚国家的迅速扩张相联系,这不能不引起清廷的重视。经兵部讨论,决定禁止天主教传教士在华传教。禁止天主教士在华传教与禁止南洋贸易有一定联系,但这不是清廷下令禁止往贩南洋的主要原因。有人说:"康熙皇帝认为,开海贸易,宽容传教士,客观上助长了西方殖民者的势力。因此,开海政策必须改变。"〔3〕这话不妥。因为禁止南洋贸易主要是禁止中国商人前往东南亚,意在割断华侨、华人与内地的联系,并不禁止西洋商船来华。〔4〕 因此我们说,禁止南洋贸易与禁止天主教在华势力扩张有一定联系,但并不是促成此次"禁海"的主要原因。

第三,"禁海"思想的消极影响。随着对外贸易的迅速扩展,海洋上活动的船只也比较复杂起来,难免会有一些不法之徒在海洋上干一些盗劫勾当。这引起了一些人的忧虑,或者主张加强管理,减少贸易船只;或者认为"通洋之利小而害大,利在下而害在上",表示坚决反对。前者以陈梦雷、施琅和张伯行为代表,后者则以陆义山的言论最典型。陈梦雷认为,开海贸易之后,听洋船出入海口,恐开"奸人觊觎之心"。尤其是担心外国商船搬取白银出境,熟悉中国沿海港道,不利中国海防,建议"只许以器物对换,不许吾民以银买物,既可留内地之银,而来船欠利,渐至减少,日后红毛亦无由直入内地,庶可严固海防"。〔5〕 施琅认为开海贸易,"丛杂无统",担心游手好闲之徒"至海外诱结党类,蓄毒酿祸,臣以为展禁开海固以恤民裕课,尤须审弊立规,以垂永久"。建议控制出海商船数量,控制出海人数。"今内地之人反听其相引而至外国,殊非善固邦本之法。

〔1〕 陈垣辑:《康熙与罗马教皇使节关系文书》,台北:文海出版社,1974 年影印本,第 13 页。

〔2〕 蒋良骐:《东华录》卷二三,第 374 页。

〔3〕 《康熙皇帝全传》,学苑出版社,1994,第 227 页。

〔4〕 在南洋贸易案中,谈到了西方商船来华应照常贸易问题,说要"严加防范看守,不许生事",表明对西方商人有一定警惕性,但并不认为他们对中国海防构成了严重威胁。

〔5〕 陈梦雷:《拟防海疏》,《重纂福建通志》卷八七,《海禁》。

又观外国进贡之船,人数来往有限,岂肯遗留一人在我中土。更考历代以来,备防外国甚为严密,今虽许其贸易,亦须有制,不可过纵"。[1]

陆义山是浙江平湖人。他是清初理学大师陆陇其之从叔,官至内阁学士,总管诸书局,[2]著有《雅坪文集》10 卷,其中有一篇文章,题名是《通洋宜防倭患议》,写于康熙中后期。这篇文章借研究明代倭患问题,表达了他对开海贸易的看法。他认为明朝嘉靖年间中国东南沿海出现的"倭患",并不是真正的倭寇侵扰,而是由于通洋贸易引起的盗劫之患。他说:"如邑志所记,虚张倭势不过千人,而召集官兵则有七万三千之众,是以七十三人擒一人而不足,有是理哉! 况父老相传真倭止一十八人耳。徐海之新安无赖,通洋贸易,资本荡然,遂与其党汪直、叶麻辈诱人倡乱,驱煽沿海贫民,聚而为寇。……将不识兵,兵不识伍,宜乎旷日糜饷,纵贼流毒于数郡数十县之间,酿成东南一大害也。而其原不过起于通洋贸易之徐海一人。甚矣! 通洋之利小而害大,利在下而害在上,不可不预为之忧。"[3]明代嘉靖时期的海上动乱,据现代人研究,是由明朝不许商人自由出海的外贸政策造成的,它的确不是简单的"倭患"。陆义山在两个多世纪之前就有"非真倭"的看法,见解独到。但他把"倭患"归于通洋贸易,尤其是得出的"通洋之利小而害大,利在下而害在上"的结论是十分错误的。

陆义山的错误推理是:"凡人之有恒产与恒业者,守坟墓,乐廛肆,有田者供租税,有丁者供力役,皆良民也。即逐末而从事于商贩,南走闽粤,北走燕秦,远者至于滇池、辽海而止,亦足以权子母而收息倍蓰矣。何至泛不测之渊,入鲸鲵、蛟蜃之窟以求赢余。此其人必素行无赖者也,必生计凉薄不丰于商贩之资者也,必嗜利忘祸贪狠而不仁,侥幸于一获者也,必断梗其身视其父母妻子如路人者也。"[4]一言以蔽之,"通洋之徒本非良善"。把所有出洋贸易的人都看成是刁民,观点十分荒唐。他又解释"利于下而不利于上"说:"夫开洋之利,称贷于豪富者,羡余于持权者,侵蚀于胥吏者,各取十之三,其归于国课仅十之一而已。下取其九,上取其一,利无几也。数传之后,承平相习,脱有不虞,如嘉靖间故患,则征兵调饷,费数十倍,所入之课而不偿,而黔黎有残害之厄,地方多蹂躏之祸。所谓利小而害大,利在下而害在上,不大彰明较著哉!"[5]就是说通洋贸易,官府所得收入不多,一旦发生海患,又要耗费国帑,与其将来耗费,莫如断绝海外贸

〔1〕　施琅:《海疆底定疏》,《靖海纪事》,中华书局,第 69 页。
〔2〕　李元度编:《国朝先正事略》卷四〇,岳麓社,1991,第 1084 页。
〔3〕　严如煜编:《洋防辑要》卷一七,《策略》,台湾学生书局,1975 年,第 29 页。
〔4〕　严如煜编:《洋防辑要》卷一七,《策略》,第 29 页。
〔5〕　严如煜编:《洋防辑要》卷一七,《策略》,第 29—30 页。

易,永杜海患发生。因此他建议说:"愚谓封疆大吏能直陈利害,破群情而罢其役,但许滨海细民结筏捕鱼,凡通洋船只一切禁之,则内地之奸谋无自生,海外之邪衅无由召,此上策也"。[1] 陆义山的这种断绝通洋贸易的思想显然是十分荒谬的,而这种思想出现在康熙中后期,正好可以说明禁止南洋贸易案发生的原因。

二、"重防其出"的各项措施

根据康熙皇帝前述"重防其出"的谕令,在京的广州将军管源忠、闽浙总督满保与两广总督杨琳共同讨论拿出了一个方案,商船此后可以在沿海五省及东洋照旧贸易,"其南洋吕宋、噶喇吧等处一概不许内地商船前去贸易,俱令在南澳、海坛等要紧地方严行截住,并令沿海出口之处及浙江之定、黄、温三镇,并南澳、澎湖、台湾并广东沿海一带水师各营严行查拿,从重治罪。其外国夹板船有来贸易者,照旧准其贸易,并令地方文武严加防范看守,不许生事"。[2]

兵部与九卿会议认为,管源忠、满保、杨琳等人身任地方官,熟悉沿海情形,"其严禁之处俱照伊等所议"。[3] 在讨论时,多次提及加强海防建设事宜,一面要求沿海修筑炮台,安设炮位,打造战船,加强水师训练;一面强调"台湾远在海外,防范更宜严密,应令台湾镇、道严加巡查,不许台、澎船只私往吕宋、噶喇吧等处贸易,违犯事发,从重治罪"。1717 年 2 月禁止南洋贸易令正式下达。为了执行这道命令,清廷陆续采取了下述五项措施。

首先是控制商船航行南洋。按照规定,任何商船不得前往南洋各国,商人违禁航行南澳、海坛镇所辖海面,或台湾、澎湖之船私往吕宋、噶喇吧等处贸易,如被巡哨拿获,"俱枷号三个月,杖一百,流三千里"。以上海、崇明、乍浦、虎头门、碣石、香山澳等处海口为重点,由地方官对其出入船只严密稽查。

其次,是查禁米粮出口。按规定,民船出海可以按其海道远近,船内人数多少,停泊发货日期长短,每人每日准带食米一升,并准带余米一升以防风信阻滞。出口时,由守口文武逐一查验明白,方许放行。如越额多带,盘出,将米入官,治罪船商。[4] 沿海文武官员如隐匿不报,或被首告,或经事发,从重治罪涉案文

---

〔1〕 严如煜编:《洋防辑要》卷一七,《策略》,第 29—30 页。

〔2〕 张伟仁编:《中央研究院历史语言研究所现在清代内阁大库原藏明清档案》,第 39 册,B22301,《康熙五十六兵部禁止南洋原案》,康熙五十六年正月二十四日。

〔3〕 张伟仁编:《中央研究院历史语言研究所现在清代内阁大库原藏明清档案》,第 39 册,B22301,《康熙五十六兵部禁止南洋原案》,康熙五十六年正月二十四日。

〔4〕《清圣祖实录》卷二三二,康熙四十七年二月辛卯,中华书局,1985 年影印,第 319 页。

武官员。广东方面为此推行"米票"制，规定沿海州县商船所带口粮使用"米票"，令船户于开船时，报明船内人数若干，路程远近，带米若干，由地方官填发印票，赴守口营汛查验符合规定，方许放行。

第三，加强了对民船的控制。规定沿海船主不得把商船卖给外国人。如有打造海船之人，希图厚利，将所造船只卖与外国，查出，将造船之人与卖船之人，立行斩决。打造海船时，应报明海关监督。造成后，由地方官查验、印烙并取船主甘结。舵水手有家口来历，方许在船。监督验明之后，将船只丈尺、客商姓名、所载货物、往何处贸易，填入传单，令口岸文武照单查验，按月造册，报督、抚衙门存案。同时规定连带责任，客商责之保家，商船水手责之船户、货主。

第四，严禁移民海外。出东洋贸易商人不得留居。如所去之人留在外国，"将知情同去之人枷号三个月，杖一百"。该督、抚行文外国，将留居之人令其解回，即行斩决。将留下之人妻子发往三姓地方，赏给穷披甲人为奴。外国商船来华，不许携带中国人出海。若中国人在海外搭船回国，只管带回，到时交给地方官查验。1718 年又规定，澳门夷人夹带中国人，偷往别国贸易，查出之后，照例治罪。[1]

第五，严禁商船携带军器、炮位。1719 年规定，"禁止商船携带军器"。[2] 次年又规定，"沿海各省出洋商船携带炮位、军器，应概行禁止。其原有之炮位、军器令地方官查明收贮"。[3]

以上五项措施都体现了清廷"以禁为防"、"重防其出"的观念。限制中国商船到南洋贸易，主要是为了割断海外华侨、华人与内地和台湾的联系，防范反清政治力量的崛起；也是清朝政府面对西方冲击的一种消极反应，从而把中国的外贸权益白白送给了西方商人，这是一项十分不明智的决定。就当时的东南亚华侨华人的情况来讲，他们主要是反抗西方殖民者的奴役，虽有反清人士的活动，并未集结起较大的力量，对清朝在沿海的统治并未构成威胁。禁止南洋贸易是清廷对海外形势判断错误而做出的决定，在这种意义上，观察问题的不同角度表明了一个人观察对象的方式，恰恰是这些因素决定了观察者认识的差异。更何况两个人即使用同样的方式运用同一套逻辑规则，即矛盾律或三段论定律，也可能对同一对象作出不同的解释。这就是皇权专制时代政策出台的随意性的思想

---

〔1〕　梁廷枏：《粤海关志》卷一七，台北：文海出版社，1986 年影印，第 1215—1216 页。

〔2〕　《清朝文献通考》卷二九三，《四裔考》一，噶喇巴，商务印书馆，1936 年，第 7465 页。

〔3〕　《清圣祖实录》卷二八八，康熙五十九年五月戊午，中华书局，1985 年影印，第 805 页。

根源。

必须指出,禁止往贩南洋,对我国沿海地区的经济发展和对外贸易十分有害,客观上加剧了社会矛盾的激化。史称,实施"禁海"之后,福建地方"土货滞积,而滨海之民半失作业"。[1] 后来,台湾爆发了朱一贵起义,这与"禁海"之后严厉控制台湾,使海疆政策失调有关。此外,康熙帝的这种"以禁为防"的思想观念对雍正、乾隆、嘉庆、道光各朝均有较大影响,此后历朝以汉治汉、以海防海的基本方针不变,最后形成了"重防其出"的消极海防方针政策。

就理论来说,海洋社会经济力量的存在是国家制定海洋政策的基础,海洋政策的开放程度取决于海洋社会经济力的最大程度。海洋政策规范海洋经济行为和社会行为,具有巨大的反作用。在此我们十分清楚地看到,海洋政策对社会经济变化的反映是消极的,清代的海防政策与海洋社会经济之间长期处于不适应——适应——不适应的矛盾运动之中,不适应尤其是矛盾的主要方面。

三、禁止南洋贸易令的解除

禁止南洋贸易基本是一项错误政策,就是它的设计者也有所认识。如前所说,两广总督杨琳、闽浙总督满保参加了兵部会同九卿关于禁止南洋贸易的讨论,当时是在奉有谕旨的情况下进行的。在封建专制政治制度下,即使个别大臣有不同意见,也不便表达。在执行禁令时,两广总督杨琳首先采取变通方案,于1718年奏准商船准许往贩安南,理由是安南为中国的藩属国。其他海关于是也援例而行,先是江海关许贩安南,浙海关亦从而效法之。"闽省不敢公然前去,闻亦有借遭风而谎称飘到安南者"。[2] 既然允许前往安南贸易,许多商人便借此为名,把商船纷纷驶向其他港口,大海茫茫,乘风之便,何处不可去。禁止南洋贸易本来就是一项错误政策,事实上又不能彻底禁止。

闽浙总督满保于1724年上奏,试图解决这个问题。他首先谈了商船借口飘到海外贸易的情况,而后模棱两可地说:"若稍从宽纵,听海关多得税银,任文武侵分陋例,则将来偷贩事发,沿海文武均难逃于严例,事处两难。故臣特将实情秘密奏闻,仰求皇上睿鉴指示。如必欲严立西南洋之禁,则须先禁不许再贩安南,并严饬各海关不许收西南洋货物之税,以便臣等再加严示晓谕。如

---

〔1〕《方望溪(苞)先生全集》卷一〇,《广东副都统陈公墓志铭》。
〔2〕 第一历史档案馆编:《雍正朝汉文朱批奏折汇编》第五册,江苏古籍出版社,1989 年,第 298 号,《闽浙总督满保奏陈严禁商船出洋贸易折》。

再不遵,即严拿各偷贩之船,题明治罪。若外详远彝原无他意,沿海商民借以资生。倘邀皇上洞鉴,欲弛前禁,则臣暂行缓待,候旨遵行。"〔1〕这明显是试探皇帝的意见。

对于满保这种骑墙试探态度,雍正帝非常不满,毫不客气地训斥说:"商船不许往西洋、吕宋等处,其西南洋货物听其自来,屡奉圣祖谕旨,钦遵通行在案。今定海所泊洋船果从吕宋、噶喇巴回棹,自应照例治罪,有何株连干系之处?至关官加倍收税,地方官借端勒索,尤宜严查参处,以惩将来,有何难归结也?当日设立海关,其来已久,其自外国贩来货物到关,无不收税之理。海洋商船亦无不许往安南之禁。看尔此奏,似欲藉此一事,竟开西南洋往贩之禁,其数(属)不合。十数年来海洋平静,最为得法,惟宜遵守定例,不可更张。"〔2〕这时雍正皇帝登上帝位不久,宫廷反对意见很大。他的所有批示全都极力维护康熙时代的成例,以表明他是圣祖亲自选定的合法的帝位继承人。当时他认为,康熙时代政体失之过宽,一登极便以"严"字绳天下,强调"防海之道,惟宜'严'之一字耳。这主意一点那(挪)移活动不得"。〔3〕雍正帝既然认为十数年来的"海洋平静"是"禁海"的成绩,便肯定禁止南洋贸易令是正确的,"最为得法",因此,现行的政策只能是"遵守定例,不可更张"。此处,引起我们注意的是,最高统治者认定"海洋平静"是由"禁海"造成的,难怪以后各项海防政策采取"以禁为防"的手段,于此可见思想上的承继关系。

皇帝的批示是严厉的,而实际社会问题不会因为皇帝个人态度的坚决而得到正确的解决。只要允许外国货物进口,允许商船前往安南,就难以禁止商船前往南洋各国贸易。由于商船一出外洋,茫茫大海,无边无际,东西南北,任其所行。清之水师只能在近岸海道上活动,对于驶入大洋的商船没有实际控制能力。只有改变错误的"禁海"令,才能顺应时势,有利于沿海居民的生产生活。

1726 年冬,闽浙总督高其倬(图七一)正式奏请撤销南洋贸易禁令。他说:"福、兴、漳、泉、汀五府地狭人稠,无田可耕,民且去而为盗。出海贸易,富者为船主,为商人,贫者为头舵,为水手,一舟养百人,且得余利归赡其家属。曩者设禁例,如虑盗米出洋,则外洋皆产米地;如虑漏消息,今广东估舟许出外国,何独

〔1〕　第一历史档案馆编:《雍正朝汉文朱批奏折汇编》第五册,第 298 号,《闽浙总督满保奏陈严禁商船出洋贸易折》。

〔2〕　第一历史档案馆编:《雍正朝汉文朱批奏折汇编》第五册,第 298 号,《闽浙总督满保奏陈严禁商船出洋贸易折》。

〔3〕　赵尔巽主编:《清史稿》卷二九七,列传七四,《高其倬传》,第 10303 页。

图七一　闽浙总督高其倬
（《中国历代人物图像集》下，
第 2127 页。）

严于福建？如虑私贩船料，中国船小，外国得之不足资其用。臣请弛禁便。"[1]就是说，中国实施南洋贸易禁令无意义，"中国船小，外国得之不足资其用"。外国盛产稻米，并不依赖于中国。而由于实施禁令，导致沿海居民大量失业，社会治安形势恶化，政治更加不安定。唯有弛禁，才能解决问题，有利于中国经济发展和社会稳定。次年春天，怡亲王会同大学士、九卿讨论了高其倬的建议，认为继续禁止往贩南洋已无必要，于是下令弛禁，历时十年的南洋贸易禁令从而撤销。

从以上的考察分析中，我们知道，清廷关于南洋贸易的禁令是基于对国际形势的错误判断。由于对海外华侨华人、移民的错误认识和对于出海商人的错误成见，又误认为米粮的出口与海船出售是个危险的信号，为了防止海外反清力量与内地建立联系，防止海患的发生，清廷采取了"重防其出"的手段，实施了南洋禁航令。此禁令实施之后，严重打击了我国的外贸、造船业和航海业，给沿海居民的生产生活造成了巨大损失，使沿海地区经济陷于萧条，社会治安趋于混乱。有识之士对禁止南洋贸易政策进行了全面批判。清廷在1727 年春天根据闽浙总督高其倬的建议，讨论决定撤销历时长达十年之久的禁止南洋贸易案。

第四节　限口贸易政策的确定

一、被误读的乾隆帝谕旨

在近代史学界，有一种说法，认为乾隆皇帝于 1757 年下令关闭江、浙、闽三个海关，这种说法是错误的。大家之所以说乾隆皇帝下令关闭江、浙、闽三个海

---

[1]　第一历史档案馆编：《雍正朝汉文朱批奏折汇编》第五册，第 298 号，《闽浙总督满保奏陈严禁商船出洋贸易折》。

关,只留下粤海关负责对外贸易,是因为对下面的谕令理解错误造成的。为了准确理解其含义,现将其全文摘录如下:

谕军机大臣等:杨应琚所奏勘定浙海关征收洋船货物酌补赣船关税及梁头等款,并请用内府司员督理关税一摺,已批该部议奏。及观另摺所奏,所见甚是,前折竟不必交议。从前令浙省加定税则,原非为增添税额起见,不过以洋船意在图利,使其无利可图,则自归粤省收泊,乃不禁之禁耳。今浙省出洋之货,价值既贱于广东,而广东收口之路,稽查又加严密,即使补征关税、梁头。而官办只能得其大概,商人计析分毫,但予以可乘,终不能强其舍浙而就广也。粤省地窄人稠,沿海居民大半藉洋船谋生,不独洋行之二十六家而已。且虎门、黄埔在在设有官兵,较之宁波之可以扬帆直至者形势亦异,自以仍令赴粤贸易为正。本年来船虽已照上年则例办理,而明岁赴浙之船,必当严行禁绝。但此等贸易细故,无烦重以纶音。可传谕杨应琚,令以己意晓谕番商。以该督前任广东总督时,兼管关务,深悉尔等情形。凡番船至广,即严饬行户善为料理,并无与尔等不便之处,此该商等所素知,今经调任闽浙,在粤在浙,均所管辖,原无分彼此。但此地向非洋船聚集之所,将来只许在广东收泊交易,不得再赴宁波。如或再来,必令原船返棹至广,不准入浙江海口。豫令粤关,传谕该商等知悉。若可如此办理,该督即以此意为咨文,并将此旨加封寄示李侍尧。令行文该国番商,遍谕番商。嗣后口岸定于广东,不得再赴浙省。此于粤民生计并赣、韶等关均有裨益。而浙省海防亦得肃清。看来番船连年至浙,不但番商洪任等利于避重就轻。而宁波地方必有奸牙串诱,并当留心查察。如市侩设有洋行,及图谋设立天主堂等,皆当严行禁逐,则番商无所依托,为可断其来路耳。如或有难行之处,该督亦即据实具奏。再将前摺随奏交部议覆,可一并传谕知之。寻,覆奏:臣已遵旨晓谕番商洪任等回帆。并咨移李侍尧及札行宁波定海各官一体遵照。现在尚无设立洋行及天主堂等情弊。[1]

上面这则上谕有四层含意:第一,对洪任等"番商",清朝君臣最初准备采取提高关税的经济措施,试图让其自动返回传统贸易地,从而达到"不禁之禁"的目的。后来,他们又认为浙江沿海接近茶丝产地,价格便宜,担心"番商"避重就轻,难以达到其目的,只好采取限口手段。第二,乾隆皇帝令新任闽

〔1〕《清高宗实录》卷五五〇,乾隆二十二年十一月戊戌,中华书局,1985 年,第 1023 页。

图七二 闽浙总督杨应琚

浙总督杨应琚(图七二),"以己意晓谕番商"。勒令洪任等番商"将来只许在广东收泊交易,不得再赴宁波",虽然这是皇帝的旨意,却不是用谕旨的方式颁布的,因为,"此等贸易细故,无烦重以纶音"。第三,杨应琚按照皇帝旨意办理,已晓谕"番商"洪任等回帆,"并咨移李侍尧(新任两广总督)及札行宁波定海各官一体遵照"。第四,令李侍尧行文该国番商,遍谕番商,"嗣后口岸定于广东,不得再赴浙省"。

通过对这一谕旨的认真解读,我们不仅没有得到"乾隆皇帝下令关闭江、浙、闽三海关"的旨意,而且也没有得到"广州作为惟一通商口岸"的信息。正确的理解只能是,勒令洪任等"番商"从今以后只能在广东通商,不得再赴浙江等沿海地区进行贸易。

问题是这里的"番商",究竟是指所有外国人,还是仅指以英国、葡萄牙、荷兰、西班牙为代表的欧洲国家的商人?需要从洪任辉事件说起。谕旨中的"洪任",即洪任辉[1],他精通中文,是英国东印度公司的翻译。乾隆初期,英国东印度公司在广州的贸易份额越来越大,公司的负责人对广州的行商制度和海关陋规十分不满,他们于乾隆二十年(1755年)派遣洪任辉率领船队到达宁波定海港,采购茶、丝等中国产品,并出售欧洲的商品,获得了意想不到的成功。因此,在1756年和1757年分别减少了在广州的商船数量,这自然影响了粤海关的关税收入。两广总督杨应琚在各方要求下,奏请皇帝,希望提高浙海关的关税,以便迫使英国东印度公司的商船重新回到广州,这是一个"不禁之禁"的方案。乾隆皇帝收到杨应琚的这一奏折,认为是一个很好的方法,立即谕令闽浙总督喀尔吉善与浙江海关更定税则。"但使浙省税额重于广东,令番商无利可图,自必仍归广东贸易。此不禁自除之道"。[2]

经过一段时间的公文旅行后,终于制订了一个从重加税的方案。闽浙总督喀尔吉善、两广总督杨应琚会奏,经过户部议准,最后奏请皇帝批准。略谓:"外洋红毛等国番船向俱收泊广东。近年收泊定海,运货宁波。请将粤海、浙海两关税则更定章程。嗣后除照例科征之比例、规例二项,彼此均无增减无从议外。至

---

[1] 又写作洪仁辉,英文名字为James Flint,洪氏曾经到达天津,说服当地官员代递其呈文,结果是该官员因贸然陈奏,受到降三级处分。洪氏于1759年回到广州,旋即被逮捕,判处监禁三年,然后遣送回国。

[2] 《清高宗实录》卷五三〇,乾隆二十二年正月庚子,中华书局,1985年,第679页。

正税一项。如向来由浙赴粤之货,今就浙置买,税饷脚费俱轻。而外洋进口之货,分发苏、杭亦易,获利加多。请将浙海关征收外洋正税,照粤海关则例酌议加征。其中有货物产自粤东,原无规避韶、赣等关税课者,概不议加。如货本一两,征银四分九厘。但浙省货值有与粤省原例不符者,应照时值增估更定。其价同货物,仍循其旧。至船只梁头之丈尺及货物进口出口之担头,悉照粤海关税则,不准减免。"[1]针对这一奏折,乾隆皇帝批示指出,提高浙海关的税率,目的在于海防安全,而非增加税收。谕旨这样说:"近年奸牙勾串渔利,洋船至宁波者甚多,将来番船云集,留住日久,将又成一粤省之澳门矣。于海疆重地、民风土俗均有关系。是以更定章程,视粤稍重,则洋商无所利而不来,以示限制。意并不在增税也。"[2]

但是,杨应琚调任闽浙总督后又上了一个奏折,说明宁波接近茶、丝原产地,即使提高了税率,也难于防止西洋商人继续前往浙江沿海,不如采取直截了当的办法,勒令西洋"番商"只能在广州进行贸易。乾隆皇帝认为其"所见甚是",浙海关加税的讨论失去实际意义,这才有了乾隆二十二年十一月初十日(1757 年 12 月 20 日)的谕旨。从上述君臣的谕旨和奏折中可以看出,此次讨论在浙海关加税也好,最后勒令在广州一个口岸贸易也好,都是针对"外洋红毛等国番船",谕旨中的"番商",主要是指英国、荷兰、葡萄牙、西班牙等西洋商人。

因此,我们在此所得到的结论是,在 1757 年,经过闽浙总督、两广总督、户部和皇帝之间的反复讨论,最终决定把西洋"番商"限制在广州一个口岸,而非在这一年下令关闭江、浙、闽三个海关。对于这样的措施,笔者认为与其用"闭关政策"来概括,倒不如用"限关政策"更确切,因为"闭关"谕令根本不存在。

我们之所以认定,"清廷宣布关闭江、浙、闽三个海关"完全是一个虚假判断,不仅在于乾隆皇帝从未宣布关闭江、浙、闽三个海关,还在于将广州看成是"惟一的通商口岸"(即单口贸易)也是错误的。这是因为,"向来各国番商,俱有一定口岸"[3]。中国的四个海关在管理进出口贸易方面,由于地理位置的不同,自然分工有所不同。江、浙、闽三个海关历来管理的侧重点在于日本、朝鲜、琉球等国的东洋贸易,粤海关的侧重点在于管理西洋、南洋各国贸易。说清廷下

〔1〕《清高宗实录》卷五三三,乾隆二十二年二月甲申,中华书局,1985 年,第 720 页。
〔2〕《清高宗实录》卷五三三,乾隆二十二年二月甲申,中华书局,1985 年,第 720 页。
〔3〕《清高宗实录》卷一一四一,乾隆四十六年九月丙寅,中华书局,1985 年,第 284 页。

令关闭江、浙、闽三个海关,不仅不符合历史事实,也不符合情理。

二、江、浙、闽三个海关一直在正常运行

就事实来看,江、浙、闽三个海关一直在正常运行。关税的正常征收应当最能充分体现其职能的正常发挥。按照当年户部对于海关和常关的规定,关税的上缴分为两个部分:一是正额,二是赢余。前一项通常是固定的数额[1],后一项有所变动。"向来各关征税,于正额之外,将赢余一项,比较上三届征收最多年分。如有不敷,即著经征之员赔补"。[2] 由于"赢余"的上缴,是"比较上三届征收最多年分",数额便不断有所提高,如有不敷,即著经征之关员赔补,时间越往后,赢余数额越大,经征关员常常完不成数额,需要赔补。例如,1788 年,闽海关征税一年期满,征收盈余,比较上两届短少银53 720两。经户部议覆,奏请管关各员按经征月日,照数赔补。而皇帝认为,这一年因台湾用兵影响了税收,因此著令加恩宽免。"所有此次闽海关短少之赢余银五万三千七百二十余两,著魁伦、徐嗣曾、伍拉纳各按经征月日,赔补一半;其余一半著加恩宽免"。[3]

有时遇到征收不足的情况,海关监督或将军、道员为了避免赔补[4]。经常采用挪后移前的方法来应付[5]。1799 年,清廷整顿关税,谕令废止"三年比较之例",而采取"赢余"固定办法。这一年,钦定"江海关赢余为四万两千两","浙海关赢余为三万九千两","闽海关赢余为十一万三千两","粤海关赢余为八十五万五千五百两"。[6] 由此我们可以看出江海关、浙海关、闽海关与粤海关一样,继续履行着征收关税,报解关税"赢余"的职能。到了1804 年,浙江海关的"赢余"额数,调整为"四万四千两"[7],"其余各关,仍照

---

〔1〕 "闽海关额税银七万三千五百四十九两有奇,赢余十一万三千两"。"浙海关额税银三万五千九百八两有奇,赢余四万四千两"。"粤海关额税银四万三千五百六十四两,赢余八十五万五千五百两"。"江苏海关额税银二万三千九百八十两有奇,赢余四万二千两"。(光绪朝修《钦定大清会典事例》卷二百三十五,《户部·关税》,第 9—21 页)

〔2〕 《皇朝续文献通考》卷二九,征榷考一,第 2—3 页。

〔3〕 《清高宗实录》卷一三一九,乾隆五十三年十二月丙午,中华书局,1985 年,第 834 页。

〔4〕 "福建将军管理闽海关事务。其所属各口岸,向系将军派人稽查分管。"(《清高宗实录》卷一千八十三,乾隆四十四年五月丙午,北京:中华书局,1985 年,第 552 页)

〔5〕 例如,乾隆三十四年发生的闽海关税额短少预下届银数挪后掩前一案。查出常在任内,管关官员亦有乘机舞弊、朦混造报等情。(《清高宗实录》卷八二六,乾隆三十四年正月癸巳,中华书局,1985 年,第 9 页)

〔6〕 光绪朝修《钦定大清会典事例》卷一九〇,《户部·关税·考核》,台北:文海出版社,1991 年影印,第 8786—8787 页。

〔7〕 《清仁宗实录》卷一三〇,嘉庆九年六月戊辰。

嘉庆四年赢余定额征收".[1]

同样,海关税则的确定和调整也能充分体现其职能的正常运转。例如,1825 年(道光五年),更定浙海关税则。羽毛缎一项,上等照哆罗呢例,每丈作八尺,九折,税一钱八分;次下照哔叽缎例,每丈作八尺,九折,税一钱八厘;粗白布,二丈八尺以上者,均以二丈八尺科计,每十匹作八匹,征税二分四厘;二丈八尺以下者,均以一丈四尺科计,每二十匹作八匹,征税二分四厘;闽广粗麻布,每件作四匹,税八厘,不论单头、连机,总须按匹计算。[2]

就商品的流向来看,对外贸易可以分为进口和出口。无论是进口和出口,外国商人固然可以经营,中国商人当然也可以经营,因此,限制西洋商人在广州贸易,并不等于取消了中国商人在江、浙、闽的出海贸易权利。如果真的取消了内地商人的出海贸易权利,那么,清廷所有关于商船制造的规模、水柜的大小、风帆多少的规定等,都将是画蛇添足。在此我们必须指出,江、浙、闽三地出海贸易的人数还是很多的,除了传统的茶、丝、瓷器之外,他们还为各省铸币局担负着采购洋铜的重要任务。乾嘉时期,宝苏局铸造制钱需要大量洋铜,"苏商每年发船十三只",前往日本"办铜九十八万余斤"。[3] 1771 年,闽商也开始派船经营洋铜。苏商认为闽商不该与其展开竞争,遂请求官方干涉。户部决议,暂停闽商采办。略谓:"苏商所办洋铜亦以供内地官民之用,原可无分畛域,毋庸复为深究。"[4]

江、浙、闽三个海关在乾隆、嘉庆和道光时期正常承担着管理对外贸易的职责,就必须与外商打交道。这一时期,东洋各国对华贸易尽管总量有限,而从未停止过。例如,1786 年,暹罗国贡船抵达广州,随同有十余只商船,请求免税。这样的使团显然已经不单单是执行外交使命,在某种程度上已具有商业性质。清廷认为,外藩呈进方物,"其正副使贡船自应免其征纳税银",至于商船,则应按照规定纳税。

在谕令对该国随同之商船照常征税的同时,乾隆皇帝想到了琉球国使团,他说:"因思福建省亦有琉球贡船到闽海关,有无似粤省夹带商船情事? 该将军向来如何办理? 倘亦有夹带船只,一例免税之事。该将军应遵照现降谕旨,于贡船

〔1〕　嘉庆朝修:《钦定大清会典事例》卷一九〇,《户部·关税·考核》,台北:文海出版社,1991 年影印,第 8789 页。

〔2〕　嘉庆朝修:《钦定大清会典事例》卷一九〇,《户部·关税·考核》,台北:文海出版社,1991 年影印,第 8789 页。

〔3〕　《清高宗实录》卷八四九,乾隆三十四年十二月壬申,中华书局,1985 年,第 849 页。

〔4〕　《清高宗实录》卷八九九,乾隆三十六年十二月戊子,中华书局,1985 年,第1117 页。

到关时,逐一查验。除正副贡船,仍照旧办理免税外,所有夹带商船,俱著查明,一体按货纳税。"[1]于此可见,琉球等藩属国的使团前来中国,如有商船随行,按照规定闽海关是要对其照常征税的。

由于琉球使团通常有双重使命,第一当然是外交,第二自然是商业,主要是采购丝绸等制造品。正是具有这样的双重性质,琉球朝贡人员通常分为两个部分:一是进京人员,二是留边人员。进京人员在觐见结束后,通常在会同馆交易一段时间;而留边人员一般在福州柔远驿馆进行交易。[2]留边人员在离开中国时,根据朝廷关于"属国进贡回洋,携带内地货物,准予免税"之规定,通常要向闽海关申报免税货单。而闽海关在查验有无违禁货物之后,按照惯例,通常给予免税优待,每次"大概总未出五百两以外",而1776年,就比较特殊一些。"琉球贡船回国,兑买丝绸、布匹等物,免过税银共一千二百余两"。[3]这引起乾隆皇帝怀疑,认为不符合惯例,要求福州将军做出说明。福州将军奏报说:"查该国贡船,顺治年间准其贸易,康熙年间复予免税。经前督臣喀尔吉善奏准以带银置货,并无限额。恐欺隐滋弊,嗣后令据实报明,经官公办。其入口、出口税银若干,向系闽海关之南台口委员查照则例核数,申报将军照验,免税放行。自乾隆三十一年以后,该国进贡船二只,入口不出三百两,出口皆在五百两外。接贡船一只,入口皆在二百两内外,出口不出五百两。至三十六年,入口免税二百四十九两,出口八百一十九两。较之往年,为数已多。今四十年,较前更多,实因来船带银及置货,视历年加增之故。"免税有时多一些,有时少一些,均属正常纳税征税范围。[4]这件事情告诉我们,闽海关在乾隆时期经常接待琉球国使团,一直正常履行着管理外国商人来华贸易的职能。乾隆皇帝对江、浙、闽等地对外贸易情况是了解的,对中外商人的公平贸易也是关心的。1776年,谕旨道,"朝鲜、安南、琉球、日本、南掌及东洋、西洋诸国,凡沿边沿海等省份夷商贸易之事皆所常有,各该将军督抚等并当体朕此意,实心筹办。遇有交涉词讼之事,断不可徇民人以抑外夷。"[5]如

---

〔1〕《清高宗实录》卷一二五一,乾隆五十一年三月乙丑,中华书局,1985年,第813页。

〔2〕"窃查琉球一国远处东南,地多荒僻,产物无几,凡食物、器用多需内地。荷蒙我朝殊典,念其向化之诚,恩纶叠沛。凡进贡船只准带土产货物、银两在闽贸易,建设柔远驿馆,抚恤安置,委员监看交易。其出入关税悉行宽免。而查办人员亦因外国船只向无输税之例,但验无夹带违禁货物,即便放行,由来已久"。中国第一历史档案馆藏:闽浙总督喀尔吉善等为陈奏琉球贸易情形折,档案号4·260·3。

〔3〕《清高宗实录》卷一〇〇三,乾隆四十一年二月戊午,中华书局,1985年,第433页。

〔4〕《清高宗实录》卷一〇〇三,乾隆四十一年二月戊午,第433页。

〔5〕《清高宗实录》卷一〇二一,乾隆四十一年十一月甲午,第690页。

果真的在乾隆二十二年下令关闭了江、浙、闽三个海关,上面的这通皇帝谕令就过于矫情了。

三、禁海政策的流变

(一) 严禁移民海外与苛刻的侨务政策

南洋贸易的禁令虽然解除了,但清廷并不认为他们关于国际局势的分析是错误的,也不认为应当重新调整其海防目标。对海外中国移民继续持敌视、防范态度,对商人的出海千方百计加以控制,安土重迁本是封建社会时代中国人生活的特征之一。[1] 离开本土到海外定居谋生,不是为了逃避国内的政治压迫,便是为了摆脱经济上的困境,寻找新的适宜生存的空间。大致说来,清代早期以逃避国内政治压迫居多,后来则以出海谋生为主。清廷对这两种移民不加区别,均视为异己力量,或认为是"前明遗民"、"郑氏余孽",或认为是"自弃王化",野蛮之民。

清初规定:"凡国人在番托故不归,复偷漏私回者,一经拿获,即行正法。"[2]"凡官吏,士兵私自与海外诸岛交易或出洋者,亦以反叛通敌论罪";关于私自出海的刑律规定是:"凡官员、兵民私自出海贸易及迁海岛居住耕种者,均以通贼论,处斩。"[3]"杜泛逸海外滋奸"是康熙时期限制移民海外的基本思想。康熙中期规定,商船出海不许运载多余人员,不许我国船只返回时附搭中国之人。1717年,下令禁止南洋贸易,以防人员偷越出境,同时规定往贩东洋者不许留居国外。"如所去之人留在外国者,将知情同去之人枷号三个月,杖一百。该督抚行文外国,将留下之人,令其解回,即行立斩"。[4] 为了消除海外"隐患",经提督施世骠题请,清廷规定:"出洋贸易人民,三年之内准其回籍……三年不归,不准再回原籍。"[5]同时派人到东南亚华侨华人聚居地传谕说明,并要求外国商船可以附搭中国人归国,交由地方官查收。这些措施效果不佳,1729年,自外国回到福建和广东的人只有"五百

---

〔1〕 《汉书·元帝纪》曰:"安土重迁,黎民之性;骨肉相附,人情所愿也。"

〔2〕 光绪朝修:《钦定大清会典事例》卷七七五,《兵律·关律·私出外境及违禁下海条》,第21页。

〔3〕 光绪朝修:《钦定大清会典事例》卷七七五,《兵律·关律·私出外境及违禁下海条》,第21页。

〔4〕 张伟仁编:《中央研究院历史语言研究所现在清代内阁大库原藏明清档案》,第三十九册,B22301,《康熙五十六年兵部禁止南洋原案》。

〔5〕 《清朝文献通考》卷三三,市籴二,商务印书馆,1936年,第5159页。

三十三名口"。[1] 1720 年,又陆续回籍"男妇共三百五名口"。由于归国定居的人不多,清廷认为这一"绥靖"海疆政策,不够强硬。

1727 年,解除南洋贸易禁令,鉴于移居海外者"附搭洋船而回者甚少",清廷担心弛禁之后,反而有更多的人附搭商船出海。雍正帝决定改变先前允许移民归国的政策,他说:"朕思此等贸易外洋者多系不安本分之人。若听其去来任意,不论年月之久远,伊等益无顾忌,轻去其乡,而飘流外国者愈众矣。嗣后应定限期,若逾限不回,是其人甘心流移外方,无可悯惜。朕意不许令其复回内地。如此,则贸易欲归之人,不敢稽迟在外矣。"[2] 这里把"贸易外洋者"看成是"多系不安本分之人",与前述陆义山的思想一致,不许他们复回内地,等于把华侨华人视为弃民。这与日后乾隆帝把华侨华人看成是"自弃王化之人"是一脉相承的。

关于归国人员的安置,清廷也持防范态度。福建总督高其倬曾建议,对留居海外之人俱宽限一年令其归国,如限满不归,即为甘弃乡土之人,不准再回。雍正帝的批语是:"朕之意既不欲在中国之人可令自便,但恐在外居住年多,倘回内地暗有勾连接应之事,预防之意耳。"[3] 这意思是不怕他们不回,担心的是他们回来之后,"暗有勾连接应之事"。兵部讨论的意见自然是按皇帝的意思办,"目今洋禁新开,禁约不可不严。以免内地民人贪利飘流之渐,其从前逗留外洋及违禁偷往之人,不准回籍"。[4] 从上述君臣之间讨论的情况来看,清朝政府视移民海外等同叛逃,把华侨、华人归国看作是蓄谋起事,既不许其出,也不准其入,思想极端偏狭。不准华侨华人归国,视其为弃民,用政治手段割断海外华侨华人与祖国的联系,致使海外华侨华人失去了祖国的政治保障。这种作法,与当时西方国家竭力保护在外侨民,极力扩张殖民地的政策形成了强烈的对比。

乾隆皇帝主政后,对内许多政策一反乃父铁腕手段,力避"过正"、"有偏",执两用中,试图把各项政策的宽严程度掌握在适中范围内。可是,在海外移民政策上变化并不大。1736 年规定:"在番居住闽人,实系康熙五十六年(1717

〔1〕　第一历史档案馆编:《康熙朝汉文朱批奏折汇编》,第 8 册,档案出版社,1985,第 2858 号,《两广总督奏报在外商共庆万寿并华商回国定居折》。

〔2〕　卢坤、邓廷桢等主编:《广东海防汇览》卷三四,禁奸一,第 4 页。

〔3〕　《雍正朝汉文朱批奏折汇编》第十一册,第 283 号《福建总督高其倬奏遵旨议禁出洋贸易人员留住外国事宜折》朱批。

〔4〕　《雍正朝汉文朱批奏折汇编》第二十八册,第 76 号,《闽浙总督郝玉麟等奏陈闽人久住番邦怀旧念切并请酌予开禁再行展限三年等情折》。

年)以前出洋者,令各船户出具保结,准其搭船回籍。"严禁 1717 年之后的移民归国,"如在番回籍之人查有捏混、顶冒、显非善良者,充发烟瘴地方。至定例之后,仍有托故不归,复偷渡私回者,一经拿获,即行请旨正法"。[1] 此一规定,虽然允许 1717 年以前移居海外者归来,却予以严加防范;不许 1717 年以后的海外移民回归,显然是继续坚持割断华侨华人与祖国联系的旧政策。

　　1740 年,荷兰殖民当局在巴达维亚屠杀无辜华侨近万名,血染河流,史称"红河事件"。[2] 消息传到中国,引起沿海地方官员同情,纷纷要求断绝与荷兰人的贸易,[3] 或认为如不进行适当制裁,"南洋数十船之商贩,任其复行往来,殊于海疆防范大有关系"。而两广总督策楞却认为:"被杀汉人久居番地,屡邀宽宥之恩,而自弃王化,按之国法,皆干严谴。今被戕杀多人,事属可伤,实则孽由自作。"但这个官员还想到了报复,他说,"恐嗣后扰及商贩,请禁止南洋商贩,俾知畏惧,俟革心向化,再为请旨施恩"。乾隆皇帝不但不实施报复措施,反而认为:"内地违旨不听召回,甘心久住之辈,在天朝本应正法之人,其在外洋生事被害,孽由自取。"华侨与当地人民世世代代用汗水浇灌了南洋的土地,也间接促进了沿海地区商业的发展,到头来横遭西方殖民强盗的杀戮,清廷却认为替他们除了一"害"。荷兰殖民当局当时担心中国政府报复,派人曲为解说,谓事出万不得已,以致累及无辜,荷兰国王已经责其太过,并将镇守噶喇吧番目更换。[4] 乾隆皇帝答曰:"天朝弃民,不惜背祖宗庐墓,出洋谋利,朝廷概不闻问。"[5] "红河事件"的发生,在很大程度上消除了清廷对南洋的隐忧,对上万名华侨华人丧失生命"概不闻问",可谓荒谬至极。1741 年,清廷议准:"因出洋不归,留住彼地之汉人在番滋事,遂至戕害,虽恐扰及商船,宜禁止贸易。但贺(荷)兰国王责其太过,已将镇守夷目更换,再三安慰商船,照旧生理。则该番原未扰及商客,应令南洋照旧贸易。"[6] 乾隆皇帝的这种态度与其父祖完全一样,视移民海外为叛逆行为,防内甚于防外,长期坚持不变。西方国家千方百计鼓励人民出海冒险,大力支持海外贸易,其商人有国家政府为后盾,气焰很盛。而华商华侨出海贸易、定居,始终处于内外夹攻,腹

　　〔1〕　光绪朝修:《大清会典事例》卷七七五,《兵律·关律·私出外境及违禁下海条》,第 21 页。

　　〔2〕　"红河事件"是指 1740 年 10 月 9 到 22 日发生在印度尼西亚雅加达的荷兰殖民者屠杀华侨的惨案。荷兰殖民者当时称雅加达为巴达维亚(Batavia),中国当时称其为噶喇吧。参见李学民、黄昆章合著《印尼华侨史》,第 120—155 页。

　　〔3〕　《清朝文献通考》卷二九七,四裔六,商务印书馆,1936 年,第 7473 页。

　　〔4〕　薛传源:《防海备览》卷三,《禁私通》,第 13 页。

　　〔5〕　李长傅:《南洋华侨史》,上海书店,1991 年,第 32 页。

　　〔6〕　卢坤、邓廷桢等主编:《广东海防汇览》卷三四,禁奸一,第 5 页。

背受敌的境地。

"红河事件"之后,清廷对移民继续加以控制,颁布了许多规定。如 1741 年规定,拿获偷渡之人要讯明从何处开船,将该守口官弁照徇纵偷渡外洋例,按人数多少分别议处。1748 年又规定,兵役在外洋拿获偷渡者,照例给赏,如是在口岸拿获,原系分内之事,无庸给赏。在封建专制时代大部分法规的制订和执行都是针对特定的对象的,禁止向海外移民与奖惩搜查偷渡者条例都是为了限制"以海为田"的海洋社会的成长。于此可见,乾隆时期隔绝政策没有大的变化。在沿海始终存在着一堵严格限制居民自由走向大海的墙,一堵不信任人民的墙。

(二) 限制军需品的出口

商船与大米出口是清廷实施南洋贸易禁令的两项具体原因。南洋贸易禁令解除后,对大米实行的是控制出口,鼓励进口政策。部定则例规定"仍不许大米出口"。[1] 1730 年,清廷重申大米出口禁令,并规定盘出私米,赏给首报者十分之三;在洋拿获者,给一半,所余入官充公。后来又规定其他粮食走私出口亦照此办理,偷运米谷,接济外洋,按接济外洋例,拟绞立决。"其有希图厚利,但将米谷偷运出口贩卖,并无接济奸匪情弊者,计算偷运米一百石以上,谷二百石以上,照将铁货潜出海洋货卖一百斤以上例,发边卫充军;米一百石以下,谷二百石以下,照越渡关津律杖一百,徒三年。至有米不及十石,谷不及二十石者,照违制例杖一百,仍枷号一月示警。为从及船户知情者,各减为首一等。米谷船只照例变价入官"。[2]

清政府长期把铁视为战略物资加以控制。1729 年规定,凡是将废铁运到海洋贩卖者,100 斤以下,杖 100,徒 3 年;100 斤以上,发边卫充军。若是卖给外国或海盗,拟绞监候。1731 年,广东布政使杨永斌奏请限制铁锅出洋,在他看来"此项铁锅虽煮食之器,其实一经熔铸,各项器械无不可为"。[3] 而外国商船出口所买铁锅有自 100 至 300 连不等,甚至有 500—1 000 连者。"计算每年出洋之铁为数甚多,诚有关系。嗣后请照废铁之例,一体严禁"。[4] 清廷认为,杨永斌

---

[1] 《雍正朝汉文朱批奏折汇编》,第二十六册,第 23 号,《清查江南钱粮事务监察御史伊拉齐奏请饬禁米石出洋折》。

[2] 卢坤、邓廷桢等主编:《广东海防汇览》卷三五,禁奸二,第 10 页。

[3] 《雍正朝汉文朱批奏折汇编》,第二十一册,第 315 号,《广东布政使杨永斌奏请严禁铁锅出洋以杜奸弊折》。

[4] 《雍正朝汉文朱批奏折汇编》,第二十一册,第 315 号,《广东布政使杨永斌奏请严禁铁锅出洋以杜奸弊折》。

所奏甚是,著令各省一体查禁。[1] 于是,又有人提出建议限制商船船桅上的铁箍。1735 年福建按察使觉罗伦达礼奏请说:"查钉铁与一切废铁不许潜出海洋货卖,即彝船出口多买铁锅亦照废铁之例,一体严禁,其防范已极周备。但出洋商船单桅、双桅各长七八丈、六七丈不等,自上至下,铁箍栉比相连,用铁甚多,或有不肖商人、舵工、水手于出口时巧将桅上铁箍层层密排,暗行带出,驶至外洋起下,私卖亦未可定。"为此他建议在商船打造时限定铁箍数量,立法严查。[2] 这实在太过分了,连雍正帝也认为"此举恐有叨滥处",不便批准实施。把铁视为战略物资加以适当控制是可以的,但在和平时期不该把铁器出口严加限制,这不利于中国商品经济的发展和冶铁业的进步。

以上关于军需品的管理控制是正常的,即使有些措施过度(如在和平时期限制铁器出口),也是可以理解的。这些措施的思想根据均是"重防其出"和"断其接济"。

(三) 限制茶叶、丝绸和大黄的出口

在限口贸易体制下,西方商船没有选择余地,与中国交易只能同广州的行商打交道。西方的自由贸易原则与中国的行商垄断体制差异很大,冲突也就难以避免了。在英国东印度公司的策划下,英国商人开始用鸦片吸收中国的贵金属,积蓄力量,准备攻打中国的大门。清朝政府对毒品的输入和贵金属的出口采取了查禁的办法,这是正确的。但在冲突中,为了制裁对方的不法行为,也采取了一些错误的报复措施,却使自己受到了很大伤害。例如,关于丝、茶、大黄出口的禁令。

1759 年实行单口对西方贸易,当时国内市场丝斤上涨。御史李兆鹏等先后条议,认为这是出洋丝斤过多造成的,要求限制出口,平抑丝价,禁令实施几年之后,丝价仍居高不下,反而影响了国内经济生活和对外贸易。清廷这时认为丝价上涨既是由于生齿日繁,人口增加,也与出口较多有关系,于是,在 1762 年实行配给供应制,西洋船只每船可买土丝 5 000 斤,二蚕湖丝 3 000 斤,仍禁头蚕湖丝和绸绫缎织成品。1764 年,江、浙、闽、粤督抚纷纷上奏说明禁止丝斤出洋是错误的,"近年粤闽贸易,番船甚觉减少,即内地贩洋商船亦多有停驾不开者。在外番不能置买丝斤,运来之货日少,而内地所需洋货,价值也甚见增昂"。"则江

---

〔1〕 光绪朝:《钦定大清会典事例》卷七七六,《刑部·兵律关津·违禁下海》二,第 20 页。
〔2〕 《雍正朝汉文朱批奏折汇编》,第二十八册,第 554 号,《福建按察使觉罗伦达礼奏陈严禁铁器与废铁出口管见折》。

浙所产粗丝转不得利,是无益于外洋,则更有损于民计","中外均无裨益",[1]
莫如弛禁,以天下之物供天下之用,通商便民。清廷的丝绸出洋禁令前后推行了
六年时间。就在禁运丝绸的这段时间里,刺激了意大利等地桑蚕、丝织业的发
展,树起了一个丝绸贸易的竞争对手。

1789 年,中俄边界冲突,清廷下令关闭了恰克图税关,禁止与俄罗斯交易。
当时认为大黄是俄罗斯的必需品,试图以限制大黄出口来制裁俄罗斯,谕令驻新
疆地区的大臣严厉查禁,并令各沿海地方官查禁大黄出口,"毋许奸商偷贩出
洋,致转售于俄罗斯"。[2] 大黄,亦称"马蹄大黄"、"四川大黄",系多年生草本
植物,主要产于我国四川、云南、湖北、陕西,中医以其根茎入药,攻积导滞,泻火
解毒,行瘀通经。以限制药物的出口来制裁俄罗斯,这在历史上是很罕见的政治
措施。江、浙、闽、粤等省区为执行清廷命令采取了各种措施,浙江实行照票制
度,限制客商购买不得超过 3 000 斤,由产地发给照票,方许运入浙江,限制各药
铺每次购买不得超过 30 斤,"止许零星转卖,不许大总多售"。违者照私贩硝磺
例,从重治罪。[3] 广州以为外洋各国与俄罗斯一水可通,难保无偷漏之事,"但
各国疗病亦所必需,似未便竟行禁绝",采取限制出口政策,每年每国购买不得
超过 500 斤,如有夹带,多买,拿究行商。两年之后,与俄罗斯恢复通商,经两广
总督郭世勋奏请,"一律免禁"。[4] 由于两个国家的外交关系紧张,限制本国对
各国的非必需药品输出,殊属无益。

茶叶作为外交的制裁物品是在嘉庆时期提出的。1817 年两广总督蒋攸铦
认为,福建之武夷茶、安徽之松罗茶,"为西洋夷人必需之物,而各夷中又惟英咭
利销售最多……茶叶为夷人生命所关,实为控制之要道"。建议由内地越河过
山运输,不许海运,以收控驭之益。[5] 于是清廷谕令福建、安徽、浙江查禁茶叶
海运,令所有贩茶至粤之商人俱照定例,在内河行走,不准海运。防范茶叶走私
出口是必要的,但为了控制对方,束缚本国的运输能力和限制出口量是不明智
的。鸦片战争之前,又有人提出以限制茶叶出口,对付英国的毒品走私,则更是
不明智的方案。

从上述丝绸、大黄、茶叶的禁运出口事件,可以看到清廷"重防其出"的观
念。而这种手段在外贸中倘若使用不当,受到伤害的不仅仅是对手,本身的损

〔1〕《皇朝政典类纂》卷一一八,台北:文海出版社,1982 年,第 1089 页。

〔2〕 台北"中研院"历史语言研究所编印:《明清史料》,庚编,第八册,第 745—746 页。

〔3〕 台北"中研院"历史语言研究所编印:《明清史料》,庚编,第八册,第 745—746 页。

〔4〕 梁廷枏:《粤海关志》卷一八,禁令二,台北:文海出版社,1986 年影印,第 1209—1210 页。

〔5〕 梁廷枏:《粤海关志》卷一八,禁令二,台北:文海出版社,1986 年影印,第 1205—1206 页。

失也是巨大的。特别是夸大自己某项产品的作用,以为限制出口可以制敌于死命,最不可取。按照有限理性决策理论,决策者并不具有完全理性,往往受到多方面因素的制约,包括主观因素和客观因素,只能寻求他们认为相对满意的方案。

南洋贸易禁令解除之后,"禁海"思想仍对以后清朝的海洋、海防政策产生着重大影响。在"禁海"时期形成的"以禁为防"、"重防其出"的思想观念仍以各种方式顽固地表现出来。在对内方面,"重防其出"直接体现在继续严格控制民船的规模、技术和航海能力上,仍然把出海商人看成是"不安本分之人",仍然把海外华侨华人看成是海防的主要对象,把海外移民看成是"叛民"、"弃民",既不许其出,又不许其入。在对外方面,把和平时期的粮食、铁器看成是战略物资,严加控制,不许出口,阻碍了我国商品经济的发展。"以禁为防"体现在单口贸易的选择上,"重防其出"体现在盲目禁止丝绸、茶叶、大黄出口的禁令上,体现在对外国商品、生产技术不加分析,一概斥为"奇技淫巧"上,还体现在对外国商人实行隔离措施上。对内对外这些措施都充分证明,"禁海"时期形成的思想观念长期在清代起着重大影响作用。史学界以往在讨论清代的闭关政策时,大都强调它植根于封建时代的自然经济。按照经典作家的观点,这是正确的。但它无法说明同在封建时代,经济发展不如明、清时期的汉、唐为什么可以实行开放政策? 显然,闭关政策与明清以来的禁海思想有着密切的关系。闭关政策是禁海思想在特定历史条件下的体现,后者是前者的思想渊源。正确的结论只能从历史事件的具体考察中得出,而不能简单套用经典作家的论述。先入之见不利于历史研究! 恩格斯曾经指出:"要从经济上说明每一个德意志小邦的过去和现在的存在……要不闹笑话,是很不容易的"。[1]

专制政权既是基于社会经济基础的一种普遍存在,又是超乎社会经济基础的一种特殊存在。在中国古代社会,专制政治的幽灵无处不在,决定着人的命运,决定着社会的一切,时常以超经济的手段阻断经济的正常发展和运行,经常用武力来分配经济产物。过去,我们经常用经济关系来解释清代的闭关政策,在笔者看来,不如用超经济的政治来解释更为直截了当。用自然经济可以解释明清海洋政策的退缩,却无法解释唐宋时期的对外贸易的进取与开放。显然这是一个伪命题。衡量一种理论的科学地位是它的可以证伪性。有些观点经过检验,已经证明它是伪命题,但是,令人遗憾的是,这种观点仍然被赞美者抱着不放。在此,我们必须指出,单个的人,无论是玄烨、胤禛,还是弘历,从来就是一个

---

〔1〕《马克思恩格斯选集》第四卷,人民出版社,1972,第 478 页。

普普通通的人,他们的政治见解并无过人之处,尤其是他们的专制体制,在政策选择方面具有较大随意性,难以避免和及时改正错误。因此,错误的政策一旦被选择,并被长期执行,势必要造成严重的社会危害。在皇权的统治之下,政治、军事、经济和文化都被糅合在一起,对于历史事件的影响很难说哪一种因素起了决定性作用。

第十六章　晚清和民国海防与海外
贸易(1840—1949 年)

从第一次鸦片战争开始,西方列强通过一系列战争和不平等条约,在中国攫取了大量政治、经济特权。他们通过商品和资本输出,迫使中国开放通商口岸和市场,将其经济逐渐纳入世界资本主义经济体系之中。中国逐渐沦为半殖民地,中国社会经济生活呈现出半殖民地的色彩。近代中国 110 年,中华民族社会各阶层对帝国主义的入侵进行了各种各样的抗争,最终赢得了民族独立,赢得了社会经济发展的自主权力。

第一节　中国海上危机与海防
政策的调整

一、第一次鸦片战争与"师夷制夷"方针的提出

第一次鸦片战争爆发时,天朝的君臣尽管看到了敌方"船坚炮利"的优势,也深知中国水师战兵根本无法与英军对抗,但仍然以乐观的态度迎接战争。因为他们认为,中国拥有众多的士兵、陆战的地利优势和内河海口的控制权,清军以逸待劳,以主待客,以众击寡,利于防守和持久作战,加之滨海民众的支持,立于不败之地;英军尽管"船坚炮利",擅长海战,但劳师远征,不仅后勤供应困难,而且水土不服,犯了兵家大忌,似乎是必败无疑。

在广东,钦差大臣林则徐在奏折中分析说,英国军舰笨重,吃水深至数丈,长技在于乘风破浪,利于海洋作战。在这种情况下,若令水师整队迎战,不足以操胜算,"惟不与之在洋接仗,其技即无所施"。英国的大型战舰一旦进入内河,遇到沙洲就会搁浅,运转不灵,等于坐以待毙。"盖夷船所恃专在外洋空旷之处,

其船尚可转掉自如,若使竟进口内,直是游鱼釜底,立可就擒"。[1] 他还认为,英军除枪炮之外,击刺步伐均不熟练,"一至岸上,则该夷无他技能,且其浑身缠裹,腰腿僵硬,一仆不能复起,不独一兵可以手刃数夷,即乡井平民亦尽足以致其死命"。在他看来,内河守卫战是以逸待劳,以众击寡,"百无一失"。[2] 林则徐提出的海防战略的基本内容可以归纳为:放弃海洋,保卫海口,以守为战,以逸待劳,诱敌深入,聚而歼之。对于林则徐提出的这个"以守为战"的海防战略,道光皇帝表示完全赞同。他在林则徐的奏折上批示说:"所见甚是。"而后谕令沿海督抚说,倘若英军来犯,"断不准在海洋与之接仗。盖该夷所长在船炮,至舍舟登陆,则一无所能,正不妨偃旗息鼓,诱之登岸,督率弁兵,奋击痛剿,使聚而歼旃,乃为上策"。[3] 这样,林则徐的"以守为战"的海防策略便成为第一次鸦片战争时期清军所采取的海防战略方针。

第一次鸦片战争时期采取"以守为战"的海防战略方针,既是传统海防战略在新形势下的继续,又是一种无可奈何的选择,其中既有理智的决断又有盲目的乐观。分析敌我形势,看到敌方"船坚炮利",利于海战,认识自己所占有的地利、人和优势,强调加强岸防的重要性,这些都是正确的。问题是,这些看法低估了敌舰机动作战性能,低估了英军船炮技术在战争中的作用,高估了清军陆战能力,过于迷信地利优势,尤其是对于自己漫长海岸线处处可能被攻击的艰巨海防任务明显估计不足。随着战争的进行,这一战略的问题逐渐暴露出来,英军在战场上完全掌握了主动权,清军分兵把守,处处设防,无法选择时间和地点,往返调兵,结果是"以守为战"变成坐以待毙,以逸待劳变成疲于奔命。

无论在海在河还是在陆,无论是进攻还是防守,清军在闽、粤、江、浙战场上,全是一败涂地。在这种情况下,人们不得不重新考虑战争初期既定的"以守为战"的战略是否正确。战争失败教训了人们,前线指挥官惊叹,英军陆路凶悍情形与洋面横行一样,向来所谓英军登陆即无能为的说法,"殊非笃论"。面对英军的猖狂进攻,他们有的主张购买和仿造洋船,加强海防建设,"师夷长技以制夷";有的主张使用羁縻手段,尽快与英军签订和约,稳定动荡的国内局势;有的则主张采用清初禁海迁界办法,消极对付英军的入侵。

在陆战连连失利的情况下,林则徐很快意识到单纯的岸防战争完全是被动的。"逆船在海上来去自如,倏南倏北,朝夕屡变。若在在而为之防,不惟劳费

〔1〕 林则徐:《夷船十只封锁虎门折》,《林文忠公政书》乙集,卷一三,第 10 页。
〔2〕 林则徐:《会办夷务片》道光十九年八月十七日,《筹办夷务始末》(道光朝)卷八,第 7 页。
〔3〕 《谕军机大臣》道光二十年八月初四,《筹办夷务始末》(道光朝)卷一三,第 23 页。

无所底止,且兵勇炮械安能调募如许之多？应援如许之速？徒守于陆,不与水战,此常不给之势(也)"。[1] 林则徐对于自己先前制定的"以守为战"的战略战术表示了动摇和怀疑,认为缺乏可以抗衡的"船炮水军"是战争失败的重要原因,"船炮水军则非可已之务,即使逆夷逃归海外,此事已不可不亟为筹划,以为海疆久远之谋"。[2] 这样,购买和仿造坚固的战船,建立在外海交锋的海军设想终于被林则徐提了出来。

1842 年 8 月 29 日,中英《南京条约》签订,第一次鸦片战争结束,英国军舰陆续退出长江。10 月 26 日,清廷向沿海各将军、副督统、总督、巡抚、提督和总兵发布了一道重要谕令,要求他们悉心讲求海防善后事宜。谕令这样说:"今昔情形不同,必须因地制宜,量为变通。所有战船大小广狭及船上所列枪炮器械应增应减,无庸拘泥旧制,不拘何项名色,总以制造精良,临时实用为贵。"[3]这道谕令明确要求改善海防武器装备,也模糊地谈到了军工生产体制的改革问题。道光帝如此重视海防建设,显然是中国军事装备改善的一个重要契机。

参与讨论的官员大致可以分为两类:一是在前线参战的高级官员,二是后方的官员。参战的官员大都比较重视先进武器装备的作用,主张学习西方的船炮技术。事实上他们还没有真正弄懂"船坚炮利"意味着什么,根本不懂得"船坚炮利"与工业革命的关系,不懂得最需要学习什么东西,他们的认识显然停留在感性阶段,缺乏深入的理论思辨。而后方官员由于缺乏战场的切身体验,他们对于战争失败的结局从情感上不能接受,从理智上不能理解。他们的知识仍然停留在古代军事著作阐述的战略战术原则上,并且始终认为中国必胜,英军必败,不能面对残酷的事实,悲愤的情感压抑了理智思辨。他们同声谴责前线指挥官懦弱无能,批评士兵缺乏训练和纪律涣散,这样势必忽视中英武器装备存在的差距,"师夷"问题从而得不到应有的重视。

魏源思想中最精华的部分是"师夷之长技以制夷",他看到了先进技术在战争中的重要作用,"力不均技不等而相攻,则力强技巧者胜",明确提出向西方学习,"尽收夷之长技为我之长技"。在他看来,夷之长技有三:战舰、火器与养兵练兵之法。"因其所长而用之,即因其所长而制之"。[4] 对于中国传

〔1〕 林则徐:《复吴子序编修书》,《国朝名人书札》卷二,18 页。
〔2〕 林则徐:《复吴子序编修书》,《国朝名人书札》卷二,18 页。
〔3〕 讷尔经额:《天津海口海防善后事宜折》道光二十二年十月十五日,文庆等纂《筹办夷务始末》(道光朝)卷六二,故宫博物院 1929 年影印本,第 28 页。
〔4〕 魏源:《筹海篇·议战》,《海国图志》卷一,古微堂道光丁未(1847 年)本,第 45—47 页。

统知识分子来说,提出向西方学习,是一个勇敢的思想突破,因为它承认了西方在某些方面领先的事实,这样,"天朝上国"无所不有的自我迷信开始发生变化,"用夷变夏"心理定式也受到怀疑。笼罩思想的阴云已经裂开缝隙,真理之光普照心灵为期还会遥远吗! 所以,向西方学习可以被看成是近代中国第一缕思想解放的曙光。林则徐、魏源提出的"师夷制夷"主张未能得到其他上层精英的理解,缺乏一群前呼后拥的追随者,自然未能引起社会的共鸣和支持。在后方慷慨言战的人未必是真勇敢和真爱国,在民粹主义的嘈杂声中敢于说明世界真相的人也许是思想界的真斗士。思想界也有奴者、懦者、智者、勇者之别。

二、第二次鸦片战争与"洋务运动"的渐次开展

在中国近代史上,中国每经过一次海防危机,清廷在事后总要在沿海沿江军政官员中发动一次海防善后事宜大讨论。与第一次鸦片战争后立即发动海防善后事宜大讨论有所不同,第二次鸦片战后海防问题的全局性讨论推迟了几年。主要原因有二:一是清政府正在全力对付太平天国等农民起义,二是总理衙门担心立即进行海防建设会引起西方列强的疑忌。

1866 年 3 月 28 日,清廷向沿江沿海各省督抚发出谕旨:"该督抚等俱应熟悉中外情形,应如何设法自强使中国日后有备无患? 并如何设法预防俾各国目前不致生疑之处? 著官文、曾国藩、左宗棠、瑞麟、李鸿章、刘坤一、马新贻、郑敦谨、郭嵩焘、崇厚各就该处情形,亟早筹维,仍合通盘大局,或目前即可设施,或陆续斟酌办理,或各处均属阻滞,断不可行,务条分缕析,悉心妥议,专折速行密奏。"[1] 这显然是一道秘密筹海令,讨论的范围点名限制在沿江沿海 10 位高级地方官员之中,讨论的内容也明确限制在两个问题之内,一是如何加强海防,即"如何设法自强使中国日后有备无患?"二是如何保持和平局面,即"如何设法预防俾各国目前不致生疑之处?"

在此次海防政策大讨论中,沿海督抚对于西方的船炮技术,除了两广总督瑞麟与浙江巡抚马新贻仍然采取不屑一顾的态度之外,其他 7 位督抚(左宗棠、曾国藩、李鸿章、官文、崇厚、蒋益沣和刘坤一)或者主张"斟酌仿行",或者明确表态:"中国欲自强,则莫如学习外国利器。"表明他们不同程度地接受了"师夷制夷"的主张。曾国藩明确提出,"无论目前资夷力以助剿济运,得纾一时之忧;将

〔1〕《谕军机大臣等》同治五年二月十二日,宝鋆等纂《筹办夷务始末》(同治朝)卷四○,故宫博物院 1930 年影印本,第 13 页。

来师夷智以造炮制船,尤可期永远之利"。[1]　从林则徐和魏源提出"师夷长技以制夷",到此次讨论初步认可,其间经历了 25 个春秋。对于中国人来说,传统的包袱过于沉重,承认外国的船炮技术先进也许并不困难,提出向人学习则需要比较大的勇气。从文化交流的三个层次来讲,无论是技术层面还是制度和精神层面,每前进一步都是十分艰难的。如前所说,"师夷制夷"主张在第一次鸦片战争之后并没有得到社会的响应和官方的赞同。1865 年之所以能够得到多数督抚大员的认可,在很大程度上是由于武器装备的差距再一次经过了战争的残酷检验。

与第一次鸦片战后林则徐、魏源的"师夷制夷"主张缺乏社会响应相比,第二次鸦片战后曾国藩的"师夷智以造炮制船"的建议不仅得到了沿海地区多数督抚的认可,而且在京师得到了总理衙门王公大臣和部分言官的赞成和支持,同时也得到了在野开明士绅的理解和响应。尽管官方对于西方"船坚炮利"的认识仍然存在相当大的分歧,但毕竟有所进步。正是由于一部分官绅清除了"以效法西人为耻"的思想障碍,以学习和仿造西方船炮技术为主的洋务运动才得以逐步展开,近代化的海防建设这才蹒跚起步。

三、日军侵台与海防政策的全面调整

1874 年春天,日军借口船民在台湾遇难,悍然发兵侵台,据说兵轮有 20 余艘,其中有两艘铁甲舰。[2]　我国沿海骤然紧张。没有实力作为后盾,道义上的规劝是毫无用处的。"明知彼之理曲,而苦于我之备虚"。由于海防空虚,"虽经各疆臣实力筹备,而自问殊无把握",清廷参与谈判的官员不得不再施所谓羁縻之术,最后以中国赔款 50 万两白银,并承认琉球是日本属国,迁就了事。[3]　显然,拥有一支强大的海军,既是国家实力的一种象征,也是国际关系中的一种强有力的外交工具。此次危机所暴露的海防空虚问题引起清廷震动,总理衙门在奏折

---

〔1〕　曾国藩:《复陈洋人助剿及采米运津折》,《曾国藩全集》奏稿卷二,岳麓书社,1985 年,第 368—370 页。

〔2〕　一艘名"龙骧",水线带甲厚 6 英寸;一艘名为"东",水线带甲厚 3—4 寸。实际这两艘铁甲舰都是旧船,有的正在修理。

〔3〕　李鸿章在给何如璋的信中说:"琉球自明初臣服中国,五百年来无代不受封,无期不朝贡,旧章具在,班班可考,较之万历间为萨摩藩属者。其年代先后已自不同,一旦恃强凌弱,于举附庸而郡县之,阻贡不已,旋改年号,改年不已,复欲锁港,无理已极。琉人内向,欲托庇宇下,沐我厚往薄来之利,兼收扶危定倾之功,我中国自应善为护持。"但是由于国家海上力量有限,对于琉球已经是鞭长莫及,加之海外用兵不过是为了区区小国之贡,"非惟不暇,亦且无谓"(《李鸿章复何子峨星使书》,《清代名人书札》第 179 页),因此主张妥协了结。这种妥协观点代表了清廷多数官员的意见。

中沉痛指出:"自庚申(1860年)之衅,创巨痛深,当时姑事羁縻,在我可亟图振作,人人有自强之心,亦人为自强之言,而迄今仍无自强之实。从前情事几于日久相忘。臣等承办各国事务,于练兵、裕饷、习机器、制轮船等议屡经奏陈筹办,而歧于意见致多阻格者有之,绌于经费未能扩充者有之,初基已立而无以继起久持者有之。同心少,异议多。局中之委曲,局外未能周知。切要之经营移时视为恒泛,以致敌警猝乘,仓惶无备。有鉴于此不得不思悉于后。"[1]他们强调必须切实筹备海防。于当年11月奏请在沿海沿江的高级官员中展开一场关于海防政策的大讨论。

总理衙门要求讨论的内容分为"练兵"、"简器"、"造船"、"筹饷"、"用人"和"持久"六条。这些内容同治朝《筹办夷务始末》没有登载,不过,我们知道总理衙门的奏稿是由总理衙门章京周家楣最初起草的。查阅周氏政书,有《拟奏海防亟宜切筹武备必求实际》疏稿,我们了解到草稿的最初内容只有五条,顺次是"练兵"、"备船"、"简器"、"设厂"和"筹饷"。第一条"练兵",明确提出应当建立一支在海洋上可以迎击、可以堵剿、可以尾击的强大的海军。这支海军应有12 500人,"就中分五军,每军二千五百人,各以提镇大员分统之。每军需铁甲船二只,为冲击卫蔽之资,其余酌量人数配具兵船若干。先立一军,随立随练。其余依次增办,日加训练"。第二条"备船",认为五军合计应装备10艘铁甲船,其他兵船若干艘。这些战舰应向外国制造商陆续订购。第三条"简器",强调必须购买最精锐的武器。提议从英国订购专门用于对付铁甲船的火炮,订购"林明登"、"麦提尼"等新式后门枪。第四条"设厂",为了久远之计,应当选择合适地点建立船炮制造厂,精益求精。第五条"筹饷",强调无论是制造船炮还是养兵练兵都必须有充裕的经费,"非有不竭饷源,无以持久"。因此建议以关税的四成为专款,备办海防。[2]

总理衙门在上奏时,将"设厂"和"备船"的内容合并为"造船",另外添加了"用人"与"持久"两条。这样,提出的问题是:编练一支多大规模的新型海军?装备这支海军需要购买多少艘铁甲船?应当购买什么样的枪炮?如何筹集建设海军的巨额军费?新型海军技术较强,如何培养新的人才?海防政策如何长期坚持下去?从这些内容来看,总理衙门大臣对于建立一支强大的海军已经有了比较明确的目标。他们只是希望通过沿江沿海军政官员的讨论,获得思想的统一。

---

[1] 《恭亲王奕䜣奏》同治十三年九月二十七日,《筹办夷务始末》(同治朝)卷九八,第19页。

[2] 志钧编:《期不负斋政书》总署书一,《近代中国史料丛刊》第914辑,台北:文海出版社,第12—16页。

按照清廷的要求,参加此次讨论的沿江沿海督抚、将军共有 15 名。第一阶段实际收到 54 件折片、清单和信函。陕甘总督左宗棠不在沿江沿海任职,总理衙门为了集思广益,考虑到左宗棠平时比较留心洋务,也将海防奏折抄寄给左宗棠,征询他的意见。左宗棠收到总理衙门奏折的抄件和丁日昌拟订的《海洋水师章程》后,在"章程"中仔细签注了自己的意见,并以复函总理衙门的方式表达了他的海防思想和建议。

此次海防大讨论在沿江沿海的军政官员虽然有一些空疏迂阔之谈,但认识基本一致。虽在具体问题上存在一些不同意见,但不是原则性的分歧,基本属于正常现象。他们在五个方面达成共识:首先,一致认为海防十分重要,必须设法加强建设;其次,一致认为应当采取"水陆兼防"的海防方针;第三,一致认为只有通过购买和仿造西方船炮技术,才能改善清军的武器装备,无不认为只有通过"师夷"才能"制夷";第四,一致认为只有精兵足饷才能提高海防军队质量,也都认为海防经费的筹集相当困难;第五,一致认为海防建设需要一个过程,君臣必须一心,长期坚持不懈。不同意见则表现在四个方面:究竟是以陆防为主还是以水防为主;组建海军的数量是三支还是两支,规模大一些还是小一点;海防经费的筹措是从关税还是从厘金、盐税等其他财政项目中划拨,划拨的比例需要大一些还是小一些;海军人才的培养和选拔,有的人建议通过改革科举制度来进行,有的人只是按照总理衙门的要求推荐了人选。

根据清廷谕令,总理衙门对各种意见按类进行了归纳总结,形成四个文件:一个奏折、两个清单和一个附片。奏折说明海防是国家紧要事务,必须抓紧时间举办,强调在"用人"和"持久"上各方意见取得一致,因此奏请皇太后,"按照王大臣所议,简派分段督办海防事宜大臣两员,专理其事"。总理衙门拟订的海防大臣的主要职责是,负责筹建用于海防的海陆军,购买仿造外国船炮,保奏帮办随员等。总理衙门还把具体讨论意见划分为两类:前一清单着重归纳与原奏六条海防措施相关的内容,后一清单条理其他建议。

前一清单分为五条:第一条是"练兵",不仅确定了重点建设北洋海军的方针,而且确定了岸防军队应当集中布防的原则,还强调了加强西北、西南和东北等边防的重要性。总理衙门大臣认为,醇亲王、礼亲王既然支持分洋练兵,现在应当立即组建水师,由于"财力未充",势难大举,只好先就北洋创设水师一军,等到需要扩军时,再"就一化三",择要分布;旧的水师及其战船不能得力,应由海防大臣察看,决定裁撤,"匀出经费以备购办船械养兵之用";旧的岸防军队分汛布防,散漫不利于训练和海防,应当扼要驻扎,以便集中训练。建议各省海防陆军合队合营,限一年内办理就绪。至于江防则建议维持目前规模和编制。[1]

第二条为"简器造船",在总理衙门的原来奏折中"简器"与"造船"分别为第二、三条,现在合而为一。总理衙门大臣在此着重说明"师夷"的必要性,同时建议在内地设立船炮厂,防患于未然,建议购买一两艘铁甲船,经过试用再决定是否陆续购买装备。首先说明,外国军工技术比中国先进,外国船炮比较得力,强调洋枪、洋炮在镇压内乱中发挥了重要作用,海防练兵"不能不用其所长"。不仅建议所有组建的新型外海水师应当装备外国枪炮、水炮台、水雷等项武器,而且要求沿海和内地所练新型陆军也要改练洋枪洋炮。对于外国先进武器,海防大臣有权决定随时购买,同时要设法仿造,精益求精。制造轮船的造船厂——福州船政局和江南造船局,应当以制造兵轮为主,责成海防大臣悉心筹办。至于铁甲船的作用,不仅礼亲王和醇亲王对它表示怀疑,就连左宗棠等人也主张继续进行考察,恭亲王奕䜣和文祥不便明确表示支持,主张谨慎从事,建议派人到国外工厂实地考察,"果有实济,再行陆续购办"。这样,铁甲船的购买事实上未能形成决议,付诸实施,中国还需要再一次经受刺激。

第三条"筹饷",这是一条最有争议的措施。总理衙门首先按照上、中、下三策列举了各省督抚关于海防经费来源的各种建议,认为李鸿章、杨昌浚所议划拨海关关税,李宗羲所议节约朝廷内外各种经费开支,李鸿章提议停止西征等办法为上策;王文韶提议整顿盐务,杨昌浚建议提拨内地厘金,丁宝桢加强厘金稽查,刘坤一提议整顿赋税等办法为中策;英翰、裕禄提议加征盐税是下策。根据这种分析,他们建议:"所有部存及各关洋税、各省厘金如何酌提,抽收厘税如何明定章程,厘金中饱偷漏如何稽核,丁漕、盐务、关税如何整顿之处,应由臣衙门与户部分别妥议具奏。"[2]稍后,总理衙门认为除了关税和厘金之外,其他各项税收很难有保证。因此又明确做出决议,海防经费主要从关税与厘金中划拨。关税方面提出四成办理海防,但不是把这四成关税全部分配给南北洋,而是在这四成中还要提取一部分到部库以应急需。具体划拨方案是:津海关、东海关各提四成,江海关二成划拨给江南机器局;镇江、九江、江汉三关各四成全解部库;粤海关、潮州关、闽海关、浙海关、山海关、沪尾口、打狗口各提四成,江海关二成洋税,分解南北洋海防大臣李鸿章和沈葆桢应用。厘金方面,每年在浙江和江苏两省厘金项下各提银 40 万两,在江西、福建、湖北和广东四省厘金项下各提银 30 万两。当然,这些关税和厘金的使用也不是平均分配的,重点是保证北洋海军。这一点,总理衙门的奏折讲得相当明确,"拟先就北洋创设水师一军,俟力渐充,就一化三。当此开办之际,自应先其所急,用资集事,以后逐渐经营。一切支应,仍由南北洋督办大臣等酌量缓急情形,和衷商拨应用。合力统筹,勿存畛域"。[1]海防建设是一项全国性的伟大工程,不是一夜之间,甚至不是几十年间所能完成的,它需要一个渐进的过程。在战争时期,为了保证胜利,人们通常不太吝惜金钱的投入;而在和平时期,无论是为了建造舰船,装备武器还是为了配备技术人员,对于各种军事投资人们的要求通常会吝啬一些,出现这些意见分歧是正常的。

第四条"用人"。总理衙门认为参与讨论的军政官员意见一致,应按照礼亲王世铎建议,海军大臣由皇帝选派,而提镇等武职大员则由沿海各省督抚按照"水师出身、久经战阵和洞达洋情"三个基本条件进行推荐,以备擢任。此外,还要求不拘一格使用人才,"于海防诸务实有一长可取者,应一并切实荐举以供任使"。

第五条"持久",强调君臣同心协力,坚持不懈。总理衙门的后一个清单列举了海防讨论中提出的相关内容:一是防止俄国对东北的入侵和渗透;二是开采煤矿宜谨慎从事,以期有利无弊;三是设立使馆,保护海外华人华侨;四是兴修西北、畿辅水利;五是设立"洋学局"问题。在这些措施中引起激烈争论的是最后一项。总理衙门大臣认为,李鸿章建议设立"洋学局",沈葆桢请设特科,用意在于培养海防和外交人才,不是要求废除科举制。"且以遣使一节必须预储人才,非设学局以陶熔之,开设专科以拔取之,不足以得出使绝域之才,其事原为将来次第应理之事"。[2]

总理衙门的上述奏折、清单和附片于 1875 年 5 月 30 日得到清廷批准,当日谕令直隶总督李鸿章、两江总督沈葆桢、陕甘总督左宗棠等 29 位边疆、海疆军政高级官员说,总理衙门的关于海防的奏折、清单和附片是未雨绸缪,应当立即着手实施。清廷首先认为,南北洋地面宽阔,必须分段督办,"著派李鸿章督办北洋海防事宜,派沈葆桢督办南洋海防事宜,所有分洋、分任、练军、设局及招致海岛华人诸议,统归该大臣择要筹办。其如何巡历各海口,随宜布置,及提拨饷需,整顿诸税之处,均著悉心经理。如应需帮办大员,即由李鸿章、沈葆桢保奏,候旨

---

〔1〕《光绪元年六月初十日总理各国事务衙门奕䜣折》,《洋务运动》第一册,第 162—163 页。
〔2〕《光绪元年四月二十六日总理各国事务衙门奕䜣等奏折附单》,《洋务运动》第一册,第 152 页。

简用"。[1] 此外这道谕令还要求左宗棠总督西北军务,边疆各省督抚必须设法加强边防建设,等等。

我们必须重视这次海防讨论的积极成果,它确定了"水陆兼防"的海防基本方针,不仅确定了重点建立南北洋海军的方案,而且确定了海岸陆军的重点布防原则。这比此前海防一直强调"以守为战"的单纯岸防方针以及星罗棋布的配兵方案是个明显进步。它进一步确定了采用西方军工技术改造中国军队武器装备的基本政策,不仅决定通过购买和仿造西方船炮技术,以洋枪洋炮代替旧式兵器,而且确定了裁撤旧式水师及其战船的方案。此后,中国海防近代化的步伐尽管还会遇到各种阻力,但它的建设速度开始明显加快。此次海防讨论不仅使清廷内外思想认识获得了相对统一,而且明显收到了集思广益的效果。必须强调,清廷需要这次严肃的海防政策讨论,并从中知道,仅仅为了海防的安全,中国必须建立一支可以抗击外敌侵略的海军。但是,必须指出,在购买铁甲舰问题上,总理衙门大臣以及参与朝廷决策的人大多犹豫不决,缺乏紧迫感。

四、中法战争与北洋水师的成军

中法战后的海防大讨论是由左宗棠和李鸿章总结海战教训的奏折引起的。1885 年 6 月 9 日《中法会订越南条约十款》签订,由越南问题引起的中法战争正式结束。战争一结束,左宗棠就对陆海战役情况进行了认真总结。在他看来,中国的陆军可以对抗西方军队,而海军技术装备过于落后。"此次法夷犯顺,游弋重洋,不过恃其船坚炮利,而我以船炮悬殊之故,非独不能海上交绥,即台湾数百里水程,亦苦难于渡涉"。[2] 左宗棠对海军的机动作战性能和战略作用有了新的认识,"夫中国之地,东南滨海,外有台、澎、金、厦、琼州、定海、崇明,各岛屿之散布,内有长江、津、沪、闽、粤各港口之洪通,敌船一来,处处皆为危地,战固为难,守亦非易。敌人纵横海上,不加痛创,则彼逸我劳,彼省我费,难与持久。欲加痛创,则船炮不逮"。[3] 接着,左宗棠分析了西方武器装备的发展状况,认为西方国家为了自身的安全和利益,不惜一切财力,船炮技术因此日新月异,精益求精。轮船铁甲厚至一尺有余,坚实异常。铸炮则以英国的法华士厂和德国的克虏伯(Krupp)厂"作法为妙",最大的海岸大炮以纯钢铸造,可装火药一千余磅,能洞穿五尺余厚之铁甲。抵御外敌入侵必须以其人之道还治其人,左宗棠

---

〔1〕 《光绪元年四月二十六日军机大臣密寄》,《洋务运动》第一册,第 153—154 页。
〔2〕 左宗棠:《请旨饬议拓增船炮大厂折》,《清末海军史料》上册,第 41 页。
〔3〕 左宗棠:《请旨饬议拓增船炮大厂折》,《清末海军史料》上册,第 40 页。

说:"臣愚以为攘夷之策,断宜先战后和,修战之备,不可因陋就简。彼挟所长以陵(凌)我,我必谋所以制之。"因此,他主张筹集充足的经费,选择合适的地点设立船炮厂,学习西方最先进的船炮技术,专造铁甲兵船和后膛巨炮,把船炮等武器装备的技术改善看成是国家武备的"第一要义"。[1]

与此同时,直隶总督兼北洋大臣李鸿章就海军人才的培养和使用问题也上奏指出,西方军事之所以精益求精,在于军事人才辈出,而军事人才辈出是由于军事院校大量培养的结果。中国今日讲求武备,"非尽敌之长,不能制敌之命。当以其人之道还治其人。若仅凭血气之勇,粗疏之材,以与强敌从事,终恐难操胜算"。所以,他主张通过设立"武备学堂",大量培养海军人才;通过录取和使用,选拔优秀的海军指挥官。[2]

接到左宗棠和李鸿章的奏折后,慈禧太后也认识到必须加强海防建设。"自海上有事以来,法国恃其船坚炮利,横行无忌。我之筹划备御,亦尝开立船厂,创立水师,而造船不坚,制器不备,选将不精,筹费不广。上年法人寻衅,叠次开仗,陆路各军屡获大胜,尚能张我军威,如果水师得力,互相援应,何至处处牵掣。当此事定之时,惩前毖后,自以大治水师为主,船厂应如何增拓? 炮台应如何安设? 枪械应如何精造? 均须破除常格,实力讲求"。[3] 因此,于 1885 年 6 月 21 日谕令沿海总督、将军就海防善后事宜各抒所见,同时将左宗棠和李鸿章的奏折分别抄寄各总督、将军,又一次发动了海防问题大讨论。

不久,各地复奏陆续到达北京。参加此次讨论的高级官员共有 14 人,主要有大学士左宗棠、北洋大臣李鸿章、福州将军穆图善、钦差办理广东防务大臣彭玉麟、两江总督曾国荃、两广总督张之洞和闽浙总督杨昌浚等 7 人,[4]这是谕令限制的范围。而刘铭传、黄体芳、吴大澂、延茂、秦钟简、李元度和叶廷春等 7 人也分别提出了个人意见。

此次海防讨论围绕着以下几个主要问题展开:第一,关于成立海军衙门问题。李鸿章在筹办海防过程中,深切感受到事权不一已经严重阻碍着中国海军的发展,他希望有一个负责统一调度的机构,也希望制订一个统一的海军章程,建议在北京设立一个主管海军事务的专门机构,或叫作"海部",或称为"海防衙

〔1〕 朱寿朋编:《光绪朝东华录》光绪十一年五月,中华书局,1984 年,第 1940 页。

〔2〕 李鸿章:《仿照西法创设武备学堂折》,《光绪朝东华录》光绪十一年五月,中华书局,1984 年,第 1942 页。

〔3〕 朱寿朋编:《光绪朝东华录》光绪十一年五月,北京:中华书局,1984 年,第 1942 页。

〔4〕 两广总督张之洞《筹议大治水师事宜折》送达北京的时间是 1885 年 10 月 12 日,没有赶上廷臣讨论。在总理衙门的《遵旨筹议海防折》中虽然列出了张之洞的某些建议,但不是这个奏折的内容,而是 7 月 7 日送达北京的另一份奏折。

门",请皇帝特派王大臣综理其事,"以筹全局而专责成"。〔1〕第二,购买铁甲舰船与舰队编制问题。铁甲船是当时世界各国海军实力的显著标志,拥有数量的多少标志着一个国家海军力量的强弱。在中法战争之前,中国的大部分官员对铁甲船的作用表示种种怀疑,认识相当模糊。中法战争时期,法军的铁甲船充分显示了它的作战威力。关于这一点,沿海的督抚、将军大员在战后有了明确认识。例如,曾国荃也感受到了法国舰队封锁长江出海口的强大压力,明确提出"四不可":"欲张军威,非练水师不可;欲练水师,非购铁甲船不可;欲购铁甲船,非广筹经费不可;欲广筹经费,非挹注五省之财,通力合作不可。"〔2〕第三,海军人才的培养和将领的选拔。李鸿章说,海军将领只能通过学堂和练船来造就。技术人才的使用是关键,现在,"朝廷似不甚重其事,部臣复以寻常劳绩苟之,世家有志上进者皆不肯就学"。朝廷应当制订一项条例,使学有专长的海军技术人才与科举出身的人一样获得"登进"的资格,同时又有严格的考核制度,"何患人才不日众?"〔3〕第四,海防军费的来源。筹饷建议可以分为开源和节流两个方面。在开源方面,张之洞认为每支海军大约需要430万两白银,筹集这笔经费应当以加征洋药(即外国鸦片)税厘为主要手段。李鸿章与曾国荃提议通过举借外债尽快购买铁甲船。叶廷春主张在四成关税之外,将增加的洋药(即外国鸦片)税厘也用于海军建设。彭玉麟则要求对食盐加税。在节流方面,左宗棠、吴大澂和秦钟简主张通过大幅度裁撤兵勇,节约军费,以加强海防建设。左宗棠建议"裁经制额兵十分之六,可得数百万;裁招募勇十分之一,可得数十万"。吴大澂建议将新募的勇营全部裁撤,"一转移间,而陆军无糜费,水师有的饷"。秦钟简建议裁撤长江水师。第五,军港地点的选定与建设。李鸿章认为海军舰队停泊必须选择优良的军港。优良的军港不仅能够安全停泊大型船只,而且要附设炮台、船坞、煤粮和军械仓库,还要驻扎陆军予以保护,使舰队停泊时有所依靠。在他看来,北洋的大连湾口门太宽,不利防守;由于旅顺口正当渤海门户,口门窄狭,所以首先建设旅顺口,若有余力,再经营山东威海卫和胶州湾。〔4〕

在各个督抚的奏折中,相比而言,李鸿章的奏折内容最为充实,既具体又全面。因此,慈禧太后于1885年8月14日谕令李鸿章来京,与中枢诸臣面议海防策略和方针。9月26日,李鸿章进京陛见。30日,清廷发下各省督抚奏折和附

〔1〕《光绪十一年七月初二日直隶总督李鸿章奏》,《洋务运动》第2册,第570—571页。
〔2〕曾国荃:《奏为遵旨确切筹议海防折》,《光绪朝朱批奏折》第64辑,第838页。
〔3〕《光绪十一年七月初二日直隶总督李鸿章奏》,《洋务运动》第2册,第568页。
〔4〕《光绪十一年七月初二日直隶总督李鸿章奏》,《洋务运动》第2册,第568页。

件,谕令军机处、总理衙门王大臣会同李鸿章、醇亲王奕譞共同妥议海防善后事宜。经过几天讨论,参与讨论的大臣逐渐达成共识。他们承认中国海防建设成绩不大,"所费甚巨,未尝不收效一二,而缓急究不足恃"。他们一道认真分析了制约中国海防建设发展的基本原因,认定主要症结在于经费和人才问题。"一则经费不足。光绪二年奏定南北洋经费于各省洋税厘金项下筹拨四百万两。虽经定议,旋即移作他用,南北洋收到实银每年不及三四成,势不能放手办事。一则人才不出。管带轮船之人与寻常迥异,今日所称将才大都皆统带长龙、舢板之选,尚不若红单艇船将领于海外风涛沙线稍有阅历,至于轮机、罗经、测量之学知者更少,管驾不得其人,则有船与无船同"。[1] 这种分析不无道理,但忽略了军工制造机制的缺陷。接着,他们一一讨论了此次海防讨论所提出的主要议题。

关于成立海军衙门问题,他们认为海防建设事体重大,应当有一个提纲挈领的机构综理其事,建议派遣一名王大臣主持,并在督抚大臣中简派一二人会同办理。"参酌时势,实心筹划"。至于海军衙门机构如何设置,则由派出之王大臣提出具体计划。

关于组建海军舰队问题,他们认为,与其建设规模宏大,难于成功,一时无此力量,不如集中力量先练一军。由于渤海处于屏蔽畿辅的重要地位,决议先在北洋精练一支海军。这就确定了重点建设北洋海军的方针。

关于海军人才的培养问题,奏折非常明确地否定了从长江水师中选拔海军将领的方案,认为彭玉麟推荐的人员,除了彭楚汉之外,欧阳利见、孙开华、吴家榜、高光效和吴安康等人只有在长江统带舢板的经验,缺乏轮机、罗经、测量等航海知识。他们终于明白从旧的水师中很难选拔出适应近代海军所需要的高素质的将领,意识到学校教育是造就海军人才的主要途径,强调海军学堂"亟需多设"。

关于海防经费问题,他们认为左宗棠建议开矿、办工厂以筹集海防经费的设想虽然可以试行,但远水不解近渴。至于李鸿章举借外债方案,他们担心无从抵拨,认为不到万不得已,"不宜再借洋款"。至于增加洋药税厘和增加盐税等方案,他们也感到均无把握。在开源方面他们没有找到合适的途径,只好从节流方面思考问题。他们不仅赞成裁撤绿营水师、漕标兵勇的方案,而且同意裁撤督抚重复机构,还要求各机器局严格报销制度,控制开支,防止贪污和浪费。

关于船炮制造体制问题,他们同意派人出国学习船炮技术,但不赞成李元度

---

〔1〕《醇亲王奕譞等奏海防善后事宜折》,《光绪朝朱批奏折》第64辑,第841—842页。

关于提倡商人购买小轮船的建议,基本理由是,"商民购造小轮,往来内江内河,必至偷漏厘税"。对于秦钟简自由制造和出售枪炮等武器的建议,他们坚持武器生产和使用的垄断权,援引既定条例明确表示反对,"查定例禁民私购枪炮,恐资以为乱,若令开肆自卖,流弊甚大,此中西风俗、禁令不同也"。

关于台湾建省问题,他们采纳了左宗棠等人的建议,在奏折中这样说:"台湾为南洋要区,延袤千余里,民物繁富,自通商以后,今昔情形迥异,宜有大员驻扎控制。若以福建巡抚改为台湾巡抚,以专责成,似属相宜。"

根据上述讨论意见,光绪下达谕旨:"此据奏称,统筹全局,拟请先从北洋练水师一支以为之倡,此外分年次第兴办等语。所筹深合机宜。著派醇亲王总理海军事务,所有沿海水师悉归节制调遣。并派庆亲王奕劻、大学士直隶总督李鸿章会同办理,正红旗汉军都统善庆、兵部左侍郎曾纪泽帮同办理。现当北洋练军伊始,即著李鸿章总司其事。"[1]

此次海防政策确定之后,北洋水师得到了快速发展。但是,很快就发生了问题。中法战争中陆军取得的镇南关大捷使一部分人滋长了陆战是清军所长的错误观念,朝野上下弥漫着一种宴安无事的思想,"暖风熏得人心醉",歌舞升平成为朝廷内外的时尚,这样便引出两个措施一种结果。一是慈禧太后下令筹款修建御苑,二是光绪十七年(1891年)户部尚书翁同龢奏请下令冻结购置船炮费用,结果使海军无法继续购买和更新武器装备,在与日本的竞争中逐渐处于劣势。

北洋海军正式成立时,它的作战能力强于日本海军。当时,日本海军虽然拥有17艘战舰,能够在海上持续作战的却只有5艘,其中3艘机器已经陈旧,已非海上利器。然而,日本人发现问题后,立即推出了雄心勃勃的海军计划,准备建造和购买54艘新型战舰,就在慈禧太后挪用海防经费建造颐和园时,日本开始在国内发行公债,并号召贵族和富商捐款资助海军。1890年,军费开支达到财政预算的30%,1892年则高达41%。对于日本人的磨刀霍霍,清廷掉以轻心,以为日本军队不会主动发动进攻。历史的机会稍纵即逝,到甲午战争爆发前夕李鸿章等人发现自己水师装备处于劣势时,已经无法补救了。

五、八国联军入侵与海军的再次筹建

《马关条约》签订后,总理衙门在总结甲午战争失败的教训时,尽管意识到时局危险,中国日后必须大力筹办海军,"非广购战舰巨炮不足以备战守,非合

---

〔1〕 朱寿朋编:《光绪朝东华录》光绪十一年九月,中华书局,1984年,第2009页。

南北洋通筹不足以资控驭,非特派总管海军大臣不足以责成"。但为了平息巨大的社会舆论压力,重新出山的恭亲王奕訢等人遂以节约经费为名,奏请裁撤海军衙门和水师学堂。这个奏折于 1895 年 3 月 12 日得到清廷批准。

裁撤海军衙门,虽然是对旧的海防体制的一种公开否定,但它既不能解决眼前的海防危机,也不是一种积极的海防措施。中华民族的危机空前加重! 从1898 年开始列强掀起瓜分中国的狂潮,先是德国强租胶州湾,接着是俄国租借旅顺和大连,然后是法国强租湛江,英国租借九龙和威海卫。德国宣布山东为其势力范围,日本紧紧盯着福建,俄国沙皇把中国东北看成是其囊中之物,英国把长江流域看成是根本利益所在,法国则对云南、广西虎视眈眈。在瓜分浪潮面前,中国下层社会奋起反抗,义和团运动尽管表现了中华民族不屈的精神,但它的斗争手段过于原始,不仅没有赢得胜利,反而招致了更大的危机。首都再一次失陷,八国联军出现在北京大小街头,光绪皇帝与慈禧太后匆忙出逃。1901 年的《辛丑条约》除了规定中国按人口计算每人赔款一两白银外,还规定清军拆除从北京到大沽海口的所有炮台,并允许各国在天津、秦皇岛、山海关等战略要地驻军。这些历史事件已经成为每一个中国人刻骨铭心的永久记忆。

甲午战争与义和团运动失败的巨大痛苦促使更多的中国人觉醒,这是一个中西文化汇流和相互融合的时代,在不同领域里人们都在积极吸收、探索和利用西方国家的政治、军事和经济思想,报人评论说:"今之败于倭寇,正天之所以大声疾呼也。"[1]重新振兴海军的呼声与民族主义、民主主义等社会思潮相比虽然不够高昂,但在 20 世纪初年此呼彼应,也连绵不断。"有海军,则国防之巩固,国势之发展,国民之生命财产得保,国家之秩序安宁,以至维持中立、领海、通商、征税、海上渔业等均得赖保护之权利。其时无论常变,境无分内外,欲反变乱之景象为和平者,胥于海军是赖"。[2] 这种把海军的振兴与保护国民生命财产、通商利益以及领海安全紧密联系在一起的认识,较之甲午战争以前人们纯粹考虑抵御外侮的观念,显然要全面得多和深刻得多。

就国家机关来说,再次筹议复兴海军是从两江总督周馥的提议开始的。鉴于中国各支海军在历次海防战争中失败的教训,周馥认为在很大程度上是由于"畛域攸分"造成的。"窃查各国水师、陆军无不号令整齐,联合一气,虽有分合聚散,绝无不可归一将统率之理,亦无两军不能合队之事"。[3] 在他看来,新建

〔1〕《论中国有转移之机》,《申报》光绪二十年十二月初十日。
〔2〕 杨国宇:《近代中国海军》,海潮出版社,1994 年,第 597 页。
〔3〕 周馥:《南北洋海军联合派员统率折》光绪三十年十二月十三日,《周悫慎公全集》奏稿卷三,民国十一年秋浦周氏校刻本,第 3 页。

海军必须克服这个弊端。只有统一指挥,畛域无分,中国海军才有发展和壮大的希望。为此,他提议实行海军"一军两镇之制"。[1]

1902 年,肃亲王善耆奏陈新政事宜,提出扩建海陆军建议,萨镇冰起而响应,奏请海军复兴。萨氏早年出身福州船政局学堂,1877 年赴英国格林威治海军学院(Royal Naval Academy)学习,回国后在天津水师学堂任教,曾任"威远"、"康济"舰艇管带,甲午战后被革职。1899 年,与叶祖珪同时复职,参与海军重建工作。萨氏认为,海军重建必须抓紧四件大事:一是派遣学员到日本留学,二是在江阴创办新的水师学堂,三是修理马尾船坞,四是在烟台和福州同时设立海军镇守府。

在社会各界的强烈呼吁下,在内忧外患形势的逼迫下,于 1909 年清廷先是谕令肃亲王善耆、镇国公载泽、尚书铁良和提督萨镇冰加紧筹划海军事宜,后是任命贝勒载洵与萨镇冰为筹办海军大臣,并批准了"筹办海军入手办法"。这个"入手办法"准备以 7 年为期正式成立海军。第一年的任务是,统一清查旧有江海兵船数量和性能,拟订南北洋购买巡洋舰计划,勘察各地军港,扩充各地海军学堂,改造山东威海、江苏高昌、福建马尾、广东黄埔各船厂。第二年的任务是,重新分配各洋舰队旧有兵船数量,计划添造各种小型兵船的规格和数量,确定开工修筑的军港,成立海军船舰枪炮各学堂,筹集海军经费,划分海军征兵区域。第三年到第七年的任务是,成立海军部,筹集经费,实行海军经费决算制度。组建北洋、南洋和闽洋三支舰队,计划添造头等战舰 8 艘,各种巡洋舰 20 余艘,其它各种兵舰 10 艘,鱼雷艇三队。修筑军港,设置海军大学等。其他未尽事宜,均由海军处筹办大臣随时酌办。按计划七年筹办海军常年经费 200 万两,共需 1 800 万两,其中 150 万两用于修筑军港,1 650 万两用于购买船舰。[2]

总之,甲午战后,海权观念开始引起中国社会的关注,重建海军成为有识之士的共同心愿。在朝野复兴海军的呐喊声中,清廷开始着手筹办海军。在各种筹办海军的建议中,琅威理、姚锡光和严复的设想最为具体而明确,无论哪一种计划得到贯彻,中国的海军将出现新的气象。但由于财政拮据,各种海军计划都难以付诸实践。

六、辛亥革命之后的海军

1911 年 10 月 10 日,湖北革命党人发动武昌起义,各地相继脱离朝廷,宣布

〔1〕 周馥:《南北洋海军联合派员统率折》光绪三十年十二月十三日,《周悫慎公全集》奏稿卷3,第3 页。

〔2〕 《筹办海军七年分年应办事项》,《清末海军史料》上册,海洋出版社,1982 年,第 100 页。

独立;水师官兵也纷纷倒戈,宣布支持革命。1911 年 12 月 7 日,各地海军起义代表在上海集会,商议建立统一的海军机构。代表们公推原巡洋舰队统领程璧光为海军总司令,黄钟瑛为副总司令,黄裳治为参谋长。当时,程璧光率"海圻"赴英国访问,遂由黄裳治代行职权。临时海军司令部设在上海高昌庙。1912 年元旦,中华民国南京临时政府成立。是日,孙中山宣布"以红旗右角镶青天白日,日有十二芒为海军旗"。1 月 3 日,任命黄钟瑛为海军部总长,汤乡铭为次长。海军部下设军政、教务、船政、经理、司法、舰政六个司以及军机处、上海要港司令部。1 月 11 日,孙中山组织六路大军北伐,任命汤芗铭为北伐海军司令,率领"海容""海琛""南琛"三艘军舰,配合陆路北伐军行动。1912 年 4 月,孙中山辞去临时大总统,民国临时政府迁往北京,民国海军部也从南京迁到北京石驸马大街。是时,黄钟瑛也辞去海军部总长职务。袁世凯分别任命刘冠雄为海军部总长,汤芗铭任次长,蓝建枢为左司令,吴应科为右司令。海军部设立参事处、总务厅、军衡司、军务司、军械司、军需司、军学司、军法司和技正室等机构。海军总司令处下辖三个舰队:第一舰队、第二舰队和练习舰队。此后十余间,在军阀混战中,海军作为政治工具不时参与各种力量角逐,无所作为,发展处于迟滞阶段。

1927 年 4 月 29 日,南京国民政府决议在军事委员会之下设立海军处。是年9 月 19 日,海军处建立,旋即改为海军署,以陈绍宽为署长。依照编制,下设总务处及军衡、军务、舰械、教育、海政五司。仍设第一、第二两个主力舰队,同时还设立练习舰队、鱼雷游击队、海道测量队和海岸巡防队。1929 年,国民政府在南京召开全国军队编遣会议,目的是将一切军权收归南京国民政府。按照这一编遣方案,海军在上海改设海军编遣办事处,以杨树庄为主任委员,副主任委员有陈绍宽等人,下设总务局、军务局和经理分处。由于编遣办事处只负责编遣事宜,而无实际指挥权。受到如此忽视,海军及其舰队的发展势必受到严重影响。杨树庄、陈绍宽等人以海军关系国际地位为由,要求成立海军部,统一领导全国的海军。于是,国民政府决定组建海军部,隶属行政院。1929 年 6 月,海军部在南京成立,海军部部长为杨树庄,政务次长为陈绍宽,常务次长陈季良。1932 年3 月,国民党军事委员会恢复,在军委会第二厅下设海军处。这样,海军部归行政院和军委会双重领导。行政院对于海军的领导空有其名,军委会实际控制海军部。海军部下辖:总务司(辖文书、管理、统计、交际科)、军衡司(辖铨叙、典制、恤赏、军法科)、军务司(辖军事、军医、军港、运输科)、舰政司(辖机务、修造、材料、电务科)、军学司(辖航海、轮机、制造、士兵科)、海政司(辖设计、测绘、警备、海事科)、经理处(辖总务、会计、审核科),以及第一到第四舰队、鱼雷游击队、海军航空处、海岸巡防处、海道测量局、第一陆战旅、第二陆战旅等。此外,还设有厦门要港司令部、马尾要港司令部、海军编译处、海军学校、江南造船所、马尾造船所、厦门造船所、海军航空处、海军练营、海军水鱼雷营、海军警卫营、海军军械所、海军上海无线电台等。

南京国民政府成立后一度曾打算扩建海军。在 1928 年 8 月 14 日提交的《整理军事案》中这样写道:"在国防上,海军、空军及军港要塞之建筑均为重要。吾国海岸线既长,版图又大,现在海军实力微弱,空军尚无基础。今后之国防计划中必须实事求是。发展海军,建设空军,俾国防计划归于完成。"是时,蒋介石也曾明确表态:"要挽回国家的权力,必须建设很大的海军,使我们中华民国成为世界上一等海军国,全在诸位将士身上。我们预计十五年后就有 60 万吨的海军,做了世界一等海军国家。"但是,这些计划并没有实施的机会。一直到 1937 年 7 月全面抗战爆发为止,国民政府投入海军建设的经费十分有限。十年之间,仅仅从日本购买了一艘 2 600 吨的巡洋舰("宁海"号),其余新的小型战舰均为江南造船局制造。

1931 年 9 月 18 日,日军向张学良的东北军突然发动攻击。1932 年 1 月 28 日,日军又向淞沪发动军事攻击。是时,中国第 19 路军在上海各界民众的支持下奋起抗战。常驻上海的海军部次长陈季良和代理常务次长李世甲认为,国家养兵,用在一朝,只要接到命令,就应当奋力一搏。"如果是局部冲突,那我们就要慎重考虑"。在没有接到命令情况下,未能积极参与对日作战。只是下令在高昌庙的舰艇和海军警卫营,加强警戒而已。2 月 2 日,日本海军对淞沪的军事行动升级。第三舰队司令长官野村吉三郎向上海中国驻军疯狂攻击,而中国海军继续观望。淞沪事变结束之后,国人对中国海军作壁上观的行为表示强烈不满。3 月 18 日,陈绍宽在接见记者时说:国人对海军的督责,出于爱国热情。"海军非畏暴日,实因未奉命令,不敢妄动。而经费困难,亦为最大难关"。这一解释固然有一定道理,但是,在外敌入侵的紧要关头,海军隔岸观火,不可不说是民国海军怯战的一种可耻表现。

不过,为了发展海军,国民政府从 1928 年开始频繁地展开了一系列外交活动,或派遣留学生,出国考察学习;或聘请外国教官,指导海军训练;或派出考察团,调研各国海军先进技术装备。例如,1928 年 10 月,中国派海军制造飞机处主任巴玉藻前往柏林参观万国航空展览会,顺道访问法国、英国的飞机工厂。1929 年 6 月 20 日,海军部长杨树庄在南京同英国驻华公使蓝浦生签订《海军援助协定》,达成了在英国训练中国海军军官的协议。同一年 11 月,海军派出杜锡珪率领的考察团,前往日本、美国、英国、德国、法国和意大利考察海军舰艇、军港、工厂、陆战队、学校、医院、测量局、飞机场和航空队等。1930年4月18日,中英两国代表签订《交收威海卫专约及协定》,规定英国海军从威海卫军港撤走,中国海军派员接收。同一年9月,英国将厦门英租界交还中国。1931年5月19日,国民政府行政院公布中国领海线为3海里,海关缉私界为12海里,勘界事宜交海军部负责办理。

30年代,中国海军的最重要的活动是参与南海维权,勘查南海群岛。1932年3月,法国政府声称七洲岛属于越南。9月29日,中国驻巴黎公使批驳指出:"根据国际法和习惯法,拥有远离大陆的一个岛屿的主要条件是最先的有效占领,换言之,是国民最先在那里定居,从而使其国家拥有这些领土。南海渔民在西沙群岛定居,并建造房屋和渔船以供其需要,自古以来就是如此。前清政府在1909年确实派出海军到群岛考察,并向世界各国宣告其有效占领,即在永兴岛升起中国国旗,鸣礼炮21响。法国政府在当时没有提出抗议。1908年,有国际组织建议在西沙群岛一个岛上建造灯塔。1930年4月,气象会议在香港召开时,参加会议的印支气象台法国台长布鲁宗(E. Bruzon)先生以及上海徐家汇天文台台长弗罗克(L. Froc)神父,向中国代表建议,在西沙群岛建立一个气象台。这不仅证实国际上都承认西沙群岛属于中国,而且连法国本身也承认这一点。"[1]1934—1935年,中国海军部会同外交部、内政部编审出版了《中国南海各岛屿图》,详细标明了东沙群岛、西沙群岛、中沙群岛、南沙群岛各个岛礁的名称和位置。

七、抗日战争与南海诸岛的收回

1931年9月,在日本侵占我国东北三省后,为了抵御日本侵略,从1933年起,全国开始了五年整军备战计划。在海军拟定的《国防计划》中,具体的战略方针是,"吾国必须与日本争夺中国海海上之交通。纵不能夺得而管制之,亦必须能于上述太平洋海战未决之期间与之争持不下,以阻滞其作战方针而扰乱之"。[2]"日本为海军极强之国之一。吾国纵建设相当之海军,亦非其敌矣。然而果能建设相当之海军,再极力整理现有海军,则在彼与英美海军周旋于太平洋之期间,吾力必能歼尽彼之第二线之预备军,如彼之现驻于吾沿海沿江之预备役舰艇等者,其结果则海上及沿海之大道必尽归我管制而沿海及内地始胥安且

---

〔1〕　Monique Chemillier-Gendrean, *Sovereignty over the Paracel and Spratly Islands*, Klumer Law International, The Hague, 2000, PP. 185 - 186.

〔2〕　高晓星:《民国海军的兴衰》,中国文史出版社,1989年,第120页。

也"。[1]　海军的作战目标十分明确,就是争夺中国近海制海权。"以某一国海军为目标,对于该国海军之自中国海侵入者,海军力在防御的攻势下,须能于中国海海上与之对抗而歼灭之,以谋获得中国海之制海权"。[2]　"当决定海军诸势力之时,以能胜海上战斗者为主,而以夺得中国海海上之交通为第一,以保证沿海交通为第二"。[3]　第一期五年造舰计划为:向导舰2 400吨一艘、800吨驱逐舰16艘、600吨潜水舰21艘、800吨水雷敷设舰4艘、600吨扫雷舰8艘、水上飞机150架。[4]　"为达成作战方针起见,除应实施造舰计划外,全国航海舰艇悉集中于扬子江南口或其口外某群岛之中,全国航江舰艇悉集中于南京或江阴一带"。"开战之最初,航海舰艇及航江舰艇分别协同海军航空防御队及要塞扑灭扬子江及扬子江内现驻之敌海军。轻快舰艇则在东海全部及黄海南部距岸五海里至一百海里以内肆其活动,以攻击敌之军队输送为主,海上商船次之"。[5]

海军部于1936年进一步提出了《一九三七年度国防计划》。该计划书认为,日本军力、国力均处于绝对优势,掌握了绝对的制海权,进攻的中心必定是我国最重要的经济工业中心以及首都所在地。中国海军就其质量来说,不能于远海歼敌,就数量来说,也不足以防卫各个海口。所以,在战争初期,海军应避免与敌海军在沿海各地决战,保持我之实力,全力集中长江,协力陆空军作战。[6]具体作战行动是,第一、第二舰队于宣战时迅速集中于长江,先与空军配合,扫除长江以内之敌舰,再与要塞军队配合,担负长江下游防御任务;第三舰队在开战后亦迅速集中于长江口,共同防御长江下游地区。"江海各要塞以江阴与江宁两要塞为中心,乍浦与镇海为南区,海州与通州为北区,芜湖与马当为西区。江宁要塞之范围,应西至东西梁山与东至镇江,皆划入在内"。[7]　很明显,这一作战计划,就是保卫上海,保卫南京,保卫长江。

1937年8月13日,淞沪会战爆发,中国陆军在海军配合下,向日军发起进攻。双方在上海地区激战三个多月。11月5日,中国军队全部撤离淞沪地区。中国海军在长江沿线节节抗击日军,牺牲颇多,战绩卓著。

1945年8月,日本天皇宣布无条件投降。9月9日,中国受降仪式在南京中

---

〔1〕　高晓星:《民国海军的兴衰》,第120页。
〔2〕　高晓星:《民国海军的兴衰》,第120页。
〔3〕　高晓星:《民国海军的兴衰》,第121页。
〔4〕　高晓星:《民国海军的兴衰》,第121页。
〔5〕　高晓星:《民国海军的兴衰》,第121—122页。
〔6〕　高晓星:《民国海军的兴衰》,第171页。
〔7〕　《中华民国重要史料初编》(三),台湾,国民党党史委员会印刷,1981年,第298页。

央军校大礼堂举行。中国陆军总司令何应钦率领海军部长陈绍宽(图七三)等人接收了日本陆军大将冈村宁次、海军中将福田良三等人签字投降书。日本军队投降兵力为128 万余人,其中海军约有 4 万余人,共有舰艇吨位是 54 600 吨,军舰 19 艘。

　　在受降的同时,中国海军根据《开罗宣言》和《波茨坦公告》确定的"满洲、台湾、澎湖列岛等归还中华民国"之内容,派遣舰队接收台湾、澎湖列岛和南海诸岛。中国接收南沙群岛的司令官为林遵,肖次尹为西沙、南沙接收专员。中国海军接到命令后,对收复行动作了充分准备。11 月,接收舰队驶

图七三　海军部长陈绍宽(福州市陈绍宽故居藏品)

抵珠江口,与广东省接收专员会合。"永兴"舰和"中建"舰驶往西沙群岛,"太平"舰和"中业"舰驶向南沙群岛。11 月 24 日,西沙接收组在武德岛登陆。在接收之后,将武德岛命名为永兴岛,将特里顿岛命名为太平岛。同时命名的还有中业岛、鸿庥岛和敦谦沙洲。在太平岛上,还设立了南沙群岛管理处,派驻留守人员一百余名。1947 年底,中国内政部正式向国际社会宣布了东沙群岛、中沙群岛、西沙群岛和南沙群岛各个岛礁的名称。1950 年,人民解放军攻占海南岛之后,国民政府军撤走南海诸岛守军。1956 年 6 月,台湾派兵继续驻守太平岛,重建南沙群岛管理处,后来改为南沙守备区,隶属于台湾海军司令部。

　　南海问题的焦点在于中国地图所标记的"断续线",而"断续线"的产生有一个历史的过程。1912 年,胡晋接主编的《中华民国地理新图》对南海中国的岛屿用连续线予以标记;1927 年,屠里聪绘制《中华疆界变迁图》,对于南海诸岛的主权也使用实线标记;1930—1933 年,"九小岛事件"发生后,为强调中国主权,中华民国政府水陆地图审查委员会于 1935 年审定公布南沙诸岛礁地名地图;1936 年,白眉初又根据新公布的地图,将中国南海海域的最新资料编入中学教科书,其中之《海疆南展后之中国全图》已经比较接近现在的"断续线"。1946 年,林遵率领舰队抵达西沙群岛、南沙群岛,将日本的界碑拔除,竖立了中国界碑。1947 年 12 月,中华民国政府授权内政部方域司公布了王锡光绘制的《南海诸岛位置图》。在这一地图中,始将原来各家绘制的南海实线改为"断续线";中华人民共和国成立之后,对于 1947 年《南海诸岛位置图》虽

然有一些技术性的小改,但基本上沿袭了这一地图的方位标志。从上述地图绘制情况来看,中国地图上的南海"断续线"与其说是传统的中国海上疆域线,不如说是南海岛礁的归属线。1951 年 8 月 15 日,中华人民共和国外交部部长周恩来在《关于美英对日和约草案及旧金山会议的声明》中明确指出:"西沙群岛和南威岛,正如整个南沙群岛及中沙群岛、东沙群岛一样,向为中国领土。"自此以后,中华人民共和国中央机关各个部门的法律和声明,都是强调中国对于东沙群岛、中沙群岛、西沙群岛和南沙群岛及其附近海域拥有无可争议的主权,并没有包括"断续线"以内的全部水域,故将其视为"岛屿归属线是符合历史事实的"。

第二节　晚清外贸政策的被迫调整

一、通商口岸的被迫开放

第一次鸦片战争之前,清廷严格限制中外商人在中国沿海的贸易活动,实行限口贸易制度。规定:西洋商人只能在广州贸易,吕宋等东洋商人只能在漳州贸易,日本、琉球和朝鲜商人只准在宁波和云台山贸易。以英国为代表的欧洲商人对于把他们限制在广州一个口岸十分不满,千方百计要求清廷扩大通商口岸,并且改革广州行商贸易制度。

清王朝在第一次鸦片战争中战败,被迫签订了《南京条约》(即《江宁条约》)。《南京条约》第二条规定:"自今以后,大皇帝恩准英国人民带同所属家眷,寄居大清沿海之广州、福州、厦门、宁波、上海等五处港口,贸易通商无碍。且大英国君主派设领事、管事等官住该五处城邑,专理商贾事宜,与各该地方官公文往来。"第五条规定:"凡有英商等赴各该口贸易者勿论与何商交易,均听其便。"[1]五口通商之后,长江以南重要港口几乎全部向外国商人开放,并且废止了广州行商管理体制。同时,香港被割让给英国人管理,成为远东地区第一个自由贸易港口城市。

五口通商之后,英国商品在中国的销售并未出现英国人预期的局面。为了夺取更多的特权和更大的市场,1856 年,英法两国联合发动了对中国的第二次鸦片战争。清军再次战败,被迫与英国和法国签订了《天津条约》。该条约规定:中国增开沿海的牛庄(后来改为营口)、登州(后来改为烟台)、台湾(后来改

---

〔1〕　王铁崖编:《中外旧约章汇编》第一册,第 31 页。

为台南)、淡水、潮州(后来改为汕头)、琼州以及长江沿岸的镇江、南京、九江和汉口为通商口岸。1860年签订的中英《北京条约》又将天津开放给外国商人。1876年,中英签订《烟台条约》,又规定:宜昌、芜湖、温州和北海为通商口岸。1890年,中英《新订烟台条约续增专条》第五条规定,"一俟有中国轮船贩运货物往来重庆时,亦准英国轮船一体驶往该口。"[1]1895年,《马关条约》规定,中国开放沙市、重庆、苏州和杭州为通商口岸。这样,沿海和沿江以及台湾和海南岛的重要港口全部被迫向外国商人开放。

到1911年为止,中国被迫开放的和主动开放的通商口岸达到82处。这样,从沿海到沿江,从边疆到内陆,全部对外国商人开放。通商口岸的开辟,虽然方便资本主义国家推销其商品和采购工业原料,甚至也方便了列强对中国社会经济的渗透,而在客观上也有利于中国民族资本主义的发展。因为,西方商人和企业家在中国的活动为中国人起了示范作用。上海、广州、厦门、宁波、天津和武汉等通商口岸及其周围地区获得了快速发展的机会。

二、租界制度与治外法权的丧失

所谓租界制度,是指外国人在通商口岸或其他地方划出一部分土地作为其居留地,外国人在此享有行政和司法的管辖权,这与唐代和宋代市舶司制度下的"蕃坊"颇为近似。但是,二者的性质有所不同。唐宋时期的"蕃坊"是朝廷基于"因俗而治"的观念,为了管理的便利,主动采取的方法,赋予外国人的管辖权有限;而晚清的"租界"则是"国中之国"(State in state),是西方列强从中国夺取的一种特权,在行政和司法上外国人拥有无限的权力。

租界制度在中国分为两种形式:一种形式是设于通商口岸的租界,另一种形式是列强在通商口岸之外获取的居住地。1843年,《五口通商附粘善后条款》规定:中国"允准英人携眷赴广州等五口居住,中华地方官必须与英国管事各就地方民情,议定于何地方,用何房屋或基地,系[悉]准英人租赁。其租价必照五港口之现在所值高低为准,务求平允。华民不许勒索,英商不许强租。英国管事官每年以英人或建屋若干间,或租屋若干所通报地方官,转报立案"。[2] 这一条约只是承认英国人在通商口岸可以定居,可以租房,可以租地盖房,尚未划定一个特定的外国人居住区。

1845年,英国驻上海领事巴富尔(George Balfour)与苏松太道道员宫慕久签

---

〔1〕 王铁崖编:《中外旧约章汇编》第一册,第554页。
〔2〕 王铁崖编:《中外旧约章汇编》第一册,第35—36页。

订了《上海租地章程》,规定了英国人在上海居留地的界址、租地手续等事宜。该章程允许将洋泾浜以北、李家庄以南之地租给英国商人,为建筑房舍之用。英国划定这块租借地后,美国和法国也分别于 1847 年和 1848 年在上海划定了各自的租借地。按照最初的约定,各国划定的租借地均有边界,不得逾越。但是,实际上随着外国商人的大量增加,租借地的范围不断被突破。例如,英国商人的租借地最初为 830 亩,在不到五年时间内就扩大到 2 820 亩,相当于最初租借地的四倍。根据《土地租赁章程》规定,外国人只是在通商口岸租地居住、盖房,每年应当向中国官府缴纳土地税,居留地内的行政和司法权仍然保留在中国官府手中,但外国土地租赁者对于租借地的道路、桥梁等市政设施拥有管理权。为此,1846 年,英国驻上海领事召集租借地外国商人开会,成立了道路码头委员会,由其向租借地的居民征收一定的税收,办理道路和码头修缮事宜。该委员会后来演变为市政机关。

1853 年,上海爆发小刀会起义。英国、法国和美国领事借口保护其侨民,召开外国租地商人会议,擅自修改了《土地租赁章程》,然后将《英法美租界租地章程》通知了苏松太道道员吴健彰。该章程规定,外国土地租赁者有税收、财政、交通及警察等权利。为此,英国、法国和美国议定成立工部局。该工部局作为市政机关不仅拥有行政和财政权,而且拥有司法和执法权。这样,租借地经过几次偷梁换柱的解释之后,变成为租界。上海租界设立之后,西方列强又在其他通商口岸加以推广。1876 年,中英《烟台条约》第三端第二款规定,“新旧各口岸除已定有各国租界应无庸议,其租界未定各处,应由英国领事官会商各国领事官与地方官商议,将洋人居住处所划定界址”。[1] 根据这一条款,列强在通商口岸设立租界的权利得到了条约的保护。

19 世纪末年,日本、德国和俄国也纷纷效法英国、法国和美国在通商口岸设立各自的租界。到 1904 年,西方各国在上海、广州、厦门、福州、天津、镇江、汉口、九江、烟台、芜湖、重庆、杭州、苏州、沙市、鼓浪屿以及长沙等 16 个口岸一共建立了 37 处租界。

租界的设立,对于中国的主权来说毫无疑问是一种公然践踏。不过,在政治黑暗和动荡特殊时期,租界脱离中国封建专制政权的控制,一定程度上保持了局势的宁静和安定。这不仅为工商业的发展提供了相对稳定的社会环境,而且为从事改革和革命活动的中国人提供了政治庇护所。

外国领事裁判权。在中国行使的方式大致有三种:其一是华洋混合案件。

---

〔1〕 王铁崖编:《中外旧约章汇编》第一册,第 349 页。

这一类案件区又分为民事和刑事两类案件。如果是民事诉讼,一般采用被告主义。例如,外国人为原告,中国人为被告,则由中国法庭审理。反之,则由外国领事官审理。如果是刑事案件,犯罪者为中国人,被害者为外国人,则由中国法庭审理。反之,则由外国领事法庭审理。所援引的法律,只能适用被告人国家的法律规定。其二,外国人案件,无论民事还是刑事案件,被告均属同一国籍人,完全由本国领事法庭审理。其三,外国人之间的混合案件,即不同国籍的外国人之间发生的民事和刑事案件,均采取被告主义原则,即由被告人国家领事法庭审理。没有领事裁判权和没有缔约的外国人发生民事和刑事案件,依照中国法律,适应被告原则,在中国法庭,依据中国法律审判。

中国治外法权的丧失还表现在观审制度和会审制度上。观审制度,类似旁听制度。凡是华洋民事、刑事诉讼案件,被告者的领事官和官吏均有观审的权利。如观审者认为办理不公,可以加以辩论。承审人员对于观审员应以礼貌相待,观审员在法庭内可以自由发言,但不应与承审员居于对立地位。这一制度开始于 1876 年的中英《烟台条约》第二条,"至中国各口审断交涉案件,两国法律既有不同,只能视被告者为何国之人,即赴何国官员处控告;原告为何国之人,其本国官员只可赴承审官员处观审。倘观审之员以为办理未妥,可以逐细辩论,庶保各无向隅,各按本国法律审断"。[1] 从条约的规定来看,为了保证公平审理,原告、被告双方的官员均有观审权利和义务,但在实际执行过程中,中国官员很少前往观审,等于自行放弃观审权利。

会审制度。凡是华洋民事、刑事诉讼案件,领事官不能劝息的案件,即由中国官员与外国领事馆共同组成审判庭。如中国人为被告,外国领事可以到庭,参与会审。1858 年的中英《天津条约》、1864 年的《中西条约》、1865 年的《中比条约》、1866 年的《中意条约》、1876 的中英《烟台条约》、1887 年的《中葡条约》,对此均有规定。

三、外籍税务司制度的建立

1840 年以前,清朝海关管理制度相当落后,无论征税制度,还是人事管理,都是弊端丛生,敲诈勒索、贪污行贿司空见惯。以英国人为主的猖獗的鸦片走私贸易对海关执法提出了公开挑战。第一次鸦片战争之后,英国方面要求中国改革征税制度,清朝代表要求英国驻华公使监督来华商船的报关和结关手续,以杜绝走私。在这种情况下,当双方谈判时,英国代表提出,英国领事参与中国海关

---

〔1〕　王铁崖编:《中外旧约章汇编》第一册,生活·读书·新知三联出版社,1982 年,第 348 页。

征税,以便"监督照章纳税和其他加征,庶几不致发生弊端,全面的杜绝走私",〔1〕这就是领事报关制度。英国代表的这一建议体现在中英《五口通商章程:海关税则》中,该条约规定:"向例英国商船进口,投行认保,所有出入口货物税均由保商代纳。现经裁撤保商,则进口货物即由英国担保。"〔2〕"英国商船一经到口停泊,其船主限一日之内,赴英国管事官署中,将船牌、舱口单、报单各件交与管事官查阅,收贮,如有不遵,罚银二百元。若投递假单,罚银五百元。若于未奉官准开舱之先,遽行开舱卸货,罚银五百元,并将擅行卸运之货一概查抄入官。管事官既得船票及舱口报单等件,即行文通知该口海关,将该船大小,可载若干吨,运来系何宗货物逐一声明,以凭抽验明确,准予开船卸货,按例纳税"。〔3〕这一规定既强调了英国领事官的责任,也赋予了相应的权力。也就是说,英国领事官负有配合中国海关防止英国商人走私的责任和义务,但是英国领事官因此而得到了"行文通知"中国海关权,没有英国领事的通知,中国海关无权对英国商人直接稽查和征税。1844年的中美《望厦条约》、中法《黄埔条约》均作了类似的规定。这样,领事官的报关制度几乎全部在外国领事馆中开始推行。

1853年,上海小刀会起义,苏松太道兼江海关监督吴健彰逃入租界,江海关陷入停顿。英国商船要么等待中国海关恢复权力,要么违法开舱卸货,而等待中国海关恢复权力的时间表是不能确定的。如果擅自开舱卸货,等于走私贸易,英国领事馆是负有防止走私责任的。为了不耽误英国商人的贸易活动,英国领事阿礼国给英国商人制订了《海关机构空缺期间船舶结关暂行章程》,规定:在上海海关不能行使权力期间,由英国领事代替中国官府征收和保管关税。这就是领事代征关税制度。随后,美国和法国驻上海领事也宣布采用类似方法。

上海小刀会起义被镇压之后,吴健彰受命迅速恢复江海关,先后在苏州河、闵行及浦东设立临时海关,均被西方列强以"保持中立"为借口,予以驱逐。1854年6月,两江总督怡良授权吴健彰与英、美、法三国领事谈判。在会谈期间,英、法、美三国领事以归还1853年9月以来的外国商税为条件,要求重组上海海关。饥不择食的吴健彰表示同意。最后,中国与英、法、美三国领事达成《上海海关协定》,规定:上海海关任用外籍人员为税务监督,其人选由三国领事

〔1〕 严中平主编:《中国近代经济史》,人民出版社,1989年,第217页。
〔2〕 王铁崖编:《中外旧约章汇编》第1册,第43页。
〔3〕 王铁崖编:《中外旧约章汇编》第1册,第40页。

提名,上海道台加以任命。外籍税务监督选任下属官员。这样,外籍税务司开始在上海开办,英国人威妥玛、法国人史密斯和美国人卡尔成为最初的外籍税务监督。威妥玛离职后,由英国人李泰国接任,并按照英国的海关制度改造了中国的海关。1858年,中英签订《通商章程善后条约·海关税则》第十条规定:"通商各口收税如何严防偷漏,自应由中国设法办理,条约业已载明;然限议明,各口划一办理,是由总理外国通商事宜大臣或随时亲诣巡历,或委员代办。任凭总理大臣邀请英人帮办税务,并严查漏税,判定口界,派人指泊船只及分设浮椿、号船、塔表、望楼等事,毋庸英官指荐干预。"[1] 这是说,委派英国人担任总税务司乃是总理衙门的权力。税务司虽然可以由英国人担任,但是,"毋庸英官指荐干预",不受英国政府控制,只能听命于清朝户部总税务大臣,是户部总理大臣的一个雇员而已。

　　1859年,李泰国被总理衙门任命为第一任外籍总税务司(Inspector General of Customs),海关总税务署设在上海。随后,李泰国按照西方近代海关管理模式对中国各个口岸的海关进行了改组。1861年,总理各国事务衙门成立,海关的管理权转移到总理衙门。总理衙门大臣恭亲王奕䜣对李泰国的职位重新加以任命。不久,李泰国因病回国,其职权由副总税务司赫德(Robert Hart)接替。1863年,李泰国因在购买炮舰问题上跋扈越权,被免去总税务司职权。总理衙门经过审慎考察后,正式任命赫德为中国海关总税务司(图七四)。直到1911年赫德在英国病故,他担任中国海关总税务司长达半个世纪之久。

图七四　中国海关总税务司赫德(王宏斌:《赫德爵士传》,北京:文化艺术出版社2012年版,第328页)

　　按照条约规定,外籍税务司是听命于中国官府的雇员,中国在各个海关均设有监督,税务司只是监督的助手。但是,海关监督大都不懂海关管理业务,实际上海关的行政、人事大权都掌握在外籍税务司手中。各地海关税务司只对总税务司负责,海关监督等于虚设,在外籍税务司控制下的中国海关,中级、高级职员大都由外国人担任,中国人只能担任下级职员。

　　按照英国模式建立的中国海关在管理制度上有明显的进步。中国旧海关一

---

〔1〕　王铁崖编:《中外旧约章汇编》第1册,第115页。

般实行包税制,包税固定额以外的税收均落入个人腰包,因而借机贪污、勒索现象十分严重。赫德控制下的中国各个海关制订了比较完善的管理章程。首先,规定采取实征实报制度,所有关税一律上报上缴。海关官员除了固定的薪金之外,不得私取任何款项。其次,建立了世界上先进的会计制度和稽查制度,严格防范会计人员贪污舞弊。第三,海关采用考试录用制度,保证海关聘用一批接收过高等教育的人员。随着中外贸易规模的扩大,海关所征税款快速增加,成为国家财政收入的重要来源。1860 年,关税达到白银 700 万两,1886 年,增加到 1 500万两。此外,中国海关对进出口货物进行了分类统计,为国家的外贸政策提供了详细的数据资料依据。随着通商口岸的增多,海关业务不断拓展。凡是有海关的地方,海港检疫、灯塔浮标等港口设施开始建立起来,此外,海关还创办了邮政业务。

必须指出,赫德控制下的中国海关与清朝官府保持着比较密切的关系,虽然海关里有很多洋人,但是运作模式、关税的支配是由总理衙门和户部等机关决定的。虽然赫德与清朝的一些官员有过这样或那样的摩擦,而总的来说他与各个衙门之间的关系是正常的、协调的。是时,国家的财政来源已经固定,没有新增的项目,而洋务运动急需新的来源支持。没有关税的快速增长,清廷如果不走明朝末年加征加派的老路子,洋务运动显然是无法展开的。为了得到关税的财政来源,依靠先前的海关模式是无法实现的。因此,恭亲王奕䜣和总理衙门大臣文祥当时是同意李泰国和赫德等洋人来掌控中国海关的。"如果我们有 100 个赫德,我们的事情就好办了"。[1] 赫德对于中国海关的属性也是清楚的。他在第 8 号通令中向海关中的洋人明确指出:"须时时切记,海关乃中国行政机构,而非外国机构。因此,海关各员于对待华人平民与官吏时,举止力求避免引起冒犯及恶感,实乃义不容辞的责任……作为从中国领取薪俸之雇员而言,其行为至少不得伤害华人之感情,亦不得激起嫉妒、猜疑和厌恶……其首要者,应切记自己乃由中国政府雇用之人,办好差事恪尽职守乃本分。"[2]

事实上,日本和朝鲜也同样引入了西方的海关制度。"海关资料显示,日本和朝鲜都是按照中国的经验建立海关财政运作体系,日本的海关顾问很多是洋人,朝鲜的海关制度也由清朝雇用的英国人主导,后来又有美国人参加进来。从

〔1〕 王宏斌:《赫德爵士传》,文化艺术出版社,第 44 页。

〔2〕 〔美〕约翰·K·费正清等人编撰:《赫德日记:赫德与中国早期近代化,1863—1866》,中国海关出版社,2005 年,第 149 页。

这个角度来说,海关制度是东亚政府根据国际贸易规则从外国引进来的制度,但同时是从传统的财政制度衍生出来的"。[1]

四、被侵占的内外洋管辖权

领海是国家领土不可分割的部分,主权国家对于领海拥有不可让予的管辖权。领土主权不可侵犯,领海主权亦不可侵犯。领海主权通常受到两个方面的限制:一是国际习惯法限制,二是受条约义务限制。国际习惯法规定无害通过原则,例如,一个国家的船只可以在另一个国家的领海内无害通过。所谓"无害通过",是指船只不损害沿海国秩序和安全穿过领海,但不进入内水,或从内水驶出,或进入内水航行。这种航行必须是继续不停和迅速前进,只在遇到不可抗力或遇难地场合才能停船和下锚。条约则分为两类:平等条约和不平等条约。如果条约内所含的条款没有超过国际法许可的范围,或者缔约国是在平等自愿的基础上达成的协议,可以视为平等条约;反之,则视其为不平等条约。

沿海航运通商属于一个国家的主权范围,这是一条公认的国际准则。一国的内河航行和内地贸易更是该国的主权范围,通常只允许本国公民使用。当年,英国驻上海领事阿礼国也承认:"一个国家向另一个国家要求内河航行权,在任何国际法体系中都是完全没有根据的……没有一个西方国家曾经把这个特权让予任何其他国家……也没有任何条约承认这样一个原则。"[2]

1843年(道光二十三年),中美《望厦条约》涉及中国内外洋航运管辖权的一共有三条。一条是,"合众国贸易船只进中国五港口湾泊,仍归各领事等官督同船主人等经管,中国无从统辖。倘遇有外洋别国凌害合众国贸易民人,中国不能代为报复。若合众国商船在中国所辖内洋被盗抢劫者,中国地方文武官一经闻报,即须严拿强盗,照例治罪,起获原赃,无论多少,均交近地领事等官,全付本人收回。但中国地广人稠,万一正盗不能缉获,或有盗无赃及起获不全,中国地方官例有处分,不能赔还赃物"。[3] 另一条是,"合众国贸易船只若在中国洋面,遭风触礁搁浅,遇盗致有损坏,沿海地方官查知,即应设法拯救,酌加抚恤,俾得驶至本港口修整,一切采买米粮、汲取淡水,均不得稍为禁阻。若该商船在外

〔1〕　舒小昀:《多维视野下的经济史研究——滨下武志教授访谈录》,《经济社会史评论》2016年第1期。

〔2〕　严中平主编:《中国近代经济史》,人民出版社,1989年,第252页。

〔3〕　王铁崖编:《中外旧约章汇编》第1册,生活·读书·新知三联出版社,1982年,第55页。

洋损坏,飘至中国沿海地方,经官查明,亦应一律抚恤,妥为办理"。[1] 以上这两条规定显然是中国谈判者对于美国船只在中国内洋和外洋发生盗劫和海难案件后的管辖承诺,也是完全符合此前大清律例关于盗劫和海难案件的相关规定的。只不过,谈判者有意识减轻了中国地方官的管辖责任而已。最明显减轻责任的地方是减少了外洋失盗案件的侦破义务,按照清朝律例规定,盗劫案件即使发生在外洋,巡逻该地水师官兵也必须限期侦破,否则的话,要受到相应的惩处。另一个减少责任的地方是推诿了对于外国人互相伤害的管辖权,明确规定:"倘遇有外洋别国凌害合众国贸易民人,中国不能代为报复。"这种思想也基本符合中国传统的"因俗而治"的观念,但是对于中国的"治外法权"却十分有害。不过,由此我们看到,中国是关注内洋、外洋管辖权和安全问题的,美国代表也是承认中国对于内洋和外洋管辖权的。

关于美国船只在中国内外洋航运的另一条规定是,"嗣后合众国民人俱准其挈带家眷,赴广州、福州、厦门、宁波、上海共五口居住贸易,其五港口之船只,装载货物,互相往来,俱听其便;但五港口外不得有驶入别港,擅自游弋;又不得与沿海奸民,私相交易"。[2] 该条款只是允许美国人在五口通商。但是,由于规定比较含糊,容易产生歧义。究竟是仅仅允许美国人从海外运货到五口通商贸易,还是也允许美国人在五口之间通商贸易呢?该条款没有具体解释这一问题。按照当时签约的情况,应该是允许美国商人从外国运载货物到中国五个通商口岸贸易。因为,中英《南京条约》曾明文规定:"英国货物自在某港按例纳税后,即准由中国商人遍运天下,而路所经过税关不得加重税例。"[3] 这是说,英国船只运输商品在中国纳税之后,应由中国商人运销内地,不得随意加税而已。

但英国人对此的解释是允许外国人在五口之间可以通商贸易。由于清廷并不了解英国人的真实意图,对于英国人的解释没有提出异议。英国人援引最惠国条款,其船只开始航行于五口之间,开始从事东南沿海港口之间本该属于中国人的贸易。1858 年(咸丰八年),中英《天津条约》把这种贸易进一步扩大到从南至北的中国沿海口岸,甚至推广到中国的长江流域。"英国民人准听持照前往内地各处游历、通商,执照由领事官发给,由地方官盖印。经过地方,如饬交出执照,应可随时呈验,无讹放行;雇船、雇人、装运行李、货物,不得阻拦"。[4] 这

[1] 王铁崖编:《中外旧约章汇编》第 1 册,第 55—56 页。
[2] 王铁崖编:《中外旧约章汇编》第 1 册,第 51 页。
[3] 王铁崖编:《中外旧约章汇编》第 1 册,第 32 页。
[4] 王铁崖编:《中外旧约章汇编》第 1 册,第 97 页。

样,就完成了外国人在中国沿海各口岸之间航运贸易的条约规定。当然,这并非严格意义上的沿岸贸易,因为它们并没有涉及港口之间的土货贩运方面。直至1863年《中丹条约》的签订,土货贸易权才被列强纳入条约之中。该约第44款明确允许丹国商民在通商各口之间"载运土货",[1]其他列强则根据最惠国待遇条款获得这种权利。尽管在此之前英、美等国商人就开始染指这项贸易权,但它毕竟是非法的。1863年条款的规定使列强获得了合法从事中国沿岸贸易的特权。

　　一个国家的内河也是不允许他国船只自由航行的。西方列强通过不平等条约,不仅攫取了在中国内洋、外洋和内河的航行运输权,而且攫取了在中国内外洋、内河军舰的航行权,严重侵犯了中国的主权和国家安全。1858年,中英《天津条约》第10款规定:"长江一带各口英国船只俱可通商。"[2]之后随着通商口岸的不断设立,外国船只航行中国内河的范围也逐渐扩大。到19世纪末,中国的长江、西江、辽河、松花江等主要内河都对外完全开放。1902年和1903年,英、日两国与中国订立通商行船续约时,又规定轮船可以在内河行走。"此后,中国的内河无论巨川支流,凡可以通航者均对外国轮船开放"。[3]

　　一个主权国家对于外国军舰在其管辖的水域内拥有无可争辩的主权。但是,到了清末,西方列强为了瓜分中国,纷纷撕下国际法的遮羞布,视国际惯例如敝屣,争先恐后强租中国的军港。1898年,中德《胶澳租界条约》规定:"大清国大皇帝欲将中德两国邦交联络,并增武备威势,允许离胶澳海面潮平周遍一百里内(系中国里),准德国官兵无论何时过调,惟自主之权仍全归中国。"[4]同时的中俄《旅大租地条约》规定:"将旅顺口、大连湾及附近水面租与俄国。"并且规定:"所定限内,在俄国所租之地以及附近海面,所有调度水、陆各军并治理地方大吏全归俄国。"[5]中英《订租威海卫专条》也有租借海面的明确规定:"今议定中国政府将山东省之威海卫及附近海面租与英国政府⋯⋯所租之地系刘公岛,并在威海湾之群岛,威海全湾沿岸以内之十英里地方。以上所租之地,专归英国管辖。"[6]中法《广州湾租界条约》同样规定:"所有租界水面,均归入租界内管辖,其未入租界者仍归中国管辖。"[7]以上四处军港及其附近水域的强租一方

〔1〕　王铁崖编:《中外旧约章汇编》第1册,第203页。
〔2〕　王铁崖编:《中外旧约章汇编》第1册,第97页。
〔3〕　李育民:《近代中国的条约制度》,湖南师范大学出版社,1995年,第241页。
〔4〕　王铁崖编:《中外旧约章汇编》第1册,第738页。
〔5〕　王铁崖编:《中外旧约章汇编》第1册,第741页。
〔6〕　王铁崖编:《中外旧约章汇编》第1册,第782页。
〔7〕　王铁崖编:《中外旧约章汇编》第1册,第929页。

面表现了西方侵略者的狡猾和野蛮,另一方面从逻辑上也承认中国对于军港及其附近海域拥有无可争辩的主权。

外国军舰未经允许进入他国领水既是违反国际法的野蛮行为,也是破坏该国领海主权的严重行为,没有哪一个主权国家会允许外国军舰自由航行于本国领海。然而,近代中国由于受不平等条约的约束,自己的领海领水完全对外国军舰开放。外国军舰几乎不受限制的游弋于中国领海,甚至长期驻泊中国长江等内河,这是严重违背国际法准则的。尽管外国军舰在中国领海航行、驻泊是经过中国官府"允许"的,但这种特权明显超越了国际法允许的范围。

五、洋行与中国进出口贸易

早在清代前期,即有"洋行"之名。那时的"洋行"是指在广州从事洋货买卖的行商。19世纪初期,一批获得东印度公司特许证的商人专门经营中国和印度之间的贸易,这种贸易在当时被称为"港脚贸易",其商人被称为港脚商人。特别是东印度公司解体之后,港脚贸易(大部分是从事鸦片贸易)十分活跃,这些英国商业公司也被称为"洋行",如英国的怡和洋行、太古洋行、宝顺洋行、沙逊洋行、广隆洋行等。1818年,美国商人也开始在广州设立公司,其中旗昌洋行就是规模最大的洋行之一。1842年,随着新的通商口岸的开放和开辟,一些洋人蜂拥而至,他们开始在中国通商口岸推销本国商品,这些外国公司也被称为"洋行"。而原来从事垄断贸易的中国行商尽管被取消了垄断特权,但他们还继续从事商品买卖活动。不过,由于1856年十三行毁于大火,行商很快销声匿迹(图七五)。所以,在五口通商时期的"洋行"是指外国人经营的各种各类公司。

第一次鸦片战争后签订的一系列条约,为外国公司的发展提供了许多优越条件,洋行的数量和规模不断扩大,他们经营的范围涉及金融保险、商品贸易、交通运输、工矿企业和房地产开发等各个领域。1855年,总计达到209家,比第一次鸦片战争之前增加了100余家。五口通商时期,无论老牌洋行,还是新成立的洋行,他们的业务都是继续从事走私鸦片贸易,同时经营英国的纺织品和中国的茶丝贸易。

第二次鸦片战争之后,随着新的口岸的开辟,越来越多的西方商人找到了在中国发财的机会。据统计,1872年,在中国的外国洋行达到342家;1882年,增加到440家;1892年,达到579家。这一时期,著名的洋行有:英国的怡和洋行、太古洋行、老沙逊洋行、新沙逊洋行、义记洋行,美国的琼记洋行、旗昌洋行,德国的礼和洋行、美最时洋行。其中最大的洋行是靠鸦片发了横财的资本雄厚的怡

图七五 从珠江南岸看广州十三行商馆(《珠江风貌》第 165 页)

和洋行、太古洋行。有人说:"无海面河流不见其旗帜,无埠口不有其办事处。"[1]这一时期,为了减少风险,一些洋行开始瞄准金融保险、交通运输和工矿企业。

1845 年,外国人开始在中国设立银行。1860 年代,外国银行机构迅速增多,不仅设立分行支行,而且有的洋行干脆把银行直接设在中国。1870 年,英国在华银行的分支机构多达 17 个;1890 年,增加到 30 个。这些银行的业务也不限于中西资金汇兑、吸纳存款,而且开始发行货币,操纵汇率。1880 年,汇丰银行成为在华外国洋行的老大,不仅控制着中国的外汇市场,而且控制着中国对外贸易。

1860 年代,外国保险公司应运而生,"当今商人的黄金国似乎就是中国了。那里还有广阔的真空有待填补……我们英国商人正在闯进中国,好像进入了一个未开垦的处女地带……能够保险吗? 中国托运商人很快就提出这个迫切的询问了。因此,为 1/3 人类的贸易开办保险业务,也摆在这些新来的冒险家的面前了"。[2] 1857 年,怡和洋行在上海设立谏当保险公司分公司;1864 年,沙逊洋行等联合设立泰安保险公司;1868 年,怡和洋行又设立火烛保险公司;同年,旗昌洋行在上海设立扬子保险公司。

为了商品运输的便利,外国人开始在华创办轮船公司。美国的旗昌轮船公

---

[1] 姚贤镐编:《中国近代对外贸易史资料》第一卷,中华书局,1962 年,第 662 页。
[2] 《北华捷报》1864 年 11 月 26 日转载。

司设立于 1861 年,英国的太古轮船公司设立于 1867 年,英国的怡和轮船公司设立于 1873 年。这些轮船公司设立后,迅速排挤了中国帆船运输业,从而垄断了中国沿海和内河的运输业。与此同时,外国洋行还向加工业、轮船制造业、码头、缫丝、酿酒、制糖、棉纺、包装等企业投资。

外国洋行为了深入市场、深入内地,发展和控制对外贸易,还雇用了大量买办。买办,又称"康白度"。"康白度"是葡萄牙语 comprador 的译音。当时外国商人来中国贸易,通常由十三行行商派出一人代理外国商人在中国的贸易业务,并负责管理商馆里的内部事务。此人被称为"买办"。1842 年以前的买办,负有监督、防范、照料和管理外国商人的任务。1842 年以后,西方各国获得了在华贸易的自由,可以自由雇用仆役、翻译、水手和商业代理人。这个商业代理人也叫"买办",但这一时期的买办与此前的买办性质不同。1842 年之前的买办听命于中国官府和行商,1842 年之后的买办听命于外国洋行的老板。买办与外国商人的关系由合同来规定,合同必须向外国领事馆备案。有的买办是外国商人的雇员,主要业务是代购洋行需要的商品,推销洋行的外国商品。有的买办是洋行的下线生意人,主要业务是承接外国商人的生意,代售洋行批发的商品,购买洋行需要的商品。买办所到之处,一方面为外国商人搜集市场信息,一方面设立行栈推销外国商品,同时为外国商人收购茶丝等农副产品。这样就建立起一套以洋行为中心,以买办商人为骨干,以各个城镇的商人为基层的进出口外贸体系。买办为外国商人赚取了高额利润,自身也获得了很大收益。他们之间的关系是相得益彰,一荣俱荣,一损俱损。

第三节　民国外贸政策制定权力的恢复

一、自主开放的口岸

随着近代中国对外贸易的广泛开展,设立通商口岸的城市及其周边地区获得了快速发展,沿海沿江与未开设口岸的地区发展水平拉大了距离。人们意识到通商口岸对于一个地区的发展起着重要作用,于是将自开通商口岸看成是落后地区吸引资金的必要措施和刺激经济发展的助推器。1914 年,长城以北的归化城、张家口、多伦诺尔、赤峰、洮南及山东的龙口开放为对外通商口岸。这些地方之所以主动要求开放,是因为他们意识到开埠通商是改变封闭状态的有效途径。"开埠各地均属东南内地,而长城西北建设阙如,商众既日渐凋残,民风亦仍多闭塞,不亟为通商惠工之外,何以收厚生利用之功"。察哈尔省都统诚勋坚称:张家口自开商埠,十年之后,塞外荒凉地区势必成为人类居住的乐土。[1]果然,张家口开放之后,立即成为皮毛和砖茶的集散地,"天下皮裘经此输往海外,四方皮市经此定价而后交易"。[2]生产于湖北的砖茶由山西商人运到张家口,再转运至恰克图,大量销往俄国。

自开通商口岸的呼声始于19世纪70年代。是时,早期改良派的代表人物郑观应提出商战主张,在他看来,近代应以商战立国,习兵战不如习商战。[3]陈炽也明确指出:"使皆由中国自辟商埠,则此疆彼界虽欲尺寸侵越而不能。""大兴商埠,则商贾通而民不为病,厘捐撤而国不患民贫"。[4]甲午战后,伍廷芳等人也积极主张主动开口通商,在他们看来,自开口岸,利多害少。[5]1895年夏季,光绪帝发出上谕,要求各地督抚就自开口岸斟酌利弊,发表意见。两江总督张之洞认为应当按照宁波模式,在各地建立"通商场"。"其地方人民管辖之权仍归中国,其缉捕、缉匪、修路一切俱由该地方官出资募人办理"。[6]1898年光绪帝颁布上谕:"欧洲通例,凡通商口岸各国均不得侵占。现当海禁洞开,强邻环伺。欲图商务流通,隐杜觊觎,惟有广开口岸一法。三月间,业经准如总理各国事务衙门王大臣奏,湖南岳州、福建三都澳、直隶秦王岛开作口岸……著沿江沿边各将军、督抚迅速就各省地方悉心筹度,如有形势扼要、商贾辐辏之区可以推广口岸、拓展商埠者,即行咨商总理衙门办理。惟须详定节目,不准划作租界,以均利益而保事权。"[7]例如,总理衙门在选择岳州为自开口岸时,指出:"湖南岳州地方滨临大江,兵商各船往来甚便。将来粤汉铁路既通,广东香港百货可由此口运出,实为湘鄂交界第一要埠。比来湖南风气渐开。该处又与湖北毗连,洋人为所习见,若作通商口岸,揆之地势人情,均称便利。"[8]正是由于自开通商口岸的成效显著,人们对于通商口岸的认识臻于理性。朝野人士逐渐意识到通商口岸的开辟,既不是洪水猛兽,也不是有百害而无一利的事情。关键是如何利用它,如何掌控它。

〔1〕　王彦威:《清季外交史料》第三册,书目文献出版社,1987年,第3288页。

〔2〕　《河北城市发展史》,河北教育出版社,1991年,第225—226页。

〔3〕　郑观应:《商战》上,《郑观应集》,上册,第586页。

〔4〕　陈炽:《大兴商埠说》,《皇朝经世文三编》(《近代中国史料丛刊》正编第76辑),第586页。

〔5〕　伍廷芳:《奏议变通成法折》,《伍廷芳集》上册,第47—50页。

〔6〕　朱寿朋编:《光绪朝东华录》第四册,中华书局,1958年,第4158页。

〔7〕　朱寿朋编:《光绪朝东华录》第四册,中华书局,1958年,第3728页。

〔8〕　《总署奏请开岳州及三都澳为通商口岸折》,《清季外交史料》卷一三〇,台北:文海出版社,1964年,第14—15页。

1913 年 11 月,张謇在国际公法学会上明确提出"加税免厘"的主张,要求发展出口贸易,鼓励进口替代。"自欧战以来,出口呆滞,入口锐减,亟应提倡国货制造出口,足抵外货者,优给奖励"。[1] 1915 年,农商部颁布奖励进口替代。"凡日用品向由外国供给,而为本国所能仿制者,此类工厂尤应特别保护,并给予奖励,已有各厂货物之可用者,设法扩充其销场,拟就教育用品、军用品、交通用品等,以公家力量,宪订购埔,以重国货……此外如发明改良工艺品,业经订有奖章,予以特许之权,藉以督促国民技术之增进"。[2] 为了鼓励商品出口,提高中国产品的国际竞争力,国家机关开始改变重税收而轻发展的观念,开始使用关税武器,有意识地保护本国产品,降低了出口商品的税率。1915 年,经袁世凯批准,降低了茶叶的出口税;同时,免除 7 种工业品出口税,并免除一部分手工业产品的出口税。

二、关税自主与贸易保护

第一次鸦片战争之后,按照条约规定,关税需协定。而实际上执行的是不及 5% 的固定税率,即"值百抽五"。这种税率在一定时期既有利于进口,也有利于出口。因此,中国进出口贸易发展很快。但是,这种固定的低税率,显然不利于保护民族产业。20 世纪初年,随着中国民族产业的发展,恢复关税自主权的呼声日益提高。1912 年 3 月,上海都督陈其美提出:拟将长江下游一带各常关,由本都督代为委员办理,查明进出口货物税率,切实加以整顿。"然后再议推及全国,并收回税司代办,各口自办,以期划一"。[3] 1913 年 10 月和 1914 年 1 月,民国政府两次照会缔约国,强烈要求修改税则,遭到日本、意大利和俄国的反对。

第一次世界大战爆发后,协约国以同意中国修改税则为条件,要求中国与德国断交、宣战。1917 年 12 月 25 日,中国宣布将进口货物分为四类,分别规定了不同税率。一类是奢侈品,税率为 30%—100%;二类是无益品,税率是 20%—30%;三类是资用品,税率为 10%—20%;四类是必要品,税率为 5%—10%。这是 1840 年以后中国第一次对外国商品颁布的自主税则。尽管这一税率是有缺陷的,着眼点似乎仍是提高财政收入。但是,它毕竟反映了中国恢复关税自主权的努力。经多次交涉,西方列强同意中国修改税则,规定以 1912—1916 年平均物价为依据,将关税税率提高到"值百抽五"的水平,从 1919 年 8 月开始实施。

---

〔1〕《申报》1914 年 12 月 5 日。

〔2〕 沈家五:《张謇农商总长任期经济资料选编》,南京大学出版社,1987 年,第 273 页。

〔3〕 第二历史档案馆编:《中华民国史档案资料汇编》第二辑,江苏古籍出版社,1991 年,第 369 页。

1919年,第一次世界大战的战胜国在巴黎举行会议,中国派代表团参加会议,正式提出《希望条件说帖》,首次提出"关税自主"要求。[1] 英美等国虽声称充分承认"此项问题之重要",而以不在和平会议范围之内,拒绝讨论。[2] 同时,将德国在山东的权益转让给日本,中国外交努力归于失败,因而导致国内爆发了抗议列强的"五四运动"。

1921年6月,1919年定的税则期满,北京外交部向各国驻华公使发出照会,要求修改现行税则。英国、美国同意召开关税会议,研究修改税则问题。但是,日本表示公然反对。1921年11月,在华盛顿会议上,中国代表顾维钧提出收回关税自主权,取消领事裁判权,取消"二十一条"等议案,散发了《对于中国关税问题之宣言》。[3] 华盛顿会议对于中国提出的要求进行了讨论,最后通过了《九国间关于中国关税税则之条约》。该条约未提及中国关税自主问题,只是同意中国可以再次修改税则,使其达到"其税适合于切实值百抽五之数",并同意中国对于进口货加征"值百抽二点五"的附加税。[4] 中国代表对此提出《保留案》,声明中国决不放弃关税自主要求。"到会各国均有关税自主权,独不予关税自主权许与中国,实为憾事。将来一遇适当时机,仍欲将此问题重行讨论"。[5] 根据华盛顿会议,1922年3月在上海成立了修改税则委员会,修订了新的税则。1925年,发生"五卅惨案"。迫于中国抗议,西方列强同意召开关税特别会议。是年10月,关税特别会议在北京召开。参加会议的有:中国、荷兰、意大利、英国、日本、比利时、法国、美国、葡萄牙、瑞典、挪威、丹麦、西班牙。与会各国代表原则上"承认中国享有关税自主之权利,允许解放各该国与中国间各项条约中指关税上束缚,并允许中国国定关税定率条例于1929年1月1日发生效力"。[6] 会议进行到1926年4月,北伐军向北迅速推进,北京政府陷于一片混乱,各国代表纷纷离京,北京关税特别会议无果而终。

1927年4月,南京国民政府成立。7月20日。国民政府发布《实行裁撤厘金关税自主》公告。略谓:近数十年来,外感协定关税压迫,内受厘金制度之摧残,以至商业停滞,实业不振。"欲图国民经济之发达,非将万恶之厘金及类似厘金之制度彻底清除不可,非实行关税自主不可"。[7] 声明从9月1日起,关

---

〔1〕 国民政府外交部编:《中国恢复关税自主权之经过》下编,第1—5页。
〔2〕 《秘笈录存》,近代史研究所编:《近代史资料》(专刊),第199页。
〔3〕 贾士毅:《华盛顿会议闻见录》,第187—188页。
〔4〕 《中外旧约章汇编》第三册,第221—223页。
〔5〕 陈诗启:《中国海关近代史》,人民出版社,1999年,第90页。
〔6〕 《外交公报》第58期,专刊,第17—18页。
〔7〕 《中国恢复关税自主权之经过》下编,第81—82页。

税自主。同时颁布了《国定进口关税暂行条例》。该条例规定：除了现在征收的5%的进口税之外，普通货另征7.5%；奢侈品另征15%—25%。但是，这一政策遭到日本的强烈反对。1928年6月，国民革命军占领北京，北京政府垮台。7月，国民政府外交部发表《对外宣言》，宣布废除一切不平等条约，将与各国订立互尊主权的条约。[1]

1928年7月，宋子文代表国民政府与美国驻华大使马克莫会谈。25日，中美两国在北平签署了《整理中美两国关税关系条约》，明确规定五口通商以来的协定关税条款作废，美国政府承认中国关税完全自主："历来中美两国所订立有效之条约内，所有关于中国进出口货物之税率、存票、子口税并船钞等项之各条款应即撤销作废，二应适用国家关税完全自主之原则。"[2]同时还规定："为缔约各国对于上述及有关系之事项，在彼此领土内享受之待遇，应与其他国享受之待遇毫无区别。缔约各国不论以何藉口，在本国领土内不得向彼国人民所运输进出口之货物勒收关税，或内地税，或何项捐款，超过本国人民或其他国人民所完纳者，或有所区别。"[3]即中国和美国彼此给予对方最惠国待遇。随后，国民政府又分别与英国、德国、法国、荷兰、瑞典、挪威、西班牙、意大利、葡萄牙、丹麦和比利时等11个国家进行了缔约谈判，相继与各国签订了新的关税条约。新的条约承认中国关税自主，中国与各国彼此给予最惠国待遇及国民待遇。唯独日本拒不承认中国关税自主权。鉴于多数与中国有贸易关系的国家已经承认中国关税自主，国民政府于1928年12月宣布中国自1929年2月1日起实行国家自定税率。[4]

国民政府根据1926年北京关税特别会议上各国代表七级附加税的提案，再加上5%的进口征税，公布了近代中国第一个国定税则。税率分别为7.5%、10%、12.5%、15%、17.5%、22.5%、27.5%。这一税则确立了等差税制原则，否定了均一税制，一定程度上体现了关税自主原则。同时，国民政府还废除了陆路税减免三分之一的不合理规定，宣布："从新税则实行之日起，所有陆路进口货物现在所课之优待税率予以废止。"[5]

由于日本不承认中国关税自主，引起中国各界强烈不满，各大城市掀起抵抗日货运动，日本商人损失惨重，纷纷向本国政府提出诉求。在这种形势下，中日

---

[1] 《中国恢复关税自主权之经过》下编，第91页。
[2] 国民政府外交部编：《外交公报》第1卷，第4号，第115—116页。
[3] 国民政府外交部编：《外交公报》第1卷，第4号，第115—116页。
[4] 《总税务司通令》第2辑(1928—1930年)，第66页。
[5] 《中国恢复关税自主权之经过》，下编。

两国代表再次坐下来谈判。国民政府代表以三年不增加日本棉织品、海产品和面粉等货物税收以及废除厘金为让步条件,换取了日本承认中国关税自主权。1930 年 6 月《中日关税协定》签署,该协定明确规定:"关于进出口之税率、存票、通过税、船钞等一切事宜完全由中日两国彼此国内法令规定之。"这样,中国关税自主权终于得到了各国的承认。[1] 国民政府重新修订关税,颁布了 1931 年税则。该税则将税率分为 12 个级别,自 5%—50%不等。是年 9 月 18 日,日军侵占中国东北三省,中日两国关系自然处于冰点。1933 年 5 月《中日关税协定》期满,中国重新制订了新的进口税税则,宣布从 6 月 1 日开始实施。该税率分为 14 个等级,自 5%—80%不等。总的来看,1933 年的税则,竞争性进口商品高于非竞争性商品的税率,生产资料低于消费资料的税率,生活必需品低于奢侈品的税率,关税对于中国的产业起到了一定保护作用。

协定关税时期(1842—1931 年),实际征收的出口税率不仅高于名义税率,而且高于进口税率,不利于中国经济的发展。国民政府恢复关税自主权之后,于 1931 年 6 月宣布实施《海关出口新税则》,规定出口商品分为六类 270 个税目,从价从量并征。部分商品征税 5%,另一部分征税 7.5%。对于一些竞争性的工业品仅仅征收 3%,对于茶叶、蚕茧、绸缎、棉纱、纸伞、书籍等一律免税。这显然有利于中国商品的出口贸易。

三、外籍税务司制度的废除

从 1859 年李泰国被任命为总税务司,一直到 1911 年的 50 余年间,海关的行政权一直限于征税,从未取得海关税款的保存权。海关的税款保存在户部指定的银号里,关税的支配完全由海关监督或海管道负责,外籍税务司和其他任何外国势力都无权干预。因此,有清一代,尽管丧失了部分海关关税的征收权,但仍保留着关税的保存权和支付权。辛亥革命爆发后,各省纷纷响应。新任总税务司安格联(Aglen, Francis A.)认为清廷难以逃脱覆灭的命运,于是,命令各个口岸的税务司将其税款转入汇丰银行。例如,他命令江海关税务司苏古敦说:"你应当将税款设法转入汇丰银行我的账内,等候事态的发展。让税款跑到革命党的库里是不行的。"[2]英国驻华公使朱尔典(Jordan, John N)也向英国外交大臣汇报说:"一旦某些通商口岸脱离清政府而落到革命党的手中,所收税款

〔1〕　陈诗启:《中国海关近代史》,人民出版社,1999 年,第 185 页。
〔2〕　《安格联致江海关税务司苏古敦》1911 年 10 月 15 日,《中国海关与辛亥革命》,中华书局,1983 年,第 8 页。

就听任革命党支配,税款就有被革命政府移作军用,或支付其他迫切需要的严重危险。"〔1〕朱尔典当即电令长沙领事馆与税务司合作,帮助税务司将税款按照总税务司的要求"或领事团的名义暂行保管"。〔2〕 于此可见,税款由税务司或领事团保管是安格联与朱尔典共同商定的办法。清廷面对汹涌澎湃的革命浪潮,也不甘心立即退出政治舞台,不甘心让税款落入革命党手中。1911 年 12 月 6 日(宣统三年十月十六日),政务处札行总税务司:"本处查各海关税项暂由总税务司统辖,以备拨付洋债赔款,既经度支部核准,自可照办。除通行外,相应札行总税务司遵照办理。"〔3〕根据这一札令,政务处不仅将革命独立省区的海关税款委托总税务司掌控,而且将非独立的省区的海关的税款一概委托给总税务司。安格联接到这个札文后,感到非常得意。他在给各个海关税务司的通札中写道:"政府批准这种在税务中违反先例的事情,使得现在有可能在全中国按照近乎一致的方式进行了。"〔4〕这就是总税务司夺取海关税款保管权的经过。

中华民国建立后,海关总税务司署仍由部级的税务机关统辖。总税务司署在 20 世纪二三十年代,行政机构不断扩大。下分五科二处。五科是总务科、机要科、汉文科、会计科、铨叙科。总务科协助总税务司处理关务,在总税务司请假或外出时,代理总税务司的职权。机要科管理机要文件,设税务司一人,一般由洋人担任,职责是协助总税务司处理一切机要事务。汉文科,管理各个海关的汉文报告以及与政府机关之间的文件,设正、副税务司各一人,由通晓汉文的洋员担任。会计科,设正、副会计科税务司各一人,主要审核海关经费的收入以及会计账目,编制全年预算,管理海关人员的储金和养老金账目,同时管理海关的财产,兼理政府赔款事宜。铨叙科,设立铨叙正、副税务司各一人,协助总税务司,处理海关职员的录用、分配、迁调、考核、晋升、奖惩等事务。两处:造册处和驻伦敦办事处。造册处设在上海,管理进出口贸易统计和公文印刷事宜,设正、副税务司各一人。驻伦敦办事处系采办海关物料,招用洋员,支付洋员来华的旅费,也是总税务司驻伦敦的外交代表。

各个海关根据业务性质,将海关人员分为内班、外班和海班。内班包括大公事房、派司房、存票房、关栈房、内地运单房、综核房、总结房、文案房和账房。其中大

〔1〕《朱尔典致格雷呈》1911 年 10 月 23 日,《中国海关与辛亥革命》,中华书局,1983 年,第340 页。
〔2〕《朱尔典致格雷呈》1911 年 10 月 23 日,《中国海关与辛亥革命》,中华书局,1983 年,第340 页。
〔3〕《总税务司通令》第二辑(1911—1913 年),第 179 页。
〔4〕《总税务司通令》第二辑(1911—1913 年),第 179 页。

公事房机构较大,内部又分为大写台、进口台、出口台、复出口台、结关台、饷单台等。外班是指总巡房,设置总巡一人,督率巡务。所属有验单、验货钤子手、巡役等。海班,即理船厅,负责指引船舶停靠、管理港口航标、管理装载危险品船舶、管理风信等警报、管理检疫和卫生、负责商船测量等事宜。上述海关人员设置是科学的也是合理的,先将所有职位按照工作种类、业务性质横向划分为若干职能部门,然后再根据工作性质的繁简、难易、责任大小、所需资格、条件划分职级,并将其纳入相应的职等。这种细密分工是以事情需要为出发点,强调行政的性质和要求,要求专职专才,因才使用,因需录用。这是因事设岗,而非因人设岗。

安格联接任总税务司之后,由于关税稳步上升,出现了大量的"关余",加之拥有关税保管权,因此志满意得,有恃无恐,忘记了他是中国的雇员。1926 年,广东国民政府决定征收附加税。安格联认为,广东的做法无非是筹措军费。因此,他得出的结论是:"除非附加税通过某种协定的手续而为国际上所公认是一种合法的关税,而广东政府必须表示可以由海关征收的愿望。否则,海关的安全势必受到危害。"[1]是时,国民北伐军所向披靡。英国驻华使馆决定对广东国民政府采取妥协政策,反对安格联的对抗态度。英国外交部通过中国海关驻伦敦办事处,告诫安格联说:"海关广东和其他地方对国民政府保持一种友好的合作态度,会大大地有利于海关,有利于发展将来与国民政府之间的友好合作关系。既是这种合作意味实际上的关税自主,这种自主既得诺许,英国政府准备面对现实。特别是以这种方式进行的关税自主,将会由海关履行海关职能,由总税务司管理值百抽五的关税。拒不合作会反过来使国民政府决定采取一种肯定敌视的态度,最终可能导致海关行政的彻底摧毁。"[2]安格联没有得到英国政府的公开支持,转而寻求其他国家的帮助。在他看来,西方列强,包括英国在内,不会放弃债务,不会听任广东方面自行其是。只要西方列强一致决心阻止,他就可以安然无恙。

是时,北京政府也急于寻求军费来源,也主张尽快征收 2.5% 的附加税。安格联认为,如果同意北京政府征收 2.5% 的附加税,可能导致海关的崩溃。因此他借故长江口岸发生问题,需要亲自前往处理,离开了北京。安格联到达汉口后,立即与国民政府的代表讨论海关问题。北京政府署理总理兼外交总长顾维钧得知这一消息,认为安格联投机取巧,有意讨好国民政府,电令安格联尽快回

---

〔1〕《总税务司机要通令》第 53 号,1927 年 2 月 11 日,《总税务司机要通令》第 1 卷,第 103 页。
〔2〕《泽礼致安格联电》1926 年 11 月 22 日,南京中国第二历史档案馆藏总税务司档案,档案号:679－32744 号。

到北京,开始征收 2.5%的附加税。安格联将这一消息透漏给国民政府的代表。国民政府的代表警告他说,如果安格联为北京政府开征附加税,"广州国民政府将马上在其辖区内接管所有海关,摧毁海关现有行政体制"。[1] 这样,安格联陷入进退两难的境地。他犹豫徘徊于上海和汉口之间,对于北京政府的电令置之不理。因此,顾维钧下达了免去安格联总税务司职权的命令。免去安格联的总税务司职权的表面上是因为他对北京的电令置之不理,实际上还有更深层的原因。顾维钧回忆说,当时之所以将安格联革职,不单单是因为他违抗征收捐税的命令,而是内阁一致认为安格联长期与中国银行的一些人勾结在一起。"这种勾结是蓄意控制政府公债市场,并全力加强和继续对中国政府,特别是财政部的控制。安格联的革职受到以张家璈为代表的中国银行界的强烈反对,但在全国却受到衷心的欢迎。中国舆论界一般都认为这是维护中国主权和中国政府权力的合法行为"。[2]

安格联对于他的革职反应是抱怨北京政府不理解这种行动的财政后果,也不体谅他脚踩三四只船的处境。他确实既想踩着英国政府的船,又想踩着西方列强的船;既想踩着北京政府的船,又想踩着南方国民政府的船。在这种情况下,他要处理好海关与各方的关系,又要处理好 2.5%附加税的问题,实属不易。结果,他在北京政府这条船上翻了下去。安格联渴望英国干预,或国际立即干预,但是,均未实现。因此,安格联想到了体面下台。北京政府也不愿就此把问题复杂化。于是发一个公函,内称:"税务事项承阁下服务多年,经营擘画,勤劳足佩。惟阁下迭次表示归国意思,当予照办,以遂初衷。"[3]

安格联的革职令发表之后,中国银行界以张家璈为代表的人立即前往顾维钧的办公地兴师问罪。声称:革职令使中国银行家十分震惊,在全国金融市场,特别是在上海孕育着严重的危机。"中国银行界的意见是:如果政府不准备有效应付局势,最好是辞职,让位于能处理局势,懂得如何立即采取办法的其他人物"。顾维钧对于张家璈的威胁感到同样吃惊,他虽然意料到银行界会有一定反应,但没有想到张家璈如此气急败坏。因此,他也坚决回答说:"政府在决定革去安格联的职务时,完全准备好可能出现的任何后果。如果政府自己没有能力应付局势,威胁政府却不是银行家应该做的事。……另外,政府公职的任免是政府的正常职权的一部分。所以,我认为政府革除安格联的职务这一行动,与其

〔1〕 《安格联致泽礼电》1927 年 1 月 22 日,南京中国第二历史档案馆藏总税务司档案,档案号:679 – 32744 号。

〔2〕 中国社会科学院近代史研究所译:《顾维钧回忆录》第一册,中华书局,1983 年,131 页。

〔3〕 《税务处公函》年字第 121 号,1927 年 2 月 7 日。

他高级官员没有什么不同。"〔1〕

　　与此同时,七国公使,即英国公使蓝普森、比利时公使道依西、日本公使芳泽谦吉、荷兰公使欧登科等前往质询中国外交总长顾维钧,要求中国对于安格联的免职给予一个令人信服的理由。顾维钧回答说:"公使先生,我恐怕难以对你的问题作答。因为你问的这件事,只涉及中国政府内部的事务,是政府正常管理的问题。可以肯定,你这是想干涉中国内政。你要问理由,很简单,就是'抗命'。"蓝普森说,"'抗命'这个罪名怎么会适用于安格联爵士呢?"顾维钧强硬回答说:"即使他代表英国债券持有人的集体利益,也代表其他公使,即代表其他国家债券持有人说话,我也没有必要去解释政府为什么要革去安格联的职务。我已经说明了革职的理由,我认为这已经够了。"〔2〕

　　安格联免职后,北京政府准备任命易纨士(Edwards, Arthur H.F.)为代理总税务司。易纨士历任中国海关要职,曾任秘书科税务司,后来调任粤海关税务司,后来又调回北京,任总税务司署总务科税务司。北京政府任命易纨士,易纨士也想上任,却未得到英国公使馆的允诺,迟迟不敢就任。英国公使蓝普森由于安格联的革职,与顾维钧发生冲突,试图报复,故意拖延时间,不予表态。顾维钧通过大理院院长王崇惠向英国公使传话。如果英国公使不愿意任命易纨士,中国政府将改变命令,任命梅乐和(Maze, Frederick W.)。而梅乐和与英国公使蓝普森之间关系一般,多有摩擦。蓝普森希望顾维钧收回安格联革职的成命。不过表态,如果在易纨士和梅乐和之间选择的话,他宁愿选择易纨士。王崇惠明确告诉蓝普森,安格联的复职是不可能的。"最后,内阁和我自己对英国公使的刁难很不耐烦了。几天后,我们通知蓝普森,在安格联免职的前提下,如他有什么政府能接收的建议,或可加以考虑。但总税务司的职位不能久悬,我们将通知易纨士于两个月到职。同时,我以外交总长的身份通知驻伦敦代办陈维城就蓝普森企图干涉中国政府的行政事务向英方提出抗议,并试探英国外交部的反应。陈的报告表明,对蓝普森为安格联的革职问题与中国政府争辩,英国政府持不同观点。英国政府已经感觉到要中国政府废除官方命令是不可能的,倾向于寻求一种保面子的解决方式。"〔3〕最后,蓝普森终于同意易纨士就任新职。1927 年2 月,北京政府正式下达了对于易纨士的任命。

---

〔1〕　中国社会科学院近代史研究所译:《顾维钧回忆录》第一册,中华书局,1983 年,第 307—308 页。

〔2〕　中国社会科学院近代史研究所译:《顾维钧回忆录》第一册,中华书局,1983 年,第 309—310 页。

〔3〕　中国社会科学院近代史研究所译:《顾维钧回忆录》第一册,中华书局,1983 年,第 314 页。

不过,风云突变,4月,革命北伐军攻占黄河流域,国民政府宣布定都南京,中国同时出现了两个政府对峙的局面。中国通商口岸大部分在南京政府控制之下,而总税务司署仍然驻在北京,总税务司是由北京政府任命的。这种局面使易纳士颇为尴尬,他必须设法使南京政府承认他的职位。然而,谈何容易。南京政府公开表示,对于北京政府任命的总税务司原则上是难以接收的。为了取得南京政府的认可,易纳士于1927年春天两度南下,频繁接触南京政府要人,终于在10月3日得到了南京政府的认可和任命。但是,易纳士同安格联一样不识时务,对于管理关余和其他事宜"仍遵循安总税务司之成规",引起国民政府的强烈不满。一年之后,易纳士再蹈覆辙,被国民政府下令免职。

梅乐和(F.W. Maze,1871—1959年),也是中国海关英国籍资深的税务司,是赫德的外甥。1891年(光绪十七年),进入海关。先后在烟台、牛庄海关工作。4年后,调入总税务司署工作,受到赫德的亲自栽培。此后,在南昌、福州、广州、江门、腾越、天津等海关工作。1925—1929年,任江海关税务司。1927年3月,国民革命势力到达上海,梅乐和通过社会名流虞洽卿引见,拜会了蒋介石,表示愿襄助筹款。4月,先后拜谒前敌总指挥白崇禧和财政部长宋子文,要求维护海关体制。是年春,国民政府征收附加税,洋商和领事表示反对,梅乐和一反总税务司安格联拒绝代征的做法,坚持按照命令办事。这样,梅乐和博得了国民政府要员的信任。1928年,南京政府先后任命梅乐和为副总税务司,准备代替易纳士。1929年,梅乐和就任总税务司,立即去南京,向中央政府详述维护海关固有制度的重要性,同时提出培训华员,以备日后代替洋员管理海关的意见,既得政府的信任,又避免舆论的非难。

南京政府于1927年4月成立后,5月,设立财政部,下设关税处。7月26日,发表宣言,宣布自9月1日实行关税自主,裁撤厘金。先从江苏、浙江、安徽、福建、广东、广西六省开始推行。10月,关税处改为关务署。关务署署长的主要职责是,"承财政部长之命,总理本署事务,监督本署职员、总税务司、全国海关常关监督、内地税关、税局长官及所属职员"。[1] 国民政府为海关改革做了大量工作,在《财政部关务署临时办事细则》中规定关政科的职责如下:关于关税政策之规划和施行,关于关税应兴应革事宜之处理事项,关于各关局之设立、废止及划分关税区域等事项,关于各关局华人、洋人之任免、升调、奖惩等事项,关于关税上发生的外交事项,关于各关局人员的考试、录用甄别等事项。这样,就厘清了中国海关总税务司、各海关税务司与财政部的关系。同时,为了加强对于

---

[1] 《财政部关务署总则》第六条,《法令汇编》民国十七年,第2页。

各关局的监督,财政部有意识地提高了海关监督的地位。规定:"各海关、常关监督由财政部长呈请行政院转呈国民政府简任。"这样,各海关税务司已经置于海关监督的监督之下,海关监督对于税务司的行文,也由"咨"改为"饬",双方的地位发生了彻底改变。这个变革对于洋人控制下的中国海关是一次空前的改革,但是,这个变革后来遭到了新任财政部长宋子文的否定。在宋子文看来,海关政策的完整和它的文官服务传统将加以保持,"海关将恪守政府命令,专营征税工作,而摆脱一切政治性的超出本职之外的职权和联系"。"应把它变成一个纯粹属于国家而没有党派性的机构"。[1]

到 1929 年年底为止,国民政府与英国、法国、美国、荷兰、挪威、比利时、丹麦、意大利、葡萄牙、瑞典等十个国家订立新的条约,这些国家均承认中国拥有关税自主权。当时,只有日本制造种种借口,不愿承认中国关税自主。从 1929 年 2 月开始,国民政府的关税行政改革进行了 3 年多的时间。从内地税局、内外常关、厘金裁撤,到归并海关。改革的结果是,全国主要关税行政集中于海关,统一管理。从此以后,关税行政的多头领导、各自为政、规章制度紊乱、行政管理腐败、低效等现象得以克服。经过这次改革,不仅提高了工作效率,也大幅度增加了关税。从管理角度来看,宋子文领导的这一次改革采用了比较先进的管理方法。但是,这次改革没有触动英国控制海关的势力和制度。

民国时期,在关税自主思潮的影响下,国民政府提出收回海关管辖权,最先收回的是国内公债基金的保管权。1929 年 1 月,关务署训令易纨士,凡属公款一律存入中国银行。"嗣后该总税务司署及所属各关税务司经费款项,凡有中央银行分设之处,均应悉数存放该行,以重公帑"。[2] 这样,内国公债及海关经费的保管权逐渐收回。

1937 年 8 月 13 日,淞沪战争爆发。财政部关务署饬令总税务司《非常时期安定金融办法》和《补充办法》,要求各关关税征收与收纳均以法币结算和兑换,划汇票据概不适用。8 月 19 日,通令海关人员坚守岗位,不得擅离职守,此外还通令禁止汽油、润滑油、小麦等出口。战时,国民政府为解决物资短缺,实行管制贸易。管制贸易有两种:一是统制进出口贸易;二是对部分商品实行国营政策。

1944 年 4 月,美国籍税务司李度(Lester Knox Little,1892—1975 年)成为总

〔1〕《宋子文在海关赠鼎仪式上之答词》1933 年 10 月 8 日,《总税务司通令》第 2 辑(1933—1934 年),第 143—144 页。

〔2〕《财政部关务署训令》第 162 号,1929 年 1 月 29 日,《总税务司通令》第 2 辑(1928—1929 年),第 108 页。

税务司。1945 年秋天,奉财政部令,李度前往接收台湾省之台北、台南两关。他是中国近代海关第一个非英国籍总税务司,也是近代海关最后一个外籍总税务司。是时,国民政府的统治已经处于风雨飘摇之中,李度难以有所作为。中国海关总税务司署的最后历史是,1949 年,李度率领总税务司署少数人员自上海迁往广州。是年 10 月,广州失守,他又偕同少数人员经过香港,到达台北。由于时局动荡,李度没有用武之地,只好将随同到达的外籍海关人员全部设法遣返。1950 年 1 月,李度请假离开台北。这样,外籍税务司制度在中国随着李度的离开而彻底消失。

四、收回租界与废除领事裁判权

(一)北京政府的努力

第一次世界大战期间,北京政府为收回租界和废除领事裁判权进行了不懈的努力。1917 年 3 月,中国外交部断绝与德国的外交关系,旋即宣布收回德国在天津和汉口的租界。是年 8 月,中国外交部宣布对德、奥宣战,声明废除德国和奥国与中国历届政府订立的所有条约。1919 年,巴黎和会召开,中国代表团提出废除势力范围、撤退外国军队、裁撤外国邮局和有线无线电报机关、撤销领事裁判权、归还租借地、归还租界、关税自主以及废除"二十一条"等八项正义要求。主持会议的克里蒙梭认为中国所提要求都很重要,"但不能认为在和会权限以内所能讨论之事",从而拒绝了中国的合理要求。尤其是,将德国在山东的权益转让给日本,列入和约,使中国代表极度愤怒,因此中国代表拒绝在《凡尔赛和约》上签字,以示抗议。

1917 年,俄国发生十月革命,苏联政府成立后,宣布废除中俄不平等条约,首先放弃沙俄在华权益。1924 年 5 月,中苏两国签订《建立邦交之换文》和《解决悬案大纲协定》,废除了领事裁判权。8 月,北京政府宣布收回天津俄国租界;明年 3 月,收回汉口的俄国租界。

1920 年 3 月,德国照会中国驻德使馆,希望恢复与中国的贸易关系。随后,中国和德国代表开始在北京进行谈判。是年 5 月签署《中德协定》,其中规定:"此国人民在彼国境内得遵照所在地法律、章程之规定;……两国人民于生命及财产方面,均在所在地法庭管辖之下。"[1]据此,德国在华领事裁判权被取消。

---

[1] 王铁崖编:《中外旧约章汇编》第三册,生活·读书·新知三联书店,1957 年,第 168 页。

1921 年,美国倡议召开华盛顿会议,讨论远东问题。11 月 14 日,中国、英国、美国、法国、意大利、日本、荷兰、葡萄牙、比利时等九个国家代表到会。中国代表提出十大原则:山东应交还中国;废止二十一条之中日条约;撤销领事裁判权;关税自主;退还租借地和租界;取消势力范围;撤退驻华军队;撤去客邮;撤废无线电台;尊重中国战事中立。在此基础上,会议归纳为四大原则:即尊重中国主权独立,与领土行政的完整;给予中国以发展机会,维持有力之政府;维持各国在中国工商业机会均等原则;各国不得利用中国现状,攫取特殊权利,妨害友邦在中国的权利及安全的行动。但是,这个会议吵吵嚷嚷,在中国问题上没有达成任何共识。

不过,在 1925 年,中奥两国经过谈判,达成协议,奥匈帝国的领事裁判权也被废除。

民国初年,各国在中国享有领事裁判权的国家有 19 个,在北京政府时期,中国收回了俄国、德国和奥匈帝国等三国租界和治外法权,还有 16 个国家继续拥有租界和领事裁判权。

(二) 南京政府的努力

1924 年 1 月 30 日,中国国民党第一次全国代表大会发表宣言,宣布对外政策七条,其中第一条是,"一切不平等条约,如外人租借地、领事裁判权、外人管理关税权以及外人在中国境内夺使一切政治的权力,侵害中国主权者,皆当取消,重订双方互尊主权之条约。"[1]

1927 年 1 月 3 日,武汉民众庆祝胜利,汉口英水兵登陆,与民众发生冲突,导致民众死 1 人,伤百余人。群情激愤,要求收回租界风潮渐趋扩大。国民政府外交部发表宣言,要求收回租界。英国外交大臣亦发表宣言,谓英国尊重中国主权。英国驻华公使蓝普森(Lampson)派员前往汉口谈判。2 月 19 日,就收回汉口租界中英双方代表达成协议,同意将汉口英国租界的管理权于 3 月 15 日交还中国政府。2 月 20 日,中英代表又签订收回九江英国租界,规定 3 月 15 日,交还中国政府。3 月,国民革命军抵达镇江,英国也将镇江英租界的巡捕全部撤退,交还中国政府。1929 年 10 月 31 日,中英双方代表互换收回租界照会。是年 11 月 15 日,国民政府宣布正式接收。1930 年,国民政府外交部又与英国厦门领事馆磋商,于 9 月签订收回厦门英国租界协议。1930 年 4 月 18 日,中英双方签订《中英交收威海卫专约》,规定,除刘公岛续租十年外,其余部分全部收回。此

---

〔1〕 叶祖灏:《废除不平等条约的经过》,独立出版社,1944 年,第 71 页。

外,1927 年,南京国民政府与比利时签订条约,声明收回天津租界。1929 年 8 月
31 日,正式收回比利时天津租界。

国民政府定都南京后,即由外交部向各国发出照会,提出废除领事裁判权事
宜。是时,中国与比利时、意大利、丹麦、葡萄牙、西班牙的通商条约已经期满。
在新定的条约中已经分别规定:"此条约国人民在彼缔约国领土内,应受彼缔约
国法律及法院之管辖。"〔1〕因此,可以看作这五个国家已经放弃领事裁判权。
墨西哥于 1929 年 11 月声明自动放弃领事裁判权。到 1929 年底,尚未放弃领事
裁判权的国家有英国、美国、法国、荷兰、挪威、巴西、秘鲁、瑞典和日本。国民政
府外交部致电驻美国公使伍朝枢和驻英公使施肇基,令其向美国和英国政府通
报以下内容,中国将在 1930 年 1 月 1 日起废除领事裁判权,此后所有在华外国
人都须服从中国的司法管辖。〔2〕英国、美国政府对于中国单方面发表宣言表
示反对,但是,英国在这时不愿与中国发生直接对抗。1929 年 12 月 20 日,英国
外交大臣亨德森向施肇基提交了一份备忘录,声称英国对于中国废除领事裁判
权的努力一直采取同情的态度。只是由于中国发生了内战,才使双方的谈判未
能及时开始。但是,英国不能认同中国片面废除条约的方式。英国政府准备同
意"1930 年 1 月 1 日被视为原则上逐渐废除领事裁判权开始启动之日。英国政
府不反对中国政府发布任何它想发布的符合这一精神的任何宣言"。〔3〕美国
也对中国代表说,美国政府原则上同意废除领事裁判权,但坚持应采取渐进废除
的步骤。

国民政府在交涉未果情况下,于 1929 年 12 月 28 日发布命令,宣告自
1930 年 1 月 1 日起,凡侨居中国,现在享有领事裁判权的外国人民,应一律遵
守中国中央及地方各级政府依法颁布的法令法规。"查,凡属统辖权完整之国
家,其侨居该国之外国人民,应与本国人民同样受该国法律之支配,及司法机
关之管辖,此系国家固有之一要素,亦为国际公法确定不易之原则。中国自受
领事裁判权束缚以来,已届八十余年,国家法权不能及于外人,其弊害之深,毋
庸赘述。领事裁判权一日不能废除,而中国统治权一日不能完整。兹为恢复
吾固有之法权起见,定自民国十九年一月一日起,凡侨居中国之外国人民,现
时享有领事裁判权者,应一律遵守中国中央政府及地方政府颁布之法令规章。
诸行政院、司法院转令主管机关,从速拟其实施办法,送交立法院审议,以便公

---

〔1〕　王铁崖编:《中外旧约章汇编》第三册,第 642—643 页。
〔2〕　《英国外交文件》第 2 辑,第 8 卷,第 208—209 页。
〔3〕　[美]费歇尔:《在华治外法权的终结》,中山大学出版社,2012 年,第 171 页。

布施行"。[1]

1930年1月,为贯彻上述命令,经国民党中央宣传部提议,各地利用纪念中华民国成立19周年之机,发起一个废除领事裁判权的运动,以唤起民众对政府的坚决支持。尽管国民政府在作出试探之后,又在各国的反对面前作了退让。但是,特令的公布毕竟促进了有关废除领事裁判权的交涉。正当中外之间进行紧锣密鼓谈判之际,中原大战爆发。中国的内战导致这一谈判无法继续进行。这样,南京国民政府废除领事裁判权的努力不得不暂时中止。

中原大战结束后,中国和英国、美国的代表恢复了谈判,并且取得了实质性的进展。然而,1931年的"九一八事变"又一次改变了废除领事裁判权的进程,已经草签的中英新约和即将达成的中美协议无法进行下去。国民政府不得不将主要精力用于应付日本的侵略。

由于日本发动"九一八事变",中国废除领事裁判权的进程被迫中断,而日本发动全面侵华战争,使中国废除领事裁判权的进程出现新的转机。第二次世界大战的爆发,促使英国、法国和美国与中国逐渐走到一起,成为并肩作战的同盟国。英国、法国和美国亲眼目睹了中国捍卫国家独立和自由的坚强决心,开始发现中国的价值,决定向中国作出外交让步。

1940年春天,燕京大学校务长司徒雷登(John L. Stuart)在与蒋介石会晤后,给美国总统罗斯福(Franklin Roosevelt)发去一份电报,建议对中国的抗日战争给予经济援助,建议放弃具有时代错误的特权,认为"这样做的好处之一便是淡化日本人对整个问题的处理"。[2] 1939年1月,英国政府照会中国政府,表示愿在远东战争结束之后的一个适当时期,与中国讨论废除领事裁判权等问题。1940年7月,英国首相丘吉尔(Winston Churchill)在英国下院重申:"英国准备于战事结束之后,根据互惠及平等原则,与中国政府谈判废除'治外法权',交还租界及修改条约。"[3]不久,美国代理国务卿韦尔斯(Sumner Wells)也表示:"在条件许可的任何情况下,和中国政府经有秩序的谈判和协议,从速取消在华治外法权及其他一切美国及其他国家根据国际协定而取得的所谓'特权'。"[4]英国和美国的这两份公开声明并非出自中方的催促和要求。它是英国和美国主动提

〔1〕《国民政府特令》1929年12月28日,《中华民国史档案资料汇编》,第5辑第1编,外交卷,第53页。

〔2〕《司徒雷登致罗斯福电》1940年4月10日,《美国外交文件》1940年,第4卷,第316页。

〔3〕《丘吉尔在英国下院的报告》1940年7月20日,载《重庆日报》1940年7月20日。

〔4〕《韦尔斯声明》1940年7月19日,《中美关系资料汇编》第一辑,世界知识出版社,1957年,第538页。

出的,这与以往中方不断催促而英美迟迟不作反应有所不同。并且,英国和美国同意放弃的特权,不仅包括领事裁判权,还要交还租界等。出现这种变化,是由于当时的国际形势决定的。在同盟国的战略中,中国对日作战发挥着重要作用。英国和美国主动宣布在战后废除领事裁判权,是对盟友浴血奋战的一种道义支持。

太平洋战争的爆发,使废除不平等条约又有了新的机会。中国宣告对德国、意大利和日本宣战,中国与德国、意大利和日本之间的条约自然取消。"所有一切条约、协定、合同有涉及中日关系者,一律废止"。"所有一切条约、协定、合同有涉及中德或中意间之关系者,一律废止"。[1]

鉴于以往在与英国、美国代表谈判时遇到的种种阻难,中国外交官希望抓住有利机会,提前废除列强的特权,兑现英国和美国两国政府的承诺。1942 年 4 月 23 日,正在访问美国的宋美龄在《纽约时报》发表《如是我观》一文,谴责各国在中国的领事裁判权,呼吁有关国家拿出诚意,尽快废止领事裁判权。这篇文章在美国激起较大反响。美国国务卿赫尔认为中国要求废除领事裁判权的要求已经得到美国公众的同情,需要考虑提前废除特权问题。为此,向英国外交部提出了在战时废除领事裁判权等不平等条约问题。是时,英国人对于废除领事裁判权有两种意见:一种意见是全面废除不平等条约,另一种意见是可以部分废除不平等条约。英国政府建议在中国废除条约问题上两国采取平行行动,所谓"平行行动",就是保持一致步伐,防止美国率先采取某种行动,把英国晾在一边。

此时,国民政府的要求已经不限于废除领事裁判权,而是要废除旧约章中所有有损中国主权的特权。1942 年 7 月,外交部拟订了《租界租借地及其他特殊区域之收回办法》《取消其他特权和特种制度办法》,包括军事、势力范围、通商、交通、财政和其他等六个方面自然包括废除领事裁判权。[2] 但是,这一年的夏季中国的抗战局势相当困难。8 月 27 日,赫尔(Hull,Cordell)致电美国驻英大使,转告英国外交大臣艾登(Anthony)提议乘着局势尚在美国和英国的控制之下,采取主动步骤,尽快与重庆政府谈判,给予中国支持,订立符合国际普遍原则的条约,废除领事裁判权,建立与中国的新的外交关系。但是,英国仍然认为,现在采取主动行动的机会尚未成熟。10 月 5 日,蒋介石致电敦促美国自动采取行动放弃不平等条约。强调中国的抗日战争既是保卫生存,也是争取自由和正义。

〔1〕 重庆《中央日报》1941 年 12 月 10 日。
〔2〕 《军事委员会侍从室档案》,《中华民国史档案资料汇编》第 5 辑,第 2 编,外交卷,第 148—149 页。

强调中国并不主张单方面废除不平等条约,但希望美国考虑这个问题,鼓励中国的国民精神和士气。[1] 经过一番商议,英美终于就立即废除领事裁判权等问题达成共识。10月9日,英美两国根据约定,同时通知中国驻美、驻英公使,表示就领事裁判权问题与中国进行谈判。蒋介石得到这一消息,立即致电英国和美国,表示感谢。同时,蒋介石不忘提出,"领事裁判权以外,尚有其他同样之特权,如租界及驻兵、内河航行、关税协定等权,应务望同时取消,才得名实相符也"。[2] 10月10日,在中华民国国庆这一天,英国与美国同时发表声明宣布放弃治外法权。尔后,蒋介石在庆祝大会上宣布了这一消息。他指出:"我国百年来所受各国不平等条约的束缚至此可以根除。国父根除不平等条约的遗嘱亦完全实现。"[3]

此后,中国和美国、英国关于撤销治外法权和交还租界进行了比较顺利的谈判。1943年1月11日,中国驻美大使魏道明与美国国务卿赫尔分别代表各自政府在华盛顿签署了《关于取消美国在华治外法权及处理有关问题之条约》,声明:"自本约生效之日起,美国放弃其治外法权与一九○一年北京议定书所赋予的特权(包括在中国驻兵之权),以及关于通商口岸制度、北平使馆界、上海厦门公共租界(包括上海特区法院)等一切特权。"[4]

同日,中国外交部长宋子文与英国驻华大使薛穆(Seymour, Horace J)在重庆签署了《关于取消英国在华治外法权及处理有关问题之条约》。这样,外国人享有的治外法权终于成为历史。在此必须指出,就在重庆政府与英国、美国谈判接近尾声的情况下,日本急忙上演了一出将在华特权交还给汪伪政府的闹剧。1943年1月9日,日本与汪伪政权签订协议。该协议规定,日本将所有在华租界行政管理权交还汪伪政权,同时放弃在华治外法权。英国、美国废除领事裁判权之后,巴西、比利时、挪威、加拿大、瑞典、荷兰、法国、丹麦、瑞士、葡萄牙等国也相继宣布放弃在华治外法权。这样,西方列强在中国享有的领事裁判权,正好在100年后正式结束。

五、中国领海管辖权之确定

首先,在此需要提及的是,20世纪30年代,沿海一带民船走私现象日益

〔1〕 《抗战期间废除不平等条约史料》,第523—524页。

〔2〕 《蒋介石致魏道明电》1942年10月9日,吕朋等编:《战时外交》第三册,全国图书馆文献缩微中心,2011年,第712页。

〔3〕 吕朋等编:《战时外交》第三册,第714页。

〔4〕 宋家修、郑瑞海编:《废约运动始末》,出版机构不详,1943年,第47页。

猖獗。一些船只从台湾和大连装载货物,到达沿海地方,再用汽车、骡车或内河民船运到各处销售。海关总税务司呈请财政部制订管理民船办法,关务署为此下令:凡是一百吨以下轮船或电船不准于本国与外国各埠间航行。"外国渔船一律禁止由公海驶入本国海口。但本国渔船不在此例"。[1] 中国海关因此于 1931 年制订《管理航海民船航运章程》。而后又感到前一章程不足以应付实际需要,又对管理民船章程进行了修改,大致内容如下:其一,按照章程规定,所有从事航海贸易的民船应向海关注册登记。未经注册者不得在海面航行,经营贸易业务。其二,民船在登记注册时,应声明是经营国内贸易还是国际贸易。其载重量在 120 公担以上者可以注册经营国内贸易。注册之后,应在船头、船尾按照规定格式及颜色烙印注册号数。经营国内或国外贸易的民船颜色各有规定,以资区别。其三,民船应携带合法的文件,无论在航行中还是靠岸时,以备海关人员随时稽查。其四,为防止渔船走私,规定渔船未经海关核准改营商业,不得经营国内外贸易。其五,凡是违犯《海关管理民船航海章程》的船只,海关可按其情节轻重,科以罚金,重者可以将船充公。[2] 由此,我们看到中国政府对于近海的管辖权仍然存在,只是这种近海管辖权当时是不完整的。

大致从 1919 年开始,中国社会兴起废除不平等条约运动。到 30 年代和 40 年代达到高潮,中国终于在 1943 年从形式上废除了与外国缔结的大部分不平等条约。实事求是来说,在这个运动中,人们比较关注列强在华势力范围问题、在华租界和租借地问题、驻军问题、法院和领事裁判权问题、协定关税和税务司制度等问题,对于列强在中国领海和内河进行侵略关注较少。例如,1919 年中国代表向巴黎和会提交的废除七条列强在华特权,1921 年中国在华盛顿会上提出的"十大原则",1926 年中国代表在北京法权会议上提出的八项司法主权,均未提及收回领水和领海管辖权的主张。人们似乎忘记了中国对于内洋和外洋的管辖权,对于国际条约中关于沿海国家领水的权利研究相对较少。在这方面对列强的谴责和抗议,大多附在要求关税自主和废除领事裁判权的事项中。真正对领海和内河航行权提出排他要求的是 1942 年 7 月国民政府外交部《租界租借地及其他特殊区域之收回办法》和《取消其他特权和特种制度办法》。在这两个办法中,于军事方面要求取缔外国军舰根据条约或惯例在中国沿岸领海及

---

〔1〕《总税务司署通令》第 4166 号附件,总税务司署文第 1345 号,第 1436 号,《总税务司通令》第 2 辑(1930—1931 年),第 203—204 页。

〔2〕《海关制度概略》(十),缉私问题,第 14—15 页。

港湾、江湖中游弋停泊的特权,于通商方面要求取缔外国在华沿岸贸易及内河航行特权。[1]

1943 年 1 月 11 日,中国与美国缔结的《关于取消美国在华治外法权及处理有关问题之条约》的第三条规定:"美国放弃关于内河航行于沿海贸易之特权。倘任何一方以内河航行或沿海贸易之权利给予任何第三国之船舶,则此项权利,亦应给予对方之船舶。关于准许商船驶入对海外商运开放之口岸,商船之在此项口岸之待遇,及军舰之访问等,每一国家将给予对方以一现代国际关系中所通行之权利。鉴于通商口岸制度之废止,中国同意在中国境内凡平时对美国海外商运已开放之沿海口岸,将继续对此项商运开放。两国政府将于适当之时间进行谈判,签订现代广泛之友好通商航海及设领条约。"[2]

1943 年 1 月 11 日,中国与英国缔结的《关于取消英国在华治外法权及处理有关问题之条约》规定:过去中英条约中有关由英国方面管辖在中华民国领土上的英国人民或公司之一切条款,一概撤销作废。"英王陛下之人民及公司在中华民国领土内,应依照国际公法之原则及国际惯例,受中华民国政府之管辖"。[3] 英国将上海及厦门公共租界、天津英租界及广州英租界之行政管理归还中华民国政府。凡是上述租界给予英国的权利应当一律终止。双方还在换文中确认英方放弃如下权利:(一)放弃关于中国通商口岸制度的一切现行条约权利;(二)放弃关于上海及厦门公共租界特别法院一切现行条约权利;(三)放弃关于在中华民国领土内各口岸雇用外籍引水人的一切现行权利;(四)放弃关于其军舰驶入中华民国领水的一切现行权利;(五)放弃要求任用英国臣民为海关总税务司的任何权利;(六)现有在中华民国领土内设置的一切法院予以停闭;(七)放弃其船舶在中华民国领水内沿海贸易及内河航行之特权。

在这七项英国政府放弃的权利中,涉及中国领海和内河航行权利的条款是第一、三、四、七等四条。在英国政府宣布放弃以上这些权利的同时,双方就有关问题达成谅解。例如,双方同意缔约国一方的商船许其自由驶至另一方对于海运开放之口岸地方及领水,并同意在该口岸地方及领水内,给予此等船舶之待遇,不得低于所给予各国船舶之待遇。再如,英国人民或公司愿意出卖先前用以

〔1〕《军事委员会侍从室档案》,《中华民国史档案资料汇编》第 5 辑,第 2 编,外交卷,第 148—149 页。

〔2〕 宋家修、郑瑞海编:《废约运动始末》,出版社不详,1943 年,第 48 页;钱泰:《中国不平等条约之缘起及其废除之经过》,《国防研究院》,2002 年重印本,第 168—171 页。

〔3〕 宋家修、郑瑞海编:《废约运动始末》,出版社不详,1943 年,第 53 页。

经营沿中国海贸易和内河航行的产业,中国政府应以公平价格收购。如果缔约国一方在其任何领土领水内以沿海贸易权利给予第三国之船舶,则此项权利亦应同样给予缔约国另一方之船舶。但是,应以缔约一方亦给予另一方同样的权利为条件。沿海贸易与内河航行依照另一方有关法律之规定办理,不得要求另一方之本国待遇。显然,这些谅解内容是互为条件的,不是单方面的给予,属于平等的性质。

以中国与美国、英国分别宣布废除不平等条约为先导,此后,中国与巴西、比利时、挪威、加拿大、瑞典、荷兰、法国、秘鲁、丹麦、瑞士、葡萄牙等国相继签订废除租界、领事裁判权等协议,中国终于取得了与英国、美国、苏联、法国等强国的平等地位。有人指出,中国事实上在与英国、美国、苏联等交往过程中仍处于被动的从属地位,但这是国力的差距造成的,而非基于条约的规定。[1]

小　　结

一、蓝色文化并非是欧洲人的专利

在写作本书的过程中,我一直试图将海洋问题上升为理论抽象的水平。这就需要对大量的一般的事件进行归纳和概括。然而,我们所看到的事件,大都是仅仅出现一次,大都具有经验的直观性,几乎件件都是个别的。经验的直观性是难以用科学的严谨的语言进行表述的,因为,它在任何人的记录中都是无限多样的,很难纳入一个内涵和外延都十分明确的概念。而个别性尽管是由直观性给予的,却不能由此推论出它必定与直观相等。因此,历史概念的问题在于能不能对于直观的现实作出一种简化的科学化的处理,而又不至于像自然科学的概念那样,在科学处理和简化的过程中,每一个事物都失去了个性。也就是,有没有办法从现实的无限多样的内容中提取某些成分,综合成一种科学的概念,使其能够表达多数事物的共性,同时还不失掉其个性的特征。

现在对于我们的研究对象应该有一个结论性的看法,并指出其中的某些理论意义。一些被广为接受的理论命题或假设在事实面前是苍白无力的。探讨东西方文明的差异,是西方哲学家和历史学家的重要课题。在一些人看来,西方文化是动的文化,东方文化是静的文化;西方文化是冒险的、扩张的、开放的、斗争

---

〔1〕　王建朗:《中国废除不平等条约的历程》,江西人民出版社,2000年,第323—324页。

的,这一切都孕育于他们的海洋文化;而东方文化是保守的、苟安的、封闭的、忍耐的,其原因在于东方文化孕育于内陆文化。这一流行于中国乃至全世界的文化观,它的创始者不是别人,正是著名的德国哲学家——黑格尔。黑格尔曾经将欧洲文化概括为海洋文明,即开放性文化,而将中国等文明概括为大陆文化,即保守性文化。果真如此吗?

检查我们的理论前提,看一看是否存在未经证实的先验假设,是当今社会科学家的基本任务之一。在黑格尔看来,地理环境对于人的影响是存在的,然而,不可以某些个人的聪明才智或少数人的行为作为评判的对象和标准(图七六)。例如,小亚细亚的气候是温和的,古今并无多大变化,在这个温和的气候中产生了荷马这位伟大的诗人。然而,小亚细亚的爱奥尼亚民族古往今来仅仅产生了一个荷马,即使创作荷马史诗的不只是一个人。因此,评论荷马史诗没有必要讨论小亚细亚的气候,因为小亚细亚的气候并未孕育出成千上万的荷马。

图七六　德国哲学家黑格尔
(贺麟:《黑格尔哲学讲演录》,上海人民出版社 2011 年版,第 4 页插图。)

不过,地理环境对于一个民族的影响是确实存在的。黑格尔认为,热带和寒带一样,不是人类自由活动的地盘,不是世界历史的民族的地盘。这是因为自然因素的强力太大,"在极热和极寒的地带上,人类不能够做自由的运动;这些地方的酷热和严寒使得'精神'不能够给它自己建筑一个世界"。[1] 因此,"历史的真正舞台所以便是温带,当然是北温带"。[2]

在黑格尔看来,历史上成为重要问题的自然定性之普遍的关系是"海与陆的关系"[3]。陆地分为三个区域:一是没有河流的高原,二是有河流灌溉的河谷地带,三是沿海地带。这三个区域,存在三种有明显差别的文化。第一种文化,是依然停止在无差别的、深闭固拒的混沌状态中的坚固金属的文化,即具有广漠的草原与平原的高地,这种高地自然可以让人们有各种行动,但是这些行动都是机械的野蛮的行动。这些地方的主人主要是蒙古人、阿拉伯人,即旧世界中

---

〔1〕 [德]黑格尔著,王造时等译:《历史哲学》,商务印书馆,1963 年,第 124 页。
〔2〕 [德]黑格尔著,王造时等译:《历史哲学》,第 124 页。
〔3〕 [德]黑格尔著,王造时等译:《历史哲学》,第 134 页。

的游牧人。[1] 第二种文化是江河谷地文化,那就是大江、大河所形成的这种峡谷,即平静的谷地的流域,在这些国度之中发生出大帝国。[2] 第三种文化是滨海文化,即与海有关系的土地。荷兰是莱茵河由之入海的河口,使其与海发生关联。西班牙因为有各条河流,所以不得不发生与海的关联。然而在这种关联中,更为发达的主要的却是葡萄牙。[3] 通过上述推演,黑格尔无非是说,从地理分布来看,世界上有三类生活和文化:一是游牧民族,他们处于深闭固拒的混沌状态中;二是农耕民族,他们适应君主统治,对于普遍事物比较固执,具有无穷无尽的依赖性;三是滨海的从事贸易民族,富于开拓性和冒险性。

　　黑格尔说,大海是形成一个独特的生活方法的基础。不定的因素给人们以无限制的事物与无限事物的意象,而人类在这种无限的想象之中,陶熔着人类自己的感情。这么一来,就给人超越限制的勇气。大海自身是没有限界的东西,并且也不受内陆都市之安静限制。大海唤醒人的勇气,鼓励人类从事征服,从事掠夺,但同时也鼓励人们从事经营。“平凡的土地、平凡的平原流域把人类束缚在土壤上,把他卷入无穷的依赖性里边,但是大海却挟着人类超越了那些思想和行动的有限的圈子。航海的人都想获利,然而他们所用的手段却是缘木求鱼,因为他们是冒了生命和财产的危险来求利的。因此,他们所用的手段和他们追求的目标恰巧相反。这一层关系使他们的营利、他们的职业,有超过营利和职业而成了勇敢的高尚的事情。从事贸易必须要有勇气,智慧必须和勇敢结合在一起。因为勇敢的人们到了海上,就不得不应付那奸诈的、最不可靠的、最诡谲的元素,所以他们同时必须具有权谋——机警。”[4]

　　人们总是按照一种预想的理论,看待一切事物。在黑格尔看来,根植于海洋原则的文化是一种自由的文化,它的自由存在于它不受自然的束缚,无论所涉及到的是作为地理环境的自然,或是作为伦理制度的自然。从否定意义上说,这种文化并不认定它已然接收的、本身的制度是“天经地义”、“亘古不变”的;在积极的方面,当它面对异质的文化时,它不因为后者与它已经接收的生活形态不同,而单纯地否定后者,相反地,受海洋原则所指引的文化“扬弃”异质的文化,把后者整合成为自身的一个环节,因此不同于东方文化。根植于海洋原则的文化具有真正的历史,而能够在它的延续中表现出不同的样态,正如希腊神话中的海神——普洛透斯(Proteus),具有以不同外貌出现的能力。这些看法自有一定

〔1〕 [德]黑格尔著,王造时等译:《历史哲学》,商务印书馆,1963年,第130页。

〔2〕 [德]黑格尔著,王造时等译:《历史哲学》,第131页。

〔3〕 [德]黑格尔著,王造时等译:《历史哲学》,第132页。

〔4〕 [德]黑格尔著,王造时等译:《历史哲学》,第134页。

道理。

问题是,黑格尔认为,亚细亚各国,如中国,虽然他们自己也接连海岸,然而他们的壮丽的建筑却缺乏海之超越大地的限制性的超越精神。黑格尔认为,在中国人的世界观里,"海只是陆地之中断,陆地的天限。他们和海不发生积极的关系"。[1] 还认为中国的文化属于受平原这种地理环境所塑造的形态,这种形态的文明以农耕为基础,而农耕又受制于四季的规则性以及根据这些规则所安排的活动,因而他的"宪法"终古不变。黑格尔所说的宪法,指的是一个文化形态对于世界的基本信念,而这种信念表现在这一文化形态的生活的各个不同侧面——政治、宗教、哲学、艺术与法律,并使这些生活方式构成了一个统一的整体。

这种概括既有正确的一面又有片面的一面。如果就 16 世纪以后来说,是有一定道理的。而就长期人类历史来说,这种概括毫无疑问是片面的。实际上,无论是地中海北岸的南欧人,还是大西洋东岸的西欧人,都没有一个天生的海洋民族和国家。无论是葡萄牙、西班牙、英国,还是法国、荷兰、德国,尽管他们在 16 世纪以后都在极力开拓海外殖民地,但均非一开始就是海洋民族和国家。至少在 15 世纪以前,欧洲并无"特别"之处,[2] 与中国相比,其航海活动远不如中国积极。美国、澳大利亚、新西兰的历史比较特殊,从建国开始就与海洋息息相关,这不过是人类历史发展到一定阶段的几个幸运儿。直至今日,法国、德国、荷兰、西班牙等国的法律仍然是大陆法系。英国和日本虽然是岛国,但其人种均是迁移自大陆,不过是欧洲、亚洲大陆的边缘而已。从 16 世纪开始,英国政府才开始选择了海洋争霸的历程。日本的海洋政策的确定是在 19 世纪中后期。从另一个方面讲,所有滨海民族都与海洋结伴成长。从简单的采捕到交通运输,再到海洋社会的形成,再到海洋权益的争夺和利用,都有一个漫长的过程。也就是说,所有滨海国家和地区都有海洋生产、海洋运输、海洋管理、海洋军事和海洋文化,只不过在海洋生产上有早有晚,在海洋运输的技能上时强时弱,在海洋管理上有疏有密,在海洋军事上有大有小,在海洋文化上有先进有落后的区别而已。黑格尔的偏见与那时盛行的欧洲中心说是一致的。

黑格尔没有到过中国,不知道中国早在唐、宋、元时期已经实行了自由贸易政策,不知道中国的帆船在唐、宋、元时期就遍及南洋群岛,到达澳大利亚;或穿过马六甲海峡,跨越印度洋,到达非洲东海岸;或穿越波斯湾,到达伊朗、伊拉克

---

〔1〕 〔德〕黑格尔著,王造时等译:《历史哲学》,商务印书馆,1963 年,第 135 页。
〔2〕 〔德〕贡德·弗兰克著,刘北成译:《白银资本》,中央编译出版社,2011 年,第 304 页。

和沙特阿拉伯海岸。尤其是到了明朝初年,郑和船队浩浩荡荡的规模,更是让人叹为观止。也就是说,中国的商船在 1492 年或 1498 年以前已经航行在非洲东海岸和太平洋西岸之间这片广袤的海域上。事实证明,中国人对于大海的认识绝非是黑格尔所称的"天限之也"。而这时,欧洲的航海民族,还不曾离开过大西洋的东岸。黑格尔在 19 世纪初期之所以认为中国人与大海没有"积极的关系"。那是因为中国统治者从明朝开始禁海,实行朝贡贸易,使用国家的强制力量限制了中国商人自由的海外贸易,迫使中国商人完全退出了印度洋,大步退回到南海。黑格尔不懂中文,也不了解中国的航海历史,他的中国观应是人云亦云,这与他的一贯严谨学风相悖。

只有在人类早期,地理环境才更容易以其自身条件限制人类活动,但人类活动毕竟是有自觉和目的的行动。到国家机器的强制力可以暂时干涉、禁止人类的海上活动时,地理环境便成为助长进步或阻止进步的物质条件之一。

其实,黑格尔的这种地理历史观早在古希腊时代就出现了。亚里士多德说过:"寒冷地区的人民一般精神充足,富于热忱,欧罗巴各族尤其,但大多绌于技巧,而缺少理解。他们因此能长久保持其自由,而从未培养好治理他人的才德。所以,政治方面功业总是无足称道。亚细亚的人民多擅长技巧,深于理解,但精神卑弱,热忱不足。因此,他们常常屈从于人而为臣民,甚至沦为奴隶,惟独希腊各种姓在地理位置上既处于两大陆之间,其秉性也兼有了二者品质。"[1]地理环境对于人的影响是不间断的,从来没有停止过。但是,地理环境对于人类历史的影响毕竟是有限的。历史学家不可相信自然宿命论。

"我们不应该把自然界估量得太高或者太低:爱奥尼亚的明媚的天空固然大大地有助于荷马诗的优美,但是这个明媚的天空决不能单独产生荷马。而且事实上,它也并没有继续产生其他的荷马;在土耳其统治下,就没有出过诗人了"。[2]

在 15 世纪以前,对于海洋的开发和利用,中国人走在世界的前列。从 16 世纪开始,对于海洋的开发和利用西欧人显然起了关键作用。我们不能因此说中国人或西欧人天生就是海洋民族,但是,我们从人类长期的历史发展来看,重视海洋、利用海洋对于任何一个民族和国家都是十分重要的。正是在这一点上,我们应当重视黑格尔关于蓝色文明的某些看法。黑格尔的功绩在于提出这个问题,这个问题不是那个时代任何个人可以给予圆满回答的。因为那个时代的人

---

[1] [希腊]亚里士多德著,吴寿彭译:《政治学》,商务印书馆,1983 年,第 360—361 页。
[2] [德]黑格尔著,王造时等译:《历史哲学》,商务印书馆,1963 年,第 123—124 页。

类对于海洋的认识相当有限。

海洋政策的积极与消极的确关乎每一个民族和国家的兴衰命运。21世纪是海洋世纪,不仅沿海国家在全力开发和利用海洋,就是非沿海国家也在千方百计拥抱海洋,今天的中国正在全方位走向深蓝色的海洋。寻找历史上失落的中国海洋文明,承继先辈的海洋事业,演奏新时代壮美的海洋交响乐,乃是历史学家义不容辞的责任。

二、海洋政策事关国家前途和命运

从广义的角度探讨海洋社会,研究内容过于丰富,难于驾驭。因此,本书取较为狭义的定义,海洋社会是指人类在利用海洋的社会实践活动中相互结成的生产、生活共同体。换而言之,就是以海为田、以海为生的人类社会群体。那么,什么是海洋管理呢?它实际就是国家机关和社会组织对于海洋社会施加的行政、军事、法律、经济和文化的控制措施和手段。

大体说来,海洋社会如同人类社会一样,最初的成分是简单的,随着时间的推移,加入海洋社会的人群越来越多,海洋社会成分因此越来越复杂。最初只有渔民开始在海边捕鱼和采集,这些渔民结成了最初的最单纯的海洋社会;而后,一些人开始利用海水晒盐,从事海盐生产的人类群体加入海洋社会,于是,形成以渔民和盐民为主的海洋社会群体。随着海洋交通和贸易的发展,从事海洋运输和贸易的水手和商人自然成为海洋的重要群体,随之加入海洋社会的,既有合法修造海船的工匠,也有非法抢夺他人财富的海盗。尤其是到了近代之后,随着科学技术的进步,人类利用海洋的能力大幅提高,开采海洋矿产资源成为日益增强的社会需求,加入海洋社会的人群更是越来越多,既有海洋的勘探者、研究者、生产者和运输者,更有海洋资源的占有者和抢夺者。

国家机关对于海洋社会的管理也是随着海洋社会的发展而演变的。由于海洋社会越来越复杂,国家设立的管理机构越来越复杂。透过历史的演变,我们不难看到,随着中国盐业和渔业的发展,国家机关开始"官山海";随着海洋交通和贸易的发展,国家设置了市舶司等外贸管理机构;随着海洋交通和贸易的进一步发展,海洋社会成分越发复杂,海洋安全问题引起国家的关注,于是国家建立了专门管理对外贸易的税收机关,建立了缉拿海盗和抵御侵略的海上武装力量,建立了打击各种海上犯罪的海防、行政和司法机构。可以预料,随着中国海洋社会经济的进一步发展,国家对于海洋社会的管理手段必将进一步加强,进一步科学化,进一步专业化。

近现代政治学把国家视为一种抽象的公共权力。国家是从社会中派生的,国家和社会之间关系是既是对立的又是统一的。国家与社会之间的对立是指，一方面国家使少数人的特权制度化合法化，另一方面国家行政机构运行中的种种弊病导致了国家与社会对立。国家与社会之间的统一是指，一方面社会成员是组建国家的天然基础，另一方面国家要反映社会的特定诉求，国家随着社会的变化而变化。具体到明代和清代来说，海洋社会成分比较复杂，尤其是倭寇和海盗的频繁出现，使国家感到必须加以防范，必须稳定海洋社会秩序。为此，制订了一系列的海防政策。这种海防政策的实施也许适应了动荡时期的需要，但不一定适应社会安定时期的需要，更不一定适应海洋社会经济发展的需要。然而，当这种政策逐渐演变成海洋社会经济发展的障碍时，统治者不能因时利变，反而以祖宗成法不可变为固执观念，最终成为海洋社会的对立面。明清时期的海防政策，朝贡贸易政策，纲盐法制度，无不成为海洋社会经济发展的桎梏。贸易惩罚作为一种外交武器应当慎重使用，即使需要使用，也要适时斟酌利弊，不可一误再误。不仅要防"伤敌一千，自损八百"局面的发生，更应防止明清时期"伤敌寥寥，自损严重"局面的发生。关于这个问题，不会有最终的答案，只有永久的追问。

例如，明清时期，世界各国的经济一体化是从本国开始的，国际之间远远没有达到一体化的激烈竞争程度，彼此之间的依赖性很小，没有一个国家离不开另一个国家的产品，不要过分夸大一种产品的作用。而朝贡贸易体制，不仅认为外国对于中国的关系应建立在臣服的基础上，而且认为中国允许外国来华朝贡或贸易，那是中国皇帝对于外国人的一种恩赐，而且外国人离不开中国的一些产品。这种观念不仅在当时十分有害，阻滞中国与东南亚和印度各国正常的外交和贸易关系，而且长期影响中国外交和贸易政策。在明清这段历史上，动不动就以停止贸易作为惩罚藩属国的手段，就是这种心理特征的典型表现。事实上这种思想还可能累及当代中国外交和贸易活动。在一带一路的建设过程中，应当正确处理加入亚洲共同体各国之间的相互关系。意识形态领域中某些认同不可作为双边关系的附加物，不可作为彼此经济发展的文化障碍。由于意识形态领域的纷争存在于人类文明发展过程中的方方面面，这些纷争势必会影响到现有的彼此经济联系。亚洲共同体的建设面临诸多挑战及文化障碍，正确把握意识形态领域中纷争与现实的经济利益矛盾是需要高超的战略思想和外交艺术的。

正是错误的朝贡贸易政策导致了中国海洋社会的萎缩，也正是这些错误的政策阻碍中国海上力量的成长。中国从明初的海洋大国，到清代嘉道年间成为海洋弱国。晚清中国被挨打的处境完全是此前统治者愚蠢的海洋政策造成的。这是一段可悲可叹的历史。数千年的中国历史证明，兴衰荣辱与海洋密切相关，从大唐的强盛到宋代经济的繁荣,再到明清时期的"海禁"和朝贡贸易制度,再到晚清海防危机,无一不折射出海洋政策正确与否对中国历史进程的重大影响。

基于对于国家错误政策危害性的认识,洛克不大信任国家权力,对其与个人权利的冲突表示担忧,更强调社会的非政治性。尽管他未完全区分国家与社会,但他主张,国家基于契约委托所产生的立法权与司法权要对社会负责。洛克希望限制国家权力,维护个人权利。亚当·斯密则反对国家干预经济,主张经济自由发展。正是这一经济与政治相分离的思想,为后来国家与社会的分野奠定了坚实的基础。潘恩则走得更远,他不仅赞同洛克限制国家干预以抵御专制主义的主张,还把这一倾向发挥到了新的高度。[1] 没有国家的干预,社会可以自行克服冲突与动荡,建立稳定的社会秩序。这些思想现在看来不无偏颇之处,经济运行需要国家政策的保护和调节。但是,这些思想为我们制订海洋政策提供了可以借鉴的观点和思考的方向。

海洋政策乃是一个国家一系列关于海洋利用、开发与保护制度的统称。各个沿海国家于各个时代都有一系列的海洋政策。一个国家的海洋政策有时对海洋社会的发展可能起着引导与规范的积极作用,有时也可能对海洋社会经济发展起着束缚和阻滞的作用。剖析明清时期中国海洋政策的成败得失,有利于我们走向明天,深入蔚蓝色的大洋。为了理解当代的发展和未来的前景,需要有新的更好的理论,才能给国家政策和社会行动提供哪怕是一些最基本的指南,我们希望本丛书所提供的历史视野能对海洋社会发展形成一缕照耀前程的亮光。

本书的宗旨是协助人们建立一个认知中国海域史的基础。在寻找规律性时不要忽略偶然性的存在,在承认一般性时不要忽视其特殊性,在反对欧洲中心说时不要陷入中国中心说,在确认蓝色文明时不要忘记其时代局限性,在反对地理环境宿命论时不要漠视其长远的影响。历史思维就是穿梭在一般和特殊之间,特殊是目的,一般是手段。归纳概括必须依据充足的事实,演绎推理不能脱离历史的真相。

最后,需要指出的是,海洋环境问题、海洋社会组织问题、海洋民俗信仰问题、海洋移民问题,均应纳入中国海域史的研究视野。但是,由于本书容量有限,难于顾及。即使对于中国海域海洋认识问题、造船技术制度问题、渔业盐业生产问题、海洋贸易政策问题、海防政策调整问题本书做了重点关照,也难免挂一漏万。因为,从古至今,上述每一个问题都可以写成沉甸甸的著作。因此,这本书只不过是一本中国海域史的纲要。

---

〔1〕　马清槐等译:《潘恩选集》,商务印书馆,1981 年,第 3 页。

参 考 文 献

本书题目宏大,参考书籍众多,不胜枚举,在此仅将征引的论著目录列出。在列出的书目中,除了简单分为五类之外,大致按照先后征引的顺序排列,以便读者查阅。特此说明。

一、官书档案和资料类编

《安格联致泽礼电》1927 年 1 月 22 日,南京中国第二历史档案馆藏总税务司档案,档案号:679 - 32744 号。

宝鋆等纂:《同治朝筹办夷务始末》,北京:故宫博物院 1930 年影印本。

北平故宫博物院编:《清嘉庆朝外交史料》,北平:故宫博物院,1932 年。

《财政部关务署总则》,1928 年。

陈天锡编:《东沙岛成案汇编》,上海:商务印书馆,1928 年。

陈忠倚编:《皇朝经世文三编》,上海:上海书局,1901 年。

陈子龙编:《明经世文编》,北京:中华书局,1962 年。

《船政奏议汇编》,光绪戊子(1888)福州船政局编印。

《大元圣政国朝典章》,北京:全国图书馆文献缩微中心,1992 年。

第二历史档案馆编:《中华民国史档案资料汇编》,南京:江苏古籍出版社,1991 年。

第一历史档案馆编:《康熙朝汉文朱批奏折汇编》,北京:档案出版社,1985 年。

第一历史档案馆编:《雍正朝汉文朱批奏折汇编》,南京:江苏古籍出版社,1989 年。

甘厚慈辑:《北洋公牍类纂续编》,天津:北洋官报兼印刷局代绛雪斋书局,宣统二年(1910 年)刊印。

故宫博物院辑:《清光绪朝中日交涉史料》,北平:故宫博物院印行,

1932 年。

光绪朝修《钦定大清会典事例》,台北:文海出版社,1991 年。

《郭嵩焘日记》,长沙:湖南人民出版社,1981 年。

郭廷以、李毓澍主编:《清季中日韩关系史料》,台北中研院近代史研究所印行,1972 年。

《国家图书馆藏琉球资料汇编》,北京:北京图书馆出版社,2000 年。

何良栋编:《皇朝经世文四编》,台北:文海出版社,1972 年。

贺长龄、魏源编:《皇朝经世文编》,北京:中华书局,1992 年。

《护理山东巡抚杨庆琛奏为水师前营东汛千总杨成功等巡缉不力致使商船在外洋连续被劫请先行摘去顶戴勒限严缉事》道光十九年九月二十五日,北京中国第一历史档案馆藏录副奏折,档案号:03-2910-002。

嵇璜:《清朝文献通考》,杭州:浙江古籍出版社,1988 年。

嘉庆朝修《钦定大清会典事例》,台北:文海出版社,1992 年。

贾桢:《咸丰朝筹办夷务始末》,北京:中华书局,1979 年。

《江南水师总兵陈伦炯奏报外洋巡情形》雍正十三年十月十五日,北京中国第一历史档案馆藏朱批奏折,档案号:04-01-30-0199-022。

《江南苏松水师总兵陈奎奏报春季统巡内外洋面安静情形事》乾隆三十八年六月初三日,中国第一历史档案馆藏朱批奏折,档案号:04-01-03-0029-022。

《江南苏松水师总兵官孙全谋奏报外洋督巡情形事》乾隆五十八年九月二十一日,北京中国第一历史档案馆藏朱批奏折,档案号:04-01-04-0018-006。

《江南提督王进泰奏为请严外洋巡哨事》乾隆二十五年三月二十一日,北京中国第一历史档案馆藏录副奏折,档案号:03-0463-018。

蒋良骐:《东华录》,北京:全国图书馆文献缩微中心,2001 年。

近代史研究所编:《近代史资料》(专刊)。

《康熙朝起居注》,北京:中华书局,1984 年。

《抗战期间废除不平等条约史料》。

李昉:《太平御览》,北京:中华书局,1960 年影印本。

梁克家:《淳熙三山志》,成都:四川大学出版社,2007 年。

《两广总督邓廷桢奏为海门营把总李英翘、参将谭龙光于夷船被风寄椗外洋汛弁玩不自禀应行斥革事》道光十七年七月初一日,北京中国第一历史档案馆藏录副奏折,档案号:03-2902-037。

《两广总督马尔泰署理广东巡抚策楞广东提督林君升奏明查办吕宋夷船缘由事》乾隆九年四月十一日,北京中国第一历史档案馆藏录副奏折,档案号:

03 - 0459 - 013。

《两广总督阮元奏为审拟新安县住民陈亚堂在南澎下大角外洋劫船杀人事》嘉庆二十五年十二月二十七日,北京中国第一历史档案馆藏录副奏折,档案号:03 - 3911 - 015。

《两江总督尹继善奏为酌定水师各营内外洋巡防章程事》乾隆十二年四月初九日,北京中国第一历史档案馆藏朱批奏折,档案号:04 - 01 - 01 - 0146 - 002。

辽宁省档案馆编:《明代辽东档案汇编》,沈阳:辽沈书社,1985 年。

吕朋等编:《战时外交》,北京:全国图书馆文献缩微中心,2011 年。

《美国外交文件》,北京:中国社会科学出版社,1998 年。

《闽浙总督那苏图奏为巡历内外洋面闽浙二省渔期告竣事》乾隆八年六月十三日,北京中国第一历史档案馆藏朱批奏折,档案号:04 - 01 - 01 - 0095 - 027。

《明世宗实录》,台北:中研院历史语言研究所,1962 年。

《明太祖实录》,台北:中研院历史语言研究所,1962 年。

《明英宗实录》,台北:中研院历史语言研究所,1962 年。

聂宝璋编:《中国近代海运史资料》,上海:上海人民出版社,1983 年。

《清德宗实录》,北京:中华书局,1985 年。

《清高宗实录》,北京:中华书局,1985 年。

《清穆宗实录》,北京:中华书局,1985 年。

《清仁宗实录》,北京:中华书局,1985 年。

《清圣祖实录》,北京:中华书局,1985 年。

《清世宗实录》,北京:中华书局,1985 年。

《清世祖实录》,北京:中华书局,1985 年。

《庆元条法事类》,北京:全国图书馆文献缩微中心,1986 年。

《全唐文》,北京:中华书局,1983 年。

三山樵叟:《闽省新竹枝词》(抄本)。

沈弘编译:《遗失在西方的中国史——〈伦敦新闻画报〉记录的晚清 1842 ~ 1873》,北京:时代华文书局,2014 年。

沈家五:《张謇农商总长任期经济资料选编》,南京:南京大学出版社,1987 年。

盛康辑:《皇朝经世文续编》,光绪二十三年(1897 年)思补楼本。

《宋大诏令集》,北京:中华书局,1997 年。

《宋会要辑稿》,北京:中华书局,1957 年。

台北中研院近代史研究所编:《海防档》丙编,机器局,出版年代不详。

台北中研院近代史研究所编：《海防档》丁编，电线，出版年代不详。

台北中研院近代史研究所编：《海防档》戊编，铁路，出版年代不详。

台北中研院近代史研究所编：《海防档》乙编，福州船政局，出版年代不详。

台北中研院近代史研究所编：《海防档》甲编，购买船炮，出版年代不详。

台北中研院近代史研究所藏外务部档案全宗，朝鲜档系列·中韩拟议通渔宗·中韩拟议通渔案册，档案号：02－19－015－01－017。

台北中央研究院历史语言研究所编印：《明清史料》庚编，上海：商务印书馆，1936 年。

托津编：《钦定大清会典事例》，台北：文海出版社，1992 年。

汪敬虞编：《中国近代工业史资料》，北京：科学出版社，1957 年。

王铁崖编：《中外旧约章汇编》，北京：生活·读书·新知三联书店，1959 年。

《王文韶奏为定购外洋机器试铸银元事》光绪二十二年十二月二十二日，中国第一历史档案馆藏录副奏折，档案号：03－9532－088。

王彦威：《清季外交史料》，北京：书目文献出版社，1987 年。

王在晋编：《海防纂要》，明万历刻本。

文庆等纂：《道光朝筹办夷务始末》北京：故宫博物院 1929 年影印本。

文渊阁《四库全书》，上海：上海人民出版社，2001 年。

席裕福：《皇朝政典类纂》，上海：图书集成局，1903 年。

厦门大学南洋研究所编：《我国南海诸岛史料汇编》，厦门大学南洋研究所印，1976 年。

厦门大学台湾研究所编：《康熙统一台湾档案史料选辑》，福州：福建人民出版社，1983 年。

《续修四库全书》，上海：上海古籍出版社，2002—2013 年。

姚贤镐编：《中国近代对外贸易史资料》，北京：中华书局，1962 年。

叶子奇：《草木子》，北京：中华书局，1959 年。

宜今室主人：《皇朝经济文新编》，光绪二十七年（1901）上海宜今室石印本。

《英国外交文件》。

雍正朝修《大清会典》，台北：文海出版社，1991 年。

张伟仁编：《中央研究院历史语言研究所现在清代内阁大库原藏明清档案》第三十九册。

张锡纯主编：《山东省水产志资料长编》，济南：山东省水产志编纂委员会内部发行,1986 年。

张侠编:《清末海军史料》,北京:海洋出版社,1982 年。

《浙江巡抚常安奏为查勘定海内外洋面情形事》乾隆九年二月二十日,中国第一历史档案馆藏朱批奏折,档案号:04 - 01 - 01 - 0109 - 013。

《浙江巡抚奏为已获盗犯林玉顶供认行劫琉球国商船地点系在南麂山外洋事》乾隆六十年,中国第一历史档案馆藏朱批奏折,档案号:04 - 01 - 01 - 0466 - 052。

中国第二档案馆藏轮船招商局档案,全宗号 468。

中国第二历史档案馆编:《中华民国史档案资料汇编》,南京:江苏古籍出版社,1991 年。

《中国海关与辛亥革命》,北京:中华书局,1983 年。

《中华民国重要史料初编》,台湾:国民党党史委员会印刷,1981 年。

《中美关系资料汇编》,世界知识出版社,1957 年。

朱寿朋编:《光绪朝东华录》,北京:中华书局,1984 年。

《总税务司机要通令》,中国第二历史档案馆藏总税务司档案,档案号:679 - 32744 号。

二、中文论著

《阿拉伯波斯突厥人东方文献辑注》,北京:中华书局,1989 年。

白化文校注:《入唐求法巡礼行记校注》,石家庄:花山文艺出版社,1992 年。

班固:《汉书》,北京:中华书局,1964 年。

包拯:《包公集校注》,合肥:黄山书社,1999 年。

《碑传集》,上海:上海书店,1988 年影印本。

《北京图书馆古籍珍本丛刊》,北京:书目文献出版社影印本。

《笔记小说大观》,扬州:广陵书局,1983 年。

伯麟等修:《钦定兵部处分则例》,光绪元年(1875 年)刻本。

长孙无忌:《唐律疏义》卷六,北京:中华书局,1983 年。

《朝鲜李朝实录中的中国史料》,北京:中华书局,1980 年。

陈璧:《望岩堂奏稿》,台北:文海出版社,1967 年。

陈淳:《北溪先生全集》,光绪七年(1881 年)刻本。

陈大震:《大德南海志》,广州:广东人民出版社,1991 年。

陈洪谟:《治世余闻》,北京:中华书局,1985 年。

陈佳荣：《中外交通史》，香港：学津书店，1987年。

陈侃：《使琉球录》，北京：北平图书馆善本丛书，第一集。

陈伦炯：《海国闻见录》，台湾学生书局，1984年。

陈伦炯著，李长傅校注：《海国闻见录》，郑州：中州古籍出版社，1985年。

陈奇猷：《韩非子新校注》，上海：上海古籍出版社，2000年。

陈诗启：《中国海关近代史》，北京：人民出版社，1999年。

陈寿祺、魏敬中等纂：《重纂福建通志》，同治十年（1871年）正谊书院刻本。

陈寿撰，裴松之注：《三国志》，北京：中华书局，1964年。

陈希育：《中国帆船与海外贸易》，厦门：厦门大学出版社，1991年。

陈垣辑：《康熙与罗马教皇使节关系文书》，台北：文海出版社，1974年影印本。

崇祯年间修《海澄县志》，载《稀见地方志》第十册。

丛子明、李挺主编：《中国渔业史》，北京：中国科学技术出版社，1993年。

戴璟等纂修：《广东通志初稿》，《北京图书馆古籍珍本丛丛刊》第三十八册，北京：书目文献出版社1998年影印本。

丁开嶂：《中国海军地理形势论》，1912年北洋公报局铅印本。

杜石然、周世德：《中国科学技术史稿》，北京：科学出版社，1982年。

《番禺县志》，台湾：成文出版社有限公司，1967年。

樊百川：《中国轮船航运业的兴起》，成都：四川人民出版社，1985年。

范金民：《20世纪的郑和下西洋研究——百年郑和研究资料索引》，上海：上海书店出版社，2005年。

范晔：《后汉书》，北京：中华书局，1966年。

范中义、仝晰纲：《明代倭寇史略》，北京：中华书局，2004年。

方濬师：《蕉轩随录》，北京：中华书局，1995年。

方龄贵校注：《通制条格校注》，北京：中华书局，2001年。

方南堂：《辍锻录》。

方信儒：《南海百咏》，北京：中华书局，1985年。

房乔：《晋书》，北京：中华书局，1974年。

《福建丛书》，南京：江苏古籍出版社，2000年。

《福建盐法志》，道光元年（1821）刻本。

高攀龙：《春秋辩义》，北京：商务印书馆，2005年。

高晓星：《民国海军的兴衰》，北京：中国文史出版社，1989年。

耿升：《登州与海上丝绸之路》，北京：人民出版社，2009年。

巩珍著,向达整理:《西洋番国志》,北京:中华书局,2000 年。

谷应泰:《明史纪事本末》,北京:中华书局,1977 年。

谷应泰:《明史纪事本末》,上海:上海古籍出版社,1994 年。

顾祖禹:《读史方舆纪要》,北京:中华书局,1955 年。

《管子》,上海:商务印书馆,1936 年。

郭宝钧:《山彪镇与琉璃阁》,北京:科学出版社,1959 年。

《郭嵩焘奏稿》,长沙:岳麓书社,1983 年。

郭蕴静:《天津古代城市发展史》,天津:天津古籍出版社,1989 年。

《国朝名人书札诗稿》,北京:全国图书馆文献缩微中心,1991 年。

国家海洋局政策法规办公室编:《中华人民共和国海洋法规选编》,北京:海洋出版社,2001 年版。

国民政府外交部编纂委员会:《中国恢复关税自主权之经过》,北京:全国图书馆文献缩微中心,2006 年。

国民政府行政院编印:《渔业》,1948 年。

《海道经》,载《丛书集成初编》,上海:商务印书馆,1936 年。

《海关贸易报告》(牛庄),1865 年。

《海语、海国闻见录、海录、瀛寰考略》,台湾书局,1984 年。

《海运新考》,《四库全书存目丛书》史部第 274 册,济南:齐鲁书社,1997 年。

《河北城市发展史》,石家庄:河北教育出版社,1991 年。

弘治朝修《兴化府志》,福州:福建人民出版社,2007 年。

桓宽:《盐铁论》,北京:中华书局,1956 年。

黄钧宰:《金壶七墨》,台北:文海出版社,1966 年。

《黄少司寇奏疏》,台北:文海出版社,1986 年。

黄叔璥:《台海使槎录》,台北:文海出版社,1986 年。

《纪念郑和下西洋 600 周年国际学术论坛论文集》,北京:社会科学文献出版社,2005 年。

嘉庆朝修《连江县志》,台湾:成文出版社,1967 年。

嘉庆朝修《新修长芦盐法志》,北京:全国图书馆文献缩微中心,2001 年。

贾士毅:《华会见闻录》,台北:文海出版社,1975 年。

《建炎以来系年要录》,北京:中华书局,1956 年。

江日升:《台湾外记》,福州:福建人民出版社,1983 年。

姜宸英:《湛园集》,台北:商务印书馆,1983 年。

蒋良骐:《东华录》,济南:齐鲁书社,2005 年。

金安清:《水窗春呓》,载《清代史料笔记丛刊》,北京:中华书局,1984 年。

《康熙皇帝全传》,北京:学苑出版社,1994。

《康熙起居注》,北京:中华书局,1984 年。

《乐安县志》,同治十年(1872 年)刻本。

李长傅:《南洋华侨史》,上海:上海书店,1991 年。

李金明:《中国南海疆域研究》,福州:福建人民出版社,1999 年。

李锦藻编:《清朝续文献通考》,上海:商务印书馆,1936 年。

李民:《尚书大传》,上海:商务印书馆,1937 年。

李民:《尚书译注》,上海:上海古籍出版社,2004 年。

李盘:《金汤借箸十二筹》,吴寿恪钞本,琉璃厂藏版。

李筌:《太白阴经》,《丛书集成》,北京:解放军出版社,1988 年。

李士厚:《郑和家谱考释》,北京:全国图书馆文献缩微中心,2005 年。

李士厚:《郑和家谱考释》,云南:崇文书局,1937 年。

《李文忠公全书》,合肥李氏,1921 年。

李育民:《近代中国的条约制度》,长沙:湖南师范大学出版社,1995 年。

李元度编:《国朝先正事略》,长沙:岳麓书社,1991 年。

连雅堂:《台湾通史》,上海:商务印书馆,1946 年。

梁梦龙:《海运新考》,玄览居士编:《玄览堂丛书》第四十册,无出版机构,1941 年。

梁廷柟辑:《南越五主传及其它七种》,广州:广东人民出版社,1982 年。

梁廷柟:《粤海关志》,广州:广东人民出版社,2014 年。

梁廷柟:《粤海关志》,台北:文海出版社,1986 年影印。

梁廷柟著,邵循正校注:《夷氛闻记》,北京:中华书局,1985 年。

林剑鸣:《秦汉社会文明》,西安:西北大学出版社,1985 年。

林则徐、梁进德编译:《四洲志》,《小方壶斋舆地丛钞》第十二轶。

林则徐:《林文忠公政书》,北京:全国图书馆文献缩微中心,2003 年。

刘俊文:《敦煌吐鲁番唐代法制文书考释》,北京:中华书局,1989 年。

刘昫:《后晋书》,北京:中华书局,1975 年。

刘昫:《旧唐书》,北京:中华书局,1975 年。

龙文明:《莱州府志》,北京:全国图书馆文献缩微中心,1992 年。

卢坤、邓廷桢主编:《广东海防汇览》,道光十八年(1838 年)刻本。

罗濬:《四明志》,北京:北京图书馆出版社,2003 年。

马端临：《文献通考》，杭州：浙江古籍出版社，1988 年。

马欢著，万明校注：《明钞本〈瀛涯胜览〉校注》，北京：海洋出版社，2005 年。

梅应发等编：《开庆四明续志》，北京：中华书局，1990 年宋元地方志刊本。

《明经世文编》，北京：中华书局，1962 年。

穆根来等译：《中国印度见闻录》，北京：中华书局，1986 年。

欧阳修：《新唐书》，北京：中华书局，1975 年。

欧阳询：《艺文类聚》，上海：上海古籍出版社，1982 年。

潘相：《琉球入学见闻录》，台北：文海出版社，1966 年。

庞元英：《文昌杂录》，北京：中华书局，1958 年。

钱泰：《中国不平等条约之缘起及其废除之经过》，国防研究院 2002 年重印本。

乾隆朝修《钦定大清会典则例》，北京：全国图书馆文献缩微中心，2005 年。

乔远：《闽书》，福州：福建人民出版社，1995 年。

《清朝文献通考》，上海：商务印书馆，1936 年。

《清史列传》，北京：中华书局，1987 年。

《清宣宗实录》，北京：中华书局，1985 年。

屈大均：《广东新语》，北京：中华书局，1985 年。

《泉州考古与海外交通史研究》，长沙：岳麓书社，2006 年。

阮元：《揅经室文集》，上海：上海书店，1926 年。

阮元主编《十三经注疏》，北京：中华书局，1980 年。

阮元主修：《广东通志》卷一百二十四，道光二年（1822）刊刻本。

上海中国航海博物馆编：《航海：文明之迹》，上海：上海古籍出版社，2011 年。

沈德浮：《万历野获编》，北京：燕山出版社，1998 年。

沈家本等修：《重修天津府志》，光绪己亥（1899 年）刻本。

沈括：《梦溪笔谈》，北京：文物出版社，1975 年。

沈莹：《临海水土异物志》，北京：农业出版社，1988 年。

沈约：《宋书》，北京：中华书局，1974 年。

施琅：《靖海纪事》，北京：中华书局，1958 年。

施琅：《靖海纪事》，福州：福建人民出版社，1983 年。

司马光编：《资治通鉴》，北京：中华书局，1956 年。

司马迁：《史记》，北京：中华书局，1963 年。

《松窗杂录(及其它四种)》,北京:中华书局,1991年。

《松龛先生全集》,台湾:文海出版社,1977年。

宋家修、郑瑞海编:《废约运动始末》,出版机构不详,1943年。

宋濂:《元史》,北京:中华书局,1976年。

宋应星:《天工开物》,上海:中华书局,1978年。

《苏莱曼东游记》,北京:中华书局有限公司,1937年。

《苏轼文集》,北京:中华书局,1986年。

孙寿荫:《祖国的海洋》,北京:新知识出版社,1955年。

《台湾兵备手钞》,《"台湾文献丛刊"》第222种,台湾银行出版社,1966年。

《台湾生熟番舆地考略》,《"台湾文献丛刊"》第51种,台湾大通与人民日报出版社,2007年。

台湾银行经济研究室编:《台湾经济史》,台北:古亭书屋,1957年。

谈迁:《国榷》,上海:上海古籍出版社,1958年。

谈迁:《枣林杂俎》,北京:中华书局,2006年。

唐志拔:《中国舰船史》,北京:海军出版社,1989年。

陶弘景注:《鬼谷子》,北京:中国书店,1985年。

田秋野、周维亮:《中华盐业史》,台湾:商务印书馆,1979年。

涂山:《新刻明政统宗》,北京:全国图书馆文献缩微中心,2001年。

脱脱:《宋史》,北京:中华书局,1977年。

万历年间修《漳州府志》,台湾学生书局,1965年影印本。

汪应蛟:《抚畿奏疏》,北京:全国图书馆文献缩微复制中心,2006年。

王存:《元丰九域志》,北京:中华书局,1984年。

王赓武著,姚楠编:《东南亚华人——王赓武教授论文集》,北京:中国友谊出版公司,1987年。

王宏斌:《赫德爵士传》,北京:文化艺术出版社,2000年。

王宏斌:《清代前期海防:思想与制度》,北京:社会科学文献出版社,2003年。

王宏斌:《晚清海防地理学发展史》,北京:中国社会科学出版社,2012年。

王宏斌:《晚清海防:思想与制度研究》,北京:商务印书馆,2005年。

王建朗:《中国废除不平等条约的历程》,南昌:江西人民出版社,2000年。

王圻:《续文献通考》,杭州:浙江古籍出版社,1988年。

王庆云:《石渠余记》,台北:文海出版社,1966年影印本。

王世懋:《闽部疏》,《丛书集成初编》,北京:中华书局,1985年。

王先谦编：《释名疏证补》，上海：上海古籍出版社，1984 年。

王先谦：《释名疏证补》，北京：中华书局，2008 年。

王耀华、谢必震：《闽台海上交通研究》，北京：中国社会科学出版社，2000 年。

王仲荦：《魏晋南北朝史》，北京：中华书局，2007 年。

王重民辑：《徐光启集》，北京：中华书局，1963 年。

卫杰：《海口图说叙》，光绪十三年（1887 年）刻本。

魏收：《魏书》，北京：中华书局，1974 年。

魏源：《海国图志》，清道光丁未（1847 年）古微堂本。

魏源：《圣武记》，世界书局，1936 年。

魏征：《隋书》，北京：中华书局，1973 年。

《文津阁四库全书提要汇编》，北京：商务印书馆，2006 年。

吴晗：《明史简述》，北京：中华书局，2005 年。

《吴晗史学论著选集》，北京：人民出版社，1986 年。

吴嘉纪：《陋轩诗》，道光年间泰州夏氏刻本。

吴元炳编：《沈文肃公政书》，光绪庚辰（1880 年）刻印本。

吴自牧：《梦粱录》，杭州：浙江人民出版社，1980 年。

《伍廷芳集》，北京：中华书局，1993 年。

夏东元编：《郑观应集》，上海：上海人民出版社，1982 年。

夏琳：《闽海纪要》，《台湾文献丛刊》第 23 种，台湾银行出版社，1966 年。

向达校注：《两种海道真经》，北京：中华书局，1961 年。

萧子显：《南齐书》，北京：中华书局，1972 年。

谢清高口述，杨炳南笔录：《海录》，长沙：湖南科学技术出版社，1981 年。

谢肇淛：《五杂俎》，沈阳：辽宁教育出版社，2001 年。

徐葆光：《中山传信录》，清康熙六十年（1721 年）刻本。

徐葆光：《中山传信录》，《"台湾文献丛刊"》第 306 种，台北：台湾银行出版社，1966 年。

徐光启：《徐文定公集》，上海：上海古籍出版社，1984 年。

徐继畬：《瀛寰志略》，道光庚戌（1850 年）年红石山房藏板。

徐家干：《洋防说略跋》，光绪十三年（1887 年）刻本。

徐兢：《宣和奉使高丽图经》，北京：中华书局，1985 年。

徐松辑：《宋会要辑稿》，北京：中华书局，1957 年。

《玄览堂丛书续集》，国立中央图书馆 1947 年影印本。

薛福成：《庸庵全集》，北京：华文书局，1971 年。

严从简：《殊域周咨录》，北京：中华书局，1993 年。

严如煜：《洋防辑要》，台湾学生书局，1975 年。

严中平主编：《中国近代经济史》，北京：人民出版社，1989 年。

杨国宇：《近代中国海军》，北京：海潮出版社，1994 年。

杨国桢编：《林则徐书简》，福州：福建人民出版社，1995 年。

《杨么事迹考证》，载《史地小丛书》，上海：商务印书馆，1935 年。

杨书霖编：《左文襄公全集》，光绪十六（1890 年）年刻本。

杨昭全：《中朝关系史论文集·唐与新罗之关系》，北京：世界知识出版社，1988 年。

姚楠、陈佳荣、丘进：《七海扬帆》，香港：中华书局有限公司，1990 年。

姚思廉：《梁书》，北京：中华书局，1973 年。

叶祖灏：《废除不平等条约的经过》，重庆：独立出版社，1944 年。

雍正朝修《重修长芦盐法志》。

余宏淦：《新编沿海险要图说》，光绪二十八年（1902 年）鸿文书局石印本。

俞大猷：《正气堂全集》，福州：福建人民出版社，2007 年。

《渊颖吴先生集》，四部丛刊初编，集部，上海：上海书店，1989 年。

袁枚：《小仓山房文集》，上海：上海图书集成印书局，光绪十八年（1892 年）铅印本。

曾公亮：《武经总要》，《中国兵书集成》，北京：解放军出版社，1988 年。

《曾国藩全集》，长沙：岳麓书社，1985 年。

《曾文正公全集》，北京：中华书局，1977 年。

张海鹏主编：《中葡关系史资料集》，成都：四川人民出版社，1999 年。

张謇研究中心编：《张謇全集》，南京：江苏古籍出版社，1994 年。

张鉴：《雷塘庵主弟子记》，中山大学历史系资料室藏，出版年代不详。

张佩纶：《涧于集》，1918 年刻本。

张声振：《中日关系史》，长春：吉林文史出版社，1986 年。

张廷玉：《明史》，北京：中华书局，1974 年。

张同声：《重修胶州志》，道光二十五年（1845 年）刻本。

张伟仁：《清代法制研究》，台北中研院历史语言研究所专刊之七十六，1983 年。

张燮：《东西洋考》，北京：中华书局，1981 年。

张学礼：《使琉球记》，《"台湾文献丛刊"》第 292 种，台北：台湾银行出版社,1966 年。

张之洞:《广东海图说》,光绪十五年(1889 年)广州广雅书局刻本。

章巽:《我国古代的海上交通》,北京:商务印书馆,1986 年。

赵尔巽主编:《清史稿》,北京:中华书局,1977 年。

赵翼:《陔余丛考》,石家庄:河北人民出版社,2007 年。

赵翼:《皇朝武功纪盛》,台北:文海出版社,1966 年影印本。

《浙江民俗大观》,北京:当代中国出版社,1998 年。

真德秀:《西山先生真文忠公文集》,四部丛刊本。

《郑观应集》,上海:上海人民出版社,1982 年。

《郑和研究资料选编》,北京:人民交通出版社,1985 年。

志钧编:《期不负斋政书》,光绪元年(1875 年)刻本。

中国航海学会编:《中国航海史》,北京:人民交通出版社,1988 年。

中国社会科学院近代史研究所译:《顾维钧回忆录》,北京:中华书局,1983 年。

中国社会科学院考古研究所编:《胶东半岛贝丘遗址环境考古》,北京:社会科学文献出版社,2007 年。

中国水产协会:《中国渔业史》,北京:中国科学技术出版社,1993 年。

中华书局编辑部编:《魏源集》,北京:中华书局,1983 年。

周煌:《琉球国志略》,台北:文海出版社,1985 年。

周凯:《厦门志》,道光十二年(1832 年)刻本。

周凯主修:《厦门志》,台湾银行,1961 年。

周去非:《岭外代答》,扬州:广陵书社,2003 年。

《周悫慎公全集》,1922 年秋浦周氏校刻本。

周右:《东台县志》,台湾:成文出版社,1970 年。

朱鉴秋、李万权:《新编郑和航海图集》,北京:人民交通出版社,1988 年。

朱纨:《甓余杂集》。

朱维干:《福建史稿》,福州:福建教育出版社,2008 年。

朱彧:《萍洲可谈》,《丛书集成初编》,上海:商务印书馆,1939 年。

朱正元:《浙江沿海图说》,光绪己亥(1899 年)上海聚珍本。

《竹书纪年》,载《四部丛刊初编》第十七册,上海:上海书局,1989 年影印。

祝允明:《前闻记》,北京:中华书局,1985 年。

《左传纪事本末》,北京:中华书局,1979 年。

左丘明:《国语》,济南:齐鲁书社,2005 年。

三、外文论著

E. Archibold: *The Wooden Fighting Ship of the royal Navy.*

H. b. Morse, *The International Relations of the Chinese Empire*, Vol. 2 .

Monique Chemillier-Gendrean, *Sovereignty over the Paracel and Spratly Islands*, Klumer Law International, The Hague, 2000.

［阿］马金鹏译：《伊本·白图泰游记》，银川：宁夏人民出版社，2000 年。

［阿］马斯欧迪：《黄金原和宝石矿》。

［德］H·帕姆塞尔著，屠苏译：《世界海战简史》，北京：海洋出版社，1986 年。

［德］贡德·弗兰克著，刘北成译：《白银资本》，北京：中央编译出版社，2011 年。

［德］黑格尔著，王灵皋译：《历史哲学纲要》，上海：神州国光社，1932 年。

［德］《马克思恩格斯选集》，北京：人民出版社，1972 年。

［法］阿兰·佩雷菲特：《中国的保护主义对应英国的自由贸易》，载《中英通使二百周年学术讨论会论文集》。

［法］沙尔·列拉波播尔著，青锐译：《历史哲学》，北京：全国图书馆文献缩微中心，2002 年。

《广学论》(Advancement of Learning)。

［荷］格老秀斯著(Hugo Grotius)，马忠发译：《论海洋自由》(*The Freedom of Seas*)，上海：上海人民出版社，2005 年。

［美］A.B.G.惠普尔著，秦祖祥译：《英法海战》，北京：海洋出版社，1986 年。

［美］费歇尔：《在华治外法权的终结》，广州：中山大学出版社，2012 年。

［美］惠顿(Henry Wheaton)著，丁韪良(Martin, William)等译：《万国公法》(*Elements of International Law*)，上海：上海书店出版社，2002 年。

［美］拉铁摩尔著，唐晓峰译：《中国的亚洲内陆边疆》，南京：江苏人民出版社，2010 年。

［美］马士：《中华帝国对外关系史》，北京：商务印书馆，1963 年。

［美］普雷斯顿·詹姆斯、杰弗雷·马丁：《地理学思想史》，北京：商务印书馆，1989 年。

［美］托马斯·潘恩(Thomas Paine)：《潘恩选集》，北京：商务印书馆，1981 年。

〔美〕威廉·W·杰弗瑞:《地理与国力》(*Geography and National Power*),美国海军学院,1958 年。

〔美〕约翰·K·费正清等人编撰:《赫德日记:赫德与中国早期近代化,1863—1866》,北京:中国海关出版社,2005 年。

〔日〕大庭修:《江户时代日中秘话》,北京:中华书局,1997 年。

〔日〕藤家礼之助:《日中交流二千年》,北京:北京大学出版社,1982 年。

〔希腊〕亚里士多德著,吴寿彭译:《政治学》,北京:商务印书馆,1983 年。

〔意〕艾儒略:《职方外纪》,北京:中华书局,1985 年。

〔意〕《马可波罗游记》,北京:中国文史出版社,2008 年。

〔英〕伯特利(H. Patley R. N.)编,陈寿彭译:《新译中国江海险要图志》,光绪二十七年(1901 年)上海经世文社石印本。

〔英〕道比著:《东南亚》,北京:商务印书馆,1959 年。

〔英〕李约瑟(Joseph Terence Montgomery Needham):《李约瑟文集》,沈阳:辽宁科学出版社,1986 年。

〔英〕李约瑟(Joseph Terence Montgomery Needham):《中国科学技术史》,北京:科学出版社,1990 年。

四、主要论文

《渤海湾全部为中国领海说》,《中国地学杂志》1910 年第 5 期。

《渤海湾渔业权之当研究》,《浙源汇报》光绪三十三年六月二十日,第 22 期。

陈忠平:《郑和下西洋:走向全球性网络革命》,《读书》2016 年第 2 期。

大连市文物考古研究所:《辽宁大连大潘家村新石器时代遗址》,《考古》1994 年第 10 期。

范金民:《郑和下西洋动因新探》,《南京大学学报》1984 年第 4 期。

管劲丞:《郑和下西洋的船》,载《东方杂志》第 43 卷第 1 号。

韩振华:《唐代南海贸易志》,《福建文化》1948 年第 2 卷第 3 期。

河姆渡遗址考古队:《浙江河姆渡遗址第二期发掘的主要收获》,《文物》1980 年第 5 期。

侯仁之:《所谓"新航路的发现"的真相》,《人民日报》,1965 年 3 月 12 日。

黄启臣:《清代前期海外贸易的发展》,《历史研究》1986 年第 4 期。

《禁止日轮骚扰渔业》,《外交报》宣统二年四月二十五日(庚戌第 11 号),第 277 期。

竞武：《日人侵犯我国渔权的一页痛史》，《新渔》1941 年 7 月 5 日，第 1 期（创刊号）。

李可可、谌洁：《河姆渡遗址史前文化探讨》，《中国水利》2007 年第 5 期。

梁启超：《祖国大航海家郑和传》，《新民丛报》第三卷第二十一期（1905 年）。

林华东：《中国风帆探源》，《海交史研究》1986 年第 2 期。

刘伯午：《郑和下西洋与明初海外关系的发展》，《内蒙古财经学院学报》1980 年第 1 期。

邱克：《郑和宝船尺寸记载的可靠性》，《文史哲》1984 年第 3 期。

邵羲：《论渤海湾渔业权》，《外交报》宣统二年六月二十五日，第 283 期。

舒小昀：《多维视野下的经济史研究——滨下武志教授访谈录》，《经济社会史评论》2016 年第 1 期。

王宏斌：《报效与捐输：清代芦商的急公好义》，《盐业史研究》2012 年第 3 期。

王宏斌：《乾隆皇帝从未下令关闭江浙闽三海关》，《史学月刊》2011 年第 6 期。

王宏斌：《清代内外洋划分及其管辖问题研究》，《近代史研究》2015 年第 3 期。

王宏斌：《鸦片战争后中国海防建设迟滞原因探析》，《史学月刊》2004 年第 2 期。

王宏斌：《鸦片战争中清军海上机动作战能力的丧失》，《光明日报》1997 年 11 月 25 日。

王兆生：《试析郑和下西洋中的几个问题》，《郑和下西洋论文集》第 1 集。

文尚光：《中国风帆出现的时代》，《武汉水运工程学院学报》1983 年第 3 期。

吴文良：《泉州九日山摩崖石刻》，《文物》1962 年第 11 期。

席龙飞、何国卫：《试论郑和宝船》，《武汉水运工程学院学报》1983 年第 3 期。

徐瑜：《唐代潮汐学家窦叔蒙及其〈海涛志〉》，《历史研究》1978 年第 6 期。

燕生东、田永德、赵金、王德明：《渤海南岸地区发现的东周时期盐业遗存》，《中国国家博物馆馆刊》2011 年第 9 期。

杨熺：《郑和下西洋目的略考》，《大连海运学院学报》1980 年第 2 期。

杨槱、杨宗英：《略论郑和下西洋的宝船尺度》，《海交史研究》1981 年第 3 期。

杨槱：《中国造船发展简史》，载《中国造船工程学会 1962 年年会论文集》，北京：国防工业出版社，1964 年。

　　杨宗英、黄根余：《浅论郑和宝船》，《郑和下西洋论文集》第 1 集。

　　佚名：《渤海湾全部为中国领海说》，《中国地学杂志》1910 年第 5 期。

　　张嫦艳、颜浩：《魏晋南北朝的海上丝绸之路及对外贸易的发展》，《沧桑》2008 年 5 期。

　　张墨：《试论中国古代海军的产生和最早的水战》，《史学月刊》1981 年第 4 期。

　　张之毅：《清代闭关自守问题辨析》，载《历史研究》1988 年第 5 期。

　　郑鹤声、郑一钧：《略论郑和下西洋的船》，《文史哲》1984 年第 3 期。

　　郑鹤声、郑一钧：《郑和下西洋简论》，《吉林大学学报》（社科版）1993 年第 1 期。

　　周世德：《中国沙船考略》，《中国造船工程学会 1962 年年会论文集》。

　　周运中：《南澳气、万里长沙与万里石塘新考》，《海交史研究》2013 年第 1 期。

　　庄为玑、庄景辉：《泉州宋船结构的历史分析》，《厦门大学学报》1979 年第 4 期。

　　庄为玑、庄景辉：《郑和宝船尺度的探索》，《海交史研究》1983 年第 5 期。

五、主要报刊

《北华捷报》。

《东方杂志》。

《申报》。

《外交公报》。

《新青年》。

《重庆日报》。

《字林西报》。